Geotechnik

T0200337

Ihr Bonus als Käufer dieses Buches

Als Käufer dieses Buches können Sie kostenlos unsere Flashcard-App „SN Flashcards"
mit Fragen zur Wissensüberprüfung und zum Lernen von Buchinhalten nutzen.
Für die Nutzung folgen Sie bitte den folgenden Anweisungen:

1. Gehen Sie auf **https://flashcards.springernature.com/login**
2. Erstellen Sie ein Benutzerkonto, indem Sie Ihre Mailadresse angeben,
   ein Passwort vergeben und den Coupon-Code einfügen.

Ihr persönlicher „SN Flashcards"-App Code   F1181-071EC-6487A-026DF-7A95C

Sollte der Code fehlen oder nicht funktionieren, senden Sie uns bitte eine E-Mail mit
dem Betreff **„SN Flashcards"** und dem Buchtitel an **customerservice@springernature.com**.

Konrad Kuntsche · Sascha Richter

Geotechnik

Erkunden – Untersuchen – Berechnen – Ausführen – Messen

3. Auflage

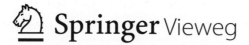

Konrad Kuntsche
Bensheim, Deutschland

Sascha Richter
FB Architektur und Bauingenieurwesen
Hochschule Rhein Main
Wiesbaden, Deutschland

ISBN 978-3-658-32289-2   ISBN 978-3-658-32290-8   (eBook)
https://doi.org/10.1007/978-3-658-32290-8

Die Deutsche Nationalbibliothek verzeichnet diese Publikation in der Deutschen Nationalbibliografie;
detaillierte bibliografische Daten sind im Internet über http://dnb.d-nb.de abrufbar.

© Springer Fachmedien Wiesbaden GmbH, ein Teil von Springer Nature 2000, 2016, 2021
Das Werk einschließlich aller seiner Teile ist urheberrechtlich geschützt. Jede Verwertung, die nicht ausdrücklich vom Urheberrechtsgesetz zugelassen ist, bedarf der vorherigen Zustimmung des Verlags. Das
gilt insbesondere für Vervielfältigungen, Bearbeitungen, Übersetzungen, Mikroverfilmungen und die Ein-
speicherung und Verarbeitung in elektronischen Systemen.
Die Wiedergabe von Gebrauchsnamen, Handelsnamen, Warenbezeichnungen usw. in diesem Werk berechtigt auch ohne besondere Kennzeichnung nicht zu der Annahme, dass solche Namen im Sinne der
Warenzeichen- und Markenschutz-Gesetzgebung als frei zu betrachten wären und daher von jedermann
benutzt werden dürften.
Der Verlag, die Autoren und die Herausgeber gehen davon aus, dass die Angaben und Informationen in
diesem Werk zum Zeitpunkt der Veröffentlichung vollständig und korrekt sind. Weder der Verlag, noch
die Autoren oder die Herausgeber übernehmen, ausdrücklich oder implizit, Gewähr für den Inhalt des
Werkes, etwaige Fehler oder Äußerungen. Der Verlag bleibt im Hinblick auf geografische Zuordnungen
und Gebietsbezeichnungen in veröffentlichten Karten und Institutionsadressen neutral.

Lektorat: Karina Danulat

Springer Vieweg ist ein Imprint der eingetragenen Gesellschaft Springer Fachmedien Wiesbaden GmbH
und ist ein Teil von Springer Nature.
Die Anschrift der Gesellschaft ist: Abraham-Lincoln-Str. 46, 65189 Wiesbaden, Germany

Vorwort zur 3. Auflage

🔲 Autoren

Sascha Richter hat sich als der Nachfolger von Konrad Kuntsche an der Hochschule RheinMain in Wiesbaden gerne bereit erklärt, an der 3. Auflage des Lehrbuchs „Geotechnik – Erkunden, Untersuchen, Berechnen, Ausführen, Messen" mitzuwirken.

Neben der Verbesserung einiger Druckfehler und der Berücksichtigung neuer Normen wurde das Werk nicht nur überarbeitet, sondern auch inhaltlich weiter ergänzt. Fotos und einige Bilder sind nun auch in der gedruckten Fassung farbig dargestellt.

Vor jedem Kapitel steht ein Überblick, am Ende zusammenfassende Schlussfolgerungen und Literaturangaben. DIN-Normen und andere Regelwerke werden ohne weitere Verweise im Text aufgeführt. Diese sind ständigen Änderungen unterworfen, weswegen man sich immer über den aktuellen Stand informieren muss.

Als didaktische Elemente wurden auch diesmal Übersichten, Merksätze, Tipps und Fragen mit einbezogen. Mit der Beantwortung der Fragen am Ende jedes Abschnitts kann jeder Leser seinen erworbenen Kenntnisstand einschätzen. Mit den neuen Flashcards kann der Lehrstoff ergänzend geübt und gelernt werden.

Zusammen mit unserem Band „Geotechnik – Berechnungsbeispiele" können sich Studierende auf Klausuren in der Geotechnik vorbereiten.

Ingenieuren im beruflichen Alltag, die ihre geotechnischen Kenntnisse auffrischen oder ergänzen wollen, werden die beiden Geotechnik-Bände ebenfalls von Nutzen sein.

Auch mit den Segnungen des Internets sind wir sicher, dass sich die Freude am Lernen nur durch die eigenen Anstrengungen einstellt. Schon Aristoteles wusste:

» „Dass man nun die jungen Leute nicht nur zur Unterhaltung erziehen darf, ist ja klar:
Denn das Lernen ist kein Spiel, sondern eine ernste Mühe".

Hier nicht unerwähnt soll der Dank an die Helfer bei der 2. Auflage bleiben: Dipl.-Ing. Jörg Bürkle, Dr.-Ing. Winfried König, Dr.-Ing. Wolfgang Schwarz und Dr.-Ing. Johannes Kuntsche.

Dank zu sagen ist auch unserer Lektorin Karina Danulat vom Springer Vieweg Verlag.

Konrad Kuntsche
Sascha Richter
Februar 2021

Abkürzungsverzeichnis

- Bevor es losgeht, wollen wir noch die Bedeutung wichtiger Abkürzungen voranstellen:

BGS   Baugrubensohle

DIN   das sind Normen, deren aktuelle Fassung ganz leicht unter ▶ https://www.beuth.de/de überprüft werden kann. Manche der DIN-Normen sind bauaufsichtlich eingeführt.

GOF   damit meint man die Geländeoberfläche, die manchmal auch mit GOK als „Geländeoberkante" abgekürzt wird.

GW   damit ist das Grundwasser gemeint – meist an einer Höhenkote angetragen

m ü. NHN   kennzeichnet eine Höhe über dem Meeresspiegel. Das Normalhöhennull (NHN) ist die Bezeichnung der Bezugsfläche, die aus dem Amsterdamer Pegel abgeleitet wurde und die für ganz Deutschland gilt. Achtung: Wenn in Unterlagen nur lokale Höhen angegeben werden, kann viel schief gehen!

VOB   Die Vergabe- und Vertragsordnung für Bauleistungen ist ein dreiteiliges Klauselwerk für die Vergabe und Vertragsbedingungen bei Bauaufträgen. Für Bauaufträge der öffentlichen Hand muss sie, bei privaten Bauverträgen kann sie angewandt werden.

Inhaltsverzeichnis

Einführung

Inhaltsverzeichnis

© Springer Fachmedien Wiesbaden GmbH, ein Teil von Springer Nature 2021
K. Kuntsche, S. Richter, *Geotechnik*, https://doi.org/10.1007/978-3-658-32290-8_1

1

Geotechnik – was ist das?

Übersicht

Erd-, Grund-, Fels-, Tunnel- und Bergbau basieren auf der Boden- und Felsmechanik – also auf physikalischen Grundlagen, soweit diese erforscht und Eingang in die Baupraxis gefunden haben. Bauingenieure, Geologen/Ingenieurgeologen und alle, die sich mit dem Bauen auf, in oder mit Boden bzw. Fels – zusammenfassend nachfolgend immer als *Baugrund* bezeichnet – befassen, können als *Geotechniker* bezeichnet werden.

Geotechniker planen die Baugrunderkundungen, führen diese z. T. auch selbst aus, begleiten von Fachfirmen ausgeführte Erkundungen, untersuchen Proben im Labor und bewerten die Ergebnisse dieser Untersuchungen. Sie versuchen, die Wechselwirkung zwischen Bauwerk und Baugrund zu prognostizieren und untersuchen Boden und Fels auch als Baustoff. Sie führen Nachweise zur Standsicherheit und Gebrauchstauglichkeit, schlagen Bauverfahren vor und begleiten das Bauen mit Messungen.

Geotechniker sind als Fachingenieure in der Planung und der Bauausführung tätig. Einige entwickeln auch Software, bilden Studenten aus und bearbeiten Regelwerke. Als Sachverständige sind sie auch mit geotechnischen Schadensfällen befasst und helfen bei der Schlichtung von Streitigkeiten.

1.1 Das Haus am See und der Weg dorthin

großes Glück

Ein Glückspilz hat davon erfahren, dass er von seinem Verwandten ein Grundstück am Bodensee geerbt hat. Er ist sowohl von der Größe als auch von der Ruhe beeindruckt, die ihm durch das übersandte Foto (◘ Abb. 1.1) vermittelt werden.

Bebaute Umwelt

Auf dem Weg zum Grundstück am See gibt es viele Bauwerke zu sehen: Neben vielerlei

Hochbau

Ingenieurbau

- Wohn-, Geschäfts- und Bürogebäuden
- auch Straßen, Schienenwege, Bahn- und Flughäfen, Kanäle, Uferbefestigungen, Schleusen, Hochwasserschutzeinrichtungen, Häfen,
- Dämme, Einschnitte, Stützkonstruktionen,
- Tunnel, Brücken,

■ **Abb. 1.1**   Grundstück am See

— Kraftwerke, Windkraftanlagen, Staumauern und -dämme,
— Masten, Türme, Seilbahnen,
— Industrieanlagen,
— Steinbrüche, Tagebaue,
— Wasserversorgungs- und Kläranlagen, Deponien,
— Riesenräder, Achterbahnen und anderes mehr.

Die ■ Abb. 1.2 zeigt einen Ausschnitt unserer baulich ge-   Baukultur und Baukunst
stalteten Umwelt. Architekten sind dabei in der Regel mit der
Gestaltung und Ausführung von Hochbauten, Bauingenieure
mit deren statischen Nachweisen, dem Tief- und Ingenieurbau
befasst. Welche Projekte sich mit dem Begriff „Ingenieurbau"
verbinden, ist aus der obigen Aufzählung ersichtlich.

Das Grundstück am See löst nun in Zusammenhang mit
einem möglichen *Hochbau* eine ganze Reihe von Fragen aus.
Zuerst muss der Glückspilz entscheiden, was er bauen möchte:

Ein Einfamilienhaus oder eine Villa, viele kleine Ferien-   Anforderungen …
häuser, eine Hotelanlage oder doch lieber ein Altersheim?

Es ist also zunächst zu klären: … und viele Fragen
— Was darf generell und in welcher Ausgestaltung auf dem
  Grundstück gebaut werden?
— Welche Nutzung soll realisiert werden?

1

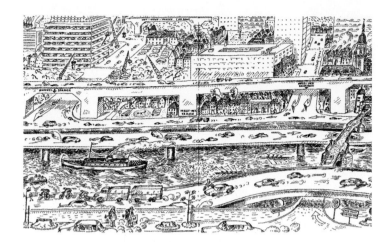

◘ **Abb. 1.2**   Der Weg zum Haus am See (nach Marie Marcks)

- Wer plant das Projekt?
- Wer besorgt die erforderlichen Genehmigungen?
- Wer baut das Objekt in guter Qualität und zu welchem Preis?
- Reichen die Finanzen?
- Welche Rendite ist zu erwarten?

Zur Klärung der Bau-Fragen wird der Glückspilz als künftiger Bauherr (vielleicht erst nach einem Gespräch mit einem Kreditgeber) zunächst einen Entwurfsverfasser befragen.

Der Architekt ist bauvorlageberechtigt.

In aller Regel ist das ein Architekt, der gegenüber der Genehmigungsbehörde über eine Bauvorlageberechtigung verfügt. Der Architekt kennt oder erkundet den möglichen Rahmen eines Bauprojektes und fertigt einen Entwurf, der dem Baurecht entspricht und die Anforderungen erfüllt.

Denn das Bauen ist vielen gesetzlichen Regelungen unterworfen, wobei zunächst einmal zwischen dem privaten und öffentlichen Baurecht zu unterscheiden ist.

Musterbauordnung (MBO)

Die Musterbauordnung (MBO) stellt die Grundlage der jeweiligen Landesbauordnungen dar. In der MBO wird im § 3, Absatz 1 ausgeführt:

» Anlagen sind so anzuordnen, zu errichten, zu ändern und instand zu halten, dass die öffentliche Sicherheit und Ordnung, insbesondere Leben, Gesundheit und die natürlichen Lebensgrundlagen, nicht gefährdet werden.

In der Muster-Liste der technischen Baubestimmungen der Bundesländer werden die Regeln aufgeführt, die beim Bauen beachtet werden *müssen*.

Technische Baubestimmungen

Die Leistungen des Architekten können sich über die gesamte Bauzeit erstrecken. Es wird neben der Entwurfsbearbeitung auch die Ausführungsplanung erstellt. Es werden die Baukosten geschätzt, die sich mit weitergehender Planung immer genauer angeben lassen (vgl. DIN 276). Der Entwurfsverfasser kann auch mit der Bauüberwachung beauftragt und für den erfolgreichen Abschluss der Baumaßnahme verantwortlich sein.

vom Entwurf bis zu den Baukosten

Ein Architekt trägt je nach Umfang seiner Beauftragung somit auch ein unterschiedlich hohes *Haftungsrisiko*.

Haftungsrisiko

Die Auswahl des geeigneten Architekten bzw. des Architekturbüros ist schwierig. Der Glückspilz wird am besten bei mehreren Architekturbüros anfragen und sich mit deren Referenzprojekten beschäftigen.

Bei größeren Projekten schreibt man einen fair geregelten Architektenwettbewerb aus.

Wettbewerb?

Beim *Auditorio* in Santa Cruz auf Teneriffa (❑ Abb. 1.3) hat den Wettbewerb Santiago Calatrava gewonnen. Er hat nicht nur Architektur, sondern auch Bauingenieurwesen studiert – weitere interessante Details zu ihm findet man im Internet. Calatrava formulierte den schönen Satz:

» Die Schwerkraft ist für einen Ingenieur das, was für einen Maler die Farben sind.

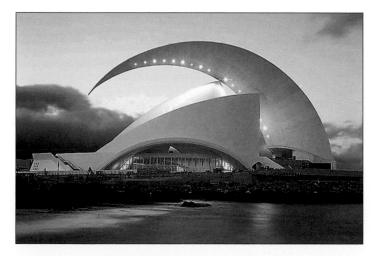

❑ **Abb. 1.3**   Auditorio de Tenerife

1

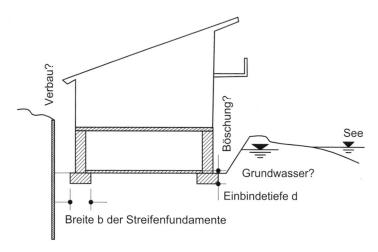

◨ Abb. 1.4   Haus am See

Der Bauingenieur als
Tragwerksplaner

Wenn das Bauwerk entworfen ist, wird als nächster Fachmann ein Bauingenieur hinzugezogen. Der Tragwerksplaner (auch als Statiker bezeichnet) setzt den Entwurf (◨ Abb. 1.4) in das technisch Machbare um. Mit der statischen Berechnung werden von oben nach unten die Lasten des Bauwerkes ermittelt, die dann über Gründungselemente in den Baugrund abgetragen werden.

Bauphysik: Wärme- und
Schallschutz

Bei größeren Projekten wird man ggf. ein Büro für Tragwerksplanung beauftragen, in dem z. B. auch die bauphysikalischen Aufgabenstellungen zum Wärme- und Schallschutz arbeitsteilig bearbeitet werden.

Geotechnische Fragen

Im Zuge der statischen Bearbeitung und in der Weiterentwicklung des Projektes stellen sich jetzt auch geotechnische Fragen, wie z. B. diese:
- Welche Setzungen und Setzungsdifferenzen können von dem Gebäude schadlos aufgenommen werden?
- Wc elche Abmessungen müssen die Fundamente haben, damit sie sich nicht zu viel setzen oder gar versinken?
- Sollte statt der Fundamente eine lastabtragende Bodenplatte ausgeführt werden?
- Muss der Baugrund verbessert werden oder ist sogar eine Tiefgründung notwendig, bei der die Bauwerkslasten z. B. mit Pfählen in tiefer liegende Schichten abgetragen werden?
- Wie ist der Keller (Außenwände, Fußboden) auszuführen, damit nicht zu viel Wärmeenergie verloren geht und kein Wasser und keine Feuchtigkeit eindringen?
- Kann die Baugrube frei geböscht oder muss ein Verbau angeordnet werden?
- Muss der Verbau abgestützt werden und wenn ja, wie?
- Wie kann der Baugrubenaushub verwertet bzw. entsorgt werden?

- Ist der Baugrund kontaminiert?
- Gab es Kriegseinwirkungen auf dem Grundstück?
- Liegen dort irgendwelche Leitungen?
- Muss und darf das Grundwasser abgesenkt werden?
- Muss das gehobene Wasser ggf. gereinigt werden?
- Wo kann es eingeleitet werden?
- Wenn keine Grundwasserabsenkung möglich ist, was ist dann zu tun?
- Ist es sinnvoll, die Heizung mit einer Erdwärmesonde zu unterstützen?
- Kann die Nachbarschaft durch das Bauvorhaben beeinträchtigt werden? Und viele weitere Fragen …

Zur Klärung dieser Fragen wird ein Geotechniker bzw. ein geotechnisches Büro eingeschaltet. Es geht zunächst um die Erarbeitung eines Baugrund- und Gründungsgutachtens. Dieses Gutachten wird nach DIN 4020:2010-12 auch als Geotechnischer Bericht bezeichnet.

Der Geotechniker schreibt den Geotechnischen Bericht.

Welche Themen bis zu welcher Tiefe in diesem Bericht behandelt werden, wird in diesem Lehrbuch ausführlich dargelegt.

Im Zuge der weiteren Projektentwicklung werden sicher noch andere Fachingenieure hinzugezogen. So werden immer Vermessungsarbeiten notwendig, die von öffentlich bestellten Vermessungsingenieuren (ÖbVI) durchgeführt werden. Ggf. müssen auch Fachplaner für die Haustechnik oder auch für Bauphysik beauftragt werden. Je nach Art und Größe des Bauprojektes kann schließlich auch eine Prüfung durch Prüfingenieure bzw. durch die Bauaufsicht erforderlich werden.

Fachingenieure

Nach der Ausschreibung der Bauleistungen werden von den angefragten Baufirmen Angebote und ggf. auch Alternativen zur ursprünglichen Planung, so genannte Sondervorschläge eingereicht. Im Bauvertrag werden schließlich weitere Details zur Ausführung, zu den Kosten, Zahlungen und Terminen usw. geregelt.

Vertrauen und Partnerschaft am Bau

Dann – endlich – kann es losgehen …

1.2 Die geotechnischen Aufgabenfelder

Neben der Erstellung von Baugrund- und Gründungsgutachten sind Geotechniker auch befasst mit der Beratung, Planung und Baubegleitung bei

- der Erstellung tiefer Baugruben (◙ Abb. 1.5),
- der Gründung von Ingenieurbauwerken wie Brücken, Türmen (◙ Abb. 1.6), Masten, Windkraftanlagen (auch im Meer), Seilbahnen, Industrieanlagen, Kraftwerken, Kläranlagen usw.,

Spannende Geotechnik

■ **Abb. 1.5**   Tiefe Baugrube

■ **Abb. 1.6**   … wir sparen 200 Lire, wenn wir den Baugrund nicht untersuchen!

- bei Infrastrukturmaßnahmen, wie z. B. beim Bau von Straßen und Schienenwegen, Ver- und Entsorgungsleitungen, Flughäfen,
- beim Wasserbau und bei der Beseitigung oder Sicherung von Altlasten.

◘ Abb. 1.7   Tagebau Hambach mit Elsdorf (2003)

Als spezielle geotechnische Bauaufgaben sind anzusehen:
- Tiefe Geländeeinschnitte, Tagebaue (◘ Abb. 1.7),
- Stützbauwerke,
- Deiche, Dämme, Talsperren, Schleusen, Sedimentations-
anlagen und Deponien.

Der Tunnel- und Kavernenbau stellt aus naheliegenden Gründen eine besonders interessante (geo)technische Aufgabenstellung dar. Die Innovationsgeschichte von Tunnelbohrmaschinen (TBM) ist ein Beispiel für die rasante Weiterentwicklung der hier zum Einsatz kommenden Bautechnik (◘ Abb. 1.8).   Tunnelbau

   Im Zuge der Bewältigung geotechnischer Aufgabenstellungen haben die Methoden des Spezialtiefbaus, des Erdbaus, des Tunnelbaus, der Abdichtungstechnik und der Messtechnik eine stetige Weiterentwicklung erfahren. Hier hat sich überall Spezial-wissen angesammelt, was sich in unzähligen Veröffentlichungen dokumentiert. Daneben gibt es selbstverständlich auch spezielles „Know-how", was zum Wettbewerbsvorteil als Firmengeheimnis gehütet wird.   Spezialwissen und Wettbewerb

1.3   Regeln für die Geotechnik

Mit *08/15* bezeichnet man einen Gegenstand oder ein Ver-fahren, wenn er oder es als ganz gewöhnlich und/oder langweilig angesehen wird. Wie es zu dieser Redewendung kam, ist um-stritten. Sicher ist, dass es sich bei dem MG 08/15 um das erste für das Deutsche Reich im Jahr 1915 *einheitlich* eingeführte Maschinengewehr handelte. Zuvor konnten Ersatzteile der MGs nicht ausgetauscht werden. Trotz der Vereinheitlichung   08/15 und DIN 1

1

◩ **Abb. 1.8**   Schneidrad der TBM am Katzenbergtunnel (16.07.2005)

der Waffe traten noch häufiger Fehler auf, weswegen man mit 08/15 schnell „Durchschnitt und mindere Qualität" verband.

Die erste *Norm* mit *DIN* bezeichnet, erschien im März 1918 mit der Bezeichnung „DIN 1 – Kegelstifte". Bis heute werden im *DIN Deutsches Institut für Normung e. V.* in Arbeitsausschüssen Standards erarbeitet, die der Vereinheitlichung dienen.

Schrauben und Muttern

Der Nutzen einer Vereinheitlichung von Maschinengewehren, Kegelstiften, Schrauben und den dazugehörigen Muttern liegt auf der Hand. Auch im Bauwesen ist es sinnvoll, die Anforderungen an die Güte und Verwendung von Baustoffen normativ festzulegen. Mit dem Bezug auf die jeweilige Norm erspart man sich viel Mühe und Text, um ein gewünschtes Produkt oder auch ein Verfahren zu bestellen und zu prüfen.

Auch die Arbeit der Geotechniker wird durch diverse Richtlinien beeinflusst. Als grundlegende Regelwerke sind zu nennen

VOB, DIN

— die Vergabe- und Vertragsordnung für Bauleistungen [1],
— die in den Bundesländern bauaufsichtlich eingeführten DIN-Normen und
— sonstige DIN-Normen und ergänzende Regelwerke.

Das umfangreiche Klauselwerk der VOB gliedert sich in drei Teile:

— VOB Teil A: Allgemeine Regeln für die *Vergabe* von Bauleistungen DIN 1960:2012-09
— VOB/B: Allgemeine *Vertragsbedingungen* für die Ausführung von Bauleistungen DIN 1961:2012-09
— VOB/C: Allgemeine *Technische Vertragsbedingungen* für Bauleistungen in der Normenreihe ATV DIN 18 299 bis ATV DIN 18 451.

Von öffentlichen Auftraggebern *muss* die VOB/B als Vertragsbestandteil vereinbart werden, was dann auch den Teil C einschließt.

Öffentliches Baurecht

Wer das Reglement beachtet und befolgt, kann darauf vertrauen, dass er die *anerkannten Regeln der Technik (aRdT)* anwendet. Bei einem Verstoß gegen das Regelwerk ist man bei einem Schadensfall dem Verdacht ausgesetzt, diese Regeln missachtet zu haben.

aRdT

Um ruhiger schlafen zu können, sollte auch der Geotechniker also immer über den aktuellen und eingeführten Stand des Regelwerkes informiert sein und diesen auch soweit verstanden und angewandt haben, dass ihm keine Verstöße nachzuweisen sind.

Wenn in der Geotechnik Versuche ausgeführt werden, deren Ergebnis von der Art der Durchführung abhängt, ist die Versuchsdurchführung genau festzulegen, damit in unterschiedlichen Laboren – bis auf die unvermeidliche Versuchsstreuung – gleiche Ergebnisse erzielbar sind. Diese Versuche – auch als Indexversuche bezeichnet – sind ebenfalls in DIN-Vorschriften genormt.

Indexversuche

Neben dieser einleuchtenden und sinnvollen Normungsarbeit wurde versucht, auch die Arbeit der Ingenieure zu normen. Dabei ging es den hier beteiligten Fachleuten darum, für die unterschiedlichen Bauaufgaben ein ausreichendes Sicherheitsniveau zu definieren und Verfahren zu nennen oder auch vorzuschreiben, mit denen dieses Niveau nachgewiesen werden kann bzw. muss.

Genormte Ingenieure?

Um es gleich vorweg zu nehmen: Die jahrzehntelange Normungsarbeit hat – nicht nur in der Geotechnik – neben tri-

1

vialen Binsenweisheiten in weiten Bereichen ein Dickicht von z. T. unverständlichen, widersprüchlichen und auch falschen Texten hervorgebracht.

Die Liste der prominenten Kritiker der Normentexte ist lang. Die berechtigte Kritik hat u. a. auch zur Gründung der Initiative PraxisRegelnBau (▶ www.initiative-prb.de) geführt, in der versucht wird, das Dickicht wieder zu lichten. Man darf auf die künftigen Ergebnisse der Initiative gespannt sein.

Da der derzeitige Stand zumindest teilweise auch bauaufsichtlich eingeführt ist, soll hier kurz auf das Regelwerk eingegangen werden.

Die Eurocodes

Im Zuge des europaweiten Abbaus von Handelshindernissen und der Harmonisierung von Ausschreibungen wurden im Europäischen Komitee für Normung (CEN) europaweit geltende Regeln, die Eurocodes (EC) 0 bis 9, für die Bemessung im Bauwesen erarbeitet. Für den Ingenieurbau wurden die folgenden Normen (in insgesamt 58 Teilen auf 5219 Seiten) in Deutschland eingeführt:

- DIN EN 1990, Eurocode: Grundlagen der Tragwerksplanung
- DIN EN 1991, Eurocode 1: Einwirkungen auf Tragwerke
- DIN EN 1992, Eurocode 2: Bemessung und Konstruktion von Stahlbeton- und Spannbetontragwerken
- DIN EN 1993, Eurocode 3: Bemessung und Konstruktion von Stahlbauten
- DIN EN 1994, Eurocode 4: Bemessung und Konstruktion von Verbundtragwerken aus Stahl und Beton
- DIN EN 1995, Eurocode 5: Bemessung und Konstruktion von Holzbauten
- DIN EN 1996, Eurocode 6: Bemessung und Konstruktion von Mauerwerksbauten
- DIN EN 1997, Eurocode 7: Entwurf, Berechnung und Bemessung in der Geotechnik
- DIN EN 1998, Eurocode 8: Auslegung von Bauwerken gegen Erdbeben
- DIN EN 1999, Eurocode 9: Bemessung und Konstruktion von Aluminiumtragwerken

EC 7: Geotechnik

Aus der Übersicht ist zu ersehen, dass sich der EC 7 auf die Geotechnik bezieht. Die deutsche Übersetzung des EC 7, Teil 1 [3] wird genauer – und ziemlich sperrig – wie folgt bezeichnet:

❯ **Wichtig**
DIN EN 1997-1:2014-03
„Eurocode 7 – Entwurf, Berechnung und Bemessung in der Geotechnik – Teil 1: Allgemeine Regeln; Deutsche Fassung EN 1997-1:2004 + AC:2009 + A1:2013"

In dieser Norm werden auch die geotechnischen Einwirkungen bei Gebäuden und Ingenieurbauwerken geregelt. Es werden die geotechnischen Anforderungen an die Festigkeit, Standsicherheit, Gebrauchstauglichkeit und Dauerhaftigkeit für Bauwerke behandelt.

Der Lastfall Erdbeben wird ergänzend dazu in EC 8 betrachtet. Nicht behandelt werden hierbei z. B. Maßnahmen zum Wärme- und Schallschutz und zur Abdichtung.

Im Teil 2 der DIN EN 1997 werden Anforderungen für die Durchführung und Auswertung von Feld- und Laborversuchen aufgeführt.

In EC 7 werden Grundsätze – mit einem P markiert – von Anwendungsregeln unterschieden, die durch eine in Klammern gesetzte Nummer kenntlich gemacht sind. Von den Grundsätzen darf nicht abgewichen werden.

Grundsätze P und Anwendungsregeln

Ein Arzt ist verpflichtet, das Leben seiner Patienten zu erhalten. Der Geotechniker hat nach der Normung folgendem Grundsatz zu folgen:

Von P darf nicht abgewichen werden!

❯ (1)P Bei jeder geotechnischen Bemessungssituation muss sichergestellt sein, dass kein maßgebender, nach EN 1990:2002 definierter Grenzzustand überschritten wird.

Diese Selbstverständlichkeit wurde dem EC 7 Teil 1 (▶ Abschn. 2.1) entnommen.

Neben dem EC 7 sind in Deutschland auch dessen Nationaler Anhang (DIN EN 1997-1/NA:2010-12) und die DIN 1054:2010-12 inklusive ihrer Änderungen zu beachten. Im Normen-Handbuch Eurocode 7 Geotechnische Bemessung [2] (allerdings von 2011) wurden die Texte der unterschiedlichen Quellen zusammengestellt, um eine Handhabung des Regelwerks in der Baupraxis zu erleichtern.

Auf die 256 Seiten des Handbuches ausführlicher einzugehen, würde den Rahmen dieses Lehrbuchs sprengen, zumal abzusehen ist, dass demnächst eine neue Generation der Eurocodes mit einem dann sogar dreiteiligen EC 7 veröffentlicht wird. Einige Begriffe und Ausführungen aus [2] bzw. dem Teil 1 des EC 7 sollen hier dennoch und beispielhaft für die verwendete Sprache kurz angeführt und erläutert werden.

Regelwut

Jedes Bauvorhaben wird zunächst in eine Geotechnische Kategorie – abgekürzt GK 1, GK 2 oder GK 3 – eingeordnet. Nur bei GK 1 besteht ein vernachlässigbares *Risiko*, weswegen Erfahrungswerte und qualitative geotechnische Untersuchungen ausreichend sind. Bei GK 2 und GK 3 werden weitergehende geotechnische Untersuchungen notwendig, mit denen ein *Sachverständiger für Geotechnik* zu beauftragen ist. Welche weiteren Konsequenzen sich aus der Einstufung in die Geotechnischen Kategorien ergeben, erschließt sich aus den Normentexten nicht.

Risiko und Geotechnische Kategorie

1

◼ **Tab. 1.1**   Grenzzustände mit ihren Abkürzungen

Hydraulischer Grundbruch	HYD	hydraulic
Aufschwimmen	UPL	uplift
Lagesicherheit (Kippen, Abheben)	EQU	equilibrium
Versagen von Bauteilen	STR	structural
Versagen des Baugrunds	GEO-2	geotechnical
Verlust der Gesamtstandsicherheit	GEO-3	
Gebrauchstauglichkeit	SLS	serviceability limit state

Bemessungssituation

Bei den geotechnischen Nachweisen müssen *Bemessungssituationen* berücksichtigt werden. Nach DIN 1054 wird unterschieden in

- BS-P: Ständige (persistent) Situationen mit ständigen und regelmäßig auftretenden veränderlichen Einwirkungen,
- BS-T: Vorübergehende (transient) Situationen,
- BS-A: Außergewöhnliche (accidental) Situationen,
- BS-E: Erdbeben.

Teilsicherheiten

Den Nachweisen liegt das Teilsicherheitskonzept zu Grunde, bei dem die ungünstigen Einwirkungen bzw. Beanspruchungen mit Faktoren $\gamma_{Index} \geq 1$ multipliziert und die Widerstände mit Faktoren $\gamma_{Index} \geq 1$ dividiert werden. Die Teilsicherheitsbeiwerte hängen von den jeweiligen Nachweisen und den Bemessungssituationen ab. Auf eine Wiedergabe der einzelnen Teilsicherheitsbeiwerte wird hier verzichtet – sie sind der jeweils letzten veröffentlichten Fassung des Regelwerkes zu entnehmen.

Bei den Nachweisen der unterschiedlichen Grenzzustände werden die in [3] aufgeführten Abkürzungen verwendet (◼ Tab. 1.1).

Zum Gebrauch der Normensprache soll hier abschließend aus dem ▶ Abschn. 2.4 *Geotechnische Bemessung auf Grund von Berechnungen* des EC 7-1 zitiert werden:

Normensprache

» (2) Es sollte berücksichtigt werden, dass die Kenntnis der Baugrundverhältnisse vom Umfang und von der Güte der Baugrunduntersuchungen abhängt. Deren Kenntnis und die Überwachung der Bauarbeiten sind im Allgemeinen wichtiger für die Einhaltung der grundsätzlichen Anforderungen als die Genauigkeit der Rechenmodelle und Teilsicherheitsbeiwerte.

(3)P Das Rechenmodell muss beschreiben, welches Baugrundverhalten im untersuchten Grenzzustand vorausgesetzt wird.

(4)P Falls für einen speziellen Grenzzustand kein zuverlässiges Rechenmodell zur Verfügung steht, muss der Nachweis mit einem anderen Grenzzustand geführt werden, wobei Teilsicherheitsbeiwerte anzusetzen sind, mit denen gesichert ist, dass der speziell zu untersuchende Grenzzustand nicht überschritten wird. Alternativ ist die Bemessung mit zulässigen Werten, Modellversuchen und Probebelastungen auszuführen oder die Beobachtungsmethode anzuwenden.

Diese Abschnitte enthalten einige typische Merkmale von Normentexten. Folgende Fragen könnte man stellen:

Sinn und Unsinn

- Was folgt für den Anwender, wenn es heißt „*sollte*"?
- Was ist unter „*Einhaltung der grundsätzlichen Anforderungen*" zu verstehen?
- Ist die Information (2) nicht trivial? Wie soll der Leser damit umgehen?
- Meint man unter (3), dass das Rechenmodell das Baugrundverhalten (?) in angemessener Form berücksichtigen soll?
- Was muss nun nach (4) eigentlich gemacht werden? Oder wurde das alles nur falsch übersetzt?

Neben EC 7 und DIN 1054 sind in Deutschland auch weitere nationale DIN-Normen zu beachten. Die in unserem Zusammenhang besonders wichtigen Normen sind in ◘ Tab. 1.2 aufgeführt.

◘ Tab. 1.2 Wichtige nationale Normen zur Geotechnik

DIN 4017:2006-03	Baugrund – Berechnung des Grundbruchwiderstands von Flächengründungen
DIN 4018:1974-09	Baugrund – Berechnung der Sohldruckverteilung unter Flächengründungen
DIN 4019:2011-08	Baugrund – Setzungsberechnungen
DIN 4020:2010-12	Geotechnische Untersuchungen für bautechnische Zwecke – Ergänzende Regelungen zu DIN EN 1997-2
DIN 4084:2009-01	Baugrund – Geländebruchberechnungen
DIN 4085:2011-01	Baugrund – Berechnung des Erddrucks
DIN 4123:2013-03	Ausschachtungen, Gründungen und Unterfangungen im Bereich bestehender Gebäude
DIN 4124:2012-01	Baugruben und Gräben – Böschungen, Verbau, Arbeitsraumbreiten

1

In diesem Lehrbuch wird nicht detaillierter auf diese vielen Normen eingegangen. In der Praxis müssen sie ohnehin jeweils in ihrem letzten Stand der Veröffentlichung gesondert studiert und dann eben auch angemessen berücksichtigt werden.

1.4 Risiko

Nach dem Regelwerk wird jedes Bauvorhaben in eine Geotechnische Kategorie eingeordnet. Zur Beherrschung normaler und hoher Risiken, also bei GK 2 und GK 3, muss ein Sachverständiger für Geotechnik hinzugezogen werden. Damit erschöpft sich das Risikomanagement nach den aRdT, wobei gar nicht geklärt ist, wer sich als Sachverständiger für Geotechnik bezeichnen darf.

No risk – no fun!

Einzufordern wäre demgegenüber, dass alle Risiken
- zunächst zu identifizieren sind.
- Im zweiten Schritt müssen sie quantifiziert werden und
- drittens muss überlegt werden, welche Maßnahmen zu ergreifen sind.

Hilfreich ist zunächst eine Definition des Risikos:

> **Wichtig**
> Ein Risiko ist die kalkulierte Prognose eines möglichen Schadens.

Eine einleuchtende Berechnung des Risikos wäre mit dieser Gleichung möglich:

$$\text{Risiko} = \text{Schadensausmaß}$$
$$\text{x Eintrittswahrscheinlichkeit} \qquad (1.1)$$

Versicherungsmathematiker beschäftigen sich professionell mit Risiken, indem sie z. B. die Beiträge der Berufshaftpflichtversicherung der Architekten, Tragwerksplaner oder auch Sachverständigen für Geotechnik ermitteln. Damit wird deutlich, dass ein Risiko – wenn es denn bekannt und benannt ist – prinzipiell kalkulierbar ist. Prinzipiell deswegen, weil man hier einwenden könnte, dass man die Wahrscheinlichkeiten im Grunde nicht kennt.

Risiko Störfall

Für die Berechnung des Risikos eines Störfalls in einem Kernkraftwerk wird das Ergebnis auch davon abhängen, wer die Experten bezahlt und/oder welche politische Einstellung sie haben.

Nicht berechenbar sind demgegenüber die Unwissenheit, Unsicherheit und Ungewissheit. Hier spricht man oft auch von einem Restrisiko.

In der DIN 4020:2010-12 wird auch das Baugrundrisiko als Restrisiko bezeichnet. Hier heißt es:

» Baugrundrisiko
  ein in der Natur der Sache liegendes, unvermeidbares Restrisiko, das bei Inanspruchnahme des Baugrunds zu unvorhersehbaren Wirkungen bzw. Erschwernissen, z. B. Bauschäden oder Bauverzögerungen, führen kann, obwohl derjenige, der den Baugrund zur Verfügung stellt, seiner Verpflichtung zur Untersuchung und Beschreibung der Baugrund- und Grundwasserverhältnisse nach den Regeln der Technik zuvor vollständig nachgekommen ist und obwohl der Bauausführende seiner eigenen Prüfungs- und Hinweispflicht Genüge getan hat.

Welche Prüfungs- und Hinweispflicht der Bauausführende hinsichtlich der Baugrund- und Grundwasserverhältnisse hat, wird in der DIN 4020 nicht ausgeführt.

Ferner soll hier weiter richtiggestellt werden:

Normalerweise stellt der Bauherr zwar den Baugrund zur Verfügung. Bei ihm kann aber in aller Regel davon ausgegangen werden, dass er keine bauspezifischen Fachkenntnisse hat. Er ist zunächst auch nicht verpflichtet, die Baugrund- und Grundwasserverhältnisse untersuchen und beschreiben zu lassen.

Erst wenn die VOB im Bauvertrag vereinbart wird, dann ändert sich das. In VOB Teil A wird unter *§ 7 Leistungsbeschreibung* unter 6. ausgeführt:

» 6. Die für die Ausführung der Leistung wesentlichen Verhältnisse der Baustelle, z. B. Boden- und Wasserverhältnisse, sind so zu beschreiben, dass der Bewerber ihre Auswirkung auf die bauliche Anlage und die Bauausführung hinreichend beurteilen kann.

Wenn vertraglich nicht ausdrücklich anders geregelt, trägt dann auch der Bauherr das Baugrundrisiko.

Der Entwurfsverfasser (Planer), die Bauleitung und Bauausführung sind immer für die Einhaltung der technischen Baubestimmungen verantwortlich.

Das vom Sachverständigen für Geotechnik (bei GK 2 und GK 3) erstellte Baugrund- und Gründungsgutachten ist dann ein wichtiger Teil der Vergabeunterlagen, wenn die VOB zu beachten ist. Im zu erstellenden Gutachten müssten idealerweise die Risiken benannt, quantifiziert und Maßnahmen aufgeführt werden, wie ihnen zu begegnen ist.

Verbleiben beim Geotechniker Unsicherheiten und Ungewissheiten, muss er dies zum Ausdruck bringen. Zum Beispiel müssen dann bei Bedarf auch weitere Erkundungen und/oder baubegleitende Messungen und Maßnahmen – im Sinne der *Beobachtungsmethode* – vorgeschlagen bzw. eingefordert werden.

1

Punktuelle Aufschlüsse

Dass bei den durchgeführten punktuellen Baugrundaufschlüssen noch immer Unsicherheiten verbleiben, ist trivial. Diese sind jedoch bei Erfüllung der Sorgfaltspflicht des geotechnischen Sachverständigen vernachlässigbar, denn er hat

- ausreichende Recherchen zum Baugrundstück durchgeführt,
- die Art, Anzahl, Lage und Tiefe der Baugrunderkundungen sorgfältig gewählt, richtig interpretiert und
- die Wechselwirkung von Baugrund und Grundwasser mit dem Bauwerk richtig berücksichtigt und ggf.
- die Beobachtungsmethode vorgesehen.

Prüfung

Bei schwierigeren Projekten wird es auch notwendig sein, die geotechnischen Ausarbeitungen von einem unabhängigen Dritten prüfen zu lassen.

Chancen für Nachträge

Auf einen Aspekt soll hier noch hingewiesen werden: Unzureichende geotechnische Unterlagen können dazu führen, dass von den Baufirmen teure Nachträge gestellt werden. So erwachsen aus dem Baugrundrisiko auch Chancen – als Vorteil für die ausführenden Firmen.

1.5 Beobachtungsmethode

Trotz sorgfältig ausgeführter geotechnischer Untersuchungen und Berechnungen ist es oft notwendig, das Baugeschehen aus geotechnischer Sicht weiter zu begleiten. So kann es beispielsweise vorkommen, dass das Erkundungsraster und/oder die -methoden diverse „Überraschungen" im Baugrund doch nicht bzw. nicht ausreichend aufgedeckt haben.

Vor Prognosen soll man sich unbedingt hüten, vor allem vor solchen über die Zukunft (Mark Twain)

Zum zweiten können die sich beim Bauen ergebenden Wechselwirkungen zwischen Baugrund, Grundwasser und Bauwerk nicht verlässlich genug (rechnerisch) prognostiziert werden. Um wieviel sich beispielsweise eine Baugrubenwand durchbiegt und was das für die Nachbarbebauung bedeutet, kann im Vorhinein nur rechnerisch abgeschätzt werden.

Ein weiterer Gesichtspunkt spricht dafür, dass alles genau beobachtet wird: Es wird während der Bauausführung von der Planung gewollt oder auch ungewollt abgewichen.

Durch die Beobachtungen und Messungen kann eine Schadensentwicklung allerdings nur dann frühzeitig erkannt werden, wenn sie sich ankündigt. Bei einem plötzlichen (spröden) Versagen können Messungen auch nicht weiterhelfen. Das Risikomanagement muss also auch klären, ob ein System ausreichend *duktil* ist.

Beweissicherung, Nullmessungen

Das Beobachten setzt schon vor dem eigentlichen Baubeginn bei der Beweissicherung (vgl. ▶ Abschn. 10.1.2) ein, bei der qualifizierte Ingenieure die Umgebungsbedingungen studieren und dokumentieren. Zu diesem Zeitpunkt können auch schon „Nullmessungen" notwendig sein, die den Zustand vor Baubeginn dokumentieren.

In ◘ Abb. 1.9 sieht man zwei Lote, mit denen eine mögliche Verkippung des Bauwerks für jedermann leicht sichtbar wird. Nebenan wurde eine tiefe Baugrube ausgehoben, die zu einer Verkippung des Bauwerks hätte führen können. Damit soll auch klar werden, dass die Messungen nicht nur durchgeführt, sondern auch umgehend bewertet werden müssen.

Während des Baufortschritts werden die Beobachtungen durch Kontrolluntersuchungen und weiteren Messungen ergänzt, wozu ein Qualitätssicherungsprogramm (QSP) bzw. ein

QSP

◘ **Abb. 1.9**   Lote an einem Bauwerk neben einer tiefen Baugrube

1

Maßnahmen

Messprogramm erstellt wird. Dass hierzu viel Fachwissen erforderlich ist, zeigt (natürlich als kleiner Scherz) die ◘ Abb. 1.10. Auf baubegleitende Messungen wird später noch genauer im ▸ Kap. 11 eingegangen.

Im Sinne des EC 7 müssen neben den Messungen aber auch rechtzeitig vorab *Maßnahmen* überlegt werden, die dann ergriffen werden, wenn Grenzwerte erreicht bzw. überschritten werden. Erst durch die Definition der Maßnahmen wird die Beobachtungsmethode vollständig realisiert.

Diese logischen und überaus einleuchtenden Arbeitsschritte sollten letztendlich zu einem schadensfreien Bauen führen.

Wenn nun alles untersucht, geplant und kontrolliert wird, stellt sich natürlich die Frage, warum dennoch beim Bauen so oft Kosten explodieren, Bauzeiten nicht eingehalten werden und warum sich so viele Schadensfälle ereignen.

◘ **Abb. 1.10**   Beobachtungsmethode

1.6 Prototypen und Neuland

Obwohl auf der Erde schon sehr viel gebaut wurde, gehört es zur allgemeinen Lebenserfahrung, dass dabei noch immer sehr viel schief gehen kann.

Die Negativ-Liste des Bauens ist ziemlich lang. Sie reicht von der

— Knick-Pyramide im alten Ägypten (● Abb. 1.11) über den berühmten
— Turm von Pisa (● Abb. 1.6)

Ist das Bauen Glücksache?

bis hin zu den immensen Kosten- und Terminüberschreitungen beim Bau des
— Flughafens Berlin Brandenburg,
— der Elbphilharmonie in Hamburg und beim Projekt
— „Stuttgart 21“.

Einige desaströse Schäden stehen der Geotechnik sehr nahe: So hebt sich beispielsweise seit 2007 – verursacht durch Geothermie-Bohrungen – der Stadtkern von Staufen im Breisgau. Im ► Kap. 13 wird dazu – wie auch zum Einsturz des Kölner Stadtarchives – näheres ausgeführt.

Hebungen

Die Gründe für die vielen Schadensfälle sind vielfältig. So wurden im Bereich des Tiefbaus in [4] 567 Schadensfälle nach Schadensursachen ausgewertet. In ● Tab. 1.3 sind einige Daten dazu aufgeführt.

Es zeigt sich hier, dass beinahe die Hälfte der Schäden bei Baugruben-, Graben-, Unterfangungs- und Gebäudesicherungsarbeiten allein auf Planungs- und Berechnungsfehler zurückzu-

Planungsfehler

● **Abb. 1.11**   Knickpyramide (Dahschur)

1

◘ **Tab. 1.3**   Bauschadensquellen im Tiefbau nach [4]

Ursache	Anteile in %
Planungs- und Berechnungsfehler	45,9
Ausführungsfehler	27,9
Unzureichende Vorbereitung und Erkundung	18,5
Menschliches Fehlverhalten	4,9
Unzureichende Koordinierung	1,8
Nutzungsfehler	1,0

führen ist, wobei eine unzureichende Vorbereitung und Erkundung (mit 18,5 %) eigentlich auch zu den Planungsfehlern zählen.

Zwei Gründe für den Ärger und die Schäden am Bau liegen nahe: Es werden meist Prototypen hergestellt und es wird in aller Regel eben auch Neuland betreten – im wahrsten Wortsinn.

❯ **Wichtig**
Zur erfolgreichen Bebauung von Neuland ist geotechnische Fachberatung notwendig.

1.7   Ziele geotechnischer Arbeit

Fassen wir zusammen:

Wie in ◘ Abb. 1.12 schematisch dargestellt, dürfen die von den Architekten und Bauingenieuren geplanten Bauwerke nicht

- einbrechen,
- umkippen
- weggleiten,
- abrutschen,
- versinken,
- auftreiben und es darf auch
- kein hydraulischer Grundbruch auftreten.

Diese Versagensarten werden auch als die Grenzzustände der Tragfähigkeit (ultimate limit state, ULS) bezeichnet.

Grenzen

Die Bauwerke dürfen sich aber auch nicht
- zu sehr setzen oder auch heben und
- zu große Setzungs- oder Hebungsunterschiede bzw.
- Schiefstellungen aufweisen.

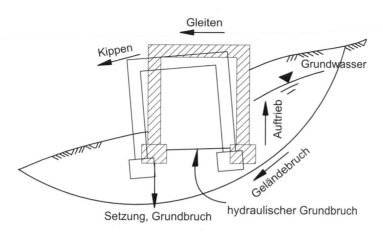

◘ **Abb. 1.12**   Versagensarten eines Bauwerks

Wenn sich ein Bauwerk zu sehr setzt oder schief stellt, spricht man gemäß EC 7 – ziemlich unglücklich – von dem Grenzzustand der Gebrauchstauglichkeit (serviceability limit state, SLS).

> Die Gebrauchstauglichkeit könnte für jedes Bauwerk einfach und klar definiert werden. Beispielsweise könnte man festlegen: *Die Setzungen dürfen nicht größer als 2,5 cm werden, wobei die Setzungsdifferenz zwischen Achse A und B kleiner gleich 1 cm sein muss.*

Ferner dürfen die Bauwerke auch keine zu großen Wärmeverluste und Frostschäden erleiden oder nasse Stellen aufweisen. Es muss für ausreichenden Schallschutz und eine lange Lebensdauer gesorgt werden. Das alles soll auch noch mit nachhaltiger Bauweise verwirklicht werden …

Der Geotechniker trägt dazu bei, dass die jeweils aus geotechnischer Sicht gestellten *Anforderungen* mit geringstem Kostenaufwand erfüllt werden.

Sinnvollerweise sind somit die folgenden 5 Schritte zu gehen, um sicher und wirtschaftlich zu bauen:

1. **Klärung der Aufgabenstellung**

Erst wenn die Aufgabenstellung, das Bauvorhaben gut verstanden und die Risiken erkannt und auch benannt wurden, können geotechnische Untersuchungen sinnvoll geplant werden. Die geotechnischen Planungen werden selbstverständlich auch durch den vorliegenden Planungsstand des Projektes selbst beeinflusst.

Benenne die Risiken!

1

2. Baugrunderkundung

Ermittle die Grundlagen!

Grundlage für viele geotechnische Aufgaben ist die Erkundung der Baugrund- und Grundwasserverhältnisse. Die Baugrunderkundungen werden an das Projekt und die Baugrundverhältnisse angepasst. Die Ergebnisse werden ausgewertet und bewertet: Es wird ein *Baugrundmodell* erstellt. Dieses Modell beschreibt die Verhältnisse so detailliert, wie es für die Bauaufgabe sinnvoll und erforderlich ist. Die Erkenntnisse zum Baugrund und zum Grundwasser erlauben eine neue Bewertung der Risiken im Projekt.

Mangelhafte Erkundungen und/oder deren falsche Bewertung zählen zu den häufigen geotechnischen Schadensursachen, wobei insbesondere falsche Einschätzungen zum Wasser im Baugrund fatale Auswirkungen nach sich ziehen können.

3. Laborversuche

Zu teuer?

Mit bodenmechanischen und chemischen Laborversuchen können die messbaren Eigenschaften der im geotechnischen Sinne zu unterscheidenden Homogenbereiche untersucht, klassifiziert und quantifiziert werden. Aus Kostengründen wird in der Praxis leider häufig auf Laborversuche verzichtet.

4. Planung und Berechnungen

Detaillierte Planung ist der Schlüssel zum Erfolg

Die Planung wird den gewonnenen Erkenntnissen zum Baugrund und zum Grundwasser angepasst. Mit Berechnungen wird gezeigt, dass die gewählte Konstruktion gebrauchstauglich und ausreichend tragfähig bzw. standsicher ist. Die Ausführungsplanung mit den Berechnungen wird dabei in aller Regel nicht von Geotechnikern, sondern von Tragwerksplanern erbracht.

5. Bauausführung mit Kontrollen und Messungen

Während der Bauausführung wird die Planung umgesetzt. Jede noch so gute Planung wird im Zuge des Bauens angepasst werden müssen. Hier bedarf es einer ausreichenden Flexibilität und Teamfähigkeit, die sich durch rege und offene Kommunikation auszeichnet.

Lenin (?): Vertrauen ist gut, Kontrolle ist besser!

Die baubegleitenden Kontrollen und Messungen dienen zum einen der Qualitätssicherung. Zum andern muss aber auch dem Umstand Rechnung getragen werden, dass trotz aufwendiger Erkundungen, sorgfältiger Laborversuche und vieler Berechnungen dennoch die Prognosen unsicher bleiben.

Beobachtungsmethode

Um den Unsicherheiten zu begegnen, werden begleitende Kontrollen und Messungen so durchgeführt, dass bei Abweichungen von den Erwartungen das Baugrundmodell angepasst und beim Erreichen bestimmter Grenzwerte entsprechende Gegenmaßnahmen eingeleitet werden können.

1.8 Qualifikation und Wettbewerb der Geotechniker

Geotechniker betätigen sich als Einzelunternehmer, sind aber auch in Planungsbüros, in Verwaltungen und natürlich auch bei den ausführenden Firmen beschäftigt. Sie forschen und lehren, entwickeln Software und arbeiten in diversen Normenausschüssen mit.

Wenn etwas schiefgegangen ist, sind Geotechniker auch zur Stelle, um entsprechende Sachverständigengutachten zu verfassen.

Mitunter kommt es vor, dass man sich vor Gericht nicht nur mit Bauherrn, Planern und Firmen, sondern auch mit seinem Fachkollegen streitet, wobei hier dann auch gelegentlich die fachliche Wahrheit und Ehrlichkeit zu Gunsten von Parteiinteressen zur Strecke gebracht wird.

Die zwei nachfolgend aufgeführten Sachverständigen dürfen aufgrund von Zulassungsverfahren ihre Bezeichnung führen: So wird seit 1998 bei der Bundesingenieurkammer ein Verzeichnis von *„Anerkannten Sachverständigen für Erd- und Grundbau nach Bauordnungsrecht"* [5] geführt.

Sachverständiger …

In der Beschreibung der Qualifikation dieser Sachverständigen heißt es:

» Zu den Aufgaben des „anerkannten Sachverständigen für Erd- und Grundbau nach Bauordnungsrecht" gehört es, die Bauaufsichtsbehörden oder die von ihr beauftragten Personen oder Stellen auf dem Gebiet der Bodenmechanik und des Erd- und Grundbaus bei der Beurteilung:
  1. Der Baugrundverformung und ihrer Wirkung auf die bauliche Anlage (Boden-Bauwerk-Wechselwirkung),
  2. der Sicherheit der Gründung der baulichen Anlage,
  3. der getroffenen Annahmen,
  4. der bodenmechanischen Kenngrößen

zu beraten und hierüber ein Gutachten anzufertigen.

Neben diesen Sachverständigen sind auch die von den örtlichen Industrie- und Handelskammern bzw. Ingenieurkammern *öffentlich bestellten und vereidigten Sachverständigen* z. B. für die Fachgebiete Bodenmechanik, Erd- und Grundbau, Felsmechanik usw. als Gutachter tätig.

Ohne die oben aufgeführten ergänzenden Zusätze darf sich im Übrigen jeder, der das will, als Sachverständiger bezeichnen, da diese „Berufsbezeichnung" bislang nicht geschützt ist.

… darf sich jeder nennen

Für den im Regelwerk genannten Sachverständigen für Geotechnik gibt mit Stand 03.03.2015 eine Empfehlung des Arbeitskreises AK 2.11 der Fachsektion „Erd- und Grundbau"

1

der DGGT e. V., in der Anforderungen an Sachkunde und Erfahrung formuliert wurden. Diese sind eigenverantwortlich nachzuweisen.

Wodurch unterscheidet sich geotechnische Planungsarbeit von anderen Planungen am Bau?

Bei der Tragwerksplanung sind die Materialeigenschaften der Baustoffe weitgehend bekannt bzw. können entsprechend eingestellt werden. Deswegen können die statischen Berechnungen für eine Konstruktion überall in der Welt erstellt werden. Für die Gründung des Bauwerks allerdings müssen die örtlich vorhandenen Baugrund- und Grundwasserverhältnisse untersucht und berücksichtigt werden.

Erfahrung – ein wertvoller Schatz der Geotechnik

So ist verständlich, dass sich bei den vor Ort tätigen Geotechnikern Spezialwissen ansammelt. Es entsteht durch die vertiefte Kenntnis der regionalen geologischen und hydrologischen Verhältnisse und erwächst durch die Erfahrungen, die bei der Abwicklung von (ähnlichen) Bauvorhaben in der Region gewonnen wurden. So verfügen geotechnische Büros nach vielen Jahren Beratungstätigkeit über ein wertvolles Archiv. Dort sind Ergebnisse von Laborversuchen, von baubegleitenden Messungen und Texte von früheren Gutachten abgelegt – Daten, die mit dem Einsatz moderner Computertechnik am jeweiligen Arbeitsplatz schnell verfügbar sind.

Aus der erfolgreichen Beratungstätigkeit erwächst dann Vertrauen, welches auch für weitere Aufträge sorgt.

Geotechniker im (Preis) Wettbewerb?

Geotechnische Beratung ist selbstverständlich nicht kostenlos zu haben. Wie soll nun aber ein Bauherr oder sein Architekt beurteilen können, welches Büro für Geotechnik zu beauftragen ist? Da ist guter Rat dann teuer, wenn keine Erfahrung und kein Vertrauen vorhanden ist – etwa vergleichbar mit einem Besuch eines Patienten bei einem ihm unbekannten Facharzt.

Vielleicht wird ein privater Bauherr in Erwägung ziehen, aus Kostengründen auf geotechnische Beratungsleistung gänzlich zu verzichten. Wenn ihm bzw. dem beteiligten Entwurfsverfasser dies zu riskant erscheint, wird er die Preise für die Leistungen bei unterschiedlichen Geotechnikern abfragen und dann wahrscheinlich den billigsten Bieter beauftragen, ohne jede Möglichkeit, die jeweils angebotenenen Leistungen auch zu vergleichen.

Bei öffentlichen Auftraggebern unterlagen früher geotechnische Leistungen keinem Preisvergleich. In der Verordnung über die Honorare für Leistungen der Architekten und der Ingenieure (HOAI) war das Honorar für die geotechnische Beratung geregelt.

In der Neufassung der HOAI vom 10.07.2013 sind demgegenüber die Leistungen der Geotechniker nur noch als

Beratungsleistungen aufgeführt. Daraus folgt, dass jetzt auch für öffentliche Auftraggeber die Honorare frei verhandelbar sind.

Um es auf den Punkt zu bringen: Es gibt immer einen, der Baugrunderkundungen, Laborversuche und Beratung noch billiger anbietet. Kann aber der billigste auch gleichzeitig der beste Berater sein?

Billiger geht immer!

Hier sei nur kurz an John Ruskin (um 1900) erinnert mit seiner Weisheit:

» „Es gibt kaum etwas auf dieser Welt, das nicht irgendjemand etwas schlechter machen und etwas billiger verkaufen könnte, und die Menschen, die sich nur am Preis orientieren, werden die gerechte Beute solcher Machenschaften ....“

Nach dieser Weisheit sollte man auch die Praxis in Frage stellen, nach der die öffentliche Hand oft den billigsten Bieter beauftragen muss.

1.9 Ausblick

Im geotechnischen Regelwerk wurde versucht, u. a. mit Einführung der Geotechnischen Kategorien, des Sachverständigen für Geotechnik und der eingeforderten Sicherheitsnachweisen Schadensfälle zu vermeiden.

Bis heute gibt es allerdings keine *gesetzlichen* Regelungen zur Aufstellung (oder gar zur Prüfung) geotechnischer Gutachten. Die Gutachten sind nicht verpflichtend und unterliegen neuerdings auch bei öffentlichen Auftraggebern dem Preiswettbewerb. Es werden keine Nachweise zur Qualifikation der Sachverständigen eingefordert. Schließlich denken Entscheidungsträger in der Politik über weitere Deregulierungen im Bauwesen nach. Ob dies alles zu künftigen Verbesserungen im Tempel der Geotechnik (◧ Abb. 1.13) führt, ist fraglich.

Augen zu und durch?

Der Geotechniker als Fachplaner am Bau
Mit dieser Einführung wurde versucht, einen ersten Überblick über die unterschiedlichen Aufgabenfelder und Tätigkeiten zu geben, mit denen Geotechniker zum Baugeschehen beitragen. Aus den zunächst unbekannten Baugrund- und Grundwasserverhältnissen erwachsen Risiken, die es zu beherrschen gilt. Dieser Aufgabe widmet sich auch das geotechnische Regelwerk.

1

◻ Abb. 1.13   Tempel der Geotechnik

1.10 **Fragen**

 1.   Wer wirkt beim Bauen mit?

2.   Was bedeutet Risiko, was Restrisiko?

3.   Welche Grenzzustände werden im Regelwerk unterschieden?

4.   In welchen Schritten vollzieht sich geotechnische Arbeit?

5.   Durch was ist ein Sachverständiger qualifiziert?

6.   Welches Leistungsbild wird in der HOAI für die Geotechnik angegeben?

7.   Was versteht man unter dem Grenzzustand der Gebrauchstauglichkeit?

8.   Warum nennt man diesen Zustand Grenzzustand?

9.   Was versteht man unter der Beobachtungsmethode?

10.   Welche wesentlichen Elemente beinhaltet diese Methode?

11.   Warum geht so viel schief beim Bauen?

12.   Welche berühmten Schadensfälle stehen im Zusammenhang mit der Geotechnik?

13.   War bei diesen Schadensfällen das Risiko nicht kalkulierbar?

14.   Wieso konnte sich beim Einsturz des Kölner Stadtarchivs ein so tiefer Trichter bilden?

Die Antworten zu diesen Fragen ergeben sich entweder unmittelbar aus dem Text des ersten Kapitels, mit Hilfe von Internet-Recherchen oder auch durch eigene Überlegungen. Einige mögliche Antworten sind im Anhang A.2 aufgeführt.

Literatur

1. VOB Vergabe- und Vertragsordnung für Bauleistungen, Ausgabe 2019, Beuth Berlin Wien Zürich, auch im Internet verfügbar
2. Handbuch Eurocode 7 Geotechnische Bemessung Band 1 Allgemeine Regeln, 2. Aufl. 2015, Beuth Berlin Wien Zürich
3. DIN EN 1997-1:2014-03 Eurocode 7 – Entwurf, Berechnung und Bemessung in der Geotechnik – Teil 1: Allgemeine Regeln; Deutsche Fassung EN 1997-12004 + AC:2009 + A1:2013 Beuth Berlin Wien Zürich
4. Losansky G (1989) Analyse und quantitative Beurteilung von Personen- und Sachschäden bei Baugruben-, Graben-, Unterfangungs- und Gebäudesicherungsarbeiten, Dissertation, Universität Dortmund
5. Internet-Portal der Bundesingenieurkammer

Fundamente der Physik

Inhaltsverzeichnis

© Springer Fachmedien Wiesbaden GmbH, ein Teil von Springer Nature 2021
K. Kuntsche, S. Richter, *Geotechnik*, https://doi.org/10.1007/978-3-658-32290-8_2

2

Versichere Dich der Grundlagen!

> **Übersicht**
>
> Die Geotechnik ruht auf den Fundamenten der Physik. Einige physikalische Grundlagen sind so wichtig und nützlich, dass sie es verdienen, an den Anfang dieses Lehrbuchs gestellt zu werden. Es geht in diesem Kapitel um Messungen, Genauigkeiten, einfache Gleichungen, Kräfte, Drücke und um Wechselwirkungen, die gar nicht so einfach sind, wie es den Anschein hat.

2.1 Messen, Einheiten, Genauigkeit

Das Fundament als Basis einer Baukonstruktion soll dauerhaft seine Belastung in den Baugrund abtragen. Es darf nicht zerbrechen, versinken, sich nicht zu sehr verbiegen, setzen, schief stellen, verschieben oder umkippen.

Logik, Mathematik, Physik

Um Fundamente richtig zu *bemessen*, bedient man sich physikalischer Modelle. Diese wiederum werden mit den Methoden der Logik und Mathematik entwickelt. Auch die Geotechnik sollte auf den Fundamenten der Physik stehen. Deswegen starten wir hier:

Die Physik [1] ist eine empirische und quantitative Wissenschaft, die auf Experimenten beruht, bei denen etwas gemessen wird.

> **Wichtig**
>
> Messen heißt, die Messgröße mit ihrer Einheit zu vergleichen.

Messen heißt ... vergleichen!
SI-Einheiten

Jede physikalische Größe hat eine Dimension mit gleichem Namen. Das Système International d'Unités (SI) definiert 7 Basisgrößen:

- Länge l (Meter = m),
- Masse m (Kilogramm = kg),
- Zeit t (Sekunde = s),
- Temperatur T (Kelvin = K),
- Stromstärke I (Ampere = A),
- Stoffmenge n (Mol = mol),
- Lichtstärke I_v (Candela = cd).

Mit diesen (wenigen) Basisgrößen lassen sich alle bekannten Naturgesetze beschreiben. Messgrößen der *Mechanik* sind die Zeit, die Länge (Fläche, Volumen) und die Masse.

Für die Länge z. B. schreibt man als Größensymbol l und als Dimensionssymbol L. Die Basiseinheit der Länge heißt Meter mit dem Einheitenzeichen m. Für die Zeit ist es die Sekunde, früher der 86.400. Teil des mittleren Sonnentages, heute als Periode einer bestimmten Mikrowelle definiert. Die Masse wird in kg angegeben, was anfangs der Masse eines Liters Wasser entsprach. Das Urkilogramm wird seit 1889 bei Paris aufbewahrt. Die Temperatur wird mit Thermometern in K bzw. °C gemessen, wobei $\Delta 1\,°C = \Delta 1\,K$ gilt.

Die Größe (der Größenwert) einer Messgröße ergibt sich als Produkt aus einem Zahlenwert und einer Einheit:

$$Größe\left(nwert\right) = Zahlenwert \cdot Einheit \tag{2.1}$$

Die Größe ändert sich nicht, wenn sich die Einheit ändert, denn dann ändert sich der Zahlenwert entsprechend.

> **Wichtig**
>
> Wenn wir Größen definieren wollen, müssen immer Zahlenwert und Einheit angegeben werden.

Im Beispiel:

Die Länge a eines Streifenfundaments (z. B. unter einer Kellerwand eines Hauses) kann a = 8,2 m oder a = 820 cm (oder 26,9 foot oder $8,66 \cdot 10^{-16}$ Lichtjahre) betragen, aber eben nicht a = 8,2.

Für die richtige Angabe des Zahlenwertes sind die *signifikanten Stellen* von Bedeutung. Wenn die Länge des Fundamentes mit 8,2 m angegeben wird, sind nur zwei Stellen signifikant. Mit dieser Angabe kann das Streifenfundament in Wirklichkeit minimal auch 8,15 m oder maximal 8,24 m lang sein. Mit drei signifikanten Stellen, also z. B. 8,20 m, muss demgegenüber die wahre Länge zwischen 8,195 m oder 8,204 m liegen. Durch die Angabe der dritten signifikanten Stelle wird eine größere Maßgenauigkeit verlangt.

Signifikante Stellen

Will man diese Maßgenauigkeit einfordern, dann muss in der Tat auch a = 8,20 m angegeben werden.

Noch größere Klarheit erlangt man jedoch, wenn neben der Messgröße zusätzlich die Messunsicherheit u mit aufgeführt wird. Die Länge des Fundamentes wird dann festgelegt mit

Messunsicherheit

$$a = 8,20\,m \pm 0,03\,m \tag{2.2}$$

Diese Schreibweise ist vollkommen unmissverständlich und definiert die erlaubte Toleranz (siehe hierzu auch DIN 1319-2:2005-10 und DIN 18 202:2019-07).

2

absolut und relativ

Mit 0,03 m wird die *absolute* Messunsicherheit angegeben. Bezieht man diese auf den Messwert, erhält man die *relative* Messunsicherheit, die auch in % ausgedrückt werden kann:

$$a = 8,20\,\text{m} \pm \frac{0,03}{8,20}\,\text{m} = 8,20 \cdot \left(1 \pm 0,4\%\right)m. \tag{2.3}$$

Fundamentabmessungen

Die Breite eines Fundamentes wird übrigens mit b bezeichnet. Wenn a/b > 5 ist, spricht man von einem Streifenfundament.

Massenbestimmung

Um Massen zu bestimmen, bediente man sich in früheren Zeiten einer Balkenwaage (◨ Abb. 2.1). Damit erfolgt ein Vergleich des Wägegutes mit einem Massensatz. Dabei spielt das jeweilige Schwerefeld keine Rolle, denn die Masse stellt eine ortsunabhängige Größe dar. (Bei einer Wägung auf dem Mond ergibt sich die gleiche Masse wie auf der Erde).

Prüfmasse

Moderne Massenwaagen werden mit einer Prüfmasse elektronisch kalibriert. Bei diesen Waagen können die signifikanten Stellen digital auf einem Display angegeben werden.

Wir experimentieren!

Bei Experimenten ist es sinnvoll, nur einen Parameter zu ändern und die Auswirkung dieser Änderung zu beobachten und auch zu messen. Die vorgegebene, unabhängige Größe könnte z. B. mit x und die abhängige Größe mit y bezeichnet werden. Es kann sein, dass sich die Änderung von x gar nicht auf y auswirkt. Hier besteht also kein funktionaler Zusammenhang. Wenn ein Zusammenhang besteht, dann ist die einfachste Abhängigkeit zwischen x und y die Proportionalität.

proportional

Man schreibt y ~ x und es gilt:

$$y = c \cdot x \tag{2.4}$$

In dieser Gleichung wird c als Proportionalitätskonstante bezeichnet. Der Graph dieser Funktion ist eine Gerade durch

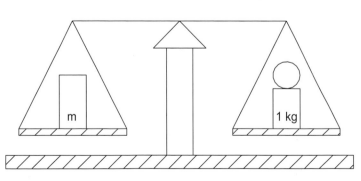

◨ **Abb. 2.1**   Balkenwaage

◘ **Tab. 2.1** Vorsatzzeichen für SI-Einheiten			
Zehnerpotenz	**Vorsilbe**	**Symbol**	**Eingabe beim Taschenrechner**
10^6	Mega	M	E6
10^3	Kilo	k	E3
10^{-1}	Dezi	d	E-1
10^{-2}	Zenti	c	E-2
10^{-3}	Milli	m	E-3
10^{-6}	Mikro	μ	E-6
10^{-9}	Nano	n	E-9

den Ursprung des x (Abszisse) – y (Ordinate) -Koordinatensystems.

Physikalische Formeln sind immer *dimensionsrein*. Mit der sogenannten *Dimensionsanalyse* wird dies überprüft. Für Formeln und Diagramme werden dimensionslose Variablen eingeführt. Beschriftet man Achsen mit dem Quotienten aus Größenwert und Einheit entsteht eine Zahlengerade.

Nicht dimensionsreine Formeln werden als (empirische) *Zahlenwertgleichungen* bezeichnet. Bei Zahlenwertgleichungen müssen die Zahlenwerte in festgelegten Einheiten eingesetzt werden, um ein richtiges Ergebnis in einer festgelegten Einheit zu berechnen.

Um Messwerte in kürzerer Schreibweise darzustellen, werden Vorsatzzeichen benutzt. Die wichtigsten dezimalen Vorsatzzeichen für SI-Einheiten sind in ◘ Tab. 2.1 angegeben.

Dimensionsanalyse

Zahlenwertgleichungen

2.2 Kugelstoßpendel zum ersten

Beim Kugelstoßpendel – ◘ Abb. 2.2 – sind meist 5 identische, mit einer Öse versehene Stahlkugeln an jeweils 2 gleichlangen Fäden in einer Reihe so aufgehängt, dass sie sich gerade berühren. Durch die Art der Aufhängung an zwei parallelen Stangen schwingen die Kugeln nach einer Auslenkung in der gleichen Ebene.

Die Beobachtung ist der erste Schritt zur Erfassung unserer Umwelt. Wir beobachten viel genauer, wenn wir Gegenstände oder Vorgänge einem Dritten gegenüber auch beschreiben müssen.

Beobachten und Beschreiben – das Internet

2

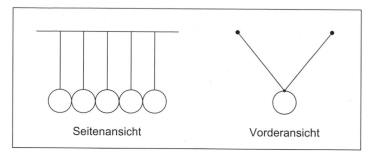

◧ **Abb. 2.2**   Kugelstoßpendel

❯ **Wichtig**
Wenn wir etwas genauer *wissen* wollen, studieren wir. Vielleicht startet man mit einer Internet-Recherche.

Die Internet-Recherche zum Kugelstoßpendel führt zu ziemlich verwirrenden Ergebnissen: Das Kugelstoßpendel heißt dort auch Stoßapparat, Kugelpendel, Newtonpendel, Newton-Wiege (cradle), obwohl Edme Mariotte als Erfinder genannt wird. Er veröffentlichte 1676 hierüber ein Buch mit 283 Seiten mit dem Titel: „Traité de la Percussion ou Choc de Corps", was man problemlos im Internet findet und am Computer auch (kostenlos) lesen kann.
    Je tiefer man in das Thema einsteigt, umso mehr dreht sich der Kopf. Von der anfänglichen scheinbaren Einfachheit des Apparates staunen wir immer mehr über die Physik, die dahinter steht.

2.3 Lot, Kraft, Dichte

Wir wollen zu unserem besseren Verständnis den Apparat zunächst vereinfachen, indem wir nur eine Kugel an einem Faden betrachten: Das Lot (◧ Abb. 1.9 und ◧ 2.3).

Wasserwaage
    Lote und die verwandten Wasserwaagenn sind unverzichtbare Hilfsmittel auf jeder Baustelle, denn beide Instrumente geben uns sehr verlässlich und sehr einfach eine oder – bei Wasserwaagen – zwei wichtige Richtungen an.

lotrecht
    Um die lotrechte Richtung zu bestimmen, darf das Lot nicht pendeln. In diesem Ruhezustand greifen zwei gleichgroße *Kräfte* am Lot an, die Gewichtskraft und die Fadenkraft. In der Physik und Bautechnik bezeichnet man die (äußeren) Kräfte auch als *Lasten* oder *Belastung*.

Kräfte sind Vektoren
    Kräfte sind gerichtete Größen, die man als Vektoren bezeichnet. Man kann sie durch Pfeile kennzeichnen, wobei die Pfeilspitze in Richtung der Einwirkung zeigt. Gewichtskraft und Fadenkraft liegen auf gleicher (lotrechter) Wirkungslinie.

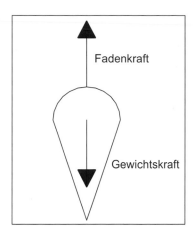

□ Abb. 2.3 Lot

Der Betrag ist gleich, die Richtung entgegengesetzt. Die Summe der Vektoren ist der Nullvektor $\vec{0}$, es herrscht Gleichgewicht.

Galilei hat im Jahre 1638 festgestellt:

» „Ein Körper verharrt im Zustand der Ruhe oder der gleichförmigen Translation, sofern er nicht durch einwirkende Kräfte zur Änderung seines Zustands gezwungen wird."

Dieser fundamentale Satz wird auch als das Trägheitsprinzip oder als 1. Newton'sches Gesetz bezeichnet. Im 2. Newton'schen Gesetz wird die Grundgleichung der Mechanik angegeben:

Trägheitsprinzip

» „Die *Änderung* der Bewegung ist der Einwirkung der bewegenden Kraft proportional und geschieht nach der Richtung derjenigen geraden Linie, nach welcher jene Kraft wirkt."

In eine Formel übersetzt heißt das, dass sich eine Kraft aus dem Produkt von Masse und Beschleunigung ergibt:

Massen und Beschleunigung

$$\vec{F} = m \cdot \vec{a} \qquad (2.5)$$

Zwei Anmerkungen zu obiger Gleichung: Man erkennt mit dieser Schreibweise, dass die Kraft F ein Vektor ist. (Newton selber hat dieses Gesetz anders formuliert: Er hat die Kraft als die zeitliche Änderung des Impulses definiert.)

Mit der Einheit Newton für die Kraft ehrt man das Genie – in SI-Einheiten:

$$1\,N = 1\frac{kg \cdot m}{s^2} \qquad (2.6)$$

2

Homogenität und Dichte ρ

Wie jeder Körper weist auch das Lot eine Masse m und ein Volumen V auf. Wenn die Masse im Volumen gleichmäßig verteilt ist, wenn also m proportional zu V ist, nennt man den Körper diesbezüglich *homogen*. Die Proportionalitätskonstante wird als Dichte ρ bezeichnet:

$$\rho = \frac{m}{V} \tag{2.7}$$

In SI-Einheiten ist die Dichte in kg/m^3 auszudrücken.

Die Wirkungslinie der Kräfte bei einem Lot aus einem homogenen Material verläuft dann durch den geometrischen Mittelpunkt – so wie man das aus ◘ Abb. 2.3 ersehen kann.

Dichte des Wassers ρ_w

Aus der historischen Definition eines Kilogramms folgt, dass sich die Dichte von Wasser in SI-Einheiten zu

$$\rho_w = \frac{1000}{1} \cdot \frac{kg}{m^3} = 1000 \cdot \frac{kg}{m^3} \tag{2.8}$$

ergibt. Anzumerken ist hier, dass auch die Dichte des Wassers von der Temperatur und dem Druck abhängt, was bei Laborversuchen ggf. beachtet werden muss.

Anomalie der Dichte von Wasser

Bemerkenswert am Wasser ist dessen Dichteanomalie: Bei 4 °C weist es die größte Dichte auf. Im Winter wird sich bis auf 4 °C abgekühltes Wasser am Grund eines Sees ansammeln, was für die Fische erfreulich ist, zumal Eis mit einer Dichte von etwa 918 kg/m^3 auf dem Wasser schwimmt.

Fehlerfortpflanzung

Bei der Bestimmung der Dichte eines Materials werden zwei fehlerbehaftete Messungen durchgeführt, denn man misst die Masse und das Volumen. Zur Bestimmung der signifikanten Stellen der Dichte muss man sich mit den Regeln der Fehlerfortpflanzung beschäftigen, besser gesagt mit der Fortpflanzung der Messunsicherheiten. Hierfür gilt:

> **Wichtig**
> Bei der Addition/Subtraktion von Messwerten addieren sich die *absoluten*, bei der Multiplikation/Division die *relativen* Messunsicherheiten.

2.4 Gravitation

Newton und die Gravitation

Die allererste *physikalische Theorie* stammt von Isaak Newton [2]. Er hat 1687 mit seinem Gravitationsgesetz behauptet, dass sich Massen gegenseitig anziehen. Die Anziehungskraft sei proportional der beiden Massen m_1 und m_2 und umgekehrt proportional zum Quadrat des Abstands der Massenschwerpunkte r:

$$\vec{F} = \frac{m_1 \cdot m_2}{r^2} \cdot G \cdot \vec{e} \qquad (2.9)$$

Die Massen sind – genauso wie die Temperatur beispielsweise – Skalare, d. h. nicht gerichtete Größen. Um den vektoriellen Charakter der Gleichung für die Kraft F auszudrücken, wird in der Gleichung der Einheitsvektor $\vec{e}$ notwendig, der auf der Verbindungslinie der beiden Massenschwerpunkte liegt.

Die Proportionalitätskonstante G heißt Gravitationskonstante. Sie wurde von Cavendish 1798 mit einer Torsionswaage genauer bestimmt und wird heute zu

Gravitationskonstante G

$$G = \left(6{,}67384 \pm 0{,}00080\right) \cdot 10^{-11} \frac{m^3}{kg \cdot s^2} \qquad (2.10)$$

angegeben. Die Einheit der Gravitationskonstanten lässt sich leicht aus dem 2. Newtonschen Gesetz herleiten.

Die Masse von 1 kg erfährt nach dem Gravitationsgesetz auf der Erde eine Beschleunigung von g = 9,81 m/s². Damit ergibt sich die Fadenkraft eines Lotes mit einer Masse von 1 kg (auf der Erde) zu 9,81 N.

Erdbeschleunigung g

Es soll hier angemerkt werden, dass Gl. 2.9 nur ein Modell ist und die Erdbeschleunigung g je nach Standort und Umgebungsbedingungen durchaus unterschiedlich sein kann. Meist können diese Unterschiede jedoch in der Bautechnik vernachlässigt werden.

Bei vielen Anwendungen rundet man sogar auf und setzt g = 10 m/s². So wird in der Geotechnik die Wichte des Wassers oft mit

Wichte = Dichte · g

$$\gamma_w = \rho_w \cdot g = 1000 \frac{kg}{m^3} \cdot 10 \frac{m}{s^2} = 10 \frac{kN}{m^3} \qquad (2.11)$$

etwas zu groß angenommen.

Mit der gleichen Vereinfachung übt ein gutgenährter Mensch mit einer Masse von 100 kg eine Kraft von 1 kN auf den Baugrund aus.

1 kN kann man sich leicht vorstellen

2.5 Druck und Spannung

Druck als physikalische Größe begegnet uns beim Wetter und unter Wasser. Der mit einem Barometer gemessene Luftdruck kann beim Bergsteigen ziemlich genau die Höhenänderungen anzeigen, wenn sich das Wetter nicht ändert. Für bautechnische Fragen spielen der Luftdruck und dessen Änderungen oft eine vernachlässigbare Rolle.

2

Je tiefer wir in ein Wasserbecken eintauchen, desto größer wird der Wasserdruck u, d. h. der Wasserdruck ist proportional zur Eintauchtiefe z. Es gilt:

$$u = \gamma_w \cdot z. \tag{2.12}$$

Der Wasserdruck in einer Wassertiefe von 20 m wird also (geotechnisch) zu 200 kN/m^2 berechnet, wenn man vom zusätzlich wirkenden Luftdruck absieht. Das stimmt allerdings nur dann, wenn das Wasser nicht strömt und sich dessen Dichte z. B. mit zunehmendem Druck nicht ändert.

hydrostatisch

Man nennt diesen Wasserdruck auch hydrostatisch. Der Wasserdruck in einer bestimmten Tiefe wirkt – wie auch der Druck in einem ruhenden Gas – in allen Richtungen mit gleicher Größe.

Würde man 200 gutgenährte Menschen auf 1 m^2 versammeln können, würden diese den Baugrund ebenfalls mit einem Druck von 200 kN/m^2 belasten.

Sohlspannung

In dieser Größenordnung kann der *Sohldruck* – auch als *Sohlpressung* oder besser als mittlere *Sohlspannung* bezeichnet – eines Streifenfundamentes, welches die Wandlasten eines Einfamilienhauses in den Baugrund abträgt. Beim Streifenfundament wird eine vertikal einwirkende Linienlast auf eine horizontale Sohlfläche abgetragen. Wenn beispielsweise das Fundament 0,5 m breit ist, beträgt bei einer mittleren Sohlspannung von $\sigma_0 = 200\ kN/m^2$ die Linienlast 100 kN/m, denn es gilt:

$$Spannung = \frac{Kraft}{Fläche} \tag{2.13}$$

Normalspannung

Genauer gesagt handelt es sich bei der Sohlspannung um eine Normalspannung, denn die Kraft steht senkrecht auf der Sohlfläche. Wir merken uns zunächst:

> **Wichtig**
>
> Im Unterschied zum Druck muss bei der Spannung auch die Richtung der Fläche bekannt sein, auf die sich eine Kraft bezieht.

Zum Begriff der Spannung sei schon hier ergänzend auf ▶ Abschn. 5.6.3 und 5.6.5 verwiesen.

Pa = N/m^2

In der ◨ Tab. 2.2 sind einige Umrechnungsfaktoren für Einheiten des Drucks bzw. der Spannung aufgeführt. Hierin bedeuten Pa = Pascal, mWS = Meter Wassersäule, mm Hg = Millimeter einer Säule aus Quecksilber. Die Einheit psi wird im angelsächsischen Raum verwendet.

◙ Tab. 2.2	Umrechnungsfaktoren für gebräuchliche Druckeinheiten				
	$N/m^2 = Pa$	bar	mWs	Torr=mm Hg	psi=pounds/inch²
$1 N/m^2 = Pa$	1	10^{-5}	0,0001	0,00075	0,000145
1 bar =	10^5	1	10,197	750,006	14,5038
1 m Ws =	9806,7	0,0981	1	73,556	1,4223
1 Torr =	133,32	0,00132	0,0136	1	0,0193
1 psi =	6894,8	0,06895	0,70307	51,715	1

2.6 Auftrieb

Will man das Volumen eines Lotes bestimmen, kann man es z. B. in Wasser eintauchen. Diese Messung kann in einem Messzylinder durch das Ablesen von Teilstrichen vor und nach dem Eintauchen erfolgen. Man kann aber auch die verdrängte Wassermenge auffangen und messen, die bei einem vollen Gefäß beim Eintauchen überläuft.

Volumenbestimmung

Der Legende nach sollte Archimedes (287 – 212 v. Chr.) prüfen, ob die Krone des Königs aus reinem Gold bestand. Er kannte zwar die Wichte von Gold und konnte das Gewicht der Krone ermitteln. Bei einem Bade kam er dann auf die obige Idee der Volumenbestimmung der Krone, ohne sie zu einem regelmässigen Körper einzuschmelzen. Mit einem „Heureka!" („Ich hab's gefunden") soll er vor Freude nackt auf die Straße gelaufen sein.

Heureka!

Wahrscheinlich hat er sich aber nicht nur über die einfache Volumenbestimmung seines Körpers und der Krone gefreut, sondern über eine andere Erkenntnis: Ein eingetauchter Körper erfährt eine Kraftwirkung entgegen der Schwerkraft. Diese *Auftriebskraft* lässt sich ebenfalls einfach bestimmen:

❯ Wichtig

Die Auftriebskraft F_A entspricht der Gewichtskraft des verdrängten Mediums und wirkt der Schwerkraftrichtung entgegen.

Obigen Satz nennt man das archimedische Prinzip, was sich durch den Druckunterschied zwischen der Ober- und Unterseite eines Körpers ergibt. Wenn wir der Einfachheit halber einen Würfel mit der Seitenfläche A und dem Volumen V (◙ Abb. 2.4) unter Wasser betrachten, lassen sich die Kräfte an seiner Ober- und Unterseite leicht berechnen:

Ein Prinzip!

$$F_{oben} = p(z_1) \cdot A = \rho_w \cdot g \cdot z_1 \cdot A \qquad (2.14)$$

$$F_{unten} = -\rho_w \cdot g \cdot z_2 \cdot A \qquad (2.15)$$

2

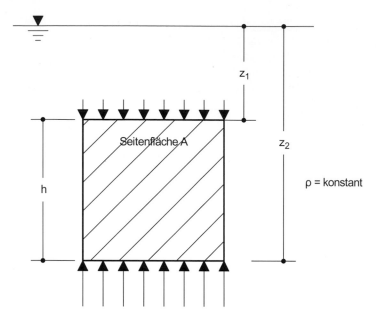

◘ **Abb. 2.4**   Auftrieb

Damit verbleibt als Auftriebskraft F_A entgegen der Schwerkraftrichtung wirkend:

$$F_A = -\rho_w \cdot g \cdot A \cdot h = -\rho_w \cdot g \cdot V \tag{2.16}$$

Das archimedische Prinzip setzt also voraus, dass die Dichte des Wassers überall gleich ist. Wenn nun das Gewicht des Würfels genauso groß ist wie die Auftriebskraft, bleibt er unter Wasser an der Stelle, wo er sich gerade befindet.

Zwei Anmerkungen noch: Die seitlichen Kräfte auf den Würfel tragen zum Auftrieb nicht bei. Wichtig ist auch, dass Auftriebskräfte nur entstehen, wenn das verdrängte Medium auch unter den Körper reicht.

Bei der Tauchwägung in Wasser nutzt man dieses Gesetz, um das Volumen unregelmäßig geformter Körper zu bestimmen. Man bestimmt die Auftriebskraft F_A und kann damit das Volumen des Körpers berechnen zu:

$$V = \frac{F_A}{\rho_w \cdot g} \tag{2.17}$$

2.7 Pendel

Lenkt man das Lot aus seiner Ruhelage auf die Hubhöhe h aus und lässt es wieder los, schwingt es als Fadenpendel hin und her. Damit handelt es sich um einen periodischen Vorgang. In der ehemaligen Ruhelage (am tiefsten Punkt) erreicht das Pendel – unabhängig von seiner Masse – die größte Geschwindigkeit:

$$v_0 = \sqrt{2 \cdot g \cdot h}. \tag{2.18}$$

Schwingende Systeme sind in der Technik weit verbreitet. Mit ihnen wird – wie bei der Pendel- oder Quarzuhr – die Zeit gemessen oder auch ein Sand verdichtet. (Über Sanduhren wird noch nachzudenken sein.)

Schwingung

Für kleine Auslenkungen vollführt das Fadenpendel eine annähernd harmonische Schwingung, die durch die Winkelfunktionen Sinus und Kosinus beschrieben werden kann. Kehrt das Pendel an den gleichen Umkehrpunkt zurück, hat eine Schwingung mit der *Schwingungsdauer (Periode) T* stattgefunden.

Den Kehrwert von T nennt man Frequenz mit der Einheit Hertz (Hz = 1/s):

Frequenz

$$f = \frac{1}{T} \tag{2.19}$$

Die größte Auslenkung heißt Amplitude A_0. Die Auslenkung x(t) kann bei einer harmonischen Schwingung berechnet werden zu:

Amplitude

$$x(t) = A_0 \cdot \sin\left(\frac{2 \cdot \pi}{T} \cdot t + \varphi_0\right) = A_0 \cdot \sin(\omega \cdot t + \varphi_0). \tag{2.20}$$

ω nennt man die Kreisfrequenz, φ_0 den Phasenwinkel. Beim (harmonischen) Fadenpendel berechnet sich die Schwingungsdauer zu:

$$T = 2 \cdot \pi \cdot \sqrt{\frac{l}{g}}. \tag{2.21}$$

Wie man sieht, hängt auch die Schwingungsdauer T nicht von der Masse, sondern nur von der Länge l des Fadens ab, an dem das Lot hängt. Das Pendel kann nur in einer Frequenz schwingen, in seiner *Eigenfrequenz*, die durch die Fadenlänge l bestimmt wird.

Schwingungsdauer

Léon Foucault hat als erster am 3. Januar 1851 beobachtet, dass ein Fadenpendel seine Schwingungsebene verlässt, was beispielsweise im Deutschen Museum in München oder in der Domenikanerkirche in Münster – als Geschenk des Künstlers Gerhard Richters – eindrücklich besichtigt werden kann.

Das Foucault'sche Pendel

Aufgrund der Wirkung der Corioliskraft wandert das Pendel am Nordpol nach rechts, am Südpol nach links. An den Polen benötigt eine volle Umdrehung einen Sterntag, der 23 Stunden, 56 Minuten und 4,091 Sekunden dauert. Wer das

2

nicht glaubt, möge es bitte nachmessen. (Eine Anmerkung noch: Wenn man sich nicht näher mit der Corioliskraft beschäftigen will: Die Erde und mit ihm der Beobachter drehen sich unter dem Pendel weg.)

2.8 Energie, Reibung, Leistung

Mit der Auslenkung des Lotes aus seiner Ruhelage wurde dem System Energie zugeführt. Die erhöhte potentielle Energie ergibt sich aus dem Produkt von Kraft mal dem Weg, der in Richtung der Kraft zurückgelegt wurde:

$$W_{pot} = m \cdot g \cdot h \qquad (2.22)$$

Diese potentielle Energie wird zur kinetischen Energie:

$$W_{kin} = \frac{1}{2} \cdot m \cdot v^2 \qquad (2.23)$$

Energieerhaltung

Wenn nun das Pendel allmählich zur Ruhe kommt, liegt das an den unvermeidlichen Reibungskräften, die man bei Pendeluhren über Gewichte ausgleicht. Fundamental für die Physik ist, dass in einem geschlossenen System keine Energie verloren geht. Durch die Reibung wird Wärmeenergie erzeugt, immer gilt der Energieerhaltungssatz.

Perpetuum Mobile

So gibt es auch kein Perpetuum Mobile, selbst wenn man die Tischuhr Atmos von Jaeger-LeCoultre, den Trinkvogel oder das Radiometer beinahe dafür halten könnte.

Zur Auslenkung des Pendels leistet man im physikalischen Sinn mechanische Arbeit, die der Energie entspricht.

Ich leiste 1 Watt

Wenn man eine Tafel Schokolade mit 100 g vom Boden 1 m hoch auf einen Couchtisch hebt, hat man mit g = 10 m/s^2 genau 1 Nm = 1 Joule *gearbeitet*. Wenn das nur 1 Sekunde gedauert hat, hat man 1 Watt *geleistet*. Es gilt:

$$Arbeit = Leistung \cdot Zeit \qquad (2.24)$$

In der Schokolade selber stecken etwa 2.350.000 J, was als Energiemenge ausreichen würde, um ein Spiegelei zu braten – ein Viertel der täglich benötigten Energie eines Erwachsenen.

2.9 Kugelstoßpendel zum zweiten

Jeder kennt das Ergebnis des Experiments, wenn beim Kugelstoßpendel eine Kugel ausgelenkt wird und losgelassen auf die anderen Kugeln prallt. Die elastischen Stöße werden bei einem funktionsfähigen Kugelstoßapparat *hindurchgereicht* – und nur die letzte Kugel fliegt weg.

Zur Erklärung des Phänomens bedient man sich des Impulserhaltungssatzes, der besagt, dass der Gesamtimpuls in einem abgeschlossenen System konstant ist.

Die physikalische Herleitung schließt allerdings nicht aus, dass der Gesamtimpuls nicht auch von allen Kugeln aufgenommen werden könnte. So zeigt eine kleine Manipulation des Kugelstoßapparates – man verklebt zwei Kugeln miteinander – erstaunliche Wirkungen, die zu weiteren Forschungen anregen könnten!

So einfach ist es nicht!

2.10 Schlussfolgerungen

Auch das Errichten und die Unterhaltung von Bauwerken sind den Naturgesetzen unterworfen, gegen die nicht verstoßen werden kann. Die Naturgesetze sind bei näherer Betrachtung keine leichte Kost und manchmal gar nicht zu verstehen. Wer kann beispielsweise erklären, warum sich Massen anziehen?

Das Bearbeiten und Lösen von Aufgabenstellungen erfordern eine genaue Beobachtung und auch Begabung, die geübt und geschärft wird, indem man das Problem und die damit verbundenen Vorgänge zu beschreiben versucht. Das führt schließlich zu einem Kernsatz:

Beobachten und beschreiben!

> Lerne, die wichtigen und richtigen Fragen zu stellen!

Um Antworten zu finden, können z. B. Experimente ausgeführt werden, mit denen (fehlerbehaftete) Messdaten gewonnen werden. Die Messungen dienen dazu, Theorien zu entwickeln, die diesen Namen dann verdienen, wenn mit ihnen Prognosen möglich sind. Wenn man selbst die Antworten nicht geben kann, findet man vielleicht jemanden, der bei der Problemlösung mithilft.

Modelle bzw. Theorien sollten idealerweise so einfach wie möglich sein. Modelle und Theorien bewähren sich in dem Maße, wie deren Prognosen durch Messungen und Beobachtungen bestätigt werden.

Modell und Sicherheit

Das genau ist die Aufgabe der wissenschaftlichen Forschung: Das mit möglichst einfachen Theorien gewonnene Daten-Puzzle zu sichten, zu ordnen und dann mit diversen Kontrollmechanismen – auch im Diskurs mit den wissenschaftlichen Mitstreitern – zu verifizieren. Gelingt dies, kann man in der Praxis dann darauf vertrauen, dass durch die Anwendung geeigneter Modelle im Bauwesen auch Grenzzustände der Tragfähigkeit und Gebrauchstauglichkeit ausgeschlossen werden können.

Datenpuzzle und Diskurs führen …

2

… möglicherweise zur
Verifikation

Eine *Sicherheit* ist allerdings keine physikalische Größe,
denn sie ist als solche nicht messbar. Und wie sich noch zeigen
wird, lässt sich das mechanische Verhalten von Boden und
Fels leider nicht durch ganz einfache Gleichungen beschreiben.

> **Einige physikalische Grundlagen**
> Auch die Geotechnik ruht auf den Fundamenten der Physik.
> Wir können uns der Schwerkraft und dem Auftrieb nicht ent-
> ziehen. Alle Prozesse müssen genau beobachtet und beschrieben
> werden. Unsere Prognosen ergeben sich aus Messungen und
> Theorien, die fehlerhaft sind. Über die Größenordnung
> möglicher Fehler sollte man sich im Klaren sein.

2.11 Fragen

 1.   Was ist der Unterschied zwischen Dimension und Einheit?
2.   Wie wird eine Messgröße am besten angegeben?
3.   Wodurch unterscheidet sich eine physikalische Formel
von einer Zahlenwertgleichung?
4.   Wie leiten Sie die Einheit der Gravitationskonstanten ab?
5.   Mit welcher Kraft ziehen sich zwei Tanker mit Massen
von jeweils 100.000 t an, die in einem Abstand von
100 m aneinander vorbeifahren?
6.   Wenn die Erde einen mittleren Radius von r = 6378 km
und eine mittlere Dichte von 5,52 g/cm³ hätte, wie groß
wäre die Gewichtskraft, die ein Körper der Masse m auf
eine Waage ausübt?
7.   Warum schwimmt ein Stück Holz, warum ein Schiff?
8.   Wie kann man die Dichte eines Körpers bestimmen?
9.   Beim Kugelstoßpendel werden statt der Stahlkugeln
Sandsäcke aufgehängt. Was bewirkt jetzt der Aufprall
eines Sackes?
10.   Welcher Blechschaden ist größer: Zwei Autos mit gleicher Masse und gleicher Geschwindigkeit treffen aufeinander oder ein Auto fährt mit gleicher Geschwindigkeit auf eine starre Wand?
11.   Aus welchen Gründen kann ein Auto fahren?
12.   Warum weist eine zylindrische Sanduhr eine äquidistante Teilung auf?
13.   Eis und Waffel kosten 1,10 €. Das Eis kostet 1 € mehr als
die Waffel. Was kostet die Waffel?
14.   Was muss eine Theorie leisten?
15.   Warum kann man kein Flugticket mit einer Sicherheit
von 1,35 kaufen?

Antworten zu den Fragen – sofern sie sich nicht unmittelbar aus dem Text ergeben – finden sich im Anhang A.2 (Eis, Waffel und Flugticket appelieren an den gesunden Menschenverstand.)

Literatur

1. Harten U (2012) Physik – Einführung für Ingenieure und Naturwissenschaftler, 5. Aufl. Springer
2. Padova T (2013) Leibniz, Newton und die Erfindung der Zeit. Piper, München Zürich

Planung geotechnischer Untersuchungen

Inhaltsverzeichnis

© Springer Fachmedien Wiesbaden GmbH, ein Teil von Springer Nature 2021
K. Kuntsche, S. Richter, *Geotechnik*, https://doi.org/10.1007/978-3-658-32290-8_3

Gut geplant ist halb erkundet

Übersicht

Auch geotechnische Untersuchungen müssen geplant werden. Eine wichtige Planungsgrundlage stellt die Auswertung der geologischen Karte dar. So wird in diesem Kapitel auch ein kleiner Ausflug in die Geologie unternommen. Das zu planende Erkundungsprogramm stützt sich ab auf die Ergebnisse einer Ortsbesichtigung und richtet sich nach der zu untersuchenden Fragestellung bzw. nach dem geplanten Bauwerk. Es berücksichtigt die zu erwartenden geologischen und hydrologischen Verhältnisse und die möglichen Risiken.

In diesem Kapitel werden die in der Praxis gebräuchlichen und häufig ausgeführten Erkundungen kurz vorgestellt, wobei auch auf deren Möglichkeiten und Grenzen eingegangen wird.

Immer werden direkte Aufschlüsse benötigt, bei denen der Baugrund besichtigt und bei Bedarf auch beprobt werden kann. Ergänzend sind meist auch indirekte Erkundungen notwendig.

Die Baugrunderkundungen am Projektstandort und die ggf. nachfolgenden Laborversuche zielen darauf ab, ein *Baugrundmodell* zu entwickeln, welches die Grundlage für die weiteren Berechnungen darstellt. In dem zu erstellenden geotechnischen Bericht müssen charakteristische Bodenkenngrößen und auch die Bemessungswasserstände für den Bau- und Endzustand angegeben werden. Bei kontaminierten Standorten sind gesonderte Untersuchungen notwendig, ggf. auch geeignete Maßnahmen zur Arbeitssicherheit während der Erkundungen.

3.1 Nutzen, Kosten und die 5 Fragen

Das Erkenntnisvermögen, die Intelligenz, befähigt uns Menschen, Zusammenhänge zu erkennen und optimale Problemlösungen zu finden. Insbesondere sind Planungen – für Weg und Ziel – Ausdruck der menschlichen Natur. Planungsprozesse stellen die Grundlage erfolgreicher Bauvorhaben dar. Mangelhafte Planung führt zu Zeit- und Kostenüberschreitungen und ggf. auch zu Schäden oder sogar Katastrophen.

Durch geotechnische Untersuchungen soll eine aus geotechnischer Sicht ausreichende Planungssicherheit für ein Bauprojekt geschaffen werden. Diese Sicherheit bezieht sich zunächst auf die Baugrund- und Grundwasserverhältnisse, die projektbezogen erkundet werden müssen.

… und jedem Anfang wohnt ein Zauber inne, der uns beschützt und der uns hilft, zu leben … H. Hesse, 1941

3

Baugrundmodell – als Ziel!

Es wird im Rahmen des zu erstellenden geotechnischen Berichts ein *Baugrundmodell* erarbeitet, letztendlich mit dem Ziel, die Baugrund-Grundwasser-Bauwerk-Wechselwirkungen prognostizieren zu können.

„trial and error" führt zum Entwurf

Der Entwurf des Bauwerks wird so lange modifiziert, bis dessen ausreichende Standsicherheit und Gebrauchstauglichkeit nachgewiesen ist.

Zur Gewährleistung einer ausreichenden Sicherheit und Gebrauchstauglichkeit müssen *Anforderungen* gestellt werden. Denn eines ist klar:

❯ Qualität ist nichts anderes als die Erfüllung der gestellten Anforderungen!

Die Anforderungen beziehen sich nicht nur auf die Begrenzung von Verformungen und Verschiebungen am Bauwerk bzw. im Baugrund. Es wird auch über Abdichtung, Wärme- und Schallschutz, Dauerhaftigkeit, Reparierbarkeit, Wartungsaufwand, Umweltverträglichkeit und Nachhaltigkeit nachgedacht.

... kein Bauherr will sein Geld unnötig in den Baugrund stecken!

Bei diesen Überlegungen spielen der jeweilige Nutzen und die entstehenden Kosten eine wichtige Rolle.

❯ Höhere Anforderungen an Sicherheit, Gebrauchstauglichkeit, Dauerhaftigkeit und Schönheit verursachen in aller Regel auch höhere Kosten.

Die 5 Fragen

Grundsätzlich sind im Rahmen der geotechnischen Planungsarbeit fünf Themenstellungen bzw. Fragen zu bearbeiten:

1. Objekt und Projekt: Was soll getan bzw. gebaut werden?
2. Ort und Unterlagen: Wo soll das Projekt verwirklicht werden und welche Unterlagen stehen zur Verfügung?
3. Ortsbegehung: Welche weiteren Erkenntnisse lassen sich aus einer Ortsbegehung gewinnen?
4. Risiken: Wo liegen aus geotechnischer Sicht die Schwierigkeiten und Risiken des Projekts?
5. Erkundungen: Welche geotechnischen Aufschlüsse, Laborversuche oder andere Untersuchungen sind generell bzw. für eine erste Untersuchung notwendig?

❯ Die Planung der geotechnischen Untersuchungen richtet sich nach dem Bauvorhaben, nach den bereits vorliegenden Informationen zur örtlichen Geologie und Hydrologie, nach der Nachbarschaft und den möglichen Risiken.

Geotechnische Untersuchungen werden erforderlich *vor* der Errichtung neuer Bauwerke und meist auch *vor* der Umgestaltung und Erweiterung vorhandener Einrichtungen. Sie werden aber auch benötigt bei der Untersuchung von Verdachtsflächen, Altlasten und zur Schadensanalyse und Sanierungsplanung.

3.2 Erkundungsbedarf für diverse Aufgabenstellungen

3.2.1 Bauvohaben

Bauvorhaben können ganz unterschiedlich sein und und weisen deswegen auch einen entsprechend unterschiedlichen Erkundungsbedarf auf. So kann es sich z. B. handeln um:

Vom Einfachen (?)...

- **Kindergarten**

In einem engen Tal soll neben einem Bach ein teilunterkellerter Kindergarten errichtet werden. Die Heizung und Kühlung des Gebäudes soll mit Erdwärmesonden erfolgen.

Erdwärme

- **Aufstockung, Anbau**

Ein bestehender, eingeschossiger massiver Bungalow in einer Hanglage soll mit einem Obergeschoss, einem Satteldach und einem vorgestellten Treppenhaus versehen werden. Ferner wünscht sich der Bauherr einen Wintergarten.

Umbau

- **Bürogebäude**

Der Neubau eines 6-geschossigen Bürotrakts wird mit einer 2-geschossigen Tiefgarage unterkellert, die unmittelbar an bestehende Bebauung heranreicht und teilweise nicht überbaut wird.

Nachbarschaft

- **Industriehalle**

Eine 30 m breite und 80 m lange Halle wird zusammen mit einem unterkellerten Sozial- und Bürotrakt auf einem ebenen Grundstück errichtet. Im Baugrund werden verlandete Flussrinnen vermutet, in denen sich Schlicke bzw. Torfe abgelagert bzw. gebildet haben.

Schwieriger Baugrund

- **Sickerwasserstollen**

Für eine künftige Deponie in einem ehemaligen Steinbruch ist geplant, unter einer Kombinationsabdichtung, bestehend aus einer Tonabdichtung und einer darauf aufliegenden Kunststoffdichtungsbahn, einen Sickerwassersammler anzuordnen. Dabei handelt es sich um einen kreisförmigen Stollen aus Stahlbeton mit einem Innendurchmesser von 4 m und einer

Stollen unter Dichtung

3

Wandstärke von 80 cm. Das Sickerwasser wird durch spezielle Leitungen dem Stollen zugeführt.

■ **Tiefe Baugrube**

Geht das gut?

In der Innenstadt von Köln soll unmittelbar neben bestehenden Gebäuden eine bis zu 25 m tiefe Baugrube für eine U-Bahn ausgehoben werden. Eine Rückverankerung der Baugrubenwände ist ebenso wie eine Grundwasserabsenkung nicht möglich.

■ **Gewerbegebiet**

Kann das gutgehen?

In einem Hang soll ein größeres Gewerbegebiet durch eine Terrassierung des Geländes entstehen. Es sollen dazu in einem Rutschang Einschnitt- und Dammböschungen hergestellt werden. Es sind Erschließungsstraßen geplant, in denen tiefliegende Ver- und Entsorgungsleitungen verlegt werden.

■ **Magnetschnellbahn**

Setzungsunterschiede

Die aufgeständerten Fahrbahnabschnitte des Doppelfahrwegs einer Magnetschnellbahn sollen mit Spannbeton-Einfeldträgern mit einer Spannweite von jeweils 31 m ausgeführt werden. Bei einer Entwurfsgeschwindigkeit der Bahn von 450 km/h soll der Setzungsunterschied zweier Pfeiler beim Betrieb der Bahn nicht größer als 0,5 cm werden.

… zum schwierigen Projekt!

Schließlich werden auch Tunnel unter dem Alpenhauptkamm bzw. nach Dänemark geplant ….

Die beispielhafte Aufstellung soll deutlich machen, dass der technische und zeitliche Aufwand und die Kosten für geotechnische Untersuchungen natürlich vom Bauvorhaben selbst abhängen.

Ein- und Auswirkungen

Dabei ist immer zu klären, welche Auswirkungen vom Bauen zu erwarten sind: Wie verformt sich der Baugrund und das Bauwerk bei dessen Errichtung und danach? Welche Auswirkungen werden eine Baugrube und später auch das Bauwerk auf die Nachbarschaft und das Grundwasser haben?

Im ersten Schritt der Planung geotechnischer Untersuchungen werden die vorliegenden Pläne und textliche Beschreibungen zum Bauvorhaben genauer betrachtet. Dazu werden Grundrisse, Schnitte, Abmessungen, Tiefenlagen – in m NN angegeben – und auftretende Lasten und Lastfälle studiert.

❯ Es wird überlegt, welche Einwirkungen bzw. Veränderungen der Baugrund und das Grundwasser durch die Baumaßnahmen erfahren.

Diese Überlegungen führen zu einer ersten Einschätzung der notwendigen Erkundungen, Probenentnahmen und Laborversuche.

3.2.2 Kontaminationen

Der Baugrund kann im Feststoff, im Wasser und/oder in der Bodenluft mit Schadstoffen kontaminiert sein. Es können dort auch Stoffe vorhanden sein, die sich beim Bauen bzw. auch anschließend für die Bauwerke ungünstig auswirken.

Um hier entsprechende Daten zu gewinnen, werden an entsprechenden Proben in qualifizierten chemischen Laboren Analysen durchgeführt, die dazu dienen, Konzentrationen von diversen Inhaltsstoffen zu ermitteln.

Als typische anorganische Schadstoffe gelten – bei entsprechend hohen Konzentrationen – Blausäure, Arsen, Antimon, Blei, Cadmium, Chrom, Kobalt, Kupfer, Molybdän, Nickel, Quecksilber, Selen, Zink und Zinn. Diese Schadstoffe können schon von Natur aus – geogen bedingt – im Baugrund vorhanden sein. Organische Schadstoffe sind in der Regel künstlich eingetragen. Typische organische Schadstoffe bzw. Schadstoffgruppen sind in ◘ Tab. 3.1 aufgeführt.

Durch die Bestimmungen des Bundes-Bodenschutzgesetzes (BBodSchG) sollen Eigentümer und Nutzer von Grund-

Konzentration ist gefragt

BBodSchG und BBodSchV

◘ **Tab. 3.1** Organische Schadstoffe		
Übergeordnct	**Stoffe**	**Abkürzung**
Summen-parameter	Mineralölartige Kohlenwasserstoffe	MKW
	Phenol-Index	
Aromate	Benzol, Toluol, o-, m-, p-Xylol, Ethylbenzol, Styrol, Cumol	BTEX
	Methylphenol, Dimethylphenole	
	Polyzyclische aromatische Kohlen-wasserstoffe	PAK
Kohlen-wasserstoffe	Chlorierte leichtflüchtige Kohlen-wasserstoffe	LHKW
	Chlorbenzole, Chlorphenole	
	Polychlorierte Biphenyle	PCB
	Polychlorierte Dibenzo-Dioxine/-Furane	PCDD/DF

3

stücken in die Pflicht genommen werden, schädliche Boden-veränderungen zu vermeiden und vorhandene Schäden zu beseitigen. Eine Einstufung als Verdachtsfläche oder Altlast erfolgt nach Länderrecht, etwa durch das Landratsamt oder durch die Bezirksregierung. Als Altlast gilt eine Fläche, von der eine Gefahr ausgeht. Diese muss durch entsprechende Maßnahmen beseitigt werden.

Für die Untersuchung und Bewertung von altlastenverdächtigen Flächen wurde die Bundes-Bodenschutz und Altlasten*verordnung* (BBodSchV) erarbeitet. In der Verordnung werden Anforderungen formuliert, die an die Untersuchungsmethoden, an die Vorsorge zur Vermeidung möglicher Schäden und an die Sanierung von Schäden zu stellen sind.

Wirkungspfade

Für die Wirkungspfade Boden-Mensch, Boden-Nutzpflanze (Nutztier) und Boden-Gewässer werden Angaben für eine Bewertung von Verunreinigungen gemacht. Man unterscheidet Prüf- und Maßnahmenwerte der Konzentration.

Werden Prüfwerte überschritten, müssen weitere Untersuchungen erfolgen. Beim Überschreiten von Maßnahmenwerten kann in aller Regel von einer schädlichen Kontamination ausgegangen werden. Hier wird ein Sanierungsplan notwendig.

Wenn Schadstoffe im Grundwasser bzw. in Gewässern nachgewiesen werden, greifen das Wasserhaushaltsgesetz und diesbezügliche Regelungen der Länder.

Abfall

Bei vielen Bauvorhaben fallen Stoffe an, die von einem Grundstück abtransportiert bzw. entsorgt werden müssen. Erd- oder Felsaushub, Abbruchmaterial usw. wird dann nach den geltenden Vorschriften als *Abfall* angesehen, der bevorzugt zu verwerten ist.

In der Verantwortung des Eigentümers

Der *Bauherr* ist für die Prüfung einer möglichen Kontamination von Abbruch- und Bodenmaterial verantwortlich, welches sein Grundstück verlässt. Hierbei sind länderspezifische Vorschriften zu beachten.

Der vom Bauherrn beauftragte Fachplaner untersucht den Bestand, der abgebrochen werden soll, auf mögliche Schadstoffe und der Geotechniker wird den Baugrund und die Grundwasserverhältnisse erkunden. Ergeben sich aus der Recherche zu Vornutzungen Hinweise auf mögliche Kontaminationen, werden diese bei den Planungen der Felderkundungen entsprechend berücksichtigt.

So kann Bodenaushub, wie er bei jeder Baugrube anfällt, häufig nicht mehr ohne eine gutachtliche Aussage zu einer möglichen Belastung mit Schadstoffen (Kontamination) einer Wiederverwertung bzw. Entsorgung zugeführt werden.

Abfalltourismus

Leider gelten bis heute in den einzelnen Bundesländern unterschiedliche Regelungen, was u. a. auch dazu führt, dass belasteter Erdaushub über Ländergrenzen hinweg aus Kostengründen weiter weg transportiert wird.

3.2.3 Sanierungen und Schadensfälle

Schließlich wird auch versucht, Schadensfälle durch geotechnische Untersuchungen zu diagnostizieren, abzusichern bzw. aufzuklären.

Dabei wird beispielsweise gefragt, ob sich die Risse im Bauwerk durch unterschiedliche Setzungen ergeben haben, und wenn ja, aus welchem Grund.

Es wird nach der besten Methode gesucht, um den Turm von Pisa nicht umfallen zu lassen, und es wird geklärt, warum das Windrad umgefallen ist und was letztendlich zum Einsturz des Kölner Stadtarchivs geführt hat.

Die konkrete Festlegung jedes Erkundungsprogramms – ggf. in einer orientierenden ersten Phase – wird meist erst nach der Auswertung weiterer Unterlagen möglich sein.

Studium von Unterlagen

Als eine grundlegende, wenn nicht sogar als wichtigste Unterlage ist oft die geologische Karte anzusehen.

3.3 Zur Geologie

3.3.1 Einordnung

Es wird niemanden verwundern, dass sich ein Geotechniker auch mit der *Geologie* [4] beschäftigen muss.

Die Geologie als Wissenschaft der Erdkruste widmete sich zunächst der Suche nach Bodenschätzen, die mit der Erfassung und Darstellung der unterschiedlichen Böden und Gesteine einherging. Nach wie vor gehören die Erkundung und Bewertung von Lagerstätten von Erzen, Erdöl, Erdgas und Kohle oder mineralischen Rohstoffen, von Grundwasser und Erdwärme, aber auch von atomaren Endlagern zu den Arbeitsgebieten der Geologie.

Ein wissenschaftlicher Schwerpunkt der Geologie beschäftigt sich mit der Entwicklungsgeschichte und dem Aufbau der Erde. Anhand der räumlichen Ablagerung, der Zusammensetzung der Gesteine und der darin ggf. enthaltenen Fossilien wird versucht, auf die Bedingungen zu schließen, die während der Entstehung herrschten.

Die Faszination der Geowissenschaften

Neuere Forschungen widmen sich den *Prozessen*, welche die Erde beeinflusst haben und künftig beeinflussen werden. Hier wird mit anderen Geowissenschaftlern aus der Petrologie, Mineralogie, Geochemie, Geophysik, Seismologie,

3

Geografie, Geomorphologie, Geodäsie, Ozeanographie, Klimatologie, Zoologie und Botanik interdisziplinär geforscht.

Die *Ingenieurgeologie* [5] wendet sich verstärkt der Lösung bautechnischer Probleme zu. Für die Teamarbeit mit Geologen müssen auch Bauingenieure über ein geologisches Grundwissen verfügen und auch die Sprache der Geologen verstehen [6].

3.3.2 Minerale, Gesteine, endogene Dynamik in geologischen Zeiten

■ **Minerale, Gesteine**

Die feste Erdkruste, die *Lithosphäre*, wird aus *Gesteinen* gebildet, deren kleinste, homogene, feste Teilchen als *Minerale* bezeichnet werden.

Minerale als Bausteine der Erde

Minerale sind Feststoffe mit einheitlicher chemischer Zusammensetzung. Sie haben eine definierte Atom- und Ionenstruktur. Die meisten Minerale liegen in *kristalliner Form* vor und weisen eine chemische Zusammensetzung auf, die innerhalb fester Grenzen variiert.

Minerale können durch Eigenschaften wie Spaltbarkeit, Bruch, Härte, spezifisches Gewicht, Farbe, Strich, Transparenz und Glanz bestimmt werden.

Vom Talk zum Diamanten

Die wissenschaftliche Mineralogie identifiziert, klassifiziert und untersucht die Minerale genauer mit den Methoden der chemischen Analytik.

■ **Der Gesteinskreislauf**

Die Gesteine liegen zumeist als Mineralmischungen vor und unterliegen innerhalb großer (geologischer) Zeiträume einem Kreislauf, der wie folgt beschrieben werden kann:

Aus dem Erdinneren steigt Magma auf und erstarrt zu vulkanischem Gestein. Zu den vulkanischen Gesteinen zählen Granit, Syenit, Diorit, Porphyr, Diabas, Gabbro, Trachyt, Basalt, Tuff und Bims. Zum Granit merken wir uns den netten Spruch zu seinem Mineralienbestand: „Feldspat, Quarz und Glimmer, das vergess' ich nimmer".

Böden = Lockergesteine, entstanden durch exogene Dynamik

Erdbewegungen lassen die magmatischen Tiefengesteine an die Oberfläche treten, wo sie sich durch physikalisch-mechanische, chemische und biologische Verwitterung und Erosion zersetzen. Wasser, Wind und Gletscher transportieren die verwitterten Materialien und lagern sie in Seen, Flussmündungen (Deltas), Dünen, Moränen und am Meeresgrund als Böden (Lockergesteine) wieder ab.

Nun können sich aus den Böden bei entsprechenden Einwirkungen von Druck und Temperatur wieder Sedimentgesteine, wie z. B. Konglomerate, Brekzie, Sand- oder Schluffsteine, Tonstein, Kalkstein, Dolomit, Kreide, Travertin, Ölschiefer, Gips, Kali- oder Steinsalz bilden.

Sedimentgesteine

Werden nun im Zuge weiterer Gebirgsbildungsprozesse oder Subduktionen diese Sedimente (oder auch die magmatischen Gesteine) hohen Temperaturen und Druck ausgesetzt, entstehen die metamorphen Gesteine wie etwa Tonschiefer, Quarzit, Quarzschiefer, Phyllit, Gneis, Amphibolit, Marmor und Mylonit. Noch mehr Druck und noch höhere Temperatur können die Gesteine wieder schmelzen, was den Gesteinskreislauf schließt.

Metamorphe Gesteine

■ **Plattentektonik**

Der Kreislauf der Gesteine wird vermutlich durch die konvektiven Materialströme im Innern der Erde angetrieben. Die Erforschung dieser endogenen dynamischen Prozesse der etwa sieben großen und dreizehn kleineren Lithosphären-Platten der Erde führte zum Wissensgebiet der *Plattentektonik*.

Der studierte Physiker, Meteorologe und Astronom Alfred Wegener erkannte schon 1915 [7], dass die Kontinente einmal eine größere Landmasse gebildet haben und seither auseinanderdriften. Die ◘ Abb. 3.1 zeigt die Erde zu unterschiedlichen geologischen Zeiten.

Alfred Wegeners Theorie der
Kontinentalverschiebung

Mit Hilfe der Satellitengeodäsie lassen sich heute Verschiebungsgeschwindigkeiten der Platten zwischen 1 cm/Jahr bis 10 cm/Jahr nachweisen.

Dort, wo sich die Platten voneinander wegbewegen, entsteht neue Lithosphäre. An den konvergierenden Plattengrenzen kann eine dichtere Platte unter eine weniger dichte geschoben werden, was als Subduktion bezeichnet wird. Schieben sich zwei Platten aneinander vorbei, bezeichnet man dies als Transformstörung.

Endogene Dynamik

Tiefe Gräben im Meer, die Gebirgsbildung, die Entstehung von Erdbeben, Tsunamis und der Vulkanismus sind Merkmale bzw. Auswirkungen der Plattentektonik.

Aber auch innerhalb der einzelnen Platten treten Deformations- und Bruchstrukturen auf, die von der Strukturgeologie genauer erforscht werden. So können Schichten gekippt, geknickt und gefaltet werden. Die Bruchtektonik unterscheidet Auf- und Abschiebungen und Seitenverschiebungen, die auf die Einwirkung von Druck-, Zug- bzw. Scherspannungen zurückzuführen sind.

■ **Stratigrafie**

In der Stratigraphie wird versucht, die Bildung der heute anzutreffenden Gesteine in einer Zeitskala zu ordnen. Es wird mit der systematischen Erforschung der Merkmale und Inhalte

Erdgeschichte

3

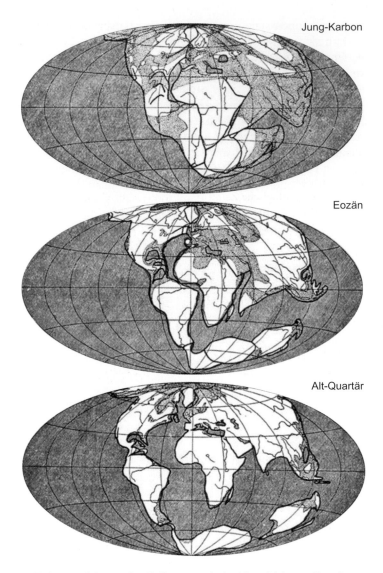

Jung-Karbon

Eozän

Alt-Quartär

Rekonstruktionen der Erdkarte nach der Verschiebungstheorie
für drei Zeiten.

Schraffiert: Tiefsee; punktiert: Flachsee; heutige Konturen und Flüsse nur zum Erkennen.
Gradnetz willkürlich (das heutige von Afrika).

☐ **Abb. 3.1** Wegeners Kontinentaldrift (aus [7])

der Gesteine die Erdgeschichte rekonstruiert. Die zeitlichen
Unterteilungen sind mit den Begriffen Äon, Ära (= Erdzeit-
alter, Gruppe), Periode (= System), Epoche (= Serie) und
Alter (= Stufe) hierarchisch geordnet. Es werden 4 Äonen
unterschieden:

▬ Phanerozoikum mit den Ären Känozoikum (Erdneuzeit),
Mesozoikum (Erdmittelalter) und Paläozoikum (Erdalter-

tum) – beginnend vor 543 Millionen Jahre (mya = Akronym für „million years ago"),
- Proterozoikum,
- Archaikum,
- Hadaikum.

Die Erde ist vor etwa 4,56 Milliarden Jahren entstanden und die ältesten bisher bekannten Gesteine sind etwa 4 Milliarden Jahre alt. Ackerbau und Viehzucht entstehen vor 10.000 Jahren.

> **Wichtig**
>
> Um sich geologische Zeiträume besser vorzustellen: Wäre die Erde einen Tag alt, dann sind Ackerbau und Viehzucht gerade einmal vor 0,2 Sekunden entstanden.

Ackerbau und Viehzucht in 0,2 Sekunden

Die Erdneuzeit, das Känozoikum, wurde früher in *Tertiär* und *Quartär* eingeteilt. Heute spricht man nicht mehr vom Tertiär, sondern vom *Paläogen* und *Neogen*.

Für Kartendarstellungen wurden den Erdzeitaltern Farben zugeordnet, wobei die jüngeren Schichten hellere Farben aufweisen.

In der ◘ Tab. 3.2 ist (aus unterschiedlichen Quellen) eine schematisierte stratigrafische Tafel für Europa dargestellt, die bis ins Mesozoikum zurückreicht.

3.3.3 Böden

In erster Linie befassen wir uns in diesem Lehrbuch mit den Böden, den Lockergesteinen. Aus geologischer Sicht sind Lockergesteine Haufwerke aus körnigen Sedimentgesteinen, die noch keine oder nur eine vergleichsweise geringe Verfestigung erfahren haben. Im Unterschied zur *Bodenkunde*, die den pflanzlich beeinflussten Teil des Bodens erforscht, wird in der Bodenmechanik – wie in ◘ Abb. 3.2 dargestellt – der tiefer liegende, unbelebte Bereich betrachtet.

Bodenkunde, Bodenmechanik

Bodenmechanisch werden die mineralischen Böden zunächst nur nach dem Korndurchmesser D in Steine, Kiese, Sande, Schluffe und Tone unterschieden. Aus den geologischen Bezeichnungen kann u. U. auch etwas zur Entstehung bzw. Herkunft der Böden abgeleitet werden.

Böden haben je nach ihrer Verfrachtung unterschiedliche Eigenschaften, was aus bautechnischer Sicht entsprechend berücksichtigt werden muss.

strömendes Wasser sortiert die Korngröße

Kiese $(2\,\text{mm} \leq D \leq 63\,\text{mm})$ und Sande $(0,06\,\text{mm} \leq D \leq 2\,\text{mm})$ werden im Fluss als Geröll transportiert. Mit abnehmendem Gefälle und damit geringer werdenden Strömungsgeschwindigkeiten nehmen auch die sedimentierten Korndurchmesser ab (◘ Abb. 3.3).

3

◘ Tab. 3.2 Schematisierte stratigrafische Tafel vom Quartär bis zum Trias für Europa

Beginnend vor mya	Periode	Epoche	Farbe	Kennzeichnung	Gesteinsbildung
0,01	Quartär (blass gelb)	Holozän (Alluvium)	rosa	heutige Verhältnisse mit großer Festlandsausdehnung	Schotter, Meeres- und Flusssande, Dünensande, Schlick, Torf, Kalktuffe
2,58		Pleistozän (Diluvium)	helles ocker	ausgedehnte Vereisungen, schwacher Vulkanismus	im Vorland des Eises lagern die Flüsse mächtige Sand- und Schotterlagen ab, Geschiebemergel, Löss
5,33	Neogen (gelb)	Pliozän	Helles gelb	allmählicher Meeresrückzug auf den heutigen Stand und Klimaverschlechterung	Abtragung und Aufbereitung führt zu mächtigen Sand- und Tonablagerungen, eingekieselte Sande (Quarzite), Stein- und Kalisalze, Erdöl, Kaolinverwitterungs-rinden
23,03		Miozän	Röt-liche Farben		
33,9	Paläogen	Oligozän		mehrere größere Meeresvorstöße und Versumpfungen (Braunkohle), ausgeglichenes mildes Klima	
55,8		Eozän			
65,5		Paläozän			
99,6	Kreide	obere	Grüne Farben	sehr starker Meeresrückzug	Schreibkreide, Mergelkalke, Quadersandstein, Konglomerate
				größte bekannte Meeresausdehnung	
145,5		untere		allmähliches Vordringen der Meere	Mergel, Tone, Sandsteine, Konglomerate
161,2	Jura	Oberer (Malm)	Blaue Farben	starker Meeresrückzug	helle Kalke und Dolomite
				sehr ausgedehnte Meeresüberflutungen	
175,6		Mittlerer (Dogger)		Ausdehnung der Meere	braune Sandsteine, Kalke, Tone
199,6		Unterer (Lias)		geringe Meeresüberflutungen	dunkle Tone und Mergel
228,7	Trias	Obere (Keuper)	Vio-lette Farben	große Festlandsausdehnung	Sandsteine, bunte Letten, Mergel, Dolomit, Gips
245		Mittlere (Muschelkalk)		begrenzte Meeresüberflutungen	Kalksteine, Mergel, Gips, Dolomit, Anhydrit, Steinsalz
251		Untere (Buntsandstein)		große Festlandsausdehnung, trocken warmes Klima	rote und weiße Sandsteine, Konglomerate, Letten, Bröckelschiefer, Gips und Steinsalz

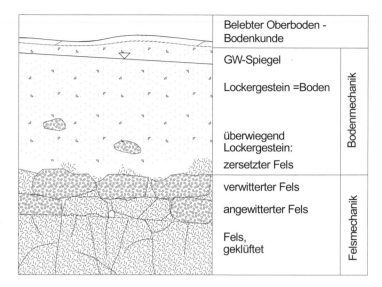

	Belebter Oberboden - Bodenkunde	
	GW-Spiegel	Bodenmechanik
	Lockergestein =Boden	
	überwiegend Lockergestein: zersetzter Fels	
	verwitterter Fels	Felsmechanik
	angewitterter Fels	
	Fels, geklüftet	

◻ **Abb. 3.2**   Abgrenzung der Fachgebiete

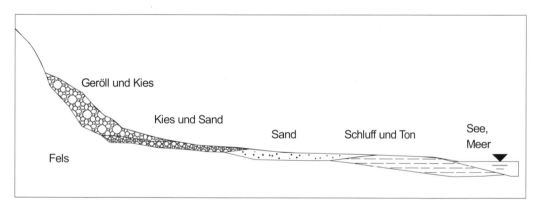

◻ **Abb. 3.3**   Sortierung nach der Korngröße

Nur in Stillwasserbereichen können sich feinkörnige Schluffe (0,002 mm ≤ D ≤ 0,06 mm) und Tone (D ≤ 0,002 mm) absetzen, wie etwa in einem See, im Meer oder nach einer Hochwasserperiode. Hier bilden sich dann marine oder limnische Tone oder Schluffe, die auch als Auelehme bezeichnet werden.

Beim Gletschertransport der Böden erfolgt keine derartige Sortierung. Es liegt häufig ein Geschiebe (Geschiebemergel) aus einem Gemisch aller Korngrößen bis hin zu großen Blöcken (Findlingen) vor.

glaziale Böden

Demgegenüber sind die durch Wind (äolisch) transportierten Böden sehr gleichkörnig. Der Wind kann gegenüber Wasser und Eis nur kleine

Windsedimente: Flugsand und Löss

3

Korndurchmesser transportieren. Es wird unterschieden zwischen Flug- bzw. Dünensand und dem kalkhaltigen, sehr fruchtbaren Staubboden *Löss*, der etwa 10 % der Erdoberfläche bedeckt. In Europa ist Löss weit verbreitet und kann hier Dicken bis 40 m aufweisen. In China sind sogar Mächtigkeiten bis 400 m bekannt.

Löss – vom Winde verweht

Löss – häufig gelb bis gelbgrau oder gelbrot gefärbt – weist einige bodenmechanische Besonderheiten auf:

Lösse bestehen zum größten Teil aus eckigen Quarzkörnern im Schluffkornbereich mit 8 % bis 20 % kalkigen Bruchstücken. Der Anteil an Feinsand liegt im Mittel bei 20 %, der Tonanteil ist zunächst gering, kann aber durch Verwitterung deutlich ansteigen. Durch Kalklösung und Wiederausfällung entstehen teils skurrile Kongretionen, die man als Lösskindel oder Lössmännchen bezeichnet.

steiler Hang, steile Böschung

Nicht umgelagerter Löss ist unverfestigt, sehr porös und weist eine geringfügige mineralische Verkittung auf. Im Löss können sich – oft in Hohlwegen – sehr steile Hänge bilden, die jahrelang standsicher sind. Bei einer künstlichen Abflachung dieser Hänge dringt mehr Niederschlag ein, was die Standzeit verkürzt. Wegen der besonderen Struktur und der Verkittung kann Löss aber auch plötzlich unter Last zusammenbrechen.

Beim Lösslehm handelt es sich um weitgehend entkalkten, verwitterten Löss mit häufig brauner Färbung. Die Scherfestigkeit von Lösslehm ist kleiner als die des unverwitterten Lösses.

Lehm

Unter der geologischen Bezeichnung *Lehm* werden Mischungen von Sand, Schluff und Ton zusammengefasst. Lehme stellen die am weitesten verbreitete Bodenart dar. Entsteht Lehm aus zersetztem Fels, wird er als Verwitterungslehm bezeichnet.

Mergel

Unter *Mergel* werden in der Geologie Gemenge aus Ton und Kalk ($CaCO_3$) verstanden. In der ◘ Tab. 3.3 sind die verschiedenen gebräuchlichen Bezeichnungen je nach dem Kalkgehalt wiedergegeben.

Bei organischen Böden steht die geotechnische Ampel auf ROT

Schlick ist ein küstennah abgelagerter, organischer Tonschlamm. Als *Klei* werden ältere, schon etwas festere Schlickablagerungen bezeichnet. *Mudden* sind in Seen abgelagerte Sedimente mit mehr als 5 % organischen Anteilen. *Torfe* haben sich als organische Sedimente in Mooren gebildet. *Faulschlamm* oder Sapropel bildet sich in nährstoffreichen Gewässern und Sümpfen. Unter Luftabschluss und Druck entsteht aus organischen Substanzen *Braunkohle* und *Steinkohle*.

■ **Etwas vorausschauend halten wir fest**

bindig und nichtbindig

Bodenmechanisch werden die natürlich abgelagerten Böden generell in Kiese, Sande, Schluffe und Tone, in gemischtkörnige und in organische Böden unterschieden. Kiese und Sande

◻ **Tab. 3.3**   Bezeichnungen für Ton- und Kalkgemenge

Kalkgehalt bis	95 %	85 %	75 %	65 %
Bezeichnung	Kalkstein	Mergeliger Kalk	Mergelkalk	Kalkmergel
Kalkgehalt bis	35 %	25 %	15 %	5 %
Bezeichnung	Mergel	Tonmergel	Mergelton	Mergeliger Ton

◻ **Tab. 3.4**   Eigenschaften der Böden

Bodenarten:	Kiese und Sande (nichtbindig)	Schluffe und Tone (bindig)	Organische Böden
Charakterisiert durch:	Lagerungsdichte	Konsistenz	Gehalt an organischen Bestandteilen
Setzungsverhalten unter statischer Last	sehr geringe Setzungen, zeitlich kaum verzögert	bei geringer Konsistenz große und zeitverzögerte Setzung	große und langanhaltende Setzungen (Sekundärsetzungen)
Setzungsverhalten unter dynamischer Last	bei lockerer Lagerung größere Setzungen, ggf. sogar Verflüssigung	kaum Setzungen	
Natur der Scherfestigkeit	Reibung	Reibung und ggf. Kohäsion, viskose Einflüsse, undränierte Scherfestigkeit	ggf. viskose Einflüsse
Generelle Eignung als Baugrund bzw. Baustoff	gut	zu prüfen	schlecht bzw. nicht geeignet

heißen auch *nichtbindige* Böden. Sie weisen im Unterschied zu *bindigen* Schluffen und Tonen keinen inneren Zusammenhalt (keine Kohäsion) auf. Nichtbindige Böden (Sande, Kiese) weisen eine bestimmte Lagerungsdichte, bindige eine Konsistenz auf. Der Bodenmechaniker spricht von flüssiger, breiiger, weicher, halbfester und fester Konsistenz, die sich jeweils bei unterschiedlichen Wassergehalten einstellt.

Im Vorgriff auf die genaueren Beschreibungen der Böden in ▸ Abschn. 5.5 sind in ◻ Tab. 3.4 wichtige Eigenschaften der Böden zusammengestellt

Konsistenz und Lagerungsdichte

3.3.4 Gestein und Fels

▪ **Abgrenzung der Begriffe**

Die Fest- bzw. Halbfestgesteine weisen im Gegensatz zu den Lockergesteinen eine feste mineralische Bindung auf. Die Gesteine bestehen – wie schon erwähnt – aus gesteinsbildenden

mineralische Bindung

3

Mineralen. Die meisten Gesteine der Lithosphäre sind Silikatgesteine, die sich aus Feldspat, Quarz, Glimmer, Amphibole oder Olivin aufbauen. Nur bei einem kleinen Teil handelt es sich um Karbonatgesteine, die aus Calcit und Dolomit bestehen.

Textur, Struktur

Die räumliche Anordnung und Verteilung der Minerale in einem Gestein werden als Textur bezeichnet. Die Größe und Form der Kristalle und die Art des Kornverbandes nennt man Gesteinsstruktur.

Schon bei der Beschreibung des Gesteinskreislaufes wurden die 3 Grundtypen der Gesteine erwähnt:
- Magmatische Gesteine,
- metamorphe Gesteine und
- Sedimentgesteine.

Hohlräume und Trennflächen

Mit dem Begriff *Fels* (◘ Abb. 3.4) meint man ein größeres Gebilde aus Festgestein, einen *Gesteinsverband*, der auch Hohlräume aufweisen kann, insbesondere aber durch Schicht- bzw. Schieferungs-, Kluft- oder andere *Trennflächen* mehr oder weniger zerlegt ist. Der Begriff *Fels* steht also für den Zustand und die Erscheinungsform der Gesteine.

▪ **Trennflächengefüge**

Wie ein Fels in der Brandung – trotz des Trennflächengefüges

Die Felsmechanik beschäftigt sich deswegen nicht so sehr mit der Gesteinskunde, sondern in erster Linie mit den mechanischen Eigenschaften von Fels, die in erster Linie vom Trennflächengefüge geprägt sind. Beim Bauen im Fels kommt es insbesondere darauf an, dieses Trennflächengefüge zu erkunden,

◘ **Abb. 3.4**   Gefalteter Fels (Südfrankreich)

darzustellen und dessen mechanische Eigenschaften bewertend einzuschätzen. Neben dem Spannungs- und Verformungsverhalten bis zum Bruch wird auch die Wasserdurchlässigkeit von der Beschaffenheit der Trennflächen (Orientierung, Häufigkeit, Weite, Füllung usw,) beeinflusst sein.

Eine Untersuchung von Fels muss an Proben erfolgen, die auch das Trennflächengefüge repräsentieren. Bei größeren Trennflächenabständen ergeben sich Probengrößen, die im Labor nicht mehr untersucht werden können. Hier müssen dann bei Bedarf Feldversuche ausgeführt werden.

In ◘ Tab. 3.5 sind die möglichen Typen von Trennflächen, in ◘ Tab. 3.6 die gebräuchlichen Bezeichnungen von Trennflächenabständen aufgelistet.

■ **Laborversuche an Gesteinen**

Die Laborversuche beschränken sich deswegen oft auf die Untersuchung der Gesteinseigenschaften. Eine erste Einordnung ergibt sich aus der Bestimmung der einaxialen Druckfestigkeit q_u. In ◘ Tab. 3.7 sind einige Erfahrungswerte zusammengestellt.

Druckfestigkeit

◘ **Tab. 3.5** Trennflächen

Art	Symbol	Kennzeichen	Entstehung
Kluft	K	ohne Dislokation	Tektonik, Spannungs- und Temperaturunterschiede
Störungsfläche	S_t	mit Dislokation	Tektonik
Schichtfläche	S_s	meist parallel	Sedimentation
Schieferungsfläche	S_f	parallel, engständig	Tektonik, Metamorphose

◘ **Tab. 3.6** Bezeichnungen für Trennflächenabstände

Code	Mittlerer Abstand in cm	Bezeichnung bei	
		Klüften	Schieferung/Schichtung
A01	≤ 1		blätterig
A05	1 bis 5	sehr stark klüftig	dünn blätterig
A10	5 bis 10	stark klüftig	dick plattig
A30	10 bis 30	klüftig	dünnbankig
A60	30 bis 60	schwach klüftig	dickbankig
A61	≥ 60	kompakt	massig

3

❏ **Tab. 3.7** Erfahrungswerte der einaxialen Druckfestigkeit q_u in MPa unterschiedlicher Gesteine	
$q_u \geq 250$ = extrem hoch	Feinkörniger Granit, quarzitischer Sandstein, Basalt, Diabas, Quarzit, Kalkstein
$100 \leq q_u \leq 250$ = sehr hoch	
$50 \leq q_u \leq 100$ = hoch	Kalk-, Sandstein, Tonschiefer, Dolomit, Gneis
$25 \leq q_u \leq 50$ = mäßig hoch	Kalkmergelstein, Tonschiefer, Sandstein
$5 \leq q_u \leq 25$ = gering	Salzgestein, Kreide
$1 \leq q_u \leq 5$ = sehr gering	Verwittertes Gestein
$q_u \leq 1$ = extrem gering	Stark verwittertes, entfestigtes Gestein

Hilfsweise werden für eine Einordnung von Gesteinen auch Punktlastversuche durchgeführt oder auch Rückprallwerte mit dem Schmidt'schen Betonprüfhammer ermittelt. Für eine Auswertung werden nicht nur viele Daten, sondern auch Referenzversuche benötigt.

■ **Volumenvergrößerung, Quelldruck**

Quellen und Druck – Anhydrit!

Bestimmte Ton- und Sulfatgesteine zeigen bei Wasserzutritt *Quellerscheinungen*, die beträchtliche Größenordnungen annehmen können. Bei behinderter Volumendehnung stellen sich entsprechend hohe *Quelldrücke* ein.

Tritt Wasser zu anhydrithaltigen Gesteinen, wandelt sich Anhydrit in Gips um, was mit größeren Volumenvergrößerungen einhergeht. Im ▶ Abschn. 1.6 wurde schon erwähnt, dass sich das Volumen einer Anhydritprobe um bis zu 61 % vergrößert. Bei behinderter Volumendehnung entstehen Quelldrücke bis zu 10 MN/m².

■ **Hohlraumbildung, Erdfälle**

Karst

Bei wasserlöslichen Gesteinen bilden sich mit der Zeit Hohlräume, die bis zur Geländeoberfläche reichen können. Derartige Geländeeinbrüche bezeichnet man auch als Erdfälle. Karstlandschaften entwickeln sich typischerweise bei Karbonatgesteinen, also bei Kalkstein, Kalkmergeln und Dolomiten, auch bei Gips und bei Steinsalzen.

3.3.5   Geologische Karte

Die geologischen Karten wurden in Deutschland von den *Geologischen Landesämtern* erarbeitet, gepflegt und herausgegeben. Für die Erstellung einer solchen Karte werden die Daten einer planmäßigen geologischen Kartierung in eine topographische Karte übernommen.

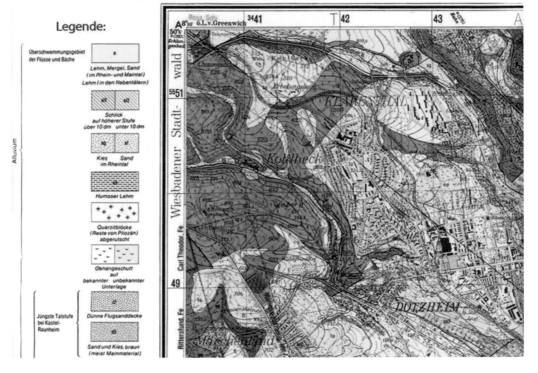

□ **Abb. 3.5**   Ausschnitt aus der geologischen Karte Blatt Wiesbaden

Das detaillierte, z. T. auch schon digitalisierte Kartenwerk ist für Deutschland beinahe überall im Maßstab 1 : 25.000 verfügbar. Die Karten werden in aller Regel durch Begleithefte ergänzt, in denen weitere wichtige Erläuterungen enthalten sind. Für einige Regionen liegen daneben auch spezielle Baugrundkarten vor.

1 : 25.000

Als Beispiel für die Darstellung einer geologischen Karte zeigt die □ Abb. 3.5 einen kleinen Ausschnitt aus dem Blatt 5915 Wiesbaden der Geologischen Karte von Hessen. Es handelt sich um den nordwestlichsten Ausschnitt. Am nördlichen Kartenrand sind die Rechtswerte, am westlichen Rand die Hochwerte nach dem Gauß-Krüger-Koordinatensystem eingetragen. Ganz in der Ecke steht ein A für den Beginn des Profilschnittes A–B – mit einer (blauen) Linie markiert – und in der □ Abb. 3.6 in einem Ausschnitt dargestellt.

Das auffälligste Merkmal geologischer Karten ist deren farbliche Darstellung. Links neben der Karte befindet sich die Legende zu den verwendeten Farben, Signaturen und

Farben, Signaturen

3

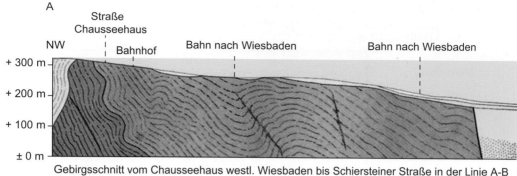

Gebirgsschnitt vom Chausseehaus westl. Wiesbaden bis Schiersteiner Straße in der Linie A-B
Maßstab der Profile: Länge 1:25 000; Höhe 1:10000

◨ **Abb. 3.6**   Schnitt A–B

Buchstabenkürzeln. Jede Farbe und die ergänzenden Signaturen stehen für die oberste Boden- bzw. Felsschicht, die unter dem *Oberboden* (*Mutterboden*) bzw. unter *Auffüllungen* jeweils vor Ort anzutreffen ist.

Die Farben sind – wie schon erwähnt – stratigrafisch geordnet. Die Böden bzw. Felsarten, die bestimmten geologischen Epochen zuzuordnen sind, weisen auch verwandte Farben und Signaturen auf. Neben den Farben sind auch Buchstaben und Ziffern zur genaueren Unterscheidung dargestellt.

Stratigrafie

Magmatische Gesteine werden mit Großbuchstaben z. B. G für Granit, Sedimentgesteine mit kleinen Buchstaben z. B. k für Kalkstein und metamorphe Gesteine mit kleinen bzw. kursiven Buchstaben z. B. gn für Gneis gekennzeichnet. Weitere Buchstaben kennzeichnen die stratigrafische Stellung (d. h. den Zeitpunkt der Gesteinsbildung) wie z. B. mo für oberen Muschelkalk.

Geologisch wichtige, aber nur geringmächtige Horizonte werden mit griechischen Buchstaben abgekürzt. Alle Buchstaben werden ebenfalls in der Legende am Kartenrand erläutert.

Aus den Profilschnitten ergeben sich Rückschlüsse über den tieferen Aufbau des Baugrunds. Als Grundregel kann man zunächst davon ausgehen, dass mit zunehmender Tiefe auch das Alter der Böden und Gesteine zunimmt.

Abschätzungen zur Schichtdicke

Ferner sind in den Karten auch Bohrungen eingetragen, deren Schichtenfolge im Begleitheft zur Karte wiedergegeben und erläutert ist. Mit zunehmender Entfernung des betrachteten Projekts vom jeweiligen Schnitt oder einer Bohrung werden die zu treffenden Aussagen über Art und Mächtigkeit der einzelnen Schichten entsprechend unsicherer.

Allerdings kann man auch ohne Profilschnitt unter Berücksichtigung der Ausformung der Geländeoberfläche in die Tiefe hinein extrapolieren. In einem Tal stehen z. B. häufig jüngere Schichten an als auf der benachbarten Bergkuppe. Unter dieser jüngeren Talfüllung folgen dann wahrscheinlich die Schichten der Bergkuppe.

Im Begleitheft werden die Kartendarstellungen ausführlicher erläutert. Hier werden die anstehenden Gesteine beschrieben und auf Besonderheiten hingewiesen. Dabei werden zusätzlich zur Darstellung der obersten Baugrundschicht z. B. auch das Streichen und Fallen von *Verwerfungen*, *Quellen*, *Lagerstätten* sowie *alte Rutschungen* erfasst.

Je nach Verfasser und Alter der Bearbeitung einer geologischen Karte sind in den Begleitheften mitunter auch konkrete Aussagen zum Baugrund enthalten.

Im Begleitheft: Erläuterungen, Ergebnisse von Bohrungen

3.4 Weitere Unterlagen zum Projektstandort

Nach der Sichtung und Auswertung der geologischen Karte werden für die Planung der geotechnischen Untersuchungen weitere Unterlagen studiert.

- **Grundwasser**

Je nach topographischer Lage des Projekts und nach der Ausbildung der zu erwartenden Baugrundschichten kommt den Grundwasserverhältnissen schon in der Planungsphase große Bedeutung zu. Genauere Hinweise hierzu können hydrogeologischen Grundwasserkarten z. B. mit den Höhenlinien gleicher GW-Stände oder gleicher Flurabstände entnommen werden. Unter dem Flurabstand versteht man den Abstand des freien Grundwasserspiegels von der Geländeoberfläche.

Weitere Karten, Pläne, Luftbilder

Aus den Höhenlinien lassen sich Rückschlüsse auf die Richtung und das Gefälle des Grundwasserstroms ziehen. Ferner kann es sein, dass im Kartenwerk auch die höchsten und die niedrigsten bisher gemessenen Grundwasserstände angegeben werden.

Grundwasser strömt

Es werden auch Grundwasserschutz- und Überschwemmungsgebiete ausgewiesen. Daneben können auch Karten mit Angaben zur Beschaffenheit des Grundwassers herangezogen werden.

Bindet ein Baukörper in das Grundwasser ein, erfährt er Auftrieb und Wasserdruck. Er stellt u. U. ein Hindernis im Grundwasserstrom dar, ggf. wird er auch chemisch angegriffen. Bei der Planung von Erkundungen ist damit auch an eine Beprobung des Grundwassers zu denken.

Wasserproben – richtig entnehmen!

3

▪ Seismizität

Auch in Deutschland gibt es Erdbeben!

Die seismischen Verhältnisse im Projektgebiet können ebenfalls von Bedeutung sein. Hier muss in Deutschland der nationale Anhang zum EC 8, Teil 1 (DIN EN 1998-1/NA:2011-01) beachtet und studiert werden, in der die unterschiedlichen Erdbebenzonen kartiert sind.

▪ Leitungen

Vor jeder projektbezogenen Erkundung muss geklärt sein, ob unter den vorgesehenen Ansatzpunkten der Bohrungen und Sondierungen keine Leitungen verlaufen. Hierzu werden die Leitungspläne der Versorgungsunternehmen und verfügbare Bestandspläne eingesehen. Lassen sich Zweifel nicht ausräumen, müssen immer Such-Schürfe angelegt werden. (Es gibt auch geheime Nato-Leitungen.)

Leitungsschäden sind teuer, Strom- und Gasleitungen gefährlich!

Eine schriftliche Zusicherung der Leitungsfreiheit bzw. Freigabe der Ansatzstellen kann den Geotechniker vor Schadenersatzansprüchen schützen.

▪ Kampfmittel

Lufbilder

Anhand von Luftbildern kann geprüft werden, ob das Projektgebiet in einem Abwurfgebiet von Bomben liegt. Hier geben die Kampfmittelräumdienste Auskunft bzw. übernehmen die Absuche und ggf. auch Beseitigung von nicht detonierten Kampfmitteln. Detoniert eine nicht entdeckte Bombe, kann das – wie in ◘ Abb. 3.7 zu sehen – verheerende Folgen haben.

▪ Vornutzung, Altlasten

Archive und Erfahrung

Hier werden Unterlagen über eine frühere Bebauung und Nutzung eines Grundstücks recherchiert, eingesehen und ausgewertet.

◘ **Abb. 3.7**   Auswirkungen eines Blindgängers

Dazu zählen aktuelle und auch historische topografische Karten, Stadtpläne, Bebauungspläne, Liegenschaftskarten, Luftbilder, ggf. Unterlagen zum Bergbau, Altlastenkataster, eigene Archivunterlagen oder auch Unterlagen von benachbarten Bauvorhaben.

Als *natürlich gewachsen* bezeichnet man einen Baugrund, der ohne menschliches Zutun im Laufe der Erdgeschichte, in geologischen Zeiträumen entstanden ist. In Siedlungsgebieten wird demgegenüber häufig die oberste Schicht als Kulturschutt oder aus anderen künstlichen Auffüllungen angetroffen.

Auffüllungen und natürlicher Baugrund

Vor allem Auffüllungen können kontaminiert sein, was schon bei der Planung der Erkundungen bedacht werden muss.

Kontaminationen?

Nach der Sichtung und Auswertung der vefügbaren Unterlagen schließt sich eine eigene Ortsbesichtigung an.

3.5 Ortsbesichtigung und Risikoabschätzung

Gemäß Eurocode 7 *muss* vor der Entwicklung des geotechnischen Untersuchungsprogramms *grundsätzlich* eine Ortsbesichtigung stattfinden. Erst danach kann letztendlich beurteilt werden, welche Schwierigkeiten und Risiken beim Projekt bestehen und welcher Untersuchungsumfang notwendig ist, um eine ausreichende Planungssicherheit zu erreichen.

Die Sichtung und Auswertungen der vorgenannten Unterlagen haben ergeben, worauf beim Ortstermin insbesondere zu achten ist. Im Zuge der Vorbereitung auf den Ortstermin wurde zumindest versucht, nachfolgende Checkliste abzuarbeiten und ggf. Daten zu folgenden Themen zu gewinnen:

Vorbereitung des Ortstermins

- **Geologische Besonderheiten:**
  1. Jüngere Ablagerungen, die eine hohe (ggf. unterschiedliche) Zusammendrückbarkeit und geringe Scherfestigkeit erwarten lassen,
  2. Karsterscheinungen (Hohlräume),
  3. Störungen/Verwerfungszonen,
  4. Möglicher ehemaliger oder sogar aktiver Rutschhang,
  5. Schrumpfgefährdeter Baugrund (Tone),
  6. Quellfähiger Baugrund (Anhydrit),
  7. Natürliche Belastungen aus Radon, Schwermetallen usw.

Eine Checkliste zur Vorbereitung

- **Hydrologische Besonderheiten:**
  8. Hochstehendes bzw. gespanntes Grundwasser,
  9. Wasserschutzgebiet,
  10. Heilquellen,
  11. Überschwemmungsgebiet.

3

■ **Antropogene Einflüsse:**
12. Leitungen,
13. Kampfmittel,
14. Archäologische Funde,
15. Hinweise auf frühere Nutzung (Auffüllungen, Bauwerke, Hohlräume, Bergbautätigkeit),
16. Kontaminationen,
17. Nachbarschaft: Gebäude, Einrichtungen zur Infrastruktur.

Sinnvolle Hilfsmittel

An Ort und Stelle können dann
— ein Feldbuch,
— Digitalkamera,
— Diktiergerät, Kompass, Wasserwaage, GPS (ggf. durch Apps im Smartphone),
— Gliedermaßstab, Bandmaß,
— Taschenlampe,
— Schlitzsonde,
— ggf. auch Nivelliergerät, Tachymeter

sehr von Nutzen sein.

Tipp: Feldbuch

Ein Feldbuch ist ein nützliches Hilfsmittel: Die dort in chronologischer Reihenfolge eingetragenen Notizen helfen später, die eigenen Erinnerungen aufzufrischen. Lose Zettel gehen leicht verloren.

An Hand der vorbereiteten Notizen wird versucht, ein umfassendes Bild vom Projektgebiet zu gewinnen. Es gilt, die Erwartungen durch entsprechende Befunde zu bestätigen – oder auch zu widerlegen – und ggf. weitere ergänzende Feststellungen zu Topografie, Bewuchs, Baugrund, Grundwasser und Umgebung zu treffen.

Wurden gar keine Unterlagen ausgewertet oder standen diese nicht zur Verfügung, kommt der Ortsbesichtigung entsprechend größere Bedeutung zu.

Was könnte denn noch alles schief gehen?

Zunächst ist es sinnvoll, aus unterschiedlichen (und eingemessenen) Blickrichtungen Fotos vom Projektgebiet anzufertigen.

Achtung: Man wird ohne besondere Vorkehrungen keine Schächte, Kanäle oder Keller betreten, da sich dort toxische und explosive Gase angesammelt haben können.

Immer wird man bestrebt sein, auch auf Details zu achten und nach Möglichkeit weitere Fragen zu klären, wie beispielsweise:

eine weitere Checkliste

— Welche Geländeform wird angetroffen? (Eben, eingesenkt, geneigt unter x°, terrassiert.)
— Gibt es Hinweise auf natürliche Bodenbewegungen?

- Wo könnten Leitungen verlaufen?
- Gibt es vor Ort oder in der Nachbarschaft direkte Aufschlüsse wie etwa eine Einschnittböschung, eine Baugrube, einen Schacht oder Brunnen, eine Grundwassermessstelle usw.?
- Lassen sich Hinweise auf eine schützenswerte bzw. außergewöhnliche Fauna und Flora gewinnen?
- Gibt es auf dem Grundstück oder in der Nachbarschaft Quellen, Brunnen, stehende oder fließende Gewässer?
- Wurde oder wird in der Nachbarschaft Grundwasser abgepumpt?
- Gibt es Informationen zur Betonaggressivität des Grundwassers?
- Wo kann ggf. gehobenes Grundwasser eingeleitet werden?
- Gibt es Hinweise auf eine frühere Nutzung/Bebauung des Grundstücks (Auffüllungen, Halden, Bergbau, Deponie, Altlast)?
- Wenn ja, welche Auswirkungen könnten diese früheren Nutzungen auf das geplante Projekt haben?
- Kann das Grundstück durch mögliche Kriegseinwirkungen beeinflusst sein?
- Gibt es *„empfindliche"* Nachbarn, wie etwa ein Krankenhaus oder sensible Industrie?
- Wo wurde, wird gerade oder künftig gebaut?
- Sind in der Nachbarschaft Bauschäden bekannt?
- Wie wurden benachbarte Bauwerke gegründet?
- Wird es Einschränkungen hinsichtlich baubedingter Erschütterungen, Staub- und Lärmemissionen geben?
- Reicht der Platz für eine geböschte Baugrube oder wird ein Verbau notwendig?
- Wie könnten sich Bodenverschiebungen bedingt durch die Baugrube auswirken?
- Liegt eine Grenzbebauung vor und sind deswegen ggf. Unterfangungen notwendig?
- Können Verankerungen oder Vernagelungen problemlos ausgeführt werden?
- Wie sieht es mit der Zugänglichkeit und Verkehrsanbindung aus?
- Müssen für die Erkundungen und ggf. auch beim Bau Verkehrssicherungsmaßnahmen in Erwägung gezogen werden?

Leitungen?

Blindgänger?

Unterfangungen?

Dann geht es beim Ortstermin auch um die Festlegung von möglichen Ansatzstellen für die Felderkundungen. Für den Höhenbezug der Ansatzstellen können oft Kanaldeckel dienen, deren Höhen (in m ü. NHN) bei den örtlichen Ver- bzw. Entsorgungsunternehmen erfragt werden können.

Zur Lage der Ansatzstellen

3

Bewertung der Befunde

Alle eigenen Feststellungen zu diesen Fragen werden durch Fotos, im Feldbuch bzw. mit dem Diktiergerät festgehalten.

Wieder zurück am Schreibtisch werden die Fotos und ggf. auch Diktate elektronisch archiviert und abschließend die Ergebnisse der Ortsbesichtigung hinsichtlich der verbleibenden Risiken bewertet und es wird eine (ggf. vorläufige) Einstufung in eine Geotechnische Kategorie vorgenommen.

Ist mit Kontaminationen zu rechnen, müssen u. U. Maßnahmen zum Arbeits- und Gesundheitsschutz geplant und ergriffen werden [8]. Schließlich sind auch alle Zweifel hinsichtlich der Leitungs- und Kampfmittelfreiheit auszuräumen.

3.6 Planung der Erkundungen und Feldversuche

3.6.1 Ziele

Es geht bei der Planung der der Erkundungen und Feldversuche darum,

- die Art,
- Anzahl,
- Lage und
- Endtiefe

Proben!

der erforderlichen Baugrunderkundungen festzulegen.

Dabei muss auch daran gedacht werden, ob überhaupt und wenn ja, wo welche Proben und auch Probenmengen für spätere Laborversuche zu entnehmen sind. Dazu werden die charakteristischen Merkmale des zu erstellenden Bauwerks mit den Ergebnissen der Auswertung der geologischen Karte, anderer Unterlagen und der Ortsbesichtigung miteinander in Beziehung gebracht. Für die Untersuchungen kontaminierter Bereiche sind gesonderte Überlegungen anzustellen.

Was man sicher nicht tut: Wenn für einen Standort bekannt ist, dass dort oberflächennah tragfähiger Fels ansteht, wird man für ein kleineres Wohnhaus keine tiefreichenden Erkundungsbohrungen planen.

abgestuftes Programm

Für größere Projekte wird man demgegenüber häufig mehrstufig vorgehen: Man unterscheidet hier orientierende Voruntersuchungen von Hauptuntersuchungen, mit denen endgültig Klarheit geschaffen wird. Hiernach können sich auch noch weitere Kontrolluntersuchungen und baubegleitende Messungen anschließen.

Regelwerk

Weitere Informationen zur Planung finden sich im Teil 2 des Eurocodes 7 (DIN EN 1997-2:2010-10): „Erkundung und

Untersuchung des Baugrunds". In den Abschnitten 3 und 4 der Norm werden Probenentnahmen, Grundwassermessungen und Felduntersuchungen in Boden und Fels behandelt. Im Band 2 des Handbuchs Eurocode 7 „Erkundung und Untersuchung" [1] sind auch die in Deutschland zu beachtenden Regelungen der DIN 4020 vom Dezember 2010 enthalten.

Weitergehende Hinweise zur Planung der Feldversuche finden sich auch in [2] und [5]. Auf das Regelwerk der DIN EN ISO 22476 *Geotechnische Erkundung und Untersuchung – Felduntersuchungen* mit den Teilen 1 bis 15 wird ebenfalls hingewiesen.

Es liegt auf der Hand, dass die Planungssicherheit mit zunehmender Anzahl von Erkundungen und Proben ebenfalls zunimmt. Da gleichzeitig die Kosten steigen, muss der tatsächlich notwendige Erkundungsaufwand entsprechend begründet werden. Aber auch bei einer Vielzahl von Aufschlüssen gilt:

Nutzen und Kosten

❯ Jedes Erkundungsprogramm hat einen stichprobenartigen Charakter.

Nachfolgend wird auf die wichtigsten Erkundungsmethoden eingegangen, wobei auch deren Möglichkeiten und Grenzen aufgezeigt werden.

3.6.2 Direkte Aufschlüsse

Ein Aufschluss heißt *direkt*, wenn er eine Besichtigung und Beprobung des Baugrunds zulässt. Bei jeder projektbezogenen Baugrunderkundung müssen direkte Aufschlüsse ausgeführt werden.

Besichtigung und Beprobung sind immer notwendig!

Eine schon hergestellte Einschnittsböschung, eine Baugrube, ein Steinbruch oder Tagebau erlaubt eine derartige Besichtigung der Baugrundverhältnisse. Da solche Aufschlüsse in einem Projektgebiet selten anzutreffen sind, müssen für den Blick in den Baugrund *Schürfe* angelegt und/oder *Bohrungen* niedergebracht werden. Auf die umfangreiche DIN EN ISO 22475-1:2007-01 *Geotechnische Erkundung und Untersuchung – Probenentnahmeverfahren und Grundwassermessungen* wurde bereits hingewiesen.

▪ Schurf

Ein Schurf ist eine Grube, in welcher der Baugrund am besten in Augenschein genommen werden kann. Hier lassen sich auch sehr leicht Proben, auch mit größeren Abmessungen, entnehmen.

Schürfe werden von Hand oder mit einem Bagger ausgehoben. Es empfiehlt sich, einen Schurf im Beisein des Geo-

3

Schurf: Der beste Blick in den Baugrund

technikers bzw. erst kurz vor dessen Besichtigung auszuheben. Mit einem Spaten, einer Kelle oder Spachtel oder auch mit einem Geologenhammer werden die Seitenflächen im Schurf so bearbeitet, dass die Baugrundverhältnisse unverfälscht aufgenommen werden können. Man sieht dann auch Feinschichtungen, Texturen, mögliche Gleit- und Harnischflächen und andere Besonderheiten, die hier – im Unterschied zu Bohrkernen – erkennbar sind.

Es wird ein Schichtenverzeichnis geführt (vgl. ► Abschn. 4.3), ggf. werden auch Skizzen angefertigt und Fotos aufgenommen. Für die Fotos müssen zur Erfassung der Größenverhältnisse auch Objekte oder Maßstäbe, ggf. auch Farbkarten mit fotografiert werden.

Die ◘ Abb. 3.8 zeigt einen Schurf und die Entnahme einer Sonderprobe mit einem in der Praxis gebräuchlichen Ausstechzylinder, der mit einem geführten Eintreibstempel in die Schurfsohle eingetrieben wird. Mit dem Ausstechzylinder ist das Volumen der Probe festgelegt, was weitergehende Auswertungen im Labor möglich macht (vgl. ► Abschn. 5.4.1).

Bei grobkörnigen Böden, die sich nicht mit einem Ausstechzylinder beproben lassen, kann das Volumen einer Probe mit einem Ballongerät oder einer Ersatzmethode ermittelt werden (vgl. ► Abschn. 4.4.2).

Wird in Schürfen Fels aufgeschlossen, lassen sich mit dem Geologenkompass die freigelegten Trennflächen aufnehmen.

Grenzen und Vorsicht!

Mit zunehmender Tiefe der Schürfe steigen die Herstellungskosten: Zum einen muss mehr Material bewegt und zum andern muss wegen der Einsturzgefahr auch für eine aus-

◘ **Abb. 3.8**   Schurf und Ausstechzylinder

reichende Arbeitssicherheit gesorgt werden. Es sind hier die Unfallverhütungsvorschriften der Berufsgenossenschaft der Bauwirtschaft und auch die DIN 4124:2012-01 „*Baugruben und Gräben*" zu beachten. So dürfen z. B. ohne Aufsicht tiefere Schürfe und Schächte wegen eventueller Gase bzw. wegen des möglichen Sauerstoffmangels nicht betreten werden.

In der DIN 4124 werden Angaben gemacht, wann ein abstützender Verbau des Schurfes erforderlich wird. Ein Verbau allerdings verdeckt zumindest teilweise den Baugrund und macht dort die gewünschte Besichtigung bzw. Beprobung unmöglich.

Bei entsprechend hochstehendem Grundwasser wird man keine Schürfe ausführen. So gibt es eine Reihe von einsichtigen Gründen, den Baugrund stattdessen mit Hilfe von *Bohrungen* zu erkunden.

Nach wie vor gibt es viele Unfälle

■ **Kleinstbohrung**

Mit *Handbohrstöcken* – es handelt sich um genutete Stahlstäbe – lassen sich erste Baugrundaufschlüsse bis 1 m Tiefe erzielen. Sie werden eingeschlagen oder eingedrückt und wieder von Hand gezogen. Hierbei können nur sehr kleine Probenmengen gewonnen werden.

Mit Nut- oder Schlitzsonden (*Rillenbohrern*) werden vom Geotechniker (oder Bodenkundler) Kleinstbohrungen bis in maximal 3 m Tiefe ausgeführt. Die Stangen weisen einen Durchmesser von kleiner 30 mm auf und werden mit einem schweren Hammer oder mit einem pneumatischen Rammbär in den Boden eingetrieben. Beim drehenden Ziehen der Stange wird der Boden mit nach oben gefördert, der in die Nut eingedrückt wurde und sich dort entsprechend fest verspannt hat. Mit Kleinstbohrungen kann der Fachmann näherungsweise ein Bodenprofil ermitteln und kleinste, ziemlich in ihrer Struktur gestörte Probenmengen entnehmen.

D < 30 mm

■ **Handbohrer**

Eine nächste Stufe der direkten Baugrunderkundung gelingt mit den sogenannten Edelman-Bohrern. Dabei handelt es sich um kurze, je nach Baugrund unterschiedlich geformten Bohrspitzen. Eine ausgewählte Bohrspitze wird von Hand schrittweise bis zu 20 cm tief in den Boden gedreht und mit dem erbohrten Material wieder gezogen.

Das leichte Gestänge kann mit einem Gewinde- oder Bajonettverschluss so verlängert werden, dass bei bohrbarem Baugrund Tiefen bis 7 m erreicht werden können. Dabei darf allerdings das Bohrloch jeweils nach dem abschnittsweisen Füllen und Ziehen der Bohrspindel nicht einstürzen. Die ◨ Abb. 3.9 zeigt einen auf 2 m verlängerten Edelman-Bohrer und eine weitere Verlängerungsstange.

Edelman – sehr einfach!

3

◨ **Abb. 3.9**   Edelman-Bohrer

■ **Kleinbohrung**

Wie die Kleinstbohrungen werden auch die Kleinbohrungen vom Geotechniker im Rahmen seiner Ingenieurleistungen ausgeführt. Derartige Bohrungen werden auch als Sondierbohrungen oder Rammkernsondierungen oder als Rammkernbohrungen bezeichnet.

D = 80 mm ... 36 mm

Bei Kleinbohrungen werden 1 m oder auch 2 m lange, sogenannte Kernrohre verwendet, welche Außendurchmesser von 80, 60, 50, 40 und 36 mm aufweisen. Auf der einen Seite weisen die Kernrohre eine Schneide auf. Das Gewinde auf der anderen Seite dient dem Aufschrauben des Schlagkopfes bzw. des Gestänges. Seitlich sind die Kernrohre geschlitzt.

Kernfänger

Hinter der Schneide kann ein Kernfänger angebracht sein, der ein Herausrutschen des Bodens beim Ziehen verhindern soll (◨ Abb. 3.10).

Wie Kleinbohrungen im Einzelnen ausgeführt werden, wird im ▶ Abschn. 4.1 erläutert.

Wenn genügend viele Verlängerungsstangen zur Verfügung stehen, werden die erreichbaren Tiefen von Kleinbohrungen in aller Regel durch den Eindringwiderstand des Baugrunds begrenzt. Man wird mit Kleinbohrungen den Baugrund selten tiefer als 10 m erkunden können.

Kleinbohrungen – sind begrenzt

Grenzen ergeben sich auch bei Kleinbohrungen, wenn die Bohrlöcher nach dem Ziehen des Kernrohres nicht offen-

□ **Abb. 3.10**   Kernrohre und Kernfänger

bleiben. So stürzen die Bohrlöcher in Sanden und Kiesen insbesondere dann ein, wenn Grundwasser seitlich in diese hinein
strömt. Um hier tiefer zu kommen, muss das Kernrohr über die
schon erbohrte Tiefe hinaus eingetrieben werden mit der Hoff-
nung, dass das Material, was in das Bohrloch hineinfiel, beim
tieferen Bohren wieder oben aus dem Schlitz des Kernrohrs
austritt und das neue Bohrgut nicht seitlich verdrängt wird.

Ein seitliches Verdrängen des Baugrunds kann auch dann
auftreten, wenn sich ein Hindernis vor die Schneide setzt oder
sich ein Bodenbereich im Kernrohr verklemmt.

Oft wird der Boden beim Eintreiben in das Kernrohr so
gestaucht, dass dieses sich nur teilweise füllt. Schließlich kann
auch Bohrgut aus dem Kernrohr – trotz eines Kernfängers –
beim Ziehen wieder herausfallen.

Die mit Kleinbohrungen zu gewinnenden Bodenproben
sind somit mehr oder weniger gestört. Wenn keine längeren als

3

geringe Kosten

1 m lange Kernrohre verwendet werden, dann sind generell bessere Bohrergebnisse zu erwarten. Bessere Qualitäten hinsichtlich der Bodenansprache und Probengewinnung können mit geschlossenen Kernrohren erreicht werden, in die Innen-Liner aus PVC eingelegt werden. Hiermit können beispielsweise auch Altlasten beprobt werden.

Wegen des geringen Kostenaufwands werden Kleinbohrungen von den geotechnischen Ingenieurbüros – trotz ihrer Unzulänglichkeiten – sehr häufig ausgeführt.

■   **Untersuchungsbohrungen**

Gewerbliche Leistung!

Im Unterschied zu Kleinst-, Hand- und Kleinbohrungen stellen Erkundungs- bzw. Untersuchungsbohrungen *gewerbliche* Leistungen dar, die von qualifizierten Fachfirmen ausgeführt werden. Die schweren Bohrgeräte sind meist auf LKWs oder Raupenfahrzeugen montiert. Die ◘ Abb. 3.11 zeigt beispielhaft ein Bohrgerät, mit dem für ein Tagebauprojekt im Dschungel von Laos durchgehende Kernstrecken bis in 350 m Tiefe gewonnen wurden.

Bei diesen Bohrungen kann das Bohrloch durch eine Verrohrung seitlich abgestützt werden, was bei einem entsprechend ausgelegten Bohrgerät sehr große Erkundungstiefen ermöglicht. Es lassen sich – auch aus größerer Tiefe – Sonderproben entnehmen.

DIN 18 301

In der VOB, Teil C werden mit DIN 18 301:2019-09 „Bohrarbeiten" die allgemeinen technischen Vertragsbedingungen geregelt. Um Bohrungen auszuschreiben und abzurechnen, wurde eine eigens dafür geltende Boden- und Felsklassifikation eingeführt, die neuerdings aber wieder aufgegeben wurde (vgl. ▶ Abschn. 6.4.4).

◘ **Abb. 3.11**   Untersuchungsbohrung in Laos

In der 115 Seiten umfassenden DIN EN ISO 22475-1:2019-09 (Entwurf) werden die technischen Grundlagen beschrieben, die für die Entnahme von Proben von Boden, Fels und Grundwasser zu beachten sind.

Die Festlegung der Bohrmethode und Probenentnahmetechnik richtet sich nach der Aufgabenstellung. Es werden meist vom Geotechniker die Fachfirmen angefragt, mit denen jeweils gute Erfahrungen gewonnen wurden. Die Firmen verfügen über die jeweils geeigneten Bohrgeräte und meist auch über detaillierte Ortskenntnisse und eigene Erfahrungen, die man bei der Auswahl der Verfahren entsprechend berücksichtigen wird.

Es ist klar, dass der gerätetechnische Aufwand und die Kosten für derartige Bohrungen steigen, wenn die Bohrstrecke lückenlos beprobt wird und die Proben eine hohe *Qualität* aufweisen sollen.

Bodenproben werden in fünf Güteklassen eingeteilt: An Proben der Güteklasse 1 – auch als Sonderproben bezeichnet – können die Dichte, Zusammendrückbarkeit, Scherfestigkeit und Wasserdurchlässigkeit bestimmt werden, da hier auch das Korngefüge nur sehr wenig gestört ist. Geht es darum, an den Proben nur Klassifikationsversuche durchzuführen, muss mindestens die Güteklasse 4 erreicht werden. Für diese Güteklasse muss lediglich die Kornzusammensetzung unverändert sein. Bei Proben der Güteklasse 3 kann zusätzlich der natürliche Wassergehalt bestimmt werden.

Proben mit Gütesiegel

Um einer Entspannung von bindigen Sonderproben nach deren Gewinnung entgegenzuwirken, mit der auch eine Ausdehnung der Proben einher geht, kann eine Druck-Konservierung in Frage kommen: Sofort nach der Probengewinnung werden die Proben in Druckzellen gestellt und näherungsweise mit dem Druck belastet, dem sie im Boden ausgesetzt waren. Man sollte sich aber klar darüber sein:

Druck-Konservierung

❯ Trotz aller Sorgfalt bei der Probenentnahme sind Probenstörungen unvermeidlich.

Bei Auffüllungen oder zu erwartenden Kontaminationen im Baugrund können spezielle An-forderungen für die Probenentnahme in Frage kommen.

Mit den üblichen und gebräuchlichen Bohrverfahren sind Sonderproben von nichtbindigen Böden, also von Kiesen und Sanden nicht gewinnbar. Um Rückschlüsse auf deren Lagerungsdichte ziehen zu können, müssen indirekte Erkundungen ausgeführt werden.

3

Rammsondierungen im Borloch

In Untersuchungsbohrungen werden hierzu Standard-Penetration-Tests (Rammsondierungen im Bohrloch) oder andere Versuche (vgl. ▶ Abschn. 3.6.3) geplant.

Für Bohrungen und Beprobungen im Fels werden in der DIN EN ISO 22475 ebenfalls entsprechende Angaben gemacht.

Ausbau der Bohrlöcher

Schließlich ist zu überlegen, ob eine Untersuchungsbohrung zu einer vorübergehenden oder dauernden Grundwassermessstelle ausgebaut werden soll und ob anschließend darin auch Pumpversuche durchgeführt werden sollen. Vielleicht ist es auch sinnvoll, die Erkundungsbohrungen gleich als Brunnen zu nutzen bzw. umgekehrt Brunnenbohrungen als Erkundungsbohrungen auszuwerten. Wenn auch die Fließrichtung des Grundwassers ermittelt werden soll, müssen mehrere Grundwassermessstellen hergestellt werden.

Schließlich kommen spezielle Ausbauten von Bohrungen dann in Frage, wenn für die spätere Bauphase beabsichtigt wird, das Bohrloch z. B. für Verschiebungsmessungen zu nutzen. Bei einem dieser Verfahren werden spezielle Nutrohre kraftschlüssig in das Bohrloch eingebaut und später mit einer Inklinometermesssonde befahren (vgl. z. B. ▶ Abschn. 11.5.4).

Auf Teufel komm raus!

Abschließend: Wegen der deutlich höheren Kosten von Untersuchungsbohrungen wird ein Bauherr möglicherweise gerne auf sie verzichten wollen – was allerdings weitreichende Folgen haben kann. Wenn hier *auf Teufel komm raus* gespart werden soll, ist ein Geotechniker gut beraten, aus dem Projekt auszusteigen …

3.6.3   Indirekte Aufschlüsse

Mit indirekten Methoden – daher die Bezeichnung – kann der Baugrund nicht besichtigt und beprobt werden. Sie sind zur Ergänzung direkter Aufschlüsse dennoch sehr hilfreich, weil mit ihnen zusätzliche Informationen gewonnen werden können. Insbesondere stellen Ramm- und Drucksondierungen eine sinnvolle Ergänzung eines Bohrprogramms dar, was dann je nach erforderlichem Untersuchungsbedarf auch zu Kosteneinsparungen führen wird.

Auch auf Sondierungen sollte nicht verzichtet werden!

Ist durch eine sog. Schlüsselbohrung der Baugrund besichtigt worden und kann dadurch eine dicht benachbarte Sondierung kalibriert werden, können Sondierergebnisse an anderer Stelle eine Interpretation der anstehenden Schichtenfolge erlauben.

Lagerungsdichte oder Konsistenz können besser eingeschätzt werden!

Vor allem sind aber auch Rückschlüsse auf die Konsistenz bindiger bzw. Lagerungsdichte nichtbindiger Böden möglich. Letztere kann mit den üblichen Erkundungsbohrungen – wie schon erwähnt – gar nicht bestimmt werden.

■ **Rammsondierungen**

Die einfachsten Sondierungen stellen die Rammsondierungen (DP = Dynamic Probing) dar, bei denen mit einem Rammbär, einem Schlagkopf und einem Gestänge eine genormte, verdickte Spitze in den Baugrund eingerammt wird. Wird die Rammsondierung von der Geländeoberfläche aus ausgeführt, besteht das Gestänge aus jeweils 1 m langen Stahlstangen, die – bei unterbrochenem Rammvorgang – mit dem Fortschritt der Sondierung sukzessive aufgeschraubt werden.

In der DIN EN ISO 22476-2:2012-03 werden die Anforderungen, die an die Geräte und die Versuchsdurchführung zu stellen sind, festgelegt. Je nach der Masse des Rammbären werden vier Typen von Rammsondierungen unterschieden,

— die leichte (DPL) mit 10 kg,
— mittlere (DPM) mit 30 kg,
— schwere (DPH) mit 50 kg und die
— superschwere Rammsondierung (DPSH-A bzw. DPSH-B) mit 63,5 kg.

Die Rammbären können von Hand, pneumatisch oder über mechanische Hebevorrichtungen hochgehoben werden. Die Hubhöhe des Rammbärs beträgt immer 50 cm, außer bei der DPSH-B, für die 75 cm Hubhöhe festgelegt wurden. Von der Hubhöhe aus fällt der Rammbär frei und ungebremst auf den Schlagkopf herunter.

Als Messergebnis wird die Schlagzahl N_{10} notiert, die benötigt wird, um die Sonde jeweils 10 cm tiefer in den Baugrund einzutreiben. Nur bei den superschweren Rammsondierung (DPSH) wird N_{20} bestimmt. Zur Ermittlung der Eindringtiefe sind im Gestänge in einem Abstand von 10 cm Rillen eingefräst. Es gibt aber auch Geräte, bei denen die Schlagzahlen mit Sensoren ermittelt werden.   **Rammen und Zählen**

Die ◘ Abb. 3.12 zeigt eine schwere Rammsonde (DPH), bei welcher der 50 kg schwere Rammbär motorisch über mit Klinken versehene umlaufende Kette entlang eines Mäklers hochgehoben wird. Nach 50 cm Hubhöhe wird der Rammbär ausgeklinkt.   **DPH**

■ **Standard Penetration Test und Bohrlochrammsondierung**

Im Teil 3 der DIN EN ISO 22476 vom März 2012 wird der Standard Penetration Test (SPT) beschrieben. Hierbei handelt es sich um eine Rammsondierung, die in einem Bohrloch ausgeführt wird.

Auf der Bohrlochsohle wird mit einem 63,5 kg schweren Rammbär, der 76 cm hoch gehoben wird, ein genormtes Probenentnahmegerät eingerammt. Nach einer Anpassungsrammung wird die Schlagzahl N_{30} ermittelt, also die Anzahl   **SPT**

3

◻ **Abb. 3.12** Rammsonde

der Schläge, die benötigt werden, um das Entnahmegerät 30 cm tief einzuschlagen.

In kiesigem Sand oder weichem Fels wird keine Probe gezogen, sondern eine Vollspitze verwendet. Der Versuch wird dann mit SPT(C) abgekürzt.

Ähnlich der SPT(C) funktioniert die Bohrlochrammsondierung nach DIN EN ISO 22476-14:2020-08, wobei die gleiche Fallmasse und Fallhöhe zur Anwendung kommen. Die Schlagvorrichtung befindet sich bei der Bohrlochrammsondierung aber direkt über der Sonde im Bohrloch, wodurch Unsicherheiten bzgl. der an der Sonde ankommenden Rammenergie reduziert werden. Die geschlossene Sondenspitze hat einen Querschnitt von $A = 20$ cm^2. Die Sonde wird dreimal

15 cm eingeschlagen. Ausgewertet wird auch hier wieder die Schlagzahl N_{30}, für eine Eindringung zwischen einer Tiefe von 15 cm bis 45 cm.

■ **Drucksondierungen**

Bei Drucksondierungen (CPT = Cone Penetration Test) nach DIN EN ISO 22476-1:2013-10 wird mit einem Gestänge eine ebenfalls verdickte Sondenspitze mit etwa konstanter Vorschubgeschwindigkeit (v = 2 ± 0,5 cm/s) üblicherweise in 1 Meter langen Abschnitten in den Baugrund eingedrückt. Für die Verlängerung des Gestänges wird das Eindrücken jeweils unterbrochen.

CPT

Üblicherweise werden dazu von den (wenigen) Spezialfirmen entsprechend schwere LKWs eingesetzt, was voraussetzt, dass die Ansatzstellen mit den Fahrzeugen erreicht und auch befahren werden kann. Je nach Messausrüstung der Drucksonde können viel mehr Daten als bei Rammsondierungen gewonnen werden, was aber auch mit entsprechend höheren Kosten verbunden ist.

In der Sondenspitze sind diverse elektronische Messaufnehmer eingebaut, deren Messsignale über Kabel im Gestänge übertragen werden. Ermittelt werden immer der Spitzenwiderstand q_c und in der Regel auch die (lokale) Mantelreibung f_s. Dazu wird zum einen die Kraft gemessen, die auf die Sondenspitze einwirkt und zum andern die Kraft, die eine Reibungshülse erfährt, die sich unmittelbar hinter der Spitze befindet.

drücken und elektronisch messen

Verfügt die Drucksonde auch über Neigungssensoren, kann die Abweichung von der Lotrechten ermittelt werden. Beim Sondentyp CPTU wird zusätzlich der Wasserdruck gemessen.

Der Spitzendruck ist mit der Lagerungsdichte bzw. Konsistenz des Baugrunds korreliert. Über den Quotienten aus Mantelreibung und Spitzendruck kann bei entsprechender Kalibrierung der Messungen auch auf die Bodenart geschlossen werden (vgl. ▶ Abschn. 6.3). In der Fachliteratur finden sich weitere Korrelationen, beispielsweise zum Steifemodul und zu Scherparametern [2].

Bei den *radiometrischen Kombinationsdrucksondierungen* werden zusätzlich radioaktive Strahler und Detektoren eingesetzt. Damit kann auf den Feinkornanteil, die Dichte, den Wassergehalt und auf daraus abzuleitende Größen geschlossen werden.

Bei der Neuentwicklung einer *akustischen* Drucksonde wird zusätzlich der Körperschall gemessen, der beim Eindrücken der Sonde entsteht. Damit kann bei entsprechender Kalibrierung und Auswertung auf die Kornverteilung der Böden geschlossen werden.

ein weites Feld

3

In Kombination mit Geophonen oder Beschleunigungsaufnehmern, die in die Sondenspitze integriert sind, können auch Wellengeschwindigkeiten (Scher- und Druckwellen) gemessen werden (seismische CPT, SCPT). Aus den Messergebnissen kann auf Basis der Elastitzitätstheorie u. a. der Schubmodul bei kleinen Dehnungen abgeleitet werden, der für die Beschreibung des Baugrundverhaltens bei Erdbebenbeanspruchung maßgebend ist.

Die Drucksonde wird sehr oft in weichen Böden und lockeren Sanden eingesetzt. So bezieht sich auch die Dimensionierung von Pfahlgründungen auf Ergebnisse von Drucksondierungen (vgl. ▶ Abschn. 7.8.5). Ob Drucksondierungen möglich und sinnvoll sind, ist im Einzelfall zu prüfen. Einen hervorragenden Überblick zu den unterschiedlichen CPT-Sonden, der Auswertung der Messdaten und deren Interpretation liefert [3].

■ **Flügelscherversuch**

Bei Flügelscherversuch nach DIN EN ISO 22476-9 (Entwurf vom September 2019) wird die undränierte Scherfestigkeit c_u von bindigen Böden (vgl. ▶ Abschn. 5.8.6) bestimmt. Hier wird ein Flügel (❏ Abb. 3.13 und 3.14) in den Boden eingedrückt und anschließend gedreht, wobei das Drehmoment und der Drehwinkel gemessen werden.

■ **Weitere indirekte Aufschlüsse**

In ❏ Tab. 3.8 sind weitere in der DIN EN ISO 22476 behandelte indirekte Erkundungsmethoden aufgelistet.

Verformungseigenschaften

Bei einigen Sondierungen werden auch Daten zu den Verformungseigenschaften des Baugrunds gewonnen. Auf den Plattendruckversuch wird im ▶ Abschn. 4.5.1 eingegangen.

■ **Geophysikalische Verfahren**

Daneben gibt es schließlich eine Vielzahl wissenschaftlich fundierter, geophysikalischer Verfahren, die auf seismischer, elektrischer, elektro-magnetischer, thermischer, gravimetrischer und auch radiometrischer Grundlage darauf abzielen, die Baugrund- und Grundwasserverhältnisse über größere Bereiche zu erkunden.

Geophysik

Je nach Anwendungsfall können diese Methoden, die von Fachfirmen angeboten werden, zur Ergänzung der oben erläuterten Verfahren Aufschlüsse u. U. gute Dienste leisten. Im Rahmen dieses Lehrbuchs wird auf diese Verfahren nicht näher eingegangen.

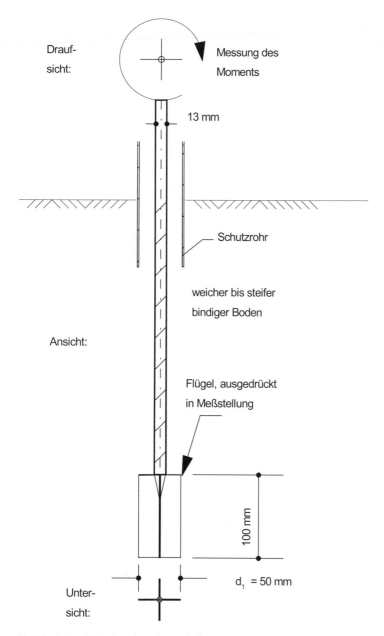

Drauf-
sicht:

Messung des
Moments

13 mm

Schutzrohr

weicher bis steifer
bindiger Boden

Ansicht:

Flügel, ausgedrückt
in Meßstellung

100 mm

d_1 = 50 mm

Unter-
sicht:

◘ Abb. 3.13 Flügelsonde, schematisch

Schließlich sollen auch die vielen Scharlatane nicht unerwähnt bleiben, die sich mit Hilfen von Wünschelruten und/oder Pendeln oder anderen obskuren „Mess"ausstattungen zutrauen, Prognosen zu Baugrund- und Grundwasserverhältnissen abzugeben.

3

◨ **Abb. 3.14**   Feldflügelsonde

3.6.4 Art, Anzahl, Tiefe der Aufschlüsse, Probenentnahmen

In den vorangegangenen Abschnitten wurden die in der Praxis gebräuchlichsten Erkundungsmethoden vorgestellt und kurz erläutert. Für die konkrete Planung einer projektbegleitenden Baugrunderkundung wird vom geotechnischen Sachverständigen festgelegt, welche Methode an welcher Ansatzstelle zum Einsatz kommen soll und wie tief dort der Baugrund jeweils aufzuschließen ist. Es ist dabei auch abzuschätzen, welche Proben zu welchem Zweck gewonnen werden müssen. Es gilt der einsichtige Grundsatz:

❯ Erkunde so viel wie notwendig und so wirtschaftlich wie möglich.

□ **Tab. 3.8** Weitere indirekte Erkundungsmethoden nach DIN 22476

Teil der DIN EN ISO 22476	Erkundungsmethode
4	Pressiometerversuch nach Menard
5	Versuch mit dem flexiblen Dilatometer
6	Versuch mit dem selbstbohrenden Pressiometer
7	Seitendruckversuch
8	Versuch mit dem Verdrängungspressiometer
10	Gewichtssondierung
11	Flachdilatometerversuch
13	Lastplattendruckversuch (noch nicht erschienen)

Ein Ziel der Erkundungen ist – wie schon mehrfach erwähnt – die Entwicklung eines Baugrundmodells, mit dem für das geplante Bauwerk und ggf. erforderliche Bauhilfsmaßnahmen (z. B. eine Baugrube) deren Standsicherheit und Gebrauchstauglichkeit in ausreichendem Umfang nachgewiesen werden kann. Ein weiteres Ziel kann auch darin liegen, mögliche Kontaminationen des Baugrunds aufzudecken und ggf. auch abzugrenzen.

Zum Raster und zur Tiefe der Aufschlüsse werden im Anhang B.3 der DIN EN 1997-2:2010-10 normativ Angaben gemacht. Bei den Tiefenangaben handelt es sich nach der DIN um *Mindestwerte*.

Mindestwerte? Ob diese Tiefen tatsächlich erforderlich sind, richtet sich aber sicherlich nach den geologischen Verhältnissen und den Eigenschaften des Bauwerks – und nicht nach diesen Vorgaben.

Aufschlusstiefe – Einflusstiefe Für die Festlegung der Aufschlusstiefe sollten generell die Bereiche des Baugrunds berücksichtigt werden, die von den Baumaßnahmen so beeinflusst werden, dass sie nennenswert zur Standsicherheit oder zum Verformungsverhalten beitragen. Bestimmend für die Wahl der Aufschlusstiefen sind weiche oder wenig scherfeste (rutschgefährdete) Schichten, wenig tragfeste Auffüllungen, gespannte Grundwasserhorizonte und auch mögliche Hohlräume im Baugrund.

Grenzen Bei Kleinbohrungen und Sondierungen ist man nicht frei in der Wahl der Erkundungstiefe, da sich hier bedingt durch die Verfahren bzw. durch die jeweils vorliegenden Baugrundverhältnisse Beschränkungen ergeben. So wird man Kleinbohrungen bei „sondierfähigem Baugrund" höchstens bis

3

10 m unter Ansatzpunkt, Rammsondierungen mit der schweren Rammsonde (DPH) bis etwa 15 m durchführen können. Bei Drucksondierungen sind – je nach Gewicht des Sondiergerätes – in der Regel ähnliche Grenzen anzunehmen.

Auf folgende Gesichtspunkte soll hier abschließend hingewiesen werden:

- Auf direkte Aufschlüsse wird nie verzichtet.
- Bei der Wahl der Ansatzpunkte wird neben der Geologie und der Geländeform das Bauwerk berücksichtigt, wobei hier bei mehreren Aufschlüssen Eckpunkte und hoch belastete Gründungskörper als Ansatzpunkte in Frage kommen.
- Die Anzahl der Aufschlusspunkte wird schrittweise unter Berücksichtigung der jeweils gewonnenen Ergebnisse so lange erhöht, bis alle Zweifel an den Ablagerungsbedingungen ausgeräumt sind. Ein häufiger Wechsel der Schichtenfolge, z. B. im tektonisch gestörten Projektgebiet, wird auch eine entsprechend dichtere Anordnung der Aufschlüsse notwendig machen.
- Bei Hoch- und Industriebauten gelten Aufschlussabstände von 15 m bis 40 m nach EC 7, Teil 2 als Richtwert. Für Linienbauwerke (z. B. Straßen, Bahnlinien, Tunnel) empfiehlt diese Norm Abstände zwischen 20 m und 200 m.
- Bei Brückenpfeilern bzw. -widerlagern, Schornstein- oder Maschinenfundamenten sollten mindestens 2 Aufschlüsse angeordnet werden.
- Für Einschnittsböschungen, tiefe Baugruben oder Linienbauwerke kommen auch Aufschlüsse außerhalb des eigentlichen Bauwerksbereichs in Frage. So z. B. wenn man die Einrichtung von Grundwassermessstellen, Brunnen oder anderen Messbohrungen plant oder wenn es um Verpressstrecken von Rückverankerungen oder um die Beurteilung der Gesamtstandsicherheit geht.
- Schließlich dürfen Aufschlüsse keine Störung des späteren Baubetriebs oder der Nachbarschaft darstellen.
- Auch ist daran zu denken, dass man schon mit Aufschlussbohrungen erheblichen Schaden anrichten kann (Anhydrit-Problem, gespanntes Grundwasser, Heilquellen usw.).
- Und schließlich: Für ein Einfamilienhaus können eine Kleinbohrung und eine Rammsondierung u. U. schon ausreichen.

Die Anzahl der Probenentnahmen kann bei der Planung der Erkundungen nur geschätzt werden. Welche Proben zu welchem Zweck später im Labor zu untersuchen sind, wird sich nach dem zu errichtenden Bauwerk richten.

Neben den geotechnischen Überlegungen sind auch Planungen hinsichtlich der ggf. notwendigen umwelttechnischen Analysen anzustellen. Bei Verdacht auf Kontaminationen sind entsprechende Probenentnahmetechniken bzw. Protokolle vorzusehen bzw. zu berücksichtigen. Binden Bauwerke (oder Pfähle) ins Grundwasser ein, ist auch an die Entnahme von Wasserproben zu denken.

Kontaminationen?

Im Zweifelsfall müssen immer Proben entnommen und chemisch analysiert werden. Dazu bedarf es einer Strategie für die Probenentnahme, die von den sachverständigen Gutachtern ggf. auch mit der zuständigen Umweltbehörde abgestimmt wird. Wenn es um die Entsorgung von Bodenaushub geht, ist in der Regel die „Richtlinie für das Vorgehen bei physikalischen, chemischen und biologischen Untersuchungen im Zusammenhang mit der Verwertung/Beseitigung von Abfällen" (LAGA PN 98) zu beachten. Nach dieser Richtlinie werden Proben aus Haufwerken entnommen. Eine Beprobung mit Hilfe von Bohrungen oder Kleinbohrungen ist hier nicht vorgesehen.

Chemische Analyse von Proben

Oft ist es sinnvoll, Proben in einem regelmäßigen Raster zu entnehmen. In der Fläche wird ein Raster von 20 m bis 40 m empfohlen, bei Linienbauwerken ein Abstand von 50 m bis 200 m. Je nach Aufgabenstellung können gleichartige Proben auch zu Mischproben zusammengefasst werden. Es werden meist auch Rückstellproben aufbewahrt.

3.6.5 Weitere Untersuchungen im Feld

Neben den direkten und indirekten Aufschlüssen zur Baugrunderkundung können bei schwierigen Projekten auch spezielle Feldversuche in Frage kommen, wie beispielsweise Großscherversuche, mit denen die Scherfestigkeit auf möglichen Gleitflächen vor Ort (in situ) untersucht wird. Ferner sind hier auch Probebelastungen von Pfählen oder Proberammungen von Spundwänden, Probeschüttungen oder andere Großversuche an Bauteilen – am besten im Maßstab 1 : 1 – zu nennen, die ebenfalls in die planerischen Überlegungen mit einzubeziehen sind.

in situ

3.7 Planung der Laborversuche

3.7.1 Geotechnische Versuche

Da Probenentnahmen und die anschließenden Laborversuche Zeit und Geld kosten, ist auch nach deren Nutzen zu fragen: Was wird zu welchem Zweck wie untersucht und wie beeinflussen die Ergebnisse der Laborversuche die weiteren Planungsprozesse?

3

Wozu überhaupt?

Es ist also immer zu *begründen*, warum überhaupt Proben entnommen und im Labor untersucht werden müssen.

So gibt es viele geotechnische Berichte, bei denen in umfangreichen Anhängen Daten endloser Versuchsserien aufgelistet sind, deren Sinn sich nicht erschließt. Im Textteil werden diese Versuchsergebnisse noch nicht einmal erwähnt, geschweige denn kommentiert oder bewertet.

Datengräber

Bei vielen Bauvorhaben kommt man bei der Erstellung von geotechnischen Berichten tatsächlich auch ohne Proben und Laborversuche aus. Allein aus der Feldansprache und den Sondierergebnissen lassen sich die für den weiteren Planungsprozess benötigten Bodenkennwerte recht zuverlässig abschätzen.

Notwendig?

Bei entsprechend anspruchsvollen Bauvorhaben und/oder schwierigem Baugrund und beim Bauen mit Boden und/oder Fels als Baustoff wird man demgegenüber nicht auf Versuche verzichten können.

Laborversuche werden dann sinnvoller- bzw. notwendigerweise durchgeführt, wenn Messdaten zur Umweltverträglichkeit, Standsicherheit und Gebrauchstauglichkeit benötigt werden. Dabei kann es darauf ankommen, neben der Bestimmung von Zustandsgrößen und Klassifikationsversuche auch Daten zur Verdichtbarkeit, Zusammendrückbarkeit, Scherfestigkeit, zum Quellen und Schrumpfen und zur Wasserdurchlässigkeit des Baugrunds und der beim Bau zu verwendenden Geomaterialien quantitativ zu bestimmen und zu bewerten. Abgesehen vom Gewinn an Planungssicherheit kann es sein, dass die in Versuchen ermittelten Kennwerte auch zu wirtschaftlicheren Lösungen führen, als bei Verwendung von Erfahrungswerten vergleichbarer Böden.

Repräsentativ?

Wenden wir uns zunächst dem Baugrund zu, in dem ein Bauwerk errichtet wird. Hier stellt sich – neben dem Problem der unvermeidlichen Störung bei der Probenentnahme – die Frage, ob eine Probe tatsächlich repräsentativ ist. Eine repräsentative Probe weist Eigenschaften auf, welche für die Gesamtheit einer bestimmten Schicht des Baugrunds gelten sollen. Dies kann jedoch im Grunde nur im Vergleich mit entsprechend vielen Untersuchungen an Proben aus dem gleichen Homogenbereich beurteilt werden. Nun haben aber auch die natürlichen Ablagerungsbedingungen zu Unterschieden geführt, die sich im Homogenbereich ebenfalls entsprechend auswirken.

Stichprobe

Für statistische Auswertungen wäre es also notwendig, möglichst viele Proben zu entnehmen und zu untersuchen, was aber an den hohen Kosten scheitern dürfte. So bleibt es dabei: Eine Probe in der Geotechnik ist und bleibt eben nur eine *Stichprobe*.

Für Boden und Fels als Baustoff wird man auch auf mögliche Veränderungen und Wechsel in der jeweiligen Lagerstätte achten müssen, von der die Baustoffe bezogen werden. Hier werden dann ergänzende Versuche notwendig.

Das endgültige Versuchsprogramm wird sich erst *nach* der Baugrunderkundung und der Gewinnung der Proben genauer festlegen lassen.

3.7.2 Umwelttechnische Analysen

Die Planung umwelttechnischer Analysen orientiert sich an den länderweit eingeführten Empfehlungen und Erlassen. So gilt z. B. in Hessen das Merkblatt „Entsorgung von Bauabfällen" vom 10.12.2015 und in Baden-Württemberg eine Verwaltungsvorschrift vom 14.03.2007 für die Verwertung von als Abfall eingestuftem Bodenmaterial.

Als eine Grundlage dieser Richtlinien kann die Mitteilung der Länderarbeitsgemeinschaft Abfall (LAGA) 20: „Anforderungen an die stoffliche Verwertung von minaralischen Reststoffen/Abfällen" (Technische Regeln) vom 06.11.1997 gelten.

LAGA

Der Untersuchungsumfang richtet sich nach den zuvor durchgeführten Recherchen zum Standort, an dem die Proben gewonnen wurden. Soll Boden auf eine Deponie verbracht werden, ist die Deponieverordnung zu beachten.

Ansonsten wird Bodenaushub auf die Parameter der LAGA M 20 analysiert, wenn es keine Hinweise auf spezifische Schadstoffe gibt. Die Feststoff- und Eluat-Konzentrationen führen dann zu der gewünschten Einstufung in die Z-Klassen der LAGA. Dabei kann es sein, dass in einem Bundesland andere Grenzwerte gelten, als in einem anderen. Bezüglich der zu untersuchenden Parameter und der klassifizierenden Konzentrationen sei hier auf die Empfehlungen und Erlasse verwiesen.

Z-Klassen

Planungen als Grundlage

Zum Erfolg eines Bauvorhabens darf in aller Regel auf die geotechnischen Untersuchungen nicht verzichtet werden. Diese Untersuchungen müssen sorgfältig geplant werden. Eine wichtige Grundlage der Planungen stellt die Auswertung der vorhandenen Unterlagen, insbesondere der geologischen Karte dar. Auf eine Ortsbesichtigung darf nie verzichtet werden. Es werden direkte und indirekte Aufschlüsse vorgenommen und es werden auch Probenentnahmen und Laborversuche geplant.

3.8 Fragen

 1. Welche Unterlagen sind für die Planung geotechnischer Untersuchungen am wichtigsten und wo können diese Unterlagen beschafft werden?

2. Wie unterscheiden sich Minerale, Gesteine, Boden und Fels?

3. Worin besteht der größte Unterschied zwischen der Bodenmechanik und der Felsmechanik?

4. Welcher bodenmechanische Unterschied kann zwischen einem holozänen und einem tertiären Ton erwartet werden?

5. Warum weist Löss andere Eigenschaften auf als ein Auelehm?

6. Wie kann bei einer Auswertung einer geologischen Karte auf die tiefer liegenden Bodenschichten geschlossen werden?

7. Was versteht man unter einem Mergel?

8. Was stellen Sie sich unter den Begriffen Lagerungsdichte und Konsistenz vor?

9. Aus welchen Gründen darf im Zuge geotechnischer Planungsarbeit nicht auf eine Ortsbegehung verzichtet werden?

10. Zur Planung geotechnischer Untersuchungen wird erstmalig das im ▶ Abschn. 1.1 erwähnte Grundstück am See besichtigt. Welche Punkte sind zu beachten?

11. Welche Vorteile haben Rammsondierungen gegenüber Bohrungen? Welche Nachteile?

12. Welche Vorteile haben Drucksondierungen gegenüber Rammsondierungen? Welche Nachteile?

13. Wie unterscheiden sich direkte von indirekten Aufschlüssen?

14. Warum kann bei einem Projekt nicht gänzlich auf direkte Aufschlüsse verzichtet werden?

15. Was legt die Einstufung in eine geotechnische Kategorie fest?

16. Welche Bedeutung kommt einer sorgfältigen Planung von geotechnischen Untersuchungen zu?

Die Antworten zu diesen Fragen erschließen sich aus dem Text des Abschnitts.

Literatur

1. Handbuch Eurocode 7 (2011) Geotechnische Bemessung Band 2 Erkundung und Untersuchung, 1. Aufl., Beuth, Berlin, Wien, Zürich

2. Grundbau-Taschenbuch, Teil 1 (2017) Geotechnische Grundlagen, 8. Auflage, Ernst & Sohn. Berlin

3. Lunne T, Robertson P K, Powell J J M (1997) Cone Penetration Testing in Geotechnical Practice, E & FNSpon

4. Grotzinger J et al (2008) Press/Siever Allgemeine Geologie, 5. Auflage, Elsevier, Heidelberg

5. Prinz H, Strauß R (2018) Abriss der Ingenieurgeologie, 6. Auflage, Spektrum, Heidelberg

6. Murawski H, Meyer W (2010) Geologisches Wörterbuch, 12. Auflage, Spektrum Akademischer Verlag, Heidelberg

7. Wegener A. (1929) Die Entstehung der Kontinente und Ozeane, 4. Auflage, Vieweg, Braunschweig

8. www.arbeitssicherheit.de (2006) BGR 128 – Berufsgenossenschaftliche Regeln für Sicherheit und Gesundheit bei der Arbeit Nr. 128: Kontaminierte Bereiche vom April 1997

Geotechnische Untersuchungen im Feld

Inhaltsverzeichnis

© Springer Fachmedien Wiesbaden GmbH, ein Teil von Springer Nature 2021
K. Kuntsche, S. Richter, *Geotechnik*, https://doi.org/10.1007/978-3-658-32290-8_4

4

Auf diese Daten bauen wir.

Übersicht

Die geplanten Erkundungsarbeiten müssen richtig durchgeführt bzw. fachtechnisch begleitet und überwacht werden. Da der Baugrund und das Grundwasser häufig nicht so angetroffen werden, wie das nach der Ortsbesichtigung bzw. am Schreibtisch erwartet wurde, kann mit der Begleitung der Arbeiten schon vor Ort entschieden werden, ob beispielsweise eine Bohrung tiefer geführt oder anders ausgebaut werden soll, ob weitere Proben entnommen werden müssen oder eine ergänzende Bohrung bzw. Sondierung sinnvoll oder sogar notwendig ist.

Bei den direkten Aufschlüssen erfolgen zunächst eine geotechnische Aufnahme der Schichten des Baugrunds und eine Probenentnahme. Bei Fels muss in einem geeigneten Aufschluss meist mit dem Geologenkompass das Trennflächengefüge festgestellt werden. Die direkten Aufschlüsse werden durch Rammsondierungen, seltener durch Drucksondierungen ergänzt.

Wenn bei den Erkundungen Grundwasser angetroffen wird, kann ein Ausbau einer Bohrung zu einer Messstelle oder Brunnen in Erwägung gezogen werden. Die Wasserstände werden entsprechend häufig gemessen und das anstehende Grundwasser ggf. auch beprobt.

Zur Qualitätskontrolle kann eine Probenentnahme mit dem Ausstechzylinder oder eine Dichtebestimmung mit dem Ballongerät bzw. dem Sandersatz-Verfahren in Frage kommen oder es werden Plattendruckversuche ausgeführt.

Die Lage der Ansatzpunkte von Aufschlüssen wird in bemaßten Skizzen erfasst. Ebenso wichtig sind deren Höhen, die möglichst mit einem Nivellement ermittelt werden, welches sich auf einen Punkt bekannter Höhe in m über NN bezieht.

Alle Arbeiten im Feld werden immer sorgfältig dokumentiert. Die Aufzeichnungen werden dabei nicht auf losen Zetteln, sondern in einem gebundenen Feldbuch festgehalten. Bei der Begleitung der Feldarbeiten werden auch elektronische Hilfsmittel wie Digitalkamera, Laptop und Diktiergerät eingesetzt.

4.1 Kleinbohrungen, Rammsondierungen

Bei der Ausführung von Kleinbohrungen und Rammsondierungen gilt es, die nachfolgend aufgeführten Gesichtspunkte zu beachten.

■ **Kleinbohrungen**

Das erste Kernrohr mit dem größten Durchmesser (meist
80 mm) ist in aller Regel 1,0 m lang. Mit der Schneide nach
unten wird es an der gewählten – ggf. mit dem Spaten eben
vorbereiteten – Ansatzstelle aufgestellt. Auf das Gewinde wird
ein Schlagkopf aufgeschraubt, der als Aufnahme für den
schweren Schlaghammer dient. Bei Kleinbohrungen werden
elektrische, benzingetriebene oder hydraulische Schlaghämmer
verwendet.

Nun wird das Kernrohr leicht drehend bis zur gesamten
Länge in den Baugrund eingetrieben (■ Abb. 4.1). Mit dem
langsamen Drehen in der richtigen Richtung – über den gesamten Bohrvorgang hinweg – will man sicherstellen, dass sich
die Gewindeverbindungen nicht lösen. Ansonsten könnten sie
durch die Einwirkung des Schlaghammers zerstört werden.

Ein Gehörschutz tut gut!

■ **Abb. 4.1**   Kleinbohrung

4

hydraulisches Ziehgerät

Beim Rammvorgang, den man mit händischem Druck unterstützt, wird nun der Baugrund in das Rohr hineingetrieben.

Ist das Kernrohr vollständig eingeschlagen, wird der Schlagkopf abgedreht und ein Ziehgerät – meist auf einem gelochten, massiven Brett zur Lastverteilung – über das Kernrohr gestellt. Es wird eine 1,0 m lange Verlängerungsstange aufgeschraubt. Nun wird mit Hilfe einer Backen- oder Kugelklemme das Kernrohr – am besten hydraulisch, wie in ◘ Abb. 4.2 zu sehen – wieder gezogen.

Das mit dem Baugrund gefüllte Kernrohr wird nun nicht auf den Boden, sondern besser auf ein Gestell gelegt (◘ Abb. 4.3). Der wegen des Schlitzes sichtbare Kernabschnitt wird mit einem Messer oder Stahllineal freigeschält, was die

◘ **Abb. 4.2**   Ziehgerät

◘ Abb. 4.3   Kernrohe einer Kleinbohrung im Löss

Kernaufnahme (vgl. ► Abschn. 4.3.1) ermöglicht. Bei Bedarf werden Fotos angefertigt und es werden mehr oder weniger gestörte Proben entnommen.

Anschließend wird meist ein 2,0 m langes Kernrohr mit kleinerem Durchmesser in das 1 m tiefe Bohrloch gestellt, und dementsprechend 2 Meter tief eingetrieben. (Anmerkung: Bei umwelttechnischen Untersuchungen darf nur mit höchstens 1 m langen Kernrohren weiter gearbeitet werden.)

Dazu wird eine 1,0 m lange Stahlstange aufgeschraubt, auf die wiederum der Schlagkopf aufgedreht wird. Nach dem Ziehen dieses Kernrohrs wiederholt sich der Bohrvorgang sinngemäß solange, bis die gewünschte Tiefe erreicht wird oder kein weiterer Bohrfortschritt mehr zu erzielen ist.

bohren – ziehen – bohren …

Für größere Tiefen kann man mit größeren Kernrohrdurchmessern nachbohren und das Bohrloch damit aufweiten, um die Mantelreibung zu verringern und um zu verhindern, dass sich das Kernrohr beim Tieferbohren schon vorher mit Boden füllt.

Aufweiten?

Während der Bohrarbeiten wird auch auf ggf. zutretendes Wasser geachtet. Stellt man Wasser fest, wird in aller Regel ein elektrisches Lichtlot eingesetzt, mit dem der Wasserstand im Bohrloch gemessen werden kann. An einem bemaßten Kabel hängt eine Metallspitze mit einem Sensor. Taucht der Sensor in Wasser ein, leuchtet eine Lampe an der Kabeltrommel auf, ggf. ertönt auch ein akustisches Signal. Am Kabel kann dann die Distanz von einer Referenzmarke zum Wasserspiegel etwa auf +/− 1 cm abgelesen werden. Die Marke wird einnivelliert, damit letztendlich auch die Höhe des Wasserspiegels zum Ablesezeitpunkt, der ebenfalls notiert wird, auch in m ü. NHN angegeben werden kann.

Lichtlot: Wasserstand in m ü. NHN am Zeitpunkt t

4

In die Bohrlöcher von Kleinbohrungen können anschließend auch provisorische Grundwassermesspegel eingestellt bzw. eingerammt werden.

Mit weniger körperlicher Anstrengung lassen sich Kleinbohrungen auch mit mäklergeführten Hämmern durchführen, die auf Bohrwagen – auch mit Raupenfahrwerk – montiert sind.

Auf die Unzulänglichkeiten von Kleinbohrungen wurde schon im ▶ Abschn. 3.6.2 eingegangen.

■ **Sondierungen**

Bei der fachtechnischen Begleitung von Ramm- oder Drucksondierungen wird auf deren richtige Durchführung geachtet. Hier ist beispielsweise zu prüfen, ob die Sondierspitzen noch die nach der Norm geforderten Abmessungen besitzen und die Sondierstangen möglichst lotrecht in den Baugrund getrieben werden.

Gestängereibung

Bei Rammsondierungen muss nach jedem Sondiermeter, bei dem das Gestänge verlängert wird, die Drehbarkeit ermittelt werden. Hier ist das Drehmoment zu ermitteln. Lässt sich das Gestänge nur schwer drehen, deutet das auf eine große Gestängereibung hin: Bei schwerer Drehbarkeit wirkt die Rammenergie nicht mehr in voller Größe auf den Sondenkopf ein, was später bei der Bewertung der Schlagzahlen berücksichtigt werden muss. Die Gestängereibung spielt insbesondere bei weichen Böden eine Rolle.

Wenn die ermittelten Schlagzahlen schon im Feld graphisch in Form eines Stufendiagramms dargestellt werden, lässt sich leichter entscheiden, ob eine Sondierung noch tiefer geführt werden muss oder ob ein zusätzlicher Ansatzpunkt weitere wichtige Informationen bringen kann. Fatal wäre es, wenn man die Rammsondierung bei geringen Schlagzahlen abbricht.

SPT

Entsprechendes gilt bei der Begleitung von Standard Penetration Tests, die bei Untersuchungsbohrungen in sinnvoller Abfolge je nach der jeweils erbohrten Schicht durchgeführt werden.

auch Elektronik kann irren

Bei Drucksondierungen müssen in regelmäßigen Zeitabständen durch entsprechende Nachkalibrierungen der Messaufnehmer deren Funktionstüchtigkeit und Genauigkeit nachgewiesen werden.

Da bei Flügelsondierungen an der Geländeoberfläche das Moment gemessen wird, muss auch hier eine mögliche Gestängereibung bei der Bewertung der Ergebnisse berücksichtigt werden.

4.2 Fachtechnische Begleitung gewerblicher Erkundungen

Werden Fachfirmen mit der Ausführung von Bohrungen, Sondierungen oder geophysikalischer Erkundungen beauftragt, sollten diese aus geotechnischer Sicht begleitet bzw. überwacht werden. Die tatsächlich ausgeführten Arbeiten werden hinsichtlich der eingesetzten Geräte, des Personals und des erforderlichen Zeitaufwands dokumentiert. Stellt sich im Zuge der Arbeiten heraus, dass es sinnvoll ist, weitere Untersuchungen anzustellen, kann dies gleich veranlasst werden.

Für die fachtechnische Begleitung von Bohrungen ist die DIN EN ISO 22476-15 vom Dezember 2016 zu beachten. Er widmet sich z. B. der Aufzeichnung von Bohrparametern wie Eindringgeschwindigkeit, Drehmoment, Spülungsumsatz, die bei der späteren Entwicklung und Erstellung des geotechnischen Modells hilfreich sein können.

Dokumentation ist wichtig

Die Bohrkerne in den Kernkisten oder anderen Behältnissen werden geotechnisch aufgenommen, mit Farbtafeln fotografiert, die gewonnenen Proben werden erfasst, versiegelt und ohne größeren Zeitverzug in ein geotechnisches Labor eingeliefert, um einer Störung durch Witterungseinflüsse (Hitze, Frost) entgegenzuwirken. Im geotechnsichen Labor werden dann die Bodpenproben zunächst „angesprochen" (vgl. ► Abschn. 4.3.1).

Fotos, Probenentnahme!

Je nach Untersuchnungszweck kommen zur Entnahme und -transport von Wasserproben unterschiedliche Verfahren in Frage (vgl. DIN EN ISO 22475-1).

4.3 Geotechnische Aufnahme des Baugrunds

Der in Schürfen, Kernrohren oder -strecken oder anderen Aufschlüssen *direkt* sichtbare Baugrund wird bei der Aufnahme zunächst beschrieben und anschließend ggf. klassifiziert. Es wird ein Schichtenverzeichnis erstellt, was als Grundlage für das zu entwickelnde geotechnische Baugrundmodell dient.

Schichtenverzeichnis

Bei einer Fels-Aufnahme kommt es darauf an, das Trennflächeninventar festzustellen und zu dokumentieren. Es wird ferner das Gestein und dessen Verwitterungsgrad beschrieben.

Trennflächeninventar

❯ Bei der *Aufnahme* bzw. *Ansprache* des Baugrunds in einem Schurf bzw. von Bohrstrecken im Feld oder im Labor werden wichtige Ur-Daten erhoben. Hierbei sind ausreichende Kenntnisse, Erfahrung, Zeit und Sorgfalt erforderlich.

4

4.3.1 Beschreibung von Böden

Bodenansprache

Böden werden nach ihren Korngrößenanteilen, nach dem Anteil organischer Bestandteile und nach den Plastizitätseigenschaften benannt und durch spätere Laborversuche auch klassifiziert. Da die *Benennung* und die *Klassifikation* der Böden unter Umständen zu (scheinbaren) Widersprüchen führen kann, darf beides nicht miteinander verwechselt werden.

Schichtenverzeichnis

Im Schichtenverzeichnis werden auch die geologischen Bedingungen und Bezeichnungen aufgeführt, die sich der Geotechniker zuvor beim Studium der geologischen Karte für ein bestimmtes Projektgebiet notiert hat. Ferner werden auch typische örtliche Bezeichnungen aufgeführt. Eine intensive Vorbereitung auf die Arbeit im Feld erleichtert die Bodenansprache und vermeidet Irrtümer.

Für die Benennung der Böden gilt DIN EN ISO 14688-1:2020-11. Da sich die dort verwendeten Kurzzeichen – vgl. ◘ Tab. 4.1 – nur zögerlich in die Praxis einführen, werden nachfolgend auch die nach wie vor gebräuchlichen Abkürzungen (gemäß der älteren DIN 4023) genannt.

Fotos, Farbtafeln, Maßstab

Schürfe und Bohrstrecken werden meist auch fotografiert und ggf. in einem Feldbuch skizziert. Bei Fotos von Boden und Fels sind entsprechende Farbtafeln mit einer Meter-Skalierung

◘ **Tab. 4.1**   Korngrößenbereiche

Be-nennung	Korngrößenbereich in mm	Kurzz. neu	Kurzz. alt	Merke:
Ton	$D \leq 0{,}002$	Cl	T	bleibt an den Fingern kleben, glänzt in einer Schnittfläche
Schluff	$0{,}002 < D \leq 0{,}063$	Si	U	kein Einzelkorn mehr sichtbar, bleibt nicht kleben
Sand	$0{,}063 < D \leq 2{,}0$	Sa	S	Gries bis Streichholzkopf
Kies	$2{,}0 < D \leq 63$	Gr	G	Streichholzkopf bis Hühnerei
Steine	$63 < D \leq 200$	Co	X	Hühnerei bis Kindskopf
Blöcke	$200 < D$	Bo	Y	> Kindskopf

◘ Abb. 4.4   Kernkiste mit Farbkarte

nützlich, um mögliche Farbverfälschungen im Bildmaterial berücksichtigen zu können (◘ Abb. 4.4).

Die Schichtenaufnahme erfolgt am besten mit Hilfe eines vorbereiteten Formblatts. Die DIN EN ISO 22475-1:2019-09 (Entwurf) schlägt in Anlage B.4 ein solches Formblatt vor.

Folgende Daten müssen mindestens im Feld erfasst werden:

1. Höhenlage der Schichtgrenzen: Hier wird aufgeschrieben, bis in welche Tiefe unter Ansatzpunkt eine Schicht reicht.
2. Bodenart und Beimengung mit ergänzenden Bemerkungen
3. Beschreibung (z. B. Konsistenz, Plastizität, Kornform, einaxiale Druckfestigkeit)
4. Farbe
5. Kalkgehalt

6. Bohrfortschritt
7. Proben und weitere Bemerkungen (z. B. Wasserstände usw.)

Wie man zu den Eintragungen kommt, wird nachfolgend erläutert.

■ **Grundsätze**

In der Kernkiste, der Bohrsondierstange oder im Schurf müssen zunächst die einzelnen *Bodenschichten* als geotechnische *Homogenbereiche* des Baugrunds definiert werden. Bodenschichten sind durch annähernd gleichen stofflichen Aufbau, gleiche Färbung und etwa gleiche bodenphysikalische Eigenschaften definiert. Dabei können auch entsprechende Wechsellagerungen als Homogenbereich angesehen werden.

Schichten sind Homogenbereiche

Um Schichten zu erkennen, sind Bohrkerne oder Baugrundanschnitte in einem Schurf zunächst sauber abzuschälen. Dies geschieht beispielsweise mit einem Messer, einem Spachtel oder einem Geologenhammer. Jetzt können die *Schichtgrenzen* durch Körnungs-, Farb- oder Konsistenzwechsel erkannt, deren Höhenlage mit einem Gliedermaßstab ermittelt und im Formblatt notiert werden.

Die Schichtenaufnahme muss zeitnah nach der Kerngewinnung oder Schurfherstellung erfolgen, damit sich durch mögliche Wassergehaltsänderungen keine größeren Veränderungen der Farbe und der Konsistenz einstellen können. Dafür sollten die Bohrkerne vor Ort vor Witterungseinflüssen (Wärme, Niederschlag) geschützt werden.

In Hanglagen wird man auch auf mögliche Trenn- und Verschiebungsflächen innerhalb der Schichten bzw. in den Schichtgrenzen achten.

Farbkarte

Der Vergleich von Bodenansprachen, die von unterschiedlichen Bearbeitern vorgenommen wurden, kann zeigen, dass die gleichen Schichten ziemlich unterschiedlich beschrieben werden. Wenn es zu einer ergänzenden Untersuchungsphase kommt, empfiehlt es sich, früher gewonnene Ergebnisse genau zu studieren und mit den neu erbohrten Kernstrecken zu vergleichen. Zur besseren Identifikation der Schichten kann die konsequente Verwendung von standardisierten Farbkarten eine wertvolle Hilfe sein.

In ◨ Abb. 4.5 sind als Hilfsmittel zur Bodenansprache von links nach rechts zu sehen: Salzsäure, Farbkarte, Pocket-Penetrometer und Taschenflügelsonde, deren Verwendung in den folgenden Abschnitten noch genauer beschrieben wird.

■ **Abb. 4.5**   Hilfsmittel zur Bodenansprache

■ **Bodenansprache**

Nachfolgend wird erläutert, wie nach der Feststellung der
einzelnen Schichtgrenzen in 6 Schritten bei der *Bodenansprache*
vorgegangen werden kann.

6 Schritte

Üblicherweise nimmt man Schürfe und Bohrungen von oben
nach unten auf. Wenn Mutterboden (Mu) – auch als Oberboden
oder Ackerkrume bezeichnet – angetroffen wird, wird dessen
Dicke notiert. Mutterboden ist ein Schutzgut, welches wieder verwertet werden muss. Er wird nicht zu den geotechnischen Bodenschichten gezählt und spielt im Baugrundmodell keine Rolle.

Nun wird im 1. Schritt festgestellt, ob es sich (unter dem
Mutterboden) um künstliche Auffüllungen oder um natürlich
gewachsenen Baugrund handelt. Diese Unterscheidung ist
dann kein Problem, wenn sich Fremdbestandteile, wie beispielsweise Beton-, Ziegel-, Glas-, Papier- oder auch Kunst-
stoffstücke, Splitt oder Schotter finden lassen.

1. Schritt: Auffüllung oder
natürlich anstehend?

Weitere Hinweise auf Auffüllungen ergeben sich aus einem
unregelmäßigen Gefüge innerhalb eines Homogenbereiches,
wobei sich allerdings natürlich umgelagerte Böden oftmals nur
schwer von künstlichen Auffüllungen unterscheiden lassen.
Wurde ein Bereich lagenweise verdichtet aufgefüllt, kann dies
an den unterschiedlichen Dichten (ggf. durch Rammsondierungen erkennbar) festgestellt werden.

Vor allem Auffüllungen sind mit der sogenannten *organoleptischen* Ansprache mit Nase und Auge auf auffälligen Geruch oder Aussehen zu untersuchen. Hierbei kann möglicherweise eine Kontamination entdeckt werden.

organoleptisch – sehen und
riechen

Auffällig ist z. B. der Geruch nach Kohlenwasserstoffen
wie Heizöl oder Aromaten wie Benzin, die schon bei geringen
Konzentrationen bemerkbar sind.

4

2. Schritt: Organische oder
vulkanische Böden?

3. Schritt: Bodenart und
Beimengung

Korndurchmesser und
Plastizität

0,063 mm!

Sandkörner sind sichtbar

Kies und Sand

Im 2. Schritt wird geprüft, ob sich organische Bestandteile finden lassen bzw. organische Gerüche festzustellen sind. Einige vulkanische Böden weisen sehr geringe Dichten auf.

Im 3. Schritt wird festgestellt, um welche *Bodenart* es sich handelt, d. h. ob die aufzunehmende Schicht ein Ton (Cl oder T), ein Schluff (Si oder U), ein Sand (Sa oder S), ein Kies (Gr oder G) oder ein gemischtkörniger Boden ist. Gemischtkörnige Böden weisen mehrere oder sogar alle Korngrößenfraktionen auf.

Die ◘ Tab. 4.1 zeigt in einer Übersicht die Bezeichnung für die einzelnen Korngrößen und einige Merkmale bzw. Vergleiche dazu.

Die Bestimmung der Bodenart ist bei reinen Bodenarten wieder sehr einfach, kann bei fein- und gemischtkörnigen Böden aber auch länger dauern und sogar einfache kleine Versuche erfordern.

Bei der Unterscheidung der Bodenarten werden die Korngrößen und die Plastizitätseigenschaften berücksichtigt (▶ Abschn. 6.4). Zum besseren Verständnis muss hier etwas vorgegriffen werden:

Hinsichtlich der Korngrößen wird das Siebkorn vom Schlämmkorn unterschieden. Die kleinste Maschenweite von Sieben, die man im geotechnischen Labor einsetzt, beträgt 0,063 mm. Bleiben Körner auf dem 0,063 mm-Sieb gerade noch liegen, handelt es sich bei dieser Fraktion um einen Feinsand. Die Körner, die gerade so hindurchpassen, werden als Grobschluff bezeichnet. Böden mit kleineren Korndurchmessern als 0,063 mm heißen *feinkörnig*, mit größeren *grobkörnig*.

Weisen die feinkörnigen Böden auch einen inneren Zusammenhalt auf, werden sie – wie schon erwähnt – als *bindige* Böden bezeichnet, die grobkörnigen als *nichtbindige* Böden.

Bei der Untersuchung einer Kernstrecke, einer Probe (bzw. einer Schurfwand) wird nach der Säuberung der zu benennenden Bodenschicht sichtbar, welche Kornfraktionen im Boden vorhanden sind.

Einfach ist die Benennung einer Bodenschicht dann, wenn sie grobkörnig ist, wobei der Anteil des Feinkorns unter geschätzten 5 Massen% liegen muss.

Liegt ein Gemisch von Kies und Sand vor, wird der Massenanteil der beiden Fraktionen geschätzt. Ist er etwa gleich, heißt der Boden Kies und Sand, was im Formblatt mit zwei Großbuchstaben G/S eingetragen wird. Beträgt der Massenanteil einer Fraktion weniger als geschätzte 15 %, heißt der Boden *Kies, schwach sandig* (G, s') bzw. *Sand, schwach kiesig* (S, g'). Die Beimengung wird jetzt mit einem kleinen Buchstaben abgekürzt. Bei einem geschätzten Anteil von mehr als 30 %, wird von einer starken Beimengung gesprochen, die mit einem

Tab. 4.2 Angaben zur Kornform nach DIN EN ISO 14688-1:2018-05

Merkmal	Mögliche Bezeichnung
Rundung	scharfkantig, kantig, kantengerundet, angerundet, gerundet, gut gerundet
Form	kubisch, flach (plattig) länglich (stängelig)
Oberfläche	rau, glatt

Querstrich oder einem Stern gekennzeichnet wird, notiert als G, s* bzw. S, g*. Dazwischen wird keine ergänzende Signatur verwendet.

Bei grobkörnigen Böden können außerdem noch Feststellungen zur Kornform getroffen werden (Tab. 4.2).

Schluff und Ton

Gibt es gar keine sichtbaren Körner, handelt es sich also um einen rein feinkörnigen Boden, wird untersucht, ob eine mit einem Messer erzeugte Schnittfläche glänzt. Ist dies der Fall, handelt es sich um einen Ton (T), ansonsten um Schluff (U). Diese Prüfung kann auch mit dem Fingernagel erfolgen, mit dem der Boden abgestrichen wird. Bemerkenswert ist, dass bei feinkörnigen Böden keine Unterscheidung in eine schwache und starke Beimengung getroffen wird, d. h. es gibt keine stark tonigen Schluffe oder auch schwach schluffige Tone.

Plastizität und Konsistenz

Bei feinkörnigen Böden wird bei der Bodenansprache auch deren Plastizität und Konsistenz abgeschätzt.

Unter Plastizität oder plastischer Verformbarkeit versteht man in der Physik die Eigenschaft von Stoffen, sich unter einer Krafteinwirkung beim Erreichen einer materialtypischen Fließgrenze bleibend zu verformen. Die physikalische Fließgrenze wird in der Bodenmechanik als Konsistenz bezeichnet, die sich bei feinkörnigen Böden durch den jeweiligen Wassergehalt ergibt.

Konsistenz Man unterscheidet die in Tab. 4.3 aufgeführten Konsistenzbereiche, die sich genauer mit dem Pocket-Penetrometer (Abb. 4.5) bestimmen lassen.

Beim Pocket-Penetrometer wird ein gefederter Stift mit einer platten Spitze (D = 6,3 mm) bis zu einem eingekerbten Ring in den Boden eingedrückt. Je nach Konsistenz des Bodens wird die Feder dabei unterschiedlich gestaucht. Bei der Zusammendrückung der Feder schiebt sich der in Abb. 4.5 sichtbare (rote) Ring über eine Skala, auf der die einaxiale Druckfestigkeit der Probe in der Einheit kg/cm^2 abgelesen wird. Dies erlaubt eine quantitative Auswertung und Zu-

4

◘ **Tab. 4.3**   Konsistenzbereiche, Handprüfungen, Pocket-Penetrometer

Konsistenz	Handprüfung	Skalenablesung in kg/cm² am Pocket-Penetrometer mit D = 6,3 mm
(flüssig)	entfällt	entfällt
breiig	Probe quillt in der Faust zwischen den Fingern hindurch. Der Finger kann leicht bis zu 25 mm eingedrückt werden.	
weich	Probe lässt sich leicht kneten. Der Finger kann leicht bis zu 10 mm eingedrückt werden.	0,25–1,0
steif	Probe lässt 3 mm dicke Walzen zu, die nicht zerbröckeln	1,0–2,0
halbfest	Die Walzen zerbröckeln, lassen sich aber wieder zu einem Klumpen formen	2,0–4,0
fest (hart)	Probe lässt sich nur noch zerbrechen	entfällt

(Anmerkung: Im Angelsächsischen heißen die Konsistenzen: very soft = breiig, soft = sehr weich, firm = weich, stiff = steif, very stiff = halbfest)

ordnung zu einem Konsistenzbereich. In ◘ Tab. 4.3 sind zu möglichen Ablesungen die dazu korrelierten Konsistenzbereiche angegeben.

■ **Plastizität**

Bindig – nichtbindig

Nur *bindige* Böden weisen eine Plastizität auf: Der Porenraum feinkörniger, bindiger Böden ist meist mit Wasser gefüllt. Die Plastizität (Bildsamkeit, Bindigkeit) ergibt sich durch die Wechselwirkung innerer Kräfte im Korngerüst.

Böden, bei denen geringe Änderungen des Wassergehaltes große Änderungen der Konsistenz bewirken, nennt man *gering plastisch*. Um bei der Bodenansprache im Feld auch Aussagen zur Plastizität zu gewinnen, wird der sogenannte *Knetversuch* durchgeführt.

Plastizität – Knetversuch

Hierbei werden Walzen von etwa 3 mm Durchmesser ausgerollt und wieder zu einem Klumpen geformt und zwar so lange, bis sich keine zusammenhängenden Walzen mehr herstellen lassen. Wenn der Boden von vornherein wegen zu geringem Wassergehalt kein Walzenrollen zulässt, muss Wasser zugegeben und damit die Probe homogenisiert werden.

Wenn sich nach dem wiederholten Rollen zeigt, dass sich aus den zerbrochenen Walzen kein zusammenhängender Klumpen mehr formen lässt, handelt es sich um einen gering plastischen Boden. Wenn sich der Klumpen herstellen lässt, sich aber sofort wieder zerkrümeln lässt, ist der Boden mittel-plastisch. Wenn sich dagegen der Klumpen kneten lässt, ohne zu zerkrümeln, nennt man den Boden ausgeprägt plastisch.

Der *Trockenfestigkeitsversuch* erlaubt auch Hinweise auf die Plastizität. Wenn ein getrocknetes Probenstück bei nur leichtem bis mäßigen Druck zerfällt, ist die Trockenfestigkeit gering, was auf eine geringe Plastizität hinweist. Wenn sich eine getrocknete Probe nur noch zerbrechen lässt, kann auf eine hohe Plastizität geschlossen werden.

Trockenfestigkeitsversuch

■ Gemischtkörnige Böden

Sehr oft werden in der Natur aber auch Gemenge aus fein- und grobkörnigem Boden angetroffen. Zwei Grenzbereiche kann man sich bei den *gemischtkörnigen* Böden vorstellen:

Gemisch aus Grob- und Feinkorn

Zum einen können in einem feinkörnigen Boden auch Sand- und Kieskörner ohne Kontakt zueinander „schwimmen". Es kann aber auch sein, dass in einem festgefügten Korngerüst aus Kies und Sand der verbleibende Hohlraumanteil mehr oder weniger mit feinkörnigem Boden ausgefüllt ist.

Bei der Bodenansprache ist also zu untersuchen, ob sich die Schicht eher als bindiger Boden oder als nichtbindiger Boden verhält. Man spricht hier auch von den *bestimmenden* Eigenschaften, die das Verhalten des Bodens prägen.

die bestimmenden Eigenschaften

Bei grobkörnigen und gemischtkörnigen Böden, deren Verhalten *nicht* durch die Plastizität bestimmt wird, darf dann den feinkörnigen Nebenanteilen „tonig" bzw. „schluffig" auch das Beiwort „stark" bzw. „schwach" beigesetzt werden, wenn ein starker bzw. schwacher Einfluss gegeben ist. So kann es beispielsweise einen Kies, schwach schluffig (G, u') oder einen Sand, stark tonig, schwach schluffig (S, t*, u') geben.

Wie weiter oben schon erwähnt, gibt es demgegenüber keinen stark schluffigen Ton.

■ Farbe

Die Farbe der betreffenden Schicht wird im 4. Schritt nach Möglichkeit durch Vergleich mit einer *Farbkarte* ermittelt (◘ Abb. 4.5). Eine Farbansprache ist aber nur an frischen Proben sinnvoll, die noch keine Farbveränderungen erfahren haben.

4. Schritt: Farbe

Die Farbe mag auf den ersten Blick wenig mit geotechnischen Eigenschaften zu tun haben. Zur Abgrenzung der Homogenbereiche und für die spätere Auswertung und geologische Einstufung, bei der häufig mehrere benachbarte Boh-

4

rungen miteinander zu vergleichen sind, um den Schichtenverlauf festzulegen, ist die Farbe der Schichten jedoch ein wichtiges Merkmal und Hilfsmittel.

5. Schritt: Kalkgehalt

■ **Kalkgehalt**

Mit dem Salzsäure-Test nach DIN EN ISO 14688-1 als 5. Schritt wird die Bodenansprache abgeschlossen. Verursacht das Aufträufeln von verdünnter Salzsäure (Wasser/35 %tige Salzsäure = 3/1) kein Aufbrausen, ist der Boden kalkfrei, was im Schichtenverzeichnis mit der Signatur 0 eingetragen wird. Hält demgegenüber ein Aufbrausen lang an, kann auf „stark kalkhaltig" (Signatur ++) geschlossen werden. Ein normales Aufbrausen führt zur Einstufung „kalkhaltig" mit der Signatur +. Wird der Salzsäuretest an einem Abschnitt durchgeführt, darf davon keine Probe mehr entnommen werden.

■ **Weitere Notizen**

Letzter, 6. Schritt: Weitere Notizen

Im letzten, 6. Arbeitsschritt werden die ggf. entnommenen Proben, Wasserstände, geologische oder örtliche Bezeichnungen der Böden notiert. Es lohnt sich, alle Daten sorgfältig zu notieren.

4.3.2   Fels: Trennflächeninventar und weitere Daten

In DIN EN ISO 14689:2018-05 werden „*Prinzipien zu den Verfahren für die Benennung und Beschreibung von Gestein und Gebirge*" festgelegt.

Da das mechanische Verhalten von Fels insbesondere durch die Trennflächen beeinflusst wird, kommt deren Raumlage besondere Bedeutung zu. Die Gesamtheit der Schicht- und Schieferungsflächen und Klüfte heißt Trennflächeninventar oder -gefüge.

Geologenkompass

Die unterschiedlichen Trennflächen werden an einem Felsaufschluss mit einem Gefüge- oder Geologen-Kompass eingemessen. Die ❏ Abb. 4.6 zeigt den Einsatz eines solchen Kompasses an einer Felsböschung, die mit einem Drahtnetz verhängt wurde. (Anmerkung: Es gibt auch elektronische Geräte, die bis zu 4000 Datensätze speichern können.)

Ein Geologenkompass weist drei Besonderheiten auf: Die Richtungen West und Ost sind vertauscht, die Nadel bewegt sich nur, wenn eine Arretiertaste gedrückt wird, und schließlich kann man einen kleinen Spiegel ausklappen, um eine Dosenlibelle zu sehen. Nachfolgend wird erläutert, was es damit auf sich hat.

◻ Abb. 4.6　Gefügekompass nach Clar

Vor dem Einmessen einer Trennfläche stellt man fest, ob der Kompass eine 360° oder 400^{g}-Teilung aufweist. Dann wird wie folgt vorgegangen:

Zunächst wird der Deckel des Kompasses aufgeklappt und an die Trennfläche angelegt. Jetzt wird die Dosenlibelle so eingespielt, dass der Kompass horizontal ausgerichtet ist. Wenn man die Libelle nicht sehen kann, kommt der kleine Spiegel zum Einsatz. Durch das Drücken der Arretiertaste wird nun die Kompassnadel gelöst und nach deren Einpendeln in die Ruhelage durch Loslassen wieder festgesetzt.

Nun kann der Kompass wieder von der Messstelle entfernt werden, um zwei gewonnene Messdaten abzulesen und zu notieren.

Das Scharnier des Deckels ist mit einer Winkel-Skala versehen, welche die Neigung der Falllinie gegenüber der Horizontalebene (= Einfallswinkel zwischen 0° und 90° bzw. 100^{g}) anzeigt. Diese Skala weist schwarz- bzw. rotmarkierte Abschnitte auf. Wenn die Ablesung im roten Winkelbereich liegt, wird die Skala des Kompasses an der roten Seite seiner Nadel abgelesen, sonst an der schwarzen.

Man schreibt zunächst immer 3-stellig die Einfallsrichtung der in die Horizontalebene projizierten Falllinie auf, die am Kompass abgelesen wird. Man schreibt beispielsweise 030/60, d. h. die Falllinie zeigt etwa nach Nordosten und fällt unter 60° steil ein.

Einfallsrichtung immer 3-stellig

4

Schicht- oder Schieferungs-
fläche, Kluft

Nun ist die Raumlage der Trennfläche eindeutig festgelegt. An welcher Stelle diese Messung erfolgt ist, braucht in aller Regel nicht festgehalten zu werden, sofern es sich um einen Homogenbereich handelt, bei dem das *Trennflächeninventar* statistisch etwa gleich verteilt ist.

❯ Bei Fels ist ein Homogenbereich auch durch ein wiederkehrendes Trennflächeninventar gekennzeichnet.

Ferner wird ermittelt, ob es sich um ein Sedimentgestein, oder um metamorphe oder magmatische Gesteine handelt. Dabei kann auch auf die mineralogische Zusammensetzung eingegangen werden. Der Fels kann dann geschichtet, geschiefert oder massig anstehen.

In aller Regel wird außerdem im Feldbuch notiert, um welche Art von Trennfläche es sich jeweils handelt. Desweiteren wird festgehalten, ob die Trennflächen einen Belag aufweisen, wie weit sie geöffnet sind und wie groß der Durchdringungsgrad einzuschätzen ist.

Für die Beschreibung weiterer Merkmale eines Felsaufschlusses dienen die Angaben in der ◘ Tab. 4.4 und 4.5.

◘ **Tab. 4.4**   Zu den Trennflächenabständen

Abstände in cm	Schichtung	Klüftung
≥ 200	massig	kompakt (k)
60–200	dickbankig	weitständig (ws)
20–60	mittelbankig	mittelständig (ms)
6–20	dünnbankig	engständig (es)
2–6	dickplattig	dichtständig (ds)
0,6–2	dünnplattig	sehr dichtständig (sds)
< 0,6	blättrig	Störungszone (ST)

◘ **Tab. 4.5**   Klassifizierung von Klüften

Kluftart	Fläche in m²	Längserstreckung in m
Kleinkluft	< 10	< 1
Mittelkluft	10–100	1–10
Großkluft	> 100	> 10

Zur Festigkeit können Feststellungen nach ◘ Tab. 4.6 getroffen werden.

Zur Kornbindung kann ◘ Tab. 4.7 herangezogen werden.

In ◘ Tab. 4.8 sind mögliche Verwitterungsstufen von Fels zusammengestellt.

◘ Tab. 4.6 Beschreibung der Festigkeit

	Beschreibung	Geschätzte einaxiale Druckfestgkeit in MPa
5	sehr fest: zerbricht nur bei einer Vielzahl von Hammerschlägen unter sehr hellem Klang	> 100
4	fest: zerbricht erst bei mehr als einem kräftigen Hammerschlag unter hellem Klang	50–100
3	mittelfest: zerbricht mit einem kräftigen Hammerschlag, kann mit dem Taschenmesser nicht mehr geritzt werden	25–50
2	mäßig fest: flache Einkerbungen beim Schlag mit Hammerschneide unter dumpfen Klang, kann mit dem Taschenmesser geritzt oder schwer eingeschnitten werden	5–25
1	wenig fest: zerbröckelt bereits bei leichtem Hammerschlag, kann mit Taschenmesser eingeschnitten werden	1–5
0	entfestigt: mit dem Fingernagel ritzbar	< 1

◘ Tab. 4.7 Beschreibung der Kornbindung

Kornbindung	Versuch
sehr gut	mit Stahlnagel/Messer nicht ritzbar
gut	mit Stahlnagel/Messer schwer ritzbar
mäßig	mit Stahlnagel/Messer leicht ritzbar
schlecht bzw. fest	Abreiben von Teilchen mit den Fingern möglich bzw. mit dem Fingernagel ritzbar
mürbe bzw. milde	Kanten mit den Fingern abbrechbar
entfestigt	Gestein mit den Fingern zerdrückbar

4

◘ **Tab. 4.8**   Verwitterungsstufen von Fels

Stufe	Be-zeichnung	Beschreibung
0	frisch	kein sichtbares Zeichen von Verwitterung; möglicherweise leichte Verfärbung an den Oberflächen oder Trennflächen
1	schwach verwittert	Verfärbung weist auf Verwitterung hin
2	mäßig verwittert	weniger als die Hälfte des Gesteins ist verwittert oder zersetzt. Frisches oder verfärbtes Gestein liegt entweder als ein zusammenhängendes Steinskelett oder als Steinkerne vor
3	stark verwittert	mehr als die Hälfte des Gesteins ist zersetzt oder zerfallen. Frisches oder verfärbtes Gestein liegt entweder als ein zusammenhängendes Steinskelett oder als Steinkerne vor
4	voll-ständig verwittert	das gesamte Gestein ist zu Boden zersetzt und/oder zerfallen. Die ursprüngliche Gesteins-struktur ist größtenteils noch unversehrt
5	zersetzt	das gesamte Gestein ist zu Boden umgewandelt. Die Gebirgsstruktur und die Gesteinsstruktur sind aufgelöst. Das Gesteinsvolumen ist stark verändert, aber es haben keine wesentlichen Bewegungen stattgefunden

4.4 Probenentnahmen

Proben dienen der quantitativen Ermittlung von Kennwerten der anstehenden Schichten des Baugrunds. Proben sollen deswegen den betreffenden Homogenbereich repräsentieren. Durch eine fachtechnische Betreuung der Feldarbeiten kann vor allem die Entnahme von Proben genauer gesteuert werden.

Proben sind meist gestört   Am einfachsten lassen sich Bodenproben aus einem Schurf gewinnen. Hier können bei nicht zu grobkörnigen Böden Ausstechzylinder eingetrieben oder Ersatzverfahren angewendet werden. Sehr aufwendig kann demgegenüber die Entnahme einer Sonderprobe in nichtbindigen Böden sein, die hierzu vereist werden.

Die Probenentnahme aus dem Bohrloch erfolgt bei Rammkernbohrungen in Stutzen, die in die Bohrlochsohle getrieben werden. Weitergehende Informationen sind der umfangreichen DIN EN ISO 22475-1:2007-01 zu entnehmen, auf die schon weiter oben hingewiesen wurde.

4.4.1 Ausstechzylinder, Schürfgrube, Becherproben

Die DIN 18 125-2:2011-03 enthält Angaben zur Untersuchung von Bodenproben mit der Bestimmung der *Dichte* im Feld. Lässt eine Bodenschicht eine Beprobung mit einem genormten Ausstechzylinder zu, bezeichnet man den Versuch DIN 18 125-A.

Hierbei wird wie folgt vorgegangen (vgl. ◘ Abb. 3.8):

Auf einer vorbereiteten ebenen Fläche wird eine Führungsplatte aufgelegt. An der Platte sind Stege oder ein Zylinder angebracht, die für eine zentrische Führung des sauberen, ggf. etwas eingefetteten Ausstechzylinders sorgen. Über eine Schlaghaube wird der Ausstechzylinder mit einem Fallbär oder schweren Vorschlaghammer so weit eingeschlagen, bis sich die (bindige) Probe etwa 1 cm über den Zylinderrand hinausschiebt.

> Zylinder = Volumen

Jetzt wird der Ausstechzylinder mit einem Spaten freigelegt, dass er unten mit genügendem Abstand vom Zylinderrand mit einem Ausstechblech herausgehoben werden kann.

Da eine möglichst ungestörte Probe der Güteklasse 1 mit bekannten Abmessungen gewonnen werden soll, werden die Überstände mit einem Messer vorsichtig abgeschnitten. Mit einem scharfen Stahllineal können dann die Endflächen sauber über die Zylinderränder abgeglichen werden. Wenn dabei Grobkorn herausgelöst wird, dürfen Hohlräume mit gleichem Material aufgefüllt werden.

Anschließend werden die Endflächen des Zylinders mit Kappen und ggf. Klebeband luftdicht verschlossen. Die Sonderprobe wird beschriftet, weitergehende Daten werden ggf. in das Feldbuch eingetragen.

> abgleichen, konservieren und beschriften

Wenn man profilgerechte Gruben ausheben kann, deren Volumen mit einem Gliedermaßstab zu ermitteln ist, kann dadurch auch die Dichte bestimmt werden. Hier schlägt die DIN 18 125 eine Mindestgröße von 0,5 m³ bis 1 m³ vor. Diese Probenmengen müssen transportiert und gewogen werden, ohne dass sich der Wassergehalt ändert.

Gestörte Proben werden mit einer Kelle oder einer Schaufel in Kunststofftüten, Becher oder Eimer eingefüllt. Wenn später der natürliche Wassergehalt bestimmt werden soll, müssen auch hier die Behälter entsprechend dicht verschlossen werden.

4.4.2 Ersatzverfahren

Während bindige Böden sich gut mit einem Ausstechzylinder beproben lassen, ist dies bei nichtbindigen und gemischtkörnigen Böden je nach deren Korngröße nicht möglich. Hier müs-

> mit einem Ersatz zum Volumen

4

sen dann andere Verfahren angewendet werden, mit denen das Volumen der entnommenen Bodenprobe ermittelt wird.

In der DIN 18 125-2 werden das Sandersatz- (S), Ballon- (B), Flüssigkeitsersatz- (F) und schließlich auch das Gipsersatz- (G) Verfahren beschrieben. Im Prinzip geht es dabei immer darum, das Volumen einer Schürfgrube zu bestimmen, aus der Boden entnommen wurde. Anschließend muss die Masse der gesamten entnommenen Probe bestimmt werden, wobei sich deren Wassergehalt nicht geändert haben darf.

In der Praxis wird meist wegen der einfachen Handhabung das Ballongerät verwendet. Hier wird auf einer vorbereiteten Prüffläche nach einer Nullmessung eine Grube ausgehoben, in die sich eine mit Wasser gefüllte Gummiblase einschmiegt. Aus dem Vergleich zur Nullmessung lässt sich so das Volumen der Grube bestimmen. Die ◘ Abb. 4.7 zeigt den Einsatz des Ballongeräts in einem gemischtkörnigen Boden.

Die Dichte und der Wassergehalt können auch indirekt mit radiometrischen Verfahren ermittelt werden. Beim Einsatz solcher Geräte sind die einschlägigen Strahlenschutzbestimmungen einzuhalten, was mit größerem Aufwand verbunden ist.

◘ **Abb. 4.7**   Ballongerät im gemischtkörnigen Boden

4.4.3 Stutzen oder andere Bohrproben

Aus Bohrungen lassen sich Proben mit ganz unterschiedlichen Entnahmegeräten gewinnen (vgl. DIN EN ISO 22475-1).

Bei durchgängig gewonnenen Bohrkernen wird das Bohrgut lagerichtig in Kernkisten (◘ Abb. 4.4) eingelegt. Der Wassergehalt bindiger Böden kann durch das Verpacken der Kerne in Folie für kurze Zeit erhalten werden. Generell sollten Bohrkerne keiner Frosteinwirkung oder großer Hitze ausgesetzt werden.

Sonderproben werden aus Bohrungen meist mit eingerammten Stutzen gewonnen, die üblicherweise einen lichten Durchmesser von 11,3 cm und eine Höhe von 25 cm bis 30 cm aufweisen.

Eine sehr gute Kernqualität erreicht man durch die Verwendung von sog. Inlinern, in welche die Bohrkerne schon beim Kerngewinn hinein befördert werden. Es handelt sich hierbei um Kunststoffrohre, die unmittelbar nach der Kerngewinnung an der Geländeoberfläche mit Abdeckkappen versehen werden können, was erwarten lässt, dass sich der Wassergehalt nicht ändert.

Inliner

Im Sonderfall kann auch eine Konservierung der Proben in Druckbehältern in Frage kommen, was eine mögliche Entspannung der Proben weitgehend reduziert. Die erreichbare Qualität der Proben darf trotz aller Anstrengungen bei deren Gewinn nicht überschätzt werden.

Druckkonservierung

❭ **Wichtig**
Als wirklich ungestört kann wohl keine Probe gelten.

4.4.4 Wasserproben

Zur Entnahme von Wasserproben sind je nach Aufgabenstellung und Verwendungszweck besondere Vorkehrungen beim Pumpen oder Schöpfen zu treffen. Wenn Wasserproben zur Untersuchung eines möglichen Betonangriffs zu entnehmen sind, muss nach DIN 4030-2:2008-06 verfahren werden. Für die Beurteilung der Analysenergebnisse wird der Teil 1 dieser Norm herangezogen.

greift das Wasser den Beton an?

4.5 Plattendruckversuche

Plattendruckversuche werden meist im Erdbau zur Überprüfung der erreichten Verdichtung durchgeführt. Im Verkehrswegebau sind diese Versuche oft bauvertraglich zur Qualitätskontrolle vorgeschrieben. Sie können gegenüber den

4

■ **Abb. 4.8**   Statisches Plattendruckgerät

Verdichtungskontrolle mit
Widerlager

und ohne

direkten Bestimmungen der Dichte bzw. Trockendichte vorteilhafter sein.

Beim Versuch nach DIN 18 134 wird mit einer kreisförmigen Stahlplatte an einer Prüfstelle ein bestimmtes Belastungsprogramm ausgeführt, wobei die dabei auftretenden Kräfte und Setzungen bzw. Hebungen gemessen werden. Dazu wird als Widerlager ein ausreichend schweres Baugerät, ein beladener (!) LKW, eine Walze oder eine Raupe benötigt (■ Abb. 4.8).

Mit dem leichten Fallgewichtsgerät (■ Abb. 4.9) können ebenfalls Verdichtungsprüfungen ausgeführt werden, wobei der Zeit- und gerätetechnische Aufwand deutlich kleiner ist. (Die radiometrischen Verfahren zur Dichte- und Wassergehaltsbestimmung sind – wie schon erwähnt – wegen der einzuhaltenden Strahlenschutzbestimmungen ebenfalls aufwendig).

Plattendruckversuche sind bei weichen bindigen Böden, bei Böden, die mit Bindemitteln verfestigt sind, und bei Grobgeröll nicht geeignet.

4.5.1   Statischer Versuch nach DIN 18 134

Der (klassische) Plattendruckversuch ist ein typischer Indexversuch, bei dem das Ergebnis von den Geräten und der Art der Versuchsdurchführung abhängig ist. Die DIN 18 134:2012-04 gibt hierzu auf 24 Seiten an, welche Geräte wie zu kalibrie-

◘ Abb. 4.9 Dynamischer Plattendruckversuch

ren und einzusetzen sind und wie jeder Versuch ausgewertet werden muss. Die wichtigsten Festlegungen der Norm werden nachfolgend kurz erläutert und kommentiert.

Die mittlere Normalspannung, welche die starre Platte auf die Prüffläche ausübt, wird mit

$$\sigma = \frac{Kraft}{Fläche} \tag{4.1}$$

in der hier gebräuchlichen Einheit MN/m^2 berechnet. Die auftretenden Kräfte werden mit einer mechanischen oder elektrischen Kraftmessdose ermittelt, die auf einem Zentrierzapfen zwischen der Platte und dem Hydraulikstempel angeordnet ist.

Bei dem Versuch geht es darum, zwei Verformungsmodule, E_{V1} und E_{V2}, zu ermitteln. Meist wird dazu eine Lastplatte mit einem Durchmesser D = 300 mm eingesetzt. Es sind aber auch Versuche mit D = 600 mm bzw. 762 mm möglich, mit denen

Verformungsmodule E_{V1}, E_{V2}

4

Erstbelastung

Wiederbelastung

entprechend größere Einflusstiefen erfasst werden. (Man kann mit dem Versuch mit D = 762 mm auch einen Bettungsmodul k_s ermitteln, der im Straßen- und Flugplatzbau verwendet wird.)

Zur Bestimmung von E_{V1} wird an einer vorbereiteten und geringfügig vorbelasteten Prüffläche eine kreisförmige, genormte Stahlplatte unter mindestens 6 ungefähr gleichen Spannungserhöhungen und einzuhaltenden Zeitvorgaben bis zu einer vorab gewählten Maximalspannung belastet. Insofern wurde das Messprotokoll schon entsprechend vorbereitet. Die Belastung erfolgt mit einem Hydraulikstempel und einer daran über einen Hydraulikschlauch angeschlossenen Handpumpe.

Die sich bei dieser *Erstbelastung* jeweils einstellenden Setzungen werden gemessen. Je nach Bodenart ergibt sich nach der Laständerung eine zeitverzögerte Setzung, d. h. um eine Spannung konstant zu halten, muss mit der Handpumpe entsprechend nachgeregelt werden.

Zur Setzungsmessung wird in der Plattenmitte ein Taster aufgesetzt, dessen vertikale Verschiebung z. B. am anderen Ende eines Hebels mit einem Wegaufnehmer gemessen werden kann. Der Hebel und dessen Auflagerung bedingen einen sorgfältigen Versuchsaufbau und machen das Versuchsgerät auch ziemlich ausladend (◘ Abb. 4.8).

Im Verkehrswegebau wird nach DIN 18 134 (mit D = 300 mm) die Spannung bis auf 0,5 MN/m² erhöht. Wird vorher eine Setzung von 5 mm erreicht, wird nicht weiter belastet.

Nach dem Erreichen der Maximalspannung wird die Platte in 3 Stufen bis zur Vorbelastung entlastet. Die sich dabei einstellenden Hebungen werden ebenfalls registriert.

Nun wird zur Bestimmung von E_{V2} eine *Wiederbelastung* bis zur *vorletzten* Laststufe der Erstbelastung durchgeführt und wieder die dabei auftretenen Setzungen protokolliert.

Die DIN 18 134 verlangt eine zeichnerische Darstellung der eingestellten Normalspannungen und der gemessenen Setzungen bzw. Hebungen in einem Diagramm.

Zur weiteren Erläuterung der Versuchsauswertung ist es hilfreich, die Daten eines Versuches zu nutzen, der als ausgewertetes Beispiel in der Norm enthalten ist. Bei diesem Versuch wurde eine Lastplatte mit D = 300 m eingesetzt. Die Versuchsdaten sind in ◘ Tab. 4.9 aufgeführt.

Hiernach sind ausgehend von einer Vorbelastung mit 0,71 kN bei der Erstbelastung 6 Laststufen mit etwa gleichen Intervallen ausgeführt worden. Bei der Kraftmessung in kN und bei der Wegmessung in mm werden jeweils zwei Stellen hinter dem Komma angegeben.

◘ Tab. 4.9 Plattendruckversuch – Ergebnis eines Versuches nach DIN 18 134

Vorbelastung	Laststufe	Last in kN	Spannung in MN/m²	Setzung in mm
	0	0,71	0,010	0,00
Erst-belastung	1	5,65	0,080	1,15
	2	11,31	0,160	2,09
	3	17,67	0,250	2,87
	4	23,33	0,330	3,25
	5	29,69	0,420	3,80
	6	35,34	0,500	4,21
Entlastung	7	17,67	0,250	3,96
	8	8,84	0,125	3,71
	9	0,71	0,010	2,59
Wieder-belastung	9	0,71	0,010	2,59
	10	5,65	0,080	3,23
	11	11,31	0,160	3,53
	12	17,67	0,250	3,79
	13	23,33	0,330	3,99
	14	29,69	0,420	4,13

Bei der Wiederbelastung wird als erste Laststufe die letzte Stufe der Entlastung angenommen. Deswegen ist in ◘ Tab. 4.9 die 9. Laststufe zweimal aufgeführt.

Für die Messwerte der Laststufen 1 bis 6 und 9 bis 14 wird jeweils eine Ausgleichskurve berechnet. Nach der Norm werden hierfür nach dem Verfahren der kleinsten Fehlerquadrate die Konstanten eines Polynoms 2. Grades berechnet:

$$s = a_0 + a_1 \cdot \sigma_0 + a_2 \cdot \sigma_0^2 \tag{4.2}$$

Dazu wird – mit der Cramerschen Regel – folgendes Gleichungssystem gelöst:

$$a_0 \cdot n + a_1 \cdot \sum_{i=1}^{n} \sigma_{0i} + a_2 \cdot \sum_{i=1}^{n} \sigma_{0i}^2 = \sum_{i=1}^{n} s_i \tag{4.3}$$

$$a_0 \cdot \sum_{i=1}^{n} \sigma_{0i} + a_1 \cdot \sum_{i=1}^{n} \sigma_{0i}^2 + a_2 \cdot \sum_{i=1}^{n} \sigma_{0i}^3 = \sum_{i=1}^{n} s_i \cdot \sigma_{0i} \tag{4.4}$$

4

$$a_0 \cdot \sum_{i=1}^{n} \sigma_{0i}^2 + a_1 \cdot \sum_{i=1}^{n} \sigma_{0i}^3 + a_2 \cdot \sum_{i=1}^{n} \sigma_{0i}^4 = \sum_{i=1}^{n} s_i \cdot \sigma_{0i}^2 \qquad (4.5)$$

Wie im Anhang B der DIN 18 134 nachzulesen ist, lässt sich zur Berechnung des Verformungsmoduls als Sekantenmodul für einen bestimmten Abschnitt auf der Ausgleichskurve die Formel 4.6 herleiten:

$$E_V = 1{,}5 \cdot r \cdot \frac{1}{a_1 + a_2 \cdot \sigma_{0\max}} \qquad (4.6)$$

Für den Verformungsmodul der Wiederbelastung E_{V2} ist hier ebenfalls die größte Spannung $\sigma_{0\max}$ einzusetzen, im Beispiel also 0,5 MN/m².

Bei der Formel 4.6 wurde auf eine Lösung aus der Elastizitätstheorie zurückgegriffen, mit der die Setzung unter einer starren Platte für homogenen, elastischen Untergrund berechnet wird zu:

$$s = \frac{\pi}{2} \cdot \frac{\sigma \cdot r}{E_V} \qquad (4.7)$$

Wenn man richtig gerechnet hat, ergeben sich die in ◻ Tab. 4.10 angegebenen Werte.

Die ◻ Abb. 4.10 zeigt die grafische Darstellung des Plattendruckversuches mit den Daten aus ◻ Tab. 4.10.

Um schon auf der Baustelle die Verformungsmodule E_{V1} und E_{V2} zu erhalten, werden entweder die Versuchsdaten mit Kleinrechnern elektronisch erfasst und anschließend ausgewertet. Sie sind aber auch rasch in ein Smartphone eingetippt und mit einem Tabellenkalkulationsprogramm ausgerechnet.

Aus den Verformungsmodulen kann abgeleitet werden, ob eine ausreichende Tragfähigkeit vorliegt und ob eine erfolgte Verdichtung einer Schüttlage ausreichend war oder ob weiter verdichtet werden muss.

◻ **Tab. 4.10**   Ergebnisse eines Plattendruckversuches

	a_0 in mm	a_1 in mm/ (MN/m²)	a_2 in mm/ (MN²/m⁴)	E_V in MN/m²
Erstbelastung	0,285	12,270	−9,034	29,0
Wiederbelastung	2,595	7,120	−8,451	77,7

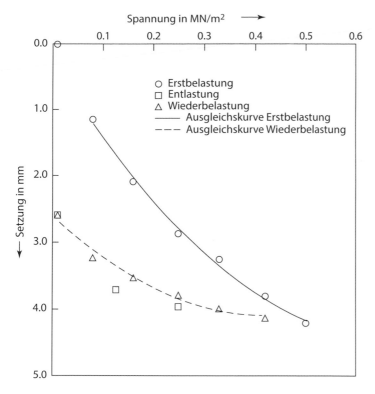

⬛ Abb. 4.10   Ergebnis eines statischen Plattendruckversuches

4.5.2 Dynamischer Plattendruckversuch

Beim dynamischen Plattendruckversuch wird das sogenannte leichte Fallgewichtsgerät (⬛ Abb. 4.9) eingesetzt. Hier wird ein mit einer Stange geführtes Fallgewicht (10 kg) 6 mal hintereinander aus einer bestimmten Höhe ausgeklinkt. Das Gewicht fällt auf ein gefedertes Widerlager, welches auf einer Platte mit D = 300 mm aufliegt (⬛ Abb. 4.11). Auf der Platte ist ein Beschleunigungsaufnehmer montiert, mit dessen Messwerten die Setzungen berechnet werden. Das Auswerte- und Anzeigegerät wird mit einem Messkabel mit dem Sensor verbunden.

Es wird die größte beim Stoß auftretende Setzung s_{max} berechnet und angezeigt.

Für den Versuch wird kein Gegengewicht benötigt, er dauert 3 Minuten und lässt sich auch in beengten Verhältnissen – wie z. B. in einem Leitungsgraben – ausführen.

Bislang ist dieser Versuch noch nicht genormt. Für den Einsatz im Straßenbau ist er gemäß der ZTV E-StB 09 zugelassen. Es wurde die Technische Prüfvorschrift TP BF-StB, Teil B 8.3 (Ausgabe 2012) veröffentlicht, die hier genaue

4

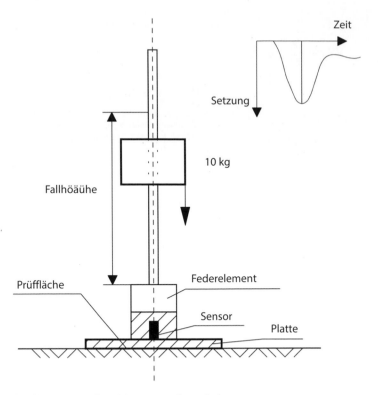

◘ **Abb. 4.11**   Fallgewichtsgerät, schematisch

Vorgaben für die einzusetzenden Geräte und Versuchsrandbedingungen macht.

Im Feldprotokoll werden die Setzungen (nach drei Vorverdichtungen) s_{4max}, s_{5max} und s_{6max} notiert. Mit dem arithmetischen Mittelwert aus diesen Messwerten wird der dynamische Verformungsmodul berechnet zu:

$$E_{vd}\left[MN/m2\right] = 1,5 \cdot r \cdot \frac{\sigma_{max}}{\overline{s}_{max}} = 1,5 \cdot 150\,mm \cdot \frac{0,1}{\overline{s}_{max}\left[mm\right]} = 22,5/\overline{s}_{max}$$

(4.8)

Man geht also davon aus, dass als größte mittlere Spannung beim Stoß 0,1 MN/m² auftreten.

4.6   **Wasserstandsmessungen**

Die ◘ Abb. 4.12 zeigt den prinzipiellen Aufbau einer Grundwassermessstelle, welche man auch als GW-Pegel bezeichnet. Es gibt hier zwei Grundwasserstockwerke, die durch eine wasserstauende Schicht voneinander getrennt sind. Der Wasserstand im tiefer liegenden 2. Stockwerk steht höher als

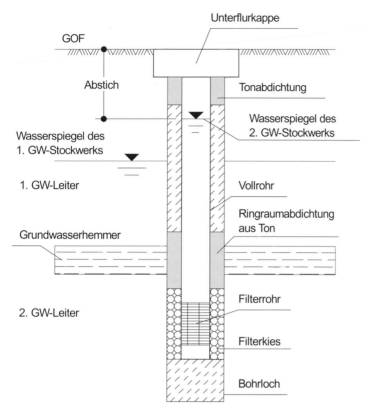

Abb. 4.12   GW-Messstelle, schematisch

der im 1., was man als *gespannten* Wasserspiegel bezeichnet. Bei diesen Verhältnissen wird die wasserstauende Schicht von unten nach oben durchströmt.

Grundwassermessstellen müssen gegenüber der Geländeoberfläche und ggf. gegenüber verschiedenen Grundwasserstockwerken mit Quelltonen sorgfältig abgedichtet werden (Ringraumabdichtung).

Mit einem Pump- oder Abschöpfversuch kann geprüft werden, ob eine ausreichende hydraulische Verbindung zum Grundwasserleiter vorhanden ist. Hier muss nach einem Abpumpen der Wasserspiegel in der Messstelle schnell wieder ansteigen.

Pumpversuch

Zur Messung von Wasserständen in Bohr- oder Sondierlöchern bzw. in Pegeln oder Brunnen wird am einfachsten das schon früher erwähnte Lichtlot eingesetzt.

Lichtlot

Am Maßband wird dann die Höhe des Wasserstandes in der Grundwassermessstelle (der Abstich) bezüglich einer Bezugsmarke abgelesen. Dabei kann eine Messgenauigkeit von ±0,5 cm erwartet werden.

4

Flurabstand

Den Abstand des Wasserspiegels zur Geländeoberfläche nennt man Flurabstand. Die Wasserstandsmessungen sollten auf eine bekannte Höhe bezogen werden. Am besten werden die Wasserstände in [m NN] oder [m NHN] angegeben. Da sie sich jahreszeitlich ändern, wird immer der jeweilige Zeitpunkt der Ablesung vermerkt.

Für kontinuierliche Messungen des Wasserstands können auch Wasserdruckaufnehmer eingesetzt werden, deren Daten mit speziellen Messstationen erfasst und ggf. auch in Echtzeit übermittelt werden.

In DIN 18 130-2:2015-08 werden Feldversuche beschrieben, mit denen der Wasserdurchlässigkeitsbeiwert von Böden unter dem Grundwasserspiegel bestimmt werden kann, worauf im ▶ Abschn. 5.9 genauer eingegangen wird.

> **Sorgfalt lohnt sich!**
> Nur mit einer sorgfältigen Begleitung und Ausführung der Arbeiten in Feld können belastbare Daten gewonnen werden. Am besten orientiert man sich an Qualitätssicherungsplänen, die für das jeweilige Bauvorhaben zu erstellen sind.

4.7 Fragen und Aufgaben

 1. Was versteht man unter Bodenansprache?

2. Warum ist es sinnvoll, das geotechnische Untersuchungsprogramm im Feld fachtechnisch zu überwachen?

3. Was versteht man unter einem Homogenbereich?

4. Wie stellt man die Schichtgrenzen fest?

5. Nach welchen Kriterien wird ein Boden benannt?

6. Wie kann die Konsistenz eines Bodens im Feld bestimmt werden?

7. Wie funktioniert ein Pocket-Penetrometer?

8. Warum ist eine genaue Ansprache der Farbe so wichtig?

9. Wie würden Sie dafür sorgen, dass die Kernstrecken einer Bohrung so genau wie möglich dokumentiert werden?

10. Welche Unterscheidungsmerkmale gibt es für Kies, Sand, Schluff und Ton?

11. Wie kann man die Plastizität eines Bodens im Feld ermitteln?

12. Wie wird im Feld der Kalkgehalt abgeschätzt?

13. Welche Felder im Schichtenverzeichnis sind im Feld auszufüllen?

14. Welche Kurzzeichen sind dabei gebräuchlich?

15. Warum können sich deutliche Unterschiede bei der Beschreibung der Baugrundverhältnisse ergeben, wenn zwei verschiedene Bohrkampagnen durchgeführt werden?

16. Warum soll bei Rammsondierungen die Drehbarkeit des Gestänges geprüft werden?

17. Welchen Einfluss hat die Gestängereibung bei modernen Drucksonden?

18. Welchen Einfluss bei Flügelsondierungen?

19. Durch welchen Effekt ergibt sich eine Probenstörung, wenn in einer Rammkernbohrung ein Stutzen entnommen wird?

20. Wie muss eine Wasserprobe entnommen werden, mit der die Betonaggressivität nach DIN 4030 bestimmt werden soll? (vgl. hierzu DIN 4030).

21. Warum muss eine Grundwassermessstelle an der Geländeoberfläche abgedichtet werden?

22. Warum ist es sinnvoll, die Wasserstandsmessungen auf m NN zu beziehen?

23. Skizzieren Sie ein hydrologisches Dreieck (vgl. ▶ Abschn. 7.4.3), bei dem drei Grundwassermessstellen in den Eckpunkten eines gleichseitigen Dreiecks (Spitze nach Nord, Seitenlänge 100 m) angeordnet sind. Ermitteln Sie die Grundwasserfließrichtung, wenn das Grundwasser im nördlichen Pegel auf 100 m NN, im westlichen auf 105 m NN und im östlichen auf 102 m NN steht.

24. Worauf kommt es bei der Entnahme einer Probe mit einem Ausstechzylinder an?

25. Bei welchen Böden kann der Ausstechzylinder gut, bei welchen gar nicht verwendet werden?

26. Wann setzen Sie das Ballongerät für eine Dichtebestimmung des Bodens besser nicht ein?

27. Muss zur Bestimmung der Trockendichte die gesamte Probe getrocknet werden?

28. Welche Hilfsmittel benötigen Sie, um einen Plattendruckversuch durchführen zu können?

29. Welche Module werden beim Plattendruckversuch ermittelt?

30. Wann ist ein Plattendruckversuch nicht möglich?

31. Wie dokumentieren Sie die Feldarbeiten?

Antworten zu den Fragen und Lösungen zu den Aufgaben – sofern sie sich nicht unmittelbar aus dem Text ergeben – finden sich im Anhang A.2.

Laborversuche

Inhaltsverzeichnis

© Springer Fachmedien Wiesbaden GmbH, ein Teil von Springer Nature 2021
K. Kuntsche, S. Richter, *Geotechnik*, https://doi.org/10.1007/978-3-658-32290-8_5

Nutze die Daten aus Laborversuchen, denn sie sind besser als geschätzte Werte

Übersicht

Mit der ausführlichen Beschreibung der wichtigsten geotechnischen Laborversuche werden im Rahmen dieses Lehrbuches die Grundlagen der Bodenmechanik erläutert. An repräsentativen Proben werden im Labor Zustandsgrößen wie Dichte und Wassergehalt ermittelt und es werden Klassifikationsuntersuchungen durchgeführt. Diese Versuche werden nach den Vorgaben der einschlägigen Normen durchgeführt. Bei organoleptischen Auffälligkeiten, einem Altlastenverdacht und zur Klärung eines möglichen Betonangriffs erfolgen chemische Analysen von Baugrund und Grundwasser.

Mit größerem experimentellem Aufwand wird bei Bedarf die Zusammendrückbarkeit, Scherfestigkeit, Wasserdurchlässigkeit und das Quell- und Schrumpfverhalten von Proben bestimmt. Bei wissenschaftlichen Untersuchungen werden meist durch speziellere Laborversuche die Parameter ermittelt, welche in Stoffgesetzen benötigt werden.

Die hier dargestellten Versuchsergebnisse wurden überwiegend im geotechnischen Labor der Hochschule Rhein-Main gewonnen.

5.1 Ziele und Probleme

An den im Feld entnommenen Proben werden i. d. R. Klassifikationsversuche ausgeführt und Wassergehalte bestimmt. Es muss insbesondere bedacht werden, welche *Materialeigenschaften* durch Laborversuche genauer ermittelt werden müssen. Hier geht es um die Untersuchung der Zusammendrückbarkeit, Scherfestigkeit, Wasserdurchlässigkeit und um das Schrumpf- und Quellverhalten. Um diese Versuche auch richtig durchführen zu können, müssen ausreichende Probenmengen in entsprechender Qualität vorliegen.

Mit chemischen Analysen – wie in ▶ Abschn. 3.7.2 detailliert ausgeführt – werden Daten zur umwelttechnischen Einstufung gewonnen.

Eine Reihe von Laborversuchen ist genormt, was bei Indexversuchen natürlich notwendig ist. In den Normen werden jedoch oft Anforderungen gestellt, die versuchstechnisch und/oder apparativ mit sinnvollem Aufwand kaum oder gar nicht zu erfüllen sind. Man arbeitet dann in Anlehnung an die

Normung – oft mit überzogenen Ansprüchen

5

Norm, was für viele Labore in der Praxis allerdings kein Problem darstellt.

Charakteristisch?

Mit den Laborversuchen sollen nach EC 7 die charakteristischen Kennwerte ermittelt werden, die als „vorsichtige" *Mittelwerte* zu bestimmen sind. Was man darunter genau zu verstehen hat und wie man diese Kennwerte ermittelt, ist nicht geregelt und wird wohl auch künftig nicht zu regeln sein.

Hierfür gibt es eine Reihe von Gründen: Zum einen ist die Datenmenge oft zu gering, um statistisch abgesicherte Mittelwerte bilden zu können. Zum andern können selbst vorsichtige Mittelwerte falsch sein. Man stelle sich eine Serie von Scherversuchen vor, bei der in einigen Versuchen sehr kleine Scherfestigkeiten ermittelt wurden. Hier ist nicht auszuschließen, dass auch man mit den vorsichtigen Mittelwerten zu Fehleinschätzungen kommen kann.

in Berechnungen – ganz andere Werte!

Probleme treten schließlich auch auf, wenn mit den im Labor ermittelten (charakteristischen) Kennwerten „ungewöhnliche" Berechnungsergebnisse erzielt werden. Nicht selten werden dann ganz andere Parameter in den Berechnungen verwendet als in den Versuchen ermittelt wurde.

5.2 Zum Begriff der Probe

Lupe, Abstand, Maßstab

Bevor auf die unterschiedlichen Laborversuche eingegangen wird, soll der Begriff der Probe – mitunter auch als Prüfkörper bezeichnet – noch etwas genauer *unter die Lupe* genommen werden, denn tatsächlich haben Boden und Fels etwas mit dem Abstand der Betrachtung, mit dem Maßstab, zu tun. So kann eine repräsentative Probe aus Ton sehr viel kleiner sein als eine aus grobem Kies und dies offensichtlich deswegen, weil Tonpartikel um ein Vielfaches kleiner als Kieskörner sind.

Homogenität

Mit anderen Worten: Eine Probe soll einen geotechnischen Homogenbereich repräsentieren, der sich aus den unterschiedlich großen Einzelaggregaten, dem Porenraum und dem darin befindlichen Medium – meist Wasser und Luft – definiert. Erst ab einer bestimmten Probengröße, die ein Vielfaches des Korndurchmessers entspricht, kann somit von einer *homogenen Probe* gesprochen werden. (Bei Fels können sich deswegen Probengrößen ergeben, für die Laborversuche nicht mehr in Frage kommen.)

Kontinuum

Man kann es auch so formulieren: Ist eine Probe genügend groß, stellt sie einen Ausschnitt aus einem Kontinuum dar. Die Kontinuumsmechanik betrachtet dann nicht die De-

formation und/oder Lageänderung eines einzelnen Boden-
körnchens und die Wechselwirkung von Kräften zwischen
den Partikeln.

Wir werden sehen, dass im geotechnischen Labor die Zusammendrückbarkeit, Scherfestigkeit und Wasserdurchlässigkeit von *Böden* in aller Regel in diesem kontinuumsmechanischen
Sinn untersucht werden.

Ein weiterer Gedanke in diesem Zusammenhang: Es ist im
Grunde nicht zu erwarten, dass Proben – selbst aus der gleichen Schicht – auch tatsächlich gleich sind. So können beispielsweise Sande aufgrund ihrer natürlichen Ablagerungsbedingungen unterschiedliche Dichten aufweisen und Tone
auch unterschiedliche Wassergehalte. Wie groß die Bandbreite
der Unterschiede ist, wird beispielsweise aus Ergebnissen von
Drucksondierungen ersichtlich.

Wie wir schon im ▶ Abschn. 2.3 gesehen haben, setzt der
Begriff der *Dichte* die Homogenität voraus. Neben der Homogenität ist die Isotropie ein wichtiger Begriff bei jeder Werk-
stoffuntersuchung: Bei einer *isotropen* Probe gibt es keine
Richtung, in der sich eine Materialeigenschaft anders darstellt.
Holz und geschieferter Fels sind typische Beispiele für anisotrope Werkstoffe. Natürlich abgelagerte Böden sind ebenfalls
anisotrop, was sich deutlich bei der Zusammendrückbarkeit
und Wasserdurchlässigkeit äußert.

Isotropie

Welche Proben aus umwelttechnischer Sicht als repräsentativ anzusehen sind, muss im Einzelfall genauer geprüft
werden.

5.3 Probenerfassung, Versuchsplanung

Nach der Einlieferung von Proben in ein geotechnisches Labor
müssen diese zunächst erfasst werden. Hier hat sich ein Laborbuch (als Buch oder als elektronische Datenbank) bewährt, in
dem jede Probe zunächst mit einer Labornummer versehen
wird.

Im Zuge dieser Erfassung bietet es sich an, die Proben erneut
anzusprechen und mit der Ansprache im Feld zu vergleichen.
Zum einen lassen sich dadurch mögliche Verwechslungen erkennen und zum andern kann nach der Ansprache unter Labor-
bedingungen besser abgeschätzt werden, welche Laborversuche
sich an den Proben tatsächlich durchführen lassen.

Ein Laborbuch ist nützlich!

Das durchzuführende Versuchsprogramm wird in ein Formblatt – in das so genannte Probenbegleitblatt – eingetragen, was
auch im Computer geführt werden kann. Es kann hier ebenfalls
festgehalten werden, wann die Versuchsergebnisse vorliegen

Probenbegleitblatt

werden und wo und wie lange die Proben zwischengelagert werden sollen.

Versuchsplanung

Bevor mit den Laborarbeiten begonnen werden kann, ist auch die Reihenfolge der einzelnen Versuche festzulegen. Hier muss z. B. auch berücksichtigt werden, welche Mindestmengen an Probenmaterial jeweils erforderlich sind. Bei dieser Prüfung kann sich zeigen, dass ein gewünschter Versuch nicht möglich ist.

Rückstellproben?

Schließlich wird festgehalten, ob das Probenmaterial – ggf. als Rückstellprobe – nach Abschluss der Versuche aufbewahrt werden soll. Die Aufbewahrungsart und die Dauer werden festgelegt.

Ein Blick in ein modernes Labor zeigt: Mit einer Kennzeichnung von Proben und Laborgeräten mit Strichcodes, die mit entsprechenden Handhelds gelesen werden können, sind Rationalisierungen der Arbeitsabläufe möglich.

5.4 Zustandsgrößen

Eine Bodenprobe weist zu jedem Zeitpunkt eine bestimmte Dichte und einen Wassergehalt auf. Daneben kann sie organische Bestandteile enthalten, kalkhaltig sein und/oder auch andere, schlimmstenfalls sogar giftige Inhaltsstoffe aufweisen. Diese „Augenblicks-Merkmale" werden hier als *Zustandsgrößen* bezeichnet.

Wird eine Probe gewässert, getrocknet, mechanisch beansprucht oder durchströmt, werden sich die Zustandsgrößen in aller Regel verändern.

locker, mitteldicht, dicht fest, halbfest, steif, weich, flüssig

Während bei Kiesen und Sanden die Lagerungsdichte einen prägenden Einfluss hat, bestimmt bei Schluffen und Tonen der Wassergehalt die Konsistenz, die auch als *Zustandsform* bezeichnet wird.

Nachfolgend wird erläutert, wie die Zustandsgrößen im Labor bestimmt werden.

5.4.1 Dichte, Wichte

Bei der Bestimmung der Dichte (als Verhältnis von Masse zu Volumen) kann im Labor die Bestimmung des *Volumens* einen größeren Aufwand erfordern. Die Details von möglichen Versuchen werden in der DIN EN ISO 17892-2:2015-03 beschrieben. Hier werden das Ausmess-, das Tauchwäge- und das Flüssigkeitsverdrängungsverfahren vorgeschlagen, um das Volumen einer Probe zu bestimmen.

Am einfachsten lässt sich die Dichte einer Probe ermitteln, die mit einem Ausstechzylinder (vgl. ▶ Abschn. 4.4.1 und DIN 18 125-2:2011-03) oder einem Ausstechring gewonnen wurde.

Wenn nachfolgend in den Rechenbeispielen konkrete Zahlenwerte angegeben werden, stammen diese oft von eigenen Laborversuchen, die an Proben vom Seeton durchgeführt wurden. Diese Proben stammen aus einem Schurf, der auf dem Grundstück am Bodensee (▶ Abschn. 1.1) ausgehoben wurde.

Ton vom Grundstück am Bodensee

Hier wurde auch mit dem Ausstechzylinder eine Sonderprobe vom Seeton entnommen. Wie man nun die Dichte des Tons bestimmt, wird nachfolgend erläutert.

Nach dem vorsichtigen Entfernen der Verschlusskappen des Ausstechzylinders werden zunächst Bodenart und Farbe festgestellt und mit dem Ergebnis der Feldansprache verglichen. Bei Bedarf werden im nächsten Arbeitsschritt die Probenendflächen z. B. mit einer Stahlschneide eben abgeglichen. Nun ist das Volumen der Probe durch die Innenabmessungen des Zylinders festgelegt.

In unserem geotechnischen Labor gibt es elektronische Massenwaagen mit unterschiedlichen Wägebereichen. Kalibriert werden diese Waagen durch spezielle Prüfmassen, welche vom Hersteller bezogen werden können. Wir benutzen jeweils die empfindlichste Waage, die sich für unser Wägegut eignet.

Waage mit signifikanten Stellen

Die verwendete Waage (mit einem Wägebereich von 5 kg) erlaubt eine Ablesung von 0,01 g. Wenn sie vor der Wägung nicht 0,00 g anzeigt, kann die Anzeige per Tastendruck zurückgestellt werden. Man kann auch die Kalibrierung wiederholen, indem die jeweilige Prüfmasse aufgelegt wird.

Mit dem gefüllten Ausstechzylinder wird die Gesamtmasse zu

$$m + m_Z = 2209,68\,g \qquad (5.1)$$

bestimmt. Nachdem anschließend die Probe ausgepresst und der Zylinder innen gereinigt wurde, wird dessen Masse zu

$$m_Z = 567,84\,g \qquad (5.2)$$

ermittelt. Die Feuchtmasse der Probe beträgt damit

$$m = 1641,84\,g \qquad (5.3)$$

Mit einem Messschieber wird der Innendurchmesser D_i an verschiedenen Stellen und die Höhe H des Zylinders im Mittel bestimmt zu

$$D_i = 9,57\,cm \text{ und } H = 12,00\,cm \qquad (5.4)$$

Nun kann die *Dichte* des Bodens bestimmt werden zu

$$\rho = \frac{m}{V} = \frac{1641,84}{\dfrac{\pi \cdot 9,57^2 \cdot 12}{4}} = 1,90 \, g/cm^3 \; oder \; t/m^3 \tag{5.5}$$

Hier sind drei Stellen signifikant.

Wichte aus Dichte

Als Wichte des Bodens ergibt sich mit der gleichen Verein-fachung nach ▶ Gl. 2.11:

$$\gamma = \rho \cdot 10 = 19,0 \; kN/m^3 \tag{5.6}$$

Hier wäre zu überlegen, ob bei der Auswertung von Laborver-suchen in Anbetracht der jeweils geforderten Messgenauigkei-ten nicht doch mit dem richtigeren Wert der Erdbeschleunigung, nämlich mit

$$g = 9,81 \, m/s^2 \tag{5.7}$$

gerechnet werden sollte.

5.4.2 Wassergehalt

Der Wassergehalt wird in der Bodenmechanik als das Verhält-nis der Masse des Wassers zur Masse der trockenen Probe de-finiert:

w ist eine massenbezogene Größe

$$w = \frac{m_w}{m_d}. \tag{5.8}$$

Der Wassergehalt stellt bei bindigen Böden eine wichtige Zu-standsgröße dar.

Für dessen Bestimmung durch Ofentrocknung ist die DIN EN ISO 17892-1:2015-03 zu beachten. Daneben kann der Wassergehalt auch mit Verfahren bestimmt werden, die weni-ger Zeit beanspruchen.

Für die Ofentrocknung sollte eine bestimmte Probenmasse (der feuchten Probe) nicht unterschritten werden. Bei einem Größtkorn von 0,063 mm werden in der DIN mindestens 30 g, bei 2,0 mm mindestens 100 g, bei 63 mm 21 kg empfohlen.

Die feuchte Probe wird in einem thermostatisch geregelten Umluft-Trocknungsofen bei 105 °C bis 110 °C gestellt und bis zur Massenkonstanz der Probe getrocknet.

Teilprobe und Massenkonstanz

Bei Tonen und Schluffen wird die Massenkonstanz üblicher-weise nach 16 Stunden sicher erreicht. Nach der Trocknung wird die Probe 1 Stunde lang in einem Exsikkator abgekühlt und erneut gewogen.

Ein Exsikkator ist ein dicht schließendes Glasgefäß, in dem sich ein Trocknungsmittel (z. B. Chlorcalcium, Blaugel) befindet. Hier kann die Probe keine Feuchtigkeit aus der Luft aufnehmen.

So schreibt sich: Exsikkator!

Bei einer Teilprobe des Seetons wird beispielsweise vor der Trocknung eine Probenmasse von

$$m = 155,33\,g \tag{5.9}$$

bestimmt.

Es wird nun eine Trockenmasse von

$$m_d = 118,14\,g \tag{5.10}$$

ermittelt.

Somit wird

$$
\begin{aligned}
w &= \frac{m_w}{m_d} = \frac{m - m_d}{m_d} = \frac{155,33 - 118,14}{118,14} \\
&= 0,315\,\text{entsprechend}\,31,5\,\%
\end{aligned} \tag{5.11}
$$

Bei der Angabe des Wassergehalts (auch in Prozent) sind 3 Stellen signifikant.

Wenn mehrere Teilproben getrocknet werden, ergeben sich die einzelnen Wassergehalte mit geringen Unterschieden. Hier wäre dann der Mittelwert der Bestimmungen als Wassergehalt der Gesamtprobe weiter zu verwenden.

❯ Mit der Definition von w kann es auch Proben mit Wassergehalten über 100 % geben!

5.4.3 Porenzahl, Porenanteil, weitere Dichten, Sättigungszahl

Nachfolgend wird eine Bodenprobe etwas genauer betrachtet. Hierzu zeigt ◘ Abb. 5.1 einen vergrößerten Blick in einen Probekörper. Er besteht aus drei Phasen, die sich gedanklich auch als solche aufteilen lassen.

Das Porenvolumen V_0 kann mit Wasser und Gas (üblicherweise Luft) in unterschiedlicher Weise gefüllt sein. Im Feststoffvolumen V_d denkt man sich alle Körner vereinigt.

Poren und Feststoff

Es sind zwei Verhältniszahlen üblich, die den Anteil des Porenvolumens ausdrücken. Bei der Porenzahl e wird das Porenvolumen V_0 auf das Feststoffvolumen V_d bezogen, beim Porenanteil n auf das gesamte Volumen V der Probe:

$$e = \frac{V_0}{V_d} = \frac{n}{1-n} \tag{5.12}$$

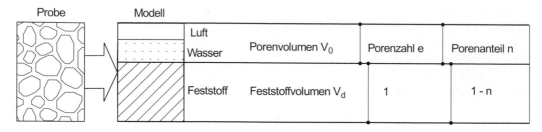

Abb. 5.1   Boden als Dreiphasenstoff

5

Tab. 5.1 Korndichten einiger Bodenarten	
Bodenart	**Korndichte in g/cm³**
Sand, Kies	2,65
Schluff	2,65 bis 2,70
Ton	2,68 bis 2,80
Bims	2,20–2,30

und:

$$n = \frac{V_0}{V} = \frac{e}{1+e} \tag{5.13}$$

Korndichte

Denkt man sich das gesamte Kornvolumen wie im Modell in ■ Abb. 5.1 als Feststoffvolumen ganz ohne Poren zusammengezogen, ist die *Korndichte* definiert zu:

$$\rho_s = \frac{m_d}{V_d} \tag{5.14}$$

Die Korndichte hängt vom Mineralbestand der Böden ab. Da sich die meisten Böden aus Silicaten aufbauen, schwanken die Korndichten – wie aus ■ Tab. 5.1 ersichtlich – in engen Grenzen.

Wegen des geringen Schwankungsbereichs und des geringen Einflusses auf Rechenergebnisse wird häufig auf eine experimentelle Ermittlung der Korndichte verzichtet.

Wenn sie bestimmt werden soll, dann ist DIN EN ISO 17 892-3:2016-07 zu beachten. Hier werden zwei Versuchsarten vorgeschlagen: Zum einen der Versuch mit dem Kapillarpyknometer und zum anderen mit einem Gaspyknometer. Hier soll kurz auf das Kapillarpyknometer-Verfahren eingegangen werden.

Kapillarpyknometer

Ein Kapillarpyknometer ist ein kleiner Kolben aus Glas, der mit einem eingeschliffenen Stopfen verschlossen wird. Der Stopfen weist eine Bohrung mit kleinem Durchmesser

◘ **Abb. 5.2** Kapillarpyknometer zwischen Ausstechzylinder und Fließgrenzengerät

(= Kapillare) auf. Die ◘ Abb. 5.2 zeigt ein solches Pyknometer neben einem Ausstechzylinder und einem Fließgrenzengerät, welches im ▶ Abschn. 5.5.2 beschrieben wird.

Neben diesem kleinen Kolben wird noch eine Präzisionswaage mit einer Fehlergrenze von 0,01 g oder 0,1 % der gewogenen Bodenmasse (der größere Wert ist maßgebend), ein thermostatisch kontrolliertes Wasserbad, ein Thermometer, ein Trocknungsofen, ein Mörser und ggf. ein Exsikkator benötigt.

Es geht bei dem Versuch darum, neben der Trockenmasse m_d das Feststoffvolumen V_d zu ermitteln, um die Korndichte nach Gl. 5.14 berechnen zu können. Die Ermittlung von V_d geschieht durch eine sehr sorgfältige Volumenbestimmung des Wassers, mit dem das Kapillarpyknometer ohne und mit einer Bodenprobe gefüllt werden kann. Die Differenz beider Volumina entspricht dem Feststoffvolumen der Probe.

Welche Randbedingungen bei einer ofengetrockneten oder bei einer feuchten Probe einzuhalten sind, wird in DIN EN ISO 17 892-3 genau beschrieben.

Als *Trockendichte* einer Probe wird definiert:

Trockendichte

$$\rho_d = \frac{m_d}{V}.$$
(5.15)

❯ Damit wird die Trockenmasse auf das Gesamtvolumen V der Probe *vor* der Trocknung bezogen.

Wenn sich das Probenvolumen bei der Trocknung ändert, was bei bindigen Böden die Regel ist, ergibt sich dabei natürlich eine andere Dichte.

Mit der Gleichung Gl. 5.15 lassen sich die Volumina V und V_d durch die entsprechenden Dichten ausdrücken. Es ergibt sich z. B. für die Dichte ρ:

$$\rho = \frac{m}{V} = \frac{m_W + m_d}{V} = \frac{m_W}{m_d} \cdot \rho_d + \frac{m_d}{m_d} \cdot \rho_d$$
$$= w \cdot \rho_d + \rho_d = \rho_d \cdot (1 + w). \tag{5.16}$$

Und somit gilt auch:

$$\rho_d = \frac{\rho}{1 + w} \tag{5.17}$$

Die untersuchte Tonprobe vom Bodensee weist hiernach eine Trockendichte von

$$\rho_d = \frac{1,90}{1 + 0,315} = 1,44 \, g/cm^3 \tag{5.18}$$

auf. Die Trockendichte wird in der gewählten Einheit ebenfalls mit 2 Nachkommastellen angegeben.

Für den Porenanteil n lässt sich herleiten:

Porenanteil n und
Porenzahl e

$$n = 1 - \frac{V_d}{V} = 1 - \frac{\dfrac{m_d}{\rho_s}}{\dfrac{m_d}{\rho_d}} = 1 - \frac{\rho_d}{\rho_s} \tag{5.19}$$

bzw. für die Porenzahl e

$$e = \frac{\rho_s}{\rho_d} - 1. \tag{5.20}$$

Bei einer Korndichte von $\rho_s = 2{,}70 \, g/cm^3$ ergibt sich somit für den Seeton

$$n = 1 - \frac{1,44}{2,70} = 0,467 \tag{5.21}$$

bzw.

$$e = \frac{0,467}{1 - 0,467} = 0,876. \tag{5.22}$$

Porenanteil bzw. Porenzahl werden in dimensionsloser Form mit 3 Nachkommastellen angegeben. Beim untersuchten Seeton beträgt das Porenvolumen 46,7 % des Gesamtvolumens.

Das Verhältnis des mit Wasser erfüllten Porenvolumens zum gesamten Porenvolumen wird als Sättigungszahl S_r (früher Sättigungsgrad) bezeichnet. Mit

$$n_w = \frac{V_W}{V} = \frac{m_W \cdot \rho_d}{m_d \cdot \rho_w} \qquad (5.23)$$

ist

$$S_r = \frac{n_W}{n} = \frac{w \cdot \rho_d}{n \cdot \rho_w} = \frac{w \cdot \rho_s}{e \cdot \rho_w} \qquad (5.24)$$

Für die Probe vom Seegrundstück ergibt sich:

$$S_r = \frac{0,315 \cdot 1,44}{0,467 \cdot 1} = 0,971 = 97,1\% \qquad (5.25)$$

Die Probe vom Bodenseeton ist annähernd wassergesättigt, was wegen deren Entstehung, der Sedimentation unter Wasser auch zu erwarten ist.

Die dimensionslose Sättigungszahl wird mit 3 Nachkommastellen angegeben, Zahlenwerte über 1,0 sind definitionsgemäß unmöglich. Wenn sich rechnerisch Sättigungszahlen über 1,0 ergeben, ist dies auf Versuchsfehler zurückzuführen. Wenn keine anderen groben Fehler gemacht wurden, kann für ein Ergebnis mit $S_r > 1,0$ die Wassersättigung angenommen werden.

Aus der Gl. 5.24 ergibt sich für den Porenanteil n eine neue Formel:

$$n = \frac{w \cdot \rho_d}{S_r \cdot s\rho_w} = 1 - \frac{\rho_d}{\rho_s} \qquad (5.26)$$

Dies führt zu einer neuen Gleichung für die Trockendichte:

$$\rho_d = \frac{\rho_s}{1 + \frac{w \cdot \rho_s}{S_r \cdot \rho_w}} = \frac{\rho_s \cdot (1 - n_a)}{1 + w \cdot \frac{\rho_s}{\rho_w}} \qquad (5.27)$$

Nach der Gl. 5.27 nimmt also bei gegebener Korndichte eines Bodens die Trockendichte hyperbolisch mit dem Wassergehalt ab. Für jeden Sättigungsgrad ergibt sich jeweils eine Kurve.

In ◘ Abb. 5.3 ist für die Sättigungszahlen von $S_r = 1,0$ und 0,8 dieser Zusammenhang graphisch dargestellt.

Die Linie für $S_r = 1,0$ begrenzt die physikalisch möglichen Zustände einer Probe. Es kann nur Kombinationen von Wassergehalt und Trockendichte *unterhalb der Sättigungslinie* geben.

Für den Luftporengehalt n_a kann aus den obigen Definitionen die Formel

Sättigungszahl

physikalisch begrenzt

Dichte des wassergesättigten Bodens

5

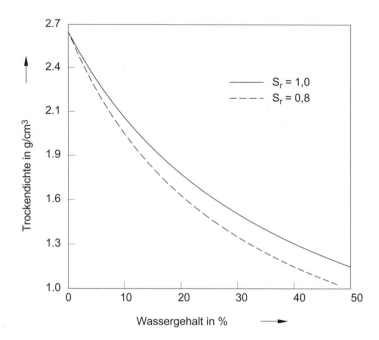

◨ **Abb. 5.3**   Trockendichte und Wassergehalt

$$n_a = 1 - \rho_d \cdot \left(\frac{1}{\rho_s} + \frac{w}{\rho_w} \right) \tag{5.28}$$

hergeleitet werden.

Die *Dichte des wassergesättigten Bodens* (mit $S_r = 1,0$) wird mit ρ_r bezeichnet. Mit den dargestellten Formeln kann hergeleitet werden:

$$\rho_r = \rho_d + \rho_w \cdot n = (1-n) \cdot \rho_s + n \cdot \rho_w \tag{5.29}$$

Für die *Dichte des Bodens unter Auftrieb* gilt:

$$\rho' = \rho_r - \rho_w = \rho_d - (1-n) \cdot \rho_w = (\rho_s - \rho_w) \cdot (1-n)$$
$$= (\rho_s - \rho_w) \cdot \frac{\rho_d}{\rho_s} \tag{5.30}$$

Für die Probe vom Seeton ergibt sich:

$$\rho_r = 1,44 + 1 \cdot 0,467 = 1,91\, \text{g/cm}^3 \tag{5.31}$$

und

$$\rho' = 1,91 - 1 = 0,91\, g/cm^3 \tag{5.32}$$

5.4.4 Das Luftpyknometer

Unter Ausnutzung der nun hergeleiteten Zusammenhänge kann mit Hilfe eines *Luftpyknometers* bei bekannter Korndichte der Wassergehalt auch ohne Ofentrocknung bzw. bei bekanntem Wassergehalt auch die Korndichte ermittelt werden. Diese Methode zur Wassergehaltsbestimmung ist auch nach DIN 18 121-2:2012-02 als Schnellverfahren beschrieben und zugelassen. Wird danach verfahren, heißt die Prüfung DIN 18 121 – 2 LP. In der DIN 18 121-2 ist auch ein ausgewertetes Zahlenbeispiel zu diesem Versuch enthalten.

Nicht nur aus didaktischen Gründen lohnt es sich, diesen Versuch etwas näher zu betrachten. Die ◘ Abb. 5.4 zeigt einen Schnitt durch das Gerät.

Das Gerät besteht aus zwei Kammern, die übereinander angeordnet sind. Die untere Kammer 1 wird gewogen, mit der Probe gefüllt und wieder gewogen. Damit ist die Masse m (feucht) der Probe bekannt. Der untere Geräteteil wird dann luftdicht mit der oberen Kammer 0 verschraubt, in der mit einer Luftpumpe ein bestimmter Druck p_0 eingestellt wird. Über ein Feinventil wird langsam (etwa 15 Sekunden lang) der

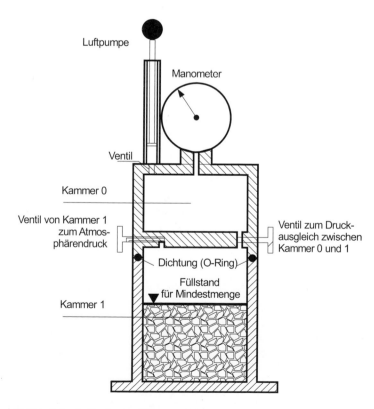

◘ **Abb. 5.4** Luftpyknometer

Druckausgleich zwischen beiden Behältern vorgenommen und der dann herrschende Druck am Manometer abgelesen. Dieser Vorgang wird zweimal wiederholt. Der Mittelwert der abgelesenen Drücke kann über eine Kalibrierkurve mit dem Volumen V_m der Probe korreliert werden.

V_m ist das Volumen von Wasser und Feststoff einer Probe, was – im Gegensatz zum Gas –als nicht zusammendrückbar (inkompressibel) angesehen wird.

Boyle und Mariotte

Der Auswertung liegt das Gesetz von Boyle-Mariotte zu Grunde, wonach für die Luftvolumina bei gleicher Temperatur in beiden Kammern gilt, dass sich das Produkt aus Druck und Volumen der Luft nicht ändert:

$$p_0 \cdot V_0 = p_{0+1} \cdot V_{0+1} = konstant \tag{5.33}$$

Für die praktische Anwendung ist zunächst eine Kalibrierkurve zu erstellen bzw. zu überprüfen. Hierzu werden z. B. Körper mit bekanntem Volumen in die Kammer 1 eingestellt und der Druckausgleich wie oben beschrieben vorgenommen. Jedem Volumen V_m kann dann ein Ausgleichsdruck zugeordnet werden, der in einer Graphik festgehalten wird.

Die ◘ Abb. 5.5 zeigt eine solche Kalibrierkurve für ein bestimmtes Luftpyknometer. Bei reziproker Achsteilung der Abszisse, auf welcher der Druck in beiden Kammern aufgetragen wird, ergibt sich hier gemäß Gl. 5.33 eine Gerade.

Das mit dem Gerät ermittelte, nicht zusammendrückbare Volumen V_m kann aufgeteilt werden in

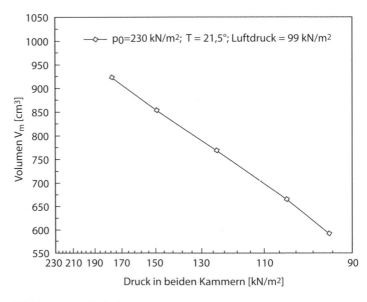

◘ **Abb. 5.5**   Kalibrierkurve vom Luftpyknometer

$$V_m = V_w + V_d = \frac{m_w}{\rho_w} + \frac{m_d}{\rho_s} \qquad (5.34)$$

wobei sich die Trockenmasse m_d aus

$$m_d = m - m_w \qquad (5.35)$$

ergibt.

Aus den nun angeschriebenen Formeln ergibt sich (nach Einsetzen und Umstellen) der Wassergehalt wie folgt:

w ohne Trocknung – mit einer Waage sofort auf der Baustelle

$$w = \frac{\rho_w \cdot \left(V_m \cdot \rho_s - m\right)}{\rho_s \cdot \left(m - V_m \cdot \rho_w\right)} \qquad (5.36)$$

Beim Versuch sollte das Feststoffvolumen so groß sein, dass der Druckabfall nicht größer als 0,4 p_0 wird.

Wenn nicht genügend Probemenge zur Verfügung steht, kann dies mit einer Zugabe von Wasser ausgeglichen werden. Die zugegebene Wassermenge V_w muss dann bei der Auswertung wieder von V_m abgezogen werden.

Bei feinkörnigen Böden müssen die Proben kleinstückig aufbereitet werden, um für die Luftporen den Druckausgleich zu ermöglichen.

5.4.5 Glühverlust

Mit der Ermittlung des Glühverlusts sind Rückschlüsse auf die vorhandenen Anteile organischer Substanz im Boden möglich. Der Glühverlust wird nach DIN 18 128:2002-12 im vorgeheizten Muffelofen bei 550 °C ermittelt. Er ist analog zum Wassergehalt als eine massenbezogene Größe definiert:

Muffelofen mit 550 °C

$$V_{gl} = \frac{m_d - m_{gl}}{m_d} \qquad (5.37)$$

wobei m_d die Trockenmasse der Probe und m_{gl} die Masse nach dem Glühen ist.

Für eine Probe vom Seegrundstück wird der Glühverlust als Mittelwert von drei Versuchen zu

$$V_{gl} = 0,023 \; entsprechend \; 2,3\% \qquad (5.38)$$

ermittelt.

5.4.6 Kalkgehalt

Im bodenmechanischen Labor wird der Kalkgehalt qualitativ wie bei der Bodenansprache im Feld mit dem Aufträufeln von verdünnter Salzsäure und für fein- und gemischtkörnige Böden quantitativ nach DIN 18 129:2011-07 ermittelt. Mit dem dort beschriebenen CO_2-Gasometer kann der Gesamtkarbonatgehalt m_{Ca} bestimmt werden. Der Kalkgehalt ergibt sich dann aus:

$$V_{Ca} = \frac{m_{Ca}}{m_d}$$
(5.39)

Für weitere Details sei hier auf die DIN 18 129 verwiesen. Für den Seeton ergibt sich als Mittelwert aus zwei Bestimmungen ein Kalkgehalt von

$$V_{Ca} = 0,305 \, entsprechend \, 30,5\%$$

5.4.7 Chemische Analysen

Chemische Analysen werden in entsprechend qualifizierten Laboren durchgeführt.

Eluat und Feststoff

Es wird hierbei in chemische Untersuchungen des Feststoffes und des Eluats, d. h. der aus dem Feststoff mit Wasser löslichen Stoffe, unterschieden.

Zur Herstellung eines Eluats können z. B. 100 Gramm einer auf die Trockensubstanz berechneten Probe 1 Liter destilliertes Wasser zugegeben und 24 Stunden lang über Kopf geschüttelt. Das Eluat wird dann nach einer Druckfiltration erhalten. Weist es Inhaltsstoffe auf, die in der gemessenen Konzentration die entsprechenden Grenzwerte überschreiten, dürfte das Gefährdungspotential größer sein, da ein weiteres Auslösen dieser Inhaltsstoffe aus dem betreffenden Feststoff möglich ist.

5.4.8 Fragen

1. Fertigen Sie für sich eine Übersicht mit den wichtigsten Formeln zur Ermittlung von Zustandsgrößen an.
2. Welche Ziele verfolgt man mit bodenmechanischen Laborversuchen?
3. Welche Eigenschaft muss für jede Probe angenommen werden?
4. Was geschieht mit einer Bodenprobe, nachdem sie in ein geotechnisches Labor eingeliefert wurde?
5. Warum ist die Festlegung einer Versuchsreihenfolge wichtig?
6. Was versteht man unter der Dichte und der Korndichte einer Bodenprobe?

7. Wie bestimmt man die Dichte einer Bodenprobe?

8. Worauf bezieht sich der Porenanteil n? Worauf die Porenzahl e?

9. Kann der Wassergehalt, der Glühverlust und der Sättigungsgrad über 100 % liegen?

10. Auf welchem Prinzip beruht ein Luftpyknometer und welche Annahmen müssen bei der Versuchsdurchführung getroffen werden?

11. Warum wählt man zur Darstellung der Kalibrierkurve eines Luftpyknometers eine reziproke Achsteilung?

12. Welche Vorteile hat die Bestimmung des Wassergehalts mit dem Luftpyknometer?

13. Können Sie die Gl. 5.36 für den Wassergehalt herleiten?

14. Bei welchen Böden wird der Glühverlust groß, bei welchen klein sein?

15. Warum wird Lösslehm als kalkfreier Boden in aller Regel über dem kalkhaltigen Löss erkundet?

16. Häufig trifft man im innerstädtischen Bereich auf Auffüllungen. Warum kommt dann chemischen Untersuchungen besondere Bedeutung zu?

Antworten zu den Fragen und Lösungen zu den Aufgaben- sofern sie sich nicht unmittelbar aus dem Text ergeben – finden sich im Anhang. A.2.

5.5 Klassifikationsversuche

Neben der Ermittlung von Zustandsgrößen ist häufig eine über die bloße Bodenansprache hin-ausgehende, genauere Klassifikation der Bodenproben notwendig. Mit Hilfe der Klassifikationsversuche sind z. B. Aussagen zu bautechnischen Eigenschaften der Böden möglich. Man schätzt danach auch die Frostempfindlichkeit ein. Für die Ermittlung der Aktivitätszahl I_A (siehe ▶ Abschn. 5.5.2) wird der Massenanteil der Tonfraktion ($d \leq 0{,}002$ mm $= 2\,\mu$m) benötigt.

Bei nichtbindigen Böden wird zur Klassifikation deren *Körnungslinie* bestimmt. An Hand der Körnungslinie kann bei nicht zu großem Feinkornanateil näherungsweise auch die Wasserdurchlässigkeit abgeschätzt werden. Die Klassifikation der gemischtkörnigen Böden hängt vom Feinkornanteil ($d \leq 0{,}063$ mm) ab. Zur Klassifikation bindiger Böden werden die *Zustandsgrenzen* bestimmt.

Das Verdichtungsverhalten von Böden wird mit Hilfe des Proctorversuchs untersucht.

Alle Versuche werden nach bzw. in Anlehnung an die gültigen Normen durchgeführt. Wie man die Ergebnisse bewertet, wird im ▶ Abschn. 6.4 erläutert.

5.5.1 **Körnungslinie**

Die Bestimmung der Körnungslinie nach DIN EN ISO 17892-4:2017-04 (hier als Korngrößenverteilung bezeichnet) zielt darauf ab festzustellen, wie groß die Anteile der unterschiedlichen Korndurchmesser einer Bodenprobe sind.

halblogarithmische
Summenkurve

Bei der Körnungslinie handelt es sich um eine Summenkurve in einem halblogarithmischen Diagramm. Auf der logarithmisch geteilten Abszisse werden die Korndurchmesser d in mm und auf der Ordinate die prozentualen Massenanteile der (trockenen) Körner aufgetragen, die kleiner als der Durchmesser d sind (◘ Abb. 5.6).

Um die Körnungslinie zu bestimmen, werden entweder eine Siebung (offene Kreise in ◘ Abb. 5.6), eine Sedimentation (schwarze Punkte) oder die Kombination der beiden Verfahren (gefüllte Dreiecke) durchgeführt.

Welches Verfahren jeweils zur Anwendung kommt, hängt davon ab, wie die Probe angesprochen wird (vgl. ▶ Abschn. 4.3.1). Enthält eine Probe kein Feinkorn, also keine Körner mit Durchmessern unter 0,063 mm, wird eine Trockensiebung ausgeführt (DIN EN ISO 17892-4 gibt einen maximalen Feinkornanteil von

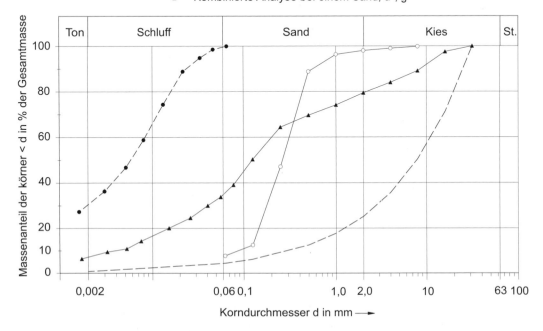

◘ **Abb. 5.6**   Körnungslinien mit Fuller-Parabel

10 % an, bis zu dem im Normalfall nur gesiebt wird). Mit Feinkorn unter 20 % wird nach nassem Abtrennen des Feinkorns gesiebt. Ist die Probe feinkörnig, wird eine Sedimentationsanalyse ausgeführt. Nur wenn der Sandanteil einer überwiegend feinkörnigen Probe größer als 20 % eingeschätzt wird, ist eine kombinierte Analyse angebracht.

Die Versuche werden in der Laborpraxis mit PC-Programmen ausgewertet, die auch entsprechende grafische Darstellungen liefern.

▪ **Siebung**

Für Siebungen werden genormte Analysensiebe (Durchmesser ≥ 20 cm) gemäß ◘ Tab. 5.2 eingesetzt. Je größer das Größtkorn der Probe ist, desto mehr Trockenmasse wird benötigt (◘ Tab. 5.3).

Bei Probenmengen bis 1000 g wird eine Waage mit einer Auflösung von 0,1 g, darüber mit 1 g eingesetzt. Die bis zur Massenkonstanz getrocknete Probe wird gewogen, auf den Siebsatz aufgegeben und gesiebt. Unter dem feinsten Sieb (mit 0,063 mm Maschenweite) ist eine Auffangschale angeordnet. Bei Einsatz einer Siebmaschine (◘ Abb. 5.7) wird mindestens 10 Minuten lang gesiebt. Alle Rückstände auf den Sieben werden wieder gewogen, wobei der ggf. auftretende Siebverlust nicht mehr als 1 % der ursprünglichen Einwaage betragen darf.

◘ **Tab. 5.2** Siebsatz und Ergebnis einer Siebung

Quadratlochbleche nach DIN ISO 3310-2					Metalldrahtgewebe nach DIN ISO 3310-1						
Lochweiten in mm					Maschenweite in mm						Schale
63	31,5	16	8	4	2,0	1,0	0,5	0,25	0,125	0,063	
Masse der Rückstände in g											
0	0	0	1,0	3,9	4,6	7,9	35,5	196,7	162,6	22,6	3,7
Masse der Rückstände in % zur Einwaage											
0	0	0	0,2	0,8	1,0	1,7	7,5	41,7	34,5	4,8	7,8
Summe der Siebdurchgänge in %											
100	100	100	99,8	99,0	98,0	96,3	88,8	47,1	12,6	7,8	0,0

◘ **Tab. 5.3** Erforderliche Trockenmassen für Siebungen

Größtkorn in mm	2	6,3	10	20	37,5	63
Trockenmasse in g	100	300	500	2000	14.000	40.000

5

☐ **Abb. 5.7**   Siebmaschinen und Ballongerät

Siebung nach nassem
Abschlämmen

Proben mit Feinkorn werden ebenfalls zunächst getrocknet und gewogen. Im Anschluss daran wird die Probe aufgeschlämmt und so lange durch ein feines Sieb gewaschen, bis das Wasser keine Trübung mehr zeigt. Es werden alle Siebrückstände, die auf dem feinsten Sieb zurückbleiben, nach einer erneuten Trocknung wieder gewogen. Wenn auch das Feinkorn aufgefangen, getrocknet und gewogen wird, kann kontrolliert werden, ob kein Material verloren gegangen ist.

Gar nicht so einfach!

In dem Beispiel, welches in ☐ Tab. 5.2 dargestellt ist, wurde das Feinkorn zunächst nass abgetrennt. Die erdfeuchte Probe wies eine Masse von 507,3 g auf. Nach der Ofentrocknung bei 105° wurde die Trockenmasse zu 471,5 g bestimmt. Als Wassergehalt ergibt sich somit:

$$w = \frac{507,3 - 471,5}{471,5} = 0,076 \tag{5.40}$$

Nach dem Abschlämmen verblieben 438,5 g als Trockenmasse für die Siebung. Nach der Siebung beträgt die Summe aller Siebrückstände nach ◘ Tab. 5.2 ebenfalls 438,5 g. Damit ist beim Sieben nichts verlorengegangen.

Auf dem Quadratlochsieb mit 8 mm Lochweite blieb nach dem Siebvorgang 1 g der trockenen Probe liegen, was einem Anteil von

$$\frac{1g}{471,5g} = 0,2\% \tag{5.41}$$

entspricht. Auf dem Sieb mit 4 mm blieben 3,9 g, entsprechend 0,8 % liegen. Beim 16 mm Sieb ist alles durchgefallen, damit beträgt der Siebdurchgang 100 %, beim 8er Sieb nur noch 99,8 %, beim 4er 99 % usw. Durch das feinste Sieb sind noch 3,7 g durchgefallen – das sind Körner, die beim Abschlämmen nicht entfernt wurden. Abgeschlämmt wurden 33,0 g. Der Kornanteil mit D < 0,063 mm beträgt somit also – wie in ◘ Tab. 5.2 auch dargestellt -

$$\frac{33,0 + 3,7}{471,5} = 7,8\% \tag{5.42}$$

Die Körnungslinie kann nun in ein Diagramm eingetragen werden. In ◘ Abb. 5.6 ist sie als durchgezogene Linie dargestellt. Die Messpunkte der einzelnen Siebe sind mit offenen Kreisen markiert. Es handelt sich bei der Probe also um einen schwach schluffigen, schwach kiesigen Sand. Aus dem Kurvenverlauf lassen sich zwei Kennwerte berechnen.

Zum einen die Ungleichförmigkeitszahl

$$C_U = \frac{d_{60}}{d_{10}} \tag{5.43}$$

und zum andern die Krümmungszahl

$$C_C = \frac{d_{30}^2}{d_{10} \cdot d_{60}}. \tag{5.44}$$

Mit d_{60} bzw. d_{30} oder d_{10} sind jeweils die bei der Körnungslinie abzulesenden Korndurchmesser bei 60 % bzw. 30 % oder 10 % Siebdurchgang gemeint.

Ferner ist bei d = 0,06 der Feinkornanteil abzulesen.

Böden mit C_U < 6 heißen gleichkörnig bzw. eng gestuft, mit $C_U \geq 6$ ungleichförmig bzw. weit gestuft. Je steiler eine Körnungslinie verläuft, desto gleichkörniger ist der Boden.

Kugelpackungen

Statt der Bodenkörner könnte man sich auch Kugeln vorstellen. Eine Probe aus Kugeln gleichen Durchmessers zeigt sich als vertikaler Strich in ◘ Abb. 5.6. Derartige Kugelpackungen können mit n = 0,48 die lockerste und mit n = 0,26 die dichteste Lagerung einnehmen.

Man kann sich nun vorstellen, dass es eine Kugelpackung gibt, bei der jeder Hohlraum mit einer Kugel kleineren Durchmessers erfüllt ist. Nach W. B. Fuller und S. E. Thompson gilt:

$$A(d) = \left(\frac{d}{d_{max}} \right)^q \tag{5.45}$$

wobei
- A(d) der Massenanteil mit Korndurchmesser kleiner d bezogen auf die Gesamtmasse,
- d_{max} der größte Korndurchmesser der Kugelpackung ist.

Fuller-Parabel

Mit q = 0,5 wird die sogenannte Fuller-Parabel erhalten, die für d_{max} = 31,5 mm in ◘ Abb. 5.6 ebenfalls mit eingetragen wurde.

Damit wird verständlich, dass eine Körnungslinie auch auf die Verdichtbarkeit und Wasserdurchlässigkeit eines Bodens hinweist. Weitgestufte, gemischtkörnige Böden werden bei entsprechender Verdichtung kleinere Porenanteile und eine geringere Wasserdurchlässigkeit aufweisen als enggestufte Sande oder Kiese.

Horizontale Abschnitte der Körnungslinie zeigen, dass Fraktionen fehlen. Auf diesen intermittierenden Verlauf weist C_C < 1 und C_C > 3 hin.

■ Sedimentation

Für den Seeton kommt eine Siebung nicht in Frage, da sich die kleinen und kleinsten Korn-durchmesser nicht mehr durch Siebe separieren lassen. In DIN EN ISO 17892-4 werden zwei Sedimentationsverfahren, das Aräometerverfahren und das Pipettenverfahren, vorgeschlagen, um die Korngrößenverteilung eines feinkörnigen Bodens zu ermitteln.

Nachfolgend wird nur auf das Aräometerverfahren nach Bouyoucos-Casagrande näher eingegangen, mit dem (näherungsweise) die Körnungslinie für Kornfraktionen mit 0,001 mm < d < 0,125 mm bestimmbar ist.

Physik macht Freude

Es macht vielleicht Freude, diesen Versuch etwas genauer zu betrachten – obwohl sein Resultat in der Geotechnik eigentlich keine große Rolle spielt. Wie wir weiter unten sehen werden, werden bindige Böden *nicht* an Hand der Körnungslinie klassifiziert.

Der Sedimentationsanalyse liegt das physikalische Prinzip zu Grunde, dass in einer Suspension aufgrund der unterschiedlichen Strömungswiderstände große Körner schneller zu Boden sinken als kleinere. Für Kugeln wurden diese Vorgänge von G. G. Stokes (1819–1903) genauer untersucht.

Zunächst das Prinzip: Die Bodenprobe (m_d = 30 bis 50 g) wird zu einer Suspension aufgerührt und in einen Standzylinder eingefüllt. Der Standzylinder wird geschüttelt und auf den Tisch gestellt. Unmittelbar danach setzt das Absinken der Körner ein. In einem mittleren Ausschnitt des Standzylinders ändert sich dabei zunächst die Kornzusammensetzung nicht, da die im unteren Querschnitt austretenden Körner im oberen wieder ersetzt werden. Dies allerdings nur so lange, bis die größte Korngröße oben nicht mehr vorhanden ist und somit nicht mehr ersetzt werden kann: Die Suspension „klärt" sich von oben nach unten.

Mit dem Klärvorgang ändert sich die Dichte der Suspension, die wiederum mit einem Aräometer gemessen werden kann. Die ◻ Abb. 5.8 zeigt schematisch die Vorgänge in ihrer zeitlichen Abfolge.

Ein Aräometer (◻ Abb. 5.9) besteht aus einer rotationssymmetrischen Birne mit einem Stängel aus Glas. In der Birne befindet sich vergossenes Bleischrot und im Stängel eine Messskala.

Körner sinken ab und die Dichte ändert sich

Oechsle-Waage?

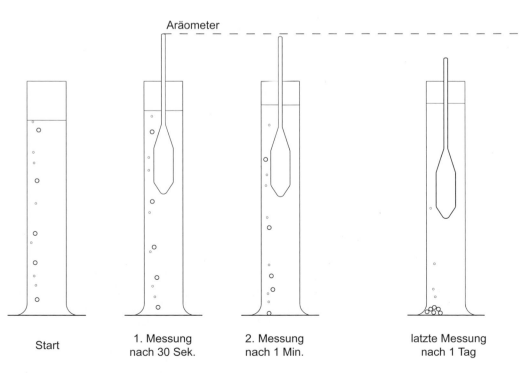

◻ **Abb. 5.8** Vorgänge bei der Sedimentation (schematisch)

5

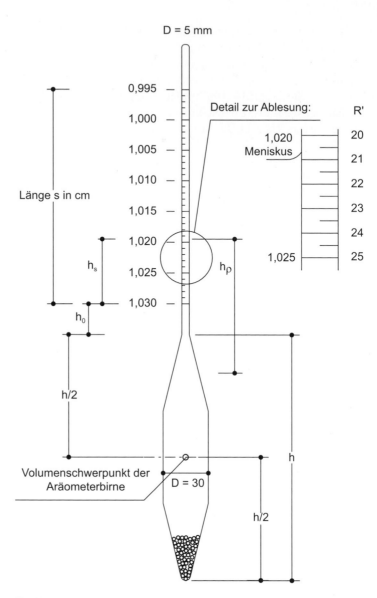

◻ Abb. 5.9   Aräometer

Archimedes!

Lineare Teilung

In die Suspension taucht das Aräometer so tief ein, bis sein Gewicht der Auftriebskraft entspricht. Gemäß dem Prinzip von Archimedes ist die entgegen der Schwerkraftrichtung wirkende Auftriebskraft gleich dem Gewicht des verdrängten Suspensionsvolumens. Verringert sich die Dichte dieses verdrängten Volumens mit der Zeit, wird das Aräometer tiefer eintauchen und verdrängt dadurch mehr Suspension.

Für die hier auftretenden Dichten ist das Aräometer so austariert, dass die Birne immer einsinkt und die Messskala erreicht wird. Mit dem konstanten Querschnitt des Stängels kann dann die Skala für die Dichtemessung linear geteilt werden.

Der oberste Skalenwert ist $\rho' = 0,995$ und der unterste $\rho' = 1,030$ (g/cm³). Für die Ablesung während der Versuche ist es praktisch, nur die Hilfswerte

$$R' = (\rho' - 1) \cdot 1000 \tag{5.46}$$

aufzuschreiben. Der kleinste Skalenwert auf dem Aräometer entspricht dann einem Wert R' = −5. Bei den Versuchen kann R' bestenfalls auf 1 genau geschätzt werden.

Im Idealfall müsste jedes Aräometer bei gleichen Bedingungen das Gleiche anzeigen. Da sich dies bei der Herstellung mit vertretbarem Aufwand technisch nicht realisieren lässt, muss es zunächst kalibriert werden.

Nachfolgend wird als Beispiel der Kalibriervorgang an einem bestimmten Aräometer beschrieben, welches in unserem Labor mit der Nr. 55 gekennzeichnet ist.   Kalibrierung

Bei der Kalibrierung wird jedes Aräometer zunächst ausgemessen. Mit einem Messschieber werden die Höhen h, h_0 und die Länge s der Aräometerskala ermittelt (vgl. ◨ Abb. 5.9). Beim Aräometer Nr. 55 ergibt sich: h = Höhe der Birne = 16,48 cm, h_0 = Abstand zwischen Skala und Birne = 0,91 cm und s = Länge der Skala = 14,26 cm.   Ein Beispiel

Das Volumen der Aräometerbirne V_A kann durch deren Eintauchen in einem Messzylinder über die Bestimmung des verdrängten Wasservolumens oder durch Ausmessen bestimmt werden. Es ergibt sich hier zu 68,00 cm³.

Das Aräometer wird immer zusammen mit ein und demselben, entsprechend gekennzeichneten Messzylinder verwendet, der hier einen lichten Durchmesser von 6,0 cm hat. Damit ist dessen Querschnittsfläche $A_Z = 28,27$ cm².

Mit den ermittelten Werten kann nun aufgrund der linearen Skaleneinteilung der zu jeder beliebigen Dichteablesung gehörige Abstand h_s (zwischen Dichteablesung und Skalenanfang) aus der Gleichung:

$$h_s = \frac{s}{1,030 - 0,995} \cdot (1,030 - \rho) \tag{5.47}$$

berechnet werden. Für das betrachtete Aräometer Nr. 55 mit s = 14,26 cm ergibt sich

$$h_s = \frac{14,26}{0,035} \cdot (1,030 - \rho) = 407,43 \cdot (1,030 \cdot \rho)[\text{cm}] \tag{5.48}$$

Im nächsten Schritt wird der Hilfswert h_ρ ermittelt. Er ergibt sich zu

$$h_\rho = h_s + h_0 + \frac{1}{2} \cdot \left(h - \frac{V_A}{A_z} \right) \tag{5.49}$$

und im Beispiel zu:

$$h_\rho = 407,43 \cdot (1,030 - \rho) + 0,91 + \frac{1}{2} \cdot \left(16,48 - \frac{68}{28,27} \right) = \tag{5.50}$$
$$= 407,43 \cdot (1,030 - \rho) + 7,95 \, [cm]$$

Mit der Berechnung von h_ρ wird der Wasserspiegelanstieg berücksichtigt, der beim Eintauchen des Aräometers in den Messzylinder auftritt. Der Spiegel steigt um das Maß V_A/A_z an. Oberhalb und unterhalb der eingetauchten Birne ändert sich die Dichte der Suspension nicht. Um zur ursprünglichen mittleren Dichte zu kommen, muss der halbe Spiegelanstieg berücksichtigt werden (Abb. 5.10).

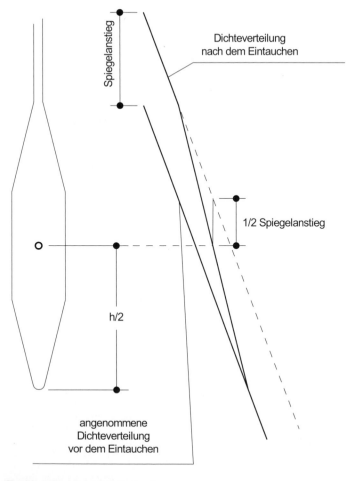

 Abb. 5.10   Berechnung von h_ρ

Nun muss der Korrekturwert C_m des Aräometers bestimmt werden (sog. Meniskuskorrektur). Mit C_m wird die herstellungsbedingte Abweichung der Skaleneinteilung des Aräometers berücksichtigt. Es wird eine Stammlösung aus Natriumpyrophosphat:

$$20\,g\ Na_4P_2O_7 \cdot 10\,H_2O \text{ je } 1000\,cm^3 \text{ destilliertem Wasser}$$

hergestellt, die später für die Sedimentationsanalyse auch als Dispergierungsmittel dient.

Damit soll einer Flocken- bzw. Klumpenbildung (Koagulation) während der Sedimentation entgegengewirkt werden.

25 cm³ dieser Stammlösung werden in einen Messzylinder gegeben, der mit destilliertem Wasser auf 1000 cm³ aufgefüllt wird. Der Messzylinder wird im Wasserbad auf 20° temperiert und das Aräometer Nr. 55 wird in ihn eingetaucht.

Um zu vergleichbaren Ergebnissen zu kommen, wird immer am oberen Meniskusrand abgelesen. Dabei muss daran gedacht werden, dass die Ablesungen nach unten zunehmen. Bei der Ablesung ergibt sich hier ein Wert von 0,9989. Als Korrekturwert C_m ergibt sich:

$$C_m = \left(1,000 - 0,9989\right) \cdot 1000 = 1,1 \tag{5.51}$$

Nun ist das Aräometer soweit vorbereitet, dass es zur eigentlichen Sedimentationsanalyse eingesetzt werden kann.

Welche Probenmassen mindestens erforderlich sind, ist in ◻ Tab. 5.4 dargestellt.

Nimmt man zu wenig Probenmasse, sind die sich darstellenden Dichteunterschiede zu gering, um zu einer verlässlichen Auswertung zu kommen. Zu viel darf es aber auch nicht sein, da dann das Aräometer so weit aufschwimmt, dass keine Ablesungen möglich sind.

Die nicht vorgetrocknete Probe wird mit 25 cm³ der Stammlösung und bis zu etwa 100 cm³ destilliertem Wasser mehrere Stunden lang eingeweicht. Dann wird die Probe zu einer homogenen, weichen Paste verarbeitet und mit etwa 400 cm³ destilliertem Wasser verdünnt, in einen Rührzylinder gegeben und mindestens 10 Minuten lang durchgerührt. Bei ausgeprägt

Korrekturwert

Bitte keine Koagulation!

Nun kann es losgehen!

◻ **Tab. 5.4** Mindestens erforderliche Trockenmassen bei Sedimentationen

Bodenart:	sandhaltige Böden	ohne Sand	Ausgeprägt plastische Tone
Trockenmasse in g:	bis 75	30 bis 50	10 bis 30

5

plastischen Tonen wird bis zu 30 Minuten lang gerührt. Die so erhaltene Suspension wird dann in den zuvor bei der Kalibrierung verwendeten Standzylinder eingefüllt, der mit destilliertem Wasser auf die Marke 1000 cm³ aufgefüllt wird.

homogene Suspension

Oben abgedichtet wird dieser Zylinder gewendet und geschüttelt bis eine homogene Suspension – ohne Reste auf dem Boden des Messzylinders – entstanden ist.

Stoppuhr

Dann wird der Zylinder auf den Tisch gestellt und sofort eine Stoppuhr ausgelöst. Das Aräometer wird vorsichtig so in den Zylinder eingetaucht, dass es frei schwimmt. Nach 30 Sekunden, 1 und 2 Minuten wird jeweils R' (am oberen Meniskusrand) abgelesen. Nach diesen Ablesungen wird das Aräometer herausgenommen und in einem anderen Standzylinder mit destilliertem Wasser abgewaschen und dort belassen. Nach 5, 15 und 45 Minuten und nach 2, 6 und 24 Stunden wird das Aräometer wieder vorsichtig in die Suspension eingetaucht und erneut abgelesen.

Die Temperatur der Suspension wird nach den ersten 15 Minuten einmal und dann nach jeder Ablesung gemessen.

Trockenmasse!

Zur Auswertung der Sedimentation wird – neben der Korndichte ρ_s – die Trockenmasse m_d der Probe in der Suspension benötigt. Sie kann beispielsweise durch das anschließende Eindampfen (d. h. Trocknung im Ofen) der Suspension ermittelt werden. Wenn eine ausreichende Probenmenge vorhanden ist, kann vor dem Versuch auch eine genaue Probenhalbierung erfolgen. Dies stellt eine zeitsparende Möglichkeit zur Bestimmung der Trockenmasse dar, da die eine Hälfte dann sofort getrocknet werden kann.

Am Aräometer wurde immer der Hilfswert R' abgelesen und mit den dazugehörigen Zeiten und Temperaturmessungen in ein Formular eingetragen. Mit dem Korrekturwert C_m wird zunächst der verbesserte Hilfswert R berechnet:

$$R = R' + C_m \tag{5.52}$$

Die Dichte ρ ergibt sich nun zu:

$$\rho = R \cdot 10^{-3} + 1 \tag{5.53}$$

und die entsprechende Höhe h_ρ aus der Gl. 5.49. Der gesuchte Korndurchmesser d berechnet sich nach STOKES für jede Zeit t (in Sekunden) aus:

STOKES

$$d = \sqrt{\frac{18,35 \cdot \eta \cdot h_\rho}{(\rho_s - \rho_w) \cdot t}} \, [mm] \tag{5.54}$$

In dieser Gleichung ist η die dynamische Viskosität, die je nach der gemessenen Temperatur T in °C der Suspension wie folgt berechnet wird:

$$\eta = \frac{0,00178}{1+0,0337 \cdot T + 0,00022 \cdot T^2} \left[N \cdot s/m^2 \right] \tag{5.55}$$

in Gl. 5.54 wird die Dichte des Wassers ρ_w ebenfalls temperaturkorrigiert eingesetzt:

$$\rho_w = \frac{1}{1+\left[(2{,}31 \cdot T - 2)^2 - 182 \right] \cdot 10^{-6}} \left[g/cm^3 \right] \tag{5.56}$$

Als zum Korndurchmesser d dazugehöriger Massenanteil a ergibt sich:

$$a = \frac{100}{m_d} \cdot \frac{\rho_s}{\rho_s - 1} \cdot (R + C_T)[\%] \tag{5.57}$$

wobei der Korrekturwert C_T wie folgt ermittelt wird:

$$C_T = \left[\rho_0 - \rho_w - 25 \cdot 10^{-6} \cdot (T - T_0) \right] \cdot 10^3 \tag{5.58}$$

Dichte und Temperatur

Mit ρ_0 wird die Dichte des Wassers in die Formel eingeführt, bei der das Aräometer kalibriert wurde. Hier ist T_0 = 20 °C und damit ρ_0 = 0,99.823.

An einer Probe des Seetons mit einer Trockenmasse von m_d = 34,06 g und ρ_s = 2,70 g/cm³ ergaben sich mit dem Aräometer Nr. 55 die in ◼ Tab. 5.5 wiedergegebenen Ablesungen R'. In der Tabelle sind auch die nach der Gl. 5.54 und 5.57 berechneten Ergebnisse eingetragen. Die ermittelte Körnungslinie ist in ◼ Abb. 5.6 dargestellt.

5.5.2 Zustandsgrenzen

Bei der Bodenansprache im Feld wird die Konsistenz eines bindigen Bodens – man unterscheidet breiig, weich, steif, halbfest und fest – mit Handprüfungen, dem Pocket-Penetrometer oder der Taschenflügelsonde ermittelt (vgl. ▶ Abschn. 4.3.1).

◼ Tab. 5.5 Ablesungen bei der Sedimentation einer Probe vom Seeton, Ergebnisse

Zeit	30 s	1 min	2 min	5 min	15 min	45 min	2 h	6 h	24 h
[s]	30	60	120	300	900	2700	7200	21.600	86.220
R'	20,7	20,4	19,6	18,3	15,2	11,9	9,4	7	5,5
T [°C]	17,8					17,6	17,1	18,1	15,1
d [mm]	0,0658	0,0468	0,0335	0,0217	0,0131	0,0080	0,0051	0,0030	0,0016
A [%]	99,9	98,5	94,8	88,8	74,3	58,8	46,8	36,3	27,3

5

Zur genaueren Klassifikation und zur Bestimmung der Konsistenz werden im Labor die sogenannten Zustands- oder Konsistenzgrenzen ermittelt. Sie wurden 1911 von Atterberg eingeführt und werden deswegen oft auch als die Atterberg'-schen Grenzen bezeichnet.

Sie lassen sich nur an bindigen Böden bestimmen, was umgekehrt deren Eigenschaft definiert:

> **Wichtig**
> Bindig sind Bodenproben dann, wenn sich an ihnen die Zustandsgrenzen ermitteln lassen.

noch weitere Wassergehalte

Unter den Zustandsgrenzen versteht man drei Wassergehalte, die abgekürzt als Fließ-, Ausroll- und Schrumpfgrenze bezeichnet werden:

- Wassergehalt an der Fließgrenze w_L: Dieser Wassergehalt markiert den Übergang von der flüssigen zur bildsamen Zustandsform;
- Wassergehalt an der Ausrollgrenze w_P: Dieser Wassergehalt stellt die Grenze der steifen zur halbfesten Konsistenz dar;
- Wassergehalt an der Schrumpfgrenze w_s: Proben mit kleineren Wassergehalten als die Schrumpfgrenze sind fest.

Zur Bestimmung der Fließ- und Ausrollgrenze einer bindigen Bodenprobe ist die DIN EN ISO 17892-12:2018-10 zu beachten. Für die Schrumpfgrenze gilt die DIN 18 122-2:2020-11.

Fallkegelverfahren

In DIN EN ISO 17892-12 werden zur Bestimmung der Fließgrenze zwei Verfahren vorgeschlagen: Beim ersten – von der DIN präferierten – Verfahren, wird eine – mit 2000 € bis 4500 € ziemlich teure – Fallkegel-Versuchseinrichtung (◘ Abb. 5.11) benötigt, mit der die Eindringung eines kleinen Kegels in eine aufbereitete Probe gemessen wird.

Fließgrenzengerät

Auf das zweite Verfahren, bei dem das von Casagrande vorgeschlagene Fließgrenzengerät (zu etwa 350 €) eingesetzt wird, soll nachfolgend etwas näher eingegangen werden.

Zwei Anmerkung dazu:
1. Es ist kaum zu glauben, unter welchem Realitätsverlust die Verfasser der Norm gelitten haben: So muss u. a. die Wahl des Versuchsverfahrens mit dem Auftraggeber abgestimmt und aufgezeichnet werden!
2. Es ist nicht zu erwarten, dass mit den beiden Verfahren die gleichen Fließgrenzen bestimmt werden.

Zur Ermittlung der Zustandsgrenzen wird zunächst die nicht vorgetrocknete, eingeweichte Probe mit einem Spachtel durchgearbeitet und ggf. durch ein Sieb mit Maschenweite d = 0,4 mm gestrichen.

□ Abb. 5.11   Fallkegelgerät und Fließgrenzengerät

■ **Bestimmung der Fließgrenze mit dem Fließgrenzengerät**

Der Wassergehalt an der Fließgrenze w_L wird mit dem – von
Casagrande entwickelten -Fließgrenzengerät (□ Abb. 5.2)
ermittelt.

Die aufgeweichte Probe wird 10 mm dick in die kleine   Furchenzieher und -drücker
Messingschale des Geräts eingestrichen. Mit einem genormten
Furchenzieher wird in der Mitte der Schale eine senkrechte
Furche gezogen, die bei Bedarf mit einem speziellen Furchen-
drücker nachgearbeitet wird.

Dann wird die Schale über eine Kurbel mehrmals 10 mm
hochgehoben und frei fallengelassen. Dieser Vorgang lässt allmählich die Furche zusammenfließen. Ziel der Versuche mit

Fließgrenze bei 25 Schlägen

unterschiedlichen Wassergehalten ist es, den Wassergehalt zu ermitteln, bei dem sich die Furche nach genau 25 Schlägen auf eine Länge von 1 cm schließt.

Da dies nicht von vornherein gelingt, wird eine Serie von mindestens 4 Einzelversuchen mit unterschiedlichen Wassergehalten durchgeführt. Die Spannweite des Wassergehalts darf dabei nur so groß sein, dass sich Schlagzahlen zwischen 15 und 40 ergeben. Zur Auswertung werden die Ergebnisse in ein halblogarithmisches Diagramm eingetragen. Auf der logarithmisch geteilten Abszisse werden die Schlagzahlen N, auf der linear geteilten Ordinate die Wassergehalte aufgetragen.

In diesem Diagramm werden die gewonnenen Messpunkte mit einer Geraden ausgeglichen. Der Wassergehalt an der Fließgrenze w_L wird dann bei N = 25 abgelesen.

Für eine Probe am Seeton ergibt sich nach ◧ Abb. 5.12 der Wassergehalt an der Fließgrenze zu w_L = 38,9 %.

Da diese Bestimmung des Wassergehalts an der Fließgrenze ziemlich aufwendig ist, darf man für Schlagzahlen zwischen 20 und 30 auch das Einpunktverfahren anwenden. Dieses Verfahren wird in der ISO Norm zwar erwähnt, aber nicht weiter erläutert. In der früher geltenden DIN 18 122 wurde zur Berechnung von w_L folgende Formel vorgeschlagen:

$$w_L = w_N \cdot \left(\frac{N}{25}\right)^{\alpha} \tag{5.59}$$

Hierbei bedeutet w_N der Wassergehalt bei der ermittelten Schlagzahl N. Je nach berechneter Fließgrenze w_L werden unterschiedliche Exponenten α empfohlen:

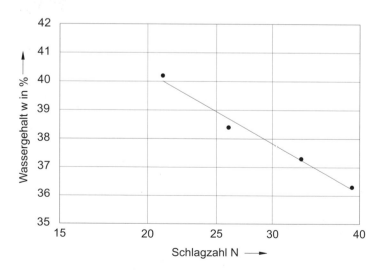

◧ **Abb. 5.12**   Wassergehalt an der Fließgrenze (Seeton)

$$\alpha = 0,100 \text{ bei } w_L > 60\%,$$
$$\alpha = 0,121 \text{ bei } 60\% \geq w_L \geq 40\%,$$
$$\alpha = 0,140 \text{ bei } w_L < 40\%.$$

Für den Seeton ergibt sich nach diesem Vorschlag und den zulässigen Werten für N $w_L = 39,4\,\%$ bzw. 39,2 %.

■ **Bestimmung der Ausrollgrenze**

Zur Bestimmung des Wassergehalts an der Ausrollgrenze w_P müssen vom genauso vorbehandelten Boden an zwei Teilproben, die wiederum aus drei Unterportionen bestehen, z. B. auf Löschpapier Walzen bis zu etwa 3 mm Dicke ausgerollt werden. Der Wassergehalt der zwei Teilproben wird dann bestimmt, wenn diese Walzen gerade beginnen auseinanderzubrechen. Als w_P gilt der Mittelwert der Wassergehalte der beiden Teilproben, wenn die Einzelergebnisse nicht mehr als 2 % für $w_P \leq 40\,\%$ bzw. nicht mehr als 5 % für $w_P > 40\,\%$ voneinander abweichen.

Ausrollgrenze – Walzen mit 3 mm

    Für den untersuchten Seeton ergibt sich der Wassergehalt an der Ausrollgrenze zu $w_P = 25,3\,\%$.

■ **Kennwerte**

Als die Plastizität eines bindigen Bodens wird die Differenz von w_L und w_P bezeichnet:

I_P – Plastizitätszahl

$$I_P = w_L - w_P \qquad (5.60)$$

Die Plastizität des Seetons beträgt somit $I_P = 38,9\,\%$ – 25,3 % = 13,6 %.

    Mit der bestimmten Plastizität des Bodens kann auch eine Aktivitätszahl I_A berechnet werden, wenn man mit Hilfe der Sedimentationsanalyse die Trockenmasse m_{dT} ermittelt hat, also den Tonanteil der Probe (mit $D \leq 0,002$):

I_A – Aktivitätszahl

$$I_A = \frac{I_P}{m_{dT} / m_d} \qquad (5.61)$$

Tone mit Aktivitätszahlen größer 1,25 gelten als aktiv, d. h. sie haben ein größeres Potenzial zum Schrumpfen und Quellen.

    Kennt man den natürlichen Wassergehalt, kann damit die Konsistenzzahl I_C einer Probe ermittelt werden zu:

I_C – Konsistenzzahl

$$I_C = \frac{w_L - w}{I_P} \qquad (5.62)$$

Für den Seeton ergibt sich die Konsistenzzahl zu $I_C = 0,54$.

    Falls die Probe Körner mit $D > 0,4$ mm enthält, wird der Wassergehalt in Gl. 5.62 korrigiert. Mit dem Massenanteil $m_{ü}$ als Trockenmasse wird der prozentuale Überkornanteil ü zur gesamten Trockenmasse m_d ermittelt zu ü $= m_{ü}/m_d$. Als korrigierter Wassergehalt ergibt sich

5

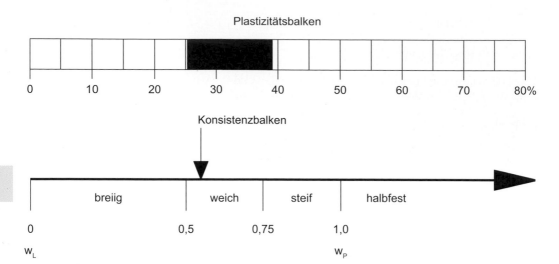

ᐅ Abb. 5.13   Plastizitäts- und Konsistenzbereich

$$w_{<0,4} = \frac{w}{1-\ddot{u}} \tag{5.63}$$

Man geht hier somit von der Vorstellung aus, dass das Überkorn kein Wasser bindet.

Eine Eintragung der Versuchsergebnisse auf dem Plastizi-
täts- und Konsistenzbalken ergibt ein anschauliches Bild
(ᐅ Abb. 5.13). Unsere Seetonprobe hat mit $I_C = 0{,}54$ also eine
weiche Konsistenz, liegt allerdings dicht am Übergang zur
breiigen Zustandsform.

Bei kleinem Plastizitätsbereich, d. h. schmalem Balken
bzw. kleiner Plasitzitätszahl I_P genügt die Zugabe kleiner
Wassermengen, um den Boden von der halbfesten in die flüs-
sige Konsistenz zu überführen. Das kann Konsequenzen für
die Bauausführung haben, wenn sich die Festigkeit des Bodens
durch Wasserzutritt schnell ändert.

▪ **Bestimmung der Schrumpfgrenze**

Schrumpfgrenze w_s

Wie schon erwähnt, geht der Boden an der Schrumpfgrenze w_s
von der halbfesten zur festen Konsistenz über. Dieser Wassergehalt hat aber noch eine andere Bedeutung, die den Namen
erklärt: Das Volumen der Probe verkleinert sich bei einer
weitergehenden Austrocknung vernachlässigbar wenig.

Die Schrumpfgrenze wird an einer Probe ermittelt, die
mit einem etwa 10 % höheren Wassergehalt als w_L aufbereitet
wurde. Sie wird in einen mit Vaseline bestrichenen Ring eingebracht, abgeglichen, gewogen und bei Zimmertemperatur
auf einer ebenfalls mit Vaseline bestrichenen Glasplatte getrocknet. Das Ende der Schrumpfung ist häufig durch einen
Farbumschlag zu erkennen. Um den Farbumschlag auszu-

◘ Abb. 5.14 Geschrumpfte Tonprobe

machen, kann man eine Parallelprobe mit einem Glasdeckel abdecken, mit dem das Austrocknen verhindert wird.

Die ◘ Abb. 5.14 zeigt eine geschrumpfte Tonprobe, deren Durchmesser von 70,9 mm auf 59,0 mm und deren mittlere Höhe von 20,6 mm auf 14,1 mm abgenommen hat.

Die Probe schrumpft bei der Austrocknung und wird nun im Ofen bei 105° zu Ende getrocknet und wieder gewogen. Da angenommen wird, dass sich bei der weiteren Trocknung im Ofen das Volumen nicht mehr ändert, kann anschließend das Trockenvolumen durch Tauchwägung oder Abmessen des Probekörpers ermittelt werden.

Der Wassergehalt w_s ergibt sich dann zu

$$w_s = \left(\frac{V_d}{m_d} - \frac{1}{\rho_s} \right) \cdot \rho_w \qquad (5.64)$$

Im Beispiel für den Seeton wird $w_s = 19,2\,\%$ ermittelt.

Da man davon ausgehen kann, dass die homogenisierten Proben bis zum Erreichen des Wassergehalts an der Schrumpfgrenze wassergesättigt sind, entspricht die Volumenabnahme der Probe der verdunstenden Wassermenge. Die im Versuch sich einstellende Volumenabnahme ist dreidimensional: Die Höhe und der Durchmesser der Proben werden kleiner.

Als volumetrisches Schrumpfmaß S wird das Verhältnis von Volumenänderung zum Ausgangsvolumen definiert. Es gilt für Wassergehalte w größer w_s:

$$S = \left(w - w_s\right) \cdot \frac{\rho_d}{\rho_w} \qquad (5.65)$$

5.5.3 Wasseraufnahmefähigkeit und Kapillarität

Eine Wasseraufnahmefähigkeit von Böden wird nach DIN 18 132:2012-04 ermittelt. Im Versuch wird ein Indexwert bestimmt, der mit der Plastizität und mit dem Quell- und Schrumpfverhalten von bindigen Böden korreliert ist. Das Versuchsergebnis wird auch zur Beurteilung mineralischer Baustoffe herangezogen.

Wasser wird angesaugt

Als Wasseraufnahmevermögen ist der Wassergehalt einer Probe definiert, der sich nach einer Wartezeit in einer bestimmten Apparatur (◘ Abb. 5.15) einstellt.

$$w_A = \frac{m_{wg}}{m_d} \qquad (5.66)$$

Die Masse m_{wg} ist hier die Wassermenge, welche die Probe bis zum Versuchsende aufsaugt. Beim Versuch werden etwa 1 g trockenen Bodens (ohne Körner mit d > 0,4 mm) über einen

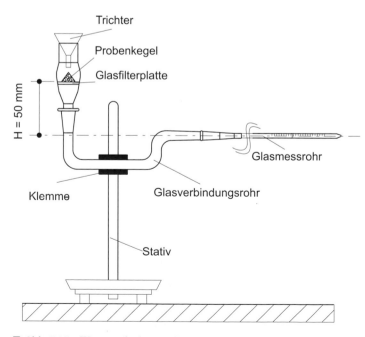

◘ **Abb. 5.15**   Wasseraufnahmegerät

Trichter auf eine Filterplatte (s. ◘ Abb. 5.15) aufgebracht. Bei einem erwarteten Wert von $w_A \geq 100$ % beträgt die Probenmenge etwa 0,2 g.

Die Bodenprobe nimmt nun eine bestimmte Wassermenge auf, die über ein Messrohr in Zeitabständen von t = 30 s, 1, 2, 4, 8, 15, 30, 60 min und 2, 4, 6, 24 h ermittelt wird (beim Kurzversuch nur bis 60 min). Zu jedem Zeitpunkt ist die Menge Wasser, die aufgenommen wird:

$$m_w = \left(V_w - V_k\right) \cdot \rho_w \qquad (5.67)$$

wobei V_k die verdunstete Wassermenge ist, die mit einer angepassten Anordnung durch Wägung während des Versuchs ermittelt wird.

Es wird der Wassergehalt über der Versuchszeit (im logarithmischen Maßstab) aufgetragen und die Wasseraufnahmefähigkeit als Endwert abgelesen.

Für den Seeton ergibt sich das in ◘ Abb. 5.16 dargestellte Verhalten und somit die Wasseraufnahmefähigkeit zu $w_A = 63$ %.

Die Kapillarität von Böden ist durch den Versuch zur Wasseraufnahmefähigkeit sichtbar geworden: Die trockene Probe saugt Wasser entgegen der Schwerkraftrichtung an. Dieser Effekt beruht auf einer Eigenschaft von Wasser, dessen Oberflächenspannungen z. B. an einem Gefäßrand zu einem Meniskus und in dünnen Rohren (= Kapillaren) zu einem deutlichen Wasseraufstieg führen.

Meniskus, Kapillarröhre

Das Porenvolumen im Boden bildet ebenfalls Kapillarröhren, deren Dicken allerdings schwanken. Mit wechselnden Wasserständen im Baugrund werden aktive h_{ka} und passive h_{kp}

Steighöhe entgegen der Schwerkraft

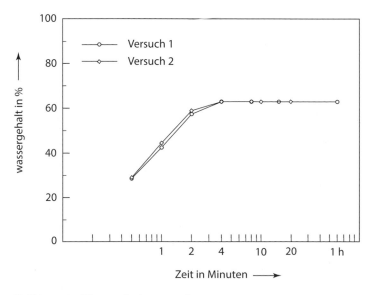

◘ **Abb. 5.16** Wasseraufnahme vom Seeton

kapillare Steighöhen unterschieden. Aktiv meint den Aufstieg von der Grundwasseroberfläche, passiv das Hängenbleiben kapillar gebundenen Wassers nach einer Absenkung des Wasserspiegels, wobei sich die Höhen h_k auf den Bereich der vollständigen Wassersättigung ($S_r = 1{,}0$) beziehen. Dieser Bereich wird auch als geschlossener Kapillarsaum bezeichnet.

Bei Sanden und Kiesen reicht h_{kp} bis 20 cm, bei Schluff bis 5 m und bei Ton bis über 50 m. Da die kapillaren Steighöhen experimentell nur im Sonderfall ermittelt werden, wird hier auf weitere Erläuterungen verzichtet.

Effektiver Druck

Im ungesättigten Bereich verursacht die Oberflächenspannung des Wassers eine (effektive) Druckspannung auf das Korngerüst. Sie ist bei Tonen für Schrumpfvorgänge verantwortlich und erhöht bei Sanden als scheinbare Kohäsion die Scherfestigkeit (vgl. ▶ Abschn. 5.8.5).

5.5.4 Lockerste und dichteste Lagerung

Für nichtbindige Böden sind in DIN 18 126:1996-11 Versuche genormt, die eine Beurteilung der Verdichtungsfähigkeit dieser Böden erlauben und die als Bezugsgröße für die Dichte natürlich anstehender oder künstlich verdichteter Proben dienen. Hier wird die Dichte durch standardisierte Verfahren bei lockerster und dichtester Lagerung bestimmt.

Bei der Bestimmung der lockersten Lagerung wird die getrocknete Probe vorsichtig mit einem Trichter oder einer Kelle in einen Zylinder gefüllt. Die dichteste Lagerung wird mit einem Rütteltisch oder mit Hilfe einer Schlaggabel ermittelt.

Verdichtungsfähigkeit I_f

Als Verdichtungsfähigkeit I_f wird definiert:

$$I_f = \frac{\max e - \min e}{\min e} \tag{5.68}$$

Lagerungsdichte D

Die Lagerungsdichte D eines nichtbindigen Boden mit der Trockendichte ρ_d ergibt sich aus:

$$D = \frac{\rho_d - \min \rho_d}{\max \rho_d - \min \rho_d} \tag{5.69}$$

Als bezogene Lagerungsdichte I_D wird definiert:

$$I_D = \frac{\max \rho_d}{\rho_d} \cdot D \tag{5.70}$$

In ◘ Tab. 5.6 sind Einstufungen der Lagerungsdichte aufgeführt, die sich aus den Klassifikationsversuchen ergeben können. Es sei angemerkt, dass sich die Lagerungsdichte bei nichtbindigen Böden durch Probenentnahmen aus Bohrungen

◘ **Tab. 5.6**	Einstufung der Lagerung nichtbindiger Böden
Lagerungsdichte D	**Lagerung**
<0,15	sehr locker
0,15 bis 0,30	locker
0,30 bis 0,50	mitteldicht
>0,50	dicht

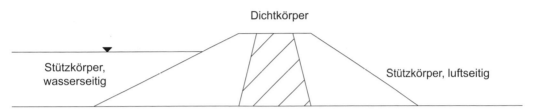

◘ **Abb. 5.17**   Damm mit Dichtkörper

nur schwer bestimmen lässt und deshalb häufig mit Sondierergebnissen korreliert wird. Die Lagerungsdichte kann in Realität auch Werte von D > 1 annehmen.

5.5.5 **Proctorversuch**

Wir stellen uns einführend vor, dass wir einen Staudamm aus unterschiedlichen Erdstoffen bauen wollen. Es werden außen zwei Stützkörper und innen ein Dichtkörper hergestellt (◘ Abb. 5.17).

Bei den Stützkörpern kommt es eher auf eine hohe Scherfestigkeit, beim Dichtkörper demgegenüber auf eine geringe Wasserdurchlässigkeit an. Die Stützkörper aus weitgestuften oder gemischtkörnigen Böden sollen deswegen beim Einbau gut verdichtet werden. Für den Dichtkörper wird man gerne Tone einbauen, die auf unserer Erdbaustelle als Haufwerke mit unterschiedlichen Tonbrocken (in einem Pseudokorngefüge) vorliegen. Auch hier wird man beim Einbau versuchen, die Luftporen zwischen den einzelnen Tonbrocken zu minimieren.

Es stellt sich die Frage, mit welchen Wassergehalten sich beim Einbau der Böden optimale Verdichtungsergebnisse erzielen lassen. Optimal würde bedeuten, dass die gewünschte Verdichtung mit geringstem Aufwand erzielt wird. Falls das Material zu trocken wäre, kann ohne größere Kosten Wasser zugegeben werden.

abstützen und abdichten…

…bei welchem Wassergehalt?

5

Mit dieser Aufgabenstellung hat sich der amerikanische Bauingenieur *R. R. Proctor* beschäftigt. Er dachte sich einen Versuch aus, über den er 1933 veröffentlichte und bei dem das vom Wassergehalt abhängige Verdichtungsverhalten von (bindigen) Böden im Labormaßstab untersucht wird.

Die Wirkung der auf der Baustelle eingesetzten Erdbaugeräte wird hierbei durch Schläge eines herabfallenden Stahlgewichtes auf eine Probe simuliert. Es handelt sich um einen typischen Indexversuch. In Deutschland werden die Versuche nach DIN 18 127:2012-09 ausgeführt, die sich auf beliebige Böden bezieht.

Anmerkung: In der Normenreihe DIN EN 13286-x beschäftigt sich Teil 2 vom Februar 2013 auch mit dem Proctorversuch. Diese Europäische Norm gilt für ungebundene und hydraulisch gebundene Gemische von Gesteinskörnungen im Straßenbau, nicht für Böden im Erdbau.

Nun zum Versuch nach DIN 18 127:

Versuchszylinder

Eine bei einem bestimmten Wassergehalt homogenisierte Bodenprobe wird in 3 Schichten in einen stählernen Versuchszylinder eingefüllt, der mit einem Aufsatzring versehen ist. Die ◾ Abb. 5.18 zeigt den Zylinder mit D_i = 100 mm, der nach

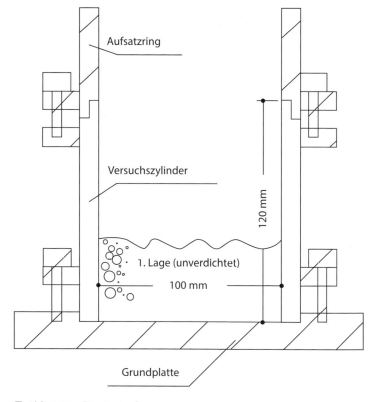

◾ **Abb. 5.18**   Proctortopf

DIN 18 127 bis zu einem Größtkorn von 20 mm eingesetzt werden darf. Bei einem Größtkorn von 31,5 mm beträgt $D_i = 150$ mm, bei einem Größtkorn von 63 mm ist $D_i = 250$ mm.

Zunächst kann ein Abtrennen von Überkorn erforderlich werden. Bei grobkörnigen und gemischtkörnigen Böden werden Körner > 31,5 mm bzw. > 63 mm herausgenommen. Beträgt der Anteil des Überkorns ü mit d > 31,5 mm mehr als etwa 35 % der geschätzten Trockenmasse der Gesamtprobe, muss der Versuchszylinder mit $D_i = 250$ mm verwendet werden.

Bei bindigen Proben müssen Krümel mit $d \leq 10$ mm erzeugt werden, die bei Wasserzugabe *„gründlich umzuarbeiten, zu durchmischen und zu homogenisieren"* sind. Bei ausgeprägt plastischen Tonen wird eine Homogenisierungszeit von mindestens 24 Stunden vorgeschrieben.

Jede eingefüllte Schicht wird bei $D_l = 100$ mm mit 25 Schlägen eines genormten Fallgewichts (mit 2,5 kg) verdichtet. Bei den anderen Durchmessern werden nur 22 Schläge je Schicht aufgebracht. Die Masse des Fallgewichts beträgt dann 4,5 kg bzw. 15 kg. Die Fallhöhe beträgt je nach Masse 30 cm, 45 cm oder 60 cm. (Anmerkung: Zur Bestimmung der sogenannten modifizierten Proctordichte mod ρ_{Pr} wird nach DIN 18 127 mehr Verdichtungsarbeit pro Volumen geleistet).

Bei grobkörnigen, insbesondere bei enggestuften Böden wird auf jede Verdichtungslage eine Stahlplatte (mit D etwas kleiner als D_i) aufgelegt, auf die das Fallgewicht auftrifft.

Meist werden in den geotechnischen Laboren Proctormaschinen eingesetzt, die mit Zählwerken automatisch abschalten und die auch die Schläge des Fallgewichts auf die Probe wie in der Norm vorgeschrieben anordnen. Hierzu wird der Versuchszylinder gegenüber dem feststehenden Fallgewicht bewegt.

Nach der Verdichtung der letzten Lage wird der Aufsatzring entfernt und die Probe wird mit der Oberkante des Zylinders abgeglichen und mit dem Zylinder gewogen. Mit der bekannten Masse des leeren Zylinders kann so die Dichte ρ der Probe ermittelt werden. Es werden mindestens 5 Versuche mit unterschiedlichem Wassergehalt ausgeführt. Meist wird mit niedrigen Wassergehalten begonnen und Wasser beigefügt. Nach der (letzten) Wasserzugabe darf kein Wasser aus dem Versuchszylinder austreten.

Grobkörnige Böden werden bei 105° getrocknet. Bindige und organische Böden dürfen nur bei 60° bis zur Gewichtskonstanz getrocknet werden.

Mit den jeweils bestimmten Wassergehalten der Einzelversuche kann die Trockendichte – als geeignetes Maß für die erreichte Verdichtung – mit der bekannten Formel

Homogenisierung

Stahlplatte?

Zählwerk

5 Einzelversuche

Überkorn

$$\rho_d = \frac{\rho}{1+w} \tag{5.71}$$

berechnet werden.

Wurde Überkorn (bis ü = 35 %) herausgenommen, müssen Wassergehalte und Trockendichten wie folgt korrigiert werden:

$$\ddot{u} = \frac{m_{\ddot{u}}}{m_d} \tag{5.72}$$

$$w' = w \cdot (1 - \ddot{u}) + w_{\ddot{u}} \cdot \ddot{u} \tag{5.73}$$

$$\rho'_d = \rho_d \cdot (1 - \ddot{u}) + 0,9 \cdot \ddot{u} \cdot \rho_{s\ddot{u}} \tag{5.74}$$

Hierbei wird der Wassergehalt des Überkorns $w_{\ddot{u}}$ und die Korndichte des Überkorns $\rho_{s\ddot{u}}$ berücksichtigt.

Proctorkurven – Proctordichte und optimaler Wassergehalt

Die Ergebnisse der Einzelversuche werden in einem ρ_d – w-Diagramm (vgl. auch ◘ Abb. 5.3) dargestellt. Es wird durch die Messpunkte nach DIN 18 127 eine *„Ausgleichskurve mit möglichst großem Krümmungsradius im Scheitel"* gezeichnet. Im Scheitel sind die Proctordichte ρ_{Pr} (auf 0,01 g/cm³) und der optimale Wassergehalt w_{Pr} (auf 0,1 %) abzulesen. Ferner wird im Diagramm die Sättigungslinie gemäß Gl. 5.27 eingetragen.

Trockene und nasse Seite

Tatsächlich zeigen alle Böden beim Proctorversuch ein qualitativ ähnliches Verhalten: Bei gleicher Verdichtungsarbeit lassen sich Proben mit zunehmendem Wassergehalt zunächst besser und mit $w > w_{Pr}$ wieder schlechter verdichten. Der Bereich links der Proctordichte heißt „trockene", rechts davon „nasse Seite".

Die Proctorkurven unterschiedlicher Materialien können quantitativ weit auseinander liegen. In ◘ Abb. 5.19 sind typische Beispiele dargestellt.

Die Körnungslinien der Böden sind in ◘ Abb. 5.6 mit den gleichen Symbolen dargestellt.

Wie man aus ◘ Abb. 5.19 erkennen kann, unterscheidet sich das Verdichtungsverhalten der Materialien deutlich voneinander. Beim gebrochenen Mineralstoffgemisch (mit ρ_s = 2,78 g/cm³) werden viel größere Trockendichten als beim enggestuften Sand erhalten. Weiterhin hängt die jeweils erreichte Trockendichte beim gebrochenen Material und beim weitgestuften Boden – im Unterschied zum enggestuften Sand – deutlich vom Wassergehalt ab. Der optimale Wassergehalt des weitgestuften Bodens (mit ρ_s = 2,65 g/cm³) ist größer als beim Mineralstoffgemisch.

Das Mineralstoffgemisch und der weitgestufte Boden können beim jeweils optimalen Wassergehalt kaum mehr verdichtet werden, da die Sättigungslinie erreicht wird. Eine wei-

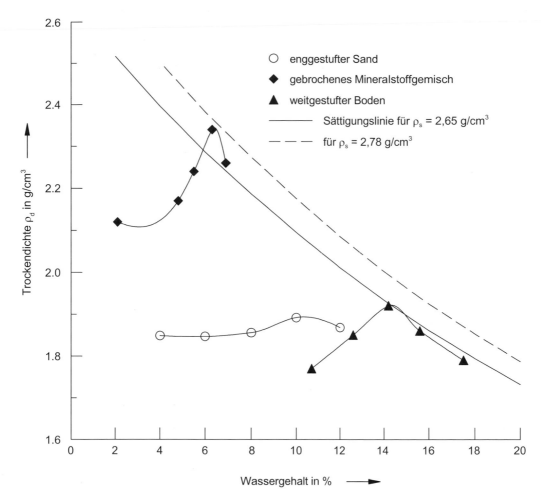

■ Abb. 5.19 Proctorkurven

tere Verdichtung (mit mehr Verdichtungsarbeit als im normalen Proctorversuch) kann nur bei geringeren Wassergehalten, d. h. auf der trockenen Seite erfolgen.

Die beim Proctorversuch am Mineralgemisch erreichbare Trockendichte ist neben der höheren Korndichte in erster Linie auf dessen gestreckte Körnungslinie, d. h. auf den weiten Bereich der vorhandenen Korndurchmesser zurückzuführen. Im Unterschied zum enggestuften Sand wird der Porenraum des Mineralstoffgemischs – und des weitgestuften Bodens – jeweils durch vorhandenes Feinkorn aufgefüllt.

Weitgestuft!

Werden bei den Materialien auf der Baustelle Wassergehalte $w < w_{opt}$ ermittelt, kann eine zu geringe Verdichtung durch weiteren Verdichtungsaufwand ausgeglichen werden. Wenn man Wasser bis zu w_{opt} zugibt, lässt sich erwarten, dass weniger Verdichtungsaufwand erforderlich ist.

Schlussfolgerungen

5

◨ **Abb. 5.20**   Sprengwagen beim Straßenbau

Wie man beim Straßenbau Wasser zugibt, zeigt die ◨ Abb. 5.20.

Auf der nassen Seite ist eine weitere Verdichtung dagegen sinnlos, weil die erreichbaren Trockendichten durch die Sättigungslinie begrenzt sind. Hier muss dann auf der Baustelle auf trockenere Witterung gewartet oder es müssen andere Maßnahmen zur Verminderung des Wassergehalts ergriffen werden.

nass oder besser trocken?

Baut man bindige Böden auf der trockenen Seite ein, wird man mit einer größeren Wasserdurchlässigkeit und ggf. auch mit einer Sackung bei Wasserzutritt rechnen müssen. Auf der nassen Seite können demgegenüber Schrumpfvorgänge eine Rolle spielen.

Ton und Proctor?

Bei ausgeprägt plastischen Tonen ist es im Übrigen fraglich, ob mit dem Proctorversuch die Verhältnisse auf der Baustelle wirklich zutreffend abgebildet werden. Hier kommt es darauf an, den Luftporengehalt des Pseudokorngefüges zu minimieren, was eher durch eine knetende Verdichtung mit Schaffußwalzen gelingt.

Verdichtungsgrad D_{pr}

Man kann nun die auf der Baustelle erreichte Trockendichte mit der Proctordichte (des gleichen Materials) vergleichen. Der Verhältniswert wird als Verdichtungsgrad bezeichnet:

$$D_{pr} = \frac{\rho_d}{\rho_{\mathrm{Pr}}} \tag{5.75}$$

In Leistungsverzeichnissen für den Erdbau ist es sinnvoll, statt zu erreichender materialabhängiger Trockendichten den Verdichtungsgrad D_{pr} vorzugeben.

5.5.6 Fragen

 1. Stellen Sie sich eine Formelsammlung aus den Versuchen zur Klassifikation zusammen.

2. Was versteht man unter einem Indexversuch?

3. Was bezweckt man mit Klassifikationsuntersuchungen?

4. Wodurch bestimmt sich die Korngröße bei einer Siebung?

5. Kann mit der Schlämmanalyse tatsächlich die Körnungslinie eines bindigen Bodens bestimmt werden?

6. Warum muss ein Aräometer kalibriert werden?

7. Was wird bei der Schlämmanalyse durch die Korrekturwerte C_m und C_T berücksichtigt?

8. Inwiefern wirkt sich bei der Schlämmanalyse die Temperatur aus?

9. Warum werden bindige Böden mit Hilfe der Zustandsgrenzen und nicht nach ihrer Körnungslinie klassifiziert?

10. Was versteht man unter dem Einpunktverfahren bei der Bestimmung des Wassergehalts an der Fließgrenze?

11. Was bedeutet Plastizität und für welche Böden wird sie bestimmt?

12. Ein Löss hat eine geringe Plastizität. Hat das Vorteile oder Nachteile hinsichtlich des Baubetriebs, wenn beispielsweise eine Baugrube in einem solchen Boden ausgehoben wird?

13. Warum sollte ein Sand im Gründungsbereich eines Gebäudes mindestens mitteldicht gelagert sein?

14. Warum ist zu erwarten, dass die Wasseraufnahmefähigkeit mit der Plastizität von Böden korreliert ist?

15. Welche Eigenschaft hat eine Probe, die aus dem geschlossenen Kapillarsaum entnommen wird?

16. Weshalb wird zur Auswertung des Proctorversuchs nicht die Dichte ρ (statt der Trockendichte ρ_d) über dem Wassergehalt aufgetragen?

17. Welche Versuche kann man durchführen, um den Verdichtungserfolg auf einer Erdbaustelle festzustellen?

18. Warum können Böden auf der Baustelle höhere Trockendichten aufweisen, als sie sich im Proctorversuch mit ρ_{Pr} ergeben?

19. Was kann bei zu kleinem Verdichtungsgrad empfohlen werden, wenn der Wassergehalt a) kleiner und b) größer als w_{Pr} ist?

20. Beim Seeton wurden auch negative Konsistenzzahlen ermittelt. Wie kann man sich das erklären?

Antworten zu den Fragen und Lösungen zu den Aufgaben - sofern sie sich nicht unmittelbar aus dem Text ergeben – finden sich im Anhang. A.2.

5.6　Elementversuche und Stoffgesetze

5.6.1　Ein Experiment

Nach der Ermittlung der Zustandsgrößen wie Dichte, Wassergehalt, Porenanteil und Sättigungsgrad und der Klassifikation mit den zuvor behandelten Indexversuchen, bei denen es auf eine einheitliche Versuchsdurchführung ankommt, werden nachfolgend die eigentlichen boden*mechanischen* Versuche erläutert. Zum besseren Verständnis dieser Versuche ist es hilfreich, zunächst auf einige Grundlagen der Mechanik einzugehen.

Wir starten mit einem kleinen Experiment:

2 Tonproben werden gestaucht

Aus einer Tonschicht wurden 2 zylindrische Proben mit einem Durchmesser D = 10 cm entnommen. Sie sind als Proben definitionsgemäß homogen und weisen stofflich keine Unterschiede auf. Die eine Probe ist 10 cm hoch, die andere 20 cm. Beide Proben werden in einer Presse um 1 cm zusammengedrückt, was in ❏ Abb. 5.21 dargestellt ist. Die Presse besitzt zwei starre Platten, von denen die untere ruht und die obere mit einer konstanten Vorschubgeschwindigkeit auf die Proben zu bewegt wird. Die Verschiebung der oberen Platte und die bei der Zusammendrückung der Proben auftretenden Kräfte werden gemessen.

5.6.2　Stauchungen

Bei dieser *Materialprüfung* vermutet der Laborant, dass die Proben unterschiedlich *beansprucht* werden. Er glaubt, dass die größere Probe weniger *erleidet*, als die kleinere.

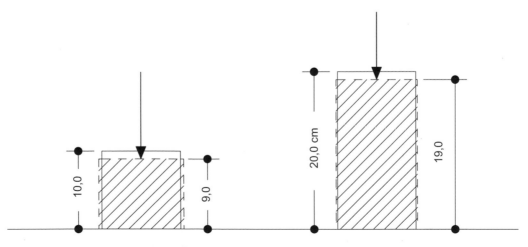

❏ **Abb. 5.21**　Proben mit unterschiedlichen Höhen

Deswegen bezieht er bei der Darstellung der Versuchsergebnisse die Verkürzung der Probe ΔH auf die ursprüng-
liche Probenhöhe H_0 und ermittelt so eine unterschiedliche
Stauchung:

$$\varepsilon_1 = \frac{\Delta H}{H_0} = \frac{1}{10} = 0,1 \; entsprechend \; 10\% \; bzw\cdot$$

$$\varepsilon_2 = \frac{1}{20} = 0,05 \; entsprechend \; 5\%. \tag{5.76}$$

Es soll angemerkt werden, dass eine Verlängerung der Tonproben hier nicht in Frage kommt. Dazu müsste man an den
Proben *ziehen*, was dann zu einer *Streckung* führen würde.
Eine Zugbeanspruchung tritt im Baugrund aber nur sehr selten auf.

    Die Darstellung der Versuchsergebnisse in einem Druck-
kraft-Stauchungsdiagramm bestätigt die obige Vermutung.
Die Messungen zeigen – bis auf die unvermeidliche Versuchsstreuung – einen etwa deckungsgleichen Kurvenverlauf
(◘ Abb. 5.22).

    Mit der Stauchung der Proben sind sie auch etwas dicker
geworden (◘ Abb. 5.21). Würde man diese Verdickung genügend genau messen, könnte man auf die Volumenänderungen
schließen, die möglicherweise ebenfalls im Zuge der Stauchung
auftreten.

Randnotiz: Dehnung: Stauchung und Streckung

Randnotiz: Volumenänderung?

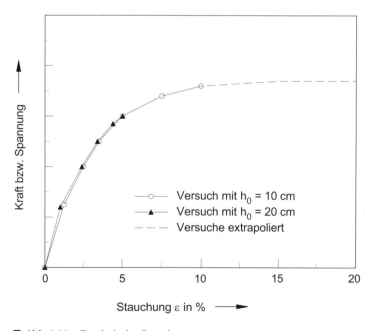

◘ **Abb. 5.22** Ergebnis der Stauchungen

5.6.3 Spannungen zum ersten

Bezieht man die gemessenen Kräfte jeweils auf die (aktuelle) Querschnittsfläche der Probe, ergibt sich die Spannung σ_1, die gleichzeitig auch eine Hauptspannung ist. Was man darunter versteht, wird weiter unten noch erläutert.

$$\sigma_1 = \frac{Kraft}{Fläche} = \frac{F}{\dfrac{\pi \cdot D^2}{4}} \left[kN/m^2 \right] \tag{5.77}$$

Mit dem Begriff der Spannung wird der Durchmesser der Proben keine Rolle mehr spielen. So werden kleinere Durchmesser auch entsprechend kleinere Kräfte erfordern, um die Probe zu stauchen.

Einaxialversuch

Man kann sich ein kartesisches Koordinatensystem vorstellen, bei der die 1-Richtung mit der Probenachse zusammenfällt. Da $\sigma_2 = \sigma_3 = 0$ (der Atmosphärendruck wird nicht beachtet) herrschte, bezeichnet man diesen Versuch auch als *Einaxialversuch*. Konsequenterweise wäre dann in ◘ Abb. 5.22 die Stauchung ε genauer als ε_1 zu bezeichnen.

Aus dem extrapolierten Kurvenverlauf – man hätte die Stauchung der Proben nicht abbrechen dürfen – ist zu sehen, dass eine Probe nach etwa 15 % Stauchung versagt. Sie „bricht", weil eine weitere Stauchung keinen weiteren Zuwachs an Spannung ($\sigma_1 = \sigma_{1max}$) erzeugt.

Der Versuch offenbart uns folgende Eigenschaften des Tons: Für Spannungen $\sigma_1 < \sigma_{1max}$ kann für die hier gezeigte Beanspruchung eine eindeutige Stauchung ε_1 angegeben werden:

$$\sigma = f\left(\epsilon\right) \; \textit{für} \; \sigma_1 < \sigma_{1max} \tag{5.78}$$

Ab einer bestimmten Grenzstauchung bleibt die Spannung σ_1 konstant oder fällt mit weiterer Stauchung ggf. auch wieder ab.

5.6.4 Elementversuch und Stoffgesetze

Für die Ermittlung der Spannung und Stauchung wurde angenommen, dass die Probe an jeder Stelle gleich beansprucht wird. Diese Annahme ist dann berechtigt, wenn die Proben – wie in ◘ Abb. 5.21 zu sehen – während der Stauchung zylindrisch bleiben. Ist dies der Fall, wurde ein *Elementversuch* realisiert.

Elementversuch = homogene Verformung

Offenbar haben an den Endflächen keine Reibungskräfte eingewirkt, die diese *homogene* Verformung beeinträchtigt hätten. In der praktischen Versuchstechnik müssen somit die Endflächen der Proben an den Platten der Presse möglichst reibungsarm anliegen, was durch eine geeignete Schmierung sichergestellt werden kann.

> **Wichtig**
> Wir unterscheiden zwischen einer stofflichen Homogenität und einer homogenen (= gleichmäßigen) Verformung. Eigentlich lassen sich Versuche nur dann auswerten, wenn die Proben homogen verformt werden.
>
> Mathematische Spannungs-Dehnungs-Beziehungen werden in der Materialforschung als Materialmodelle, in der Bodenmechanik als *Stoffgesetze* bezeichnet. Bei einem rein mechanischen Stoff haben chemische, elektrische oder thermische Einflüsse keinen Einfluss auf die Spannungsantwort – sie ergibt sich ausschließlich aus der Verformungsgeschichte, die ein bestimmtes Material erfährt.

Aus ◘ Abb. 5.22 lässt sich ersehen, dass die Spannung σ_1 *nicht* proportional mit der Stauchung ε_1 anwächst. Das Materialverhalten von Böden kann damit nicht mit dem Hooke'schen Gesetz beschrieben werden, bei dem diese Proportionalität gilt:

Hooke'sches Gesetz

$$\sigma = E \cdot \varepsilon. \tag{5.79}$$

Das Hooke'sche Gesetz ist das einfachste Stoffgesetz, was man sich denken kann. E hat die Dimension einer Spannung und wird als Elastizitätsmodul bezeichnet. Große Werte von E lassen großen Widerstand erwarten. Stahl weist beispielsweise einen E-Modul von

$$E_{Stahl} = 210\,GPa = 2,1 \cdot 10^5\,N/mm^2 \tag{5.80}$$

auf. In Gleichung Gl. 5.79 wird uns allerdings nicht mitgeteilt, welche Querdehnung auftritt, und auch nicht, wann das Material versagt. Es ist somit festzuhalten:

> **Wichtig**
> Materialmodelle, Stoffgesetze beschreiben das Materialverhalten meist nicht vollständig, d. h. sie sind nur in bestimmten Bereichen bzw. Grenzen gültig.
>
> Die in Stoffgesetzen auftretenden Konstanten heißen Materialkonstanten, die in Versuchen bestimmt werden müssen.

Wir wollen noch einmal zu unserem Experiment zurückkommen und stellen uns vor, dass wir den Pressenvorschub nach 1 cm Stauchung der Proben stoppen. Wenn die Spannung in diesem Zustand mit der Zeit abnimmt, zeigt das Material „*Relaxation*". Wenn wir zur Aufrechterhaltung der Spannung der Probe „nachfahren" müssen, spricht man von einem „*Kriechen*". Beide Erscheinungen sind miteinander verwandt. Treten sie bei einem untersuchten Material auf, nennt man dieses Materialverhalten *viskos*.

Relaxation, Kriechen

Elastizität

Nun können wir aber auch den Versuchsablauf so ändern, in dem wir nach der erfolgten Stauchung der Proben die Vorschubrichtung der Presse umdrehen und dabei ebenfalls die Spannungsantwort ermitteln. Würde die Entlastungskurve dem Kurvenverlauf der Belastung folgen, wäre der Ton vollkommen elastisch. Man kann sich aber auch vorstellen, dass nur ein Teil der Verformung „elastisch" ist (vgl. ◨ Abb. 5.28). Die bleibenden Verformungen werden *plastisch* genannt.

Plastizität im Stoffverhalten

Kinder kneten gerne mit einem Material, welches – wie Töpferton – gar keine elastischen Verformungen zeigt. Auch unsere Spuren im Sand, die bei einem Strandspaziergang zurückbleiben, sind ein Beispiel für plastisches Materialverhalten.

5.6.5 Spannungen zum zweiten

Spannungsvektor

Der Begriff der Spannung wird in der Mechanik der deformierbaren Körper, in der Festigkeitslehre genauer eingeführt. Man führt einen Schnitt durch einen Körper und betrachtet ein infinitesimal kleines Flächenelement, auf dem der freigeschnittene *Spannungsvektor* $\vec{\sigma}$ einwirkt:

$$\vec{\sigma} = \lim_{\Delta A \to 0} \frac{\overrightarrow{\Delta F}}{\Delta A} = \frac{\overrightarrow{dF}}{dA} \tag{5.81}$$

Jeder Spannungsvektor kann in eine Komponente zerlegt werden, die senkrecht auf dem Flächenelement steht und in eine, die in der Fläche liegt. Oft bezeichnet man die eine Komponente als Normalspannung σ_n, die andere in der Fläche liegende als Schubspannung τ.

Mit dem Spannungsvektor ist allerdings der *Spannungszustand an einem Materialpunkt* noch nicht ausreichend definiert. Wir betrachten dazu einen infinitesimalen Quader, dessen Kanten in Achsrichtung eines kartesischen Koordinatensystems liegen (◨ Abb. 5.23).

Mit den Doppelindizes werden die Komponenten gekennzeichnet: Der erste Index gibt die Richtung der Flächennormale, der zweite die Richtung der Spannungskomponente an. Da die Normalspannungen immer mit der Flächennormalen zusammenfallen, kann auf das 2-fache Indizieren verzichtet werden. Der Quader wird in ◨ Abb. 5.23 auf Druck beansprucht.

❯ Druckspannungen werden in der Bodenmechanik meist positiv angenommen.

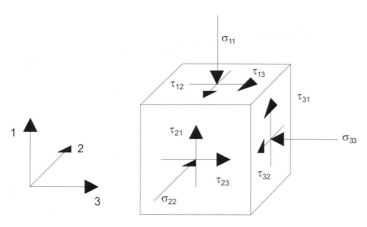

☐ **Abb. 5.23**   Bodenelement

In der technischen Mechanik wird gezeigt, dass die Schubspannungen in zwei senkrecht aufeinander stehenden Schnit-
ten paarweise gleich sind (z. B. $\tau_{12} = \tau_{21}$). Damit gibt es nur 6
unabhängige Spannungskomponenten, die sich für ein ge-
wähltes Koordinatensystem in einer symmetrischen Matrix
darstellen lassen. Mathematisch wird damit der Spannungszustand für einen „Punkt" durch einen symmetrischen Tensor
2. Stufe angegeben:

$$\sigma = \begin{pmatrix} \sigma_1 & \tau_{12} & \tau_{13} \\ \tau_{12} & \sigma_2 & \tau_{23} \\ \tau_{13} & \tau_{23} & \sigma_3 \end{pmatrix} \tag{5.82}$$

Spannungstensor

Wir halten fest:

> ❯ Um den *Spannungszustand* an einem Punkt zu quantifizieren,
> muss ein Koordinatensystem vorgegeben sein und es müssen
> die Zahlenwerte für die 6 Spannungskomponenten angegeben
> werden.

Die Komponenten des Spannungstensors ändern natürlich
ihren Wert, wenn das Koordinatensystem gedreht wird. Was
derartige Drehungen bewirken, soll nachfolgend kurz erläutert
werden. (Eine anschauliche Herleitung der Transformationsgleichungen bei Drehungen kann für den ebenen Spannungszustand z. B. in [1] ausführlicher nachgelesen werden.)

Achtung: Vektor $\neq$ Tensor

Im Folgenden reduzieren wir die räumliche Betrachtung eines
Spannungszustands auf einen sogenannten ebenen Spannungszustand, d. h. wir gehen davon aus, dass in die dritte Dimension
keine Kräfte bzw. Spannungen auftreten. Der ebene Spannungszustand, der in dünnen Blechen angenommen werden kann, sei
durch

$$\sigma = \begin{bmatrix} \sigma_x & \tau_{xy} \\ \tau_{xy} & \sigma_y \end{bmatrix} \tag{5.83}$$

gegeben. Die Spannungskomponenten des unter α gedrehten Koordinatensystems (◼ Abb. 5.24) ergeben sich dann zu:

$$\sigma_\xi = \frac{1}{2} \cdot \left(\sigma_x + \sigma_y \right) + \frac{1}{2} \cdot \left(\sigma_x - \sigma_y \right) \cdot \cos 2\alpha \\ + \tau_{xy} \cdot \sin 2\alpha \tag{5.84}$$

$$\sigma_\eta = \frac{1}{2} \cdot \left(\sigma_x + \sigma_y \right) - \frac{1}{2} \cdot \left(\sigma_x - \sigma_y \right) \cdot \cos 2\alpha \\ - \tau_{xy} \cdot \sin 2\alpha \tag{5.85}$$

$$\tau_{\xi\eta} = -\frac{1}{2} \cdot \left(\sigma_x - \sigma_y \right) \cdot \sin 2\alpha + \tau_{xy} \cdot \cos 2\alpha \tag{5.86}$$

Mohr'scher Spannungskreis   Der Graph, der sich aus obigen Gleichungen ergibt, ist ein Kreis, was durch weitere Umformungen der Gleichungen auch gezeigt werden kann [1]. Zur Würdigung von Otto Mohr, der diesen Sachverhalt erstmals veröffentlichte [2], nennt man ihn den Mohr'schen Spannungskreis. Hier lassen sich für jeden Winkel α die dazugehörigen Spannungskomponenten ablesen. In ◼ Abb. 5.25 ist exemplarisch ein Mohr'scher Kreis mit den Hauptspannungen σ_1 und σ_2 sowie den Normal- und Schubspannungen in einem um den Winkel α gedrehten x-y-System gezeigt. (Im Internet findet man einige animierte Beispiele zum Mohr'schen Kreis, welche die Auswirkungen der Drehung des Koordinatensystems sehr anschaulich zeigen.)

Aus den Transformationsgleichungen (Gl. 5.84, 5.85 und 5.86) lassen sich eine Reihe weiterer Schlussfolgerungen ziehen. So berechnet sich der Winkel α', bei dem die Schubspannungen verschwinden, zu:

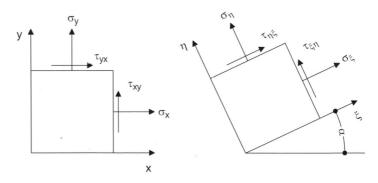

◼ **Abb. 5.24**   Drehung

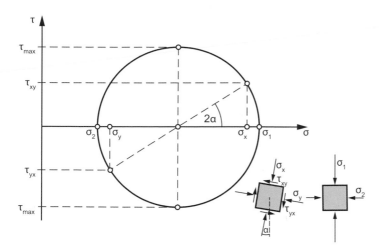

◘ **Abb. 5.25** Mohrscher Spannungskreis

$$\tan 2\alpha' = \frac{2\tau_{xy}}{\sigma_x - \sigma_y} \tag{5.87}$$

Gemäß Gl. 5.87 gibt es zwei senkrecht aufeinander stehende Richtungen, bei denen die Schubspannungen Null werden. Unter diesen *Hauptrichtungen* nehmen die beiden Normalspannungen die Extremalwerte σ_1 (max. Spannung) und σ_2 (minimale Spannung) an. Sie werden *Hauptspannungen* genannt:

Hauptrichtungen, Hauptspannungen

$$\sigma_{1,2} = \frac{\sigma_x + \sigma_y}{2} \pm \sqrt{\left(\frac{\sigma_x - \sigma_y}{2}\right)^2 + \tau_{xy}^2} \tag{5.88}$$

Unter dem *Hauptachsensystem* versteht man ein Koordinatensystem, dessen Achsen parallel zu den Hauptrichtungen stehen.

Schließlich berechnen sich die größten Schubspannungen zu:

$$\tau_{max} = \pm \frac{1}{2} \cdot (\sigma_1 - \sigma_2) \tag{5.89}$$

Den Beanspruchungszustand eines Bodenelements kann man nun auch im *räumlichen* Hauptachsensystem der Spannungen (bzw. Stauchungen) darstellen. Zur Veranschaulichung dieses kartesischen Koordinatensystems, welches den Hauptspannungs- bzw. Hauptdehnungsraum festlegt, sind in ◘ Abb. 5.26 zwei Ebenen mit entsprechenden Hilfslinien eingetragen. Die eine Ebene wird von der Raumdiagonalen senkrecht durchstoßen, die andere Ebene (mit 2 = 3) wird von ihr nicht verlassen.

Hauptachsensystem

5

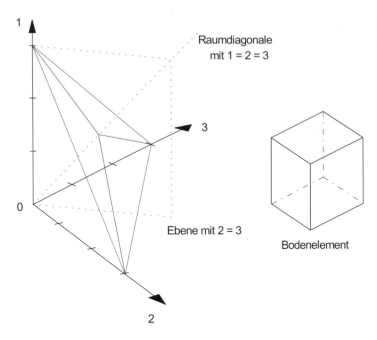

🔹 **Abb. 5.26**   Hauptachsensystem

Auf die Koordinatenachsen trägt man in der Bodenmechanik zweckmäßigerweise die Druckspannungen und Stauchungen als positiv wachsend auf.

Wird ein Bodenelement von allen Seiten mit gleichen Hauptspannungen $\sigma_1 = \sigma_2 = \sigma_3$ (als Druckspannungen) belastet, nennt man diesen Spannungszustand isotrop oder auch hydrostatisch. Hydrostatisch deswegen, weil ein solcher Spannungszustand auch in einer Flüssigkeit herrscht.

Flüssigkeit und Gas erträgt nur Druck

Man kann es auch so ausdrücken:

❯ In unbewegten Flüssigkeiten (und Gasen) herrscht immer ein isotroper Spannungszustand, Schubspannungen können nicht aufgenommen werden.

Isotrope Druck-Spannungszustände liegen auf der Raumdiagonalen des Spannungsraumes und führen zu einer homogenen Volumenverkleinerung, sofern das Bodenelement (d. h. die Probe eines Elementversuches) ebenfalls isotrop ist.

Die 🔹 Abb. 5.27 a) veranschaulicht diese isotrope Beanspruchung. Zunächst ist festzustellen:

❯ Unter einem isotropen Spannungszustand kann keine Probe zu Bruch gehen.

5.6 · Elementversuche und Stoffgesetze

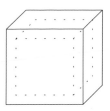 a isotrope Volumenänderung 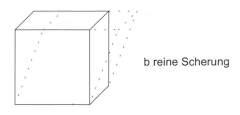 b reine Scherung

◻ **Abb. 5.27** Einfachste Formänderungen

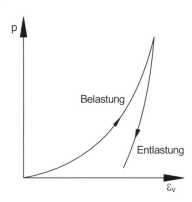

◻ **Abb. 5.28** Druck und Volumendehnung

Zur Beschreibung dieser Beanspruchung genügen zwei skalare Variablen, nämlich der Druck p und die Volumendehnung ε_v. Wir merken uns ferner:

❯ Bei Böden und Fels gilt generell, dass die Funktion $p = f(\varepsilon_v)$ zum einen nichtlinear ist und sich zum zweiten bei Be- und Entlastungen unterscheidet.

Diese grundlegende Eigenschaft ist in ◻ Abb. 5.28 schematisch dargestellt. Daraus ergibt sich, dass es für *einen* Druck *zwei* Volumendehnungen geben kann und das bedeutet, dass sich Boden und Fels an ihre Beanspruchungsgeschichte *erinnern*.

Volumetrisches Gedächtnis

Von der Raumdiagonalen abweichende Spannungszustände beinhalten auch Schubspannungen und bewirken für das Bodenelement auch Gestaltänderungen. In ◻ Abb. 5.27 b) ist beispielhaft die reine Scherung ohne Volumenänderung dargestellt.

Mit zunehmender Scherbeanspruchung, d. h. mit zunehmender Entfernung von der Raumdiagonalen im Spannungsraum, wird die Probe ebenfalls zunehmende Gestaltänderungen erleiden und schließlich in einem Bruchzustand versagen.

Die größte Entfernung von der Raumdiagonalen im Spannungsraum, die eine Bodenprobe gerade noch erträgt, kann als *Scherfestigkeit* aufgefasst werden. Wird ein solcher Spannungszustand beim Durchlaufen einer Beanspruchung erreicht, setzt

Scherfestigkeit

5

Mikro-Mechanik

eine unbegrenzte Gestaltänderung ein: Die Probe befindet sich im Grenzzustand, d. h. sie versagt oder – wie man auch sagt – sie „schert ab". Im Grenzzustand nehmen somit die Verformungen unbegrenzt zu, und die Scherspannungen bleiben konstant bzw. erreichen einen Maximalwert.

Mit obigen Erläuterungen wurde im Rahmen dieses Lehrbuch nur die Haustür zu dem Lehrgebäude der Kontinuumsmechanik geöffnet. Im Innern dieses Gebäudes wird zu Spannungen und Verformungen weit mehr erklärt. Wer sich weiter in das Thema einarbeiten möchte: Im Kapitel 1.7 [3] wird ein vertiefter Überblick zum Thema Stoffgesetze gegeben.

Neuerdings gibt es auch Bestrebungen, in Anbetracht der verfügbaren leistungsstarken Computer das Stoffverhalten von Böden vom „Korn-zu-Korn-Kontakt" her zu berechnen. Inwieweit sich mit derartigen mikroskopischen Betrachtungen bessere Prognosen des Materialverhaltens ergeben werden, ist genauso Gegenstand der Grundlagenforschung wie die Weiterentwicklung von Stoffgesetzen im Sinne der Kontinuumsmechanik.

5.6.6 **Fragen**

 1. Durch welche Eigenschaften ist ein Elementversuch definiert?

2. Was soll mit Elementversuchen ermittelt werden?

3. Warum wertet man die Elementversuche mit Stauchungen und Spannungen aus?

4. Was ist der Unterschied zwischen einem Spannungsvektor und einem Spannungstensor?

5. Was versteht man unter einem Stoffgesetz?

6. Wie lautet das Hooke'sche Gesetz in tensorieller Schreibweise?

7. Was versteht man unter elastisch? Was unter linear elastisch?

8. Ist Stahl elastisch oder eher plastisch?

9. Wann ist ein Material viskos?

10. Unter welchen Spannungen bricht eine Probe?

11. Was wird benötigt, um den Spannungszustand an einem Punkt anzugeben?

12. Was versteht man unter dem Hauptspannungsraum?

13. Wodurch unterscheidet sich die kontinuumsmechanische von einer mikroskopischen Betrachtungsweise?

14. Welche Spannungszustände kann ein Boden im Unterschied zu einer Flüssigkeit einnehmen?

Die Antworten zu diesem Fragen ergeben sich entweder unmittelbar aus dem Text des Kapitels oder aus dem Internet.

5.7 Zusammendrückbarkeit

5.7.1 Zweck

Wenn durch Bauwerke oder andere Einwirkungen der Baugrund belastet wird und damit die Druckspannungen im Boden zunehmen, werden sich unter dieser Spannungsänderung Setzungen einstellen. Diese Setzungen werden in ihrem zeitlichen Verlauf und ihrer Größe davon abhängen, in welchem zeitlichen Verlauf die Spannungssteigerungen auftreten und welche Schichten des Baugrunds davon betroffen sind.

Mit der Untersuchung der Zusammendrückbarkeit im Labor werden Kennwerte ermittelt, welche die Eigenschaften der betroffenen Bodenschichten beschreiben und mit denen eine rechnerische Setzungsprognose (▶ Abschn. 7.6.6) möglich wird. Da der Baugrund durch Bauwerke nicht isotrop zusammengedrückt wird, werden Versuche in einem speziellen Kompressionsgerät ausgeführt.

Prognose von Setzungen

5.7.2 Kompressionsgerät

Die Zusammendrückbarkeit von Böden wird in der Geotechnik üblicherweise im Kompressionsgerät – auch als *Ödometer* bezeichnet – untersucht. Die ◘ Abb. 5.29 zeigt einen Schnitt durch solch ein Gerät.

Im Ödometer wird eine zylindrische Bodenprobe seitlich durch einen glatten Stahlring umschlossen, was deren Seitendehnung verhindert. Wenn der Ring nicht auf dem unteren

Ödometer: Versuch mit behinderter Seitendehnung

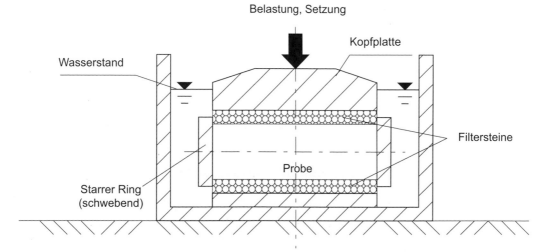

◘ **Abb. 5.29** Ödometer

5

Sockel aufsteht, nennt man ihn schwebend, was zur Folge hat, dass sich die Probenmitte bei der Belastung gegenüber dem Ring nicht verschiebt. Um darüber hinaus den Einfluss einer möglichen seitlichen Reibung am Ring gering zu halten, weisen die Proben mit üblichen Durchmessern von 5 cm $\leq$ D $\leq$ 10 cm nur eine vergleichsweise geringe Anfangshöhe von $h_0 = 1,5$ cm bis 3 cm auf. Über und unter der Probe sind jeweils Filtersteine angeordnet, durch die ggf. Porenwasser abströmen kann. (Im Rahmen von Forschungsarbeiten hat man auch Geräte entwickelt, wo an der Unterseite der Probe statt einem Filter ein Wasserdruckaufnehmer angeordnet ist.)

Die Bodenprobe wird im Versuch axial über eine starre Kopfplatte und eine darauf einwirkende Belastungseinrichtung belastet bzw. auch wieder entlastet. Bei modernen Geräten wird die Kopfplatte sehr steif hergestellt und verdrehungsfrei geführt, so dass deren Verkippung während des Versuches sicher ausgeschlossen wird.

Messgrößen s und t

Im Kompressionsgerät treten somit nur drei Größen auf, die gemessen werden müssen: Axialkraft F, Setzung der Kopfplatte s und die Zeit t, in der sich diese Größen ändern. Bei den Routinegeräten entfällt auch die Messung der Axialkraft, da sie über das Auflegen von Massen erzeugt wird. Man verwendet hierzu Hebelsysteme mit Übersetzungen von 1:5 oder 1:10, um die aufgelegten Massen nicht zu groß werden zu lassen. (Es gibt auch Ödometer, bei denen der Vorschub geregelt wird und die dabei auftretenden Kräfte gemessen werden).

Über die axial eingeleitete Kraft F lässt sich nach Gl. 5.77 die von außen auf die Probe einwirkende Spannung ermitteln. Es wird bei der Versuchsauswertung angenommen, dass sich die Spannung σ über die Probenfläche gleichmäßig verteilt. Da in dieser Fläche keine Schubspannungen wirken, handelt es sich bei σ um eine Hauptspannung. Die Stauchung wird nach Gl. 5.76 ermittelt.

Die Dehnungen in den Richtungen 2 und 3 sind Null, die Spannungen $\sigma_2 = \sigma_3$ sind nicht Null, werden aber beim Routineversuch nicht gemessen.

Die Proben können auch unter Wasser zusammengedrückt werden, da das Gerät in einem Behälter steht, der mit Wasser gefüllt werden kann (◘ Abb. 5.29).

5.7.3 Kompressionseigenschaften nichtbindiger Böden

Wir wollen grundsätzlich nur Versuche betrachten, bei denen die Proben in Routinegeräten mit aufgelegten Massen stufenweise belastet werden.

Bei nichtbindigen Böden klingen die Setzungen nach dem Aufbringen der jeweiligen Laststufe so schnell ab, dass der zeitliche Verlauf der Setzung keine Rolle spielt.

In ◘ Abb. 5.30 sind Druckspannungs-Stauchungs-Diagramme von Proben des Sandes wiedergegeben, dessen Körnungslinie in ◘ Abb. 5.6 dargestellt ist. Der Sand wurde jeweils trocken einmal mit ganz lockerer Lagerung und zum anderen sehr dicht in das Kompressionsgerät eingebaut. Es ist hier ein Spannungsbereich zwischen $\sigma = 0$ bis maximal $\sigma = 800 \ kN/m^2$ untersucht worden. Aus den Messpunkten sind die abschnittsweisen Steigerungen der Spannungen abzulesen.

Zwischen zwei Laststufen kann mit einer geradlinigen Verbindung (Sekante) eine *Steifigkeit* ermittelt werden. Diese Steigung in der $\sigma - \varepsilon$ – Kurve, die aus Kompressionsversuchen mit behinderter Seitendehnung gewonnen wird, heißt in der Bodenmechanik *Steifemodul* E_s:

Steifemodul

$$E_s = \frac{\Delta\sigma}{\Delta\varepsilon} \tag{5.90}$$

Aus dem Verlauf der Kurven zeigt sich, dass der Steifemodul E_s keine Konstante ist, sondern vom Spannungsniveau abhängt. Das liegt auch daran, dass bei diesem Versuch für die Probe keine Seitendehnung möglich ist. Die Probe wird einaxial zusammengedrückt, wird immer dichter dabei und kann niemals versagen.

Als Steifemodule ergeben sich bei dem Versuch am Sand je nach dem Spannungsniveau die in ◘ Abb. 5.30 jeweils eingetragenen Werte. Mit zunehmenden Spannungen nimmt auch die Steifigkeit zu.

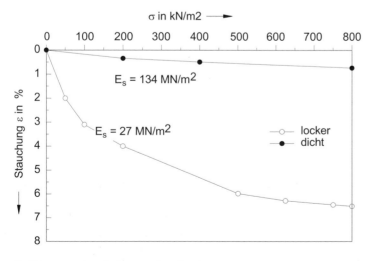

◘ **Abb. 5.30**   Druck-Setzung vom Sand

Mit der Setzung der Probe lässt sich auch die Änderung der Porenzahl berechnen, sofern auch die Trockenmasse der Probe bestimmt wird.

Besser dynamisch!

Wie man an den Kurven sieht, kann im Ödometer der locker eingebaute Sand wenig, der dicht gelagerte kaum zusammengedrückt werden. Dies ist eine grundlegende Materialeigenschaft nichtbindiger Böden, von Sanden und Kiesen. Ein Gedanke liegt vielleicht nahe: Wenn diese Böden nicht schon ohnehin dicht gelagert sind, dann können sie mit zyklischer oder gar dynamischer Beanspruchung besser verdichtet werden.

5.7.4 Konzept der effektiven Spannungen

Bevor auf die Kompressionseigenschaften bindiger Böden eingegangen wird, soll folgende Beobachtung vorangestellt werden:

Ein unter Wasser (geologisch jung) sedimentierter Seeton weist in Ufernähe oberflächlich eine weiche oder sogar breiige Konsistenz auf. In ◐ Abb. 5.31 weise das Bodenelement 1 diese Eigenschaft auf. Unter dieser Schlammschicht wird der Boden tragfähiger (Bodenelement 2).

Schlamm auch im Seetiefsten

Mit zunehmender Wassertiefe und damit zunehmendem hydrostatischem Wasserdruck ändert sich an dieser Konsistenz nichts, denn auch im tieferen Bereich wird zunächst diese Schlammschicht angetroffen (Element 3). Daraus folgern wir, dass der zunehmende Wasserdruck offensichtlich nicht in der Lage ist, den Schlamm zu verdichten und damit zu verfestigen.

Die steifere Konsistenz der Bodenelemente 2 und 4 rührt somit von der jeweils darüber liegenden Bodenschicht her, die zur Verdichtung des früher sedimentierten Schlamms geführt hat.

effektive Spannungen

Diese elementare Beobachtung macht Terzaghis Definition der effektiven Spannungen sinnvoll:

$$\sigma_i' = \sigma_i - u \left(\text{für } i = 1, 2, 3 \right) \tag{5.91}$$

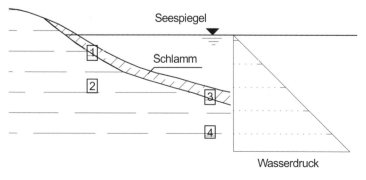

◐ **Abb. 5.31**   Schlamm im See

In Gl. 5.91 sind die Spannungen σ_i die auf ein Boden-element von außen einwirkenden Hauptspannungen, die Terzaghi als die *totalen Spannungen* bezeichnet. Mit u wird der Porenwasserdruck bezeichnet.

Mit den so definierten effektiven Spannungen führte Terzaghi das *Konzept der effektiven Spannungen* wie folgt ein:

> ❯ *„Alle messbaren Effekte einer Spannungsänderung, wie z. B. Zu-sammendrückung, Scherung und eine Änderung des Scherwider-stands sind nur der Änderung der effektiven Spannungen σ'_1, σ'_2 und σ'_3 zuzuschreiben."* [4]

Das effektive Konzept von Terzaghi

Die obige Beobachtung vom Seeton und viele weitergehende Versuchsergebnisse belegen, dass dieses Konzept für Böden in sehr vielen Fällen zutrifft, weshalb ihm eine grundlegende Be-deutung zukommt.

Zur Veranschaulichung des Konzeptes kann man sich eine Menschenpyramide vorstellen, die beispielsweise im Zirkus hin und wieder auftritt. Wir stellen uns vor, dass sich diese Pyramide in einem gefüllten Wasserbecken aufbaut. Die untersten Artisten (mit Sauerstoffgerät) tragen auf den Schul-tern die größte Last, was sie auch ziemlich in die Knie gehen lässt. Ganz schlimm wird es für sie, wenn ein böser Bube das Wasser aus dem Becken ablässt. Schon jetzt versteht man, warum Grundwasserabsenkungen zu Setzungen führen.

Bei den theoretischen Begründungen für Terzaghis Kon-zept gibt es übrigens in der Fachliteratur einige Verständnis-schwierigkeiten. Wir begnügen uns mit dessen praktischer An-wendung.

5.7.5 Kompressionseigenschaften bindiger Böden

■ **Zeit-Setzungs-Verhalten (Konsolidation)**

Bindige Böden, die unter Wasser sedimentiert wurden, werden häufig – auch wenn sie heute oberhalb des Grundwasserspiegels anstehen – wegen ihrer kapillaren Eigenschaften als wasser-gesättigt angetroffen. Zunächst sollen also wassergesättigte bin-dige Böden betrachtet werden, für welche die nachfolgend dar-gestellten Eigenschaften typisch sind.

Es wird eine Probe aus Seeton betrachtet, die beinahe flüs-sig, etwa mit dem Wassergehalt an der Fließgrenze w_L, in das Kompressionsgerät eingebaut wurde. Der Versuch wird unter Wasser durchgeführt, wobei die sehr kleine Wassersäule im Kompressionsgerät als hydrostatisch verteilter Wasserdruck auf die Probe vernachlässigt werden kann.

Start bei w_L – die Probe hat (noch) kein Gedächtnis

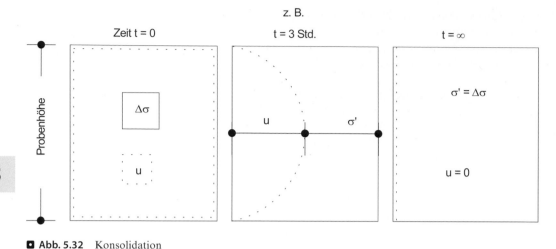

5

◘ Abb. 5.32   Konsolidation

Es wird mit dem Auflegen eines Gewichtes über das Hebel-system auf die Kopfplatte des Kompressionsgerätes „plötz-lich" eine Spannung von z. B. $\sigma = 50$ kN/m² aufgebracht. Un-mittelbar nach dieser (totalen) Spannungssteigerung wird der Porenwasserdruck u etwa um das gleiche Maß ansteigen, da das Wasser aus dem Porenraum der Probe zunächst noch nicht abfließen kann (auf dieses verzögerte Abfließen im Vergleich zu den nichtbindigen Böden wird im ▸ Abschn. 5.9 noch ge-nauer eingegangen werden). Dieser Zustand ist in ◘ Abb. 5.32 ganz links dargestellt. Die totale Spannungserhöhung ist mit einer durchgezogenen Linie, der Porenwasserdruck gestrichelt dargestellt. Zum Zeitpunkt t = 0, also unmittelbar nach Last-erhöhung, ist $\Delta\sigma = u$ über die gesamte Probenhöhe.

(Anmerkung: Auf eine vektorielle Kennzeichnung der Spannung wird hier verzichtet).

Die effektiven Spannungen sind zu diesem Zeitpunkt an jeder Stelle

$$\sigma' = \sigma - u = 50 - 50 = 0 \text{ kN/m}^2, \tag{5.92}$$

was auch zur flüssigen Konsistenz der Probe in dieser Ver-suchsphase passt. Auch hier wird der Einfluss der sehr gerin-gen Probehöhe auf den Verlauf der effektiven Spannungen über die Höhe vernachlässigt.

Porenwasserüberdruck

Gegenüber der Umgebung steht das Porenwasser damit unter einem höheren Druck, was ein Abströmen des Poren-wassers aus dem Innern der Probe auslöst. An den Rändern der Probe wird sich der Druckunterschied sehr schnell ab-bauen. Im Innern wird dies wegen der geringen Wasserdurch-lässigkeit des Tons zeitlich verzögert vor sich gehen.

Der in ◘ Abb. 5.32 in der Mitte dargestellte Zustand zeigt beispielhaft die Verteilung des Porenwasserdrucks bzw. der effektiven Spannungen über die Probenhöhe beispielsweise 30 min nach der Lastaufbringung. Dort, wo sich der Porenwasserdruck bereits stark abgebaut hat, haben die effektiven Spannungen nach Gl. 5.92 schon entsprechend stark zugenommen.

Unmittelbar nach der Lastaufbringung wird die Setzungsgeschwindigkeit groß sein und danach allmählich geringer werden. Das Abströmen des Porenwassers wird zum allmählichen Abbau des Porenwasserüberdruckes führen bis zum Schluss u = 0 ist und damit

$$\sigma' = \Delta\sigma = 50\,kN/m^2, \tag{5.93}$$

was in ◘ Abb. 5.32 ganz rechts dargestellt ist.

Das Ende der Setzung ist dann erreicht, wenn kein Stauchungszuwachs mehr gemessen wird, d. h. die Setzungsrate Null wird. Um das festzustellen, wird man entsprechend lange warten müssen. Aus der anfänglichen zähen Flüssigkeit ist nach dieser Belastung und nun erfolgten Verdichtung schon eher ein Boden geworden.

Setzungsrate = 0

Eine erneute „plötzliche" Laststeigerung z. B. um weitere $\Delta\sigma = 50\,kN/m^2$ wird zunächst wieder vollständig vom Porenwasser aufgenommen. Danach läuft ein vergleichbarer Vorgang – wie oben beschrieben – ab. Am Schluss der zweiten Laststufe beträgt die effektive Spannung $\sigma' = 100\,kN/m^2$.

schon wieder
Porenwasserüberdruck

Wenn sich nach dem Abbau des Porenwasserdrucks die Probe nicht mehr setzt, ist ein Vorgang abgeschlossen, der in der Bodenmechanik als *Konsolidation*, und hier noch genauer als *Primärkonsolidation* bezeichnet wird.

Konsolidation

Die ◘ Abb. 5.33 veranschaulicht die Primärkonsolidation, wie sie bei einer Probe vom Seeton jeweils nach der Aufbringung von 4 Laststufen gemessen wird.

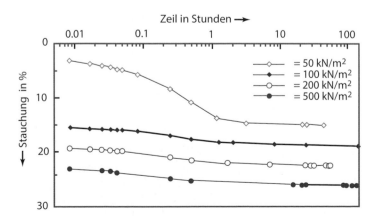

◘ **Abb. 5.33** Konsolidation des Seetons

5

Modellgesetz

Es ist sinnvoll, zur Darstellung des Zeit-Setzungs-Verhaltens für die Zeit-Achse einen logarithmischen Maßstab zu wählen. In dieser halb-logarithmischen Darstellung ergibt sich oft ein S-förmiger Kurvenverlauf.

Für die zeitliche Prognose der Konsolidation kann ein Modellgesetz herangezogen werden, was sich auch mit Terzaghis Konsolidierungstheorie – die hier nicht dargestellt wird – begründen lässt. Danach hängt die Konsolidierungszeit quadratisch von der Schichtdicke ab.

Für die praktische Anwendung dieses Gesetzes ist zu empfehlen, den Spannungsbereich in den Versuchen nachzuvollziehen, der in der Natur – durch die Baumaßnahme bedingt – auftritt. Die Zeit T, die sich für die Bodenschicht mit der der Dicke D bis zum Erreichen einer bestimmten Konsolidationsphase ergibt, berechnet sich aus der entsprechenden Zeit t im Versuch mit einer Probendicke d zu:

$$T = t \cdot \frac{D^2}{d^2} \tag{5.94}$$

Entwässerungsbedingung

Um das Gesetz anwenden zu können, müssen auch die hydraulischen Randbedingungen vergleichbar sein: Bei üblichen Kompressionsversuchen kann die Probe wegen der unten und oben angeordneten Filtersteine in beiden Richtungen entwässern. Wenn in der Natur eine Schicht nur einseitig entwässern kann, weil sie z. B. auf einer wasserstauenden Felsschicht aufliegt, wird für d nur die Hälfte in die Formel eingesetzt.

Hier soll bereits erwähnt werden, dass die in den Kurven von ◘ Abb. 5.33 erkennbare weitere, sehr langsame Zunahme der Stauchungen ab t ≈ 3 h als „Sekundärkonsolidation" bezeichnet wird, worauf weiter unten noch etwas genauer eingegangen wird.

■ **Druck-Setzungs-Verhalten**

Aus den beschriebenen Vorgängen ergibt sich in Übereinstimmung mit Terzaghis Konzept, dass die Setzung bzw. Stauchung der Probe eindeutig nur von der effektiven Spannung σ' abhängt. In einer mathematischen Spannungs-Dehnungs-Beziehung, d. h. in einem Stoffgesetz, müssen also die effektiven Spannungen σ' mit den Stauchungen ε verknüpft werden.

Boden ist kein Hooke'sches Material

Wie aus ◘ Abb. 5.34 ersichtlich, nehmen die Zuwächse der Stauchung mit zunehmenden effektiven Spannungen allmählich ab. Verbindet man die Laststufen der Primärkonsolidation mit einer stetigen Kurve, so ist der Kurvenverlauf – viel deutlicher noch als bei den nichtbindigen Böden – stark nichtlinear. (Die unterschiedlichen Kurvenverläufe der einzelnen Versuche ergeben sich aus der Versuchsstreuung).

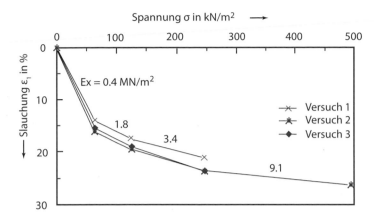

◘ Abb. 5.34 Druck-Setzung vom Seeton

Die sich ergebenden Steifemodule sind um Größen-ordnungen kleiner als bei nichtbindigen Böden (vgl. ◘ Abb. 5.30).

In einem Diagramm, in dem die effektiven Spannungen lo-garithmisch aufgetragen werden, ergibt sich in guter Nähe-rung eine Gerade. In der bodenmechanischen Literatur hat sich eine Darstellung durchgesetzt, bei der nicht die Stauchun-gen ε, sondern die Porenzahlen e auf eine linear geteilte Ordi-nate aufgetragen werden.

Unter der Annahme, dass sich nur das Porenvolumen und nicht das Feststoffvolumen der Probe zusammendrücken lässt, ergibt sich zwischen der Stauchung und der Porenzahl e (bzw. Porenanteil n) folgender Zusammenhang:

Nur das Porenvolumen wird zusammengedrückt

$$\varepsilon = \frac{e_1 - e_2}{1 + e_1} = \frac{n_1 - n_2}{1 - n_2} \qquad (5.95)$$

Hierbei bedeuten die Indizes 1 bzw. 2 den Zustand vor bzw. nach der dazugehörigen Stauchung ε.

Die ◘ Abb. 5.35 zeigt das Druck-Porenzahl-Diagramm, in das die Ergebnisse dreier Versuche am Seeton eingetragen wurden. Wie daraus ersichtlich, ist wegen des in dieser Dar-stellung geraden Kurvenverlaufs nun das Materialverhalten durch die zwei Parameter Achsabschnitt und Steigung fest-gelegt. Die Steigung im Diagramm wird als Kompressionsbei-wert C_c bezeichnet – nicht zu verwechseln mit der Krümmungs-zahl bei der Körnungslinie. Es gilt:

$$e = e_0 - C_c \cdot \log \frac{\sigma'}{\sigma_0} \qquad (5.96)$$

5

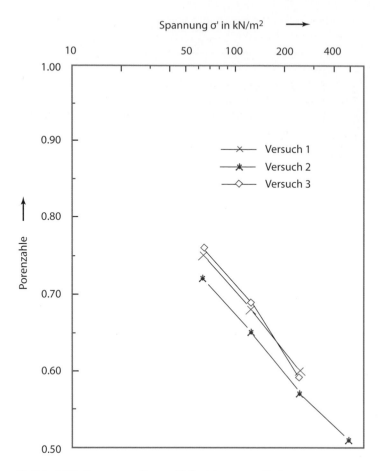

● **Abb. 5.35**   Spannungs-Porenzahl-Beziehung vom Seeton

Für den Achsabschnitt e_0 ist wegen des logarithmischen Ansatzes die dazugehörige Bezugsspannung σ_0 anzugeben. Für $\sigma_0 = 10$ kN/m² ergibt sich für alle drei Versuche im Mittel $e_0 = 0{,}97$ und als Kompressionsbeiwert $C_c = 0{,}27$. (Anmerkung: Wählt man für den Funktionsansatz den natürlichen Logarithmus ln ergibt sich ein anderer Zahlenwert für C_c).

normalkonsolidiert

Ein wichtiges Merkmal wiesen die bisher betrachteten Versuche auf: Die Proben wurden nie entlastet. Das führt uns zu einem neuen Begriff:

❯ Bindige Böden, die im Verlauf ihrer Entstehungsgeschichte nie entlastet wurden, nennt man *normalkonsolidiert*. Hier hat sich die Porenzahl eingestellt, die sich nach Konsolidation unter monotoner Belastung ergibt.

Aus obigen Darstellungen folgt, dass es für normalkonsolidierte Böden unter ödometrischer Belastung einen – bis auf die Versuchsstreuung – eindeutigen funktionalen Zusammenhang zwischen effektiver Spannung σ' und Stauchung ε bzw. Porenzahl e gibt.

Sekundärsetzungen Auf eine mögliche Abweichung von obiger Aussage soll kurz hingewiesen werden. Es gibt bindige, vor allem aber organische Böden, die sich auch nach dem Abbau des Porenwasserüberdruckes noch weiter zusammendrücken. Dieser Kriechvorgang wird als *Sekundärsetzung* bezeichnet.

Kriechen ohne Δu

In ◘ Abb. 5.33 ergeben sich – mit der dort gewählten logarithmischen Zeitachse – nach Abschluss der Primärkonsolidation häufig gerade Kurvenabschnitte, die mit Gl. 5.97 beschrieben werden können:

$$\varepsilon = \varepsilon_a - C_t \cdot \log \frac{t}{t_a} \qquad (5.97)$$

Dabei bedeuten t_a die Zeit, nach der die Kurven den geraden Verlauf bekommen, ε_a die dazugehörige Dehnung und die C_t die Steigung der Geraden im halblogarithmischen Diagramm.

Zeigen Böden Sekundärsetzungen, ist somit die Spannungs-Dehnungs-Beziehung nur für eine bestimmte Stauchungsrate eindeutig.

Überkonsolidierte Böden Bisher wurde nur das Zusammendrückungsverhalten bindiger Böden betrachtet, die ausgehend von flüssiger Konsistenz immer weiter belastet wurden.

Wird eine bindige Probe (plötzlich) entlastet, stellt sich ein Porenwasserunterdruck ein, dessen (betragsmäßige) Abnahme allmählich zum Schwellen der Probe führt. Als wichtiges Merkmal des Materialverhaltens bindiger Böden ist festzustellen, dass die entlasteten Proben nicht so viel Wasser aufnehmen, dass sich eine Entlastungskurve ergibt, die mit der Belastungskurve wieder zusammenfällt (vgl. auch ◘ Abb. 5.28). Vielmehr reagiert der Boden sehr viel „steifer".

Entlastung und Schwellen

Bei einer nachfolgenden Wiederbelastung wird ein annähernd gleich steifes Verhalten gemessen. Erst mit dem Erreichen der alten Konsolidationsspannung „knickt" die weitere Zusammendrückung in die Kurve der Normalkonsolidation ein.

ein Knick!

Die ◘ Abb. 5.36 zeigt hierzu das an einer Sonderprobe vom Seeton gemessene Materialverhalten. Wie man aus dem anfänglich flacheren Kurvenverlauf der ersten Laststufen erkennt, *erinnert* sich die Probe an eine Vorbelastung, die sie in der Natur erfahren hat.

überkonsolidierter Ton mit Gedächtnis

Bei etwa σ' ≈ 150 kN/m² wird in diesem Diagramm die Linie der Normalkonsolidation erreicht. Die weitergehende Belastung zeigt die unter dem Kompressionsbeiwert C_C geneigte Druck-Porenzahl-Kurve der Normalkonsolidation. Bei

5

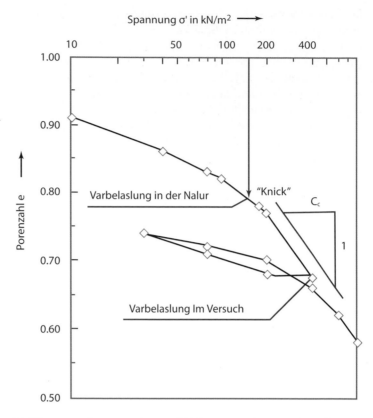

□ **Abb. 5.36** Spannungs-Porenzahl-Diagramm einer *Sonderprobe* vom Seeton

$\sigma' = 400$ kN/m² wird die Probe im Versuch auf $\sigma' = 25$ kN/m² entlastet und anschließend wiederbelastet. Wie zu erwarten, schwenkt auch hier mit weitergehender Belastung der Kurvenverlauf beim Erreichen der Vorbelastung in die Kurve der Normalkonsolidation ein.

Für eine bestimmte Dichte, z. B. mit der Porenzahl e = 0,70, können im Diagramm drei Spannungen abgelesen werden: Eine auf der Kurve der Normalkonsolidation, eine auf dem Entlastungs- und eine auf dem Wiederbelastungsast.

❯ **Wichtig**

Hat ein bindiger Boden auch Entlastungen erfahren, kann über dessen Porenzahl allein keine eindeutige Beziehung zur effektiven Spannung σ' hergestellt werden.

Merke: Ein überkonsolidierter Ton kann sich an seine Vorbelastung – zumindest teilweise – erinnern!

Diese Eigenschaft bindiger Böden, die sich bei Entlastungen zeigt, hat weitreichende Konsequenzen. So haben viele bindige Böden im Laufe der Erdgeschichte Belastungen erfahren, an die sie sich heute noch – zumindest teilweise – erinnern. Derartige Böden nennt man *überkonsolidiert*.

In der Praxis muss aus diesem Grund bei bindigen Böden zuerst immer untersucht werden, ob sie überkonsolidiert sind.

Dies kann auf zweierlei Weise geschehen: Zum einen kann deren Dichte ermittelt werden und mit der eines Spannungs-Porenzahl-Diagramms verglichen werden, welches an einer aufbereiteten Probe gewonnen wurde. Zu diesem Vergleich wird die effektive Spannung herangezogen, unter der die Probe im Gelände stand. Zum andern kann ein Kompressionsversuch an einer möglichst ungestörten Probe durchgeführt werden. Ist die Probe überkonsolidiert, wird im Druck-Porenzahl-Diagramm ein Knick bei einer höheren effektiven Spannung auftreten als bei der, unter der sie belastet war.

Dort, wo die Spannung erreicht wird, an die sich die Probe noch erinnert, wird der Kurvenverlauf in den geraden Abschnitt übergehen, der zu ihrer Normalkonsolidation gehört. Dieser Übergang ist im Laborversuch häufig leider schwer auszumachen, da der Vorbelastungs-Knick im Diagramm wenig ausgeprägt erscheint.

Des Weiteren ist hier zu bedenken, dass das Gedächtnis überkonsolidierter Tone allmählich schwindet. In sehr langen Zeiten wird dann durch die anhaltenden Schwellvorgänge ein annähernd normalkonsolidierter Ton entstehen.

> Erforsche und teste das Gedächtnis!

> oder doch vergesslich!?

5.7.6 Fragen

❓ 1. Wie werden die Spannung und die Dehnung bei einem Kompressionsversuch ermittelt?

2. Wie unterscheiden sich die Steifemodule nichtbindiger von denen bindiger Böden?

3. Warum kann durch die Erhöhung des Wasserdrucks keine Probe verdichtet werden?

4. Im ▶ Abschn. 5.7.4 lässt der „böse Bube" das Wasser aus dem Becken ab, in der sich die Menschenpyramide formiert hat. Erklären Sie, warum die Artisten nach dem Trockenlegen des Beckens noch mehr Last zu tragen haben.

5. Ein Behälter ist bis zum Rand mit weichem, wassergesättigtem Seeton gefüllt. Setzt sich die Oberfläche des Seetons, wenn unten aus dem Behälter das Wasser abläuft?

6. Welche Bodeneigenschaft wird das Zeit-Setzungsverhalten stark beeinflussen?

7. Wie gelingt näherungsweise eine zeitliche Abschätzung des Konsolidationsverhaltens?

8. Warum ist der Steifemodul keine Konstante?

9. Warum nimmt der Steifemodul mit zunehmenden Spannungen ebenfalls zu?

10. Warum ist der Steifemodul bei Wiederbelastungen größer als bei Erstbelastungen?

11. Kann der Kompressionsbeiwert tatsächlich konstant sein?

12. Warum führt die Angabe der Porenzahl nur bei normalkonsolidierten Böden zu einer eindeutigen effektiven Spannung?

13. Wie kann man die Spannung bestimmen, unter der ein Ton auskonsolidiert ist?

Antworten zu den Fragen- sofern sie sich nicht unmittelbar aus dem Text ergeben – finden sich im Anhang. A.2.

5.8 Scherfestigkeit

5.8.1 Erste Gedanken

Sanduhr und Erdnusspäckchen

Eine Sanduhr zeigt zwei Eigenschaften von trockenem Sand: Zum einen rieselt er in seiner Funktion als Zeitmesser ohne „Festigkeit" aus dem oberen Glaskolben durch die Verengung in den unteren. Im Unterschied zu einer Flüssigkeit bildet der Sand im unteren Kolben eine Böschung.

Vakuumverpackte Erdnüsse, Kaffee oder Sand sind demgegenüber ziemlich fest und erst beim Öffnen der Packung stellt sich ihre Rieselfähigkeit wieder ein.

auf Sand gebaut

Mit der Redewendung „auf Sand gebaut haben" will man ausdrücken, dass man auf etwas vertraut hat, was zweifelhaft ist und folglich scheitern wird. Sie geht zurück auf ein Gleichnis aus dem Neuen Testament: „Wer aber meine Worte hört und nicht danach handelt, ist wie ein unvernünftiger Mann, der sein Haus auf Sand baute. Als nun ein Wolkenbruch kam und die Wassermassen heranfluteten, als die Stürme tobten und an dem Haus rüttelten, da stürzte es ein und wurde völlig zerstört." (Matthäus 7, 26–27).

...seid Sand im Getriebe der Welt

Der Seeton verhält sich im Unterschied zu Sand ganz anders: Bei entsprechend hohen Wassergehalten ist er flüssig und durch weitergehende Konsolidation wird er immer fester. Im Unterschied zu einer trockenen Sandprobe bleibt deswegen ein ausgestochener zylindrischer Probekörper aus steifem Ton ohne Stützung mit senkrechter Mantelfläche auf dem Labortisch stehen. In diesem Zustand ist er überkonsolidiert und weist eine Festigkeit auf, die eine senkrechte „Böschung" erlaubt.

Bemerkenswert sind auch die steilen Einschnitte, die man in Hohlwegen im Löss findet. Der Colorado River hat die Schlucht des Grand Canyon bis zu 1800 m tief ausgewaschen und dabei sehr steile Felshänge hinterlassen.

Eine ausreichend dimensionierte Gründung lässt ein Bauwerk nicht einstürzen und eine richtig dimensionierte Böschung wird auch nicht abrutschen. Damit alles gut geht, muss die *Scherfestigkeit* von Boden und Fels richtig eingeschätzt werden.

Scherfestigkeit

5.8.2 **Schergesetze**

Nach dem Konzept von Terzaghi soll auch die Scherfestigkeit nur von den effektiven Spannungen abhängen: Die effektiven Spannungszustände, bei denen die Scherfestigkeit erreicht wird, heißen *Grenzspannungszustände*, deren mathematische Beschreibung *Grenzbedingung*.

Das einfachste Schergesetz ist eine Gerade in einem τ_f-σ'-Diagramm (vgl. ◘ Abb. 5.37), die auch als Grenzbedingung nach Coulomb bekannt ist:

Reibungswinkel φ' und Kohäsion c'

$$\tau_f = \sigma' \cdot \tan \varphi' + c' \qquad (5.98)$$

Das Materialverhalten wird hier durch die Materialkonstanten φ' (= effektiver Reibungswinkel) und c' (= effektive Kohäsion) beschrieben. Reibungswinkel und Kohäsion werden auch als Scherfestigkeitsparameter bezeichnet. (Im Hauptspannungsraum erscheinen sie als Maß für die Steigung und den Achsabschnitt eines Pyramidenstumpfes, was als Mohr-Coulomb'sche Grenzbedingung bezeichnet wird.)

Wie in den nachfolgenden Abschnitten erläutert wird, weisen nichtbindige Böden nur einen Scherfestigkeitsparameter, den Reibungswinkel φ' auf, der für praktische Aufgaben häu-

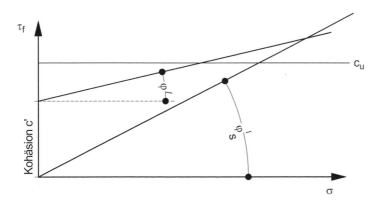

◘ Abb. 5.37 Scherparameter

5

fig nur auf Basis von Erfahrungswerten geschätzt wird. Eine Besonderheit stellt bei Sanden die Kapillarkohäsion dar, worauf weiter unten noch eingegangen wird.

Schwieriger sind die Ermittlung und Festlegung der Scherfestigkeitsparameter von bindigen Böden. Bei diesen Böden sind Laborversuche angebracht und notwendig.

Winkel der
Gesamtscherfestigkeit

Bei bindigen Böden werden insgesamt 4 Scherfestigkeitsparameter unterschieden. Normalkonsolidierter bindiger Boden wie Seeton verändert seine Scherfestigkeit (und damit seine Konsistenz) mit kleiner werdender Porenzahl von einer Flüssigkeit bis hin zu einem Tonstein. Dieses Verhalten wird wie bei nichtbindigen Böden formal ebenfalls mit einem Reibungswinkel – mit dem Winkel der Gesamtscherfestigkeit φ'_s – beschrieben.

undränierte Kohäsion c_u

Wird wassergesättigter Seeton so rasch belastet, dass sich die Dichte durch die Konsolidation nicht ändert, weist er formal eine rein kohäsive Scherfestigkeit auf, die mit der Kohäsion des undränierten Bodens c_u beschrieben wird (◘ Abb. 5.37).

Überkonsolidierte bindige Böden besitzen demgegenüber effektive Reibung φ' und effektive Kohäsion c' – hier gilt also Gl. 5.98.

Restscherfestigkeit

Von einer Restscherfestigkeit wird gesprochen, wenn man den minimalen Scherwiderstand meint, der sich nach großen Scherverschiebungen in einer Scherfuge einstellt.

Eine letzte Anmerkung zu den Schergesetzen: Wenn bei Elementversuchen Scherfugen an den Proben auftreten, ist die Voraussetzung der homogenen Verformung bei der üblichen Versuchsauswertung verletzt – eine Tatsache, über die in der Versuchsauswertung meist hinweggesehen wird.

5.8.3 Direkter Scherversuch

Da das direkte Schergerät oder Rahmenschergerät einige Gemeinsamkeiten zum Kompressionsgerät aufweist, soll es u. a. deswegen hier als erstes vorgestellt werden. Die Proben können kreisrund oder quadratisch sein. Im letzteren Fall wird das Gerät auch als Kastenschergerät bezeichnet. Die Größe des Rahmens muss dem größten Korndurchmesser der Probe angepasst werden.

Meist werden bindige Böden untersucht, bei denen die Ringe bzw. Kästen einen Innendurchmesser bzw. eine Innenweite von 5 cm bis 10 cm aufweisen. Der Einbau ungestörter Proben ist nicht einfach und erfordert spezielle Werkzeuge.

eine erzwungene Scherfläche

Wie beim Kompressionsgerät wird auch beim direkten Schergerät die Normalkraft N üblicherweise über ein Hebelsystem durch das Auflegen von Gewichten aufgebracht.

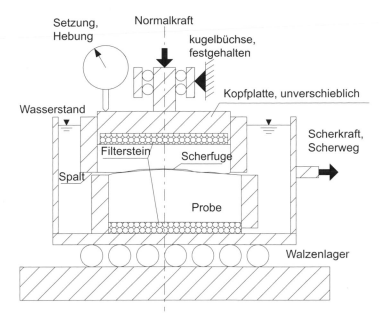

Setzung, Hebung

Normalkraft

kugelbüchse, festgehalten

Kopfplatte, unverschieblich

Wasserstand

Filterstein

Scherfuge

Scherkraft, Scherweg

Spalt

Probe

Walzenlager

◘ Abb. 5.38 Direktes Schergerät

Moderne Geräte arbeiten auch mit einer elektrischen oder pneumatischen Kraftaufbringung. Wie aus ◘ Abb. 5.38 ersichtlich, weist das direkte Schergerät allerdings *zwei* starre Ringe (oder Kästen) auf, die in einer Richtung horizontal gegeneinander verschoben werden können. Wird nun die untere Probenhälfte gegenüber der oberen herausgezogen, muss sich bei einer solchen Scherverschiebung in der Probe gezwungenermaßen (zwischen der Ober- und Unterprobe) eine Scherfläche einstellen.

Bei Geräten moderner Bauart werden die Schereinrichtung und der Belastungsstempel mit Kugel- bzw. Walzenlagern so geführt, dass jegliche Verkantungen und somit auch Verklemmungen ausgeschlossen sind. Mit dieser Bauweise kann auch eine minimale Spaltweite zwischen den beiden Ringen (oder Kästen) eingestellt werden. Die Spaltweite lässt sich bei dem in ◘ Abb. 5.39 dargestellten Gerät sogar – sehr genau – einstellen. Je kleiner die Spaltweite ist, desto weniger können Bodenpartikel in den Spalt hineinwandern. *(Parallelführung)*

Je nach deren natürlichen oder im Versuch eingestellten Vorbelastung (Vorkonsolidation) sind die bindigen Proben normal- oder überkonsolidiert.

Beim Abscheren werden der Scherweg s, die Scherkraft T und ggf. auch die Höhenänderung der Kopfplatte gemessen. Die Schergeschwindigkeit wird meist über ein Getriebe vorgegeben, es handelt sich somit um einen vorschubgesteuerten Versuch. Mit einer Zeiterfassung kann die Geschwindigkeit kontrolliert werden. *(Abscheren!)*

5

◙ **Abb. 5.39**   Direktes Schergerät mit einstellbarem Spalt

Im direkten Schergerät wird sich im Allgemeinen beim Abscheren der Probe auch der Porenwasserdruck in der Scherfuge bzw. in deren Umgebung ändern. Wie sich diese Änderung vollzieht, kann nicht gemessen oder beeinflusst werden. Man wird daher das Scheren so langsam durchführen, dass mögliche Änderungen des Porenwasserdrucks vernachlässigt werden können. Somit ist die von außen über die Gewichte eingestellte Normalspannung im Sinne von Terzaghi immer effektiv.

kein Elementversuch!

Selbst bei ganz geringen Schergeschwindigkeiten wird im direkten Schergerät dennoch kein Elementversuch (vgl. ▶ Abschn. 5.6.4) realisiert, da man den wirklichen Spannungs- bzw. Verformungszustand in der Probe bzw. in der Scherfuge nicht kennt. Auch ist die sich tatsächlich einstellende Scherfugengeometrie unbekannt.

Wie werden die Spannungen berechnet?

In der Praxis wird der direkte Scherversuch so ausgewertet, dass zur Ermittlung von Normalspannung σ' und Scherspannung τ jeweils die Anfangsprobenfläche A_0 zu Grunde gelegt wird, d. h.

$$\sigma' = \frac{N}{A_0} \text{ und } \tau = \frac{T}{A_0} \tag{5.99}$$

In der Literatur findet man auch den Vorschlag, der Auswertung die jeweils aktuelle Scherfläche zu Grunde zu legen, die mit zunehmendem Scherweg abnimmt.

Als Versuchsergebnis eines direkten Scherversuches wird die Scherspannungs-Scherweg-Beziehung erhalten. Wenn die Höhenänderung ermittelt wurde, kann auch diese Größe über dem Scherweg dargestellt werden. Für eine Auswertung hinsichtlich der effektiven Scherparameter φ' und ggf. c' erhält man nur einen Punkt im Normalspannungs-Scherfestigkeits-Diagramm, wenn man keine mehrstufigen Versuche durchführt.

Zur Ermittlung einer Schergeraden sollten mindestens drei Proben unter verschiedenen Normalspannungen abgeschert werden.

5.8.4 Dreiaxialversuch

Neben dem direkten Schergerät wird zur Bestimmung der Scherfestigkeitseigenschaften auch das Dreiaxialgerät (oder auch Triaxialgerät) eingesetzt. Wegen des deutlich höheren Aufwands an Versuchstechnik, Probenvorbereitung und Versuchsauswertung werden Dreiaxialversuche meistens nur an bindigen Böden und bei entsprechend anspruchsvollen Aufgabenstellungen ausgeführt.

Die ◘ Abb. 5.40 zeigt schematisch den Aufbau eines Dreiaxialgeräts. Hier wird eine zylindrische Probe in einer meist mit Wasser gefüllten Druckzelle allseitig über einen Zelldruck und axial über eine starre Platte beansprucht. In der Druckzelle ist stets die Hauptspannung $\sigma_2 = \sigma_3$, d. h. alle möglichen Spannungspfade liegen in einer Fläche des Hauptspannungsraums (vgl. ◘ Abb. 5.26). Insofern ist die Bezeichnung Dreiaxialversuch etwas irreführend.

Druckzelle!

Die zylindrische Probe ruht auf einem Sockel und ist oben mit einer Kopfplatte abgedeckt. Seitlich ist die Probe von einer Gummihülle umschlossen, die mit O-Ringen am Sockel und an der Kopfplatte gegenüber dem Zellwasser abgedichtet wird. Über zentrische, wassergesättigte Filtersteine kann die Probe ggf. entwässern. Die Wassermenge kann über eine gläserne Bürette gemessen werden.

Auf die Drainageleitung kann auch ein Gegendruck aufgebracht werden („back pressure"), um z. B. den Wasserdruck im Boden nachzubilden oder um die Probe zu sättigen. Die Dränageleitung lässt bei geschlossenem System auch die Messung des Porenwasserdrucks im Innern der Probe zu. Wenn nichtbindige Proben untersucht werden sollen, bedient man sich mit speziellem Einbauwerkzeug eines Vakuums, um den Probekörper vorübergehend zu stützen. (Man denke an die vakuumverpackten Erdnüsse).

Messung von u, back pressure

Die Probe wird bei Routineversuchen zunächst durch das Aufbringen eines isotropen Zelldrucks

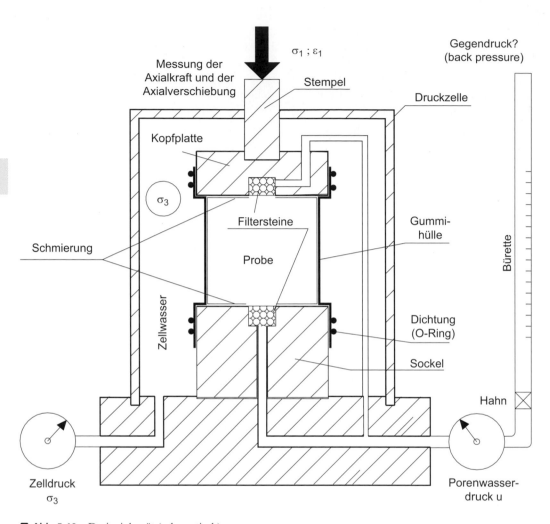

Gegendruck?
(back pressure)

$\sigma_1 ; \varepsilon_1$

Messung der
Axialkraft und der
Axialverschiebung

Stempel

Druckzelle

Kopfplatte

σ_3

Filtersteine

Gummi-
hülle

Probe

Schmierung

Bürette

Zellwasser

Dichtung
(O-Ring)

Sockel

Hahn

Zelldruck
σ_3

Porenwasser-
druck u

⊡ Abb. 5.40 Dreiaxialgerät (schematisch)

$$\sigma_1 = \sigma_2 = \sigma_3 \tag{5.100}$$

- ggf. unter der Wirkung eines Gegendrucks in der Dränageleitung („back-pressure") – konsolidiert. In dieser Versuchs-
phase kann die Probe auch gesättigt und näherungsweise in
den Spannungszustand zurückversetzt (rekonsolidiert) werden, unter dem sie in der Natur gestanden hat.

Nach Abschluss der Konsolidations- bzw. ggf. auch Schwell-
phasen wird die Probe meist gestaucht. Hierzu wird der Stempel mit einer vorschubgesteuerten Presse in die Zelle hinein geschoben und die dabei auftretende Axialkraft gemessen. Das
Stauchen der Probe wird auch als Abscheren bezeichnet. Auch
wenn die Achse der Probe in eine Hauptrichtung zeigt (keine

Schubspannungen), treten in einem gedrehten Bezugssystem Schubspannungen auf, die zum Scherversagen führen können (vgl. ▶ Abschn. 5.6.5).

Man unterscheidet u. a. drei Versuchsarten:

Beim D-Versuch (D für „dräniert") wird die Probe bei ge-   D-Versuch
öffneter Dränage und sehr geringer Vorschubgeschwindigkeit so abgeschert, dass sich der Porenwasserdruck über die ganze Probe ausgleichen kann und dem Wasserdruck in der Dränage entspricht. Hier muss zur genauen Ermittlung der aktuellen Probenfläche zusätzlich die Volumenänderung der Probe gemessen werden.

Beim CU-Versuch (konsolidiert, undräniert) ist beim Ab-   CU-Versuch
scheren die Dränage geschlossen und der Porenwasserdruck wird gemessen. Bei diesem Versuchstyp nimmt man an, dass sich das Volumen der undränierten Probe nicht ändert, was eine rechnerische Ermittlung der aktuellen Probenfläche erlaubt. Hier muss dann der Porenwasserdruck gemessen werden, um den Versuch in effektiven Spannungen auswerten zu können.

Beim UU-Versuch (unkonsolidiert, undräniert) wird auf   UU-Versuch
eine Konsolidationsphase verzichtet und die Probe wird undräniert und ohne Messung des Porenwasserdrucks abgeschert. Der UU-Versuch lässt somit nur eine Auswertung in totalen Spannungen zu.

Beim Abscheren wird der Seitendruck $\sigma_2 = \sigma_3$ normalerweise nicht verändert. Um das Auftreten von Schubspannungen am Sockel und an der Kopfplatte auszuschließen, wird ggf. eine Schmierung auf eine Gummischeibe aufgebracht. Zur Auswertung der Versuche wird angenommen, dass sich die Probe homogen verformt (vgl. ▶ Abschn. 5.6.1).

Somit wirkt auch in axialer Richtung eine Hauptspannung und es können zu jedem verformten Zustand die aktuelle Probenfläche und mit der gemessenen Axialkraft und dem Porenwasserdruck die totale Spannung σ_1 bzw. die effektiven Spannungen

$$\sigma'_1, \sigma'_2 = \sigma'_3 \tag{5.101}$$

berechnet werden.

Da die axiale Verschiebung des Stempels und damit der Kopfplatte ebenfalls gemessen wird, kann die axiale Stauchung berechnet werden zu:

$$\varepsilon_1 = \frac{Stempelverschiebung}{Anfangsprobenh\ddot{o}he} \tag{5.102}$$

Spätestens nach Erreichen einer gewissen Verformung von z. B. $\varepsilon_1 = 20\,\%$ wird der Versuch beendet. Bis dahin hat jede Bodenprobe ihren Bruchzustand erreicht.

5

Im Dreiaxialgerät kann im Unterschied zum direkten Schergerät ein Elementversuch realisiert werden. Der Elementversuch ist dann gelungen, wenn sich die Probe tatsächlich homogen verformt hat.

Versuchsserie!

Zur Ermittlung der Scherparameter φ' und c' müssen wieder mindestens drei Proben abgeschert werden.

Einaxiale Druckfestigkeit q_u

Wenn kein Seitendruck aufgebracht wird, handelt es sich – wie schon vorgestellt – um einen einaxialen Druckversuch, dessen Durchführung in der DIN 18 136:2003-11 beschrieben wird. Da sich hier die Seitendehnung der Probe frei entwickeln kann, wird hier im Unterschied zum Kompressionsversuch im Ödometer ein anderes Spannungs-Stauchungs-Verhalten ermittelt. Die größte Druckspannung σ_1, die bei der Stauchung der Probe im Bruchzustand erreicht wird, heißt einaxiale Druckfestigkeit q_u, als undränierte Scherfestigkeit wird $c_u = q_u/2$ ermittelt.

5.8.5 Scherfestigkeitsparameter nichtbindiger Böden

Die Scherfestigkeit nichtbindiger Böden hängt vom mittleren effektiven Druck und der Lagerungsdichte ab. Da sich nichtbindige Böden mit statischen Auflasten – wie im ▶ Abschn. 5.7.3 erläutert – kaum verdichten lassen, wird deren Scherfestigkeit in erster Linie von der jeweiligen Ausgangslagerungsdichte abhängen.

Dilatanz und Kontraktanz

Beim dicht gelagerten nichtbindigen Boden muss sich bei einer *Scherung* das Porenvolumen der Probe erhöhen, da die einzelnen Bodenkörner an ihren Nachbarn aufgleiten müssen. Der Effekt dieser Volumenvergrößerung wird in der Bodenmechanik als *Dilatanz* bezeichnet.

Bei lockerer Lagerung wird demgegenüber das Porenvolumen bei Scherungen zunächst abnehmen, die Probe zeigt also eine *Kontraktanz*. Beide Effekte lassen sich im Schnitt durch ein Modell veranschaulichen, bei dem der nichtbindige Boden durch Walzen gleichen Durchmessers dargestellt wird (◨ Abb. 5.41).

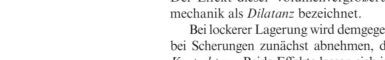

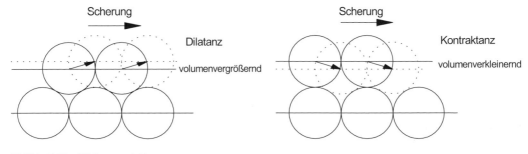

◨ **Abb. 5.41**   Walzenmodell

Mit fortschreitender Scherung kann sich eine Lagerungsdichte einstellen, bei der keine weiteren Volumenänderungen
mehr auftreten. Diese Dichte wird in der Bodenmechanik die
„kritische" Dichte genannt.

Die Tatsache, dass bei Scherungen im Allgemeinen Volumenänderungen auftreten, ist eine Besonderheit der Geomaterialien
und von fundamentaler Bedeutung in der wissenschaftlichen
Bodenmechanik. Neben dem deutlich ausgeprägten, nicht linearen und nicht elastischen Druck-Setzungs-Verhalten, bereitet die
Dilatanz bzw. Kontraktanz erhebliche Schwierigkeiten bei der
mathematischen Beschreibung des Stoffverhaltens.

Wird experimentell die Scherfestigkeit nichtbindiger Böden
genauer z. B. mit direkten Scherversuchen untersucht, muss
nach diesen Erläuterungen beim Einbau der Proben die
Lagerungsdichte erzeugt werden, für die der Scherfestigkeitsparameter φ' ermittelt werden soll.

Für die Proben gleicher Ausgangsdichte werden vor dem Abscheren unterschiedliche Normalspannungen aufgebracht. Bei
den direkten Scherversuchen, deren Ergebnisse in ◻ Abb. 5.42
dargestellt sind, wurde für zwei Ausgangslagerungsdichten je eine
Serie von drei Einzelversuchen durchgeführt.

critical state

Scherung mit ΔV!

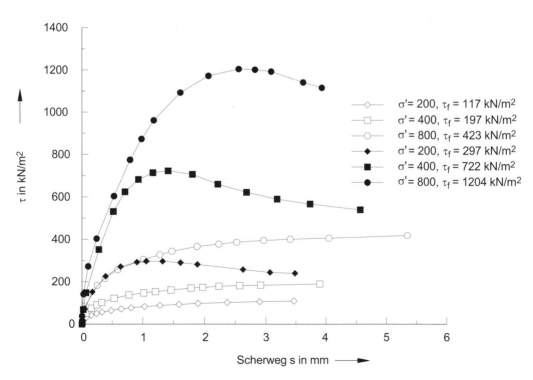

◻ **Abb. 5.42** Direkte Scherversuche an Sand

Plateau oder „peak"

Der Reibungswinkel

5

Die sich dann beim Scheren ergebenden Scherspannungs-Scherweg-Kurven weisen je nach Dichte einen unterschiedlichen, charakteristischen Verlauf auf: Bei dicht gelagerten Böden wird die Scherfestigkeit nach einem vergleichsweise geringem Scherweg als ausgeprägtes Maximum erhalten. Bei locker gelagerten Proben wird nach längerem Scherweg demgegenüber ein Plateau der Kurve erreicht.

Die offenen Symbole stehen für die lockere Lagerung, die ausgefüllten für die dichte. Die effektiven Normalspannungen σ' betrugen jeweils 200, 400 und 800 kN/m².

Die Änderung der Probenhöhe mit dem Scherweg ist beispielhaft in ◘ Abb. 5.43 dargestellt. Die Normalspannung betrug hier bei beiden Versuchen σ' = 800 kN/m².

Wie nach der Darstellung aus ◘ Abb. 5.41 zu erwarten ist, verdichtet sich die locker eingebaute Probe bei der Scherung, während sich der dichte Sand auflockert.

Die Auswertung der Scherversuche in einem Normalspannungs-Scherfestigkeits-Diagramm liefert für Proben gleicher Ausgangsdichte Punkte, die in guter Näherung auf einer Schergeraden durch den Ursprung liegen. Wenn man als Schergesetz eine proportionale Abhängigkeit der

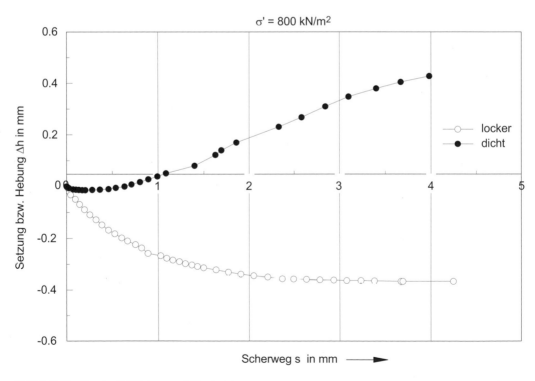

◘ **Abb. 5.43**   Sand mit Dilatanz und Kontraktanz

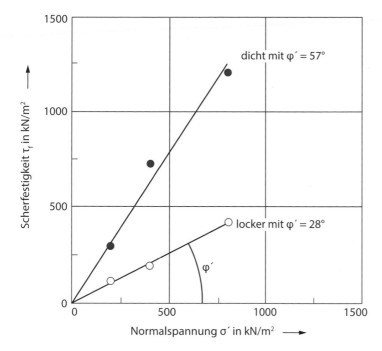

◘ **Abb. 5.44**   Reibungswinkel von locker bzw. dicht gelagertem Sand

Scherfestigkeit τ_f von σ' voraussetzt, ergibt sich der von der Einbaudichte abhängige effektive *Reibungswinkel* des Sandes aus der Neigung einer Ausgleichsgeraden durch die Versuchspunkte zu:

$$\varphi' = \arctan \frac{\tau_f}{\sigma'} \tag{5.103}$$

Noch zwei Anmerkungen: 1. Will man den Reibungswinkel aus einem Diagramm direkt abmessen, müssen die beiden Achsen im gleichen Maßstab gezeichnet sein (◘ Abb. 5.44). 2. In manchen Lehrbüchern wird φ' auch als *innerer* Reibungswinkel bezeichnet.

Bei nichtbindigen Böden ergibt sich der Reibungswinkel unabhängig davon, ob die Probe trocken oder unter Wasser abgeschert wird. Wasser hat hier somit – entgegen einer weitverbreiteten Ansicht – keine „schmierende" Wirkung.

Wasser schmiert die Probe nicht

Allerdings kann sich der Porenwasser*druck* dramatisch auf die Scherfestigkeit auswirken. Porenwasserdrücke können sich im Falle eines Erdbebens, bei Erschütterungen und im Sonderfall auch ganz spontan bilden. Dabei können sich Sande auch verflüssigen (vgl. ▶ Abschn. 12.5).

Verflüssigte Sande

Die in Versuchen bestimmten Reibungswinkel nichtbindiger Böden liegen bei mitteldichter Lagerung meist deutlich über φ = 30°. Für praktische Aufgaben wird der Einfluss der

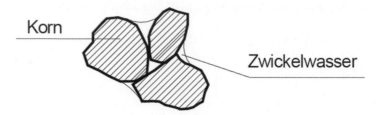

◘ Abb. 5.45   Kapillar gebundenes Zwickelwasser

Lagerungsdichte oft vernachlässigt. Meist genügt es auch, einen Reibungswinkel mit Berücksichtigung der vorherrschenden Kornform auf Basis von Erfahrungswerten zu schätzen.

Bei feuchten, nichtbindigen Böden bewirken die Adhäsionskräfte des Wassers auch ohne eine Belastung von außen eine *Druckspannung* auf das Korngerüst, die schon bei der in ► Abschn. 5.5.3 behandelten Kapillarität von Böden erwähnt wurde. ◘ Abb. 5.45 zeigt hierzu einen mikroskopischen Schnitt durch ein feuchtes Haufwerk.

Kapillarkohäsion – ist nützlich

Wie die Einwirkung des Atmosphärendrucks bei den unter Vakuum verpackten Erdnüssen bewirkt diese Druckspannung eine Scherfestigkeit. Sie wird als *Kapillarkohäsion* oder auch als *scheinbare Kohäsion* bezeichnet. Scheinbar deswegen, weil sie bei Wassersättigung bzw. Austrocknung des Bodens wieder verloren geht.

Man macht sich die Kapillarkohäsion z. B. bei der Errichtung von Trägerbohlwänden oder bei Unterfangungen baupraktisch zu Nutze. Hier wird der nichtbindige Boden abschnittsweise senkrecht abgegraben, was nur durch die Wirkung der Kapillarkohäsion möglich ist. Ebenso ist die Kapillarkohäsion eine Voraussetzung für das Herstellen von Baugrubenböschungen in nichtbindigen Böden, die – unter Beachtung von allerlei Bedingungen – eine Neigung von 45° haben dürfen (DIN 4124:2012-01). Die Größenordnung der Kapillarkohäsion liegt bei Grobsanden zwischen 1 bis 4 kN/m² und bei Feinsanden zwischen 5 und 8 kN/m².

5.8.6 Scherfestigkeitsparameter bindiger Böden

Mit dem gewonnenen Verständnis über die Zusammendrückbarkeit bindiger Böden ist es naheliegend, auch bei den Scherfestigkeitseigenschaften die normalkonsolidierten von den überkonsolidierten bindigen Böden zu unterscheiden. Hier sind ferner dränierte und undränierte Beanspruchungen wichtig. Abschließend wird auch kurz auf die viskosen Eigenschaften bindiger Böden eingegangen.

■ **Normalkonsolidierte, bindige Böden unter dränierter Beanspruchung**

Wie schon erwähnt, lassen sich mit direkten Scherversuchen ausschließlich die effektiven Scherparameter des dränierten Bodens ermitteln.

Bei einer Serie von normalkonsolidierten Proben, die im direkten Schergerät untersucht werden, ergibt sich im Normalspannungs-Scherfestigkeits-Diagramm eine Gerade, die – wie bei den nichtbindigen Böden – durch den Ursprung verläuft. Der Scherwinkel, unter dem diese Gerade geneigt ist, heißt

Winkel der Gesamtscherfestigkeit

$$\varphi_s' = \text{Winkel der Gesamtscherfestigkeit.}$$

Als Beispiel werden nachfolgend zwei Proben des Seetons betrachtet, die beide mit dem Wassergehalt an der Fließgrenze w_L in das direkte Schergerät eingebaut wurden. Die Proben wurden anschließend unter $\sigma' = 248$ kN/m² bzw. $\sigma' = 494$ kN/m² konsolidiert und danach ohne Entlastung – also normalkonsolidiert – abgeschert.

Die sich bei den Proben ergebenden Schubspannungs-Scherweg-Diagramme sind in ◨ Abb. 5.46 dargestellt. Wie bei locker gelagertem Sand zeigen die Kurven für den Seeton ein ausgeprägtes Plateau. Als Scherfestigkeiten τ_f ergeben sich die in der Abbildung angegebenen Werte.

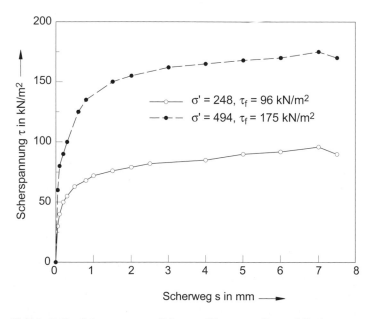

◨ **Abb. 5.46** Scherspannungs-Scherweg-Diagramm für zwei Proben vom Seeton

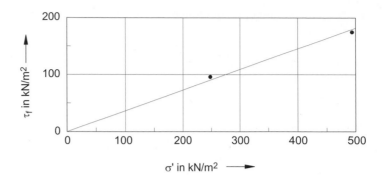

◨ Abb. 5.47   Winkel der Gesamtscherfestigkeit vom Seeton

Trägt man diese Scherfestigkeiten über den effektiven Spannungen auf (◨ Abb. 5.47), ermittelt sich der Winkel der Gesamtscherfestigkeit zu

$$\varphi'_s = 20°.$$

Im Unterschied zu direkten Scherversuchen ergeben sich aus dreiaxialen Elementversuchen Spannungspfade im Hauptspannungsraum. Spannungspfade sind grafische Darstellungen der Spannungsverläufe im Zuge eines Triaxialversuchs, wobei die Zeit in der Darstellung eliminiert ist (◨ Abb. 5.49). Da bei Dreiaxialversuchen immer $\sigma_2 = \sigma_3$ ist, verlaufen die Pfade nur in einer Ebene im Spannungsraum (vgl. ◨ Abb. 5.26).

In der Praxis werden die aus D- und CU-Versuchen ermittelten Scherparameter gleich behandelt und auch mit denen aus direkten Scherversuchen gleich gesetzt, obwohl hier mechanische Unterschiede bestehen.

Die ◨ Abb. 5.48 zeigt die bei einem CU-Dreiaxialversuch an einer normalkonsolidierten Sonderprobe vom Seeton gemessene Entwicklung der Schubspannung τ (nach Gl. 5.104) und des Porenwasserdrucks u mit der Axialstauchung ε_1 der Probe.

Hinsichtlich der Scherparameter werden D- und CU-Dreiaxialversuche am einfachsten in einem Diagramm ausgewertet, bei dem als Maß für die Schubspannung auf der Ordinate

$$\tau = \frac{\sigma_1 - \sigma_3}{2} = \frac{\sigma'_1 - \sigma'_3}{2} \tag{5.104}$$

und auf der Abszisse

$$p' = \frac{\sigma'_1 + \sigma'_3}{2} \tag{5.105}$$

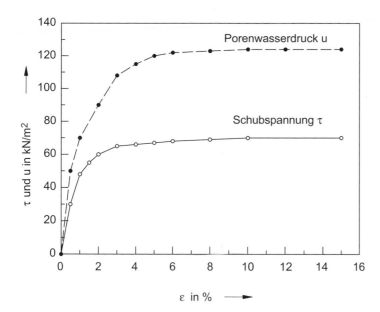

Abb. 5.48 Dreiaxialversuch am Seeton

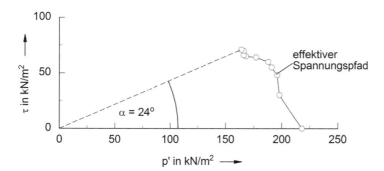

Abb. 5.49 Effektiver Spannungspfad

als Maß für den mittleren effektiven Druck aufgetragen werden (**Abb. 5.49**).

Die Scherfestigkeitsparameter werden mit der Schergeraden ermittelt, die die Spannungspfade aller Proben tangiert. Wählt man auf beiden Achsen den gleichen Maßstab, lässt sich der effektive Reibungswinkel aus der Steigung α' der Schergeraden ermitteln:

effektive Spannungspfade

$$\varphi' = \arcsin\left(tan\alpha'\right) \tag{5.106}$$

Eine Kohäsion c' ergibt sich aus

$$c' = \frac{b'}{cos\varphi'} \tag{5.107}$$

5

wobei b' den Achsabschnitt auf der τ-Achse darstellt. Die Zusammenhänge zwischen φ', α, c' und b' lassen sich z. B. anschaulich aus Mohr'schen Spannungskreisen herleiten.

Da der normalkonsolidierte bindige Boden formal allerdings keine Kohäsion aufweist, muss die Schergerade durch den Ursprung des Diagramms verlaufen.

Als effektiver Spannungspfad in einem τ-p'-Diagramm ergibt sich die in ◘ Abb. 5.49 wiedergegebene Kurve. Die durch den Ursprung des Diagramms verlaufende Tangente an die Kurve ist unter $\alpha = 24°$ geneigt. Damit ergibt sich mit dem Ergebnis des Dreiaxialversuchs für den Seeton als Winkel der Gesamtscherfestigkeit:

$$\varphi'_s = 26°.$$

Dieser Wert liegt somit um 5° höher als der, der mit dem direkten Scherversuch ermittelt wurde. Da die Abweichung relativ groß ist, ist zu vermuten, dass die Proben nicht ganz vergleichbar waren.

- **Undränierte Beanspruchung**

Werden normalkonsolidierte, bindige Böden über ihre Konsolidationsspannung hinaus weiter belastet, wird eine erneute Konsolidation einsetzen. Bei entsprechend großer Belastungsgeschwindigkeit wird wegen der geringen Wasserdurchlässigkeit bindiger Böden ein Porenwasserüberdruck auftreten, der sich allmählich – mit der einhergehenden Verdichtung des Bodens – abbaut. Diese Konsolidationsvorgänge wurden im ▶ Abschn. 5.7.5 ausführlich erläutert.

Anfangszustand →
undränierte Scherfestigkeit
c_u

Da das Porenwasser keine Schubspannungen aufnehmen kann, steht unmittelbar nach einer „plötzlichen" (totalen) Spannungserhöhung nur die Scherfestigkeit (bzw. Konsistenz) zur Verfügung, die bei der momentan herrschenden Dichte mobilisiert werden kann. Diese Scherfestigkeit c_u heißt „undräniert" und gehört als kleinster Wert zu einem *Anfangszustand*. Mit der weiteren Konsolidationsverdichtung würde die Scherfestigkeit – bei vollständigem Abbau der Porenwasserüberdrucks – unter dem Winkel der Gesamtscherfestigkeit anwachsen.

Die Ermittlung der undränierten Scherfestigkeit kann mit der Feld- bzw. Laborflügelsonde erfolgen oder mit der Bestimmung der Konsistenzzahl abgeschätzt werden. Genauer wird sie mit CU- bzw. UU-Dreiaxialversuchen bestimmt.

Wenn keine Rekonsolidation der Proben erforderlich ist, kommt man mit den einfachen UU-Versuchen aus. Hier werden die Proben in die Dreiaxialzelle eingebaut, bei geschlossener Dränage mit einem – über der Konsolidationsspannung liegenden – beliebig hohen Seitendruck belastet und abgeschert.

Die maximal sich ergebende Scherfestigkeit wird üblicherweise gemäß Gl. 5.108 ermittelt, wobei dieser Wert als die Kohäsion des undränierten Bodens

$$c_u = \frac{\sigma_{1max} - \sigma_3}{2} \qquad (5.108)$$

bezeichnet wird.

Die Versuchsergebnisse von UU-Versuchen werden häufig in einem Mohr'schen Diagramm dargestellt.

Hier werden auf der Abszisse die (totalen) Hauptspannungen σ_1 und σ_3 abgetragen (■ Abb. 5.50). Der Halbkreis über den Hauptspannungen zeigt die Größe der Schubspannung in beliebigen Schnitten durch den Versuchskörper. Die Richtung der Normalspannung auf einer Fläche im Probekörper wird durch den Normalenpol P_n festgelegt.

Im Dreiaxialversuch liegt der Normalenpol damit bei σ_{1max}. Die größte Schubspannung tritt also in Flächen auf, die unter 45° geneigt sind. (Anmerkung: Die Theorie von MOHR geht

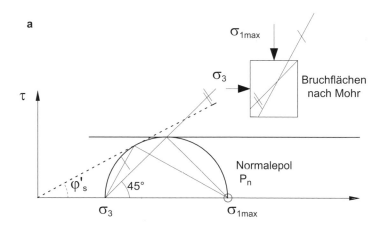

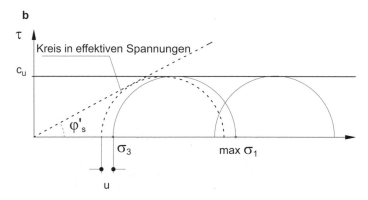

■ **Abb. 5.50** **a** Mohr'scher Kreis und **b** Kreise von wassergesättigten Proben gleicher Dichte

5

Des Rätsels Lösung

Teilsättigung

auch davon aus, dass der Bruch auch in dieser Fläche statt-findet. Wenn der Boden als Reibungsmaterial aufgefasst wird, sollten die Proben auch unter einem steileren Winkel versagen.)

Werden mehrere UU-Versuche an wassergesättigten Proben gleicher Dichte bei unterschiedlichen Seitendrücken σ_3 aus-geführt, erhält man im Mohr'schen Diagramm Halbkreise mit gleichen Durchmessern – wenn man von der Versuchsstreuung absieht. Die Scherfestigkeit kann durch die Steigerung des Zell-drucks offenbar nicht erhöht werden (◼ Abb. 5.50), d. h. der Boden weist formal nur „Kohäsion" auf.

Dieses Verhaltens ist damit zu begründen, dass die Steige-rung des Zelldrucks bei den wassergesättigten Proben keine Steigerung der effektiven Spannungen bewirkt. Die Erhöhung des Zelldrucks führt vielmehr nur zu einer entsprechend gro-ßen Steigerung des Porenwasserdrucks in der Probe.

Ausgedrückt in effektiven Spannungen gibt es deswegen nur einen Spannungskreis, der mit dem Kreis der normal-konsolidierten Probe zusammenfällt. Die Schergerade der Gesamtscherfestigkeit tangiert diesen Kreis unter dem Winkel φ'_s (◼ Abb. 5.50).

Bei teilgesättigten Proben wird die Steigerung des Zell-drucks nicht gänzlich vom Porenwasser aufgenommen. Ein Teil der totalen Spannungserhöhung wird dementsprechend auch vom Korngerüst übernommen, was eine Zunahme der Scherfestigkeit bewirkt. Der Durchmesser der Spannungs-kreise nimmt mit der Steigerung der totalen Spannungen zu. Die Gerade, die diese Kreise tangiert, ist unter φ_u (= totaler Reibungswinkel des undränierten Bodens) geneigt.

◼ **Überkonsolidierte Böden**

Bei Proben, die unter der gleichen Konsolidationsspannung σ_c auskonsolidiert sind und dann anschließend unter kleineren Spannungen als σ_c (und damit überkonsolidiert) abgeschert wurden, schneidet die Schergerade die τ_f – Achse mit $\tau_f > 0$ kN/m². Der Achsabschnitt heißt effektive Kohäsion c' und die Ver-suche werden mit dem Schergesetz Gl. 5.98 ausgewertet. Dabei ist fraglich, ob dies durch eine Ausgleichsgerade geschehen soll, die rechnerisch nach der Gaußschen Methode der kleinsten Quadrate ermittelt wird, oder ob es nicht besser ist, mögliche „Ausreißer" von Hand bei der Auswertung zu vernachlässigen.

Wie man φ' und c' im Dreiaxialversuch bestimmen kann, ist schon mit Gl. 5.106 und 5.107 angegeben worden.

Oft ist der bindige Baugrund durch eine geologische Vor-belastung überkonsolidiert. Wird er z. B. durch den Aushub für eine Baugrube oder für eine Einschnittsböschung entlastet, bedeutet dies, dass sogar ursprünglich normalkonsolidierte Böden nun auch überkonsolidiert sind. Auch hier kann mit dem Scherparameter „Kohäsion" gerechnet werden.

> Die experimentelle Bestimmung der Scherparameter über-
konsolidierter Böden muss auf die Spannungsgeschichte
Rücksicht nehmen, die diese Böden erfahren haben und/oder
durch die Baumaßnahme erfahren werden.

In der Praxis ergeben sich dabei eine ganze Reihe von Problemen: Es müssen (teure) Sonderproben untersucht werden, die
schwierig zu gewinnen sind. Die Versuchsergebnisse weisen
dann oft große Streuungen auf. Bei überkonsolidierten Proben
tritt die Scherfestigkeit (ähnlich wie bei dicht gelagertem Sand)
im Schubspannungs-Scherweg-Diagramm als ausgeprägtes
Maximum auf.

Dabei wird in Dreiaxialversuchen häufig beobachtet, dass
diskrete Scherfugen auftreten, die bei der Versuchsauswertung
berücksichtigt werden müssen. Auch mit der Ausbildung dieser Scherfugen kann die Auswertung zeigen, dass der Boden
dennoch Kohäsion aufweist.

Mit weitergehendem Scherweg nimmt die Scherfestigkeit
u. U. auf sehr kleine Werte ab. Derartig kleine Werte werden
auch als Restscherfestigkeit bezeichnet.

Wenn schon in der Natur Trennflächen in den Tonen vorhanden sind – z. B. in Form von Harnischen – kommt es darauf an, die Scherparameter zu bestimmen, die auf diesen
Trennflächen mobilisierbar sind. Hier werden Probekörper
mit den Trennflächen in Dreiaxialzellen so eingebaut, dass das
Versagen auf den Trennflächen stattfinden kann. Zur Auswertung solcher Versuche müssen die Normal- und Schubspannungen ermittelt werden, die im Bruchzustand auf den
Trennflächen herrschen.

Schließlich zeigt die Beobachtung, dass Proben nach langer Standzeit kleinere Scherfestigkeiten zeigen, da sie weiter
Wasser aufgenommen haben und „geschwollen" sind.

In Anbetracht dieser Schwierigkeiten werden die gemessenen Kohäsionen für Berechnungen häufig stark abgemindert oder sogar gänzlich vernachlässigt. Merke schließlich:

> Die Festlegung von charakteristischen Scherparametern von
überkonsolidierten Böden stellt nach wie vor eines der schwie-
rigsten Probleme der Bodenmechanik dar.

Kohäsion mit Problemen

Scherfestigkeitsparameter
von Trennflächen

■ **Viskose Eigenschaften**

Bei normalkonsolidierten, bindigen Böden geringer Konsistenz können auch viskose Materialeigenschaften eine Rolle
spielen. Die Spannungsantwort hängt bei solchen Materialien
auch von der Stauchungsgeschwindigkeit ab.

Wenn anzunehmen ist, dass viskose Eigenschaften eine Rolle spielen, sollten zur Vergleichbarkeit der Ergebnisse alle Versuche mit etwa gleicher Schergeschwindigkeit durchgeführt werden.

Da schnellere Beanspruchungen zu größeren Schubwiderständen führen, wird die Scherfestigkeit, die bei Laborversuchen mit großer Geschwindigkeit ermittelt wird, überschätzt.

Viskose Materialeigenschaften sind mit der Plastizität der Böden korreliert. Bjerrum hat vorgeschlagen, die mit der Flügelsonde gemessenen c_u-Werte mit einem Faktor μ abzumindern, um die Viskosität zu berücksichtigen:

$$cal\, c_u = \mu \cdot c_u \qquad (5.109)$$

Bei hohen Plastizitätszahlen sollen nach Bjerrum nur 60 % von c_u in die Berechnungen eingeführt werden.

5.8.7 Quaderverformungen

Hier soll noch kurz erwähnt werden, dass in der wissenschaftlichen Bodenmechanik auch Versuchsgeräte eingesetzt werden, bei denen quaderförmige Proben allseits mit starren Platten begrenzt sind. Die Platten dieser Geräte werden gegenseitig so geführt, dass die Probenmitte nicht verschoben wird und die Hauptachsen des Quaders ebenfalls raumfest bleiben. Damit lassen sich alle denkbaren Quaderverformungen ausführen.

In ❏ Abb. 5.51 ist ein Plattensystem von einem Biaxialgerät zu sehen, welches einer der Verfasser (K. K.) im Rahmen seiner Dissertation konstruiert hat. Das verschiebliche Platten-

starre Platten verschieben die Ränder eines Probenquaders

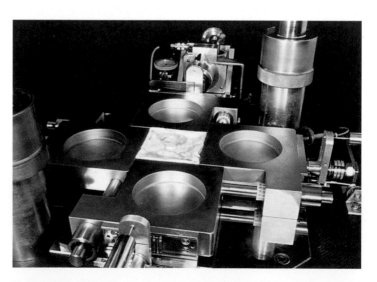

❏ **Abb. 5.51** Biaxialgerät mit starren Platten

system ruht kugelgelagert auf einer polierten und gehärteten Stahlplatte. Die obere Platte, die den Probekörper nach oben hin unverschieblich begrenzt (deswegen heißt es auch Biaxialgerät), ist für das Foto entfernt worden. Jede verschiebliche Platte weist einen zylindrischen Stahlstempel auf, der in eine Kugelführung der jeweils benachbarten eingreift.

Man kann sich leicht vorstellen, dass ein Gerät, welches eine derartige Verformung auch in der dritten Raumrichtung ermöglicht, noch viel aufwendiger ist. Weltweit existieren wohl nur drei derartig echte Dreiaxialgeräte, eines davon in Karlsruhe, ehemals entwickelt zur Grundlagenforschung an Sand.

5.8.8 Fragen

 1.   Was versteht man unter einer äquidistanten Teilung einer Skala?

2.   Warum weist eine Sanduhr eine äquidistante Teilung auf?

3.   Was macht die vakuumverpackte Erdnusspackung so fest?

4.   Warum ist ein direkter Scherversuch kein Elementversuch?

5.   Von was hängt der Reibungswinkel eines Sandes ab?

6.   Skizzieren Sie typische Scherspannungs-Scherweg-Kurven für locker und dicht gelagerten Sand.

7.   Wie kommt die Kapillarkohäsion zustande? Warum wird sie auch als scheinbare Kohäsion bezeichnet?

8.   Wo macht man sich die Kapillarkohäsion zu Nutze?

9.   Ein kleiner Gummiball (etwa eine abgeschnittene Ohrenspritze aus der Apotheke) ist mit wassergesättigtem Sand gefüllt und nach oben mit einem kleinen Standrohr versehen, an dem der Wasserstand abgelesen werden kann. Seitliches Drücken auf den Ball lässt den Wasserstand nach unten absinken. Wie erklären Sie sich das?

10.   Sie stehen am Sandstrand und stampfen mit den Füßen auf wassergesättigtem Sand. Allmählich sinken Sie ein. Worauf ist das zurückzuführen?

11.   Warum muss genau genommen beim D-Versuch im Dreiaxialgerät die Volumenänderung gemessen werden?

12.   Sie sollen entscheiden, ob Sand im direkten Scherversuch trocken oder ganz unter Wasser abgeschert werden soll. Wie begründen Sie Ihre Entscheidung?

13.   Warum sollte beim direkten Scherversuch der Scherkasten genau parallel geführt werden?

14.   Warum kommt es bei diesem Versuch auf einen möglichst kleinen Spalt zwischen den Kästen an?

5

15. Warum können im direkten Schergerät nur dränierte Versuche durchgeführt werden?

16. Wie viele Versuche sollte man durchführen, um die Scherparameter a) von Sand, b) von normalkonsolidiertem und c) von überkonsolidiertem Ton zu ermitteln?

17. Wozu werden die Endflächen der Dreiaxialprobe geschmiert und warum sollten die Proben nicht zu schlank sein?

18. Nachfolgend wird eine Probe aus wassergesättigtem Sand im Dreiaxialgerät betrachtet. Wie nennt man die von außen einwirkenden Spannungen?

19. Zunächst ist $\sigma_1 = \sigma_2 = \sigma_3 = 300$ kN/m² und der Porenwasserdruck $u = 100$ kN/m². Wo liegen die effektiven Spannungen im Mohr'schen Diagramm? Wie groß ist in diesem Zustand die Schubspannung τ?

20. Bei geschlossener Dränageleitung wird nun die Probe bei $\sigma_2 = \sigma_3 = 300$ kN/m² bis zum Bruch gestaucht. Es wird als größte Hauptspannung $\sigma_1 = 500$ kN/m² gemessen. Der Porenwasserdruck hat sich auf $u = 200$ kN/m² erhöht. Wie groß ist τ_f und φ'?

21. Statt $\sigma_2 = \sigma_3 = 300$ kN/m² wird bei *geschlossener* Dränage $\sigma_1 = \sigma_2 = \sigma_3 = 500$ kN/m² aufgebracht. Mit welchem τ_f ist zu rechnen, wenn die Probe anschließend undräniert gestaucht wird?

22. Eine Probe vom Seeton aus 10 m Tiefe soll im Dreiaxialgerät rekonsolidiert werden. Welche Drücke stellen Sie ein, wenn das Grundwasser bis zur Geländeoberfläche ansteht?

23. Unter 4 m weichem Löss stehen 10 m sandige Kiese an. Es soll eine Kiesgrube eröffnet werden, wobei der Kies zunächst auf dem Löss zwischengelagert werden muss. Welche Scherfestigkeitsparameter würden Sie bei einer Standsicherheitsberechnung für die Aufschüttung verwenden?

24. Warum sollten c_u-Werte weicher Böden ggf. abgemindert werden?

25. Warum reicht es, die Standsicherheit einer Dammschüttung unmittelbar nach ihrer Herstellung nachzuweisen?

26. Wie würden Sie die Scherparameter experimentell bestimmen, wenn sie eine Einschnittsböschung in einem Tonhang dimensionieren müssten?

27. Warum kann eine Einschnittsböschung nach langer Standzeit plötzlich doch versagen?

Antworten zu den Fragen – sofern sie sich nicht unmittelbar aus dem Text ergeben – finden sich im Anhang. A.2.

5.9 Wasserdurchlässigkeit

5.9.1 Das Prinzip der kommunizierenden Röhren

Wir wollen uns zunächst anschauen, was eine Strömung antreibt. Dazu ist in ◘ Abb. 5.52 ist ein U-förmiges Rohr dargestellt, welches auf seiner linken Seite mit einem Manometer (einem Druckaufnehmer) verschlossen ist. Das Manometer zeigt über der Wassersäule den Druck p an, der den Wasserspiegel auf der offenen Seite auf das Niveau h hochdrückt. Aus der Gleichgewichtsbedingung gilt mit der Wichte des Wassers γ_W:

$$p = h \cdot \gamma_W \tag{5.110}$$

Wird der Hahn unter dem Manometer ein wenig geöffnet und somit der Überdruck p allmählich abgelassen, strömt das Wasser von rechts nach links und zwar so lange, bis der Wasserspiegel in beiden Röhren auf gleicher Höhe, d. h. bei h/2 steht. Die Strömung in diesem System wird also durch den Wasserspiegelunterschied verursacht.

Wenn wir im Baugrund Wasserspiegel auf unterschiedlicher Höhe messen, müssen wir von Strömungsvorgängen ausgehen. Wir merken uns:

> Wasser fließt bei freier Oberfläche immer bergab.

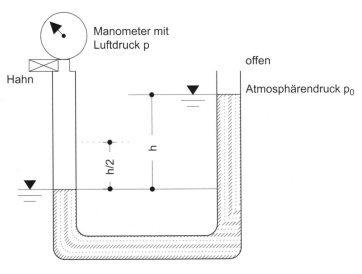

◘ **Abb. 5.52** Prinzip der kommunizierenden Röhren

Nach abgeschlossenem Druckausgleich befindet sich das Wasser im Rohr in Ruhe. Diesen Zustand bezeichnet man als hydrostatisch.

Schlauchwaage – ein nützliches Messinstrument

Bei oben offenen, mit einer (homogenen) Flüssigkeit gefüllten Rohren, die miteinander verbunden sind, stellt sich ein Wasserspiegel auf gleicher Höhe (beispielsweise in m NN) ein. Diese Tatsache nennt man das Prinzip der kommunizierenden Röhren.

Mit einer Schlauchwaage kann man deswegen Höhen übertragen, auch wenn keine Sichtverbindung zwischen den einzumessenden Höhenpunkten besteht. Bei elektronischen Schlauchwaagen wird im geschlossenen System der Druck gemessen und in einen Höhenunterschied umgerechnet (vgl. ▶ Abschn. 11.5.3).

Wird der Hahn plötzlich geöffnet, wird die Wassersäule in eine Schwingung versetzt. Da sich das Wasser im Rohr reibt, nimmt die Schwingungsamplitude allmählich ab und das Wasser kommt nun ebenfalls in die gleiche Ruhelage. Die höhere Lageenergie, die das Wasser offensichtlich vor dem Öffnen des Hahnes hatte, wurde in Wärme umgewandelt.

Im Baugrund braucht man wegen der dort herrschenden geringen Strömungsgeschwindigkeiten allerdings keine energetischen Überlegungen anzustellen.

5.9.2 Versuch mit konstanter Druckhöhe

Nachfolgend wollen wir zunächst die Wassermasse pro Zeit messen, die eine Bodenprobe durchströmt. Mit der Durchströmung wirken dann zusätzliche effektive Spannungen, die als spezifische Strömungskräfte bezeichnet werden. Durchlässigkeit und Strömungskraft werden anschaulich am Versuch mit konstanter Druckhöhe erläutert.

In ◘ Abb. 5.53 ist ein Versuchsaufbau skizziert, der den kommunizierenden Röhren ähnelt.

Die zu untersuchende zylindrische Bodenprobe mit der Länge l befindet sich in einem Rohr mit lichter Querschnittsfläche A. Die Probe ruht auf einem Filterstein, der über eine Leitung an einen Vorratsbehälter für Wasser angeschlossen ist.

Ein Filter ist hydraulisch wirksam und mechanisch filterfest

Der Filterstein hat zwei definierende Merkmale: Zum einen weist er gegenüber der Bodenprobe eine sehr viel größere Wasserdurchlässigkeit auf. Dieses Merkmal heißt *hydraulische Wirksamkeit*. Zum andern ist seine Porenstruktur so beschaffen, dass die Körner des Bodens sich nicht durch die Poren des Filters hindurchzwängen können. Diese Eigenschaft wird als *mechanische Filterstabilität* bezeichnet.

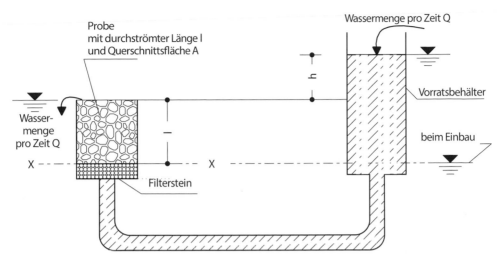

Abb. 5.53 Versuch mit konstanter Druckhöhe

Beim Einbau der Probe steht das Wasser im Vorratsbehälter höchstens bis in Höhe des Filtersteins, d. h. in Höhe des Schnitts X-X. Nachdem die Probe eingebaut worden ist, wird zur Bestimmung der Wasserdurchlässigkeit der Wasserstand im Vorratsbehälter erhöht. Wenn die links abströmende Wassermenge Q – als Volumen pro Zeiteinheit – rechts wieder zugegeben wird, wird sich die Höhe h dann nicht mehr ändern, wenn die Probe selber kein Wasser aufnimmt bzw. aufnehmen kann, weil sie schon wassergesättigt ist.

Diesen zeitlich unveränderlichen Zustand würde man als stationär bezeichnen.   *stationärer Zustand*

Wir wollen h als den hydraulischen Höhenunterschied bezeichnen, der hier dazu führt, dass die Probe von unten nach oben (!) durchströmt wird.

Den Energieverzehr beim Durchströmen kann man sich in guter Näherung auf die Probe selbst konzentriert vorstellen, da sie viel undurchlässiger als das Rohr und die Filter ist. Eine Wärmeentwicklung kann vernachlässigt werden.

Bei homogener Probe baut sich der hydraulische Höhenunter-   *Gradient i*
schied h über die Probenlänge l konstant ab. Der dimensionslose Quotient

$$i = \frac{h}{l} \tag{5.111}$$

wird als das hydraulische Gefälle oder als *hydraulischer Gradient* bezeichnet.

Zur weiteren Auswertung des Laborversuchs nach ◙ Abb. 5.53 ist es nun sinnvoll, die z. B. mit einer Wasseruhr gemessene Wassermenge Q, die durch die Probe hindurch strömt, auf die gesamte Probenfläche A zu beziehen.

Filtergeschwindigkeit v in m/s

Die sich dadurch definierende Größe wird als *Filter-geschwindigkeit v* bezeichnet:

$$v = \frac{Q}{A}$$ (5.112)

In der Bodenmechanik ist es üblich, die Filtergeschwindigkeit v in der Einheit [m/s] anzugeben.

Ein mikroskopischer Blick in die Probe macht schnell deutlich, dass die Filtergeschwindigkeit nicht die wirkliche Fließgeschwindigkeit des Wassers ist, welches durch den Porenraum hindurch strömt. Bei großen Poren wird die wirkliche Geschwindigkeit des Wassers nur wenig größer, bei kleinen Poren deutlich größer als die rechnerische Filtergeschwindigkeit sein. Dort, wo sich Bodenkörner befinden, kann selbstverständlich gar kein Wasser fließen.

Das wirkliche Geschwindigkeitsprofil des Wassers ist also sehr unregelmäßig und kann nicht genau angegeben werden. Die Definition der Filtergeschwindigkeit v ist aber genauso sinnvoll und praktisch, wie die der effektiven Spannungen (vgl. ▶ Abschn. 5.7.4).

Abstandsgeschwindigkeit

Würde man den Querschnitt X − X zu einem bestimmten Zeitpunkt mit einer Farbe „impfen", könnte man die Zeitspanne Δt messen, die die Farbfront benötigt, um durch die Probe hindurch zu wandern. Die sich so ergebende Geschwindigkeit wird als die Abstandsgeschwindigkeit v_a bezeichnet:

$$v_a = \frac{l}{\Delta t}$$ (5.113)

Die Abstandsgeschwindigkeit ist ebenfalls nicht die wirkliche Fließgeschwindigkeit des Wassers, weil dessen Fließlänge größer als die Probenlänge l ist. Näherungsweise gilt, dass sich die Abstandsgeschwindigkeit aus

$$v_a = \frac{v}{n_f}$$ (5.114)

berechnen lässt. Dabei ist n_f der durchflusswirksame Hohlraumanteil im Boden. Je kleiner die Porenräume sind, desto weniger stehen sie für eine freie Durchströmung zur Verfügung, da das Wasser kapillar gebunden wird. Eine Übersicht über die Größenordnung von n_f gibt die ◘ Tab. 5.7.

Um nun die Abhängigkeit der Wassermenge, d. h. der Filtergeschwindigkeit v vom hydraulischen Gefälle i zu untersuchen, werden die Höhen h geändert. Die Versuchsergebnisse der Durchströmungsversuche werden in ein v − i − Diagramm eingetragen (◘ Abb. 5.54).

◘ Tab. 5.7	Durchflusswirksame Hohlraumanteile n_f für unterschiedliche Bodenarten					
Bodenart:	**Ton**	**fS**	**mS**	**gS**	**S, g**	**fG-mG**
n_f	0,05	010–0,20	0,12–0,25	0,15–0,30	0,16–0,28	0,14–0,25

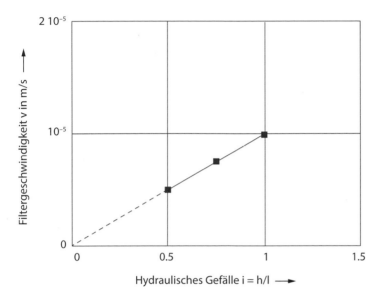

◘ **Abb. 5.54** Wasserdurchlässigkeit einer Sandprobe

Bei den meisten Böden können die Versuchsergebnisse gut durch Geraden dargestellt werden, die durch den Ursprung des Diagramms verlaufen. Die sich ableitende Geradengleichung wird als das Gesetz von DARCY bezeichnet:

Proportionalität nach Darcy

$$v = k \cdot i \qquad (5.115)$$

Die Neigung k der Geraden heißt Wasserdurchlässigkeitsbeiwert. Wie die Filtergeschwindigkeit hat k die Einheit [m/s].

Bei der Durchströmung einer Probe von dem hier schon öfter betrachteten Sand ist dessen Wasserdurchlässigkeitsbeiwert zu

$$k = 1{\cdot}10^{-5}\, m/s$$

ermittelt worden (◘ Abb. 5.54).

Für die Bestimmung des Wasserdurchlässigkeitsbeiwertes k im Labor ist die ausführliche DIN EN ISO 17892-11:2019-05 zu beachten. Hier werden die Versuche und die einzusetzenden Versuchsgeräte detailliert beschrieben.

Die Durchlässigkeit des wassergesättigten Bodens k_r ist größer als die von teilgesättigten Böden, da hier keine Luftporen

$k_r < k$

◘ Tab. 5.8 Sättigungsdruck			
Sättigungsgrad in %	100	95	90
Sättigungsdruck in kN/m²	0	300	600

Sättigungsdruck

den Durchfluss behindern. (Anmerkung: Durch die Wasserströmung allein werden nicht alle Poren mit Wasser aufgefüllt).

Statt die Proben in einem Zylinder zu durchströmen, können sie auch mit einer Gummihülle versehen und in eine Dreiaxialzelle eingebaut werden. Das Porenwasser kann mit einem Sättigungsdruck u_0 beaufschlagt werden. Der Sättigungsdruck muss etwas kleiner sein als der in der Druckzelle aufzubringende Seitendruck σ_3, mit dem die Gummimembran seitlich an den Probenkörper angepresst wird.

Die Größe des Sättigungsdrucks hängt vom Sättigungsgrad der Probe ab (◘ Tab. 5.8).

Randeffekte

Mit dem Einsatz der Proben in der Dreiaxialzelle kann der Einfluss vermindert werden, den ein starrer Zylinder auf den k-Wert hat. Am Rand solcher Zylinder wird eine größere Wasserdurchlässigkeit zu erwarten sein als im Innern der Probe. Dies kann durch einen offenen Spalt bedingt sein oder durch die größere Porosität, die sich zwangsläufig an einem starren Rand ergibt.

Zähigkeit von Wasser

Da die Zähigkeit des Wassers von dessen Temperatur abhängt, schlägt die DIN EN ISO 17892-11 auch eine Temperaturkorrektur vor. Dabei wird der bei Labortemperatur T_{test} ermittelte Wert der Wasserdurchlässigkeit k_{test} auf eine Durchlässigkeit k_T bei einer anderen Temperatur T umgerechnet, welche sinnvollerweise die Temperatur des Grundwassers im betrachteten Fall ist (z. B. 10 °C). Hierfür wird die dynamische Viskosität des Wassers beim Laborversuch η_{test} und in situ η_T wie folgt berücksichtigt:

$$k_T = k_{test} \cdot \alpha = k_{test} \cdot \frac{\eta_{test}}{\eta_T} \tag{5.116}$$

die 10er Potenzen von k

Die Spannweite der Wasserdurchlässigkeitsbeiwerte für Böden ist sehr groß. Es werden als Erfahrungswerte die in ◘ Tab. 5.9 wiedergegebenen Durchlässigkeitsbereiche angegeben.

So genau geht es nicht!

In diesem Zusammenhang soll einschränkend angemerkt werden, dass Ergebnisse von Laborversuchen zur Bestimmung der Wasserdurchlässigkeit von Böden nicht überbewertet werden dürfen. Oft sind die zur Verfügung stehenden Proben gestört bzw. nicht repräsentativ oder es wird lediglich auf Erfahrungswerte für vergleichbare Böden zurückgegriffen. Auch kann die Wasserdurchlässigkeit wegen der Ablagerungs-

◻ **Tab. 5.9** Wasserdurchlässigkeitsbeiwerte k von wassergesättigten Böden

k_f in m/s	Bereich	Bodengruppe
$<10^{-8}$	sehr schwach durchlässig	T, U, UT, OT
10^{-8} bis 10^{-6}	schwach durchlässig	U, SU
10^{-6} bis 10^{-4}	durchlässig	SW
$\geq 10^{-4}$ bis 10^{-2}	stark durchlässig	SE, SI, GW, GI
$\geq 10^{-2}$	sehr stark durchlässig	GE

geschichte der Böden in horizontaler Richtung deutlich größer sein (z. B. um den Faktor 10) als in vertikaler. Eine übertriebene Genauigkeit in der Angabe von k-Werten ist also nicht sinnvoll. Dieser Umstand kann z. B. im Zusammenhang mit der Prognose von Wassermengen bei Grundwasserhaltungen problematisch sein, da die hydraulische Durchlässigkeit hierbei linear eingeht und eine Unsicherheit von Faktor 10 in k zur gleichen Unsicherheit in den rechnerisch abgeschätzen Wassermengen führt.

5.9.3 Strömungskraft und hydraulischer Grundbruch

Nach dem Einbau der Probe (vgl. ◻ Abb. 5.53) soll diese zunächst geflutet werden. Dies geschieht durch das Auffüllen des Vorratsbehälters bis auf die Höhe, bei der h = 0 ist. In diesem Zustand steht die Probe unter Auftrieb und der Filterstein erfährt an seiner Oberfläche im Schnitt X – X einen Wasserdruck von

$$u = \gamma_W \cdot l \tag{5.117}$$

und eine effektive Spannung von

$$\sigma' = \gamma' \cdot l \tag{5.118}$$

Nun wird durch Anheben des Wasserspiegels im Vorratsbehälter der Durchfluss Q eingestellt. Bei der sich unter h > 0 einstellenden Strömung wird dann der Wasserdruck im Schnitt X – X um

$$\gamma_W \cdot h \tag{5.119}$$

größer, d. h.

$$u = \gamma_W \cdot l + \gamma_W \cdot h \tag{5.120}$$

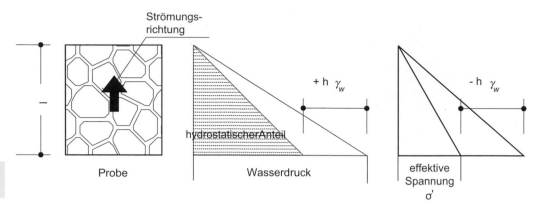

◘ Abb. 5.55   Wasserdruck und effektive Spannung

Dort hat nun die effektive Spannung um das gleiche Maß abgenommen (◘ Abb. 5.55):

$$\sigma' = \gamma' \cdot l - \gamma_W \cdot h \tag{5.121}$$

Strömungskraft f_s

Die somit infolge der Strömung auf das Korngerüst der Probe einwirkende Kraft nennt man Strömungskraft. Bezieht man die Strömungskraft auf die Fließlänge l erhält man die spezifische Strömungskraft:

$$f_s = \frac{h}{l} \cdot \gamma_W = i \cdot \gamma_W. \tag{5.122}$$

kN/m³ (!)

Die spezifische Strömungskraft f_s ist somit – genauso wie die Wichte des Bodens – eine Volumenkraft.

Aus ◘ Abb. 5.55 wird ersichtlich, dass der hydraulische Höhenunterschied h nicht beliebig groß werden kann. Bei

$$\gamma' \cdot l = \gamma_W \cdot h \tag{5.123}$$

verschwinden die effektiven Spannungen, d. h. der Boden treibt auf und wird hinsichtlich der effektiven Spannungen gewichtslos.

Der kritische Gradient i_{krit}, bei dem die Gewichtslosigkeit hier gerade eintritt, ist somit

$$i_{krit} = \frac{\gamma'}{\gamma_W} \tag{5.124}$$

hydraulischer Grundbruch

Dieser Zustand, der sich beim kritischen Gradienten einstellt, wird als hydraulischer Grundbruch bezeichnet. Da mit dem Verschwinden der effektiven Spannungen im Boden auch keine Scherfestigkeit mehr mobilisiert wird, verliert der Baugrund auch seine Tragfähigkeit: In einer Baugrube beispielsweise versinken dann die Bauarbeiter und ihre Geräte.

Je nach Auftriebswichte der Böden liegt i_{krit} bei der Situation, die in ◨ Abb. 5.53 dargestellt ist, zahlenmäßig bei 1,0 oder sogar darunter. Damit kann h kaum größer als l werden. Wächst h weiter an, wird die Probe vom Wasser ausgespült.

Als Sicherheit gegen hydraulischen Grundbruch η_{hyd} kann somit eingeführt werden:

$$\eta_{hyd} = \frac{i_{krit}}{i_{vorh}} \tag{5.125}$$

Man kann die Sicherheit auch anders definieren: Es werden die totalen Spannungen in einem Schnitt mit dem dort herrschenden Wasserdruck ins Verhältnis gesetzt. So als ob in dem betrachteten Schnitt eine wasserundurchlässige Membran angeordnet wäre. Für die Probe aus ◨ Abb. 5.53 ergibt sich mit dieser Definition:

$$\eta_{hyd2} = \frac{\gamma_r \cdot l}{\gamma_W \cdot (h+l)} \tag{5.126}$$

Wenn beispielsweise für die Probe l = 10 cm und h = 8 cm wären, ergibt sich mit einer Wichte des wassergesättigten Bodens von γ_r = 20 kN/m³ die Sicherheit gegen hydraulischen Grundbruch zu

$$\eta_{hyd} = \frac{1}{8/10} = 1,25 \tag{5.127}$$

bzw.

$$\eta_{hyd2} = \frac{20 \cdot 0,1}{10 \cdot (0,08+0,1)} = 1,11 \tag{5.128}$$

Für h = 0 ist die Sicherheit nach Gl. 5.125 unendlich, da keine Strömung stattfindet. Nach Gl. 5.126 wird η_{hyd2} = 2,0 erhalten, was weniger sinnvoll erscheint.

Aus diesen Zusammenhängen folgt eine wichtige Schlussfolgerung, die im Bereich der Geotechnik auch an anderer Stelle gilt:

> Geht es um die Festlegung eines Sicherheitsbeiwertes, muss auch das Rechenmodell angegeben werden, mit dem der Nachweis geführt wurde.

Um im Versuch höhere Gradienten einstellen zu können, müssen somit die Proben – bei einer Durchströmung von unten nach oben – auch oben ebenfalls mit einem Filterstein abgedeckt werden, der entsprechend belastet wird.

5

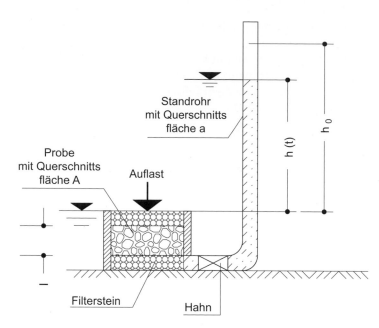

□ **Abb. 5.56**   Versuch mit fallender Druckhöhe

Als Versuchsgerät bietet sich hier das Ödometer an, an das ein Standrohr angeschlossen wird (□ Abb. 5.56). Problematisch ist hier dessen starrer Ring – wie schon früher erwähnt – wegen der möglichen Randeffekte.

Strömungskräfte können auch belasten

Bei umgekehrter Richtung der Strömungskraft werden die effektiven Spannungen erhöht, was zu Setzungen bzw. Konsolidationsvorgängen führt. Mit größer werdender Dichte wird dann die Wasserdurchlässigkeit weiter abnehmen. Bei genaueren Materialuntersuchungen sind diese Effekte entsprechend zu berücksichtigen.

Bei kleinen Wasserdurchlässigkeitsbeiwerten wird das Messen der Wassermengen schwieriger. Eine Methode, die hier zum Ziel führt, ist der Versuch mit fallender Druckhöhe.

5.9.4   Versuch mit fallender Druckhöhe

Beim Versuch mit fallender Druckhöhe (□ Abb. 5.56) wird ein Standrohr mit der Querschnittsfläche a an einen Filterstein angeschlossen, über den die zu untersuchende Probe durchströmt wird.

Zu Versuchsbeginn wird das Standrohr bis zur Höhe h_0 gefüllt. Mit dem Öffnen des Hahns wird die Stoppuhr gedrückt und der Höhenunterschied h zur vollständig gefluteten Probe gemessen.

instationäre Strömung

Die zeitliche Änderung von h im Standrohr entspricht dem Durchfluss Q in der Probe:

$$-a \cdot \frac{dh}{dt} = A \cdot k \cdot \frac{h}{l} \qquad (5.129)$$

bzw. umgestellt:

$$\frac{1}{h} dh = -\frac{A \cdot k}{a \cdot l} \cdot dt \qquad (5.130)$$

Durch Integration ergibt sich:

$$\ln h = -\frac{A \cdot k}{a \cdot l} \cdot t + c_1 \qquad (5.131)$$

Mit dem Einsetzen der Randbedingung (bei t = 0 ist h = h_0) wird c_1 = ln h_0 und damit

$$\ln \frac{h_0}{h} = \frac{A \cdot k}{a \cdot l} \cdot t \qquad (5.132)$$

In einem Diagramm, in dem auf der Ordinate ln(h_0/h) und auf der Abszisse die Zeit t aufgetragen wird, ergibt sich somit (bei Gültigkeit des Gesetzes nach Darcy) eine Ausgleichsgerade durch die Messwerte mit der Steigung

$$m = \frac{A \cdot k}{a \cdot l} \qquad (5.133)$$

bzw. der gesuchte Wasserdurchlässigkeitsbeiwert k zu

$$k = \frac{m \cdot a \cdot l}{A} \qquad (5.134)$$

An einer Probe vom Seeton wurde der Wasserdurchlässigkeitsbeiwert im Versuch mit fallender Druckhöhe bestimmt. Der Durchmesser der 2 cm hohen Probe betrug 10,03 cm und die Wassersäule im Standrohr mit D = 1,55 cm betrug h_0 = 74 cm. Im Labor herrschten 22 °C. Es wurden die in ◘ Tab. 5.10 wiedergegebenen Daten gewonnen, das Versuchsergebnis ist in ◘ Abb. 5.57 dargestellt.

◘ **Tab. 5.10** Versuch mit fallender Druckhöhe am Seeton

Datum	02.03.	02.03.	02.03.	02.03.	02.03.	04.03.	04.03.	04.03.	04.03.
Uhrzeit	09:25	10:45	12:10	13:47	15:40	08:15	10:25	11:40	14:10
Zeit in sec	0	4800	9900	15.720	22.500	168.600	176.400	180.900	189.000
Höhe h in cm	74	73,3	72,7	72,1	71,4	56,9	56,3	56,0	55,2
ln(h_0/h)	0	0,0095	0,0177	0,0260	0,0358	0,2628	0,2734	0,2787	0,2931

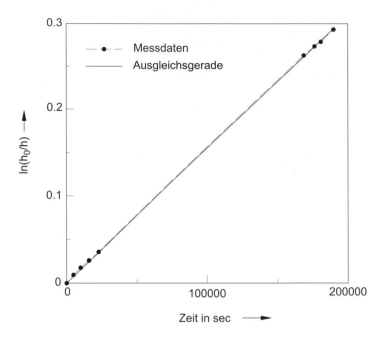

● **Abb. 5.57**   Auswertung des Versuchs mit fallender Druckhöhe

Die Ausgleichsgerade durch die Messpunkte ist geneigt unter

$$m = 1,55 \cdot 10^{-6} \left[1/s \right] \tag{5.135}$$

Für den Wasserdurchlässigkeitsbeiwert ergibt sich somit:

$$k = \frac{1,55 \cdot 10^{-6} \cdot 0,0155^2 \cdot 0,02}{0,1003^2} = 7,4 \cdot 10^{-10} \left[m/s \right] \tag{5.136}$$

Der auf 10 °C bezogene Beiwert beträgt

$$k_{10} = 7,4 \cdot 10^{-10} \cdot \frac{0,958}{1,304} = 5,4 \cdot 10^{-10} \left[m/s \right] s \tag{5.137}$$

Eine weitere Methode, den Wasserdurchlässigkeitsbeiwert sehr gering durchlässiger Böden experimentell zu bestimmen, besteht beispielsweise auch darin, den Durchfluss über die Messung der Bewegung einer Luftblase in einer Kapillarröhre zu messen.

Mit Spezialversuchen wurden auch Bereiche sehr kleiner Gradienten i untersucht. Hier wurden Abweichungen vom Gesetz nach Darcy gefunden, die so gedeutet wurden, dass es einen Gradienten gibt, ab dem keine Durchströmung der Probe mehr stattfindet. Dieser Gradient wird als Stagnationsgradient i_0 bezeichnet.

5.9.5 Abschätzungen des Wasserdurchlässigkeitsbeiwertes

Da experimentelle Untersuchungen zur Wasserdurchlässigkeit mit erheblichem Aufwand verbunden sind, war es naheliegend, Korrelationen zu einfachen Kennzahlen zu suchen. Für nicht-bindige Böden bietet es sich an, den k-Wert mit den Informationen der Sieblinie in Zusammenhang zu bringen.

Die einfachste derartige Abschätzung stammt von HAZEN, der für eine Temperatur des Grundwassers von 10 °C folgende empirische Formel als Zahlenwertgleichung angab:

Sieblinie!

$$k\left[m/s\right] = 0,0116 \cdot d_{10}^2 \left[mm\right] \qquad (5.138)$$

Mit d_{10} ist der Korndurchmesser bei 10 % des Siebdurchgangs gemeint, der aus der Körnungslinie abzulesen und in mm in die Formel einzusetzen ist, um den k-Wert in der Einheit m/s zu erhalten.

Die Anwendung der Formel wird nur für Böden mit einer Ungleichförmigkeitszahl $C_{U <}$ 5 empfohlen.

Eine genauere Methode stammt von BEYER. Nach seinen Auswertungen gilt für Böden mit 0,06 mm $< d_{10} <$ 0,6 mm und für Ungleichförmigkeitszahlen zwischen 1 $< C_U <$ 20:

$$k\left[m/s\right] = \left(\frac{A}{C_U + B} + C\right) \cdot d_{10}^2 \left[cm\right] \qquad (5.139)$$

wobei die Konstanten A, B, C von der Lagerungsdichte abhängen und d in cm eingesetzt werden muss (◘ Tab. 5.11).

Für bindige Böden sollten zur Bestimmung der Wasserdurchlässigkeit statt der Anwendung von Korrelationen besser Laborversuche durchgeführt werden.

5.9.6 Filterregeln

Die bodenmechanischen Anforderungen an einen Filter wurden schon erwähnt: Filter müssen sowohl hydraulische Wirksamkeit als auch mechanische Filterfestigkeit aufweisen. Das

◘ **Tab. 5.11** Werte A, B, C nach BEYER in Abhängigkeit von der Lagerungsdichte

Lagerungsdichte	locker	mitteldicht	dicht
A	3,49	2,68	2,34
B	4,40	3,40	3,10
C	0,80	0,55	0,39

heißt sie sollen einerseits hydraulisch deutlich durchlässiger als der Boden sein aber andererseits dessen Partikel effektiv zurückhalten.Für die Einhaltung dieser Anforderungen für Böden sorgen die klassischen Filterregeln von TERZAGHI. Er schlug für die hydraulische Wirksamkeit eines Filters vor, den Korndurchmesser des Filters D_{15} mindestens um den Faktor 4 größer als den des abzufilternden Bodens (mit d_{15}) zu wählen:

hydraulisch wirksam

$$D_{15} \geq (4\,bis\,5) \cdot d_{15} \qquad (5.140)$$

Wenn der Porenraum des Filters auf der anderen Seite zu groß wird, können die Feinteile des Bodens durch die Strömungskräfte des Wassers aus dem Boden herausgelöst werden. Diesen Vorgang bezeichnet man als *Suffosion*. Werden die Feinteile im Filter abgelagert, nennt man dies *Kolmatation* oder *Kolmation*. Um beide Vorgänge auszuschließen, darf der Korndurchmesser des Filters D_{15} – als Maß seines Porenraums – nicht zu groß gegenüber dem Boden (d_{85}) werden.

mechanisch filterfest

Nach Terzaghi soll

$$D_{15} \leq (4\,bis\,5) \cdot d_{85} \qquad (5.141)$$

eingehalten werden. Für den Boden im Ringraum um einen Brunnen, dessen Filterrohr gelocht (Lochdurchmesser d) oder geschlitzt ist (Schlitzweite a) muss gelten:

$$d \leq 1,2 \cdot d_{85}\ bzw \cdot a \leq 1,4 \cdot d_{85} \qquad (5.142)$$

Ferner wird verlangt, dass gilt

$$D_{50} < 25 \cdot d_{50} \qquad (5.143)$$

Die Bedeutung der Filterregeln wird in ◘ Abb. 5.58 veranschaulicht.

Im Brunnenbau werden spezielle Lieferkörnungen als Filter eingesetzt. Neuerdings werden Brunnen auch mit speziellen Glaskugeln verfüllt, was sich hinsichtlich des Wartungsaufwands als sehr günstig erweist.

5.9.7 Geschichtete Böden

Der Fall einer horizontalen Schichtung, die vertikal durchströmt wird, ist in ◘ Abb. 5.59 dargestellt.

Bei konstanter hydraulischer Höhe H zum Überlauf fließt konstant die Wassermenge Q aus dem Probenquerschnitt mit der Fläche A. Im Beispiel ist die Querschnittsfläche jeder Schicht gleich, so dass gilt:

$$k_1 \cdot i_1 = k_2 \cdot i_2 = k_3 \cdot i_3 = k_m \cdot i_m = c \qquad (5.144)$$

wobei

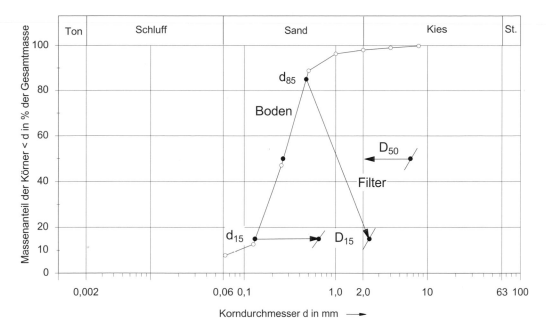

Abb. 5.58 Filterregeln nach Terzaghi

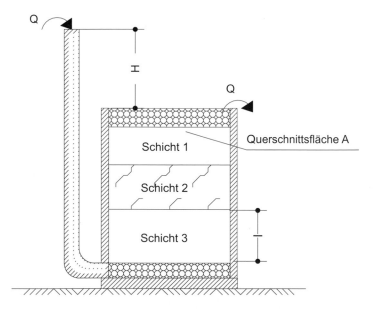

Abb. 5.59 Vertikale Durchströmung bei horizontaler Schichtung

5

$$i_m = \frac{H}{l_1 + l_2 + l_3} = \frac{h_1 + h_2 + h_3}{l_1 + l_2 + l_3} \qquad (5.145)$$

Die hydraulische Höhe H wird über die durchströmte Länge der gesamten Probe abgebaut. Nachfolgend werden der mittlere k-Wert der Gesamtprobe und die Druckhöhen h_i berechnet, die in den einzelnen Schichten abgebaut werden. Es wird:

$$k_m = \frac{c}{i_m} = \frac{c \cdot \left(l_1 + l_2 + l_3\right)}{h_1 + h_2 + h_3} \qquad (5.146)$$

Da nun

$$h_1 = \frac{c \cdot l_1}{k_1} \; bzw \cdot h_2 = \frac{c \cdot l_2}{k_2} \; bzw \cdot h_3 = \frac{c \cdot l_3}{k_3} \qquad (5.147)$$

gilt:

$$k_m = \frac{l_1 + l_2 + l_3}{\dfrac{l_1}{k_1} + \dfrac{l_2}{k_2} + \dfrac{l_3}{k_3}} \qquad (5.148)$$

Zur Berechnung der abgebauten Druckhöhe h_1 gilt z. B.:

$$h_1 = \frac{l_1}{k_1} \cdot i_m \cdot k_m \qquad (5.149)$$

Durch Einsetzen folgt:

$$h_1 = \frac{H}{1 + \dfrac{l_2 \cdot k_1}{k_2 \cdot l_1} + \dfrac{l_3 \cdot k_1}{k_3 \cdot l_1}} \qquad (5.150)$$

Sind die k-Werte der vertikal durchströmten Schichten deutlich unterschiedlich, folgt aus den hergeleiteten Gleichungen:

> Die mittlere Durchlässigkeit wird durch den *gering durchlässigen* Boden bestimmt, wo auch der überwiegende Druckabbau stattfindet. Im stark durchlässigen Boden herrschen annähernd hydrostatische Druckverhältnisse.

Bei einer horizontalen Durchströmung einer horizontalen Schichtung (❑ Abb. 5.60) gelten die nachfolgend dargestellten Zusammenhänge.

Hier ist für alle Schichten der Gradient konstant und der Durchfluss Q ergibt sich aus:

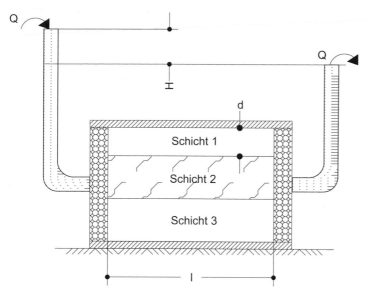

Abb. 5.60 Horizontale Durchströmung bei horizontaler Schichtung

$$Q = Q_1 + Q_2 + Q_3 \qquad (5.151)$$

Wenn der quaderförmige Versuchskasten senkrecht zur Zeichenebene die Breite b aufweist, gilt

$$\frac{Q}{b} = k_1 \cdot i \cdot d_1 + k_2 \cdot i \cdot d_2 + k_3 \cdot i \cdot d_3 = k_{mh} \cdot i \cdot \sum_{i=1}^{3} d_i \qquad (5.152)$$

bzw. allgemein

$$k_{mh} = \frac{\sum (k_i \cdot d_i)}{\sum d_i} \qquad (5.153)$$

Bei Schichtdicken von etwa gleicher Größenordnung wird somit die Wassermenge Q von der *wasserdurchlässigsten* Schicht bestimmt.

was man erwarten konnte…

5.9.8 Fragen

1. Was versteht man unter dem Ausdruck hydrostatisch?
2. Wie erkennt man eine Grundwasserströmung im Baugrund?
3. Wieso ist die Filtergeschwindigkeit v nicht die wirkliche Fließgeschwindigkeit des Wassers im Boden?

4.   Was versteht man unter der Abstandsgeschwindigkeit?

5.   Warum wird unter Umständen nicht der ganze Porenraum durchströmt?

6.   Warum ist teilgesättigter Boden wasserundurchlässiger als gesättigter?

7.   Wie kann in einer Probe der Sättigungsgrad erhöht werden?

8.   Warum sind Kiese und Sande wasserdurchlässiger als Schluffe und Tone?

9.   Wie groß ist die Spannweite der k-Werte von Böden?

10.   Warum werden die k-Werte größer sein, wenn sie in Versuchen mit starren Zylindern bestimmt werden?

11.   Unter welchen Bedingungen tritt hydraulischer Grundbruch auf? Wie äußert sich dieser Bruchzustand?

12.   Zur Berechnung des hydraulischen Grundbruchs sind zwei Grenzzustandsgleichungen gebräuchlich. Welche Vorstellungen verbinden sich mit den Gleichungen?

13.   Warum kann man die Wasserdurchlässigkeit auch über die Körnungslinie abschätzen?

14.   Wie können die k-Werte bei gering durchlässigen Böden im Labor bestimmt werden?

15.   Welchen Bodenkennwert würden Sie bei der k-Wert-Bestimmung bindiger Böden ergänzend angeben?

16.   Warum können Setzungen auftreten, wenn der Baugrund durchströmt wird?

17.   Schätzen Sie den k-Wert des mitteldicht gelagerten Sandes an Hand seiner Körnungslinie (s. ◨ Abb. 5.6) ab.

18.   Was versteht man unter Suffosion?

19.   Welche zwei Bedingungen muss ein Filter erfüllen?

20.   Warum spielt die Dicke eines Filters auch eine wichtige Rolle?

21.   Welche Rolle spielt der k-Wert bei geschichteten Böden, die vertikal zur Schichtung durchströmt werden?

Antworten zu den Fragen – sofern sie sich nicht unmittelbar aus dem Text ergeben – finden sich im Anhang. A.2.

Wir fassen zusammen:

Kennwerte lassen sich nur mit Laborversuchen bestimmen
Zur Ermittlung von Kennwerten werden neben bestimmten Versuchsgeräten auch Vorschriften, Modelle und Gleichungen benötigt, mit denen die Laborversuche ausgewertet werden. So lässt sich der Elastizitätsmodul E von Stahl beispielsweise nur bestimmen, wenn man die Gleichung $\sigma = E \cdot \epsilon$ zu Grunde legt.

Die Stoffgesetze der Bodenmechanik stellen sich viel komplizierter dar. Nur die Wasserdurchlässigkeit lässt sich nach Darcy vergleichsweise einfach bestimmen.

Literatur

1. Gross et al. (2021) Technische Mechanik 2, 14. Auflage, Springer Lehrbuch
2. Mohr O (1928) Abhandlungen aus dem Gebiete der technischen Mechanik, W. Ernst & Sohn, Berlin
3. Grundbau-Taschenbuch, Teil 1 (2017) Geotechnische Grundlagen, 8. Auflage, Ernst & Sohn. Berlin
4. Terzaghi K (1925) Erdbaumechanik auf bodenphysikalischer Grundlage, Deuticke, Leipzig, Wie

Geotechnischer Bericht

Inhaltsverzeichnis

© Springer Fachmedien Wiesbaden GmbH, ein Teil von Springer Nature 2021
K. Kuntsche, S. Richter, *Geotechnik*, https://doi.org/10.1007/978-3-658-32290-8_6

Ein erstes Ziel ist erreicht!

Übersicht

Alle durchgeführten Untersuchungen und deren Ergebnisse werden in Berichtsform dargestellt.

Der Geotechnische *Untersuchungsbericht* fasst die Ergebnisse der Feld- und Laborversuche zusammen. Wenn aus den Ergebnissen der Untersuchungen charakteristische Kennwerte abgeleitet und Empfehlungen zur Gründung gegeben werden, handelt es sich um einen *geotechnischen Bericht*, der auch als *Baugrund- und Gründungsgutachten* bezeichnet wird. Werden zusätzlich Berechnungen zur Standsicherheit und Gebrauchstauglichkeit ausgeführt, die entsprechende Planungsleistungen voraussetzen, spricht man vom *Geotechnischen Entwurfsbericht*.

In diesem Abschnitt wird erläutert, wie die Untersuchungsergebnisse dargestellt, ausgewertet und bewertet werden. Es werden auch Hinweise gegeben, wie die Geotechnischen Berichte abgefasst werden sollten.

6.1 Methodik

Wer es noch nicht bemerkt haben sollte: Die Gliederung dieses Lehrbuchs folgt dem Leitgedanken, die Grundlagen der Geotechnik in Anlehnung an die Arbeitsweise der Geotechnischen Sachverständigen und Beratenden Ingenieure darzustellen.

Bisher haben wir – ausgehend von einem projektierten Bauvorhaben – geotechnische Untersuchungen unter Berücksichtigung der geologischen Verhältnisse geplant und ausgeführt. Es wurden dabei Feld- und Laborversuche durchgeführt. Es schließt sich nun der nächste Arbeitsschritt an, bei dem die Untersuchungen und deren Ergebnisse in Berichtsform dokumentiert, ausgewertet und bewertet werden.

Dokumentation und Bewertung

Zur Erstellung eines Berichtes ist es zunächst sinnvoll, mit dessen Anlagen zu beginnen, die bei größerer Anzahl in einem entsprechenden Anlagenverzeichnis tabellarisch aufgelistet werden. In aller Regel ist die erste Anlage ein Übersichtslageplan. Danach folgen detaillierte Lagepläne und Schnitte, die auch die Lage, Tiefe und Ergebnisse der Baugrunderkundungen zeigen. Die Ergebnisse der Erkundungen werden mit entsprechender Software dargestellt.

praktische Hinweise

Die Ergebnisse von Laborversuchen werden ebenfalls in entsprechenden Anlagen dargestellt. Nun erst wird mit dem eigentlichen Textteil begonnen.

6.2 Zeichnerische Darstellung der Aufschlüsse

■ **Bohrprofile**

Die zeichnerische Darstellung der Ergebnisse direkter Baugrundaufschlüsse erfolgt üblicherweise nach DIN 4023:2006-02. Dort sind in den ❏ Tab. 6.1, 6.2, 6.3, 6.4, 6.5 und 6.6 neben Kurzzeichen auch graphische Zeichen und Farben für die Boden- und Felsarten vereinbart, die entweder geotechnisch oder geologisch zu unterscheiden sind. Die Software, mit der die *Bohrprofile* dargestellt werden, setzt die genormten Details um.

In ❏ Abb. 6.1 sind die wichtigsten Festlegungen der DIN 4023 dargestellt.

6

Bohrprofile

Sehr anschaulich in der Darstellung sind Bohrprofile, die nicht nur die Kurzzeichen, sondern auch die graphischen Zeichen und Farben (hier nicht dargestellt) für die Boden- bzw. Felsarten verwenden. Die Profile werden üblicherweise als 1 cm dicke Säulen gezeichnet, in die entsprechende graphische Zeichen eingefügt werden.

achte auf den Maßstab!

Der Tiefenmaßstab ist üblicherweise 1:50 oder 1:100. Es sollte immer ein einheitlicher Maßstab verwendet werden, wobei die absoluten bzw. relativen Höhen zu einem Bezugspunkt berücksichtigt werden.

❏ **Tab. 6.1** Erfahrungswerte von N_{10} und N_{30} bei nichtbindigen Böden über Grundwasser[1]

Schlagzahlen DPH	SPT	Lagerungsdichte
$0 \leq N_{10} \leq 5$	$0 \leq N_{30} \leq 12$	locker
$5 \leq N_{10} \leq 20$	$12 \leq N_{30} \leq 30$	mitteldicht
$N_{10} \geq 20$	$N_{30} \geq 30$	dicht

[1]Unter dem Grundwasser werden weniger Schläge ermittelt

❏ **Tab. 6.2** Erfahrungswerte bei bindigen Böden

Schlagzahlen DPH	SPT	Konsistenz	undr. Kohäsion c_u in kN/m²
$0 \leq N_{10} \leq 1$	$0 \leq N_{30} \leq 3$	$0 \leq I_c \leq 0,5$ (breiig)	$0 \leq c_u \leq 12,5$
$1 \leq N_{10} \leq 4$	$3 \leq N_{30} \leq 15$	$0,5 \leq I_c \leq 0,75$ (weich)	$12,5 \leq c_u \leq 50$
$4 \leq N_{10} \leq 8$	$15 \leq N_{30} \leq 30$	$0,75 \leq I_c \leq 1,0$ (steif)	$50 \leq c_u \leq 100$
$8 \leq N_{10} \leq 15$	$30 \leq N_{30} \leq 45$	$I_c \geq 1,0$ (halbfest)	$100 \leq c_u \leq 200$
$N_{10} \geq 15$	$N_{30} \geq 45$	fest	entfällt

◘ Tab. 6.3 Korrelation von Reibungsverhältnisses und Bodenart bei Drucksondierungen

Reibungsverhältnis f_s/q_c	Mögliche Bodenart
0,6 bis 1,0	Sand
1,0 bis 1,1	Feinsand
1,1 bis 1,4	Schluffiger Sand
1,4 bis 1,8	Toniger Sand
1,8 bis 2,2	Sandiger Ton
2,2 bis 3,3	Schluff und schluffiger Ton
3,3 bis 5	Ton
5 bis 10	Toniger Torf
≥ 10	Torf

◘ Tab. 6.4 Spitzenwiderstand bei Sanden über dem Grundwasser und Lagerungsdichte

Spitzenwiderstand q_c in MN/m²	Lagerungsdichte
≤2,5	sehr locker
2,5 bis 7,5	locker
7,5 bis 15	mitteldicht
15 bis 25	dicht
≥ 25	sehr dicht

Tipp

Man sollte immer bestrebt sein, die Höhen auf m ü. NHN zu beziehen.

Rechts neben der Säule stehen die Bezeichnungen für die Boden- bzw. Felsarten bzw. die entsprechenden Kurzzeichen. Bei bindigen Böden wird hier auch durch unterschiedliche senkrechte Linien die Konsistenz des Bodens angegeben. Aus den möglicherweise unterschiedlichen Ergebnissen der Bodenansprache, den Sondierungen und der Laborversuche muss hier entschieden werden, welche Konsistenz der Schicht zugeordnet wird.

Konsistenz

Wenn die Bodengruppen (vgl. ▶ Abschn. 6.4.1) bekannt sind, können diese ebenfalls im Bohrprofil angegeben werden.

Links der Säule werden die Probenentnahmen vermerkt und die Ergebnisse der Grundwasserstandsmessungen ein-

Proben und GW-Stände

6

◘ **Tab. 6.5**   Klassifikation nach DIN 18196 für grobkörnige und gemischtkörnige Böden

Kiese	Kornanteil in % mit d		C_U	C_C	Kurzzeichen Bodengruppe	Bezeichnung
	$d \le 0{,}06$ mm	≤ 2 mm				
	< 5	bis 60	< 6	beliebig	GE	Enggestufte Kiese
			≥ 6	1 bis 3	GW	Weitgestufte Kies-Sand-Gemische
			≥ 6	< 1 oder > 3	GI	Intermittierend gestufte Kies-Sand-Gemische
	$5 < \% \le 15$				GU/GT	Kies-Schluff bzw. Kies-Ton-Gemische[1]
	$15 < \% < 40$				GU*/GT*	
Sande	< 5	≤ 60	< 6	beliebig	SE	Enggestufte Sande
			≥ 6	1 bis 3	SW	Weitgestufte Sand-Kies-Gemische
			≥ 6	< 1 oder > 3	SI	Intermittierend gestufte Sand-Kies-Gemische
	$5 < \% \le 15$				SU/ST	Sand-Schluff bzw. Sand-Ton-Gemische[1]
	$15 < \% < 40$				SU*/ST*	

[1]Unterscheidung nach Plastizitätsdiagramm bzw. Schneide- oder Reibeversuch

getragen. Hier werden auch die Ergebnisse von Standard-Penetration-Tests angegeben. Aus der Bezeichnung des Bohrprofils über der Säule kann man schließlich die Nummer und die Art des Aufschlusses entnehmen.

Baugrundmodell

Aus den Einzeldarstellungen der Bohrprofile ist das Baugrundmodell zu entwickeln. Hierzu werden Schnitte oder ggf. 3D-Darstellungen gezeichnet, in die der zu erwartende Schichtenverlauf extrapoliert wird. Bei verbliebenen Unsicherheiten müssen diese durch Einfügen von Fragezeichen kenntlich gemacht werden. Für die Extrapolation werden selbstverständlich auch die Ergebnisse von indirekten Erkundungen mit einbezogen.

■ **Ergebnisse von Ramm- und Drucksondierungen**

Stufendiagramm

Die Ergebnisse von Rammsondierungen werden als *Stufendiagramme* dargestellt. Beim Stufendiagramm (◘ Abb. 6.2) werden über die Erkundungstiefe (nach unten zunehmend) in 10 cm-Abschnitten die Schlagzahlen N_{10} aufgetragen.

In den nichtbindigen Schichten sind die Schlagzahlen korreliert mit der Lagerungsdichte und dem Grundwasserstand,

◙ **Tab. 6.6** Boden- und Felsklassen nach DIN 18 300:2012-09

Bodenklasse	Bezeichnung	Beschreibung nach DIN 18 300	Mögliche Bodengruppen
1	Oberboden	Oberste Schicht des Bodens, die neben Kies-, Sand-, Schluff- und Tongemischen auch Humus und Bodenlebewesen enthält.	ohne
2	Fließende Bodenarten	Bodenarten, die von flüssiger bis breiiger Konsistenz sind und die das Wasser schwer abgeben.	F, HZ, HN, OK, OH,OT,OU,TA, TM, TL, UA, UM, UL, ST*, GT*, SU*, GU*
3	Leicht lösbare Bodenarten	Sande, Kiese und Sand-Kies-Gemische mit höchstens 15 % Masseanteil an Schluff und Ton und mit höchstens 30 % Masseanteil an Steinen mit Korngrößen über 63 mm bis 200 mm. Organische Bodenarten, die keine flüssige bis breiige Konsistenz aufweisen, und Torfe.	GE, GW, GI, SE, SW, SI, GU, SU, GT, ST, HN
4	Mittelschwer lösbare Bodenarten	Gemische von Sand, Kies, Schluff und Ton mit über 15 % Masseanteil der Korngröße kleiner 0,063 mm. Bodenarten mit geringer bis mittlerer Plastizität, die weich bis halbfest sind und höchstens 30 % Masseanteil an Steinen enthalten.	GU*, SU*, GT*. ST*, UL, UM, TL, TM, OU
5	Schwer lösbare Bodenarten	Bodenarten nach den Klassen 3 und 4, jedoch mit über 30 % Masseanteil an Steinen. Bodenarten mit höchstens 30 % Masseanteil an Blöcken der Korngröße über 200 mm bis 630 mm. Ausgeprägt plastische Tone, die weich bis halbfest sind.	wie 3 und 4, TA, UA
6	Leicht lösbarer Fels und vergleichbare Bodenarten	Felsarten, die einen mineralisch gebundenen Zusammenhalt haben, jedoch stark klüftig, brüchig, bröckelig, schiefrig oder verwittert sind, sowie vergleichbare feste oder verfestigte Bodenarten, z. B. durch Austrocknung, Gefrieren, chemische Bindungen. Bodenarten mit über 30 % Masseanteil an Blöcken.	entfällt
7	Schwer lösbarer Fels	Felsarten, die einen mineralisch gebundenen Zusammenhalt und eine hohe Festigkeit haben und die nur wenig klüftig oder verwittert sind, auch unverwitterter Tonschiefer, Nagelfluh-schichten, verfestigte Schlacken und dergleichen. Haufwerke aus großen Blöcken mit Korngrößen über 630 mm.	

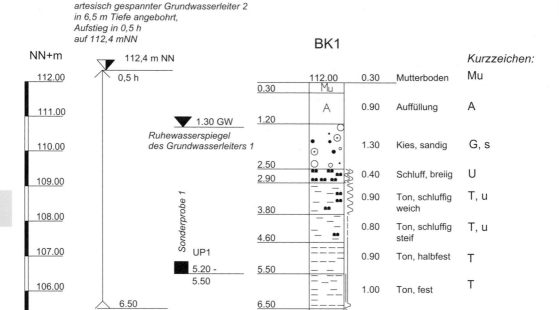

□ Abb. 6.1   Bohrprofil (Beispiel)

bei bindigen mit der Konsistenz. Wie schon erwähnt, werden bei nichtbindigen Böden die Rammsondierungen regelrecht benötigt, um die Lagerungsdichte abzuschätzen, da dies am gewonnenen Bohrgut in aller Regel nicht möglich ist. Deswegen ist es auch sinnvoll, zumindest eine Rammsondierung in nächster Nähe zu einer Bohrung auszuführen. Ein Beispiel zum Vergleich des direkten mit dem indirekten Aufschluss zeigt die □ Abb. 6.2.

Gestängereibung   Wenn der Baugrund am Sondiergestänge reibt, was bei weichen bindigen Böden in verstärktem Maß auftreten kann, werden höhere Schlagzahlen benötigt, um die Sondenspitze tiefer einzutreiben. Diese erhöhten Schlagzahlen weisen dann selbstverständlich nicht auf eine höhere Konsistenz der Böden in der jeweiligen Sondiertiefe hin. Einen ersten Hinweis auf Gestängereibung erhält man nach jedem Sondiermeter, bei dem die Drehbarkeit der Sonde geprüft wird (vgl. ▶ Abschn. 4.1). Wenn die Schlagzahlen in bindigen Schichten ziemlich gleich-

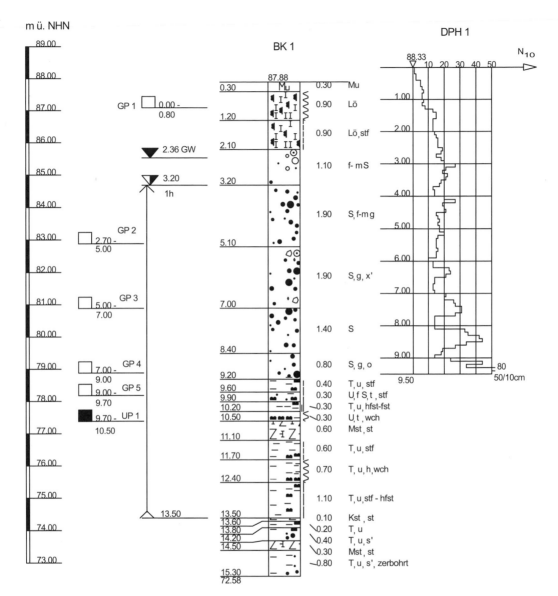

Abb. 6.2   Bohrprofil und Stufendiagramm

mäßig mit der Tiefe zunehmen, ist das ein mögliches Indiz für die Gestängereibung.

Bei Drucksondierungen werden zeichnerische Darstellungen meist schon im Feld gewonnen. Hier werden die Spitzendrücke q_c und lokalen Mantelreibungen f_s über die Tiefe dargestellt. Wenn andere Messgrößen wie Porenwasserdruck, Temperatur o. ä. erfasst wurden, kommen entsprechende Darstellungen über die Tiefe in Frage.

Bei einer nachfolgenden Auswertung der Drucksondierungen kommt auch eine Darstellung des Reibungsverhält-

Drucksondierungen

Reibungsverhältnis

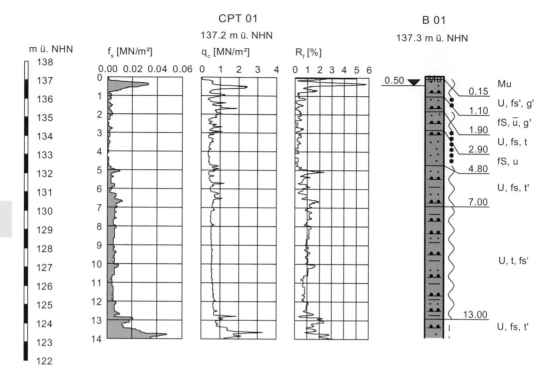

◘ Abb. 6.3   Ergebnis einer Drucksondierung neben einer Schlüsselbohrung

nisses $R_f = f_s/q_c$ in Betracht. Die ◘ Abb. 6.3 zeigt hierzu ein Beispiel.

6.3 Korrelationen

In ◘ Tab. 6.1 sind Erfahrungswerte von Schlagzahlen N_{10} der schweren Rammsonde und N_{30} der Standard-Penetration-Tests zusammengestellt, die eine Einschätzung der Lagerungsdichte von nichtbindigen Böden erlauben.

Lagerungsdichte

Konsistenz und undränierte Scherfestigkeit

Die ◘ Tab. 6.2 zeigt eine entsprechende Korrelation der Schlagzahlen zur Konsistenz und zur undränierten Kohäsion c_u bindiger Böden. Wie schon erwähnt, können die Ergebnisse der jeweiligen Bodenansprachen bzw. der durchgeführten Laborversuche ggf. zu anderen Einschätzungen führen.

Die Bodenart bei Drucksondierungen!

Bei einer Kalibrierung der Ergebnisse von Drucksondierungen über Schlüsselbohrungen kann aus dem Verhältnis von lokaler Mantelreibung f_s und Spitzenwiderstand q_c auch auf die Bodenart geschlossen werden. Zu einer ersten Auswertung hinsichtlich der anstehenden Bodenarten werden die in ◘ Tab. 6.3 wiedergegebenen Angaben empfohlen.

Bei Sanden über Grundwasser gelten näherungsweise die in ☐ Tab. 6.4 angegebenen Daten.

Der einfache Zusammenhang zwischen dem Spitzendruck der Drucksonde q_c und der Schlagzahl N_{10} der schweren Rammsonde wird oft bestätigt:

einfacher geht es wohl nicht …

$$q_c \left[MN/m^2 \right] \cong N_{10} \left(DPH \right). \tag{6.1}$$

Nützlich können die Korrelationen zwischen dem Spitzenwiderstand q_c und der undränierten Kohäsion c_u bzw. dem Steifemodul E_s sein. Für die undränierte Kohäsion findet man z. B. im EC 7-2 den folgenden Zusammenhang

$$c_u = \frac{q_c - \sigma_{v0}}{N_k}$$

wobei σ_{v0} die vertikale totale Ausgangsspannung in der betrachteten Tiefe und N_k ein sogenannter Konusfaktor ist, dessen Größe am besten aus örtlicher Erfahrung bekannt ist. Wenn nicht, findet man in der Literatur einen typischen Wertebereich von N_k = 10 bis 20 mit einem Mittelwert von ca. 15 [1]. Für die Korrelation des Steifemoduls Es mit dem Spitzendruck qc existiert die einfache Gleichung

$$E_s = \alpha \cdot q_c$$

Werte für den Korrelationsfaktor α werden idealerweise aus örtlicher Erfahrung gewonnen, ansonsten finden sich bodenartabhängige Bandbreiten für α z. B. im EC 7-2.

Weitere Korrelationen finden sich beispielsweise in [2] und [3].

6.4 Klassifikationen für Böden

Bei einer Klassifikation geht es darum, eine Zuordnung zu einer Gruppe vorzunehmen, die gleiche Merkmale aufweist und entsprechenden Kriterien genügt. Nachfolgend geht es um gleichartige bzw. annähernd gleichartige bautechnische Eigenschaften von Böden, die sich aufgrund gleichartiger stofflicher Zusammensetzung bzw. vergleichbarer Plastizitätseigenschaften in eine bestimmte *Bodengruppe* einordnen lassen.

6.4.1 Bodengruppen nach DIN 18196:2011-05

Nach der DIN 18196:2011-05 werden die unterschiedlichen Bodenarten für bautechnische Zwecke in *Bodengruppen* eingeordnet. Diese Bodengruppen weisen annähernd gleichen stofflichen Aufbau auf und lassen ähnliche bautechnische

Bodengruppen

Eigenschaften erwarten. Die DIN 18 196 gibt ferner erste Hinweise zu den bautechnischen Eigenschaften bezüglich der

- Scherfestigkeit,
- Verdichtungsfähigkeit,
- Zusammendrückbarkeit,
- Durchlässigkeit
- Erosionsempfindlichkeit
- Frostempfindlichkeit

der Böden und für die Eignung für Gründungen und als Baustoffe für

- Erd- und Baustraßen,
- Straßen- und Bahndämme,
- Dichtungen,
- Stützkörper und
- Dränagen.

6

Da auch für weitergehende Klassifizierungen die Bodengruppen der DIN 18196 herangezogen werden, kommt der richtigen Zuordnung zur Bodengruppe etwas größere Bedeutung zu.

Jede Probe erhält zwei Großbuchstaben: Der erste bezeichnet den Hauptbestandteil, der zweite eine charakteristische Eigenschaft.

Für die Ermittlung dieser beiden Großbuchstaben ist zunächst eine Bodenansprache notwendig. Im nächsten Schritt wird entweder eine Körnungslinie ausgewertet oder das Plastizitätsdiagramm (◨ Abb. 6.4) herangezogen. Es werden nur Korngrößen bis zu einem Größtkorn von 63 mm berücksichtigt.

ein Feinanteil ≤5 % ist oft günstig

Liegt der Feinanteil (mit $d \leq 0{,}06$ mm) der Kornfraktionen unter 5 %, handelt es sich um einen grobkörnigen Boden, der nach der Körnungslinie klassifiziert wird (1). Liegt der Feinkornanteil über 5 % und unter 40 % handelt es sich um einen gemischtkörnigen Boden (2). Beträgt der Feinanteil 40 % oder mehr, handelt es sich um einen feinkörnigen Boden, dessen Bodengruppe aus dem Plastizitätsdiagramm abgelesen wird (3).

- **Zu 1:**

Bei einem Massenanteil mit $d \leq 2$ mm bis 60 % handelt es sich um einen Kies und der erste Großbuchstabe ist ein **G**, bei mehr als 60 % ist es ein Sand, gekennzeichnet mit **S**. Wenn die Ungleichförmigkeitszahl $C_U < 6$ beträgt, dann ist die Bodengruppe bestimmt zu **GE** bzw. **SE**. Bei $C_U \geq 6$ muss zusätzlich auch die Krümmungszahl C_C bestimmt werden. Für

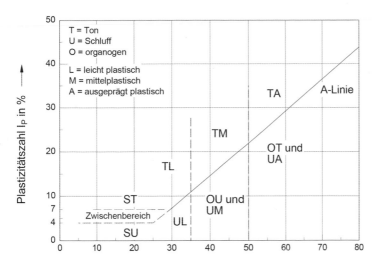

Abb. 6.4 Plastizitätsdiagramm nach DIN 18196

$1 \leq C_C \leq 3$ handelt es sich um einen weitgestuften Kies bzw. Sand, abgekürzt **GW** oder **SW**. Für $C_C < 1$ und $C_C > 3$ ist der Boden intermittierend gestuft, was mit **GI** bzw. **SI** angegeben wird.

■ **Zu 2:**

Die gemischtkörnigen Böden bekommen den zweiten Großbuchstaben T bzw. U, wenn der Massenanteil des Feinkorns zwischen 5 % und 15 % liegt. Liegt er über 15 % bis 40 % kennzeichnet man das durch einen Querstrich über dem T bzw. U oder setzt einen Stern:

$$\overline{T}\,bzw \cdot \overline{U}\,oder\,T^{*}\,bzw \cdot U^{*}$$

Ob es sich bei der Beimengung um einen Ton oder um einen Schluff handelt, folgt aus dem Plastizitätsdiagramm. Als Bodengruppe kann sich also ergeben: **GU**, **GU***, **GT** und **GT***, wenn der Anteil der Korndurchmesser d ≤ 2 mm bis 60 % beträgt bzw. **SU**, **SU***, **ST** und **ST***, wenn dieser Anteil über 60 % liegt.

In ■ Tab. 6.5 ist die obige Zuordnung aus (1) und (2) zu den Bodengruppen übersichtlich zusammengefasst.

ein Schema

■ **Zu 3:**

Beim feinkörnigen Boden wird die Bodengruppe aus dem Plastizitätsdiagramm der ■ Abb. 6.4 abgelesen. Jede Probe wird durch einen Punkt in diesem Diagramm dargestellt. Welche Körnungslinie der Boden aufweist, spielt damit bei der Klassifikation nach DIN 18 196 keine Rolle.

Bodengruppen als Koordinaten in einem Diagramm

Auf der Ordinate ist dort die Plastizität I_P, auf der Abszisse der Wassergehalt an der Fließgrenze w_L aufgetragen. Über der so genannten A-Linie mit der Gleichung (in % einzugeben)

$$I_P = 0,73 \cdot \left(w_L - 20 \right) \tag{6.2}$$

finden sich die Tone (T), darunter die Schluffe (U).

Bei den Schluffen und Tonen wird zwischen ausgeprägt plastisch (A), mittelplastisch (M) und leicht plastisch (L) unterschieden. Damit ergeben sich die Bodengruppen zu **TA**, **TM**, **TL**, **UA**, **UM** und **UL**.

Daneben gibt es mit kleinen Plastizitätszahlen und geringen Werten von w_L auch die Sande, die tonige bzw. schluffige Beimengungen aufweisen. Sie werden mit **ST** und **SU** abgekürzt. Im Zwischenbereich lässt sich die Plastizitätszahl nur ungenau ermitteln. Hier wird die Unterscheidung zwischen Ton oder Schluff nach DIN EN ISO 14688-1 (Schneideversuch, Reibeversuch) getroffen.

■ **Organische Böden**

Vorsicht bei organischen Böden!

Organogene Böden und Böden mit organischen Anteilen mit einem Feinkorngehalt über 40 % werden ebenfalls mit dem Plastizitätsdiagramm in die Gruppe **OT** bzw. **OU** eingeordnet. Die organischen Böden bekommen den Großbuchstaben **H**, wenn sie wie Torf entstanden sind, und ein **F**, wenn sie wie Faulschlamm sich unter Wasser abgesetzt haben. Für die Torfe mit **H** wird unterschieden in **N** für nicht bis mäßig zersetzt und in **Z** für zersetzt. Die Bodengruppe **F** bekommt keinen zweiten Großbuchstaben.

■ **Zwei Beispiele**

Der Sand nach ◘ Abb. 5.6 weist einen Schluffkornanteil von <5 % und einen Sandanteil von >60 % auf. Die Ungleichförmigkeitszahl wird zu

$$C_U = \frac{d_{60}}{d_{10}} = \frac{0,3}{0,1} = 3,0 \tag{6.3}$$

ermittelt. Somit braucht hier für die Zuordnung zur Bodengruppe SE (= enggestufte Sande) die Krümmungszahl C_c nicht berechnet zu werden.

Für den Seeton ergab sich bei $w_L = 39,1$ % die Plastizitätszahl zu $I_P = 13,8$ %. Damit liegt der Boden sehr knapp unterhalb der A-Linie und ist demgemäß der Bodengruppe UM, ggf. auch TM zuzuordnen.

6.4.2 Klassifikation nach DIN EN ISO 14688-2:2018-05

Diese 17-seitige Norm dient der europäischen Harmonisierung und verwendet die Bodenbezeichnungen der DIN EN ISO 14688-1:2020-11. Sie geht nicht über die DIN 18196 hinaus und wird künftig in der deutschen Baupraxis vermutlich kaum angewandt werden.

6.4.3 Bodenklassen nach Lösbarkeit gemäß DIN 18 300:2012-09

Die DIN 18 300 vom Juni 2012 wurde durch die DIN 18 300:2019-09 ersetzt. Da in der Baupraxis auf die alte Norm nach wie vor oft Bezug genommen wird, soll nachfolgend auf den ▶ Abschn. 2.3 eingegangen werden, in dem eine Einstufung in 7 Boden- und Felsklassen vorgeschlagen wird. Hier geht es um Bodenklassen, die sich auf den Zustand beim **Lösen** von Boden bzw. Fels beziehen.

Die Boden- und Felsklassen waren im geotechnischen Bericht anzugeben, um bei der Ausschreibung von Erdarbeiten zu vergleichbaren Preisen zu gelangen. Wenn Bauleistungen nach den Bodenklassen im Sinne der alten Norm ausgeschrieben werden, empfiehlt es sich im Leistungsverzeichnis die *möglichen* Klassen einzutragen, um zu entsprechenden Einheitspreisen zu kommen. Abgerechnet wird dann nach den tatsächlich angetroffenen Bodenklassen, wobei vor Beginn der Arbeiten vertraglich vereinbart werden sollte, wer die Bodenklassen während der Bauarbeiten verbindlich festlegt.

Lösbarkeit als Streitpunkt (?)

In ◘ Tab. 6.6 sind die Bodenklassen nach DIN 18 300:2012-09 angegeben. Die dort ebenfalls vorgenommene Zuordnung zu den Bodengruppen stellt Erfahrungswerte dar, die in dieser Form nicht in der DIN 18 300 enthalten waren.

Auffüllungen, Recyclingmaterial, Abfälle usw. werden sinngemäß hinsichtlich ihrer Lösbarkeit eingestuft.

Beim Lösen des Baugrunds wird sich in aller Regel eine Auflockerung einstellen. Als Auflockerungsfaktor definiert man

Auflockerung

$$f_A = \frac{Volumen\ ungelöst}{Volumen\ gelöst} \leq 1 \qquad (6.4)$$

Je nach Ausgangszustand des Baugrunds liegt f_A zwischen 0,5 und 1,0.

Für die Abrechnung von Erdbauleistungen muss also vereinbart werden, welches Volumen jeweils gemeint ist. Für Kalkulationen kann zunächst $f_A = 0{,}7$ angenommen werden. Den tatsächlichen Auflockerungsfaktor bestimmt man bei größeren Projekten am besten durch einen Feldversuch.

Verdichtung

Nach dem verdichteten Einbau von Böden kann in analoger Weise ein Verdichtungsverhältnis definiert werden:

$$f_V = \frac{Volumen\ verdichtet}{Volumen\ gelöst} \le 1 \qquad (6.5)$$

6

6.4.4 Festlegungen der DIN 18 300:2019-09

Die Neufassung der ATV DIN 18 300 vom September 2019 gilt für das Lösen, Laden, Fördern, Einbauen und Verdichten von Boden, Fels und sonstigen Stoffen. Hier wird vorgeschlagen, Boden und Fels vor dem Lösen in *Homogenbereiche* einzuteilen.

Homogenbereiche

Die Homogenbereiche werden durch vergleichbare Eigenschaften hinsichtlich der auszuführenden Erdarbeiten bestimmt. In der Norm wird festgelegt, welche Eigenschaften und Kennwerte in welcher Bandbreite für jeden Homogenbereich angegeben werden müssen. Hier heißt es:

» Für Boden:
  – ortsübliche Bezeichnung,
  – Korngrößenverteilung mit Körnungsbändern nach DIN EN ISO 17892-4,
  – Massenanteil Steine, Blöcke und große Blöcke nach DIN EN ISO 14688-1; Bestimmung durch Aussortieren und Vermessen bzw. Sieben, anschließend Wiegen und dann auf die zugehörige Aushubmasse beziehen,
  – Feuchtdichte nach DIN EN ISO 17892-2 oder DIN 18125-2,
  – undränierte Scherfestigkeit nach DIN 4094-4 oder DIN EN ISO 17892-7 oder DIN EN ISO 17892-8,
  – Wassergehalt nach DIN EN ISO 17892-1,
  – Plastizitätszahl nach DIN EN ISO 17892-12,
  – Konsistenzzahl nach DIN EN ISO 17892-12,
  – Bezogene Lagerungsdichte: Bezeichnung nach DIN EN ISO 14688-2, Bestimmung nach DIN 18126,
  – organischer Anteil nach DIN 18128 sowie
  – Bodengruppen nach DIN 18196.

Bei Baumaßnahmen der Geotechnischen Kategorie GK 1 nach DIN 4020 sind folgende Angaben ausreichend: Bodengruppen nach DIN 18196, Massenanteil Steine, Blöcke und große Blöcke nach DIN EN ISO 14688-1, Konsistenz und Plastizität nach DIN EN ISO 14688-1, Lagerungsdichte.

Für Fels:

- ortsübliche Bezeichnung,
- Benennung von Fels nach DIN EN ISO 14689,
- Feuchtdichte nach DIN EN ISO 17892-2,
- Verwitterung und Veränderungen, Veränderlichkeit nach DIN EN ISO 14689,
- einaxiale Druckfestigkeit des Gesteins nach DIN 18141-1 sowie
- Trennflächenrichtung, Trennflächenabstand, Gesteinskörperform nach DIN EN ISO 14689.

Bei Baumaßnahmen der Geotechnischen Kategorie GK 1 nach DIN 4020 sind folgende Angaben ausreichend: Benennung von Fels, Verwitterung und Veränderungen, Veränderlichkeit sowie Trennflächenrichtung, Trennflächenabstand, Gesteinskörperform, jeweils nach DIN EN ISO 14689.

6.4.5 Bodenklassen bei Bohrarbeiten nach DIN 18 301

In der DIN 18 301:2012-09 wurde Boden und Fels in spezielle Klassen eingestuft, die für Bohrarbeiten zu definieren waren. Für nichtbindige Böden wurde BN 1 und BN 2, für bindige BB 1 bis BB 4, für organische BO 1 und BO 2 unterschieden. Bei Fels wurden mit den Klassen FV 1 bis FV 6 der Trennflächenabstand und der Verwitterungsgrad, mit FD 1 bis FD 5 die einaxiale Festigkeit berücksichtigt.

6.4.6 Homogenbereiche für Bohrarbeiten

In der Neufassung der DIN 18 301:2015-08 wurde die obige Klassifikation aufgegeben. Stattdessen werden die so genannten Homogenbereiche eingeführt, die für Bohrarbeiten vergleichbare Eigenschaften aufweisen.

Für diese Homogenbereiche sind nachfolgende Eigenschaften und Kennwerte (mit Bandbreite) anzugeben:

a) Für Boden: Ortsübliche Bezeichnung, Körnungslinie, ggf. Massenanteile an Steinen und Blöcken, Reibungswinkel, Kohäsion, undränierte Scherfestigkeit, Wassergehalt, I_P, I_C, Lagerungsdichte, Abrasivität und Bodengruppe.

b) Für Fels: Ortsübliche Bezeichnung, Benennung, Verwitterung, Veränderlichkeit, einaxiale Druckfestigkeit, Trennflächenrichtung, Trennflächenabstand, Gesteinskörperform und Abrasivität.

6.4.7　Frostempfindlichkeit nach ZTVE-StB 17

Die Frostempfindlichkeit von Böden wird nach den Zusätzlichen Technischen Vertragsbedingungen und Richtlinien für Erdarbeiten im Straßenbau (ZTVE-StB, Ausgabe 2017) ermittelt. Ein nützlicher Kommentar und Leitlinien zu den ZTVE sind in 5. Auflage beim Kirschbaum Verlag erschienen [4].

Väterchen Frost

Beim Gefrieren geht Wasser unter einer Volumenzunahme von etwa 10 % in Eis über. Diese Volumenzunahme kann insbesondere durch die Bildung von Eislinsen zu Schäden führen. Zudem kann beim Auftauen der Boden aufweichen und dies vor allem dann, wenn im tieferen Baugrund noch Frost herrscht und sich das Wasser deswegen aufstaut.

Hier wird die Frostempfindlichkeit von Böden in die Klassen F1, F2 und F3 gemäß ◘ Tab. 6.7 und ◘ Abb. 6.5 eingeteilt.

◘ **Tab. 6.7**　Frostempfindlichkeit nach ZTVE-StB 17

Bodengruppe	Frostempfindlichkeitsklasse	Bezeichnung
GW, GE, GI, SW, SE, SI	F1	nicht frostempfindlich
TA, OT, OH, OK	F2	gering bis mittel frostempfindlich
TL, TM, UL, UM, UA, OU, ST*, GT*, SU*, GU*	F3	sehr frostempfindlich

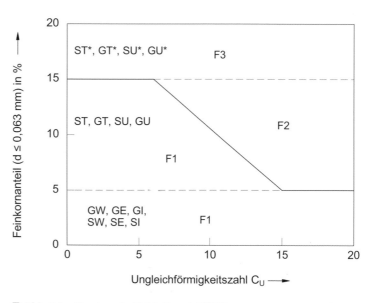

◘ **Abb. 6.5**　Frostempfindlichkeit nach ZTVE

Bei dieser Klassifikation hat man sich ebenfalls an den Bodengruppen der DIN 18 196 orientiert.

6.4.8 Bewertung des Verdichtungserfolgs

Überall dort, wo Boden- bzw. Felsschüttungen als Baustoffe verdichtet eingebaut werden, sind Kontrollen notwendig, mit denen der jeweilige Verdichtungserfolg bewertet wird. Als gebräuchlichste Kontrollen werden hier Dichtebestimmungen mit dem Ausstechzylinder, dem Ballongerät oder Ersatzverfahren (vgl. ▶ Abschn. 4.4.2) oder Plattendruckversuche (vgl. ▶ Abschn. 4.5.1), seltener mit Sondierungen durchgeführt.

Da diese klassischen Verfahren ziemlich aufwendig sind, können je nach Bauaufgabe auch andere Methoden sinnvoll eingesetzt werden. So stehen z. B. Walzenzüge mit entsprechenden Messeinrichtungen zur Verfügung, mit denen die Bodenreaktion beim Verdichten gemessen und registriert werden kann. Durch eine entsprechende Kalibrierung kann hier – wie beispielsweise auch bei radiometrischen Sonden – die erreichte Verdichtung abgeschätzt werden. Beim dynamischen Plattendruckgerät wird eine Masse auf eine Platte fallengelassen und ebenfalls die Bodenreaktion gemessen (▶ Abschn. 4.5.2). Die Überfahrt einer Prüffläche mit einem schwer beladenen LKW mit nachträglicher Aufnahme der Einsenkung stellt eine einfache Methode dar, die auch Auskunft über eventuelle Unregelmäßigkeiten in der flächigen Verdichtung gibt.

Mit der Dichte- und Wassergehaltsbestimmung und dem zusätzlich im Labor durchgeführten Proctorversuch (▶ Abschn. 5.5.5) kann der Verdichtungsgrad D_{Pr} ermittelt werden, der bei der Verdichtung im Feld erreicht wurde. Entspricht D_{Pr} dem geforderten Wert oder ist er größer, ist ausreichend bzw. mit zu viel Aufwand verdichtet worden.

Man wird zunächst prüfen, ob der Wassergehalt im Feld in der Nähe des optimalen Wassergehalts w_{Pr} liegt. Schätzwerte für die Größenordnung von w_{Pr} können für verschiedene Bodenarten aus ◻ Tab. 6.8 entnommen werden.

Zur Beurteilung des Verdichtungserfolges werden sehr oft die Ergebnisse von Plattendruckversuchen herangezogen. Dabei sind möglichst hohe E_{V2}-Module und möglichst geringe Verhältniswerte von E_{V2}/E_{V1} nachzuweisen.

Wenn bei der Erstbelastung große Setzungen auftreten, d. h. ein kleiner E_{V1}-Modul ermittelt wird, ist offenbar noch ein großes Verdichtungspotenzial gegeben. Mit der Beschränkung des Verhältnisses von E_{V2}/E_{V1} wird dies ausgeschlossen.

Hilfsweise können die in ◻ Tab. 6.9 dargestellten Richtwerte herangezogen werden, die eine Korrelation zwischen

Diverse Methoden

Genug oder zu viel verdichtet?

Korrelationen zur Verdichtung

6

◨ **Tab. 6.8** Schätzwerte für optimale Wassergehalte und Proctor-
dichten

Bodenart	Optimaler Wassergehalt in %	Proctordichte in g/cm^3
Sand-Kies-Gemisch	3,5 bis 7,5	2,00 bis 2,25
Enggestufter Sand	6 bis 8	1,80 bis 1,90
Schluff, sandig	9 bis 15	1,75 bis 1,95
Leicht plastischer Ton	15 bis 23	1,60 bis 1,70
Ausgeprägt plastischer Ton	23 bis 35	1,50 bis 1,60

◨ **Tab. 6.9** Richtwerte für grobkörnige Böden für Verdichtungs-
kontrollen

Boden-gruppe	Statischer Verformungs-modul E_{V2} in MN/m^2	E_{V2}/E_{V1}	Verdichtungs-grad D_{Pr} in %
GW, GI	≥ 100 ≥ 80	$\leq 2,3$ $\leq 2,5$	≥ 100 ≥ 98
GE, SE, SW, SI	≥ 80 ≥ 70	$\leq 2,3$ $\leq 2,5$	≥ 100 ≥ 98

◨ **Tab. 6.10** Richtwerte für grobkörnige Böden beim dynamischen
Plattendruckversuch (ZTVE StB 09)

Bodengruppe	Dynamischer Verformungs-modul E_{Vd} in MN/m^2	Verdichtungsgrad D_{Pr} in %
GW, GE, GI	≥ 50	≥ 100
SW, SE, SI	≥ 40	≥ 98

den beiden Verfahren darstellen. Welche Werte zu erreichen
sind, hängt von der Nutzung des jeweiligen Erdbauwerks ab.

Werden dynamische Plattendruckversuche durchgeführt,
kann ◨ Tab. 6.10 zur Korrelation herangezogen werden.

6.4.9 Umwelttechnische Einstufung

Um Deponieraum zu schonen, ist immer eine Wiederverwertung des belasteten Bodens einer Entsorgung vorzu-
ziehen. Je nach Größe der gemessenen Kontaminationen
kommen spezielle Entsorgungsvarianten in Frage.

Für die Einstufung von Abfällen ist die „Verordnung zur Umsetzung des Europäischen Abfallverzeichnisses" (AVV) vom 10.12.2001 heranzuziehen, nach der die Abfälle einen 6-stelligen Abfallschlüssel zugeordnet bekommen.

Auf die Festlegungen der Mitteilung M 20 der Länderarbeitsgemeinschaft Abfall (LAGA) wurde schon in ▶ Abschn. 3.7.2 eingegangen. Hiernach erfolgt eine Zuordnung in die Z-Klassen, wobei unterschieden wird in die Einbauklassen 0, 1, 1.1, 1.2 und 2.

6.5 Charakteristische Bodenkennwerte

Nach der Auswertung aller Untersuchungen werden die *charakteristischen* Kennwerte der geotechnisch zu unterscheidenden Schichten (Homogenbereiche) angegeben.

Nach Band 2 des Handbuchs Eurocode 7 [5] soll dies nach den in der DIN EN 1997-1:2009-09 [6] im ▶ Abschn. 2.4.5 festgelegten Regeln erfolgen. Wenn Korrelationen herangezogen werden, müssen diese nachvollziehbar sein. Wichtungen und der Ausschluss von Ausreißern sind zu begründen. Wenn Gleitflächen erkundet oder erwartet werden, sind bei Böden, die zur Entfestigung neigen, auch die charakteristischen Werte der Restscherfestigkeit anzugeben.

Tolle Texte in den Normen

Die Regeln des oben erwähnten ▶ Abschn. 2.4.5 sind so umfangreich, dass sie hier nicht vollständig zitiert werden können. Als erster Grundsatz, von dem nicht abgewichen werden darf, wird hier formuliert:

Erfahrung lässt sich nicht normen

» (1) P Die Wahl charakteristischer Werte für geotechnische Kenngrößen muss an Hand der Ergebnisse und abgeleiteten Werte aus Labor- und Feldversuchen erfolgen, ergänzt durch vergleichbare Erfahrungen.

Ferner heißt es:

» (4) P Bei der Wahl charakteristischer Werte der geotechnischen Kenngrößen muss Folgendes beachtet werden:
    - geologische und andere Hintergrundinformationen wie die Werte von früheren Projekten;

und weitere Spiegelstriche. Als Ergebnis ist aus dem ganzen Normentext zu folgern:

❯ Die Angabe der charakteristischen Werte liegt im Verantwortungsbereich des Geotechnischen Sachverständigen.

Dem Tenor der Normung nach sind „vorsichtige" Kennwerte anzugeben. Hinsichtlich der Scherfestigkeit werden

Vorsicht bei vorsichtigen Werten

6

◘ **Tab. 6.11**   Bodenkennwerte für nichtbindige Böden (Schätzwerte)

Bodenart	Kurz-zeichen	Lagerung	Wichte γ	Wichte unter Auftrieb γ'	Reibungswinkel φ' ($c' = 0$) bei Kornform[°]		Steife-modul E_s
			kN/m³		rund	eckig	MN/m²
Kies, Geröll, Steine, geringer Sandanteil, eng gestuft	GE	locker	17	9	32,5	35	60–100
		mitteldicht	18	10	35	37,5	80–100
		dicht	19	11	37,5	40	120–250
Kies, sandiger Kies, Sand, schluffiger Sand	GW, GI, SW, SI, SU mit $6 \leq C_U \leq 15$	locker	18	10	30	32,5	20–50
		mitteldicht	19	11	32,5	35	50–80
		dicht	20	12	35	37,5	80–200
Sand, Kiessand, schluffiger Sand, schluffiger Kies	SW, SI, GW, DI, SU, GU, mit $C_U > 15$	locker	18	10	30	32,5	20–50
		mitteldicht	20	12	32,5	35	50–80
		dicht	22	14	35	37,5	80–200
Sand, schwach schluffiger Sand	SE, SU mit $C_U \leq 6$	locker	17	9	30	32,5	20–40
		mitteldicht	18	10	32,5	35	40–60
		dicht	19	11	35	7,5	60–100

vorsichtige Werte klein sein. Wie wir noch sehen werden, können das bei der Wichte, bei der Steifigkeit oder bei der Wasserdurchlässigkeit kleine oder aber auch große Werte sein. Hier muss nachgefragt werden, für welche Nachweise diese Werte benötigt werden.

Für die Berechnungen werden die charakteristischen Werte – je nach Nachweisverfahren – durch Teilsicherheitsfaktoren erhöht oder abgemindert, um zu den Bemessungswerten zu kommen.

Laborversuche sind selten

In der Praxis werden bei nicht zu anspruchsvollen Projekten aus Kostengründen eher selten Laborversuche durchgeführt. Oft werden die Bodenkennwerte nur auf Basis von Erfahrungswerten geschätzt. In ◘ Tab. 6.11, 6.12 und 6.13 sind typische Erfahrungswerte aufgelistet.

6.6 Einaxiale Druckfestigkeiten für Gesteine

In der ◘ Tab. 6.14 sind einige Erfahrungswerte für die einaxialen Druckfestigkeiten für Gesteine zusammengestellt.

◘ Tab. 6.12 Bodenkennwerte für bindige Böden (Schätzwerte)

Bodenart	Kurzz.	Konsistenz	Wichte γ	Wichte unter Auftrieb γ'	Reibungswinkel φ'	Kohäsion c'	Undränierte Kohäsion c_u	Steifemodul E_s
			kN/m³		°	kN/m²		MN/m²
Anorgan., ausgeprägt plastische Tone	TA	weich	18	8	17,5	0	10–25	1–2
		steif	19	9		10	25–50	2–5
		halbfest	20	10		25	50–100	5–10
Mittelplast. Tone und Schluffe	TM, UM	weich	19	9	22,5	0	10–25	1–5
		steif	19,5	9,5		5	25–50	5–8
		halbfest	20,5	10,5		10	50–100	4–12
Leichtplast. Tone und Schluffe	TL, UL	weich	20	10	27,5	0	10–20	2–5
		steif	20,5	10,5		2	20–40	5–10
		halbfest	21	11		5	40–80	20–50

◘ Tab. 6.13 Bodenkennwerte für organische Böden (Schätzwerte)

Bodenart	Kurzz.	Konsistenz	Wichte γ	Wichte unter Auftrieb γ'	Reibungswinkel φ'	Kohäsion c'	Undränierte Kohäsion c_u	Steifemodul E_s
			kN/m³		°	kN/m²		MN/m²
Organ.Ton, organ. Schluff	OT, OU	weich	14	4	15	0	10–20	0,5–2
		steif	17	7	entfällt	5	20–30	2–4
Torf, ohne Vorbelastung	HN, HZ	entfällt	11	1		2	entfällt	0,2–1
Torf, mäßig vorbelastet			13	3		5		0,8–2

6.7 **Erdbeben**

Wie schon im ▶ Abschn. 3.4 erwähnt, muss in Deutschland zur Berücksichtigung des Einflusses von möglichen Erdbeben die DIN EN 1998-1/NA:2011-01 ausgewertet werden. Hiernach wird für den Projektstandort die zutreffende Untergrundklasse R, T oder S und die Baugrundklasse A, B oder C ermittelt.

In der Baugrundklasse

- Bei A stehen unverwitterte Festgesteine mit hoher Festigkeit an.

6

◨ **Tab. 6.14**   Erfahrungswerte zur einaxialen Druckfestigkeit q_u von Gesteinen

Gesteinsarten	q_u [MN/m²]
Granit, Basalt, Quarzit, Gneis, Sandstein, Marmor, Tonschiefer, Dolomit (hart oder fest bis sehr fest)	> 50 bis 250
Tonstein, Tonschiefer, Sandstein, Kalkmergel (mäßig hart)	> 15 bis 50
Kreide, Salzgesteine	>5 bis 15
Verwitterte Gesteine	>1 bis 5

◨ **Tab. 6.15**   Erdbebenzonen und zugeordnete Bodenbeschleunigungen a_{gR} in m/s²

Zone	a_{gR}
0	-
1	0,4
2	0,6
3	0,8

— Bei B handelt es sich um mäßig verwitterte Festgesteine bzw. Festgesteine mit geringer Festigkeit, oder um grobkörnige (rollige) bzw. gemischtkörnige Lockergesteine mit hohen Reibungseigenschaften in dichter Lagerung bzw. in fester Konsistenz (z. B. glazial vorbelastete Lockergesteine).

Lockergesteine sind der Baugrundklasse C zuzuordnen.
Bei den Untergrundklassen werden unterschieden:
— R für Gebiete mit felsartigem Gesteinsuntergrund,
— T für Übergangsbereiche zwischen R und S und für flachgründige Sedimentbecken,
— S für Gebiete tiefer Beckenstrukturen mit mächtigen Sedimentfüllungen.

Die Gebiete der geologischen Untergrundklassen sind im Bild NA.2 der Norm dargestellt.
Aus dem Bild NA.1 der Norm kann die jeweilige Erdbebenzone abgelesen werden. Es werden 4 Zonen unterschieden, für die unterschiedliche Referenz-Spitzenwerte der Bodenbeschleunigung a_{gR} angegeben werden (◨ Tab. 6.15).

6.8 Zum Textteil der Berichte

Jedem Bericht liegt der klassische Dreisprung zu Grunde:
1. Was hat man ausgeführt,
2. welche Ergebnisse wurden dabei erzielt und
3. wie sind diese Ergebnisse zu bewerten.

3 Abschnitte

Der Schwierigkeitsgrad für die Erstellung des Berichtes wächst mit jedem Schritt. Was man ausgeführt hat, kann sicher problemlos beschrieben werden. Die Darstellung der Ergebnisse ist schwieriger – hier kann man auch Fehler machen. Eine Bewertung fällt am schwersten, weswegen es auch viele Berichte gibt, die gänzlich darauf verzichten.

Das Spektrum Geotechnischer Berichte und Gutachten reicht von einem ausgefüllten Formblatt über wenige Seiten Text bis hin zu monumentalen Werken mit Anhängen, die viele Ordner füllen. Dabei können beispielsweise die geologischen Verhältnisse sehr ausführlich dargestellt werden, ohne dass man nach der Lektüre weiß, wie denn nun gebaut werden sollte.

*Schlecht*achten

So finden sich in den Berichten viele Allgemeinplätze und Binsenwahrheiten und ein Wirrwarr von Textbausteinen und Empfehlungen, die sich zudem oft sogar widersprechen. Es wird hier viel Papier mit viel Unsinn beschrieben, so dass man zu häufig eher von einem *Schlecht*achten als von einem *Gut*achten sprechen muss.

Ein gutes Gutachten zeichnet sich durch eine einfache, verständliche, anschauliche und klare Sprache aus. Es ist logisch aufgebaut und kommt zu klaren Schlussfolgerungen und Empfehlungen. Das Baugrundmodell passt zur Bauaufgabe, d. h. es wird so detailliert entwickelt, wie es dafür notwendig ist. Falls es noch offene Fragen gibt, werden diese – genauso wie die Risiken – benannt. Der Bericht verzichtet meist auf Fußnoten, nicht aber auf genaue Quellenangaben.

*Gut*achten

Bei der Texterstellung verwendet man konsequent die Hilfsmittel, welche die hierfür eingesetzte Software zur Verfügung stellt. Es werden alle Sonderzeichen, die Formatvorlagen, die automatische Erstellung eines Inhaltsverzeichnisses und insbesondere auch die Funktion des Querverweises genutzt. Rechtschreibfehler dürften in einem Gutachten eigentlich keine mehr vorkommen – ein Teufelchen ist dennoch immer unterwegs.

Textverarbeitung – sinnvoll einsetzen

Wir gliedern die Berichte wie folgt:

6

6.8.1   Gegenstand, Unterlagen

Im Abschnitt „Gegenstand" werden zunächst die Veranlassung und Aufgabenstellung genannt und dargelegt, welche Zielrichtung der vorgelegte Bericht hat.

Es werden alle projektspezifischen Unterlagen detailliert zitiert, die bei der Bearbeitung des Projektes zur Verfügung stehen. Es sind dies z. B. die geologische und hydrologische Karte, Pläne, Schriftverkehr, Faxe, E-Mails, Spezialliteratur – allerdings keine DIN-Normen oder Lehrbücher.

6.8.2   Projektgebiet und Bauvorhaben

Ferner werden das Projektgebiet und das Bauvorhaben so weit beschrieben, wie es für die geotechnische Bearbeitung notwendig und sinnvoll ist. Wenn es sich um einen sehr frühen Planungsstand handelt, der keine genaueren Angaben zulässt, sollte dies aus dem Text hervorgehen.

Projektgebiet

Im Zuge der Ortstermine hat man die örtlichen Gegebenheiten in Augenschein genommen. Hier werden nun die wichtigsten Feststellungen dokumentiert. Es werden die Lage und Beschaffenheit des Projektgebiets beschrieben, wobei besser auch Fotos beigefügt werden. Es wird auf die Geländeform, den evtl. Bewuchs, mögliche Vornutzungen, Besonderheiten in der Nachbarschaft, die Erreichbarkeit, die Platzverhältnisse usw. eingegangen.

Bauvorhaben

Das Bauvorhaben wird anhand von Grundrissplänen und Schnitten erläutert, wobei auch die Höhenlage der Gründungsebene dargestellt und die geplante Gründung beschrieben wird.

Schließlich wird auch auf die geotechnischen Risiken oder Probleme eingegangen und ggf. auch eine Einordnung in eine geotechnische Kategorie vorgenommen.

6.8.3   Durchgeführte Untersuchungen

Was wurde untersucht?

Im nächsten Abschnitt werden alle durchgeführten Feld- und Laborarbeiten aufgezählt und kurz, ggf. mit Verweis auf eine Norm, beschrieben. Falls zukünftig weitere Untersuchungen erforderlich sind, wird das ebenfalls hier erwähnt. Bei der Beschreibung der Arbeiten empfiehlt es sich, genauere Angaben zu machen. So wird dargestellt, welche Aufschlussverfahren wie ausgeführt wurden, ob und wie Proben entnommen wurden, wie und wann ggf. Wasserstände gemessen wurden. Bei den Laborversuchen wird auf die entsprechenden Normen hingewiesen und insbesondere erklärt, wenn davon abgewichen wurde oder wenn Versuche ausgeführt wurden, die nicht genormt sind.

6.8.4 Ergebnisse

Bei der Beschreibung der Untersuchungsergebnisse werden zunächst die Baugrundverhältnisse beschrieben. In einer Übersicht (mit Hinweisen auf die geologische Karte und die weiteren hinzugezogenen und ausgewerteten Unterlagen) werden zunächst die großräumigen Verhältnisse dargestellt.

> Was kam dabei heraus?

Danach folgt eine Beschreibung des Baugrunds, die sich aus der Ortsbegehung, den durchgeführten Felderkundungen und den Ergebnissen der Laborversuche ergibt. Diese Beschreibung stellt die Grundlage für die Entwicklung von Schnitten durch den Baugrund dar, die den vermuteten Verlauf der einzelnen Schichten wiedergeben. Das zu entwickelnde, idealisierte Bild vom Baugrund, das Baugrundmodell, braucht nur so detailliert zu sein, wie es die zu bearbeitende Fragestellung erfordert.

Dieses Modell kann einfach oder aber auch sehr komplex sein. So zeigt die ◨ Abb. 6.6 einen Blick auf das „Baugrundmodell" des Tagebaus Mae Moh in Thailand. Hierbei handelt es sich um einen Glaskasten, in dem in vielen Schnitten durch den Tagebau die unterschiedlichen Schichten auf Glasscheiben farblich dargestellt sind. Damit ist auch ein räumliches Bild der Lagerstätte zu gewinnen.

Solche räumlichen Modelle können heutzutage sehr anschaulich mit moderner Software generiert werden. Dabei bestehen die

◨ **Abb. 6.6** Baugrundmodell eines Tagebaus in Thailand

6

BIM

wesentlichen Vorteile u. a. darin, dass nahezu beliebig viele Informationen gespeichert und selektiv dargestellt werden können. Die Modelle lassen sich mit neu gewonnenen Daten leicht aktualisieren. Für geotechnische Berechnungen können ebene Schnitte oder räumlichte Teilmodelle „herausgelöst" werden. Eine Einbindung in BIM-Systeme (Building Information Modeling) ist selbstverständlich ebenfalls möglich.

In der Beschreibung des vereinfachten Baugrundmodells müssen zusammenhängende Schichten (sie werden zweckmäßigerweise von 1 bis n durchnummeriert) geotechnisch definiert werden. Es müssen dann deren Tiefenlage, Schichtdicke, Bodenart, Lagerungsdichte bzw. Konsistenz und auch Farbe angegeben werden.

Die u. U. ermittelten Schlagzahlen N_{10} der Rammsondierungen sind jeweils zu nennen, wobei hier auch an eine mögliche Gestängereibung gedacht werden muss. Es werden hier auch die Ergebnisse begleitender Laborversuche aufgeführt. Abschließend wird nochmals zur geologischen Karte Bezug genommen, um die Übereinstimmung oder mögliche Abweichungen davon zu kommentieren.

Als nächstes werden die Grundwasserverhältnisse (ggf. mit Bezug auf die hydrologische Karte oder auf örtliche Erfahrungen bzw. Besonderheiten) beschrieben.

Es werden hier auch die Ergebnisse der eigenen Ortsbegehung und der Felderkundungen beschrieben wie z. B. angrenzende Gewässer, Quellen, eine mögliche Hochwassergefährdung, GW-Leiter, GW-Stauer, Höhenlage der GW-Spiegel (möglichst mit Bezug auf m ü. NHN!), Schwankungsbreite, Fließrichtung und chemische Eigenschaften und hier insbesondere auch die Betonaggressivität nach DIN 4030. Es wird auch geklärt, ob das Projektgebiert in einem Wasserschutzgebiet liegt.

6.8.5 **Bewertung der Ergebnisse**

Kennwerte

In der Bewertung der Ergebnisse werden zunächst die charakteristischen Bodenkennwerte festgelegt, die den einzelnen geotechnischen Homogenbereichen (Schichten 1 bis n) zuzuordnen sind. Da die festzulegenden Zahlenwerte der Wichten, Steifemodule, Scherfestigkeitsparameter und Durchlässigkeitsbeiwerte die Grundlage nachfolgender Berechnungen darstellen, sollten sie möglichst auf der Grundlage der Ergebnisse von Laborversuchen ermittelt werden. Nach Möglichkeit sind hier auch die Streubereiche der Kennwerte anzugeben. Wenn es sich um geschätzte Erfahrungswerte handelt, muss dies zum Ausdruck gebracht werden.

Bei der Festlegung der Kennwerte wird der erfahrene Geotechniker das jeweils herrschende Risiko bzw. Gefährdungspotential berücksichtigen.

Die angetroffenen Boden- und Gesteinsarten werden ferner bezüglich ihrer Verformbarkeit, Auflösungs- und Zerfallsneigung, Verbandsfestigkeit, Scherfestigkeit, Schrumpf- und Quellneigung beurteilt. Dies schließt auch gründungsrelevante Angaben zur Witterungs- und Frostempfindlichkeit (Frostklassen) ein.

Besonderheiten

Auf Besonderheiten, wie linsenförmige Einschlüsse, mögliche Hohlräume oder Erdfälle usw. wird gesondert hingewiesen.

Es werden die erforderlichen Angaben zur Lösbarkeit gemäß DIN 18 300 und ggf. zur Bohrbarkeit nach DIN 18 301 angegeben, die für die Ausschreibung der Erdarbeiten – etwa im Zuge der Herstellung einer Baugrube – bzw. der Bohrarbeiten notwendig sind (Homogenbereiche mit Eigenschaften und Kennwerten).

Anschließend werden bewertend die erarbeiteten Baugrund-Schnitte mit dem vereinfachten Schichtenverlauf beschrieben, der für die Bemessung der Gründung oder der Bauhilfsmaßnahmen als maßgebend anzusehen ist.

Ferner werden die Bemessungswasserstände für den Bau-, Zwischen- und Endzustand festgelegt. In diesem Abschnitt werden auch die zuvor ermittelten Daten zur Erdbebengefährdung mitgeteilt.

Diverse Bemessungswasserspiegel

Schließlich werden die Untersuchungsergebnisse des Bodens, des Grundwassers und der Bodenluft hinsichtlich möglicher umweltgefährdender Kontaminationen beurteilt.

6.8.6 Empfehlungen zum ersten

Im vorletzten Abschnitt werden erste Empfehlungen formuliert. Beim Gründungsgutachten werden die vorgeschlagenen Gründungsvarianten diskutiert. Hier sind auch gründungsspezifische Kennwerte wie zulässige Spannungen, zu verwendende Bettungsmodule, Pfahltragfähigkeitsbeiwerte, Erddruckansätze, zulässige Höhen und Neigungen von Böschungen zu nennen. Ferner werden ggf. die Ergebnisse von Standsicherheitsberechnungen und Setzungsabschätzungen mitgeteilt.

Prüfbare Standsicherheits- oder Verformungsberechnungen sind normalerweise nicht im geotechnischen Bericht enthalten. Derartige Berechnungen stellen eigenständige Ingenieurleistungen dar und werden – wie schon erwähnt – im Geotechnischen Entwurfsbericht abgehandelt.

6.8.7 Hinweise und Empfehlungen zum zweiten

Hinweise und Empfehlungen für die Bauausführung schließen den geotechnischen Bericht ab. Dazu gehören z. B. Hinweise zur ggf. erforderlichen Beweissicherung, zur Baufeldfreimachung (Lage von Leitungen, ggf. Vorhandensein von Kampfmitteln), Behandlung der Gründungssohlen, Frostschutzmaßnahmen, Maßnahmen zur Wasserhaltung oder des Bodenaustauschs mit der Angabe der Anforderungen zu dessen Verdichtung.

Viele Details!

Weiter wird ggf. auf mögliche Verbauarbeiten, zulässige Ankerkräfte bzw. Mantelreibungen und Spitzendrücke für Verbauträger oder Bohrpfahl- oder Schlitzwände eingegangen. Es werden bei Bedarf die Auswirkungen von Erschütterungen und/oder GW-Absenkungen beschrieben. Bei angetroffenen Kontaminationen werden die unterschiedlichen Entsorgungsmöglichkeiten diskutiert. Schließlich werden Hinweise zur Rückverfüllung der Arbeitsräume, zu Abdichtungsmaßnahmen bzw. zur Dränage des Bauwerks gegeben. Ferner ist u. U. auch zu prüfen, ob ein bestimmtes Material, welches z. B. aus einem Recyclingprozess stammt, auf einem bestimmten Standort tatsächlich eingebaut werden darf.

(Anmerkung: Die oben erwähnten Berechnungen werden im nächsten Kapitel besprochen).

> **Statt eines Schlecht- besser ein Gutachten!**
> Mit der Abfassung von projektbezogenen Geotechnischen Berichten endet in der Baupraxis oft die Tätigkeit des Geotechnischen Sachverständigen, des Baugrundgutachters. Es lohnt sich, diese Berichte genau zu lesen, zu prüfen bzw. prüfen zu lassen und ggf. fehlende Aussagen nachzufordern. Die geprüften Empfehlungen sollten dann aber auch richtig umgesetzt werden.

6.9 Fragen

1. Mit welchen Kurzzeichen werden die Haupt- und Nebenbodenarten abgekürzt, welche graphischen Symbole werden nach DIN 4023 verwendet?

2. Wie wird die Konsistenz bindiger Böden an der Bohrsäule zeichnerisch dargestellt?

3. Stellen Sie das Ergebnis einer Sondierung mit der schweren Rammsonde (DPH nach DIN 4094) mit N_{10} = 0, 1, 2, 0, 1, 2, 5, 8, 9, 5, 9, 9 graphisch dar und bewerten Sie es jeweils bei nichtbindigem bzw. bindigem Baugrund.

4. Wie große wäre hier näherungsweise der Spitzendruck der Drucksonde in 1,1 m Tiefe?

5. Die Schlagzahlen einer Rammsondierung im weichen Seeton nehmen mit zunehmender Tiefe stetig zu. Wie würden Sie das interpretieren?
6. Was versteht man unter charakteristischen Bodenkennwerten?
7. Beurteilen Sie die Frostempfindlichkeit des Seetons.
8. Hat der Einbau eines sehr gleichförmigen Sandes unter einem Pflaster gegenüber einem weitgestuften Sand eher Vor- als Nachteile?
9. Wozu werden unter Bodenplatten häufig kapillar brechende Schichten eingebaut?
10. Mit welchen Versuchsergebnissen können Rückschlüsse auf ein mögliches Schrumpf- und Quellverhalten von Tonböden erwartet werden?
11. Bei der Materialauswahl zur Herstellung einer mineralischen Basisabdichtung für eine Deponie soll der Glühverlust unter 5 % liegen. Warum ist diese Anforderung sinnvoll?

Antworten zu den Fragen – sofern sie sich nicht unmittelbar aus dem Text ergeben – finden sich im Anhang. A.2.

Literatur

1. Lunne T, Robertson P K, Powell J J M (1997) Cone Penetration Testing in Geotechnical Practice, E & FNSpon
2. Grundbau-Taschenbuch, Teil 1 (2017) Geotechnische Grundlagen, 8. Auflage, Ernst & Sohn. Berlin
3. Prinz H, Strauß R (2018) Abriss der Ingenieurgeologie, 6. Auflage, Spektrum, Heidelberg
4. Floss, R. Handbuch ZTVE-StB Kommentar und Kompendium Erdbau, Felsbau, Landschaftsschutz für Verkehrswege, 5. Aufl. Kirschbaum, Bonn, 2019
5. Handbuch Eurocode 7 (2011) Geotechnische Bemessung Band 2 Erkundung und Untersuchung, 1. Aufl., Beuth, Berlin, Wien, Zürich
6. DIN EN 1997-1:2014-03 Eurocode 7 – Entwurf, Berechnung und Bemessung in der Geotechnik – Teil 1: Allgemeine Regeln; Deutsche Fassung EN 1997-12004 + AC:2009 + A1:2013 Beuth Berlin Wien Zürich

Geotechnische Berechnungen

Inhaltsverzeichnis

© Springer Fachmedien Wiesbaden GmbH, ein Teil von Springer Nature 2021
K. Kuntsche, S. Richter, *Geotechnik*, https://doi.org/10.1007/978-3-658-32290-8_7

Berechnungen sind wichtig, jedoch nicht immer richtig!

Übersicht

Mit geotechnischen Berechnungen soll nachgewiesen werden, dass das geplante Bauwerk in seiner Wechselwirkung mit Baugrund und Grundwasser ausreichend dimensioniert ist. So wird beispielsweise rechnerisch gezeigt, dass eine Böschung nicht zu steil und/oder zu hoch ist, ein Stützbauwerk den Erddruck aufnimmt, ein Tunnel nicht einstürzt und dass ein Bauwerk nicht umkippt, versinkt, weggleitet, abrutscht oder auftreibt.

Es soll ferner auch mit Verformungsberechnungen prognostiziert werden, dass die Verschiebungen und Verformungen am Bauwerk und in dessen Umgebung nicht zu groß werden.

Es kann rechnerisch auch nachgewiesen werden, dass mit den gewählten Brunnen das Grundwasser ausreichend tief abgesenkt werden kann, dass sich Schadstoffe im Grundwasser nicht zu weit ausbreiten und kein hydraulischer Grundbruch auftritt.

In diesem Kapitel wird auf einige Grundlagen der Nachweisführung eingegangen. In der Berufspraxis werden die Nachweise in aller Regel mit kommerziell vertriebenen PC-Programmen geführt, die leider zu oft als „Black-Box" benutzt werden. Die Berechnungsergebnisse von komplexeren Programmen lassen sich im Grunde nur mit den Ergebnissen anderer Programme vergleichen.

Eines dürfte klar sein:

Auch eine richtige Berechnung führt dann zu falschen Prognosen, wenn die Baugrundverhältnisse falsch eingeschätzt wurden oder wenn unzutreffende Stoffgesetze bzw. falsche Stoffkennwerte verwendet wurden. Wenn Zweifel an den Berechnungsergebnissen nicht auszuräumen sind, muss die Beobachtungsmethode angewendet werden.

7.1 Einführung

Als Basis für jede geotechnische Berechnung wurde der Baugrund so detailliert erkundet und es wurden repräsentative Proben so weit untersucht, dass im Geotechnischen Bericht ein dem Bauvorhaben angepasstes Baugrundmodell erarbeitet, den unterschiedlichen Schichten charakteristische Kennwerte zugeordnet und ggf. entsprechende Bemessungswasserstände definiert werden konnten.

Jetzt können die Bauteile dimensioniert werden, welche der Baugrund-Bauwerk-Wechselwirkung ausgesetzt sind. Es werden die Gründungselemente entworfen, welche die Bauwerks-

Geotechnischer Bericht als Basis

erst der Entwurf, dann der Nachweis

lasten sicher, verträglich und dauerhaft in den Baugrund abtragen. Die vom Baugrund und dem Grundwasser auf das
Bauwerk einwirkende Belastung muss ebenfalls aufgenommen
werden. Damit soll schon hier klar gemacht werden, dass man
zunächst immer entwirft und danach rechnerische Nachweise
führt.

> Ziel der Berechnungen ist es, die konstruktive und statische
> Planung des Bauvorhabens den erkundeten Baugrund- und
> Grundwasserverhältnissen so anzupassen, dass für dessen
> zweck- und zeitbestimmte Nutzung eine ausreichende Stand-
> sicherheit, Tragfähigkeit und Gebrauchstauglichkeit nach-
> gewiesen wird. Bleiben Unsicherheiten und Zweifel, wird das
> zum Ausdruck gebracht.

7

Tragfähigkeit, Lagesicherheit, Auftrieb, hydraulischer
Grundbruch

Konventionelle geotechnische Berechnungsmethoden werden
teilweise in DIN-Normen oder diversen Empfehlungen beschrieben. Diese Berechnungen beziehen sich auf den Nachweis der Tragfähigkeit und Lagesicherheit, auf den Auftrieb
und den hydraulischen Grundbruch. Es werden auch Setzungen und Bettungsmodule berechnet, Pfahlgründungen und
Grundwasserhaltungen dimensioniert.

Bei den hierfür eingesetzten kommerziellen Rechen-
programmen wird zugesichert, dass der Stand der Normung
bzw. der einschlägigen Empfehlungen vollständig und richtig
berücksichtigt ist. Von den meisten Anwendern in der Baupraxis werden die käuflichen Programme als „Black-Box" benutzt.

Verformungen, Ver-
schiebungen

Mit der Entwicklung von immer leistungsfähigeren PCs
finden neben den konventionellen analytischen Nachweisen
zunehmend auch numerische Berechnungsverfahren Eingang
in die geotechnische Praxis.

FEM erzeugt oft …

Meist liegt den Programmen die Methode der Finiten Elemente (FEM) zu Grunde. Hier werden für 2- oder auch
3-dimensionale Berechnungsausschnitte die Netze automatisch erzeugt, bei Bedarf grundbauspezifische Interface-
Elemente eingeführt und beispielsweise auch Porenwasserdrücke berücksichtigt.

… bunte Bilder

Bei den numerischen Berechnungen können auch diverse
Bauzustände simuliert werden. Als Ergebnis werden anschauliche Vektorfelder oder farbige Darstellungen gewonnen, aus
denen Zonen hoher Beanspruchungen oder Verschiebungen
hervorgehen. Für die Bauteile werden auch Schnittgrößen ermittelt.

Die Ergebnisse von numerischen Berechnungen zu Verformungen bzw. Verschiebungen sind allerdings häufig wegen
der unzureichenden Stoffgesetze – auch bei entsprechender

Anwendungserfahrung – eher qualitativ als quantitativ anzusehen. Bei der Ermittlung der Schnittgrößen vertraut man oft mehr den Ergebnissen konventioneller Rechenmethoden.

■ **Wie wird nun bei den Berechnungen vorgegangen?**

Angepasst an die Baugrund- und Grundwasserverhältnisse, die Einwirkungen und Anforderungen wird ein erster Entwurf einer geotechnischen Struktur gemacht, von dem erwartet wird, dass er alle erforderlichen Nachweise „durchhält" – wenn nicht, geht es mit einem geänderten Entwurf in die nächste Runde. Von diesem „trial and error"-Verfahren bekommt ein Außenstehender nichts mit, da niemand Entwürfe veröffentlicht, die nicht funktionieren.

Es ist leicht einzusehen, dass die Anzahl von gescheiterten Entwürfen mit zunehmender Erfahrung abnimmt. Bei erfahrenen Planern wird dann auch eher zu erwarten sein, dass der gewählte Entwurf auch der wirtschaftlichste ist, also einer, welcher die gestellten Anforderungen zu den geringsten Kosten erfüllt.

Nachfolgend werden einige Grundlagen geotechnischer Berechnungen – auch an Hand von Beispielen – erläutert. Für viele praktische Anwendungen genügen die vorgestellten Berechnungsmethoden. Sie erlauben auch eine Plausibilitätskontrolle von Ergebnissen, die mit marktverfügbarer Software gewonnen wurden.

Da in der Entwicklung eines Bauvorhabens im Regelfall zunächst meist eine Baugrube benötigt wird, soll hiermit begonnen werden. Kann nicht frei geböscht werden bzw. wird nicht frei geböscht, müssen Abstützungen ausgeführt werden, die den Erddruck aufnehmen. Wenn Grundwasser angetroffen wird, kann es ggf. abgesenkt werden. So schließen sich Berechnungen zu Grundwasserströmungen an. Schließlich wird das Bauwerk gegründet. So wird in diesem Kap. 7 abschließend auch die Dimensionierung von Flach- und Tiefgründungen betrachtet.

(Randnotizen: Entwurf mit „trial and error"; plausibel?)

7.2 Standsicherheit von Böschungen

7.2.1 Einführung, Begriffe

Unter einer *Böschung* versteht man in der Geotechnik eine *künstlich* geschaffene, geneigte Geländeoberfläche, währenddessen ein *Hang* demgegenüber natürlich entstanden ist.

Eine Böschung kann als Einschnitt oder als Aufschüttung (Damm) hergestellt werden. Horizontale bzw. wenig geneigte

Abschnitte in einem Böschungssystem heißen Bermen, im Tagebau auch Strossen (◘ Abb. 7.1).

Bei Baugruben (◘ Abb. 7.2), bei Kiesgruben oder im Tagebau wird immer ein Einschnitt, meist aber auch eine Aufschüttung auftreten. Auch beim Bau von Verkehrswegen in einem hügeligen oder bergigen Gelände werden beide Böschungstypen entstehen.

7

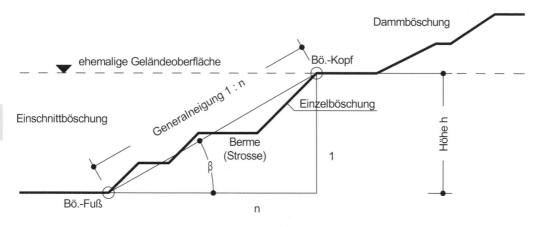

◘ **Abb. 7.1**   Einschnitt und Damm

◘ **Abb. 7.2**   Baugrubenböschung

Baugrubenböschungen benötigen viel Platz – insbesondere natürlich bei flachen Böschungsneigungen und/oder großen Höhen. Es entstehen große Aushubmassen und entsprechend viel Material muss ggf. bei einer nachfolgenden Wiederverfüllung bewegt werden. Bei tiefen Baugruben sind Böschungen deswegen oft nicht möglich bzw. unwirtschaftlich.

Sehr hohe Böschungen entstehen bei der Rohstoffgewinnung im Steinbruch oder Tagebau. Da die Standzeiten der Betriebsböschungen vergleichsweise kurz sind, wird man hier – trotz großer Höhe – steilere Böschungen herstellen dürfen als beispielsweise bei dauerhaften Böschungen im Verkehrswegebau.

Als Beispiel für die Ausführung tiefer Einschnitt- und Dammböschungen kann der Braunkohlentagebau „Hambach" dienen, der seit 1978 von der RWE Power AG (vormals Rheinbraun AG) in der Niederrheinischen Bucht bei Köln betrieben wird. In der Außenkippe „Sophienhöhe" wurden bis 1990 über 1,1 Milliarden m³ Aushubmassen abgelagert, was zu einer Böschungshöhe von über 200 m führte. Die Gesamthöhe des künstlich geschaffenen Böschungssystems betrug hier zeitweise über 500 m. Mit der weiteren Entwicklung des Tagebaus wird die größte Tiefe der Einschnittsböschung über 450 m betragen. Beeindruckende Bilder dazu finden sich im Internet.

hohe Böschungen im Tagebau Hambach bei Köln

Der über der Kohle befindliche Abraum und die Braunkohle werden im Tagebau Hambach mit gigantischen Schaufelradbaggern gewonnen, die Nennförderleistungen von bis zu 240.000 m³/Tag aufweisen. Auf der Kippe wird der Abraum von entsprechend großen Absetzern verstürzt (◘ Abb. 7.3).

Eine erste Erfahrung mit Böschungen aus trockenem Sand ist elementar: Wie die Beobachtung im Sandkasten genauso wie in einem Kieswerk oder Tagebau zeigt, stellt sich beim Schütten oder Abgraben von (trockenem) Sand eine ganz bestimmte maximale Böschungsneigung ein, die sich offensichtlich durch die Art des Schüttguts ergibt (◘ Abb. 7.3). Weiteres Schütten oder auch Abgraben löst über die gesamte Höhe der Sandböschung Bewegungen aus. Dabei rutschen dünne und oberflächennahe Schwarten ab.

Schüttwinkel

Der Fahrer des in ◘ Abb. 7.4 dargestellten Radladers, der am Fuße eines Schüttkegels trockenen Sand z. B. auf einen LKW verlädt, tut dies ohne jedes Risiko, denn jedes Abgraben führt zu einer böschungsparallelen Gleitfuge, auf der nur so viel Material nachrutscht, wie entnommen wurde – ohne den Fahrer des Radladers zu gefährden.

Abgraben ohne Risiko

7

◘ **Abb. 7.3**   Kippenböschung im Tagebau

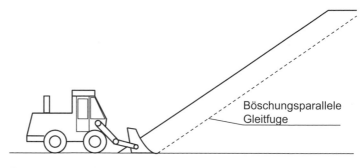

◘ **Abb. 7.4**   Böschungsparallele Gleitfuge

Die Böschungsschwarten rutschen ab, ohne zu beschleunigen. Nicht nur für diesen Fall gilt:

Grenzgleichgewicht

❯ Wenn sich ein Erd- oder Felskörper mit konstanter Geschwindigkeit bewegt, befindet er sich im Grenzgleichgewicht (mit $\sum \vec{F} = 0$).

Wenn sich ein Erdkörper nicht bewegt, befindet er sich natürlich ebenfalls im Gleichgewicht. Ob er sich jedoch im Grenzgleichgewicht befindet, kann ohne weitere Annahmen nicht beurteilt werden.

Kinder können mit trockenem Sand wenig anfangen – er wird erst mit etwas Feuchtigkeit zum echten Spielgefährten. Nur mit feuchtem Sand kann man senkrechte Böschungen herstellen und Tunnel graben. Die sich durch die Feuchtigkeit einstellende Kapillarkohäsion (▶ Abschn. 5.8.5) macht dies möglich. Allerdings ändert sich das Risiko beim Spiel – die senkrechte Wand oder der Tunnel kann plötzlich einstürzen. Dies führt zu folgendem Merksatz:

Riskante Kohäsion

❯ Kohäsion erlaubt steilere Böschungen, bei denen allerdings das Risiko wächst.

Die Methoden der Erdstatik erlauben nun Prognosen zur Standsicherheit einer Böschung. Dabei sind nur Berechnungen von ebenen Problemen in der Praxis eingeführt, d. h. es wird eine Scheibe aus dem Böschungskörper mit 1 m Dicke betrachtet und die Form des Böschungskörpers senkrecht zur Zeichenebene ändert sich nicht. Diese Betrachtung ebener Probleme kann – je nach realer Situation – auf der sicheren oder unsicheren Seite liegen.

7.2.2 Gerade Gleitfläche

Zunächst sei der erdstatisch einfachste Fall einer geraden Gleitfläche betrachtet. Der lotrechte Schnitt durch den Böschungskörper verläuft entlang der *Falllinie* einer Böschung oder eines Hanges, weil sie dort am steilsten ist und weil sie deswegen in diesem Schnitt auch am ehesten abrutscht.

Falllinie

Wenn keine geologischen Besonderheiten vorliegen, ist die Neigung einer möglichen Gleitfläche zunächst nicht vorgegeben. Gesucht wird jene Gleitfläche, bei der ein Abrutschen am wahrscheinlichsten ist.

kleinste Sicherheit

In ◖ Abb. 7.5 sind die am abrutschenden Erdkörper angreifenden Kräfte angegeben. Sein Gewicht ergibt sich je lau-

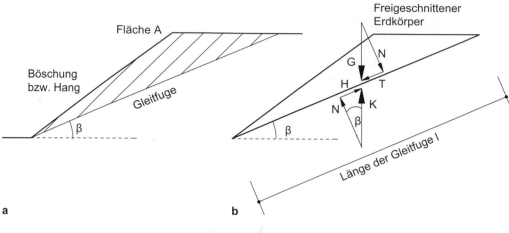

7

🔲 **Abb. 7.5**   Böschung mit gerader Gleitfläche

fenden Meter (senkrecht zur Zeichenebene) aus dem Produkt der Fläche A mit der Wichte γ:

$$G = A \cdot \gamma \tag{7.1}$$

z. B. in kN/m. Das Gewicht G greift am Schwerpunkt des Erdkörpers an.

Nachfolgend wird der Fall betrachtet, bei dem keine anderen Kräfte wie beispielsweise äußere Lasten, Wasserdruck-, Strömungs- oder Erdbebenkräfte einwirken.

Gleichgewicht   Im Gleichgewicht wirkt dann der Gewichtskraft G eine Kraft K in der Gleitfuge entgegen. Die Kraft K kann sich am Erdkörper nur einstellen, wenn in der Gleitfuge Scherkräfte mobilisiert werden können.

Kraftzerlegung   Die *Zerlegung* von G in die treibende Kraft T

$$T = G \cdot \sin \beta \tag{7.2}$$

und in die Normalkraft N

$$N = G \cdot \cos \beta \tag{7.3}$$

macht anschaulich, dass T mit einer Scherkraft H (= haltend) im Gleichgewicht stehen muss. Die Scherkraft H kann hierbei nicht beliebig groß werden. Sie ist durch die Scherfestigkeit τ_f in der Gleitfuge begrenzt.

Wenn allgemein das Schergesetz (Gl. 5.98 in ▶ Abschn. 5.8.2) gilt

$$\tau_f = \sigma' \cdot \tan \varphi' + c', \tag{7.4}$$

dann wird $H_{\max} = \overline{\tau_f} \cdot l$, mit $\overline{\tau_f}$ als mittlere Scherfestigkeit entlang der Scherfuge mit der Länge l.

Mit der mittleren Normalspannung

$$\overline{\sigma}' = \frac{N}{l} = \frac{G \cdot \cos\beta}{l} \qquad (7.5)$$

wird

$$H_{max} = \frac{G \cdot \cos\beta}{l} \cdot \tan\varphi' \cdot l + c' \cdot l \qquad (7.6)$$

Grenzgleichgewicht herrscht bei $H_{max} = T$, d. h. bei

$$G \cdot \cos\beta \cdot \tan\varphi' + c' \cdot l = G \cdot \sin\beta \qquad (7.7)$$

und somit bei

$$\frac{G \cdot \cos\beta \cdot \tan\varphi' + c' \cdot l}{G \cdot \sin\beta} = 1 \qquad (7.8)$$

Ohne Kohäsion (c' = 0) wird $\beta = \varphi$

$$\frac{\tan\varphi'}{\tan\beta} = 1 \qquad (7.9)$$

was zu folgendem Merksatz führt:

> ❯ Böschungen in kohäsionslosen Böden können nicht steiler als unter dem Reibungswinkel φ' hergestellt werden, der in böschungsparallelen Gleitfugen mobilisierbar ist.

Bei geschütteten Böschungen ist somit der maximale Schüttwinkel der Reibungswinkel, der sich bei der Schüttdichte ergibt. Mit dem Schüttversuch lässt sich also – ganz ohne Scherversuch – der Reibungswinkel φ' bei dieser Lagerungsdichte bestimmen.

Greifen nur vertikale Lasten an, spielt somit beim reinen Reibungsfall das Gewicht des Erdkörpers keine Rolle. Deswegen kann auch z. B. eine Bebauung auf einer Böschung aus Reibungsboden beliebig schwer werden, ohne dass sich das Sicherheitsniveau gegen Abgleiten ändert.

Bei überkonsolidierten Böden, bei denen der Reibungswinkel φ' und die Kohäsion c' die Scherfestigkeit bestimmen, spielen demgegenüber gemäß Gl. 7.8 die Länge und Neigung der Gleitfuge und das Gewicht des Erdkörpers eine wichtige Rolle.

Man kann Gl. 7.8 als quantitatives Maß für die Sicherheit betrachten. Je weiter der Quotient über 1,0 liegt, desto größer ist die Sicherheit gegen Abrutschen. Zum Nachweis einer ausreichenden Böschungsstandsicherheit nach Norm sind selbstverständlich noch entsprechende Teilsicherheitsbeiwerte bei den Einwirkungen und Materialparametern zu berücksichtigen.

7.2.3 Böschungselement bei kohäsionslosem Boden

Eine andere Überlegung führt bei kohäsionslosem Boden zu analogen Ergebnissen. Statt der Betrachtung einer geraden Gleitfuge wird aus einem Böschungskörper ein Element (◻ Abb. 7.6) herausgeschnitten. Wenn dies weiter weg vom Böschungsfuß und von der Krone geschieht, sind die beiden Schnittkräfte E, die durch die vertikalen Schnitte freigelegt werden, gleich groß.

Bei der Betrachtung der Kräfte an diesem Element führt für den Fall ohne Strömung ebenfalls auf Gl. 7.9.

Wird – wie in ◻ Abb. 7.6 dargestellt – eine Durchströmung der Böschung in böschungsparalleler Richtung angenommen, ist allerdings eine nur etwa halb so große Böschungsneigung möglich, was nachfolgend gezeigt wird.

Neben dem Gewicht G' (hier steht der Boden unter Auftrieb) treibt nun zusätzlich die Strömungskraft F_s das Böschungselement in Richtung der Böschungsneigung nach unten.

Es gilt:

$$G' \cdot sin\beta + F_s = G' \cdot cos\beta \cdot tan\varphi' \qquad (7.10)$$

Die Strömungskraft, die das Volumenelement V belastet, beträgt

$$F_s = f_s \cdot V = i \cdot \gamma_w \cdot V = \frac{h}{l} \cdot \gamma_w \cdot V = sin\beta \cdot \gamma_w \cdot V \qquad (7.11)$$

Damit wird

$$\gamma' \cdot V \cdot sin\beta + sin\beta \cdot \gamma_w \cdot V = \gamma' \cdot V \cdot cos\beta \cdot tan\varphi' \qquad (7.12)$$

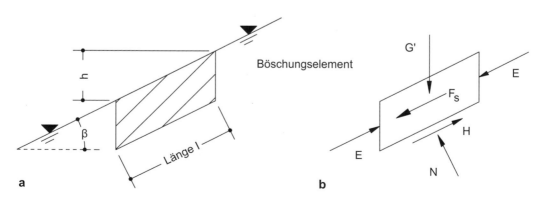

◻ Abb. 7.6   Böschungselement bei böschungsparalleler Durchströmung

und damit

$$tan\beta_{max} = \frac{tan\varphi'}{1+\dfrac{\gamma_w}{\gamma'}} \qquad\qquad (7.13)$$

Da die Wichte des Bodens unter Auftrieb ungefähr der Wichte von Wasser entspricht, ergibt sich schließlich

$$tan\beta_{max} \approx \frac{1}{2}\cdot tan\varphi' \qquad\qquad (7.14) \qquad \beta = \tfrac{1}{2}\,\varphi$$

Bei Straßendämmen aus nichtbindigen Böden, die oft unter der Neigung (vertikal):(horizontal) = 1:1,5 hergestellt werden, muss also dafür gesorgt werden, dass keine böschungs-parallelen Durchströmungen stattfinden können.

7.2.4 Homogene Böschung

Wenn für eine Böschung oder einen Hang annähernd überall eine Wichte und die gleichen Scherparameter φ' und c' an-genommen werden können, kann – wenn keine weiteren Kräfte einwirken – die Standsicherheit mit dem Nomogramm von TAYLOR [1] ermittelt werden. Taylor hat Gleitkreis-berechnungen (vgl. ▶ Abschn. 7.2.5) durchgeführt, mit denen er durch Variation der Lage der Gleitkreise jeweils die kleinste Sicherheit ermittelt hat.

Zur Darstellung der Berechnungsergebnisse führte Taylor die dimensionslose Standsicherheitszahl N ein:

$$N = \frac{\gamma \cdot h}{c} \qquad\qquad (7.15)$$

und stellte diese über dem Böschungswinkel β dar. Das Grenz-gleichgewicht ergibt sich jeweils auf Kurven gleicher Reibungs-winkel φ. (Hier wurde auf den Apostroph zur Kennzeichnung für die effektiven Spannungen verzichtet).

Das Nomogramm nach Taylor ist in ◘ Abb. 7.7 dar-gestellt, wobei die häufig zur Anwendung kommenden Böschungsneigungen 1:1,5 ($\approx 34°$) und 1:2,0 ($\approx 27°$) hervor-gehoben sind.

Um nun eine bestimmte Sicherheit gegenüber dem Grenz-gleichgewicht zu berücksichtigen, können hier die Scherfestig-keitsparameter durch Sicherheitsfaktoren γ abgemindert wer-den:

$$\tau_{mob} = \frac{\sigma' \cdot tan\varphi'}{\gamma_\varphi} + \frac{c'}{\gamma_c} \qquad\qquad (7.16)$$

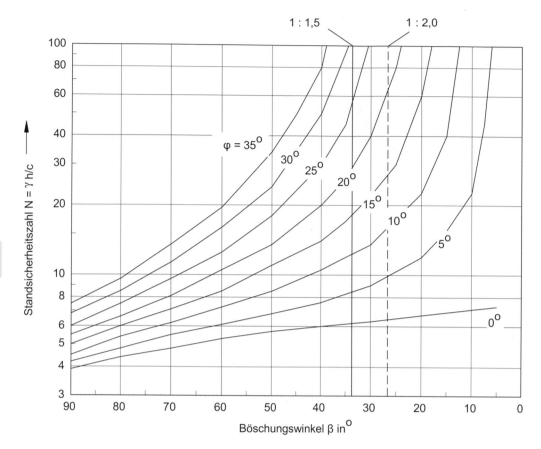

Abb. 7.7   Nomogramm nach Taylor [1]

Bei $\gamma_\varphi = \gamma_c$ folgt man dem Vorschlag von Fellenius [2]. Diese so genannte Fellenius-Regel wird heute bei vielen Berechnungen zu Grunde gelegt. Es könnte aber auch sinnvoll sein, die Kohäsion mit einem größeren Sicherheitsbeiwert als den Reibungswinkel abzumindern.

▶ **Beispiel**

Zwei Anwendungsbeispiele zum Taylor-Nomogramm:

Oberflächennah weist Seeton eine nur geringe Kohäsion auf. Bei einem angenommenen Wert von c' = 5 kN/m² und einem Reibungswinkel von φ' = 20° ergibt sich für eine unter β = 60° geneigte Baugrubenböschung N = 11. Damit wird mit γ = 19 kN/m³ das Grenzgleichgewicht schon bei

$$h_{\max} = \frac{5 \cdot 11}{19} = 2,9\ m \tag{7.17}$$

erreicht.

Eine senkrechte Böschung in der Braunkohle mit $\gamma = 12{,}5$ kN/m³, c' = 200 kN/m² und φ' = 25° kann mit ähnlicher Rechnung maximal 96 m hoch sein. Dann herrscht Grenzgleichgewicht. ◄

7.2.5 Gleitkreise

Oft treten bei Rutschungen Bruchmuscheln auf, die in einem Schnitt durch das Zentrum eine annähernd kreisförmige Gleitfuge zeigen. Diese Versagensform wird bei den Gleitkreisberechnungen angenommen. Als einer der Vordenker dieser als geradezu klassisch zu bezeichnenden Berechnungen gilt der oben schon erwähnte Fellenius [2], der als Vorsitzender einer schwedischen Eisenbahnkommission ab 1913 insgesamt 300 Rutschungen untersuchte. 1916 führte diese Kommission auch den Begriff „geoteknik" ein, der heute unser Fachgebiet benennt und diesem Lehrbuch seinen Titel gibt.

Fellenius und die Geotechnik

Der Gleitkreis schneidet einen Bodenkörper frei, der sich als starrer Körper bewegen kann ($\blacksquare$ Abb. 7.8). Damit stellt der Gleitkreis eine *kinematisch mögliche* Gleitfuge dar. (Anmerkung: Es gibt auch Berechnungen, bei denen Bruchkörper betrachtet werden, die kinematisch nicht möglich sind.)

kinematisch möglich

Zur erdstatischen Untersuchung des Bruchkörpers benötigt man die Scherkräfte, die entlang der Gleitfuge mobilisiert werden können. Weist der Boden – wie beim c_u-Fall – nur Kohäsion auf, dann ergeben sich diese Kräfte allein aus der Länge der Gleitfuge. Ist als Scherfestigkeitsanteil auch bzw. nur Reibung vorhanden, hängen die mobilisierbaren Scherkräfte auch von den Normalkräften in der Gleitfuge ab.

Zur Berechnung dieser Normalkräfte, zur Berücksichtigung von unterschiedlichen Schichten und ggf. unter-

Es sind Annahmen notwendig

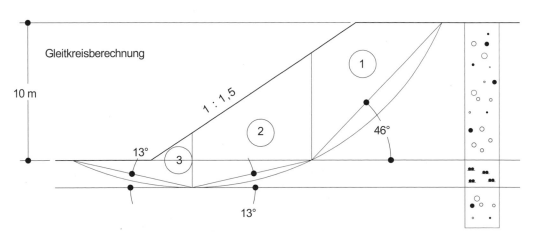

$\blacksquare$ **Abb. 7.8** Damm auf weichem Boden

schiedlichem Böschungsverlauf werden vertikale Schnitte durch den Erdkörper geführt. Es werden Streifen – auch als Lamellen bezeichnet – freigeschnitten, was Annahmen bezüglich der Richtung der dort frei geschnittenen Kräfte erforderlich macht. Was dies für Konsequenzen hat, wird nachfolgend an einem Beispiel gezeigt.

▶ **Beispiel**

Auf einer ebenen Lössdecke soll eine 10 m hohe Aufschüttung aus quartären Kiesen mit $\gamma = 18$ kN/m³ und $\varphi' = 34°$ aufgebracht werden (◘ Abb. 7.8). Für den Baugrund bedeutet dies in Anbetracht der geringen Wasserdurchlässigkeit des Lösses eine so rasche Belastung, so dass hier als maßgebender Scherfestigkeitsparameter die undränierte Kohäsion c_u angesetzt werden muss.

Anfangsstandsicherheit

Es geht also um die Berechnung der Anfangsstandsicherheit: Wenn der Damm nach der Aufschüttung ausreichend standsicher ist, wird wegen der einsetzenden Konsolidation die Standsicherheit mit der Zeit zunehmen. Das liegt daran, weil mit der Konsolidation die Kohäsion größer wird.

Als Bemessungswerte für den Löss werden

$\gamma = 20$ kN/m³ und $c_u = 30$ kN/m²

in die Berechnung eingeführt. Es wirken keine Strömungs-, Wasserdruck- oder Erdbebenkräfte oder auch Verkehrslasten.

In ◘ Abb. 7.8 ist ein möglicher Gleitkreis dargestellt, bei dem die vertikalen Schnitte in den Schichtgrenzen geführt sind, sodass die Unterkante von Lamelle 2 und 3 im Löss liegen. Für die prinzipielle Erläuterung des Verfahrens genügt hier die Betrachtung von drei Lamellen. (Mit einer feineren Unterteilung wird der Kreisbogen natürlich besser angenähert.)

Die sich für die einzelnen Lamellen ergebenden Gewichte G_i und Kohäsionskräfte C_i sind in der ◘ Tab. 7.1 wiedergegeben. Die jeweiligen Flächen und Gleitfugenlängen wurden aus ◘ Abb. 7.8 herausgemessen.

1. Annahme: Grenzgleichgewicht

Bei der Standsicherheitsuntersuchung wird zunächst angenommen, dass sich der Bruchkörper im *Grenzgleichgewicht* befindet. Diese Annahme bedeutet, dass in der Gleitfuge die Scherfestigkeit vollständig in Anspruch genommen wird.

Die graphische Erdstatik wird an Lamelle 1 begonnen (◘ Abb. 7.9). Da der Kiessand keine Kohäsion hat, treten am ersten Erdkörper nur die drei Kräfte G_1, Q_1 und E_{12} auf.

Der Kraftplan wird nach der Wahl eines geeigneten Maßstabs mit dem Zeichnen des Gewichts G_1 begonnen, da diese Kraft nach Größe und Richtung bekannt ist. Wegen der Annahme des Grenzgleichgewichts ist die Richtung der *Resultierenden* aus Normalkraft und Reibungskraft – diese Kraft wird als Q_1 bezeichnet – in der Gleitfuge bekannt:

◘ Tab. 7.1 Daten für die Gleitkreisberechnung

Lamelle Nr.	Fläche	Wichte	Gewicht	Gleit-fugenlänge	Kohä-sion	Kohä-sionskraft
	m^2	kN/m^3	kN/m	m	kN/m^2	kN/m
1	44,5	18	801	13,8	0	0
2	42,9	18	946	8,9	30	267
2	8,7	20				
3	3	18	228	8,9	30	267
3	8,7	20				

❯ Q_1 ist entgegen der Verschiebungsrichtung unter dem Reibungswinkel gegen die Normale auf die Sekante geneigt.

Zum Zeichnen von Q_1 wird deren Richtung aus dem Lageplan (mit einer Parallelverschiebung) übernommen und an die Spitze des Gewichts G_1 angetragen. Unbekannt ist somit nur die Richtung von E_{12}, der Schnittkraft zwischen der Lamelle 1 und 2 auf. Wird Körper 1 betrachtet, nennt man sie E_{12}, bei Körper 2 E_{21}. Beim Körper 2 dreht sich nur ihre Richtung um. Da es sich hier um einen Lamellenschnitt – nicht um eine Gleitfuge – handelt, ist die Richtung von E_{12} unbekannt.

Hierfür ist eine erdstatisch sinnvolle Annahme zu treffen.

Als obere Grenze gilt allerdings für Böden ohne Kohäsion, dass E_{12} nicht steiler als unter dem Reibungswinkel zur Normalenrichtung im Schnitt geneigt sein kann. Diese maximale Neigung wurde im Beispiel angenommen.

Mit der Annahme der Richtung von E_{12} lässt sich das Krafteck für die Lamelle 1 schließen. Wie man am Kraftplan erkennen kann, hat die Neigung von E_{12} keinen großen Einfluss auf die Größe der Kraft.

Zur Erfüllung des Momentengleichgewichtes müssen sich im Lageplan für Lamelle 1 alle angreifenden Kräfte in einem Punkt schneiden. Dies lässt sich durch eine geeignete Wahl der Ansatzpunkte der Kräfte bewerkstelligen.

Mit der nun bekannten Kraft E_{12} wird in analoger Weise Gleichgewicht an der Lamelle 2 und nachfolgend mit den E_{ij} an den weiteren Lamellen hergestellt. Dabei ist zu beachten, dass im vorliegenden Beispiel an den Unterkanten von Lamelle 2 und 3 nur eine Kohäsion wirkt; der Reibungswinkel ist dort $\varphi_u = 0$. Merke dabei:

2. Annahme: Richtung von E_{ij}

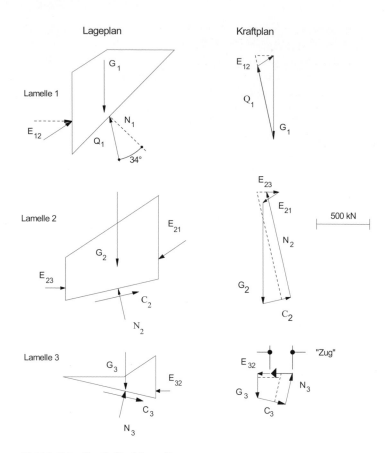

□ **Abb. 7.9**   Statik für 3 Lamellen

> Wie die Q_i sind auch alle Kohäsionskräfte C_i entgegen der Verschiebungsrichtung anzutragen!

Achtung: Bei großen Kohäsionen ist kein Gleichgewicht möglich

Es ist zu beachten, dass nicht beliebig große Kohäsionskräfte in die Statik eingeführt werden können, da sich sonst die Lamellenseitenkräfte E_{ij} als Zugkräfte ergeben, was nicht sinnvoll ist. In einem solchen Fall würde die vorhandene Kohäsion für das Gleichgewicht nicht vollständig in Anspruch genommen werden. Rechnerisch abgeminderte Kohäsionen stellen eine Sicherheitsreserve dar.

An der letzten Lamelle wird sich das Krafteck nur dann schließen, wenn sich der gesamte Bruchkörper tatsächlich im – zuvor angenommenen – Grenzgleichgewicht befindet. Dies jedoch wäre als Zufall anzusehen.

Das Grenzgleichgewicht wäre ein Zufall

Muss beim letzten Kraftplan eine Kraft eingeführt werden, die am Bruchkörper „zieht" (also den Bruch antreibt), ist die Böschung für den betrachteten Gleitkreis standsicher. Das Ergebnis bedeutet, dass die zuvor in die Berechnung eingeführten Scherfestigkeiten im Boden nicht gänzlich in Anspruch genommen werden. Muss umgekehrt an der letzten Lamelle „gedrückt" werden, ist die Böschung mit den Bemessungswerten der Scherfestigkeit nicht standsicher. Sie lässt sich so nicht herstellen.

Im Beispiel verbleibt an Lamelle 3 eine Zugkraft Z. Damit kann die Aufschüttung mit einer Höhe von 10 m hergestellt werden.

Aus den Kraftecken ist sehr anschaulich zu entnehmen, welche Bedeutung dem c_u-Wert zukommt. Eine Verringerung auf $c_u = 20$ kN/m^2 würde schon zum Grenzgleichgewicht führen, was aus den dünn gestrichelten Linien ersichtlich ist. ◀

> Für einen gewählten Gleitkreis wird beginnend bei Lamelle 1 für ein angenommenes Grenzgleichgewicht und mit einer Richtungsannahme E_{12} bestimmt und als Einwirkung auf Lamelle 2 übertragen. Nun ergeben sich mit weiteren Richtungsannahmen immer die übrigen E_{ij}, wenn die Kohäsionen nicht zu groß sind. An der letzten Lamelle ergibt sich i. d. R. kein Gleichgewicht. Hier zeigt sich, ob der Gleitkreis hält oder abrutscht.

zusammengefasst:

Das vorgestellte Verfahren ist recht aufwendig, da jetzt noch untersucht werden muss, ob sich denn bei einem anderen Gleitkreis eine noch kleinere Sicherheit ergibt. Im Rahmen dieses Modells kann man sich vorstellen, dass ein Versagen in der Natur bei dem Kreis auftritt, für den die kleinste Sicherheit berechnet wird.

Die Sicherheit tritt hier als Zusatzkraft auf, mit der an der letzten Lamelle gezogen werden muss. Diese Kraft als „Sicherheit" kann umgangen werden, wenn man die Bemessungswerte der Scherfestigkeit gemäß Gl. 7.16 so weit reduziert, bis sich an der letzten Lamelle tatsächlich Gleichgewicht ergibt.

Standsicherheit(en) und Ausnutzungsgrad

Wenn man dann noch die Fellenius-Regel anwendet, ergibt sich nur *ein* Zahlenwert für die Sicherheit, der sich als Verhältnis der mit den charakteristischen Kennwerten ermittelten zur in Anspruch genommenen Scherfestigkeit ausdrückt.

> Der Kehrwert dieser Sicherheit nach Fellenius wird als Ausnutzungsgrad bezeichnet.

Gleitkreisberechnungen in der oben dargestellten Form wurden bisher noch nicht programmiert. In den kommerziellen Programmen bezieht man sich auf unterschiedliche Formeln, die beispielsweise von Duncan und Wright in [3] ausführlich erläutert werden.

DIN 4084 und Bishop

In DIN 4084:2009-01 werden diverse Geländebruch-berechnungen dargestellt und zur Anwendung empfohlen. Für Gleitkreise werden hier die Formeln von Bishop [4] empfohlen, der annahm, dass die Resultierende der E_{ij} horizontal liegt (◘ Abb. 7.10).

Mit dieser Annahme lässt sich aus dem Gleichgewicht der Vertikalkräfte die Normalkraft für jede Lamelle ermitteln. Mit den vertikalen Anteilen der Kohäsions- bzw. Reibungs-kraft gilt:

$$G_i = \frac{c_i \cdot b_i}{cos\,\beta_i} \cdot \sin \beta_i + N_i \cdot \tan \varphi_i' \cdot \sin \beta_i + N_i \cdot \cos \beta_i \qquad (7.18)$$

und damit

$$N_i = \frac{G_i - c_i \cdot b_i \cdot \tan \beta_i}{\tan \varphi'_i \cdot \sin \beta_i + \cos \beta_i} \qquad (7.19)$$

Zur Berechnung der N_i muss hier jeweils der Betrag des Winkels β eingesetzt werden.

Für die sich mit dieser Annahme ableitende Gleitkreis-formel sei auf DIN 4084 verwiesen.

Wenn nun für die Berechnung der Geländebruchsicher-heit PC-Programme eingesetzt werden, muss die verwendete Formel und auch die Sicherheitsdefinition mit angegeben werden.

Ausnutzungsgrade als abgestufte Farbflächen

Die Programme untersuchen eine Vielzahl von Gleitkreis-mittelpunkten. Für jeden Gleitkreismittelpunkt werden in farblicher Abstufung der Ausnutzungsgrad des jeweils un-günstigsten Gleitkreisradius dargestellt. Dabei stellen definitionsgemäß höhere Ausnutzungsgrade geringere Sicherheiten dar. Bei einem Ausnutzungsgrad von μ = 1 werden die geforderten Teilsicherheiten des EC 7 gerade erfüllt. Mit μ > 1 ergibt sich rechnerisch eine unzureichende Stand-sicherheit.

die größte Ausnutzung

In der grafischen Ausgabe der Ergebnisse zeigt z. B. eine farbliche Abstufung sehr anschaulich, in welchen Regionen die Mittelpunkte der Gleitkreise mit gleichen bzw. größten Ausnutzungsgraden liegen, wie groß diese Zonen sind und wie sich die Übergänge gestalten. Der Gleitkreis mit dem absolut größten Ausnutzungsgrad – und damit der gerings-ten Sicherheit – wird meist ebenfalls eingetragen (◘ Abb. 7.11).

Wir vergessen dabei aber nicht: Die Vereinfachungen bei den Formeln vernachlässigen das Schnittprinzip und verletzen die Gleichgewichtsbedingungen. Offenbar spielt das keine so große Rolle, denn die Modelle mit den gewählten Sicherheiten werden in der Praxis offenbar mit Erfolg verwendet.

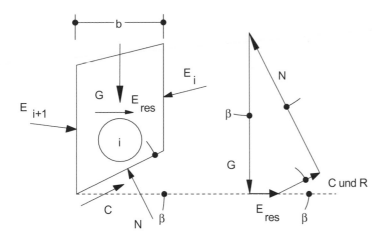

◘ Abb. 7.10 Annahme von Bishop

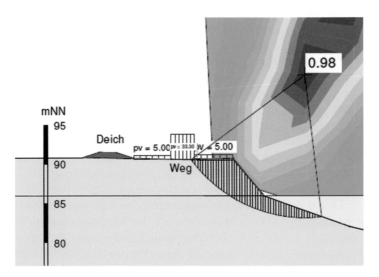

◘ Abb. 7.11 Farbflächen des Ausnutzungsgrades [5]

7.2.6 Zusammengesetzte Bruchmechanismen mit geraden Gleitfugen

Die Standsicherheit von Böschungen oder Hängen wird auch mit zusammengesetzten Bruchmechanismen berechnet.

Wenn im Baugrund Schwächezonen – wie beispielsweise tektonische Verwerfungen – vorgegeben sind, die sich durch Gleitkreise nicht darstellen lassen, kann dieses Verfahren die Natur zutreffender abbilden. Nachfolgend wird nur auf Mechanismen eingegangen, die gerade (ebene) Gleitfugen aufweisen, was für viele Anwendungen genügt. Auch in DIN 4084 wird dieses Verfahren textlich und mit Beispielen erläutert.

Starre Körper bewegen sich auf Gleitfugen

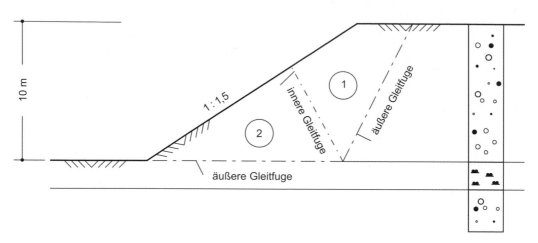

□ **Abb. 7.12**   Starr-Körper-Bruchmechanismus

7

kinematische Kette

äußere und innere Gleit-
fugen

Hodograph

Richtungen der Kräfte

Bei zusammengesetzten Bruchmechanismen verschieben sich mehrere starre Körper in Form einer kinematischen Kette. □ Abb. 7.12 zeigt einen solchen (ebenen) Bruchmechanismus für die im vorangegangenen Abschnitt betrachtete Dammböschung. Er besteht aus zwei Teilkörpern (1, 2), die hier von *Gleitfugen* begrenzt werden.

Gegenüber dem unbewegten Baugrund wird jeder Bruchkörper durch eine *äußere* Gleitfuge begrenzt. Die Richtung der äußeren Gleitfuge legt die Bewegungsrichtung des Bruchkörpers fest, welche jeweils durch einen Geschwindigkeitsvektor beschrieben werden kann. Bei zwei Bruchkörpern kommen beispielsweise die Geschwindigkeiten v_1 und v_2 vor.

Durch jeden Knick einer äußeren Gleitfuge muss eine innere Gleitfuge verlaufen, sonst wäre der Mechanismus nicht beweglich. Damit sich allerdings eine Verschiebung einstellen kann, müssen sich die inneren Eckpunkte des Bruchmechanismus in den Baugrund „hineinbohren". Dass dies tatsächlich geschieht, zeigen Modellversuche genauso wie viele Beobachtungen in der Natur.

Entlang der inneren Gleitfugen verschieben sich die Bruchkörper relativ zueinander. Immer gilt:

$$\overrightarrow{v_{ij}} = \overrightarrow{v_i} - \overrightarrow{v_j} \tag{7.20}$$

wobei v_{ij} die Relativgeschwindigkeit ist, die ein Beobachter auf dem Körper j für den Körper i feststellt.

Mit der Wahl der Größe einer beliebigen Geschwindigkeit z. B. v_1 kann der Geschwindigkeitsplan (auch als Hodograph bezeichnet, □ Abb. 7.13) für jeden Bruchmechanismus eindeutig konstruiert werden.

Die absoluten Geschwindigkeiten v_i werden von einem Punkt aus gezeichnet und sind parallel der äußeren Gleit-

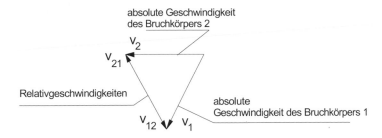

Abb. 7.13 Hodograph

fugen. Die Relativgeschwindigkeiten v_{ij} sind parallel der inneren Gleitfugen und verbinden jeweils die entsprechenden absoluten Geschwindigkeiten zweier Bruchkörper, was dann bei einmal gewählter Geschwindigkeit eines Körpers alle anderen Geschwindigkeiten der Größe nach festlegt.

Im Beispiel aus ■ Abb. 7.12 rutscht der Körper 1 schräg nach links unten, der Körper 2 horizontal nach links. Nach Gleichung Gl. 7.20 ist – wie aus ■ Abb. 7.13 ersichtlich – die Geschwindigkeit v_{12} nach rechts unten gerichtet. Der Körper 1 verschiebt sich gegenüber dem Körper 2 also nach rechts unten, d. h., dass die Gleitfugenkraft Q_{12} für den Körper 1 entsprechend schräg nach oben zeigt (■ Abb. 7.14). Für den Körper 2 führen die Überlegungen zur umgekehrten Kraftrichtung, so wie es sich nach dem Schnitt-Prinzip auch ergeben muss.

Damit wird deutlich, welchen Nutzen der Geschwindigkeitsplan hat: Es lassen sich daraus die Richtungen der in den Gleitfugen auf die Bruchkörper einwirkenden Kräfte festlegen, die bei den inneren Gleitfugen oft nicht sofort ersichtlich sind.

> **Q und C wirken immer entgegen der Verschiebungsrichtung!**

▶ **Beispiel**

Für die statische Untersuchung von Bruchmechanismen benötigt man zunächst wie beim Gleitkreis einige Daten. Für das Beispiel sind diese Daten in ■ Tab. 7.2 zusammengestellt, wobei die Flächen und Längen durch Ausmessen in ■ Abb. 7.12 ermittelt wurden.

Bei der Konstruktion der Kraftecke (■ Abb. 7.14) ist es nun zweckmäßig, an die Gewichtskräfte jeweils zunächst die Gleitfugenkräfte der inneren Gleitfugen anzutragen. Am Beispiel beginnt man mit G_1, zeichnet dann Q_{12} und schließt das Krafteck mit Q_1. Dann kann man G_2 unmittelbar an G_1 anhängen und braucht Q_{21} mit der umgekehrten Richtung wie Q_{12} nicht noch einmal zu zeichnen. Wird wie beschrieben vorgegangen, sollte

wie man beginnt

◘ Tab. 7.2   Daten zum Starr-Körper-Bruchmechanismus

Bruch-körper/ Gleitfuge	Fläche	Wichte	Ge-wicht	Länge der Gleitfuge	Kohäsion	Kohä-sionskraft
	m²	kN/m³	kN/m	m	kN/m²	kN/m
1	42	18	756	11,2	0	0
1/2				7,8	0	0
2	48	18	864	14	30	420

man bei den Kräften, die in den inneren Gleitfugen wirken, auf die Vektorspitzen verzichten.

Wie beim Gleitkreis ergibt sich auch hier beim letzten Kraft-eck im Allgemeinen kein Gleichgewicht. Wie man aus ◘ Abb. 7.14 erkennt, ist eine „Zugkraft" notwendig, um an den Ausgangs-punkt des Kraftecks für den Körper 2 zurück zu gelangen.

Auch hier muss prinzipiell der Mechanismus so lange variiert werden, bis sich die kleinste Zugkraft ergibt.

Bei einer undränierten Kohäsion $c_u = 30$ kN/m² wird kein Bruch entlang der gewählten Gleitfugen auftreten. Da man sich vorstellen kann, dass der Löss auf einer dünnen Lage aufgeweicht ist, wird offensichtlich mit einem solchen Bruchmechanismus die Natur besser als mit einem Gleitkreis abgebildet. ◄

Im Unterschied zu den Berechnungen am Gleitkreis brauchen bei zusammengesetzten Bruch-mechanismen keine Annahmen zu den Kraftrichtungen getroffen zu werden, sofern man die Scherfestigkeiten in den jeweiligen Gleitfugen einschätzen kann.

Greifen außer den Gewichten andere Kräfte wie etwa Was-ser- oder Strömungsdrücke, Kräfte aus Erdbeben, Nägeln, Dübeln, Ankern usw. am Bruchkörper an, sind diese Kräfte nach Größe und Richtung jeweils in die Kraftecke einzu-führen.

❯ Die Berücksichtigung von Wasser im Boden gelingt oft einfacher bzw. übersichtlicher, wenn mit totalen Spannungen und den in der Gleitfuge angreifenden Wasserdruckkräften gerechnet wird. Es wird hier also statt mit der Auftriebswichte γ' mit der Wichte $γ_r$ des wassergesättigten Bodens und den Wasserdrücken gerechnet.

Hinsichtlich der Festlegung eines Sicherheitsgrades bzw. einer Ausnutzung gelten die gleichen Überlegungen, die schon zuvor beim Gleitkreis erläutert wurden.

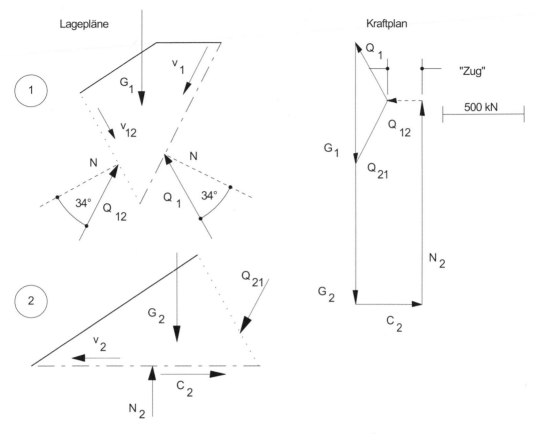

Lagepläne　　　　　　　　　　　　　　　Kraftplan

◻ **Abb. 7.14**　Statik

7.2.7　**Numerische Berechnungen**

Mit numerischen Finite-Element-Berechnungen können auch die wichtigsten Bauzustände und komplexe Randbedingungen rechnerisch abgebildet werden. Hierbei kommt in der Berechnungssoftware oft die sogenannte φ-c-Reduktion zu Einsatz, wobei entsprechend der Fellenius-Regel (▶ Abschn. 7.2.4) tan φ und c gleichermaßen reduziert werden. Im Unterschied zu den schon dargestellten Methoden wird hier kein Bruchzustand vorgegeben. Mit zunehmender Aushubtiefe bzw. Dammerhöhung ergeben sich aus der Berechnungen die Zonen größerer Beanspruchung. Es können Verschiebungsvektorfelder dargestellt werden, farbige Darstellungen. der mobilisierten Scherfestigkeit und Bereiche mit Festigkeitsüberschreitungen.

Finite-Elemente-Methode (FEM)

7.2.8 Fragen

1. Warum lässt sich Wasser im Unterschied zu Sand nicht böschen?
2. Warum kann Sand nur im feuchten Zustand senkrecht geböscht werden?
3. Welcher Böschungswinkel lässt sich in einem Sand herstellen, wenn Niederschläge vertikal versickern?
4. Welcher Böschungswinkel stellt sich ein, wenn es zu einer böschungsparallelen Durchströmung kommt?
5. Ein schwerer Bagger ist auf einer Böschungskrone über Nacht abgerutscht. Was lässt sich daraus über die Natur der Scherfestigkeit schließen?
6. Ein wassergesättigter Tonhang bewegt sich immer dann, wenn größere Niederschläge niedergehen. Was lässt sich hieraus für die Natur der Scherfestigkeit in der Gleitfuge schließen?
7. Wie ändert sich die Standsicherheit der Aufschüttung in ◘ Abb. 7.8 mit der Standzeit?
8. Mit welchen Scherfestigkeitsparametern würden Sie die Baugrubenböschung in ◘ Abb. 7.2 berechnen?
9. Welchen Bruchmechanismus würden Sie hier für maßgebend halten?
10. Wie ändert sich die Standsicherheit der Baugrubenböschung mit der Standzeit?

Antworten zu den Fragen finden sich im Anhang. A.2.

7.3 Erddruck

7.3.1 Einführung

Bauwerk im Boden

Falls eine Böschung nicht hergestellt werden kann oder ein Hang nicht ausreichend standsicher ist, bedarf es einer Abstützung. Neben Stützbauwerken erfährt aber auch jedes andere Bauwerk, welches im Baugrund eingebettet ist, einen Erddruck.

Der Erddruck ist Gegenstand unzähliger Forschungsarbeiten und kann als die *klassische* Wechselwirkung zwischen Bauwerk und Baugrund angesehen werden.

Bis heute allerdings lässt sich der Erddruck nur näherungsweise berechnen. Das liegt daran, dass er nicht nur von der Scherfestigkeit, sondern auch von den Verformungseigenschaften des Baugrunds und des Stützbauwerks abhängt. Letztere lassen sich eben nur näherungsweise modellieren.

Druck, Spannung, Kraft – in Wechselwirkung

Flüssigkeiten und Gase können keine Schubspannungen aufnehmen. Das hat zwei Auswirkungen: Zum einen wirken

Gas- und Flüssigkeitsdruck immer senkrecht auf eine Wand-
fläche und zum anderen ist der Druck unabhängig davon, ob
sich die Wand unter deren Einwirkung geringfügig verschiebt
oder verformt.

Der Erddruck kann im Unterschied dazu auch anders geneigt sein. So müsste man hier statt von einem Druck besser
von einer *Spannungsverteilung* sprechen, die in der Schnittfläche zwischen Baugrund und Bauwerk auftritt.

Zum zweiten hängt die von Boden und Fels ausgeübte
Spannungsverteilung auf die Wand in hohem Maße auch von
deren Verschiebung und Verformung ab.

Die erste Erddruckberechnung stammt von Coulomb, der   Coulomb!
1772 als 36-jähriger Offizier nach Martinique kam, wo er den
Bau von Festungsanlagen beaufsichtigte. Er untersuchte u. a.
die *Erddruckkraft* auf Stützmauern, wobei er das Abrutschen
eines starren Erdkeils betrachtete. Sein 1776 veröffentlicher
Aufsatz [6] ist überhaupt die erste, unmittelbar das Bauwesen
betreffende wissenschaftliche Arbeit. Von der 41-seitigen Veröffentlichung widmen sich 9 Seiten dem Erddruck – sie können als eine Geburtsstunde der Bodenmechanik angesehen
werden.

Wir merken uns:

❯ Bei Coulombs Theorie werden ausschließlich Bruchzustände
betrachtet und das Verformungsverhalten nicht berücksichtigt.

Auch später riss das Interesse an der Erforschung des Erddrucks nicht ab: Es wurden weitere Theorien entwickelt,
Modellversuche und Großversuche durchgeführt und ausgewertet. Am elegantesten wäre das Problem mit numerischen
Berechnungen zu lösen – wenn es denn ein zutreffendes Stoffgesetz für den Baugrund gäbe.

Im umfangreichen und ziemlich unübersichtlichen geo-   Regelwerke!
technischen Regelwerk wird versucht, die Erkenntnisse zu ordnen und Hinweise zur sicheren Abschätzung des Erddrucks zu
geben.

Aber Vorsicht: Nach unserer Erfahrung werden in der
Baupraxis Erddrücke und deren Verteilung oft von Tragwerksplanern mit „black-box"-Programmen berechnet, was zu fata-
len Fehleinschätzungen führen kann.

Nachfolgend wird teilweise dem allgemeinen Sprachge-
brauch gefolgt und vom Erddruck gesprochen, auch wenn
mit E eine Kraft gemeint ist. Im Gegensatz dazu wird die
entsprechende Spannung mit dem Buchstaben e abgekürzt.
Ferner ist es üblich, die Scherparameter mit φ und c anzugeben, obwohl die effektiven Größen φ' und c' heranzuziehen sind.

Es ist für das Verständnis des Erddrucks zunächst hilfreich, zwischen Bauwerk und Erdreich zu unterscheiden. Zwischen ihnen könnte man sich eine Scherfläche wie bei einem Starr-Körper-Bruchmechanismus vorstellen.

Wandneigung α, Geländeneigung β, Wandreibung δ

Ferner ist es üblich, die Neigung der Wandrückseite mit α, die Geländeneigung mit β und den Wandreibungswinkel mit δ zu bezeichnen (Vorzeichenregelung ◗ Abb. 7.20). Wir beginnen mit dem einfachsten Fall:

7.3.2 Coulombs Sonderfall für c = 0

Zur Standsicherheit einer Festungsmauer!

Coulomb betrachtete eine Schwergewichtswand, die einen senkrechten Geländesprung (α = 0) aus homogenem Sand (ohne Kohäsion) abstützt. Hinter der Wand ist das Gelände eben und horizontal (β = 0). Die Stützkraft der Wand, die Erddruckkraft, nimmt er horizontal wirkend an (mit δ = 0, ◗ Abb. 7.15). Diese Annahmen – auch als *Sonderfall* bezeichnet – führen zur einfachsten Berechnung der Erddruckkraft.

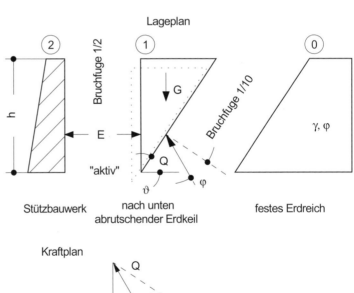

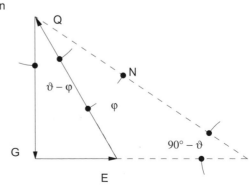

◗ **Abb. 7.15**   Aktiver Erddruck nach Coulomb

Als Festungsbauer wollte Coulomb nun wissen, für welche
kleinste Stützkraft sich noch ein Gleichgewicht einstellen
kann. Mit der gedanklichen Reduktion der Stützung, also mit
dem horizontalen Wegrücken der Wand vom Erdreich, nahm
er an, dass sich im Boden eine ebene Gleitfläche ausbildet, auf
der ein keilförmiger Erdkörper abrutscht.

die kleinste Stützkraft

Damit die Erddruckkraft auch beim Abrutschen horizontal einwirkt, darf zwischen der Wand und dem Erdkörper – in
der inneren Gleitfuge – keine Reibung auftreten. (Der Wandreibungswinkel δ ist beispielsweise für bitumenbeschichtete
Wände tatsächlich etwa Null.)

Wenn man nun wüsste, unter welchem Winkel ϑ die Gleitfuge, auf der dieser Erdkeil abrutscht, geneigt ist, wäre die
Aufgabenstellung gelöst.

Dazu berechnen wir zunächst das Gewicht des Erdkeiles:
Es ergibt sich je laufenden Meter (bei ebener Betrachtung) in
Abhängigkeit von ϑ zu

$$G = \frac{1}{2} \cdot \gamma \cdot h^2 \cdot \frac{1}{\tan\vartheta}. \tag{7.21}$$

Aus dem Kraftplan ergibt sich gemäß ◘ Abb. 7.15 die Erddruckkraft zu

$$E = G \cdot \tan(\vartheta - \varphi) = \frac{1}{2} \cdot \gamma \cdot h^2 \cdot \frac{\tan(\vartheta - \varphi)}{\tan\vartheta} \tag{7.22}$$

Aus dem Krafteck in ◘ Abb. 7.15 ersieht man leicht, dass für
Winkel $\vartheta < \varphi$ kein Erdkörper abrutschen kann. Für $\vartheta = \varphi$ ist
die Erddruckkraft – genauso wie für $\vartheta = 90°$ – gleich Null. Das
legt die Vermutung nahe, dass sie dazwischen ein Maximum
erreicht.

▶ **Beispiel**

Als Beispiel sei eine 10 m hohe, glatte Wand betrachtet, die einen
Sand mit $\varphi = 34°$ und $\gamma = 18 \text{ kN/m}^3$ abstützt. In ◘ Abb. 7.16 ist
dargestellt, wie sich die Erddruckkraft E nach Gl. 7.22 in Abhängigkeit des Winkels ϑ berechnet.

Bei $\vartheta = 62°$ wird E am größten, im Beispiel ergibt sich
$E_{max} = 254 \text{ kN/m}$. Würde der Sand einen Reibungswinkel von nur
$\varphi = 24°$ aufweisen, wäre $E_{max} = 380 \text{ kN/m}$ und würde bei $\vartheta = 57°$
auftreten.

Ganz ohne Reibung ergibt sich $E_{max} = 900 \text{ kN/m}$, ganz unabhängig von ϑ. Das überrascht nicht, denn dann würde es sich
nicht um Sand, sondern um eine Flüssigkeit handeln, die hydrostatisch mit einer Wichte von 18 kN/m³ auf die Wand einwirkt. ◀

Mit der Auswertung dieses Beispiels hätte der Festungsbauer
Coulomb bei einem Reibungswinkel des Sandes von $\varphi = 34°$

Kurvendiskussion

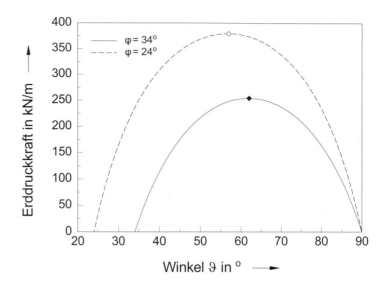

○ **Abb. 7.16**   Erddruckkraft im Beispiel

die 10 m hohe Stützwand für eine Erddruckkraft von mindestens 254 kN/m bemessen.

Wie schon der Titel der Veröffentlichung von Coulomb [6] verrät, hat auch er das Maximum der Funktion $E(\vartheta)$ mit den Regeln der Kurvendiskussion ermittelt. Wir setzen mit Beachtung der Kettenregel die abgeleitete Funktion $dE/d\vartheta = 0$, um E_{max} und den dazugehörigen Gleitflächenwinkel ϑ zu ermitteln. Man erhält dann nach dieser Rechnung:

$$\vartheta_a = 45° + \frac{\varphi}{2} \tag{7.23}$$

und

$$E_a = \frac{1}{2} \cdot \gamma \cdot h^2 \cdot \tan^2\left(45° - \frac{\varphi}{2}\right) = \frac{1}{2} \cdot \gamma \cdot h^2 \cdot K_a. \tag{7.24}$$

Erddruckbeiwert K_a

Mit dem Index a wird ausgedrückt, dass das Erdreich *aktiv* ist, indem es bei nachgiebiger Wand abrutscht. Demgemäß heißt E_a aktiver Erddruck und K_a aktiver Erddruckbeiwert.

Als vorletzte Anmerkung:

Wenn sich wegen nachbarlicher Bebauung oder sich ändernder Baugrundverhältnisse – es steht beispielsweise nach wenigen Metern bereits Fels an – der Erdkeil gar nicht ausbilden kann, wird der Erddruck dementsprechend kleiner sein.

Als letzte:

Für Leser, die sich über den Aufsatz von Coulomb [6] und dessen Rezeption etwas genauer informieren wollen, sei noch auf die Arbeit von Dietrich und Arslan [7] hingewiesen – eine gelehrte Auseinandersetzung, die vielleicht auch zum Schmunzeln anregt.

7.3.3 Passiver Erddruck für den Sonderfall mit c = 0

Die o. g. Stützwand könnte auch als Widerlager dienen, z. B. wenn man eine Rohrdurchpressung plant. Hier stellt sich die Frage, wie groß der *kleinste Erdwiderstand* sein wird, ehe der Erdkeil – wie in ◘ Abb. 7.17 zu sehen – nach oben geschoben wird.

In diesem Fall erleidet das Erdreich etwas, was den Namen *passiver* Erddruck erklärt.

Mit der umgedrehten Verschiebungsrichtung des Erdkeils wird gegen die Komponenten der Scher- *und* der Gewichtskraft gedrückt, was erwarten lässt, dass die passive Erddruckkraft sehr viel größer als die aktive ist.

Analog zum aktiven Fall berechnet sich der Neigungswinkel der geraden Gleitfuge ϑ_p für den Sonderfall zu:

Das Erdreich erleidet den Erdwiderstand

Ein Minimum als größter Wert

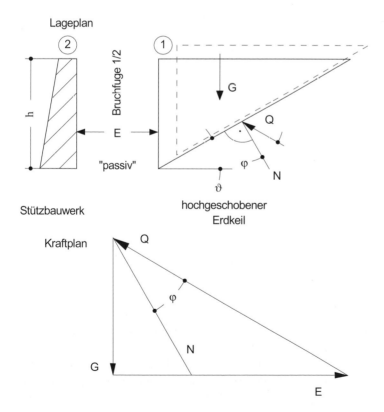

◘ **Abb. 7.17** Passiver Erddruck

$$\vartheta_p = 45° - \frac{\varphi}{2} \tag{7.25}$$

Für die Erdwiderstandskraft E_p ergibt sich

$$E_p = \frac{1}{2} \cdot \gamma \cdot h^2 \cdot \tan^2\left(45° + \frac{\varphi}{2}\right) = \frac{1}{2} \cdot \gamma \cdot h^2 \cdot K_p. \tag{7.26}$$

Gegenüber der Lösung für den aktiven Fall dreht sich also nur das Vorzeichen um.

Schon hier soll angemerkt werden, dass bei größeren Reibungswinkeln keine geraden Gleitfugen auftreten und dass mit der Gleichung Gl. 7.26 etwas zu große Erdwiderstände ermittelt werden.

7.3.4 Der Sonderfall mit Kohäsion

Für Böden mit φ und $c \neq 0$ kann gezeigt werden, dass im Sonderfall (mit $\alpha = \beta = \delta = 0$) die maßgebende Gleitfuge ebenfalls unter $\vartheta = 45° + \varphi/2$ geneigt ist. Damit sind die Basiswinkel im Dreieck, welches sich im Kraftplan mit C, E_C und der Richtung von Q ergibt (vgl. ◘ Abb. 7.18), gleich und betragen

$$90° + \varphi - \left(45° + \frac{\varphi}{2}\right) = 45° + \frac{\varphi}{2} = \vartheta \tag{7.27}$$

Es gilt:

$$E_c = 2 \cdot C \cdot \cos\vartheta. \tag{7.28}$$

Kraftplan

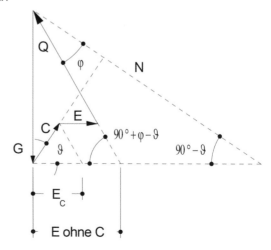

◘ **Abb. 7.18** Erddruck mit Kohäsion

Mit

$$C = \frac{h}{sin\vartheta} \cdot c \qquad (7.29)$$

ist

$$E_c = 2 \cdot h \cdot c \cdot \frac{cos\vartheta}{sin\vartheta} = 2 \cdot h \cdot c \cdot \frac{1}{tan\vartheta}. \qquad (7.30)$$

Da

$$\frac{1}{tan\vartheta} = tan\left(90° - \vartheta\right) = tan\left(90° - 45° - \frac{\varphi}{2}\right) = tan\left(45° - \frac{\varphi}{2}\right) \qquad (7.31)$$

gilt:

$$E_c = 2 \cdot h \cdot c \cdot tan\left(45° - \frac{\varphi}{2}\right) = 2 \cdot h \cdot c \cdot \sqrt{K_a} \qquad (7.32)$$

Der Erddruck, der das Stützbauwerk belastet, beträgt somit nur noch

Kohäsion verringert den aktiven und vergrößert den passiven Erddruck

$$E_a = \frac{1}{2} \cdot \gamma \cdot h^2 \cdot K_a - 2 \cdot h \cdot c \cdot \sqrt{K_a} \qquad (7.33)$$

Da negative Erddrücke nicht auftreten können, wird bei großen Kohäsionen der Erddruck Null.

Aus Gl. 7.33 lässt sich die freie Standhöhe ermitteln, bis zu der man kein Stützbauwerk (für Grenzgleichgewicht) braucht:

Die freie Standhöhe

$$h = \frac{4 \cdot c}{\gamma} \cdot \frac{1}{tan\left(45° - \frac{\varphi}{2}\right)} \qquad (7.34)$$

Man erkennt damit auch die große Bedeutung, die der richtigen Einschätzung der Kohäsion zukommt. Ist damit zu rechnen, dass die Kohäsion im Boden allmählich – etwa durch Aufweichungsprozesse – kleiner wird, so sind entsprechend kleinere Werte in die Berechnung einzuführen. Will man sicher gehen, verzichtet man ganz auf die Kohäsion und rechnet mit dem Winkel der Gesamtscherfestigkeit.

Beim passiven Fall, bei dem der Erdkörper hochgehoben wird, dreht sich nur das Vorzeichen in Gl. 7.33 um und man ersetzt den Index a durch p:

$$E_p = \frac{1}{2} \cdot \gamma \cdot h^2 \cdot K_p + 2 \cdot h \cdot c \cdot \sqrt{K_p}$$

7.3.5 **Ruhedruck**

Der aktive und der passive Erddruck sind von der Verschiebung des Bauwerks abhängig. Wenn sich ein Bauwerk nicht verschiebt, erleidet es ebenfalls einen Erddruck, der größer als der aktive und natürlich auch kleiner als der passive ist.

Es verschiebt sich nichts!

Wenn eine Spundwand für eine Baugrubenabstützung beispielsweise ohne Störung des Bodens eingebaut werden könnte, würde sie vor dem Erdaushub für die Baugrube auf beiden Seiten mit einem Erddruck belastet. Diesen Erddruck bezeichnet man als *Ruhedruck*.

Der Ruhedruckbeiwert K_0 wird bei ebenem Gelände und normalkonsolidiertem Boden üblicherweise berechnet mit

$$K_0 = 1 - sin\varphi \tag{7.35}$$

Bei unter $\beta < \varphi$ geneigtem Gelände ist nach DIN 4085:2017-08

$$K_0 = 1 - sin\varphi + \left(\cos^2 \varphi - 1 + sin\varphi\right) \cdot \frac{\beta}{\varphi} \tag{7.36}$$

Für $\beta = \varphi$ gilt

$$K_0 = \cos^2 \varphi \tag{7.37}$$

Kohäsion wird beim Ruhedruck nicht berücksichtigt. Weitere Angaben zur Berechnung des Ruhedrucks, z. B. infolge von Auflasten an der Geländeoberkante, finden sich in DIN 4085:2017-08.

7.3.6 **Erhöhter Erddruck**

Es verschiebt sich wenig.

Ist ein Bauwerk bzw. eine Stützkonstruktion so wenig nachgiebig, dass sich der Bruchzustand nicht vollständig ausbildet, treten Drücke auf, die höher als der aktive Erddruck sind. Hier sind Ansätze wie beispielsweise

$$E_a^* = \frac{1}{2} \cdot \left(E_a + E_0\right) \tag{7.38}$$

gebräuchlich. Weitere Ansätze für den erhöhten aktiven Erddruck finden sich – in Abhängigkeit von der Nachgiebigkeit der Stützkonstruktion – in DIN 4085:2017-08.

Wenn eine Schüttung neben einer Wand lagenweise verdichtet eingebaut wird, können ebenfalls erhöhte Erddrücke auftreten. Man spricht hier vom Verdichtungserddruck. Ein Beispiel, wie der Verdichtungserddruck berechnet werden kann, findet sich als Beispiel 6 im Beiblatt zur DIN 4085.

7.3.7 Erddruckformel mit Adhäsion

Der aufmerksame Leser hätte bei der oben dargestellten Herleitung der Erddrücke für Boden mit Kohäsion anmerken müssen, dass neben der Reibungskraft in der inneren Gleitfuge zwischen abrutschenden Erdkörper und der Wand auch eine Art Kohäsionskraft wirken kann. Man nennt diese Kraft Adhäsionskraft oder kürzer Adhäsion.

Eine Berücksichtigung der Variablen Wandneigung α, Geländeneigung β, Wandreibung δ und Adhäsion führt zu einem größeren Formelwerk, welches von Böttger und Stöhr in [8] veröffentlicht wurde. Wenn gleichmäßige Auflasten einwirken, kann deren Einfluss ebenfalls berücksichtigt werden. Auf die Wiedergabe dieser Formeln wird hier (im Unterschied zur 1. Auflage dieses Werkes) verzichtet.

Man kann sich für den aktiven Fall mit einem Krafteck leicht herleiten, dass eine Berücksichtigung einer Adhäsion zu kleineren Erddrücken führt.

Adhäsion verkleinert den Erddruck

7.3.8 Grafische Lösungen

Bei komplizierten Böschungs- bzw. Hanggeometrien, unterschiedlichen Belastungen, gestörten Baugrundverhältnissen, geknickten Wänden u. a. m. können die Formeln zur Berechnung der Erddruckbeiwerte nicht verwendet werden.

Hierfür kommen die ebenfalls als klassisch zu bezeichnenden zeichnerischen Verfahren nach Culmann oder Engesser in Betracht. Bei diesen Verfahren wird die Variation der Gleitfugenlage jeweils nach einem bestimmten Schema durchgeführt, welches dann zum maßgebenden Erddruck führt. Auf eine Darstellung dieser Methoden wird hier verzichtet, da man durch wenige Variationen der Gleitfuge ebenfalls zum Ziel kommt. Bei komplizierteren Fällen wird man auch die Methode der zusammengesetzten Bruchmechanismen anwenden, bei denen dann die Lage mehrerer Bruchfugen variiert wird.

Welche Bedeutung einer grafischen Lösung bei der Erddruckermittlung zukommt, soll nachfolgend an einem einfachen Beispiel erläutert werden.

▶ **Beispiel**

Eine 5 m tiefe Baugrube in ebenem Gelände wird unter 1:1 geböscht ausgehoben. Es stehen Tone mit $\gamma = 20$ kN/m³, $\varphi' = 10°$ und $c' = 5$ kN/m² an. Die Außenwand der 2-geschossigen Tiefgarage wird mit einer Bitumendickbeschichtung abgedichtet und mit einer Noppenbahn abgedeckt. Der Arbeitsraum wird mit Sand mit $\gamma = 18$ kN/m² und $\varphi' = 30°$ verfüllt (◼ Abb. 7.19).

ein Arbeitsraum wird rückverfüllt

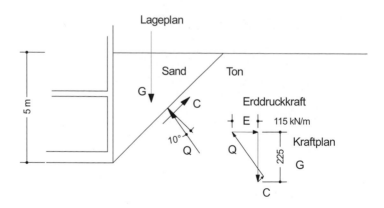

◻ **Abb. 7.19** Erddruck auf Tiefgarage

Wie groß ist der Erddruck, wenn sich Abdichtung und Noppenbahn so weit zusammendrücken, dass ein Erdkörper etwas abrutschen kann?

Die (falsche) Lösung ist schnell ermittelt: Es handelt sich um
den Sonderfall mit $\alpha = \beta = \delta = 0$ und die aktive Erddruckkraft
beträgt:

$$E_{agh} = \frac{1}{2} \cdot 18 \cdot 5^2 \cdot \tan^2 \left(45 - \frac{30}{2} \right) = 75 \frac{kN}{m} \qquad (7.39)$$

Obwohl sich die Gleitfuge in der Tat unter 60° einstellen kann,
ist hier ein größerer Erddruck möglich. Dazu betrachten wir
einen Erdkörper, der im Ton mit dessen Scherfestigkeit unter
der steilst möglichen Gleitfuge abrutscht. Das ist die Fuge, die
unter 45° geneigt ist. Hier kann eine Kohäsionskraft von (maximal)

$$C = 5 \cdot 5 \cdot \sqrt{2} = 35 \frac{kN}{m} \qquad (7.40)$$

Und ein Gewicht von

$$G = \frac{1}{2} \cdot 18 \cdot 25 = 225 \frac{kN}{m} \qquad (7.41)$$

angesetzt werden. Aus dem Krafteck ergibt sich damit ein Erddruck von 115 kN/m. Dieser Fall einer möglichen Fehlein-
schätzung kommt übrigens ziemlich oft vor.

Wenn nun noch der Sand mit schwerem Gerät lagenweise verdichtet werden würde, kann der Erddruck möglicherweise noch
größer werden. ◄

7.3.9 Erddruckumlagerungen

In den vorstehenden Abschnitten wurde die klassische Erddruckberechnung erläutert, bei der die Erddruckkräfte im aktiven Fall für einen abrutschenden und im passiven Fall für einen hochgeschobenen Erdkeil berechnet werden. Wenn *keine* Verschiebung stattfindet, kann mit einer empirischen Gleichung der Erdruhedruck berechnet werden.

Die Erddruckverteilung in der Schnittfläche zwischen Baugrund und Bauwerk wurde mit der Tiefe z zunehmend gemäß

$$e_{a,p,gh} = \gamma \cdot z \qquad (7.42)$$

angenommen. Offen blieb, bei welchen Verschiebungen sich diese Erddrücke einstellen und ob sich tatsächlich immer ein proportionaler Zuwachs des Erddrucks mit der Tiefe einstellt. Man kann sich auch gut vorstellen, dass die Erddruckverteilung auch von den Auflagerbedingungen einer Stützwand abhängig ist. So werden vorgespannte Anker beispielsweise Erddrücke „anziehen", nachgiebige Bauteile sich dem Erddruck entziehen.

Zur Klärung dieser Frage ist man – in Ermangelung zutreffender Stoffgesetze für Böden – auf die Auswertung von Messungen angewiesen. Diesbezügliche Messergebnisse liegen insbesondere von Baugrubenabstützungen vor.

Die Auswertungen dieser Messungen zeigen, dass Erddruckverteilungen nach Gl. 7.42 eher selten auftreten.

Meist muss umgelagert werden!

Je nach der Art der auftretenden Wandverschiebungen und deren Auflagerungsbedingungen werden im geltenden Regelwerk (▶ Abschn. 7.3.10) vereinfachte Lastfiguren vorgeschlagen. Damit merken wir uns:

❯ Die Erddruckordinaten werden „klassisch" ermittelt und anschließend statisch plausibel umgelagert. Vereinfachte Lastfiguren finden sich im Regelwerk.

7.3.10 Einige Anmerkungen zum Regelwerk

▪ **DIN 4085**

In der DIN 4085:2017-08 *„Baugrund – Berechnung des Erddrucks"* werden auf 52 Seiten Formeln vorgestellt und Details zur Erddruckberechnung erläutert. Die Norm verweist auf knapp 40 (!) Quellen und wird durch das 57-seitige Beiblatt 1 vom Dezember 2018 mit Berechnungsbeispielen ergänzt.

Die umfangreiche DIN 4085

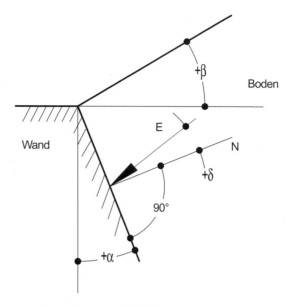

Abb. 7.20   Vorzeichen nach DIN 4085

Für die Berechnung des Erddruckbeiwertes der horizontalen Komponente des Erddrucks infolge Bodeneigengewichts e_{agh} wird unter Beachtung der Vorzeichenregelung nach ▣ Abb. 7.20 die Gl. 7.43 angegeben, bei der keine Adhäsion berücksichtigt wird:

$$K_{agh} = \left[\frac{\cos(\varphi - \alpha)}{\cos\alpha \cdot \left(1 + \sqrt{\dfrac{\sin(\varphi + \delta_a) \cdot \sin(\alpha - \beta)}{\cos(\alpha - \beta) \cdot \cos(\varphi + \delta_a)}}\right)}\right]^2 \qquad (7.43)$$

Statt der Benutzung eines nicht programmierfähigen Taschenrechners empfiehlt es sich, Gl. 7.43 in ein Tabellenkalkulationsprogramm einzugeben.

In ▣ Tab. 7.3 sind einige Werte von K_{agh} für senkrechte Wände nach Gl. 7.43 aufgelistet.

Erddruckordinate e_{agh}

Dieser mit Gl. 7.43 berechnete Erddruckbeiwert darf auch für den horizontalen Anteil der Spannung e_{agh} herangezogen werden:

$$e_{agh}(z) = \gamma \cdot z \cdot K_{agh}. \qquad (7.44)$$

Mit Gl. 7.44 werden an Schichtgrenzen, an denen sich φ und c ändern, unterschiedliche horizontale Erddrücke bestimmt.

◻ **Tab. 7.3** Erddruckbeiwerte K_{agh} nach DIN 4085 für senkrechte Wände

φ =	20°	25°	30°	35°	40°
β = 0°					
δ = 0	0,49	0,41	0,33	0,27	0,22
δ = 1/2 φ	0,44	0,36	0,29	0,23	0,19
δ = 2/3 φ	0,43	0,35	0,28	0,22	0,18
β = 10°					
δ = 0	0,57	0,46	0,37	0,30	0,24
δ = 1/2 φ	0,52	0,42	0,33	0,26	0,21
δ = 2/3 φ	0,51	0,40	0,32	0,25	0,20
β = 20°					
δ = 0	0,88	0,57	0,44	0,34	0,27
δ = 1/2 φ	0,88	0,53	0,40	0,31	0,24
δ = 2/3 φ	0,88	0,52	0,39	0,30	0,23

Die Erddruckkräfte bestimmen sich über den Flächeninhalt der so bestimmten Erddruckverteilung. Die vertikale Komponente der Erddruckkraft wird mit

$$E_{agv} = E_{agh} \cdot \tan\left(\alpha + \delta_a\right) \tag{7.45}$$

berechnet. Wenn der Boden auch Kohäsion hat, wird die Erddruckordinate mit

$$e_{ach} = -c \cdot K_{ach} \tag{7.46}$$

und

$$K_{ach} = \frac{2 \cdot \cos\left(\alpha - \beta\right) \cdot \cos\varphi \cdot \cos\left(\alpha + \delta_a\right)}{\left[1 + \sin\left(\varphi + \alpha + \delta_a - \beta\right)\right] \cdot \cos\alpha} \tag{7.47}$$

vermindert.

Da sich bei kohäsiven Böden bis zur freien Standhöhe kein Erddruck einstellt, muss nach DIN 4085 bei Stützbauwerken der Ansatz eines Mindesterddrucks geprüft werden. Der Mindesterddruck darf mit den Scherparametern φ = 40° und c = 0 berechnet werden. Maßgebend ist die größere Erddruckresultierende.

Mindesterddruck

DIN 4085 enthält weitere Berechnungshinweise so u. a. auch zur Berücksichtigung von Verkehrslasten, von räumlichen Effekten, Strömungskräften, zum Verdichtungserd-

K$_{pgh}$ mit gekrümmten Gleitflächen

Zum Erddruck in Berechnungen

7

druck, zum Silodruck und zum Ansatz möglicher Wandreibungswinkel.

Zur Berechnung des passiven Erddrucks gibt es in DIN 4085:2017-08 Gleichungen und Diagramme für K$_{pgh}$, die sich aus Berechnungen mit gekrümmten Gleitflächen ergeben haben. Ansonsten wird dort auf die umfangreiche Literatur verwiesen.

In ◘ Tab. 7.4 sind einige Erdwiderstandsbeiwerte für gekrümmte Gleitflächen nach DIN 4085 für α = β = 0 aufgeführt.

Im Anhang der DIN 4085 werden konkretere Angaben zu Berechnungsansätzen bei Stützkonstruktionen gemacht. Zum Beispiel darf der aktive Erddruck nur bei nicht gestützten oder nachgiebigen Stützkonstruktionen angesetzt werden, was bei Dauerbauwerken nur Stützwänden zugestanden wird, die „geringe Verformungen" ausführen können und dürfen.

Welche Verschiebungen bzw. Verformungen zur Aktivierung des aktiven Erddrucks bei nichtbindigem Boden, senkrechter Wand und horizontalem Gelände auftreten, ist in Tab. C.1 des Anhangs C aufgeführt und hier in ◘ Tab. 7.5 wiedergegeben.

Als „*bezogene Wandbewegung*" wird s$_a$/h definiert, wobei s$_a$ die jeweils größte Verschiebung bzw. Verformung angibt.

◘ **Tab. 7.4**   Erdwiderstandsbeiwerte K$_{pgh}$ für gekrümmte Gleitflächen nach DIN 4085:2017-08 und für α = β = 0

φ =	20°	25°	30°	35°	40°
δ$_p$ = −1/2 φ	2,47	3,29	4,50	6,32	9,15
δ$_p$ = −φ	2,85	4,05	5,95	9,03	14,17

◘ **Tab. 7.5**   Bezogene Wandverschiebungen zur Mobilisierung des aktiven Erddrucks bei nichtbindigem Boden, senkrechter Wand und ebenem Gelände nach DIN 4085:2017-08

Art der Bewegung	s$_a$/h bei lockerer Lagerung	s$_a$/h bei dichter Lagerung
Drehung um den Wandfuß	0,004–0,005	0,001–0,002
Parallelverschiebung	0,002–0,003	0,0005–0,001
Drehung um den Wandkopf	0,008–0,01	0,002–0,005
Durchbiegung	0,004–0,005	0,001–0,002

Wie man aus der Tabelle ersieht, wird der aktive Erddruck schon bei geringen Verschiebungen mobilisiert. So reicht für eine 10 m hohe Wand bei einer Drehung um den Wandfuß eine Kopfverschiebung von ca. 2 cm bis maximal 5 cm bei dichter bzw. lockerer Lagerung aus, um den kleinsten Erddruck einwirken zu lassen.

für E_{agh} sind nur kleine Verschiebungen nötig!

Der passive Erddruck wird demgegenüber erst bei sehr großen Verschiebungen mobilisiert und darf deswegen nur deutlich abgemindert als Stützkraft angesetzt werden. Eine empirische Formel für eine diesbezügliche Abschätzung ist in der DIN 4085 im Anhang D zu finden.

Für E_{pgh} sehr große Verschiebungen!

Bemerkenswert ist die Tatsache, dass bei gekrümmten Gleitflächen die Bruchfigur tiefer als die Einbindung der Wand reichen kann.

▪ EAB

Der Arbeitskreis „Baugruben" der Deutschen Gesellschaft für Geotechnik hat die inzwischen fünfte Auflage seiner Empfehlungen vorgelegt [10]. Auf 332 Seiten werden Empfehlungen für den Entwurf und die Berechnung von Baugrubenumschließungen gegeben, die einen normenähnlichen Charakter haben.

Viele Ratschläge für Baugruben

Hinsichtlich des bei Baugruben anzusetzenden Erddrucks werden ausführliche Hinweise gegeben, wobei man die Empfehlungen wegen der vielen Querverweise meist in Gänze studieren muss.

Die erfahrenen Fachleute, die mit dem Entwurf und der Berechnung von Baugruben befasst sind, kennen die Feinheiten und wenden Programme an, in denen die Festlegungen der EAB berücksichtigt sind. Hierauf näher einzugehen, würde den Rahmen dieses Lehrbuchs sprengen.

7.3.11 Noch ein Beispiel

Talseitig neben einer 5,8 m hohen Stützmauer (◨ Abb. 7.21) sollte in geringem Abstand eine Tiefgarage gebaut werden. Die Stützmauer befand sich gänzlich auf dem Grundstück des Oberliegers. Der Unterlieger wollte nun vor seinem Baugrubenaushub eine Sanierung der schon etwas nach vorne gekippten Wand einfordern, für die der Oberlieger die Kosten tragen sollte.

In einem Rechtsstreit ging es dann um eine möglichst zutreffende Ermittlung des Erddrucks, der die Wand belastete. Dabei wurde von den Fachleuten des Unterliegers sogar behauptet, dass die Wand rechnerisch umfallen würde.

Erddruck als Streitfall

In ◨ Abb. 7.22 ist ein Schnitt dargestellt, aus dem die geometrischen und die Baugrundverhältnisse eingetragen sind.

7

◨ **Abb. 7.21**   Alte Stützwand

Hiernach kann näherungsweise davon ausgegangen werden, dass die Mauer über ihre ganze Höhe hinterfüllt wurde. Die Auffüllung wurde als leicht plastischer Schluff (UL) mit weicher bis steifer Konsistenz angesprochen, was auch durch die Ergebnisse der Sondierungen mit der schweren Rammsonde (DPH) bestätigt wird. Die Mauer steht auf Fels auf, der im oberen Bereich zu einem Schluff mit steifer Konsistenz zersetzt ist. Grundwasser wurde nicht angetroffen.

In Anbetracht der langen Standzeit weist die Auffüllung vermutlich (effektive) Kohäsion auf. Die Verzahnung der Mauer mit dem Erdreich wird sehr gut sein, so dass ein hoher Wandreibungswinkel δ zu erwarten ist. Gegebenenfalls kann auch eine Adhäsion angenommen werden.

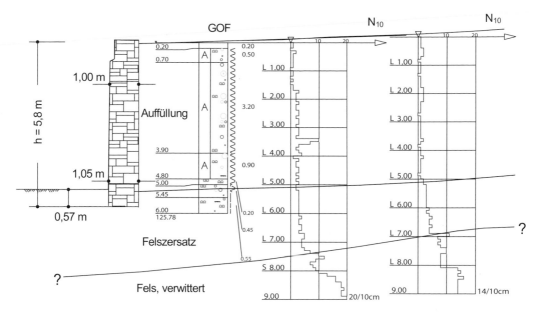

○ **Abb. 7.22** Schnitt

○ Tab. 7.6	Mögliche Erddrücke auf eine alte Stützmauer				
Scherpara-meter	Ad-häsion	Wand-reibung	Formel		
φ	c	a	δ	DIN 4085	Böttger/ Stöhr
°	kN/m²		°	E_{agh} in kN/m	
30	0	0	20	94	94
25	5	0	16,7	86	84
	10	0	16,7	56	53
	15	0	16,7	26	21
	5	2,5	25	81	72
	10	5	25	54	36
	15	7,5	25	27	0

Die Wichte der Auffüllung wird mit $\gamma = 20$ kN/m³ abgeschätzt. Das Mauergewicht wird zu $G_{Mauer} \approx 125$ kN/m berechnet.

In ○ Tab. 7.6 sind die nach DIN 4085 bzw. nach Böttger/ Stöhr [8] berechneten Erddrücke zusammengestellt, die sich je nach Parameteransatz ergeben.

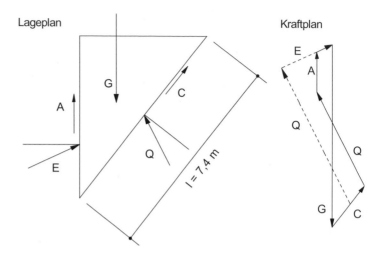

☐ **Abb. 7.23**   Erdstatik

Anschauliches Krafteck

Aus der Tabelle ist der große Einfluss der Kohäsion und Adhäsion auf den Erddruck zu erkennen. Als größter horizontaler Erddruck wird für $\varphi = 30°$ und $c = 0$ $E_{agh} = 94$ kN/m^2 ermittelt. Aus der untersten Zeile ist ersichtlich, dass unter Berücksichtigung einer Adhäsion der Erddruck sogar bis auf 0 abnimmt.

Eine anschaulichere Darstellung gewinnt man mit der grafischen Lösung im Krafteck, die beispielhaft für zwei unterschiedliche Annahmen für Kohäsion und Adhäsion in ☐ Abb. 7.23 wiedergegeben ist.

7.3.12 **Fragen**

1. Wurde bei der ersten veröffentlichten Erddruckberechnung tatsächlich der Erddruck ermittelt?
2. Warum kann man den Erddruck nur abschätzen?
3. Warum hängt der Erddruck von der Wandverschiebung bzw. -verformung ab?
4. Skizzieren Sie qualitativ die Abhängigkeit des Erddrucks für parallele Verschiebungen einer Wand nach DIN 4085.
5. Warum sind die aktiven Erddruckbeiwerte kleiner als 1,0?
6. Unter welchem Winkel der Gleitfuge wird der aktive Erddruck bei lotrechter, glatter Wand und ebenem Gelände maximal?
7. Unter welchem Winkel wird der Erdwiderstand minimal?
8. Was wird bei den gängigen Erddruckformeln bezüglich der maßgebenden Gleitfugenlage angenommen?
9. Welche Parameter beeinflussen die Gleitfugenlage, unter der sich der maximale Erddruck einstellt?

10. Ein Baugrubenverbau sei wasserdicht und binde in einen wasserstauenden Horizont ein. Dahinter steht das Grundwasser bis zur Geländeoberfläche. Wie beeinflusst das die Verbaubelastung?

11. Was versteht man unter der freien Standhöhe? In welchen Böden tritt sie auf?

12. Wovon hängt die Verteilung des Erddrucks ab?

13. Wovon hängt die Wasserdruckverteilung ab?

14. Warum dürfen bei größeren Reibungswinkeln die Erdwiderstände nicht mehr nach Coulomb berechnet werden?

15. Welche Bauwerke dürfen auf den aktiven Erddruck, welche auf den Ruhedruck bemessen werden?

16. Wie würden Sie bei abgestuftem Gelände den Erddruck ermitteln?

17. Für die Hinterfüllung einer Winkelstützmauer stehen mehrere Materialien zur Auswahl. Welche Kennwerte wären erstrebenswert, um die Mauer möglichst wenig zu belasten?

18. Die Spannweite der berechneten Erddrücke für die alte Stützmauer ergab sich als sehr groß. Wie kann man die Parameter eingrenzen, die wohl tatsächlich anzusetzen sind?

19. Ab wann wirken sich Verkehrslasten auf die Erddruckermittlung aus?

20. Häufig werden zur Abstützung kleinerer Geländesprünge Florwallsteine eingesetzt. Welchen Erddruck würden Sie hier ansetzen?

21. Es werden zunehmend Winkelsteine als Fertigteile zur Abstützung verbaut. Welche Parameter werden die Typenstatiken berücksichtigen müssen? Welche Einbauempfehlungen würden Sie geben?

Antworten zu den Fragen – sofern sie sich nicht unmittelbar aus dem Text ergeben – finden sich im Anhang. A.2.

7.4 Grundwasserströmung

7.4.1 Einführung, Begriffe

Nach der DIN 4049-3:1994-10 (Hydrologie, Teil 3: Begriffe zur quantitativen Hydrologie) versteht man unter

> Grundwasser: Unterirdisches Wasser, das Hohlräume der Lithosphäre zusammenhängend ausfüllt und dessen Bewegungsmöglichkeit ausschließlich durch die Schwerkraft bestimmt wird.

7

GW-Leiter, -Hemmer, -Nichtleiter

In der Hydrogeologie werden drei Typen von Gesteinskörpern unterschieden [11]:

- *Grundwasserleiter* sind Schichten mit genügend großen und zusammenhängenden Poren-, Kluft- oder Karsthohlräumen, in denen Grundwasser strömen kann.
- *Grundwasserhemmer* (auch als Grundwasser*stauer* bezeichnet) sind demgegenüber nur gering wasserdurchlässig und
- Grundwassernichtleiter sind undurchlässig.

Die mit Grundwasser gefüllte Schicht bildet den *Grundwasserraum*. Die Höhe der Grundwasseroberfläche, der *Grundwasserspiegel*, wird mit Hilfe von Grundwassermessstellen ermittelt (vgl. ◘ Abb. 4.12). Hierfür werden Bohrungen mit Rohren und Filtern so ausgebaut, dass der Grundwasserspiegel des zu messenden Grundwasserleiters dem Wasserspiegel im Messrohr (oft auch als GW-Pegel bezeichnet) entspricht.

In zeichnerischen Darstellungen wird der Grundwasserspiegel oft mit GW und einem auf der Spitze stehendem Dreieck gekennzeichnet (► Abschn. 6.2), wobei das immer eine Momentaufnahme darstellt, also mit einem Datum zu versehen ist.

Flurabstand

Als *Grundwassermächtigkeit* bezeichnet man den lotrechten Abstand vom Spiegel bis zur Sohle des Grundwasserkörpers. Der Abstand des Grundwasserspiegels zur Geländeoberfläche (GOF) heißt *Grundwasserflurabstand*.

Bei *Grundwasserstockwerken* sind übereinanderliegende Grundwasserleiter hydraulisch durch Hemmer bzw. Nichtleiter voneinander getrennt.

Der *gespannte* Leiter wird von einem Hemmer bzw. Nichtleiter so überdeckt, dass der Wasserspiegel nicht so hoch steigen kann, wie es dem hydrostatischen Druck des Wassers entspricht. Liegt der gespannte Spiegel über der Geländeoberfläche nennt man ihn *artesisch* gespannt.

Artesien

In Artesien, der historischen Provinz Artois in Nordfrankreich wurde schon 1126 ein erster Brunnen gebaut, der Wasser ohne Pumpe aus einem artesisch gespannten Horizont förderte.

Schichtenwasser

Schichtenwasser, auch schwebendes Grundwasser, ist Wasser, welches sich ohne Druck auf einem Grundwasserhemmer aufstaut. Darunter folgt nochmals eine ungesättigte Bodenzone.

Die ◘ Abb. 7.24 zeigt die genannten Begriffe in einer schematischen Übersicht.

Schutzgut

Grundwasser ist ein hohes Schutzgut und darf nicht verschmutzt werden. Eingriffe in das Grundwasser sind daher anzeige- oder erlaubnispflichtig. Durch Bauwerke und Baumaßnahmen darf der natürliche Fließweg des Grundwassers nicht

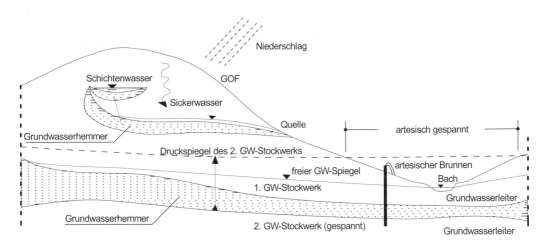

Abb. 7.24 Begriffe zum Grundwasser

dauerhaft gestört werden. Die natürlichen Barrieren in Grundwasserstockwerken dürfen auch nicht zerstört werden. (Welche fatale Folgen das haben kann, zeigen eindrucksvoll die Gebäudeschäden, die in Staufen im Breisgau aufgetreten sind.)

Nachfolgend wird auf einfache Berechnungen eingegangen. Weitergehende Erläuterungen und Literaturhinweise finden sich beispielsweise bei Hölting, Coldewey [11], bei Herth, Arndts [12] und im Grundbau-Taschenbuch, Teil 2 [14].

7.4.2 Vertikale Durchströmung

Wenn in Grundwasserstockwerken Wasserdrücke herrschen, die von der hydrostatischen Verteilung abweichen, werden die Grundwasserhemmer auch vertikal durchströmt. Die Strömungskräfte wirken auf das Korngerüst ein, was bei der Berechnung der effektiven Spannungen zu berücksichtigen ist (vgl. ▶ Abschn. 5.9.3).

Beim Herstellen von Baugruben und/oder bei Beeinflussungen der Grundwasserhöhen bzw. -drücke in den einzelnen Stockwerken, kann es zu Hebungen, Setzungen oder auch zum hydraulischen Grundbruch kommen.

So wird für den Betrieb von Tagebauen das Grundwasser großflächig abgesenkt, was entsprechende Setzungen nach sich zieht.

Beispielsweise ist im Niederrheinischen Braunkohlerevier mit tiefreichenden Brunnen das Grundwasser großflächig so tief abgesenkt worden, dass sich die Geländeoberfläche lokal über 4 m (!) gesetzt hat. Gebäude und Einrichtungen der Infrastruktur erleiden dann keinen Schaden, wenn keine geologischen Störungen vorliegen, an denen Setzungsunterschiede auftreten.

mehr als 4 m

GW-Absenkungen erhöhen die effektiven Spannungen

Die Formeln zur Berechnung des Wasserdrucks und der effektiven Spannungen sind für die vertikale Durchströmung einfach herzuleiten. Mit den Formelzeichen $\sigma'_{z,i}$ bzw. u_i als effektive Vertikalspannung bzw. Wasserdruck unter der Schicht i mit der Dicke d_i und

$\sigma'_{z,i-1}$ bzw. u_{i-1} als effektive Vertikalspannung bzw. Wasserdruck über der Schicht i mit der Dicke d_i

gilt oberhalb des Grundwasserspiegels:

$$\sigma'_{z,i} = \sigma'_{z,i-1} + \gamma \cdot d_i \text{ und } u_i = 0 \tag{7.48}$$

Unter dem freien Grundwasserspiegel:

$$\sigma'_{z,i} = \sigma'_{z,i-1} + \gamma' \cdot d_i \text{ und } u_i = u_{i-1} + \gamma_w \cdot d_i \tag{7.49}$$

Wenn Grundwasser von oben nach unten strömt, gilt

$$\sigma'_{z,i} = \sigma'_{z,i-1} + \left(\gamma' + f_s\right) \cdot d_i \text{ und } u_i = u_{i-1} + \left(\gamma_w - f_s\right) \cdot d_i \tag{7.50}$$

und von unten nach oben:

$$\sigma'_{z,i} = \sigma'_{z,i-1} + \left(\gamma' - f_s\right) \cdot d_i \text{ und } u_i = u_{i-1} + \left(\gamma_w + f_s\right) \cdot d_i \tag{7.51}$$

mit den schon früher eingeführten Formelzeichen.
Wir betrachten ein einfaches Beispiel:

► **Beispiel**

In einem geschichteten Baugrund herrschen zunächst artesische Wasserdruckverhältnisse, die in ◘ Abb. 7.25 dargestellt sind. Als Schicht 1 wurde ein schwach kiesiger Mittelsand, darunter ein Schluff und als Schicht 3 ein sandiger Kies erkundet. Für diesen Baugrund sollen die effektiven Vertikalspannungen σ'_z und die Wasserdruckverteilung über die Tiefe ermittelt werden, wobei von den Kennwerten der ◘ Tab. 7.7 auszugehen ist.
Schicht 2 (Schluff) ist in Relation zu den Schichten 1 und 3 (Sand bzw. Kies) ein Grundwasserhemmer, sodass in dieser Schicht das hydraulische Potenzial h abgebaut wird. Aus den unterschiedlichen Wasserständen im Baugrund ergibt sich, dass die Schicht 2 mit

$$i = \frac{h}{l} = \frac{2\,m}{2\,m} = 1 \text{ und} \tag{7.52}$$

$$f_s = 1 \cdot \gamma_w = 10\,kN/m^3 \tag{7.53}$$

von unten nach oben durchströmt wird. Damit ergeben sich die in ◘ Tab. 7.8 dargestellten Größen.
Dass an der Unterseite der Schicht 2 ein Wasserdruck von 50 kN/m² herrscht, sieht man übrigens schon in ◘ Abb. 7.25, denn dort steht das Wasser ja 5 m hoch im Messrohr.

Schon der Aushub einer etwa 2,2 m tiefen umspundeten Baugrube ohne Beeinflussung des Grundwassers würde zum hydraulischen Grundbruch führen, was jeder Leser leicht überprüfen kann.

Die Lösung der Aufgabe setzt übrigens voraus, dass in den grundwasserleitenden Schichten 1 und 3 hydrostatische Verhältnisse herrschen. Dass diese Annahme berechtigt ist, wurde in ▶ Abschn. 5.9.7 gezeigt.

Wir wollen jetzt annehmen, dass durch Brunnen der Wasserspiegel in der Schicht 3 auf -5 m abgesenkt wird, ohne den Wasserstand in der Schicht 1 abzusenken. Wenn diese Grundwasserabsenkung zum ersten Mal auftritt, dann werden sich Setzungen wie bei einer Erstbelastung einstellen.

Gesucht wird zunächst die mittlere Steigerung der effektiven Vertikalspannung für die Schicht 2, welche diese Konsolidationssetzung erzeugt.

Bei der Lösung dieser Aufgabe stolpert man leicht in eine Falle: Der hydraulische Höhenunterschied beträgt nach der Absenkung nicht 4 m, sondern nur 3 m. Das liegt daran, dass aus der Schluffschicht nur sehr wenig Wasser in die Schicht 3 nachströmt, d. h. die Strömung reißt an der Unterseite der Schicht 2 ab!

Damit wird

$$i = \frac{3}{2} = 1,5 \text{ und } f_s = 1,5 \cdot 10 = 15 \, kN/m^3 \tag{7.54}$$

Die Berechnungsergebnisse für den Zustand nach der Absenkung sind in ◨ Tab. 7.9 zusammengefasst.

An der Oberseite der Schicht 2 hat sich die effektive Vertikalspannung nicht verändert, an der Unterseite herrschen jetzt 78 kN/m², früher nur 28 kN/m². Im Mittel wird die Schicht 2 also um 25 kN/m² mehr zusammengedrückt. Bei einem Verformungsmodul der Schicht 2 von 2500 kN/m² beträgt die Stauchung

$$\varepsilon = \frac{25}{2500} = 0,01 \tag{7.55}$$

und die Setzung, die sich allein aus der Zusammendrückung der Schicht 2 ergibt, beträgt dann

$$s = 0,01 \cdot 200 = 2 \, cm \tag{7.56}$$

◀

Erstbelastung?

Vorsicht Falle!

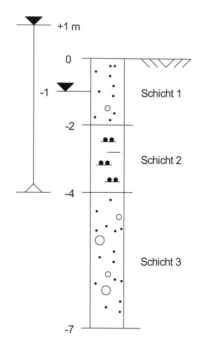

◘ **Abb. 7.25**   Beispiel zur vertikalen Durchströmung

◘ **Tab. 7.7**   Kennwerte

Schicht	Bezeichnung	Wichte γ in kN/m³	Wichte unter Auftrieb γ' in kN/m³
1	mS, g'	17	9
2	U, t	21	11
3	G,s	19	11

◘ **Tab. 7.8**   Ergebnisse der Berechnungen

Tiefe z in m	Effektive Vertikalspannung σ'_z in kN/m²	Wasserdruck u in kN/m²
0	0	0
-1	$1 \cdot 17 = 17$	0
-2	$17 + 1 \cdot 9 = 26$	$1 \cdot 10 = 10$
-4	$26 + (11 - 10) \cdot 2 = 28$	$10 + (10 + 10) \cdot 2 = 50$
-7	$28 + 11 \cdot 3 = 61$	$50 + 10 \cdot 3 = 80$

▣ **Tab. 7.9** Ergebnisse der Berechnung nach der GW-Absenkung

Tiefe z in m	Effektive Vertikalspannung σ'_z in kN/m²	Wasserdruck u in kN/m²
0	0	0
-1	17	0
-2	$17 + 1 \cdot 9 = 26$	$1 \cdot 10 = 10$
-4	$26 + (11 + 15) \cdot 2 = 78$	$10 + (10 - 15) \cdot 2 = 0$
-7	$78 + 1 \cdot 19 + 2 \cdot 11 = 119$	$2 \cdot 10 = 20$

7.4.3 Grundwassergleichen

Werden in der flächigen Ausdehnung eines Grundwasserleiters unterschiedlich hohe freie Grundwasserspiegel gemessen, ist das ein Beleg dafür, dass das Grundwasser auch seitlich abströmt. Die Strömungsrichtung ergibt sich aus dem größten Gefälle, was an den so genannten Grundwassergleichen abzulesen ist. Grundwassergleichen sind die Linien gleicher Spiegelhöhe, die zu einem Zeitpunkt für einen Grundwasserleiter festgestellt werden.

Das größte Gefälle – als geringster Abstand dieser Höhenlinien – tritt meist in Richtung zu einem Vorfluter auf, d. h. einem Fluss, See oder Meer. Führt ein Fluss Hochwasser, kann sich natürlich diese Fließrichtung vorübergehend auch umdrehen.

Höhenlinien

Grundwassergleichenkarten werden mit Hilfe der Interpolation von zeitgleich gemessenen Messstellen gezeichnet. Man braucht dazu mindestens drei Messstellen, ein hydrologisches Dreieck, wie das in ▣ Abb. 7.26 dargestellt ist.

auf 3 Beinen steht man besser

Hier wurde der Wasserspiegelunterschied in drei Grundwassermessstellen linear entlang der Fließlänge interpoliert. Im Beispiel strömt das Grundwasser zum Zeitpunkt der Messungen mit einem Gradienten von i = 0,5 % etwa nach Süden ab.

7.4.4 Brunnen

Brunnen werden neben der Trinkwassergewinnung auch vorübergehend – als geschlossene Wasserhaltung – zur Grundwasserabsenkung betrieben. Man möchte gerne rechnerisch prognostizieren, welche Wassermengen gewonnen werden und

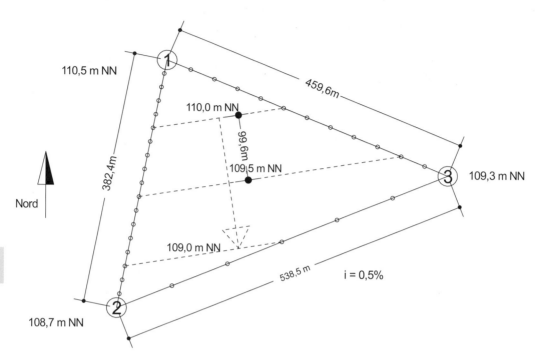

Abb. 7.26 Hydrologisches Dreieck

welche Absenkung des freien Grundwasserspiegels bzw. des Druckspiegels sich beim Betrieb von Brunnen einstellt.

stationäre Strömung

Wenn die Wassermenge, die aus dem Brunnen pro Zeiteinheit abgepumpt wird, seitlich wieder zuläuft, spricht man von einem stationären Zustand. Stationäre Wasserströmungen treten allerdings eher selten auf.

■ **Vollkommener Brunnen bei freier GW-Oberfläche**

Zur Herleitung der klassischen Brunnenformel wird ein Brunnen mit dem Bohrlochradius r betrachtet, der in einem homogenen GW-Leiter bis in einen Grundwasserhemmer reicht (■ Abb. 7.27). Einen solchen Brunnen bezeichnet man als vollkommen.

Q in m³/s

Vor der Inbetriebnahme des Brunnens steht das Wasser mit der Höhe H über der stauenden Schicht. Bei einer bestimmten Fördermenge Q wird sich allmählich ein stationärer Absenktrichter einstellen, wenn seitlich aus dem weiteren Umfeld die im Brunnen entnommene Wassermenge Q nachströmt.

Pumpenleistung

Man kann sich vorstellen, den Brunnen mit einer Pumpe idealerweise so zu betreiben, dass die Pumpe nie abgestellt werden muss. Für die Auswahl der Pumpe wird diese Förderleistung eine zentrale Frage sein. Ist die zu groß, wird der Brunnen leer gepumpt, was dann zur Abschaltung führt. Wird zu wenig gepumpt, wird die möglicherweise gewünschte Ab-

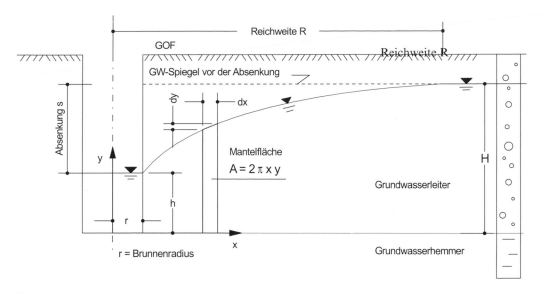

◘ Abb. 7.27   Vollkommener Brunnen

senkung nicht erreicht bzw. der Brunnen zur Wassergewinnung nicht ausgelastet.

Als Reichweite R bezeichnet man den Abstand vom Brunnen, in dem H gerade wieder erreicht wird. Die mit Q sich einstellende Absenkung im Brunnen heißt s, der Wasserstand steht auf h (◘ Abb. 7.27).

Durch jeden Zylinder mit der Mantelfläche

$$A = 2 \cdot \pi \cdot x \cdot y \qquad (7.57)$$

strömt – trichterförmig von allen Seiten – die Wassermenge

$$Q = v \cdot A = v \cdot 2 \cdot \pi \cdot x \cdot y \qquad (7.58)$$

dem Brunnen zu.

Bei konstantem Durchlässigkeitsbeiwert und mit einer horizontalen Filtergeschwindigkeitskomponente, die über die Tiefe gleich groß ist, gilt

$$v = k \cdot i = k \cdot \frac{dy}{dx} \qquad (7.59)$$

Damit wird

$$Q = 2 \cdot \pi \cdot k \cdot x \cdot y \cdot \frac{dy}{dx} \qquad (7.60)$$

bzw.

$$y \cdot dy = \frac{Q}{2 \cdot \pi \cdot k} \cdot \frac{1}{x} \cdot dx \qquad (7.61)$$

Die Integration der Gleichung liefert die Integrationskonstante C:

$$\frac{1}{2} \cdot y^2 = \frac{Q}{2 \cdot \pi \cdot k} \cdot lnx \pm C \tag{7.62}$$

Absenktrichter

Setzt man für x und y feste Werte ein und zieht z. B. zwei Gleichungen voneinander ab, kann die Konstante C eliminiert werden. Es ergibt sich damit für den Verlauf des Wasserspiegels:

$$y_1^2 - y_2^2 = \frac{Q}{\pi \cdot k} \cdot \ln \frac{x_1}{x_2} \tag{7.63}$$

bzw.

$$H^2 - h^2 = \frac{Q}{\pi \cdot k} \cdot \ln\left(\frac{R}{r}\right) \tag{7.64}$$

So kann mit der Brunnenformel bei Messung von Q und zweier Wasserspiegel in unterschiedlich entfernten Grundwassermessstellen auch der hier anzusetzende Wasserdurchlässigkeitsbeiwert k im Baugrund berechnet werden:

$$k = \frac{Q}{\pi} \cdot \frac{\ln\left(\dfrac{x_2}{x_1}\right)}{y_2^2 - y_1^2} \tag{7.65}$$

Wassermenge Q

Für die dem Brunnen zuströmende Wassermenge Q ergibt sich:

$$Q = \frac{\pi \cdot k \cdot \left(H^2 - h^2\right)}{\ln\left(\dfrac{R}{r}\right)} \tag{7.66}$$

Schließlich gilt für die Eintrittshöhe h am Brunnenrand:

$$h = \sqrt{H^2 - \frac{Q}{\pi \cdot k} \cdot \ln\left(\frac{R}{r}\right)} \tag{7.67}$$

- **Reichweite**

Empirische Reichweite

Liegen keine Daten von Wasserstandsmessungen vor, muss die Reichweite R abgeschätzt werden. Hierzu haben sich in der Praxis zwei Zahlenwertgleichungen bewährt:

$$R = 3000 \cdot s \cdot \sqrt{k} \ (\text{nach SICHARDT}) \ [\text{m}] \ \text{bzw.} \tag{7.68}$$

$$R = 575 \cdot s \cdot \sqrt{k \cdot H} \ (\text{nach KUSSAKIN}) \ [\text{m}], \tag{7.69}$$

wobei hier s und H in [m] und k in [m/s] eingesetzt werden müssen.

Eine andere Formel stammt von WEBER, der für die zeitliche Entwicklung der Reichweite einen Minimalwert angibt:

$$R_t = 1,5 \cdot \sqrt{\frac{H \cdot k \cdot t}{n_w}} \ [\mathrm{m}] \qquad (7.70)$$

wobei hier mit n_w der entwässerbare Hohlraumanteil einzuführen ist.

Wie aus den Gleichungen Gl. 7.68 und Gl. 7.69 ersichtlich, hängt die Reichweite von der Absenkung s und damit auch von der Eintrittshöhe h im Brunnen ab. Da die Reichweite R nur im Logarithmus in die Gleichungen eingeht, kommt es hier nur auf ihre Größenordnung an.

■ **Fassungsvermögen**

Bei einer bestimmten Entnahmemenge Q aus einem Brunnen würde sich nach der Gleichung Gl. 7.66 für die Eintrittshöhe h im Brunnen auch ein h = 0 ergeben. Dies ist physikalisch nicht möglich, da das Wasser immer einen Mindestquerschnitt mit einer Höhe h_{min} benötigt, durch den es in den Brunnen eintritt. Auch wenn der Brunnen immer leer gepumpt würde, wird sich durch die natürliche Anströmung ein kleinstes h einstellen, was dann einer maximalen Fördermenge Q, dem Fassungsvermögen des Brunnens, zuzuordnen ist.

Je kleiner der Eintrittsquerschnitt wird, desto höher werden dort die Filtergeschwindigkeiten sein. Man sieht hieraus, dass bei Brunnen, die im Bereich ihres Fassungsvermögens betrieben werden, besonders auf deren mechanisch filterfeste Ringraumverfüllung geachtet werden muss.

es bleibt ein Modell

Sichardt hat bei seinen Untersuchungen ein maximales Gefälle am Brunnenrand von

$$i = \frac{1}{15 \cdot \sqrt{k}} \qquad (7.71)$$

ermittelt. In dieser Zahlenwertgleichung ist k ebenfalls in [m/s] einzusetzen.

Damit liegt das Fassungsvermögen eines Brunnens bei

$$Q_{max} = 2 \cdot \pi \cdot r \cdot h_{min} \cdot k \cdot \frac{1}{15 \cdot \sqrt{k}} = 2 \cdot \pi \cdot r \cdot h_{min} \cdot \frac{\sqrt{k}}{15} \qquad (7.72)$$

Setzt man Gl. 7.72 mit Gl. 7.66 gleich, kann nach entsprechender Umformung und Lösung der quadratischen Gleichung h_{min} ermittelt werden zu:

$$h_{min} = \sqrt{\left(\frac{r}{15 \cdot \sqrt{k}} \cdot \ln\left(\frac{R}{r}\right)\right)^2 + H^2} - \frac{r}{15 \cdot \sqrt{k}} \cdot \ln\left(\frac{R}{r}\right) \qquad (7.73)$$

Man wird unabhängig vom Vorschlag Sichardts immer davon ausgehen müssen, dass bei vollkommenen Brunnen stets eine Restwassermächtigkeit von mindestens 0,5 m auf der wasserstauenden Schicht verbleibt. Ein ehemals mit Grundwasser erfüllter Leiter kann also nicht vollständig entleert werden.

▶ Beispiel

Als Beispiel wird ein vollkommener Brunnen mit einem Bohrdurchmesser von D = 0,6 m betrachtet, dessen Pumpensumpf im Wasserstauer liegt (◨ Abb. 7.28).

Für die Berechnung wird von einem mittleren k-Wert von k = 0,005 m/s ausgegangen. Die Höhe des unbeeinflussten GW-Spiegels über dem Wasserstauer beträgt H = 7,5 m. Für eine gewünschte Absenkung von s = 2,5 m beträgt die Reichweite nach Sichardt:

$$R = 3000 \cdot 2,5 \cdot \sqrt{0,005} = 530 \, m \qquad (7.74)$$

Mit dieser Reichweite wird als zuströmende Wassermenge Q ermittelt:

$$Q = \frac{\pi \cdot 0,005 \cdot \left(7,5^2 - 5^2\right)}{\ln\left(\dfrac{530}{0,3}\right)} = 0,066 \, m^3/s \qquad (7.75)$$

Als kleinste Höhe h_{min} ergibt sich nach Sichardt:

$$h_{min} = \sqrt{\left(\frac{0,3}{15 \cdot \sqrt{0,005}} \cdot \ln\left(\frac{530}{0,3}\right)\right)^2 + 7,5^2} - \frac{0,3}{15 \cdot \sqrt{0,005}} \cdot \ln\left(\frac{530}{03}\right) = 5,7 \, m$$

$$(7.76)$$

Damit wird mit einer gewünschten Absenkung von s = 2,5 m das Fassungsvermögen nach Sichardt schon überschritten.

Mit einer Erhöhung des Brunnendurchmessers auf D = 1,0 m wird als Wassermenge Q = 71 l/s bei h_{min} = 4,9 m ermittelt. ◀

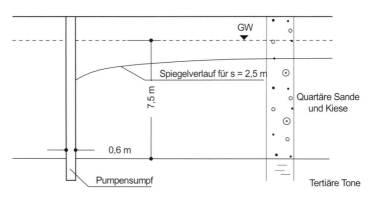

◨ **Abb. 7.28** Beispiel zum Brunnen

■ **Unvollkommener Brunnen**

Beim unvollkommenen Brunnen wird kein Wasserstauer erreicht, so dass einem solchen Brunnen auch von unten Wasser
zuströmen kann.

Für eine erste Abschätzung wird die Wassermenge wie für   ein Zuschlag
einen vollkommenen Brunnen berechnet und anschließend
mit einem Zuschlag von 10 % bis 40 % versehen.

■ **Brunnen im gespannten GW-Leiter**

Wird mit einem Brunnen Wasser aus einem gespannten   gespannt
Grundwasserleiter gefördert und bildet sich dort kein freier
Grundwasserspiegel aus, dann bleibt – wie aus ◨ Abb. 7.29
ersichtlich – der Durchflussquerschnitt mit der Dicke m gleich
groß. Für die Wassermenge Q, die dem Brunnen zuströmt, ergibt sich also:

$$Q = 2 \cdot \pi \cdot k \cdot m \cdot x \cdot \frac{dy}{dx} \qquad (7.77)$$

und damit

$$dy = \frac{Q}{2 \cdot \pi \cdot k \cdot m} \cdot \frac{1}{x} dx \qquad (7.78)$$

Analog zu vorher ergibt sich im gespannten Fall somit

$$y_1 - y_2 = \frac{Q}{2 \cdot \pi \cdot k \cdot m} \cdot \ln\left(\frac{R}{r}\right) \qquad (7.79)$$

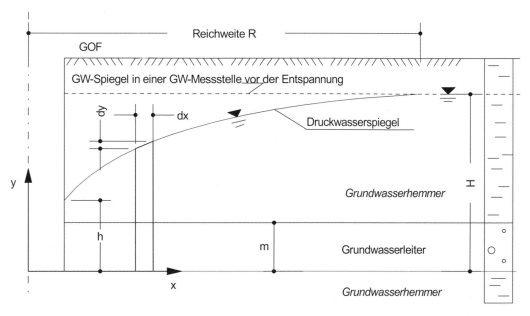

◨ **Abb. 7.29** Brunnen im gespannten Leiter

bzw.

$$H - h = s = \frac{Q}{2 \cdot \pi \cdot k \cdot m} \cdot \ln\left(\frac{R}{r}\right) \tag{7.80}$$

bzw.

$$Q = \frac{2 \cdot \pi \cdot k \cdot m \cdot s}{\ln\left(\dfrac{R}{r}\right)} \tag{7.81}$$

7.4.5 Sickerschlitze

Für den einseitigen Zufluss q mit freier Grundwasseroberfläche zu einem Sickerschlitz gilt bei ebener Anströmung, gleichen Formelzeichen wie beim Brunnen und analoger Herleitung:

$$q = \frac{k}{2 \cdot R} \cdot \left(H^2 - h^2\right) \tag{7.82}$$

Als Reichweite in [m] kann hier

$$R = 1500 \ bis \ 2000 \cdot s \cdot \sqrt{k} \tag{7.83}$$

angenommen werden, wobei auch hier s in [m] und k in [m/s] eingesetzt werden muss.

Der einseitige Grabenzufluss bei vollständig gespanntem Grundwasser ergibt sich zu:

$$q = \frac{k \cdot m}{R} \cdot \left(H - h\right) \tag{7.84}$$

7.4.6 Die Baugrube als Brunnen, Mehrbrunnenanlage

Baugruben, die im Grundwasser hergestellt werden müssen, erfordern besondere Maßnahmen. Will man in einem solchen Fall eine Baugrube *im Trockenen* ausheben, muss sie entweder seitlich *und* ggf. auch von unten abgedichtet werden oder das Grundwasser wird abgesenkt. Auf letzteren Fall wird nachfolgend eingegangen.

Ziel der Grundwasserabsenkung ist es, den seitlichen Zustrom tiefer als die Baugrubenböschungen bzw. -wände zu führen und den Grundwasserspiegel bis etwa 0,5 m unter die Aushubsohle abzusenken.

Halte das Wasser!   Bei einer *offenen Wasserhaltung* – (◘ Abb. 7.30a) – strömt das Wasser durch die Böschung und über die Sohle der Baugrube zu.

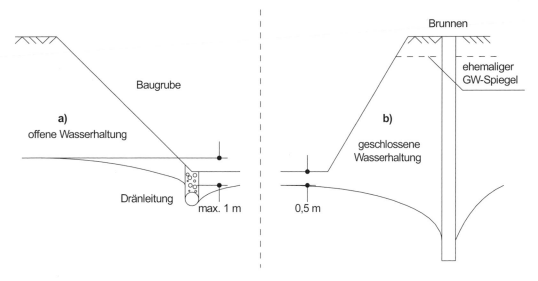

◘ **Abb. 7.30** Wasserhaltungen

Für größere Absenkungen müssen Brunnen um die Baugrube herum gebohrt werden, mit denen vor dem Aushub das Grundwasser abgesenkt wird. Diese Methode ist in (◘ Abb. 7.30b) dargestellt und wird als *geschlossene Wasserhaltung* bezeichnet. In beiden Fällen wirkt die Baugrube wie ein großer Brunnen.

offen und geschlossen

Offene Wasserhaltungen sind zwar kostengünstiger als geschlossene herzustellen. Allerdings sind sie nur begrenzt möglich. Bei Sanden und Schluffen sind mit s = 0,5 m bis s = 1,0 m nur sehr geringe Ab-senkungen herzustellen, da bei größeren Fließgefällen diese Böden ausgeschwemmt werden. Bei nicht zu großen Absenkungen lässt sich dieser Effekt beispielsweise durch die Anordnung von Belastungsfiltern, die in Form von Vorschüttungen auf die Böschungsoberfläche aufgebracht werden, beherrschen.

Die Möglichkeiten und Grenzen der beiden Wasserhaltungsmaßnahmen sind in ◘ Abb. 7.31 in Abhängigkeit der k-Werte bzw. der anstehenden Bodenarten dargestellt. Je feinkörniger der Boden wird, desto weniger kann er allein durch die Schwerkraft entwässert werden. Hier kann das Aufbringen von Unterdruck die Wirkung verbessern, was man auch als *Vakuumwasserhaltung* bezeichnet. Mit dem Einbau so genannter *Wellpoints* (Spülfilter) und dem Aufbringen des Unterdrucks stellt sich zusätzlich auch eine Stabilisierung der Baugrubenböschung ein (◘ Abb. 7.32).

offene Wasserhaltungen können scheitern

Die Zuströmung zu offenen Wasserhaltungen kann z. B. wie die Anströmung zu Schlitzen (s. ▶ Abschn. 7.4.5) berechnet werden.

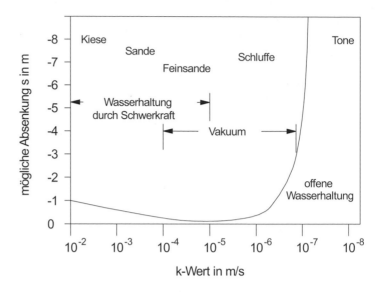

Abb. 7.31 Möglichkeiten und Grenzen der Wasserhaltung

Abb. 7.32 Wellpoints mit angeschlossener Sammelleitung

Die Gleichungen für geschlossene Wasserhaltungen mit mehreren Brunnen gleicher Tiefe, von denen angenommen wird, dass sich die Reichweiten nicht gegenseitig beeinflussen, wurden erstmals von Forchheimer [19] aufgestellt.

In der Praxis werden zur Dimensionierung von Mehrbrunnenanlagen Programme verwendet, mit denen die zu hebenden Wassermengen und die dabei erzielten Absenkungen ermittelt werden. Eine Berechnung „zu Fuß" mit dem Taschenrechner – auch mit einem Beispiel – kann beispielsweise in [12] oder in „Geotechnik – Berechnungsbeispiele" [13] nachgelesen werden.

Die damit erzielten Berechnungsergebnisse dürfen aber keinesfalls überbewertet werden. Zum einen ergeben sich zwischen den Brunnen und auch in der Mitte der Baugrube mit den berechneten „Bergen" ziemlich unrealistische Grundwasserspiegel, die sich wegen des mangelnden Zuflusses dort so stationär nicht einstellen können.

Oft binden die Brunnen auch nicht in einen Wasserhemmer ein, was den Zustrom deutlich verändert.

Wichtiger aber dürfte der Gesichtspunkt sein, dass man die Wasserdurchlässigkeit im Baugrund ohne vorausgehende Probeabsenkungen nur grob schätzen kann. Auch Ergebnisse aus Laborversuchen (▶ Abschn. 5.9) sind mit relativ großen Unsicherheiten verbunden. Wegen des in horizontaler Richtung viel größeren Wasserdurchlässigkeitsbeiwertes kann beispielsweise viel mehr Wasser den Brunnen zulaufen als das mit den Berechnungen erwartet wurde. Die erforderlichen Absenkungen werden dann möglicherweise nicht erreicht.

Es empfiehlt sich deswegen, bei den Ausschreibungen für Wasserhaltungsmaßnahmen eine größere Spannweite für den k-Wert anzugeben und auch vorsorglich Preise für ergänzende Brunnen anzufragen, die dann gebohrt werden, wenn tatsächlich keine ausreichende Absenkung erzielt wird.

Eine letzte Anmerkung zu diesem Thema: Es gibt auch Firmen, die aufgrund ihrer Erfahrungen in der Örtlichkeit auch ohne jede Berechnung wissen, wie eine geschlossene Grundwasserhaltung gelingt.

besser zweifeln als glauben

7.4.7 **Potentialströmung**

Vorweg: Auch wenn der Duden neuerdings die Schreibweise „Potenzialströmung" empfiehlt, findet man häufiger die oben verwendete.

Die Grundlagen zur Berechnung von Grundwasserströmungen ergeben sich aus dem Gesetz von Darcy und der Kontinuitätsbedingung: Bei stationärer Strömung fließt in ein Kontrollvolumen die gleiche Wassermenge hinein wie daraus abströmt. Die Verknüpfung beider Gleichungen führt zur (laminaren) Strömungsgleichung, die in der Physik auch als Potentialgleichung bezeichnet wird. Mathematisch handelt es sich um die Laplace-Gleichung, d. h. um den Prototyp einer elliptischen partiellen Differentialgleichung zweiter Ordnung. In kartesischen Koordinaten lautet sie bei isotroper Durchlässigkeit:

Strömungsgleichung und Laplace!

$$\frac{\partial^2 h}{\partial x^2} + \frac{\partial^2 h}{\partial y^2} + \frac{\partial^2 h}{\partial z^2} = 0. \tag{7.85}$$

Bei ebener Strömung entfällt der letzte Term.

Für die Lösung dieser Gleichung müssen zunächst die Randbedingungen in einem Modellausschnitt definiert werden. Sodann werden heute normalerweise Programmsysteme eingesetzt, die für die numerische Lösung sowohl von Strömungsproblemen als auch für die Prognosen von Stofftransporten zur Verfügung stehen.

Derartige Berechnungen stellen ein eigenständiges Spezialgebiet der Geotechnik dar, sind aber für Standardfälle programmtechnisch so weit aufbereitet, dass sich auch ein „Anfänger" rasch in die Problemlösungen einarbeiten kann. Bei den Standardfällen handelt es sich beispielsweise um die Anströmung von Brunnen, die Umströmung von dichten Wänden, die Unterströmung von Wehren oder die Durchströmung von Deichen.

Strom- und Potentiallinien stehen senkrecht aufeinander

7

Zur Verständnisbildung wird im Rahmen dieses Lehrbuches kurz auf die klassische zeichnerische Lösung der ebenen Strömung eingegangen werden, bei der ein Strömungsnetz gezeichnet wird. Bei überall gleicher und isotroper Wasserdurchlässigkeit besteht die Lösung der Differentialgleichung darin, dass ein „krummliniges Quadratnetz" aus Stromlinien und Potentiallinien konstruiert wird.

> ▶ **Beispiel**

Zur Erläuterung wird das Beispiel einer Baugrubenumschließung mit einer Spundwand betrachtet, die nicht in den tiefer liegenden Wasserhemmer einbindet und die wegen des hochstehenden Grundwassers umströmt wird (vgl. ◘ Abb. 7.33).

Die Konstruktion erfolgt in drei Schritten:

1. Markierung der Randbedingungen
2. Wahl der Anzahl von m Stromröhren
3. Konstruktion des Quadratnetzes, Ermittlung der n Potentialstufen

und bilden krummlinige Quadrate

Mit der Lösung der Aufgabe können sowohl die Wasserdruckverteilungen als auch die im Querschnitt pro Meter zulaufende Wassermenge Q ermittelt werden.

Randstromlinien

Durch den Aushub der Baugrube hat sich im Beispiel durch den Einsatz von Brunnen in der Baugrube ein hydraulischer Höhenunterschied (= Potentialunterschied) von h = 5 m eingestellt. Bedingt durch diesen Höhenunterschied strömt das Wasser von links nach rechts in die Baugrube hinein.

Randpotentiallinien

Würde man auf den linken Wasserspiegel punktweise etwas Farbe aufgeben, wären mit der Zeit allmählich feste Bahnen zu erkennen, die vom Wasser zurückgelegt werden. Diese Bahnen werden als Stromlinien (gestrichelt dargestellt) bezeichnet. Jeder Wassertropfen ist an eine bestimmte Bahn gebunden, von der er nicht abweichen kann. Direkt an der Spundwand und entlang der Oberfläche des Grundwasserhemmers ist diese Bahn bekannt. Hierbei handelt es sich um die *Randstromlinien* des Beispiels, die man im ersten Arbeitsschritt kennzeichnet.

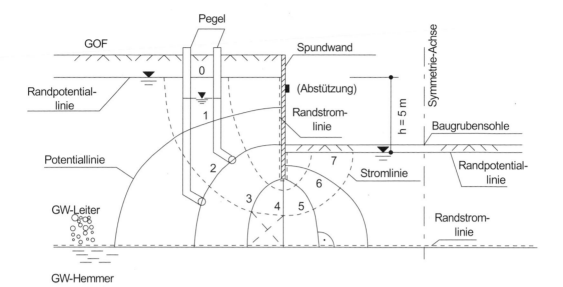

Abb. 7.33 Potentialströmung

Als Randpotentiallinien sind hier die GW-Spiegel links und rechts der Spundwand auszumachen. Potentiallinien haben die Eigenschaft, dass dort der Wasserstand in (gedachten) Standröhren auf gleiche Höhe steigt, was für die GW-Spiegel natürlich zutrifft.

Wie schon erwähnt, stehen die Stromlinien senkrecht auf den Potentiallinien, was hier bei den Randstrom- und Randpotentiallinien erfüllt ist.

Nach dem Einzeichnen der Randbedingungen wird im zweiten Schritt eine sinnvolle Anzahl von m Stromröhren festgelegt. Eine Stromröhre wird durch zwei Stromlinien begrenzt. Hier wird m = 3 gewählt. In jeder Stromröhre – das ist deren Definition – fließt die *gleiche* Teilwassermenge

$$q = \frac{Q}{m} \qquad (7.86)$$

Durch diese Eigenschaft wird eine Stromröhre mit einem kleinen Querschnitt eine große Filtergeschwindigkeit aufweisen.

Mit der festgelegten Anzahl von Stromröhren wird nun im dritten Schritt durch Probieren (mit Bleistift und Radiergummi) das gesuchte Quadratnetz gezeichnet.

„Quadratnetz"

Man beginnt zweckmäßigerweise am kleinsten Durchflussquerschnitt, hier direkt unter der Spundwand. In der ersten Stromröhre wird die Filtergeschwindigkeit am größten sein, d. h. dort wird der kleinste Querschnitt gewählt.

Als Hilfslinien zur Konstruktion des Quadratnetzes können auch die (gleich langen) Diagonalen der Quadrate nützlich sein. Richtig ist das Netz dann, wenn auch Kreise in die krummlinigen

7

Quadrate gezeichnet werden können, die das Quadrat an allen Seiten tangieren.

> ❯ Für jede Geometrie und jeden Höhenunterschied h gibt es bei einmal festgelegter Anzahl von Stromröhren nur ein Quadratnetz.

Als Ergebnis werden n Potenziallinien bzw. -stufen erhalten, über die der gesamte Höhenunterschied h gleichmäßig abgebaut wird:

$$\Delta h = \frac{h}{n} \qquad (7.87)$$

Im Beispiel ergibt sich n = 7. Man beachte, dass die linke (obere) Randpotentiallinie nicht mitgezählt wird.

Entlang jeder Potentiallinie steigt – wie schon erwähnt – definitionsgemäß das Wasser in (gedachten) Grundwassermessstellen auf die gleiche Höhe. In ◘ Abb. 7.33 sind zwei solcher Pegel entlang der Potentiallinie 2 eingezeichnet. Dort steigt der Wasserspiegel auf ein Niveau, was sich gegenüber der linken Randpotentiallinie um zwei Potentialstufen erniedrigt hat:

$$h_{entlang\,2} = h - 2 \cdot \Delta h = 5 - 2 \cdot \frac{5}{7} = 3,6\,m \qquad (7.88)$$

Strömungskraft

So kann insbesondere an jeder Stelle der Spundwand der Wasserdruck ermittelt werden. Dort, wo die Strömung nach unten gerichtet ist (hier links), ist er kleiner und rechts – bei aufwärts gerichteter Strömung – größer als im hydrostatischen Fall.

Mit dem Druckabbau von Potentiallinie zu Potentiallinie kann auch die Strömungskraft bestimmt werden, die auf einen bestimmten Bodenkörper einwirkt. Auf der Baugrubenseite kann somit auch eine Sicherheit gegen hydraulischen Grundbruch berechnet werden. Man studiere hierzu auch das lesenswerte und überdies kostenlose Spundwandhandbuch [20].

Die gesamte Wassermenge Q, die der Baugrube je laufenden Meter zuströmt, ergibt sich aus:

$$Q = \frac{m}{n} \cdot h \cdot k$$

 ◀

7.4.8 **Fragen**

1. Welche Wichten müssen bei Böden je nach den Grundwasserverhältnissen unterschieden werden?
2. Wie kann man den Grundwasserstand in einem GW-Leiter feststellen?
3. Wann spricht man von einem artesischen Brunnen?

4. Warum kann ein GW-Leiter einen gespannten GW-Stand aufweisen?

5. Was versteht man unter der Reichweite eines Brunnens? Von was hängt sie ab?

6. Wann stellt sich die größte Fördermenge eines Brunnens ein?

7. Was versteht man unter einer offenen bzw. geschlossenen Grundwasserhaltung?

8. Warum können offene GW-Haltungen bei Kiesen und Sanden nur mit sehr kleinen Absenkungen hergestellt werden?

9. Wie wählt man die Filterkörnung für einen Brunnen aus?

10. Warum kann ein Grundwasserkörper durch Brunnen allein nicht vollständig entwässert werden?

11. Welche Annahme bezüglich der Wasserdurchlässigkeit muss bei der zeichnerischen Lösung mit Potentialnetzen getroffen werden?

12. Warum lohnt es sich nicht, zur Berechnung der anströmenden Wassermengen viele Stromröhren zu wählen?

Antworten zu den Fragen – sofern sie sich nicht unmittelbar aus dem Text ergeben – finden sich im Anhang. A.2.

7.5 Nachweise für Baugruben

7.5.1 Einführung

Die Errichtung von Tiefgeschossen, die Einbindung von Gründungskörpern, der Bau von tiefliegenden bzw. unterirdischen Verkehrswegen oder Leitungstrassen erfordert in aller Regel eine Baugrube, zu deren Herstellung heutzutage keine Schubkarren mehr – wie in ◘ Abb. 7.34 zu sehen – benötigt werden.

Verbaute Baugruben sind notwendig, wenn die Platzverhältnisse beschränkt sind und/oder große Tiefen die Herstellung von Böschungen unmöglich bzw. auch unwirtschaftlich werden lassen. Als Sonderfälle sollen hier die Senkkästen (▶ Abschn. 10.4.15) und die Deckelbauweise (▶ Abschn. 10.4.12) erwähnt werden, bei denen keine gesonderte Baugrube benötigt wird.

Im innerstädtischen Bereich (◘ Abb. 7.35) will man wegen der hohen Grundstückspreise die Flächen optimal nutzen. Für die meist erforderlichen Tiefgaragen werden vergleichsweise große Tiefen benötigt. Dabei werden häufig Grundwasserabsenkungen nicht erlaubt. Schließlich darf auch die Nachbarbebauung keinen Schaden erleiden.

Kein Platz, empfindliche Nachbarschaft

7

◨ **Abb. 7.34**   Baugrube in Stuttgart

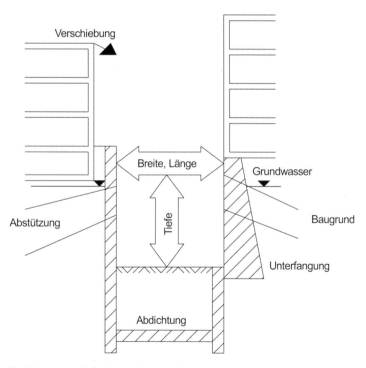

◨ **Abb. 7.35**   Tiefe Baugrube

Damit sind die Randbedingungen formuliert und die Anforderungen gestellt, die verdeutlichen, dass es sich bei einer Baugrube um ein Ingenieurbauwerk handeln kann.

Entwurf und Planung von Baugruben sind Leistungen, die meist von Tragwerksplanern und nicht von Geotechnikern erbracht werden. Als Baubehelfe sollen Baugruben möglichst schnell und kostengünstig hergestellt werden. Zur Kostenersparnis wird häufig auch der Planungsaufwand eingeschränkt: Man orientiert sich an Regellösungen, die mit Standardprogrammen berechnet werden und dies mit dem Ziel, überall Kosten einzusparen. Wenn nun auch die Baugrunderkundung bzw. -interpretation unzureichend ausfällt, sind diese Mängel entweder für sich allein, meist aber in ungünstiger Kombination die Ursache für die vielen Schäden, die nach wie vor beim Herstellen von Baugruben auftreten.

Baugruben gehen oft schief

Für die rechnerischen Nachweise werden Programme eingesetzt. Wegen der Unsicherheiten, die bei der Prognose von Verformungen und Verschiebungen verbleiben, wird die Herstellung von Baugruben auch mit Messungen begleitet (▶ Kap. 11).

Für Baugrubenböschungen mit Höhen $h \leq 5$ m werden oft Regelneigungen nach DIN 4124 vorgegeben. Bei Böschungen mit $h > 5$ m müssen die in ▶ Abschn. 7.2 vorgestellten Nachweise geführt werden.

Nachfolgend wird ein Überblick über die zu führenden Nachweise für Baugrubenwände gegeben. Zunächst jedoch zu den unterschiedlichen Arten des Baugrubenverbaus.

7.5.2 Baugrubenwände

Die richtige Wahl des Baugrubenverbaus wird in erster Linie durch die Nachbarschaft und das Grundwasser bestimmt. Reicht eine Baugrube in das Grundwasser, gibt es drei Möglichkeiten:

1. Das Grundwasser wird durch eine offene oder geschlossene Wasserhaltung abgesenkt (▶ Abschn. 7.4.6),
2. das Grundwasser wird abgesperrt oder
3. der Aushub erfolgt unter Wasser (▶ Abschn. 10.4.14).

Wenn Grundwasserabsenkungen nicht zulässig, zu teuer oder wegen zu großem Wasserandrang technisch unmöglich sind, müssen die Wände wasserdicht sein und oft auch die Baugrubensohle abgedichtet werden, wenn eine Einbindung der Wände in einen natürlichen Wasserhemmer nicht möglich ist (◻ Abb. 7.35). Solche allseits wassersperrenden Baugruben werden auch als Trogbaugruben bezeichnet.

Im Trockenen oder unter Wasser?

Eine dichte Sohle braucht man zunächst nicht, wenn der Aushub unter Wasser erfolgt (▶ Abschn. 10.4.14).

Taucher fischen im Trüben

◻ Tab. 7.10   Auswahlkriterien für einen Baugrubenverbau

Randbedingungen	Trägerwand	Spundwand	Bohrpfahlwand/ Schlitzwand
Kein Grundwasser, keine größere Steifigkeit erforderlich	wirtschaftlich	einbaufähig?	zu teuer
Grundwasser darf nicht abgesenkt werden, keine größere Steifigkeit erforderlich	nicht möglich	wirtschaftlich, wenn der Einbau möglich ist	teuer
Steifigkeit erforderlich	nicht möglich		mögliche Lösung

7

Bodenbewegungen sind unvermeidlich

Aber auch ohne Grundwasser kann eine Baugrube teuer werden, dann nämlich, wenn wegen empfindlicher Bebauung in der Nachbarschaft hohe Anforderungen an die Steifigkeit des Verbaus zu stellen sind.

Dabei zeigt die Erfahrung, dass eine *verformungsfreie* Herstellung einer Baugrube technisch unmöglich ist. Selbst sehr steife Bohrpfahl- oder Schlitzwände ziehen – schon bei deren Herstellung – Bodenbewegungen nach sich.

So gibt es Situationen, bei denen mögliche Risse in Nachbargebäuden (meist stillschweigend) in Kauf genommen werden, weil deren Sanierung kostengünstiger als eine sehr steife Bauweise ist.

Probleme und Kostensteigerungen gibt es natürlich auch dann, wenn der benachbarte Eigentümer einer Verankerung oder Unterfangung auf seinem Grundstück trotz angebotener Ausgleichszahlungen nicht zustimmt.

Bei den üblichen Methoden ergibt sich die Auswahl des geeigneten Systems nach ◻ Tab. 7.10.

▪ Trägerwände

Bei durchgehenden Trägerwänden werden zunächst I- oder doppelte, mit Blechen verbundene U-Stahlträger in Abständen zwischen 1 m und 3,5 m in den Boden eingebracht. Meist werden sie in Bohrlöcher eingestellt, um Erschütterungen zu vermeiden, die sich bei deren Einrammen oder Einrütteln einstellen würden. Zum besseren Abtrag der Vertikallasten werden häufig die in die Bohrlöcher eingestellten Träger unten mit einer Stahlplatte versehen oder/ und einbetoniert.

Die Trägerlänge richtet sich nach der Baugrubentiefe und den hierfür statischen Erfordernissen.

Trägerbohlwand

Im Zuge des Baugrubenaushubs werden nach einem ersten Aushubabschnitt mit ≤ 1,25 m Tiefe dann in Abschnitten von ≤ 1 m – je nach Bodenart auch kleiner – die Zwischen-

räume meist mit Holzbohlen, aber auch mit Stahl- bzw. Beton-
ausfachungen oder auch Spritzbeton geschlossen.

Am häufigsten kommen Trägerbohlwände zur Ausführung,
die meist als „Berliner Verbau" bezeichnet werden.

Beim Einbringen der Ausfachung muss auf einen kraft-
schlüssigen Anschluss an den Baugrund geachtet werden,
damit der Erddruck ohne größere Verschiebungen auf die Träger eingeleitet wird. Die zumeist eingesetzten 10 cm bis 16 cm
dicken Holzbohlen werden gegen den Baugrund verkeilt. Die
Keile werden mit einer aufgenagelten Latte gegen ein Herausfallen gesichert (◨ Abb. 7.36).

Da bei Trägerwänden die Ausfachung nur bis zur
Baugrubensohle reicht, wirkt – als Besonderheit gegenüber
den anderen Verbausystemen – der belastende Erddruck auf
ganzer Fläche nur bis in diese Tiefe. Mit der Einbindung der
Träger im Baugrund wird als Erdauflager ein räumlicher Erdwiderstand mobilisiert, der gesondert nachgewiesen wird.

Im Normalfall können Trägerwände ohne Abstützung,
d. h. also mit voller Fußeinspannung im Boden, nur bis maximal 4 m Höhe wirtschaftlich hergestellt werden. Mit entsprechend steifen Profilen bleiben bis zu dieser Höhe auch die
Verformungen klein.

Um tiefere Baugruben von Aussteifungen frei zu halten,
werden in aller Regel temporäre Verpressanker (vgl.
► Abschn. 10.4.12) eingesetzt, die bei I-Profilen über eine
Gurtung angeschlossen werden. Bei der Verwendung doppel-
ter U-Profile kann der Anker durch den Zwischenraum zwischen den U-Trägern hindurchgeführt werden, so dass hier
eine direkte Krafteinleitung ohne eine Gurtung erfolgt
(vgl.◨ Abb. 7.36, rechts).

Mit der zusätzlichen Versenkung des Ankerkopfes entsteht
eine glatte Verbaufläche, gegen die ggf. ohne den sonst not-

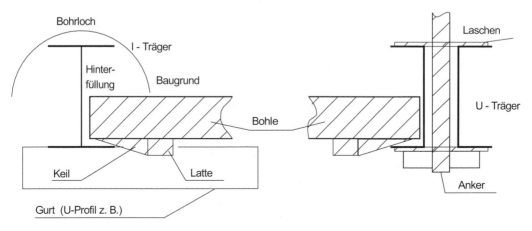

◨ **Abb. 7.36** Elemente einer Trägerbohlwand

7

wendigen Arbeitsraum bei entsprechender Verkleidung mit einseitig vorgestellter Schalung betoniert werden kann.

Trägerbohlwände sind sehr flexibel einsetz- und mit geringen Kosten herstellbar. Meist kann dieser Verbau auch wiedergewonnen werden.

nicht sehr steif und auch nicht wasserdicht

Aufgrund ihrer Herstellungsweise und Steifigkeit stellen Trägerwände allerdings ein eher nachgiebiges Verbausystem dar. Falls Grundwasser ansteht, muss dieses vorlaufend und über die Nutzungsdauer hinweg abgesenkt werden.

■ **Spundwände**

Wenn eine *wasserdichte* Baugrube herzustellen und der Baugrund den Einbau erlaubt, stellt die Spundwand nach wie vor eine sehr wirtschaftliche Verbaulösung dar, zumal sie auch wiedergewonnen werden kann.

Wie die Trägerwände sind Spundwände – trotz spezieller Z- bzw. U-Profile – als eher nachgiebige Verbauart anzusehen. Die Auswahl eines Profils hängt oftmals nicht von den statischen Erfordernissen, sondern von dessen Widerstandsfähigkeit beim Einbringen in den Baugrund ab.

wasserdicht!

Spundwände können je nach den Baugrundverhältnissen und der Empfindlichkeit der Nachbarschaft schlagend gerammt, vibrierend eingerüttelt oder statisch eingepresst werden. Am häufigsten werden moderne Vibrationsbären eingesetzt. Bei diesen Geräten wird die Unwucht, mit der die Vibration erzeugt wird, erst beim Erreichen der gewünschten Enddrehzahl wirksam. Dabei wird vermieden, dass beim Hochfahren der Geräte größere Vibrationen im Baugrund oder in benachbarten Bauwerken auftreten, die beim Erreichen der Resonanzfrequenz entstehen würden.

Einbauhilfen

Ferner stehen eine Reihe von Einbringhilfen, wie Niederdruck- und Hochdruckspülung, Entspannungsbohrungen oder Lockerungssprengungen zur Verfügung.

Wenn der Baugrund nicht „rammfähig" ist, können Spundwände auch in vorher hergestellte, mit Bentonitsuspension abgestützte Schlitze eingestellt werden.

Die gebräuchlichen Spundwandprofile und deren Kennwerte sind den Spundwandhandbüchern zu entnehmen, die im Internet frei zugänglich sind.

■ **Bohrpfahlwände**

Wegen ihres größeren Widerstandsmoments stellen die über entsprechende Bohrschablonen hergestellten überschnittenen, tangierenden oder aufgelösten Bohrpfahlwände gegenüber Träger- oder Spundwänden einen deutlich steiferen und (bei einer Überschneidung) auch grundwasserabsperrenden Verbau dar. Bohrpfahlwände sind überschnitten, tangierend oder aufgelöst, wenn die Achsabstände der Pfähle kleiner, gleich bzw. größer als der Pfahldurchmesser sind. Die ◘ Abb. 7.37 zeigt beispielhaft eine Bohrschablone für eine überschnittene Bohrpfahlwand sowie eine bereits hergestellte und rückverankerte Bohrpfahlwand in der Innenstadt von Frankfurt (Main).

Bohrpfahlwände weisen eine Reihe weiterer Vorteile auf: Sie können sehr flexibel – sogar geneigt – bis in sehr große Tiefen, nahezu in allen Böden und praktisch erschütterungsfrei hergestellt werden. Bei sorgfältiger und verrohrter Pfahlherstellung kann das Auftreten von Verschiebungen – auch unmittelbar neben hohen Gebäuden oder Straßen – minimiert werden.

Flexibel, steif und teurer

Allerdings stellen Pfahlwände massive, nicht wiedergewinnbare Hindernisse im Boden dar. Wenn es in erster Linie auf die abdichtende Wirkung ankommt, sollten Bohrpfahlwände wegen ihrer vielen Fugen, die sich herstellungsbedingt nicht ganz abdichten lassen, besser nicht zur Ausführung kommen.

Wegen der vergleichsweise hohen Kosten kann es sich anbieten, Pfahlwände in das Bauwerk mit einzubeziehen.

◘ **Abb. 7.37** Bohrschablone (links) und rückverankerte Bohrpfahlwand (rechts)

7

■ **Schlitzwände**

Schlitzwände zählen wie die Bohrpfahlwände zu den massiven, nicht wiedergewinnbaren und auch teuren Verbauwänden. Mit Hilfe einer Leitwand werden mit einem Schlitzwandgreifer oder einer Schlitzwandfräse möglichst lotrechte Schlitze ausgehoben, die mit einer Suspension gestützt werden. Das Herstellen, Vorhalten und Regenieren der Suspension erfordert aufwändige Anlagen mit einem großen Platzbedarf, der vor allem innerstädtisch rar ist.

Lamellen

Die ausgehobenen Schlitze heißen Lamellen. Die Breite jeder Lamelle ergibt sich aus Anforderungen an die Standsicherheit und den Bauablauf, die Dicke wird durch das Aushubgerät festgelegt.

Nach Erreichen der Solltiefe wird ein Bewehrungskorb eingestellt und der Schlitz im Kontraktorverfahren (von unten nach oben) unter gleichzeitiger Verdrängung der Stützsuspension ausbetoniert. Das Betonierrohr muss dabei immer in den Frischbeton eintauchen, damit sich keine Fehlstellen durch den möglichen Einschluss von Suspension bilden können.

Gegenüber der Nachbarlamelle wird im einfachsten Fall ein Abschalrohr eingestellt, mit dem ein guter Fugenschluss sichergestellt werden kann. Darüber hinaus gibt es eine große Anzahl weiterer Fugensysteme zur Vermeidung von Fehlstellen an den Schlitzwandfugen, welche häufig die Schwachstellen der Wand darstellen.

wasserdicht und steif

Wenn es also insbesondere auf die Dichtwirkung ankommt, ist die Schlitzwand – auch wegen der deutlich geringeren Fugenanzahl – der Bohrpfahlwand überlegen. Hinsichtlich des wirtschaftlichen Einsatzes wird man auch hier bemüht sein, die Baugrubenwand in das Bauwerk mit einzubeziehen.

■ **Vernagelte Wände**

Spritzbeton als Haut

In zunehmenden Umfang werden Baugrubenwände auch vernagelt. Bei diesem Verfahren wird die Wand abschnittsweise auf etwa 1,0 m bis 1,5 m Tiefe ausgehoben und mit einer gering bewehrten, dünnen Spritzbetonhaut gesichert. Bei Baugrubenwänden wird der Spritzbeton etwa 10 cm dick aufgebracht. Ggf. wird durch entsprechende Abschlauchungen (Dränagen) sichergestellt, dass sich hinter der Wand kein Wasserdruck aufbauen kann.

Dann werden die Nägel (bauaufsichtlich zugelassene Gewindestähle BSt 500/550 mit Durchmesser 22, 25 oder 28 mm) in vorgebohrte Löcher eingestellt und mit Zementmörtel verpresst bzw. verfüllt. Durch entsprechende Abstandshalter wird eine Zementsteinüberdeckung von mindestens 20 mm sichergestellt. Der Nagelkopf wird kraftschlüssig (ohne Vorspannung) über eine Ankermutter mit Unterlegplatte mit der Spritzbetonhaut verbunden. Danach wird weiter ausgehoben.

Mit dieser Bauweise entsteht ein mit Nägeln bewehrter und mit Spritzbeton abgedeckter Erdkörper, dessen Tragwirkung einer Schwergewichtsmauer ähnelt.

Eine andere Tragwirkung

■ **Unterfangungen**

Mit Unterfangungen (◧ Abb. 7.35) lässt sich verständlicherweise das zu bebauende Grundstück am besten ausnutzen. Hier wird keine gesonderte Baugrubenwand hergestellt. Auf mögliche Lösungen wird genauer im ▶ Abschn. 10.4.13 eingegangen.

■ **Sonderlösungen**

Es gibt noch eine Reihe anderer Lösungen, mit denen Baugrubenwände abgestützt werden können. Dazu zählen Bodenverbesserungen, die durch Injektionen, Mixed-in-Place, Cutter-Soil-Mix oder Tubular-Soil-Mix Geräten bewerkstelligt werden. Nicht unerwähnt bleiben soll auch eine mögliche Vereisung des Baugrunds (vgl. hierzu ▶ Abschn. 10.4.5).

Es geht auch ganz anders!

■ **Abstützungen**

Tiefere Baugruben- und Unterfangungswände bedürfen der Abstützung durch Steifen, Anker oder auch Nägel.

Steifen können beispielsweise mit Hilfe von Druckkissen genauso vorgespannt werden, wie Verpressanker. Allerdings behindern die Steifen den Baubetrieb, so dass man meist Verpressanker oder Nägel einsetzen will. Näheres wird hierzu im ▶ Abschn. 10.4.12 ausgeführt.

Druckkissen!

7.5.3 Regelwerk

Bei der Planung und Ausführung von Baugruben müssen neben den grundlegenden Festlegungen des EC 7 die
- DIN 4124:2012-01 Baugruben und Gräben – Böschungen, Verbau, Arbeitsraumbreiten und die
- DIN 4123:2013-03 Ausschachtungen, Gründungen und Unterfangungen im Bereich bestehender Gebäude

beachtet werden.

Die umfangreichen „Empfehlungen des Arbeitskreises Baugruben" [10] weisen einen den Normen ähnlichen Charakter auf. Eine Nichtbeachtung der dort getroffenen Festlegungen kann im Schadensfall ggf. hohe Schadenersatzansprüche nach sich ziehen.

EAB – das Standardwerk

Regelböschungen

Aus einem qualifizierten Geotechnischen Bericht sind erste Planungsgrundlagen für die Gestaltung der Baugrube zu entnehmen. Hier werden beispielsweise zulässige Böschungswinkel β (gegen die Horizontale) angegeben. Wenn dort dem Regelwerk gefolgt wurde, gilt für Böschungshöhen $\leq$ 5 m nach DIN 4124 unter Beachtung zahlreicher Voraussetzungen:

a. $\beta \leq 45°$ bei nichtbindigen oder weichen bindigen Böden
b. $\beta \leq 60°$ bei mindestens steifen bindigen Böden und
c. $\beta \leq 80°$ bei Fels.

Bei Böschungshöhen über 5 m muss – wie schon erwähnt – ein rechnerischer Nachweis zur Standsicherheit (nach DIN 4084) geführt werden.

Ohne Stützung darf unter bestimmten Vorrausetzungen senkrecht bis zu einer Tiefe von 1,25 m abgegraben werden.

Wenn ein Verbau angeordnet wird, werden im qualifizierten Geotechnischen Bericht neben den Bodenkennwerten auch entsprechende Kennzahlen, z. B. für Mantelreibungen, Spitzendrücke, Ankertragfähigkeiten usw. angegeben.

Systemverbau ohne weitere Nachweise

In Gräben können u. U. Grabenverbaugeräte eingesetzt werden. Wenn ein waagerechter oder senkrechter Grabenverbau nach DIN 4124 ausgeführt wird, sind keine weiteren Berechnungen notwendig.

Für die Ausführung von Trägerbohlwänden, Spundwänden, Bohrpfahl- oder Schlitzwänden oder für Spritzbetonsicherungen werden in DIN 4124 ebenfalls Hinweise gegeben.

Als Arbeitsraumbreite sind bei einem Verbau mindestens 60 cm vorgeschrieben.

7.5.4 Nachweise

■ **Übersicht**

In der Statik zu verbauten Baugruben wird zunächst auf das gewählte System eingegangen. So werden beispielsweise bei einer Trägerwand Art und Abstand der Träger, deren Einbindetiefe unter die Baugrubensohle und die gewählte Ausfachung beschrieben, ferner die Höhenlage der Steifen oder Anker, deren Neigung und Ausführungsart.

Beschreibungen

Es werden nachfolgend die Planungs- und Berechnungsgrundlagen genannt:

－ Planunterlagen,
－ Höhenangaben,
－ das zu Grunde liegende Baugrund- und Gründungsgutachten,
－ die zu verwendenden Baustoffe.

Als nächstes wird auf die Belastung des Baugrubenverbaus eingegangen, die sich aus den Erddruck aus den angenommenen Verkehrslasten, den Lasten aus dem Kran, den Hilfsbrücken oder aus einer Nachbarbebauung, dem Wasserdruck bzw. den Strömungskräften ergibt.

Für die anstehenden Böden werden ferner die Bodenkennwerte (Wichte, Scherfestigkeit, Zusammendrückbarkeit, Wasserdurchlässigkeit) genannt, die in die Berechnungen eingeführt werden. Diese Werte stammen normalerweise aus dem Geotechnischen Bericht.

Bodenkennwerte

Es wird ferner aufgeführt, welcher Erddruckansatz, welche Erddruckumlagerungsfiguren gewählt und welcher Wandreibungswinkel den Berechnungen zu Grunde liegen.

Erddruckansatz

Damit sind alle Eingangswerte für das Rechenprogramm definiert, mit dem die Schnittgrößen für alle zu berücksichtigenden Bauzustände, den Endaushubzustand und ggf. auch für Rückbauzustände ermittelt werden. Je nach der Leistungsfähigkeit der eingesetzten Programme erfolgt hier auch gleichzeitig die Bemessung der einzelnen Konstruktionsteile und auch Verbände.

Nachvolllziehbare Eingangswerte

Ferner wird im Grenzzustand der Tragfähigkeit (ULS) programmtechnisch nachgewiesen:
- die ausreichende Einbindetiefe der Wand bzw. der Träger (GEO-2),
- die Aktivierbarkeit der vertikalen Komponente des mobilisierten Erdwiderstands,
- der sichere Abtrag der lotrechten Kräfte (GEO-2), die innere und äußere Tragfähigkeit der Anker (STR, GEO-2),
- die innere Tragfähigkeit der Komponenten des Verbaus (STR),
- die Standsicherheit in der „tiefen Gleitfuge" (GEO-2, siehe weiter unten) sowie
- die Sicherheit gegen Geländebruch (GEO-3).

Es können ferner
- Nachweise der Sicherheit gegen Aufbruch der Baugrubensohle (GEO-2), gegen hydraulischen Grundbruch (HYD) bzw. Auftrieb (UPL) und/oder
- Verformungsnachweise (Grenzzustand der Gebrauchstauglichkeit, SLS) erforderlich werden.

Umfangreiche Unterlagen!

Nachfolgend werden einige weitere Hinweise zu den statischen Nachweisen für Baugrubenwände gegeben.

■ Tragsysteme

Baugrubenwände tragen die Belastung aus Erddruck und ggf. Wasserdruck zunächst über die Einspannwirkung im Baugrund ab. Mit Aushubtiefen größer 3 m wird eine erste Abstützung durch Steifen oder Anker sinnvoll. Als statisch bestimmtes System ist die Wand dann mit der geringsten möglichen Einbindung im Baugrund *frei aufgelagert*, mit größerer Einbindung *teilweise bzw. vollständig eingespannt*, d. h. für die beiden letzten Fälle statisch unbestimmt aufgelagert. Mit weiteren Abstützungslagen erhöht sich der Grad der statischen Unbestimmtheit.

Optimales Tragsystem?

Die verfügbaren Rechenprogramme ermitteln für jeden beliebigen Einspanngrad die jeweils notwendige Einbindetiefe. Die kostengünstigste Wand ist mit Variationen der Anzahl der Abstützungen, deren Höhenlage und Neigung (bei Ankern) und dem Einspanngrad zu bestimmen. So nimmt mit zunehmender Einbindung die Wandlänge zwar zu, das maximale Biegemoment jedoch ab. Das Ganze wird auch durch die gewählte Erddruckumlagerungsfigur beeinflusst, die wiederum auch durch das Vorspannen der Steifen oder Anker beeinflusst wird.

Baugrubenwände erleben also je nach Bau- bzw. auch Rückbauzustand ganz unterschiedliche Beanspruchungen, für die sie zu bemessen sind. Die optimale Lösung zu finden, stellt eine spannende Ingenieuraufgabe dar.

■ **Art des Erddrucks**

erhöhter Erddruck?

Wenn man die Verformungen des Baugrubenverbaus klein halten will oder der Verbau sehr steif ausgeführt wird, muss ein über den aktiven Erddruck hinaus erhöhter Belastungsansatz gewählt werden. Als erhöhter aktiver Erddruck wird oft

$$E_h = \frac{1}{2} \cdot \left(E_{0h} + E_{ah} \right) \qquad (7.89)$$

angenommen. Bei ungünstigen Verhältnissen kann der Beitrag des Ruhedrucks auch noch erhöht werden.

Bei abgestützten Ortbetonwänden muss generell mindestens erhöhter aktiver Erddruck angesetzt werden. Bei nahestehenden Gebäuden ist die Verbauwand ebenfalls immer mit erhöhtem aktivem Erddruck zu bemessen. Wenn die Aussteifung von Spundwänden im geringen Abstand erfolgt und mit 30 % (bei Trägerwänden mit 60 %) vorgespannt wird, muss ebenfalls mit erhöhtem aktivem Erddruck gerechnet werden. Werden Anker über 100 % ihrer rechnerischen Gebrauchslast vorgespannt, soll der Erddruck ebenfalls erhöht werden.

Wenn eine Baugrube ein setzungsempfindliches Bauwerk beeinflussen kann, sind die Verbauwände immer mittels Steifen oder Anker abzustützen.

■ **Mindesterddruck**

mindestens

Wenn sich mit dem Ansatz des Mindesterddrucks (▶ Abschn. 7.3.10) größere Erddruckresultierende als mit den

Rechenwerten der Scherfestigkeitsparameter ergeben, so muss dieser Erddruck in die Berechnung eingeführt werden.

■ **Erddruckumlagerung**

Die zur Berechnung von Baugrubenwänden möglichen Last- Lastfiguren figuren sind in den EAB [10] aufgeführt. Als Voraussetzungen zur Verwendung der Lastfiguren müssen folgende Bedingungen gelten:

– waagerechte Geländeoberfläche,
– mindestens mitteldichte Lagerung bzw. mindestens steife Konsistenz,
– mindestens kraftschlüssige Verkeilung der Steifen bzw. 80 %ige Vorspannung der Anker,
– nicht tieferer Aushub als 1/3 h unter der Abstützung, wenn mit h die verbleibende Höhe des gesamten Restaushubs bezeichnet wird.

■ **Wandreibungswinkel**

Bei Baugrubenwänden darf im Allgemeinen auf der aktiven Seite ein Wandreibungswinkel von $\delta_a = +2/3\ \varphi'$ angenommen werden. Bei Schlitzwänden darf nur mit $\delta_a = +1/2\ \varphi'$, bei weichen bindigen Böden kann mit $\delta_a = +1/3\ \varphi'$ gerechnet werden. Werden Wandreibungswinkel $\delta_a > 0°$ eingeführt, ist der Abtrag der Vertikallasten nachzuweisen.

■ **Kapillarkohäsion**

Bei der Ermittlung der Erddrücke darf nach EAB [10] die Kapillarkohäsion von Sandböden mit $c_{c,k} = 1$ bis $8\ kN/m^2$ angesetzt werden, wenn sie nicht durch Flutung bzw. Austrocknung verloren gehen kann.

■ **Bemessung der Steifen oder Anker**

Aus der Berechnung der Schnittgrößen ergeben sich auch die Lasten der Steifen und Anker, deren Anordnung in der Höhe und im Abstand zueinander vorab festgelegt wurde.

Auch Steifen können vorgespannt werden. Sie dürfen nicht ausknicken. Die Ankerlasten müssen kleiner bzw. gleich der zulässigen Ankerlast sein. Die zulässige Ankerlast ergibt sich zum einen aus seiner inneren Tragfähigkeit: Der Stahlquerschnitt muss die Lasten aufnehmen können. Zum andern bestimmt sie sich durch den Baugrund. Sofern keine Werte hierfür im Geotechnischen Bericht angegeben wurden, finden sich Erfahrungswerte hierzu im Teil 2 des Grundbau-Taschenbuches [14]. Die tatsächliche Tragfähigkeit muss aber immer durch Eignungs- und Abnahmeprüfungen vor Ort ermittelt werden.

Bestehen Zweifel an der Tragfähigkeit der Verpresskörper, innere und äußere Trag-
fähigkeit müssen Ersatzanker eingeplant werden. Im Übrigen wird die Tragfähigkeit jedes Ankers geprüft (vgl. ▶ Abschn. 10.4.12).

aus Fehlern gelernt

Bei hohen Baugrubenwänden mit mehreren Ankerlagen wurden große Verformungen festgestellt, was auf eine gegenseitige Beeinflussung der Anker hindeutete. Hier wiesen die Anker etwa die gleiche Länge auf, was zu einem in sich verspannten Erdkörper führte, der sich insgesamt verschob. Wir lernen daraus, dass die Anker bei mehreren Ankerlagen *unterschiedlich* lang sein müssen.

Die ausreichende Länge der Anker wird mit dem so genannten Nachweis in der „tiefen Gleitfuge" ermittelt.

■ Standsicherheit in der „tiefen Gleitfuge"

mehrere Missverständnisse

Der nachfolgend erläuterte Nachweis geht auf eine 53-seitige Arbeit von KRANZ [22] aus dem Jahr 1939 zurück, die im Internet frei verfügbar ist. Zu seiner Zeit wurden höhere Spundwände an so genannten Ankerwänden (◘ Abb. 7.38) rückverankert. (Der Verpressanker war noch nicht erfunden.)

Wie aus der Abb. 1 seiner Arbeit (hier ◘ Abb. 7.38) zu sehen, war der kurze Anker einer, bei dem die Gleitfläche des Erdwiderstands vor der Ankerwand sich mit der Gleitfläche des aktiven Erddrucks hinter der Spundwand verschnitt.

Mit seinen Berechnungen hat er die ungünstigste Gleitfläche gesucht,

» „bei welcher der durch die Verankerung zu erzielende Erdwiderstand seinen kleinsten Wert erreicht."

Dazu hat er eine lotrechte, frei aufgelagerte, einfach rückverankerte Spundwand betrachtet, die einen Geländesprung von 9 m Höhe in einem Sand abstützt. Die Ankerlitze liegt horizontal und ist 3,5 m unter dem Wandkopf an der Spundwand befestigt. Die Spund- und Ankerwand werden beide als glatt (d. h. $\delta = 0$) angenommen. Die auftretende Ankerkraft (A_{erf}) als Auflagerkraft der Spundwand wird mit der Annahme einer dreieckförmigen Erddruckverteilung berechnet.

In ◘ Abb. 7.39 ist das Prinzip seiner Berechnungen zu sehen.

zwei Mechanismen!

Hiernach berechnete er die Kraft $P_{möglich}$, die sich dann einstellt, wenn nicht nur der Sandkörper entlang der Gleitfuge BC, sondern gleichzeitig auch entlang der (geknickten) Gleitfuge FDKB abrutscht.

Die von ihm betrachteten Spundwände waren je nach Reibungswinkel des Sandes unterschiedlich tief eingebunden. Auch die Ankerwände waren unterschiedlich hoch. Die Ankerlängen wurden gerade so gewählt, dass sich das Verhältnis von

$$n = \frac{P_{möglich}}{A_{erf}} \tag{7.90}$$

zu n = 1, n = 2 bzw. n = 3 ergab.

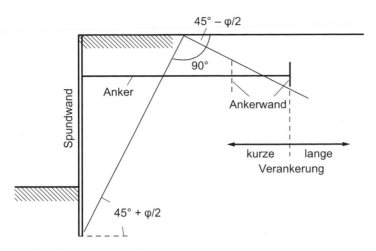

◻ Abb. 7.38 Kurzer und langer Anker

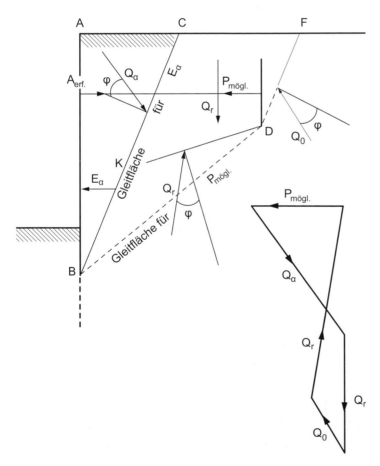

◻ Abb. 7.39 Krafteck nach Kranz

7

> ⟩ **Wichtig**
>
> Für alle von ihm untersuchten Spundwände zeigt er überein-stimmend, dass sich die kleinste Kraft $P_{\text{möglich}}$ für eine Gleit-fuge ergibt, die vom Spundwandfuß zum Fuß der Ankerwand verläuft.
>
> Für die geknickten und gekrümmten Gleitfugen ermittelt er immer größere $P_{\text{möglich}}$.

In ◘ Tab. 7.11 sind seine Ergebnisse für $\varphi = 35°$ dargestellt, wobei die letzte Spalte die Ankerlänge aus ◘ Abb. 7.38 zeigt. Die untersuchten Gleitfugenlagen sind für n = 1 in ◘ Abb. 7.40 dargestellt.

Aus ◘ Tab. 7.11 folgt, dass bei der Gleitfuge mit min $P_{\text{möglich}}$ der Anker mindestens 8,11 m lang sein muss, um die aus dem aktiven Erddruck entstehende Auflagerkraft aufzunehmen.

Bis heute wird diese Berechnung zur Ankerlänge in den einschlägigen Regelwerken gefordert. Einige Anmerkungen dazu:

– Der von Kranz zur Berechnung von min $P_{\text{möglich}}$ an-genommene Bruchmechanismus tritt in der Natur nicht auf. Bei einer verankerten Stützwand rutschen nicht zwei Erdkörper gleichzeitig ab: Einer, der E_a bewirkt, und einer, der sich durch die Ankerwand ergibt. Mit dem geknickten Verlauf ist diese Bruchfuge auch kinematisch gar nicht möglich, genauso wenig übrigens wie die anderen von Kranz untersuchten Bruchfugen.

– Damit ist auch eine Berechnung von $P_{\text{möglich}}$ falsch und die gewählte Sicherheitsdefinition unsinnig.

– Der im Regelwerk (◘ Abb. 7.41) und in vielen Lehr-büchern dargestellte Bruchmechanismus für den Bruch „in der tiefen Gleitfuge" hat mit dem Nachweis nichts zu tun. Hier versagt der Anker, was zu der dargestellten Ver-kippung der Wand führt, die übrigens gerade nicht durch den Mechanismus von Kranz betrachtet wird. Dieses Ver-sagen der Wand *muss* sich nicht deswegen einstellen, weil der Anker zu kurz ist.

Bemerkenswert ist in diesem Zusammenhang die Aussage von Kranz, die er auf Seite 15 seines Aufsatzes trifft:

◘ **Tab. 7.11**   Berechnungen von Kranz für $\varphi = 35°$ für eine 12 m langen Spundwand (Ankerwand 1,8 m)

Ankerlänge in m	8,11	10,30	12,21	14,69
P_{min} in t/m	13,32	26,57	40,25	59,54
n	1	2	3	4,44

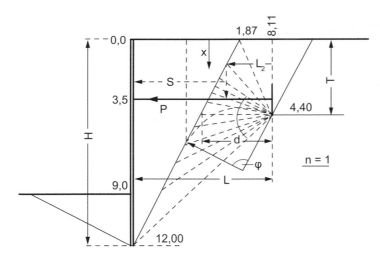

■ Abb. 7.40 Beispiel von Kranz

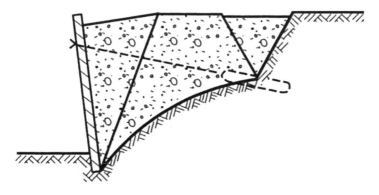

■ Abb. 7.41 Aus der EAB (EB 44-1)

» Zur Untersuchung der Standfestigkeit einer verankerten Spundwand könnte man das Erdprisma ABDF (Abb. 14) auch als zusammenhängendes Ganzes betrachten ohne Berücksichtigung der Ankerkraft P und der inneren Erdkräfte E_a. Ein Berechnungsverfahren für die Bestimmung der Ankerlänge und für die Berechnung der möglichen Ankerkraft lässt sich jedoch daraus nicht ohne weiteres ableiten.

Seine Abb. 14 ist hier der Vollständigkeit halber als ■ Abb. 7.42 gezeigt.

Um es nun abschließend klar zu stellen: Klarstellung

— Anker müssen die berechneten Auflagerkräfte aufnehmen, was durch die Ankerprüfungen nachzuweisen ist.

— Die Ankerprüfung muss ausreichende Freispiellängen nachweisen, d. h. die Anker dürfen sich an der Wand nicht abstützen (vgl. auch ► Abschn. 10.4.12).

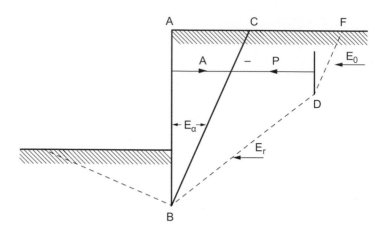

◘ Abb. 7.42   Gesamtstandsicherheit nach Kranz

— Die Gesamtstandsicherheit ist für Stützwände nachzuweisen. Die dabei zu untersuchenden Bruchmechanismen
können Anker schneiden oder nicht. Die Berechnung des
Geländebruchs – für kreisförmige Bruchfugen oder mit zusammengesetzten Bruchmechanismen mit geraden Gleitfugen erfolgt wie in ▶ Abschn. 7.2 erläutert. Dort, wo eine
Ankerkraft freigeschnitten wird, ist sie als Schnittkraft in
die Statik einzuführen.

■ **Hydraulischer Grundbruch**

Neue Erkenntnisse

In neueren Forschungsarbeiten zum hydraulischen Grundbruch wurde gezeigt, dass mit einigen gebräuchlichen
Näherungsformeln das Risiko eines hydraulischen Grundbruchs deutlich unterschätzt wird. Hier werden räumliche Effekte vernachlässigt, die sich bei schmalen Baugruben und
wegen der beidseitigen Anströmung in den Ecken erheblich
auswirken können.

In der Arbeit von AULBACH und ZIEGLER [23] wird
auf die Unzulänglichkeiten der Rechenmethoden eingegangen und es wird eine Formel zu Ermittlung der erforderlichen Einbindetiefe vorgeschlagen, die diese Effekte –
auch bei anisotropen und geschichteten
Baugrundverhältnissen – berücksichtigt.

■ **Vorsicht!**

Man merke sich:

❯ Jede Baugrube stellt einen Einzelfall dar, den man nicht unter-
schätzen sollte!

7.5.5 Fragen

1. Warum kommt es häufig zu Schäden bei der Herstellung von Baugruben?
2. Welche wichtigen Verbausysteme können grundsätzlich unterschieden werden?
3. Welche Gesichtspunkte sind am wichtigsten bei der Auswahl eines Verbausystems für eine Baugrube?
4. Warum muss beim Einbau einer Trägerbohlwand der Baugrund Kohäsion aufweisen?
5. Wodurch unterscheiden sich Trägerwände in statischer Sicht von Spundwänden?
6. Wie wird eine vernagelte Wand hergestellt? Wie ergibt sich deren Tragwirkung?
7. Warum müssen bei Verpressankern mindestens zwei Nachweise geführt werden?
8. Mit welcher Maßnahme lässt sich die Tragfähigkeit eines schon hergestellten Verpressankers ggf. erhöhen?
9. Warum wird zur Bemessung von Baugrubenwänden häufig der Erddruck umgelagert?
10. Warum lassen sich die Schnittgrößen bei Baugrubenwänden nur näherungsweise berechnen?
11. Was soll durch den sog. Nachweis „in der tiefen Gleitfuge" ermittelt werden?
12. Warum ist die dort gewählte Sicherheitsdefinition nicht besonders sinnvoll?

Antworten zu den Fragen – sofern sie sich nicht unmittelbar aus dem Text ergeben – finden sich im Anhang. A.2.

7.6 Einzel- und Streifenfundamente

7.6.1 Einführung

Nach den planerischen Überlegungen zur Baugrube wird nachfolgend auf die geotechnische Bemessung von Einzel- und Streifenfundamenten eingegangen.

Bei Einzel- bzw. Streifenfundamenten werden die Bauwerkslasten überwiegend über deren meist horizontal liegende Sohlfläche abgetragen. In der Betrachtung der Wechselwirkung zwischen Fundament und Baugrund werden die Fundamente meist als starr angenommen und die Sohlnormal- und Sohlschubspannungen linear verteilt.

Meist werden mögliche Erdwiderstände bzw. Einspannungen im Baugrund vernachlässigt. Man spricht dann auch von einer Flächengründung und bei geringen Einbindetiefen auch von einer Flachgründung.

Länge a, Breite b, Einbindetiefe d

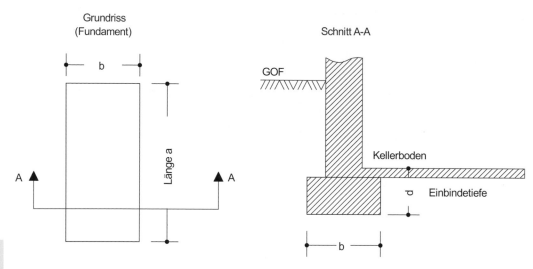

Grundriss (Fundament)

Schnitt A-A

GOF

Länge a

b

A

A

Kellerboden

d   Einbindetiefe

b

◘ **Abb. 7.43**   Bezeichnungen am Fundament

Es ist üblich, bei dem meist rechteckigen Grundriss eines Fundamentes die längere Abmessung mit a, die kürzere mit b und die Einbindetiefe mit d zu bezeichnen (◘ Abb. 7.43). Bei a/b ≥ 5 handelt es sich um ein Streifenfundament, welches Linienlasten meist aus Wänden abträgt.

Zur Nachweisführung werden in der Praxis Programme eingesetzt, mit denen entweder Fundamente mit vorab gewählten Abmessungen berechnet oder Berechnungsergebnisse für unterschiedliche Abmessungen angezeigt werden.

Die Programme führen Berechnungen zur Tragfähigkeit (ULS) und zur Gebrauchstauglichkeit (SLS) aus. Es werden Nachweise zum
— Kippen (EQU) und Gleiten (GEO-2),
— zum Grundbruch (GEO-2),
— ggf. auch zur Gesamtstandsicherheit (GEO-3) und zum Auftrieb (UPL) geführt.

Ferner werden berechnet
— die mögliche Verdrehung und die Begrenzung der klaffenden Fuge und
— Setzungen bzw. Verschiebungen.

Bei der konstruktiven Bemessung des Fundamentes, dem Nachweis der inneren Tragfähigkeit, werden die Schnittgrößen ebenfalls mit geradlinig verteilten Sohlpressungen ermittelt.

Auf welchen Grundlagen die programmierten Lösungen beruhen, wird nachfolgend erläutert. Bevor die mit den Berechnungen ausreichend dimensionierten Gründungskörper auf der Baustelle hergestellt werden, müssen allerdings auch noch Feststellungen zur Lage und Ausbildung der Gründungssohle getroffen werden.

7.6.2 Ausbildung und Lage der Gründungssohle

Vor der Herstellung der Gründungskörper wird vom geotechnischen Sachverständigen eine Sohlabnahme durchgeführt. Das Ergebnis der Sohlabnahme wird schriftlich dokumentiert und zu den Bauakten genommen. Der Sachverständige überprüft dabei die örtlichen Gegebenheiten mit denen, die im geotechnischen Bericht beschrieben wurden.

Sohlabnahme

So darf die Gründungssohle durch den Baubetrieb nicht aufgelockert sein bzw. ausgewaschen, aufgeweicht werden oder auffrieren. Falls derartige Feststellungen getroffen werden, wird nachverdichtet, aufgefüllt bzw. ein Bodenaustausch vorgenommen.

Bei standfestem Boden kann der Aushub für die Streifen- und Einzelfundamente deren Abmessungen folgen. Hier wird dann direkt gegen den Boden betoniert. Generell empfiehlt es sich, Gründungssohlen rückwärts schreitend herzustellen und sofort anschließend (nach der Sohlabnahme) zu betonieren bzw. mit einer Sauberkeitsschicht abzudecken. Diese Vorgehensweise ist vor allem bei gering plastischen Böden (UL, UM, TL) sinnvoll, da hier schon geringe Wassergehaltserhöhungen und mechanische Störungen durch Baustellenverkehr beispielsweise zu einer Aufweichung bis hin zu einer Verbreiung oder sogar Verflüssigung der Gründungssohle führen können.

Bei solchen Böden kann unter der Sauberkeitsschicht der Bodenplatte auch die Anordnung einer kapillarbrechenden Schicht erforderlich werden, um hier Staunässen zu vermeiden. Mit entsprechenden Durchlässen, die durch die Streifenfundamente geführt werden, wird für eine Entwässerung gesorgt.

Sauberkeitsschicht

Stehen ausgeprägt plastische Böden in der Gründungssohle an, ist es häufig günstiger, auf eine kapillarbrechende Schicht zu verzichten und direkt auf den Boden zu betonieren. So kann sich dort kein Wasser ansammeln und ggf. die Tone aufweichen.

Um Frostschäden bei frostempfindlichen Böden zu vermeiden, werden die Gründungssohlen ausreichend tief (mindestens 80 cm) gelegt oder für eine Wärmedämmung gesorgt. Dabei ist auch an Frosteinwirkungen zu denken, die während der Bauzeit auftreten können.

frostsicher?

7.6.3 **Einwirkungen**

Für die Berechnungen zur Tragfähigkeit werden die Bemessungswerte der Beanspruchungen in der Gründungssohle benötigt. Dabei wird zwischen den ständigen und veränderlichen charakteristischen und Horizontal- und Vertikallasten und deren Ausmitten unterschieden.

Bemessungswerte

Multipliziert mit den jeweils unterschiedlichen Teilsicherheitsbeiwerten erhält man dann die Bemessungswerte der Beanspruchungen. Selbst bei geringer Einbindetiefe der Fundamente werden die Erddrücke in die Berücksichtigung der Einwirkungen mit einbezogen.

7.6.4 **Widerstände**

■ **Gleiten**

Bei wassergesättigten bindigen Böden kann der (charakteristische) Widerstand R_k gegen Gleiten in der Gründungssohle bei undränierter, rascher Belastung mit der undränierten Kohäsion c_u ermittelt werden. Hier ist zu klären, welche Fläche A bei der Berechnung nach Gl. 7.91 zu Grunde gelegt werden kann:

$$R_k = A \cdot c_u. \tag{7.91}$$

Im Reibungsfall gilt

$$R_k = V'_k \cdot \tan \delta_{S,k}, \tag{7.92}$$

wobei bei Ortbetonfundamenten für den Sohlreibungswinkel

$$\delta_{S,k} = \varphi'_k \le 35° \tag{7.93}$$

und bei Fertigteilen

$$\delta_{S,k} = \frac{2}{3} \cdot \varphi'_k \tag{7.94}$$

angenommen werden kann.

Wenn ein Erdwiderstand immer einwirken kann, darf dieser – je nach der zulässigen Verschiebung – ebenfalls berücksichtigt werden.

■ **Grundbruch**

Würde man beim statischen Plattendruckversuch (vgl. ▶ Abschn. 4.5.1) die Belastung der Platte immer weiter steigern, wird sich im Baugrund nach dessen anfänglicher Zusammendrückung allmählich auch ein Bruchzustand ausbilden. Wird dieser erreicht, sinkt die Lastplatte ein und verkippt auch dabei, ohne dass eine weitere Laststeigerung möglich ist. Es bildet sich ein Bruchmechanismus aus, bei dem der Baugrund nach unten, zur Seite und nach oben hin ausweicht. Diesen Vorgang bezeichnet man als Grundbruch, der sich einstellt, wenn der Grundbruchwiderstand erreicht wird.

Für die Dimensionierung von Fundamenten wurden schon ab Mitte des 19. Jahrhunderts Formeln veröffentlicht, mit denen die Grundbruchlast abgeschätzt werden konnte. Wie man sich unschwer vorstellen kann, wächst der Grundbruchwiderstand mit

Eine Formel wird gesucht

- der Größe der Sohlfläche,
- mit zunehmendem Reibungswinkel φ,
- mit zunehmender Kohäsion c und
- mit zunehmender Einbindetiefe d

und nimmt ab bei
- ausmittiger und geneigter Last,
- bei geneigtem bzw. abgestuftem Gelände und auch
- bei geneigter Sohlfläche.

Zur Berechnung des Grundbruchwiderstands $R_{n,k}$ kann man sich also eine Formel vorstellen, die sich aus 3 Summanden aufbaut:

$$R_{n,k} = a \cdot b \cdot \left(\text{Anteil aus} : \text{Reibung} + \text{Einbindetiefe} + \text{Kohäsion} \right)$$

Zur Abminderung der unterschiedlichen Anteile etwa wegen ausmittigem und/oder schrägem Lastangriff usw. könnten Faktoren < 1 eingeführt werden.

Diesen Ansatz hat man in der Formel der DIN 4017:2006-03 einigermaßen raffiniert umgesetzt, wobei sowohl Lösungen aus der Plastizitätstheorie als auch Ergebnisse von Modell- und Großversuchen berücksichtigt wurden. Viele Großversuche wurden am so genannten Pilz der Deutschen Gesellschaft für Bodenmechanik (DEGEBO) in Berlin durchgeführt [24].

Formel nach DIN 4017 – raffiniert

Nach DIN 4017 berechnet sich der Grundbruchwiderstand zu:

$$R_n = a' \cdot b' \cdot \left(\gamma_2 \cdot b' \cdot N_b + \gamma_1 \cdot d \cdot N_d + c \cdot N_c \right) \tag{7.95}$$

mit folgenden Bedeutungen der Formelzeichen:
- a', b' sind ggf. reduzierte Abmessungen des rechteckigen Fundaments (s. u.),
- γ_2 ist die Wichte des Bodens unter der Fundamentsohle,
- γ_1 die darüber (wenn sie denn unterschiedlich ist, ◨ Abb. 7.44),
- c die Kohäsion.

Tragfähigkeitsbeiwerte

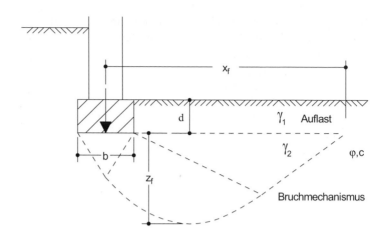

○ Abb. 7.44   Grundbruch

Die N_i werden als Tragfähigkeitsbeiwerte bezeichnet, die sich jeweils als Produkt aus einem Grundwert der Tragfähigkeit N_{i0}, einem Formbeiwert ν_i, einem Lastneigungsbeiwert i_i, einem Geländeneigungsbeiwert $_{\lambda i}$ und einem Sohlneigungsbeiwert ξ_i berechnen. Für den Tragfähigkeitsbeiwert N_b ist also zu berechnen:

$$N_b = N_{b0} \cdot \nu_b \cdot i_b \cdot \lambda_b \cdot \xi_b \qquad (7.96)$$

In der DIN 4017 wird zudem auch normativ angegeben, wie man den Bruchmechanismus (○ Abb. 7.44) konstruieren kann.

Wie wird nun vorgegangen, um $R_{n,k}$ zu berechnen?

Für ein bestimmtes Fundament müssen zunächst die Bemessungswerte der Beanspruchungen in der Mitte der Sohlfläche ermittelt werden. Hierbei darf auch eine günstig wirkende Bodenreaktion an den Stirnflächen des Fundamentes (ein Erddruck) anteilig berücksichtigt werden.

Die Exzentrizität e der Einwirkungen wird aus den charakteristischen Größen in Bezug auf die Sohlfläche ermittelt

$$e = \frac{\sum M_k}{\sum V_k} \qquad (7.97)$$

Bei ausmittigem Lastangriff werden nun die Fundamentabmessungen a und b rechnerisch auf a' und b' verkleinert. Achtung: Das kann auch dazu führen, dass aus der zunächst längeren Seite a nun doch b' wird:

$$b' = \min\left(a - 2 \cdot e_a, b - 2 \cdot e_b\right) \qquad (7.98)$$

$$a' = \max\left(a - 2 \cdot e_a, b - 2 \cdot e_b\right) \qquad (7.99)$$

Im nächsten Schritt werden die Grundwerte der Tragfähigkeitsbeiwerte N_{i0} mit dem charakteristischen Reibungswinkel φ berechnet:

$$N_{d0} = \tan^2\left(45° + \frac{\varphi}{2}\right) \cdot e^{\pi \cdot \tan\varphi} \qquad (7.100)$$

$$N_{b0} = (N_{d0} - 1) \cdot \tan\varphi \qquad (7.101)$$

$$N_{c0} = (N_{d0} - 1) / \tan\varphi \qquad (7.102)$$

Bei $\varphi = 0$ (also im c_u-Fall) gilt:

$$N_{d0} = 1 \text{ und } N_{c0} = 5,14. \qquad (7.103)$$

Bei einer raschen Belastung eines Streifenfundaments auf wassergesättigtem bindigem Boden, im c_u-Fall, vereinfacht sich somit die Grundbruchgleichung (Gelände und Sohlfläche horizontal) zu

$$R_n = a' \cdot b' \cdot (\gamma_1 \cdot d + 5,14 \cdot c_u)$$

Bei Böden mit Reibung müssen nun die Tragfähigkeitsbeiwerte berechnet werden. Dazu werden zunächst die Formbeiwerte ν_i (nü) berechnet. Handelt es sich um ein Streifenfundament, sind alle Formbeiwerte 1,0.

In ◘ Tab. 7.12 sind die Formeln für die davon abweichenden Fundamentformen zusammengestellt.   Formbeiwerte

Für die Lastneigungsbeiwerte i_i müssen zunächst zwei   Lastneigungsbeiwerte
Größen berechnet werden:

Aus der charakteristischen resultierenden Normalkraft in der Gründungssohle N_k und der dort angreifenden Tangentialkraft T_k berechnet sich

$$\tan\delta = \frac{T_k}{N_k}. \qquad (7.104)$$

◘ **Tab. 7.12** Formbeiwerte ν_i nach DIN 4017

Grundrissform	ν_b	ν_d	ν_c	ν_c für $\varphi = 0$
Rechteck	$1 - 0,3 \cdot \dfrac{b'}{a'}$	$1 + \dfrac{b'}{a'} \cdot \sin\varphi$	$\dfrac{\nu_d \cdot N_{d0} - 1}{N_{d0} - 1}$	$1 + 0,2 \cdot \dfrac{b'}{a'}$
Quadrat/Kreis	$0,7$	$1 + \sin\varphi$	$\dfrac{\nu_d \cdot N_{d0} - 1}{N_{d0} - 1}$	$1,2$

Tab. 7.13 Formeln für die Lastneigungsbeiwerte bei $\varphi \neq 0$			
Vorzeichen von δ:	i_b	i_d	i_c
positiv	$(1 - tan\delta)^{m+1}$	$(1 - tan\delta)^m$	
negativ	$cos\delta \cdot (1 - 0{,}04 \cdot \delta)^{\overline{0{,}64 + 0{,}028 \cdot \varphi}}$	$cos\delta \cdot (1 - 0{,}0244 \cdot \delta)^{\overline{0{,}03 + 0{,}04 \cdot \varphi}}$	$\dfrac{i_d \cdot N_{d0} - 1}{N_{d0} - 1}$

Tab. 7.14 Formeln für die Lastneigungsbeiwerte bei $\varphi = 0$ (c_u-Fall)		
$i_c = 0{,}5 + 0{,}5 \cdot \sqrt{1 - \dfrac{T_k}{A' \cdot c_u}}$	$i_d = 1$	i_b entfällt

Dieser Winkel ist positiv, wenn T_k in die Richtung des wahrscheinlichen Versagens weist.

Ferner wird berechnet

$$m = \frac{2 + \dfrac{a'}{b'}}{1 + \dfrac{a'}{b'}} \cdot cos^2\omega + \frac{2 + \dfrac{b'}{a'}}{1 + \dfrac{b'}{a'}} \cdot sin\,2\omega \qquad (7.105)$$

Nun können die Lastneigungsbeiwerte nach den Formeln in ◘ Tab. 7.13 bzw. ◘ Tab. 7.14 berechnet werden.

Man nutze besser ein Programm

Zur Berechnung der Geländeneigungs- und Sohlneigungsbeiwerte wird auf die DIN 4017 verwiesen, wenn man nicht ohnehin ein entsprechendes Programm verwendet.

Achtung: Gewölbe!

Grundbrüche treten in der Praxis eher selten auf. Kritisch kann es allerdings immer dann werden, wenn auch Horizontalkräfte wirken und/oder die Einbindetiefe von Fundamenten durch einseitiges Abgraben vermindert wird. Also Vorsicht beim Neubau neben mittelalterlichen Gewölben, denn sonst passiert u. U. das, was im ► Abschn. 13.3 dargestellt ist!

Durchstanzen

Nach einem Schadensfall – kurz dargestellt im ► Abschn. 13.3 – hat sich der Hinweis zum Durchstanzen in der DIN 4017 ergeben.

7.6.5 Nachweise der Tragfähigkeit

■ **Kippen (EQU)**

Bei diesem Nachweis werden bei exzentrischer Belastung die destabilisierenden Momente der Bemessungsgrößen der Einwirkungen um eine Kippkante am Fundamentrand mit den stabilisierenden Momenten verglichen, wobei der Index G die ständigen und der Index Q die veränderlichen Einwirkungen markiert:

$$M_{G,k,dst} \cdot \gamma_{G,dst} + M_{Q,k,dst} \cdot \gamma_{Q,dst} \leq M_{G,k,stb} \cdot \gamma_{G,stb} \quad (7.106)$$

■ **Gleiten (GEO-2)**

Hier werden die in der Sohlfläche liegenden Kräfte – als Bemessungswerte – miteinander verglichen:

$$R_d \left(+R_{p,d} \right) \geq H_d, \quad (7.107)$$

wobei der gesamte Anteil des Erdwiderstand $R_{p,d}$ erst nach größeren Verschiebungen voll mobilisiert wird. $R_{p,k}$ ist hier mit einem Neigungswinkel von $\delta_p = 0$ zu ermitteln.

■ **Grundbruch (GEO-2)**

Hier muss für alle Lastkombinationen gezeigt werden, dass

$$R_d \geq V_d \quad (7.108)$$

Schließlich kann ein Nachweis der Gesamtstandsicherheit (GEO-3) bzw. ein Auftriebsnachweis (UPL) erforderlich werden.

▶ **Beispiel**

Auf ein Einzelfundament mit a = 4,0 m, b = 2,0 m und einer Einbindung in den Baugrund von d = 1,0 m (vgl. ◘ Abb. 7.45) wirken für die Bemessungssituation BS-P in der Mitte der Gründungssohle ein (k = charakteristisch, G = ständig, Q = veränderlich):

Vertikalkraft $V_{G,k}$ = 1000 kN; $V_{Q,k}$ = 500 kN

Horizontalkraft $H_{G,x,k}$ = 50 kN; $H_{Q,x,k}$ = 300 kN

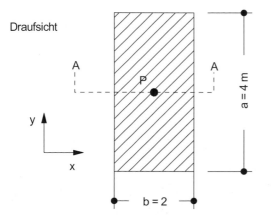

◘ **Abb. 7.45** Beispiel für ein Fundament

Moment $M_{G,y,k} = 100$ kNm; $M_{Q,y,k} = 200$ kNm.

Das Fundament wird in Ortbetonbauweise in einem Schluff mit $\gamma = 20$ kN/m³, $\varphi' = 30°$, c' = 5 kN/m² gegründet. Ein Schichtwechsel ist erst in größerer Tiefe gegeben, wo auch das ungespannte Grundwasser ansteht.

Der Kippnachweis (EQU) wird wie folgt geführt:

$$100 \cdot 1,1 + 200 \cdot 1,5 \leq 1000 \cdot 2,0 \cdot 0,5 \cdot 0,9 \rightarrow 410 \leq 900 \quad (7.109)$$

Der Ausnutzungsgrad beträgt damit

$$\mu_{EQU} = \frac{410}{900} = 0,46 \quad (7.110)$$

Beim Gleitnachweis (GEO-2) ergibt sich:

$$1000 \cdot \frac{\tan\left(30°\right)}{1,10} \geq 50 \cdot 1,35 + 300 \cdot 1,5 \rightarrow 524,9 \geq 517,5 \quad (7.111)$$

mit einem Ausnutzungsgrad von

$$\mu_{Gl} = \frac{517,5}{524,9} = 0,99$$

Hierbei wurde angenommen, dass die veränderliche Horizontalkraft auch auftreten kann, wenn keine veränderliche Vertikalkraft einwirkt. Auf den Ansatz eines Erdwiderstands konnte verzichtet werden.

Zum Grundbruch-Nachweis:

Auch hier werden keine Erddrücke an den Stirnflächen des Fundaments berücksichtigt.

Bei der ersten Berechnung wird angenommen, dass keine veränderlichen Vertikallasten einwirken.

Damit ergibt sich:

$$V_d = 1000 \cdot 1,35 = 1350 \, kN \quad (7.112)$$

Die Ausmitte in x-Richtung beträgt gemäß Gl. 7.117:

$$e_x = \frac{300}{1000} = 0,3 \, m \quad (7.113)$$

und damit wird (bei a = a') die Breite b reduziert auf

$$b' = 2,0 - 2 \cdot 0,3 = 1,4 \, m \quad (7.114)$$

Für diesen Fall berechnet sich nach DIN 4017 der Bemessungswert des Grundbruchwiderstands $R_{n,d}$ zu 1442 kN, so dass sich als Ausnutzungsgrad ergibt:

$$\mu = \frac{1350}{1442} = 0,94 \quad (7.115)$$

Der Nachweis unter den Gesamtlasten führt einem Ausnutzungsgrad von

$$\mu = \frac{2100}{2421} = 0,87 \qquad (7.116)$$

◀

7.6.6 Nachweise der Gebrauchstauglichkeit

Hier sind zwei Nachweise zu führen: Zum einen geht es um die Lage der resultierenden Last in der Gründungssohle und zu andern um die Prognose der Setzungen und ggf. anderer Verformungskomponenten, die sich durch die Belastung der Fundamente einstellen.

■ **Zulässige Lage der Sohldruckresultierenden**
Bei einer außermittigen Krafteinleitung wird bei diesem Nachweis die Lage der Resultierenden R_V in der Sohlfläche bestimmt. Bei rechteckigen Fundamenten kann die außermittige Lage je nach der Einwirkung der Momente in einer oder in zwei Richtungen, d. h. einfach oder auch doppelt auftreten (◘ Abb. 7.46).

Die Exzentrizitäten e_x bzw. e_y berechnen sich zu: Exzentrizitäten

$$e_x = \frac{M_y}{V}\,\text{bzw.} \qquad (7.117)$$

$$e_y = \frac{M_x}{V} \qquad (7.118)$$

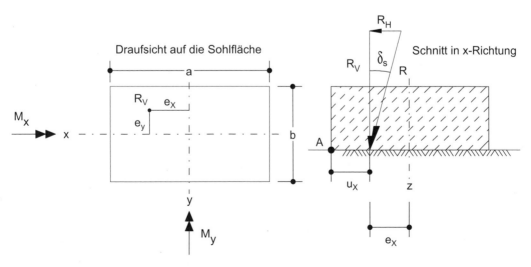

◘ **Abb. 7.46** Exzentrizität

7

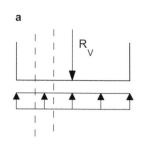
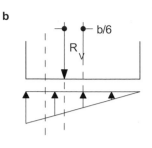
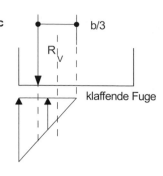

☐ Abb. 7.47   Sohlspannungsverteilungen

wobei M_y bzw. M_x die Momente um die Achse y bzw. x und V die Vertikallast bedeuten. Der Abstand der Resultierenden vom Fundamentrand wird häufig mit u_x bzw. u_y bezeichnet. Dieser Abstand ergibt sich z. B. bei einer Berechnung mit $\Sigma M = 0$ um die entsprechende Fundamentkante. Mit den Bezeichnungen aus ☐ Abb. 7.46 ist

$$u_x = \frac{a}{2} - e_x \text{ bzw.} \tag{7.119}$$

$$u_y = \frac{b}{2} - e_y \tag{7.120}$$

Je nach Lage von R_V ergeben sich nun unterschiedlich geradlinig verteilte Sohlpressungen.

Bei $e_x = e_y = 0$ wird die Sohlnormalspannung als gleichmäßig verteilt angenommen (☐ Abb. 7.47a) und berechnet sich zu:

$$\sigma_0 = \frac{R_V}{a \cdot b} \tag{7.121}$$

Verlässt die Resultierende bei e = a/2 bzw. b/2 die Sohlfläche, kippt das Fundament um.

Die Berechnung der Sohlnormalspannungsverteilung dazwischen liegender Zustände erfolgt nach den Regeln der Statik allein aus den Gleichgewichtsbedingungen. Der Baugrund spielt hierbei keine Rolle.

Kernweiten

Solange die Resultierende im so genannten 1. Kern des Querschnitts liegt, tritt noch überall Druck auf (☐ Abb. 7.47b). Beim Rechteckfundament liegt die 1. Kernweite auf den Achsen x bzw. y (vgl. ☐ Abb. 7.48) bei

$$e_x = \frac{a}{6} \text{ bzw.} \tag{7.122}$$

$$e_y = \frac{b}{6}, \tag{7.123}$$

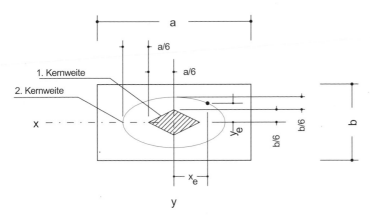

Abb. 7.48 Kernweiten

Ist die Resultierende in zwei Richtungen exzentrisch, muss folgende Ungleichung erfüllt sein, damit sie noch im 1. Kern liegt

$$\frac{|e_x|}{a} + \frac{|e_y|}{b} \le \frac{1}{6}$$

Für ein Kreisfundament ist die Grenze der 1. Kernweite bei

$$e = \frac{r}{4} \qquad (7.124)$$

Liegt die Resultierende noch weiter außen, tritt eine *klaffende Fuge* auf, da zwischen Fundament und Baugrund keine Zugspannungen übertragen werden können. Liegt nun die Resultierende noch in der so genannten 2. Kernweite, reicht die klaffende Fuge höchstens bis zum Schwerpunkt der Sohlfläche (**Abb. 7.47c**). Dies ist auf den Achsen x bzw. y bei

$$e_x = \frac{a}{3} \quad \text{bzw.} \qquad (7.125)$$

$$e_y = \frac{b}{3} \qquad (7.126)$$

der Fall. Die Gleichung der Ellipse für die 2. Kernweite lautet:

$$\left(\frac{e_x}{a}\right)^2 + \left(\frac{e_y}{b}\right)^2 = \frac{1}{9} \qquad (7.127)$$

Es sind nun zwei Nachweise zur zulässigen Lage der Resultierenden R_v zu führen: Zwei Nachweise

1. Infolge ständiger charakteristischer Einwirkungen muss die Resultierende R_v mindestens in der 1. Kernweite und
2. sie muss bei der ungünstigsten Kombination von ständigen und veränderlichen charakteristischen Einwirkungen für

die Bemessungssituationen BS-P und BS-T mindestens in der 2. Kernweite liegen.

Für die Berechnung der Spannungsverteilung gilt bei einachsiger Momenteneinwirkung um die Achse y und in der 1. Kernweite, d. h. für eine trapezförmige Spannungsverteilung:

$$\underset{\text{min}}{\overset{\text{max}}{}}\sigma_0 = \frac{R_V}{a \cdot b} \cdot \left(1 \pm \frac{6 \cdot e}{b}\right) \qquad (7.128)$$

Bei e_y = b/6 verschwindet eine Randspannung (◨ Abb. 7.47b), so dass bei dreieckförmiger Spannungsverteilung gilt:

$$\max \sigma_0 = \frac{2 \cdot R_V}{a \cdot b} \qquad (7.129)$$

Bei b/6 < e_y ≤ b/3, d. h. bei klaffender Fuge, gilt für die dreieckförmige Spannungsverteilung:

$$\max \sigma_0 = \frac{2 \cdot R_V}{3 \cdot u \cdot a} \qquad (7.130)$$

und schließlich bei voller Ausnutzung unter e_y = b/3:

$$\max \sigma_0 = \frac{4 \cdot R_V}{a \cdot b} \qquad (7.131)$$

Bei Momenteneinwirkung nur um die x-Achse ist statt der Fundamentbreite b die Fundamentlänge a einzusetzen.

Für eine doppelte Außermittigkeit lässt sich die größte Randspannung ebenfalls berechnen, was in den einschlägigen Nachschlagewerken nachzulesen ist.

▶ Beispiel

Beim vorgestellten Beispiel des Rechteckfundaments im Schluff liegt die Resultierende sowohl unter ständigen Lasten als auch unter den Gesamtlasten in der 1. Kernweite, was den geforderten Nachweis erfüllt. ◀

■ **Setzungsberechnung**

Setzungsberechnungen stellen einen wichtigen Nachweis der Gebrauchstauglichkeit dar und müssen deswegen nachfolgend etwas ausführlicher betrachtet werden.

Begriffsklärung, DIN 4019   Nach DIN 4019:2015-05 wird unter *Setzung* eine Verschiebung in Richtung der Schwerkraft verstanden, die sich aus einer Verformung des Bodens durch Spannungs- und Zeitänderung ergibt. Gemeint sind hier die Setzungen, die sich durch die Belastung des Baugrunds durch Baumaßnahmen ergeben, was in ◨ Abb. 7.49 mit a) verdeutlicht werden soll. Wegen des Konsolidierungsverzuges können bei bindigen

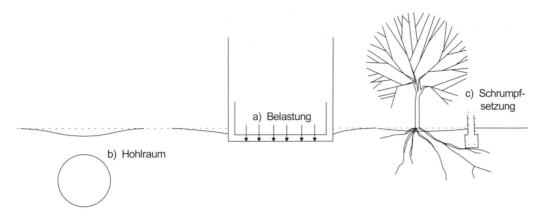

■ Abb. 7.49 Mögliche Ursachen für Setzungen

Böden die Setzungen zeitverzögert auftreten, bei organischen sind auch Kriechsetzungen möglich. Unmittelbar mit der Laständerung können auch Sofortsetzungen auftreten, die durch volumentreue Scherverformungen und Sofortverdichtungen verursacht sein können. Die Gesamtsetzung s_{ges} ergibt sich somit als Summe aus der Sofortsetzung s_0, der Konsolidationssetzung s_1 und einer möglichen Kriechsetzung s_2, bei der sich die effektiven Spannungen nicht ändern.

Um Setzungen festzustellen, bedarf es eines Bezuges. Wenn es darauf ankommt, die Setzungen des Baugrunds genauer zu ermitteln, muss beispielsweise vor dem Betonieren einer Bodenplatte ein Setzungspegel gesetzt und eingemessen werden. Dazu wird eine Stahlplatte mit einem Stab versehen, dessen Spitze vor und nach dem Betonieren nivelliert wird. Beginnt man mit Nivellements von Höhenbolzen erst nach dem Betonieren, hat man diesen ersten Setzungsanteil verloren.

Setzungspegel, Höhenbolzen

Lotrechte Verschiebungen, die sich durch einen Materialentzug ergeben, werden nach DIN 4019 als *Senkungen* bezeichnet. Senkungen treten auf bei:

Senkungen

- dem bergmännischen Abbau und dem Tunnel- oder Kavernenbau – in (■ Abb. 7.49 mit b) gekennzeichnet,
- Karstbildungen (Kalk-, Salz- und Gipsgesteine werden durch Wasser gelöst und bei Strömungen allmählich ausgespült. Es entstehen Hohlräume im Baugrund, die sich an der Geländeoberfläche durch eine Muldenbildung und Erdfälle bzw. Dolinen bemerkbar machen können),
- Hohlraumbildungen, die sich durch natürlichen Abtransport von Bodenbestandteilen infolge von Subrosion oder Erosion ergeben und
- defekten Kanalleitungen bzw. Regenfallrohre, wenn auch hier durch Strömungskräfte Bodenpartikel gelöst und abtransportiert werden.

Sackungen

Schrumpfen

... und weitere Ursachen

Spannungen breiten sich aus

Sackungen entstehen durch Umlagerung des Korngerüstes bei Verlust von Bindekräften oder durch Erschütterungen.

Als *Schrumpfen* bezeichnet man die Volumenabnahme, die sich bei bestimmten Böden durch die Abnahme des Wassergehaltes ergeben kann. Eine Wassergehaltsabnahme kann sich durch unmittelbare Verdunstung oder auch Wärmeeinwirkung einstellen. Als häufigste Ursache kommt jedoch der Wasserentzug durch Wurzeln in Frage, was in ◘ Abb. 7.49 im Fall c) dargestellt ist.

Wenn sich bei tief liegendem Grundwasserstand Sträucher und Bäume allein aus dem Niederschlag versorgen müssen und Niederschläge zeitweise ausbleiben, trocknet der Baugrund zunehmend aus. Mit weiterem Wachstum können Wurzeltiefen bis über 7 m erreicht werden, so dass dieser Prozess lange dauern und auch erhebliche Setzungen bewirken kann.

Um Schrumpfsetzungen von Fundamenten zu stoppen, muss der Bewuchs entfernt, die Wurzeln dauerhaft durchtrennt oder/und es muss künstlich bewässert werden.

Lotrechte Verschiebungen treten auch auf, wenn weiche Böden verdrängt werden oder wenn Baugrubenwände seitlich nachgeben oder/und nicht tief genug einbinden. Sie sind bei entsprechenden Baugrundverhältnissen auch durch den Frost-Tau-Wechsel möglich.

Nachfolgend werden nur die Setzungen betrachtet, die sich durch die Erhöhung der effektiven (Druck)-Spannungen im Baugrund ergeben.

Im ▶ Abschn. 7.4.2 wurde eine mögliche Erhöhung der effektiven Spannungen im Baugrund schon behandelt: Dort wurde gezeigt, dass Grundwasserabsenkungen u. U. zu erheblichen und weit reichenden Setzungen führen können. Damit setzen sich alle Bauwerke im Einflussbereich einer Grundwasserabsenkung.

Hier geht es nachfolgend zunächst um die Berechnung der Setzung, die ein Einzel- oder Streifenfundament infolge der aufgebrachten Bauwerkslasten erfährt.

Es kann aber auch um die Frage gehen, welche Setzungen *neben* einem Bauwerk auftreten. Wegen der *Spannungsausbreitung* im Baugrund treten nämlich auch dort Setzungen auf, was mit Hilfe des in ◘ Abb. 7.50 dargestellten Walzenmodell veranschaulicht werden soll.

Wird die oberste Walze mit der Last 1 belastet, beteiligen sich die darunter befindlichen Walzen je nach Tiefenlage und Anordnung ebenfalls an der Lastabtragung. Mit zunehmender Tiefe werden immer mehr Walzen zur Lastabtragung beitragen. In horizontalen Schnitten durch den Baugrund bilden sich Glockenkurven, welche die Verteilung der effektiven Vertikalspannungen angeben, die sich durch die Belastung des Baugrunds in jeder Tiefe ergeben. Der größte Wert der

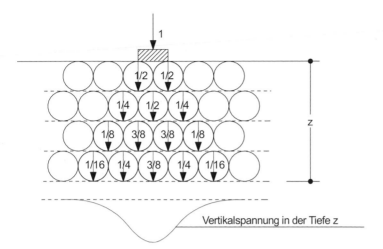

Abb. 7.50 Walzenmodell

Vertikalspannung im Zentrum unter der belasteten Fläche nimmt mit zunehmender Tiefe ab, wobei sich die Spannungen seitlich immer weiter ausbreiten. Das Produkt aus Vertikalspannung und beeinflusster Fläche ergibt in jedem horizontalen Schnitt die Last 1 (Kraftgleichgewicht).

Da sich die einzelnen Bodenschichten unter der effektiven Spannungserhöhung zusammendrücken, ergibt sich als Summe aller Zusammendrückungen an der Geländeoberfläche eine Setzungsmulde, die auch über die eigentliche Lastfläche unter dem Fundament hinausreicht.

Setzungsmulde

> Wenn neben einem Bauwerk ein neues errichtet wird, wird sich das bestehende zum Neubau neigen.

Es muss somit zunächst festgelegt werden, an welcher Stelle die Setzung berechnet werden soll. Weiterhin wird eine Setzung auch von der Steifigkeit des Gründungselementes selbst abhängen. Wie schon beim Erddruck handelt es sich auch hier um eine Wechselwirkung zwischen dem Baugrund und dem Gründungskörper.

Ein *starres* Fundament wird sich bei gleichmäßigem Baugrund und gleichmäßiger Last überall gleich setzen (■ Abb. 7.51). Bei ungleichmäßigen Verhältnissen kann es auch verkippen.

starr und schlaff

Gründungskörper, die gar keine eigene Steifigkeit aufweisen, bezeichnet man demgegenüber als *schlaff*. Membrangründungen, wie bei einem einfachen Swimming-Pool im Garten oder bei großen Tanks, und Aufschüttungen kann man als schlaffe Lastflächen ansehen. Die Spannungen, die hier in der Sohlfläche auf den Baugrund einwirken, lassen sich leicht aus dem Gewicht der Flüssigkeits- bzw. Bodensäule berechnen:

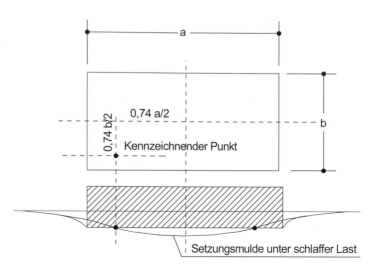

⬛ Abb. 7.51   Setzungsmulde und kennzeichnender Punkt

$$\sigma = \gamma \cdot h \tag{7.132}$$

kennzeichnender Punkt

Die Stelle, wo (bei elastischem Baugrundmodell) die Setzungs-mulde bei schlaffer Last der Setzung des starren Fundamentes entspricht, nennt man den kennzeichnenden Punkt (⬛ Abb. 7.51).

Für die Setzungsberechnung von Einzel- und Streifen-fundamenten wird auch deren Einbindetiefe eine Rolle spie-len. Unter der Spannung, die in der Gründungsebene durch den zuvor hier überlagernden Boden herrschte, hat sich der Baugrund schon in geologischen Zeiten gesetzt.

Wenn beispielsweise ein Bauwerk in seiner Sohlfläche keine höhere Spannung einwirken lässt als die, welche sich durch das Bodeneigengewicht ergeben hatte, werden sich nur sehr kleine Setzungen einstellen. Sie ergeben sich allein aus der *Wieder-belastung* des Baugrunds – nach dessen Entlastung und der damit verbundenen Hebung durch den Bodenaushub.

setzungserzeugende Spannungen

Oft wird dieser Wiederbelastungsanteil ganz vernachlässigt: Man geht davon aus, dass nur die Spannungen Setzungen hervorrufen, die über die Vorbelastung durch den über-lagernden Boden hinausgehen. Von der Sohlpressung σ_0, die sich aus den Bauwerkslasten ergibt, wird diese Vorbelastung bzw. Entlastung (⬛ Abb. 7.52) entsprechend der Gl. 7.132 ab-gezogen, um so die *setzungserzeugenden Spannungen* σ_{z0} zu er-halten.

Ob auch veränderliche Lasten setzungserzeugend sind, muss im Einzelfall überlegt werden.

elastischer Halbraum

Für die Berechnung der *Spannungsausbreitung* über die Tiefe darf nach DIN 4019 der Baugrund als *homogener, iso-troper, elastischer Halbraum* angenommen werden. Es dürfen

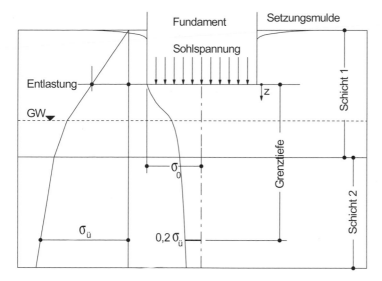

■ **Abb. 7.52**   Begriffe zur Setzungsberechnung

auch Setzungsformeln verwendet werden, die auf dieser Theorie beruhen. Wie bei jedem *elastischen Modell* gilt auch hier das Superpositionsprinzip, worauf weiter unten noch eingegangen wird.

Wir merken uns hier:

❯ Zur Berechnung der Spannungsausbreitung wird elastisch gerechnet, d. h. die tatsächlichen Baugrundverhältnisse spielen dabei keine Rolle.

Insbesondere von zwei Parametern hängt nun das Berechnungsergebnis ab: Zum einen vom Rechenmodul E^* des vom Fundament mit σ_0 neu belasteten Baugrunds und zum anderen von der Tiefe, bis zu der man einen Setzungseinfluss berücksichtigen möchte.

In DIN 4019 wird empfohlen, vorsichtige Schätzwerte bzw. Ober- und Untergrenzen für E^* zu wählen.   Rechenmodul E^*

Die bei Ödometerversuchen bestimmten Steifemodule E_s dürfen auch als E^* Verwendung finden. Hierzu wird man dann sinnvollerweise Versuche durchführen, die den in der Natur vorhandenen und durch das künftige Bauwerk entstehenden Spannungsbereich entsprechend abdecken. Entsprechende Überlegungen sind anzustellen, wenn der Baugrund geologisch vorbelastet ist.

Es können aber auch Setzungsmessungen an vergleichbaren Bauwerken und vergleichbaren Baugrundverhältnissen oder Ergebnisse von Feld- bzw. Laborversuchen zur Ermittlung von E^* herangezogen werden.

Einflusstiefe t_s

Zur Festlegung der Tiefe, bis zu der sich der Baugrund noch zusammendrückt, wird nach DIN 4019 die Setzungseinflusstiefe t_s ermittelt, bei der die mittlere setzungserzeugende Spannung gerade 20 % der Überlagerungsspannung beträgt (❑ Abb. 7.52).

Auf eine Ausnahme dieser Regel wird hingewiesen: Wenn unterhalb dieser Grenztiefe noch nennenswert zusammendrückbare Schichten folgen, müssen deren Setzungsanteile ebenfalls berücksichtigt werden.

auch hier: Rechenprogramme

Die zur Setzungsberechnung in DIN 4019 angegebenen Formeln wurden in Programme implementiert, mit denen sich Setzungen leicht berechnen lassen. (Anmerkung: Setzungen können natürlich auch numerisch z. B. nach der Methode der Finiten Elemente (FEM) berechnet werden.)

Bei jeder Berechnung muss zunächst das Baugrundmodell mit den anzunehmenden Schichtgrenzen und den Kennwerten E^*, γ bzw. γ' definiert werden. Es müssen ferner die Abmessungen a und b des rechteckigen (bzw. der Durchmesser des kreisförmigen) Fundamentes, die Höhenlage der Gründungssohle und die anzusetzende Sohlpressung vorgegeben sein.

Nun werden im ersten Schritt die in der Gründungsebene wirkenden setzungserzeugenden Sohlnormalspannungen σ_{z0} berechnet, die geradlinig verteilt angenommen werden dürfen.

Das Prinzip

Das Prinzip der Setzungsberechnung beruht nun darauf, dass man sich an der Stelle, an der man die Setzung berechnen will, die Zusammendrückungen jeder Schicht infolge der effektiven (vertikalen) Zusatzspannungen bis zur Grenztiefe t_s berechnet und aufaddiert:

$$s = \sum_{i=1}^{n} \frac{\sigma_i}{E^*_i} \cdot d_i \tag{7.133}$$

20 % Kriterium

Wenn man zur Berechnung der Einflusstiefe t_s das 20 %-Kriterium anwenden will und das auch darf, müssen zunächst die Überlagerungsspannungen und die Zusatzspannungen als Funktion der Tiefe berechnet werden. Die Überlagerungsspannungen berechnen sich nach Gl. 7.48 bis Gl. 7.51, die Zusatzspannungen σ_z aus

$$\sigma_z(z) = \sigma_{z0} \cdot i\left(\frac{a}{b}, z\right), \tag{7.134}$$

wobei σ_{z0} die setzungserzeugende Sohlnormalspannung und i der *Einflusswert* bedeuten, der sich nach der Theorie des elastischen Halbraumes für die Spannungsausbreitung in Abhängigkeit von der Geometrie, der Ausbildung der Lastfläche und der Tiefe ergibt.

Für eine gleichmäßige und für eine dreieckförmige Verteilung können die Einflusswerte i aus den Diagrammen der DIN 4019 entnommen werden, wenn kein Rechenprogramm verfügbar ist oder wenn man die umfangreichen Formeln nicht selbst auswertet.

Im Rahmen dieses Lehrbuchs soll hier die klassische Lösung von Steinbrenner [25] aufgeführt werden. Hiernach ermittelt sich der Einflusswert i für den Eckpunkt einer schlaffen, gleichmäßig mit σ_{z0} belasteten Rechtecklast (Länge a und Breite b) für eine bestimmte Tiefe z (bei $\nu = 0$) zu:

$$i = \frac{1}{2\pi} \cdot \left[\arctan\left(\frac{a \cdot b}{z \cdot N} \right) + \frac{a \cdot b \cdot z}{N} \cdot \left(\frac{1}{a^2 + z^2} + \frac{1}{b^2 + z^2} \right) \right], \quad (7.135)$$

wobei

$$N = \sqrt{a^2 + b^2 + z^2}. \quad (7.136)$$

Hiernach berechnet sich dann die lotrechte effektive Zusatzspannung σ_z in der Tiefe z zu:

$$\sigma_z = i \cdot \sigma_{z0} \quad (7.137)$$

(Anmerkung: Für die Tiefe z = 0 ist i = 0,25.)

Jeder Punkt kann als Eckpunkt von rechteckigen Lastflächen aufgefasst werden. Wegen des geltenden Superpositionsprinzips können unbelastete von belasteten Flächen abgezogen werden, was auch im nachfolgenden Beispiel zur Setzungsberechnung gezeigt wird.

Mit den i-Werten kann nun in jeder Tiefe die dort einwirkende Zusatzspannung σ_z berechnet werden. Mit einer genügend klein gewählten Schichtdicke d lässt sich der Setzungsbeitrag dieser Schicht gemäß Gl. 7.133 leicht berechnen.

Die integrierte Lösung des elastischen Modells führt zur direkten Setzungsformel:

$$s = \sigma_{z0} \cdot b \cdot \left(\frac{f_1}{E_1^*} + \sum_{i=2}^{n} \frac{f_i - f_{i-1}}{E_i^*} \right) \quad (7.138)$$

Hier wird mit n die Anzahl der Schichten i bezeichnet. Der Setzungsbeiwert f hängt wieder von a, b, z und der Belastung ab. Für den kennzeichnenden Punkt, d. h. für starre Fundamente, kann f_k beispielsweise aus einem Diagramm der DIN 4019 abgelesen werden. Statt der aufwendigen Formel sind einige Werte von f_k in ❏ Tab. 7.15 wiedergegeben.

Noch eine Anmerkung zur Gl. 7.138: Mit dieser Gleichung könnte man vermuten, dass sich die Setzung eines Streifenfundamentes annähernd unabhängig von der Fundamentbreite ergeben, sie nur von der Linienlast abhängen. Mit größerer Breite reicht der Setzungseinfluss allerdings tiefer. Da in größe-

Einflusswert i

direkte Setzungsformel mit dem Setzungsbeiwert f

⬛ Tab. 7.15 Setzungsbeiwerte f_k für gleichmäßige Rechtecklasten

Bezogene Tiefe	Quadrat	Rechteck				Streifen
z/b	a/b = 1	a/b = 1,5	a/b = 2	a/b = 3	a/b = 5	a/b = ∞
0,1	0,097	0,098	0,098	0,098	0,098	0,098
0,2	0,176	0,182	0,184	0,186	0,187	0,187
0,4	0,289	0,308	0,318	0,328	0,330	0,335
0,6	0,371	0,401	0,419	0,439	0,454	0,462
0,8	0,436	0,475	0,500	0,530	0,556	0,573
1,0	0,488	0,537	0,567	0,606	0,673	0,627
1,2	0,531	0,588	0,624	0,670	0,717	0,760
1,4	0,565	0,613	0,673	0,725	0,781	0,840
1,6	0,594	0,668	0,714	0,773	0,836	0,912
1,8	0,618	0,699	0,750	0,815	0,885	0,978
2	0,639	0,726	0782	0,852	0,929	1,038
3	0,706	0,818	0,892	0,988	1,091	1,279
4	0,742	0,870	0,957	1,072	1,179	1,455
5	0,765	0,903	1,000	1,129	1,273	1,594
10	0,811	0,971	1,089	1,373	1,458	2,032

ren Tiefen meist aber auch höhere Steifigkeiten anzutreffen sind, werden sich deswegen auch kleinere Setzungen ergeben.

Nach so viel schwer verdaulicher Kost werden alle wesentlichen Elemente der Setzungsberechnung mit einem didaktisch begründeten Beispiel erläutert.

▶ Beispiel

Nachfolgend werden ein Streifenfundament und ein Einzelfundament betrachtet. Die abzutragenden Lasten, die Baugrundverhältnisse und die geometrische Situation sind in ⬛ Abb. 7.53 im Grundriss und in einem Schnitt dargestellt. Mit den Lasten in der Gründungsebene sind auch die Eigengewichte der Fundamente berücksichtigt.

Eigengewichte!

Für die anstehenden Böden gelten die in ⬛ Tab. 7.16 angegebenen Kennwerte.

Zunächst wird die Setzung des 2 m breiten Streifenfundaments ohne Berücksichtigung der Torflinse berechnet. In der Gründungsebene tritt bei der Linienlast von 400 kN/m eine Sohlpressung von

$$\sigma_0 = \frac{400}{2} = 200\, kN / m^2 \tag{7.139}$$

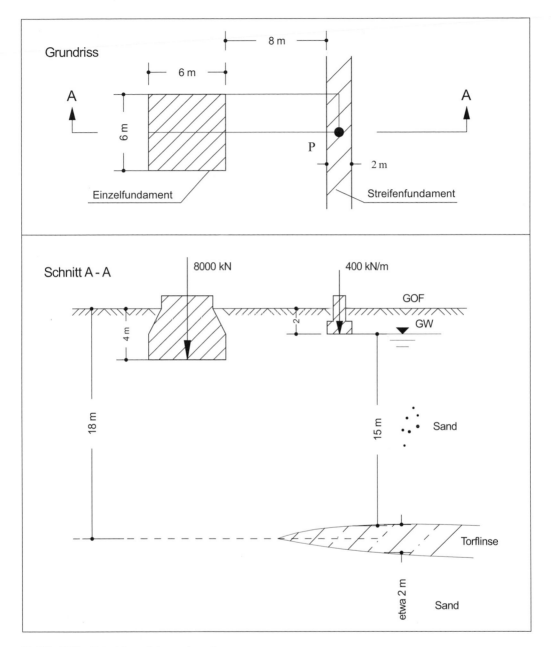

■ **Abb. 7.53**   Beispiel zur Setzungsberechnung

auf. Zur Berechnung der setzungserzeugenden Spannung σ_0 ziehen wir die Spannung ab, unter der sich der Baugrund infolge der 2 m hohen Erdüberdeckung schon gesetzt hat:

$$\sigma_{z0} = 200 - 2 \cdot 19 = 162\ kN/m^2 \tag{7.140}$$

7

◘ **Tab. 7.16**   Kennwerte im Beispiel zur Setzungsberechnung

Bodenart	Wichte γ in kN/m³	Wichte unter Auftrieb γ'	Rechenmodul E*
	kN/m³		MN/m²
Sand	19	11	60
Torf	entf.	1	0,5

◘ **Tab. 7.17**   Berechnung der Setzungseinflusstiefe t_s

Kote	z	$\sigma_{\ddot{u}}$	$0,2\,\sigma_{\ddot{u}}$	i_k	σ_z
m		kN/m²		1	kN/m²
-4	2	60	12,0	0,47	76,1
-6	4	82	16,4	0,29	47,0
-8	6	104	20,8	0,20	32,4
-10	8	126	**25,2**	0,16	**25,9**
-12	10	148	29,6	0,13	21,1

Es wird nun die Setzungseinflusstiefe gemäß DIN 4019 nach dem 20 %-Kriterium berechnet. Hierfür dürfen die i_k – Werte der DIN 4019 herangezogen werden. Zur Berechnung der Überlagerungsspannungen ist der Grundwasserstand zu beachten. So berechnet sich $\sigma_{\ddot{u}}$ in 4 m Tiefe unter der Geländeoberfläche beispielsweise zu (◘ Tab. 7.17)

$$\sigma_{\ddot{u}} = 2 \cdot 19 + 2 \cdot 11 = 60\,kN/m^2 \tag{7.141}$$

Die Setzungseinflusstiefe berechnet sich in diesem Beispiel somit zu t_s = 8 m.

(Anmerkung 1: Die Koordinate z zählt immer von der Gründungssohle aus. Anmerkung 2: Ohne Grundwasser wäre sie geringer.)

Aus ◘ Tab. 7.15 wird f_k zu 1,455 abgelesen, so dass sich als Setzung in [cm] nach Gl. 7.138 für das Streifenfundament ergibt:

$$s = 162 \cdot 2 \cdot \frac{1,455}{60000} \cdot 100 = 0,8\,cm \tag{7.142}$$

Torf ist sehr zusammendrückbar

Die Setzungseinflusstiefe ist hier wegen der Torflinse jedoch tiefer anzunehmen: Es ergibt sich für z_1/b = 15/2 = 7,5 m bzw. z_2/b = 8,5 bei linearer Interpolation der Werte aus ◘ Tab. 7.15 f_{k1} = 1,81 bzw. f_{k2} = 1,90. Damit wird gleichfalls nach Gl. 7.138 die Setzung s berechnet zu:

$$s = 162 \cdot 2 \cdot \left(\frac{1,81}{60000} + \frac{1,90 - 1,81}{500} \right) \cdot 100 = 6,8 \, cm. \qquad (7.143)$$

Nun zum Einzelfundament:

In dessen Gründungssohle beträgt die Sohlpressung unter Berücksichtigung des Auftriebs

Achtung: Auftrieb!

$$\sigma_0 = \frac{8000 - 6 \cdot 6 \cdot 2 \cdot 10}{6 \cdot 6} = 202 \, kN/m^2. \qquad (7.144)$$

Als setzungserzeugende Spannung ergibt sich

$$\sigma_{z0} = 202 - 2 \cdot 19 - 2 \cdot 11 = 142 \, kN / m^2. \qquad (7.145)$$

Das Einzelfundament wird sich bei einer hier angenommenen Setzungseinflusstiefe von z/b = 2 setzen um

$$s = 142 \cdot 6 \cdot \frac{0,639}{60000} \cdot 100 = 0,9 \, cm \qquad (7.146)$$

Wegen der Spannungsausbreitung unter dem Einzelfundament wird sich auch das Streifenfundament zusätzlich setzen. Um dies zu berücksichtigen, betrachten wir den Punkt P als Eckpunkt diverser Rechtecke. Für die Berechnung der sich ergebenden Zusatzspannung in der Mitte der Torfschicht (bei z = 14 m), ist der Punkt P ein Eckpunkt zweier Rechtecke mit a_1 = 15 m und b_1 = 3 m. Als Einflusswert i ergibt sich nach Gl. 7.135 i_1 = 0,060.

Superposition

Nun kann wegen des geltenden Superpositionsprinzips der Beiwert i_2 = 0,048 des unbelasteten Rechtecks mit a_2 = 9 m und b_2 = 3 m davon abgezogen werden, d. h. i_{res} = 0,060-0,048 = 0,012.

Da zwei Rechtecke den Punkt P enthalten, ergibt sich die Zusatzspannung in der Mitte der Torfschicht zu

$$\Delta\sigma' = 2 \cdot 0,012 \cdot 142 = 3,4 \, kN / m^2 \qquad (7.147)$$

Der zusätzliche Setzungsbetrag, der sich aus der Spannungsausbreitung unter dem Einzelfundament für das Streifenfundament ergibt, beträgt somit:

$$\Delta s = \frac{3,4}{500} \cdot 2 \cdot 100 = 1,4 \, cm \qquad (7.148)$$

Insgesamt wird sich also das Streifenfundament im betrachteten Punkt P in einer Muldenlage rechnerisch um 6,8 cm + 1,4 cm = 8,2 cm setzen.

Das Einzelfundament erfährt durch die Torfschicht rechnerisch keine Setzung, da immer nur Bodenelemente berücksichtigt werden, die sich direkt unter dem Fundament bzw. dem betrachteten Punkt befinden. Der Einfluss des Streifenfundaments auf das Einzelfundament kann vernachlässigt werden. ◄

◘ Tab. 7.18   Schadenskriterien für Winkelverdrehungen $\Delta s/l$

$\Delta s/l$ bis	Schadensgrenze für
1/750	setzungsempfindliche Maschinen
1/600	Rahmen mit Ausfachung
1/500	Sicherheitsgrenze zur Vermeidung von Rissen
1/300	Erste Risse in tragenden Wänden, Schwierigkeiten bei Kränen
1/250	Schiefstellung hoher Bauwerke wird sichtbar
1/150	Schadensgrenze für Bauwerke allgemein

Wir fassen zusammen:

❯ Bei der klassischen Setzungsberechnung wird die Spannungsausbreitung elastisch berechnet. Das Ergebnis wird bestimmt durch den Rechenmodul E* und die Setzungseinflusstiefe t_s. Man wird mit dem Modell nur die Größenordnung der zu erwartenden Setzungen berechnen können.

In DIN 4019 werden schließlich noch Hinweise gegeben, wie man Verdrehungen und den zeitlichen Verlauf von Setzungen rechnerisch abschätzen kann.

Letztendlich kommt es bei der Tragwerksplanung darauf an, zulässige Maße der Gesamtsetzung und möglicher Setzungsunterschiede festzulegen, wobei dann auch die Unsicherheiten der rechnerischen Setzungsprognosen entsprechend zu berücksichtigen sind.

zulässige Setzungen und Setzungsunterschiede müssen angegeben werden

Für eine Muldenlagerung von Bauwerken gelten als Schadenskriterien für Winkelverdrehungen $\Delta s/l$ die in ◘ Tab. 7.18 angegebenen Werte.

7.6.7   Vereinfachter Nachweis

Ein kurzer Blick zurück: Die DIN 1054 vom November 1976 hatte einen Umfang von 12 Seiten und trug den Titel: „Baugrund – Zulässige Belastung des Baugrunds". Es wurden dort u. a. für Streifenfundamente tabellarisch die zulässigen Bodenpressungen für nichtbindige und bindige Böden sowie für Fels in Abhängigkeit von der Fundamentbreite b angegeben. Bei nichtbindigem Baugrund wurde außerdem zwischen setzungsunempfindlichen und setzungsempfindlichen Bauwerken unterschieden. Die Anwendung der Tabellenwerte war an bestimmte Voraussetzungen gebunden. Bei deren Erfüllung waren die Fundamentabmessungen dann richtig gewählt, wenn die jeweils auftretende Sohlpressung kleiner als der Tabellenwert war.

Im derzeit gültigen Regelwerk werden nun stattdessen *Bemessungswerte des Sohlwiderstands* angegeben, die (etwa) um den Faktor 1,4 größer als die zulässigen Bodenpressungen sind.

Keineswegs vereinfacht!

In Anbetracht der verfügbaren Programme stellen die Tabellenwerte aber keine wirkliche Arbeitserleichterung dar, zumal eine ganze Reihe von Voraussetzungen erfüllt sein muss. Mit der Prüfung der Voraussetzungen ist man länger beschäftigt als mit einer eigenen Berechnung.

Im Übrigen wird oft schon im qualifizierten Geotechnischen Bericht bzw. Entwurfsbericht auf die Bemessungsgrößen für Fundamente eingegangen.

7.6.8 Fragen und Aufgaben

1. Was ist der Unterschied zwischen Elastizitätsmodul, Steifemodul und dem Verformungsmodul?
2. Was versteht man unter einer setzungserzeugenden Spannung?
3. Warum ist es sinnvoll, für die Berechnung der Setzungen eine Grenztiefe einzuführen?
4. Warum ist in horizontalen Schnitten durch den Baugrund die Summe der Zusatzspannungen gleich der setzungserzeugenden Sohlpressung?
5. Warum dürfen zur Berechnung der Zusatzspannung unter verschiedenen Punkten der Geländeoberfläche rechteckige Lastflächen überlagert werden?
6. Warum lässt die direkte Setzungsformel erwarten, dass sich die Setzungen eines Streifenfundamentes mit einer vergrößerten Breite nicht verringern lassen?
7. Warum werden die Setzungen dennoch kleiner werden, wenn das Streifenfundament breiter wird?
8. Welche Vereinfachungen werden bei der Berechnung von starren Fundamenten hinsichtlich der Verteilung der Sohlpressungen angenommen?
9. Welche geotechnischen Einzelnachweise müssen geführt werden?
10. Welche Anforderungen müssen an die Ausbildung und Lage der Gründungssohle gestellt werden?
11. Welchen Einfluss hat der Baugrund beim Nachweis gegen Kippen?
12. Welche Ursachen für Setzungen der Geländeoberfläche oder von Gründungskörpern können unterschieden werden?
13. Warum setzt sich der Baugrund auch neben einem Fundament?

14. Was versteht man bei Setzungsberechnungen unter dem kennzeichnenden Punkt?

15. Warum muss neben dem Setzungsnachweis auch ein Grundbruchnachweis geführt werden?

16. Welche drei Einflüsse spiegeln sich in der Grundbruchgleichung wider?

17. Von was hängt die Sicherheit gegen Grundbruch insbesondere ab?

18. Was versteht man unter den zulässigen Bodenpressungen?

19. Warum nehmen die zulässigen Bodenpressungen mit zunehmender Fundamentbreite wieder ab?

20. Im c_u-Fall wird eine Vergrößerung der Einbindetiefe des Fundamentes kaum eine Verbesserung seiner Tragfähigkeit bewirken. Warum?

21. Sie werden vom Statiker telefonisch um die Angabe zulässiger Bodenpressungen gebeten. Welche Gegenfragen müssen Sie stellen, um zu einer sinnvollen Festlegung zu kommen?

Antworten zu den Fragen und Lösungen zu den Aufgaben – sofern sie sich nicht unmittelbar aus dem Text ergeben – finden sich im Anhang. A.2.

7.7 Gründungsbalken und Plattengründungen

7.7.1 Wechselwirkung

Wird ein Streifenfundament nicht mit einer durchgehenden Wand, sondern mit einzelnen Stützen auf Biegung belastet, spricht man von einem *Gründungsbalken*. Werden derartige Balken miteinander verbunden, handelt es sich um einen *Balkenrost*. Diese Gründungselemente werden genauso wie die flächige, lastabtragende *Gründungsplatte* aus Stahlbeton hergestellt.

Balken und Platten   Gründungsbalken und -platten werden dann eingesetzt, wenn die Stützen bzw. Wände so eng stehen, dass die Ausbildung von Einzel- bzw. Streifenfundamenten nicht mehr sinnvoll oder wirtschaftlich ist. Ein ebenes Planum für eine Bodenplatte lässt sich maschinell einfach herstellen. Mit dem gegebenen flächigeren Lasteintrag in den Baugrund treten entsprechend geringe Sohlpressungen auf. Ein Grundbruch wird hier nicht zu befürchten sein. Weitere Vorteile von Flächengründungen ergeben sich auch deswegen, weil ungleichmäßige Baugrundverhältnisse ausgeglichen und auch Horizontallasten über flächige Sohlreibung gut abgetragen werden können.

Bei gering tragfähigen und/oder unregelmäßigen Baugrundverhältnissen können bei Plattengründungen geringere bzw. gleichmäßigere Setzungen erwartet werden, die sich aus

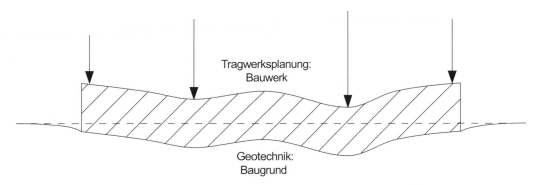

🄳 Abb. 7.54 Wechselwirkung

der Wechselwirkung zwischen Bauwerk und Baugrund ergeben (🄳 Abb. 7.54).

Bei entsprechend hochstehenden Grundwasserständen
müssen bei Gebäuden zudem auch wasserdichte Wannen ausgeführt werden, was dann ebenfalls für die Herstellung einer
Gründungsplatte spricht. Der Bewehrungsgrad ergibt sich in
diesem Fall in erster Linie aus den Anforderungen zur Riss-
breitenbeschränkung.

Wie Gründungsbalken bzw. Gründungsplatten beansprucht und wie sie deswegen dimensioniert und bewehrt
werden müssen, ergibt sich aus

- den einwirkenden Bauwerkslasten und den zu berücksichtigenden Lastfällen,
- der Geometrie und den Baustoffeigenschaften,
- dem Verbund mit der aufgehenden Konstruktion,
- der möglichen Wasserbelastung und
- der Zusammendrückbarkeit des Baugrunds.

Zur Bemessung dieser Bauteile wird die Spannungsverteilung
benötigt, die in der Sohlfläche auf die Konstruktion einwirkt.
Die Verformungen des Bauwerks in der Sohlfläche entsprechen
den Setzungen des Baugrunds (🄳 Abb. 7.54).

Gesucht ist die
Sohlnormalspannung

7.7.2 Berechnungsverfahren

Im ▶ Abschn. 7.6.6 wurde erläutert, wie üblicherweise die
Setzungen von Einzel- und Streifenfundamenten und unter
schlaffen Lastflächen berechnet werden. Zur Ermittlung der
Vertikalspannungen, die zur Setzung beitragen, wird bis zur
sogenannten Grenztiefe der Baugrund zunächst als elastischer
Halbraum betrachtet. Mit den so ermittelten Zusatzspannungen werden die Stauchungen mit den Rechenmodulen
E^* ermittelt, mit denen das Zusammendrückungsverhalten

einer Bodenschicht modelliert wird. Die Setzung eines Fundamentes oder eines Punktes der Geländeoberfläche ergibt sich aus der Summe aller Zusammendrückungen. Bei diesen Berechnungen werden die Sohlnormalspannungen geradlinig verteilt angenommen.

Nur für starre Balken bzw. Platten auf elastischem Halbraum kann die Spannungsverteilung analytisch berechnet werden. So zeigte erstmals Boussinesq, dass bei einer kreisrunden, starren Platte die Sohlnormalspannung am Rand unendlich groß und in der Mitte nur halb so groß ist wie die mittlere Spannung. (Dabei wird angenommen, dass keine Schubspannungen in der Sohlfläche auftreten).

Balken, Balkenroste und Platten, auf denen gegründet wird, sind jedoch nicht starr (oder schlaff), sondern weisen eine bestimmte Steifigkeit auf. Hier kann die gesuchte Normalspannungsverteilung nur näherungsweise berechnet werden.

Mit dreidimensionalen Finite-Element-Berechnungen kann man im Prinzip diese typische Bauwerk-Baugrund-Wechselwirkung modellieren, was neben der Verfügbarkeit der EDV-Ressourcen auch mit einem erheblichen Kosten- und Zeitaufwand verbunden ist. Wegen den erwähnten Schwierigkeiten in der Formulierung zutreffender Stoffgesetze für den Baugrund bleiben die Ergebnisse derartiger Berechnungen unsicher.

In der Praxis werden von den Tragwerksplanern meist Programmsysteme eingesetzt, welche den Baugrund durch ein System von Flächenfedern ersetzen. Die Steifigkeit dieser Flächenfedern ist durch den Bettungsmodul k_s festgelegt, der als Quotient aus Spannung und Setzung definiert ist und meist in der Einheit MN/m³ angegeben wird:

$$k_s = \frac{\sigma}{s}[MN/m^3]\tag{7.149}$$

Nach dieser Definition – erstmals von Winkler (1867) eingeführt – ist die Setzung proportional zur Sohlnormalspannung: Der Bettungsmodul stellt also eine Art Federkonstante dar. (Bei einer Feder ist die Feder*kraft* proportional zur Verlängerung).

Oft wird in Geotechnischen Berichten für eine Flächengründung ein solcher Bettungsmodul bzw. dessen mögliche Schwankungsbreite angegeben, meist mit der Einschränkung, dass damit nur eine Vorbemessung möglich sei. Es heißt dort, dass mit der Vorgabe von Lastenplänen auch eine genauere Bettungsmodulverteilung angegeben werden kann.

Neben der Entwicklung des Baugrundmodells und der Festlegung der charakteristischen Steifemoduln werden vom Geotechniker auch überschlägige Setzungsberechnungen

Normalspannungen unter einer starren Platte nach Boussinesq

Geotechnik: Setzungsberechung und Bettungsmodul

durchgeführt. Dabei wird insbesondere überlegt, welche Spannungen tatsächlich Setzungen erzeugen. Neben dem Anteil der ständigen Lasten werden dabei insbesondere auch die mögliche Entlastung durch einen Erdaushub und mögliche Auftriebswirkungen berücksichtigt.

Bei einer eher als starr anzunehmenden Konstruktion wird beispielsweise die mittlere auftretende Bodenpressung geschätzt und es werden unter Berücksichtigung von Erdaushub und ggf. auch Auftrieb die setzungserzeugenden Spannungen ermittelt. Die Setzungen werden dann für den kennzeichnenden Punkt berechnet. So kann dann ein Bettungsmodul angegeben werden.

Wenn bei größeren Feldweiten einer Platte die Wand- oder Stützenlasten nicht mehr flächig, sondern eher über einen schmäleren Streifen in den Baugrund abgetragen werden, ergeben sich entsprechend höhere Spannungen für die Setzungsberechnung. Dort werden dementsprechend auch höhere Bettungsmodule anzusetzen sein. Wenn Lastenpläne vorliegen, führen diese Berechnungen dann zu einer Bettungsmodulverteilung.

Mit der Vorgabe dieser aus geotechnischer Sicht ermittelten Bettungsmodule kann nun der Tragwerksplaner das Tragwerk bemessen. Mit seinen Berechnungen ergeben sich für die Gründungskonstruktion wieder Spannungen und Verformungen. Bei größeren Abweichungen zur Eingabe werden u. U. die Bettungsmodule vom Geotechniker neu angepasst.

Wir merken uns:

> Der Bettungsmodul ist kein Bodenkennwert, er ergibt sich vielmehr aus Berechnungen zum Gesamtsystem.

Bemessung des Tragwerks

Die oben beschriebene Vorgehensweise darf nicht verwechselt werden mit dem Winkler'schen *Bettungsmodulverfahren* (aus als Bettungszifferverfahren bezeichnet), bei dem der Baugrund durch voneinander unabhängige Flächenfedern ersetzt wird. Dass dieses Verfahren zu unrealistischen Prognosen führt, zeigt eine einfache Überlegung: Eine Platte würde sich unter konstanter Flächenlast und einheitlichem Bettungsmodul gleichmäßig setzen und keine Biegebeanspruchung erfahren. Außerhalb der Platte würden keine Setzungen auftreten. Das Verfahren kann also keine Setzungsmulde abbilden.

Beim so genannten *Steifemodulverfahren* (auch Steifezifferverfahren) wird demgegenüber angenommen, dass das Gründungselement auf einem elastischen Halbraum aufliegt. Hier wird vom Programmsystem so lange iteriert, bis der Unterschied zwischen Setzungsmulde und Plattenverformung vernachlässigbar klein ist.

Bettungsmodul- bzw. Steifemodulverfahren

7

Programme

Im Teil 3 des Grundbau-Taschenbuchs [15] finden sich einige Hinweise zu Programmen, die für die Bemessung von Flächengründungen eingesetzt werden. Diese Hinweise sollen wie folgt ergänzt werden:

Mit dem Programmsystem ELPLA [16] können Fundamentplatten mit der Methode der Finiten Elemente (FE) berechnet werden, wobei unterschiedliche Ansätze für die Baugrundmodellierung möglich sind. Die Bodenplatten können unterschiedlich dick sein und auch Aussparungen aufweisen. Der immer als elastischer Halbraum angenommene Baugrund kann auch unregelmäßig geschichtet sein.

Mit dem Programm GGU-SLAB [17] werden Platten nach dem Bettungs- und Steifemodulverfahren berechnet. Auch hier wird die FE-Methode angewandt und der Baugrund als elastischer Halbraum angenommen. Es können lokal unterschiedlich dicke Schichten definiert werden. Die Plattenränder sind beliebig wählbar und mit Einzelfedern können auch Pfähle modelliert werden.

Mit dem Programmsystem InfoCAD 15 [18] lassen sich komplexe Tragwerke mit der FE-Methode bemessen. Auch hier wird der Baugrund mit dem Bettungsmodulverfahren bzw. Steifemodulverfahren abgebildet, wobei ebenfalls unterschiedliche Schichten berücksichtigt werden können.

Bei Vergleichsberechnungen zeigt sich, dass es für die Ermittlung des Bewehrungsgrades nur auf die Größenordnung des Bettungsmoduls ankommt.

7.8 Pfahlgründungen

7.8.1 Einführung, Begriffe

Wenn es die Baugrund- und Grundwasserverhältnisse zulassen, wird man aus Kostengründen eine Flachgründung ausführen. Bei ungünstigeren Verhältnissen geht man von den Streifen- bzw. Einzelfundamenten zu Balkenrosten oder Plattengründungen über. Sind selbst dann immer noch zu große Setzungen bzw. Setzungsunterschiede zu erwarten, kommen Baugrundverbesserungen wie beispielsweise ein Bodenaustausch oder Bodenverbesserungsmaßnahmen in Betracht.

schlechter Baugrund …

Sind auch diese Maßnahmen nicht ausreichend oder unwirtschaftlich, werden Tiefgründungen ausgeführt. Wie der Name vermuten lässt, werden dabei die Bauwerkslasten in tiefer liegende, tragfähigere und weniger zusammendrückbare Schichten eingeleitet.

Bei *Brunnengründungen* werden Schachtringe in den Baugrund eingebracht, die ausbetoniert werden. Es kann auch auf

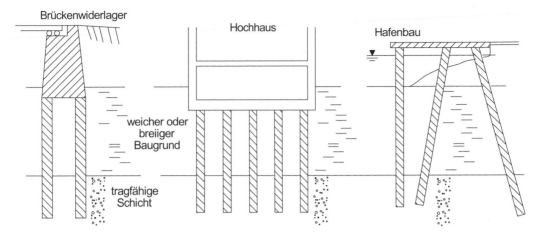

◘ **Abb. 7.55**   Typische Pfahlgründungen

Schlitzwänden gegründet werden. Eine besondere geotechnische Herausforderung stellt die Ausführung von Senkkästen (▶ Abschn. 10.4.15) dar.

Bei der am häufigsten ausgeführten Tiefgründung werden die Bauwerkslasten über Pfähle abgetragen (vgl. ◘ Abb. 7.55). Pfähle können – auch mit größeren Abmessungen – mit den heute verfügbaren Geräten und Herstellungstechniken sehr kostengünstig hergestellt werden. Müssen bei schlechtem Baugrund – ggf. mit hochstehendem Grundwasser – sehr hohe Lasten punktförmig abgetragen werden, gibt es kaum eine technische und wirtschaftliche Alternative zu einer Pfahlgründung.

Stellt sich bei vorhandenen Gründungselementen eine ungenügende Tragfähigkeit heraus oder können erhöhte Lasten aufgrund von Umbaumaßnahmen nicht mehr aufgenommen werden, kommen Pfähle auch als Nachgründungselemente in Frage. Nachgründung

Die Bedeutung von Pfahlgründungen ist auch an der Vielzahl von unterschiedlichen Pfahl-Systemen ablesbar, die von den Spezialtiefbaufirmen angeboten werden. Hier wird auch künftig mit weiteren Innovationen zu rechnen sein.

Unter der „*inneren*" Tragfähigkeit versteht man bei Pfählen die Eigenschaft, dass die vom Überbau eingeleiteten Kräfte und Momente vom Baustoff selbst ertragen werden. Die innere Tragfähigkeit kann durch die Wahl der Abmessungen bzw. bei Betonpfählen durch eine ausreichende Bewehrung sichergestellt werden. innere und äußere Tragfähigkeit

Das Tragverhalten von Pfählen wird – bei gegebener innerer Tragfähigkeit – durch die „*äußere*" Tragfähigkeit bestimmt, d. h. durch die Lastübertragung vom Pfahl auf den Boden.

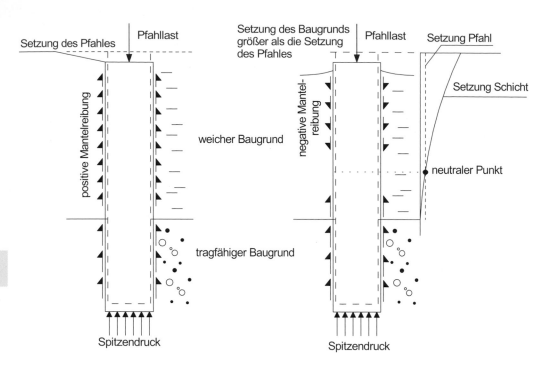

■ Abb. 7.56   Mögliche Mantelreibungen

Im Unterschied zu Flachgründungen tragen Pfähle ihre Lasten nicht nur über die Aufstandsfläche des – eventuell auch verdickten – Pfahlfußes, sondern auch über den Pfahlschaft ab (■ Abb. 7.56). Der Lastabtrag über den Pfahlfuß wird dabei mit zunehmender Pfahlkopfsetzung deutlich anwachsen.

Grenzsetzung s_g

Bei der Grenzsetzung s_g – auch als Bruchsetzung bezeichnet – wird der Grenzzustand der Tragfähigkeit erreicht. Die Grenzsetzung s_g wird bei einer Setzung des Pfahlkopfes von 10 % des Pfahldurchmessers angenommen.

Mantelreibung

Die bei einer Relativverschiebung des Schaftes gegenüber dem Baugrund geweckten Schubspannungen werden als Mantelreibung bezeichnet, obwohl hier auch Adhäsionen wirken können.

Wird ein Pfahl so mit einer Zug- oder Druckkraft belastet, dass sich der Schaft gegenüber dem Baugrund verschiebt, wird die sich am Schaft entwickelnde Schubspannung dieser Kraft jeweils entgegenwirken. Wie bei jedem Scherversuch wird auch hier die Schubspannung mit der Relativverschiebung bis zu einem Maximalwert anwachsen.

s_{sg}

Das Maß der Verschiebung bis zum Erreichen dieses Wertes nennt man bei Bohrpfählen s_{sg} und bei Rammpfählen s_{sg}*.

Mit weitergehender Relativverschiebung geht man davon aus, dass die Mantelreibung nicht wieder abfällt, sondern konstant bleibt bzw. bei Rammpfählen sogar wächst.

Wegen der infolge dieser Relativverschiebung einhergehenden Steigerung der Lastaufnahme wird diese Mantelreibung als *positiv* bezeichnet.

Bei *negativer* Mantelreibung verschiebt sich der Baugrund am Pfahl, wodurch dieser eine Belastung erfährt. Dieser Fall tritt auf, wenn sich der Baugrund nach der Pfahlherstellung noch nachträglich setzt.

Auch negativ!

Negative Mantelreibung wird dort nicht mehr einwirken, wo sich die Relativverschiebung umdreht. Diese Stelle in einer Schicht heißt neutraler Punkt. Für den Fall der Setzung des Baugrunds ist das die Stelle, wo die Setzung des Pfahles mit der aufsummierten Setzung der Schicht übereinstimmt (vgl. ◘ Abb. 7.56).

Wenn negative Mantelreibung auftreten kann, muss der Pfahl entweder darauf bemessen oder es müssen entsprechende Schutzvorkehrungen getroffen werden. Eine Möglichkeit ist beispielsweise eine Beschichtung oder die Anordnung einer Hülse, die den Pfahl umschließt.

Die äußere Tragfähigkeit eines Pfahles hängt von dessen Baustoff, von der gewählten Länge und dem Durchmesser, von der Herstellungsart und der sich unter der Belastung ergebenden Wechselwirkung mit dem Baugrund ab. Sie lässt sich allein aus theoretischen Überlegungen bisher noch nicht zuverlässig genug prognostizieren.

7.8.2 EA-Pfähle [21]

Mit der Veröffentlichung der 498-seitigen Empfehlungen des Arbeitskreises „Pfähle" [21] liegt ein Standard vor, der bei der Planung und Ausführung von Pfahlgründungen beachtet werden muss.

In den Empfehlungen wird zunächst das mitgeltende Normenwerk aufgeführt. Es wird anschließend kurz auf die unterschiedlichen Pfahlsysteme eingegangen. Ferner werden ausführliche Hinweise zur Bemessung von Pfahlgründungen gegeben.

Regelwerk

Schließlich wird in den Empfehlungen ausgeführt, auf welche Gesichtspunkte es bei statischen und dynamischen Probebelastungen und bei der Qualitätssicherung ankommt.

Nachfolgend werden wichtige Aspekte zu Pfahlgründungen kurz zusammengefasst.

7.8.3 Pfahlsysteme

Viele Systeme

In der Einordnung der Pfahlsysteme werden 3 Hauptgruppen unterschieden:

1. Verdrängungspfähle mit vernachlässigbarer Bodenförderung nach DIN EN 12 699:2015-07:
   - Rammpfähle aus Stahlbeton, Spannbeton, Stahl mit $0,5 \, MN \leq R \leq 2 \, MN$,
   - Rammpfähle aus Holz mit $0,1 \, MN \leq R \leq 0,6 \, MN$,
   - Ortbetonrammpfähle mit Innenrammung (Franki: $1 \, MN \leq R \leq 4 \, MN$),
   - Ortbetonrammpfähle mit Kopframmung (Simplex: $0,5 \, MN \leq R \leq 2,5 \, MN$),
   - Schraubpfähle (Atlas: $0,5 \, MN \leq R \leq 1,7 \, MN$, Fundex: $0,5 \, MN \leq R \leq 1,5 \, MN$),
   - Verpresste Verdrängungspfähle (Verpressmörtelpfahl: $1 \, MN \leq R \leq 2,5 \, MN$ und
   - Rüttelinjektionspfahl: $0,5 \, MN \leq R \leq 1,5 \, MN$).

2. Bohrpfähle mit $0,3 \, m \leq D \leq 3,0 \, m$ nach DIN EN 1536:2015-10:
   - verrohrt (ohne oder mit Fußaufweitung, $1 \, MN \leq R \leq 10 \, MN$),
   - unverrohrt (ohne oder mit Suspension, mit durchgehender bzw. teilweise durchgehender Bohrschnecke = Schneckenbohrpfähle mit $0,5 \, MN \leq R \leq 2 \, MN$, bei großem Seelenrohr als Teilverdrängungsbohrpfahl).

3. Mikropfähle $D < 0,3 \, m$ nach DIN EN 14 199:2015-07:
   - Ortbetonpfähle: $R \leq 0,7 \, MN$,
   - Verbundpfähle (Stabverpresspfahl, Rohrverpresspfähle: $0,75 \, MN \leq R \leq 2,5 \, MN$).

Franki-, Simplex-, Atlas- und Fundex-Pfähle sind jeweils spezielle Pfahlsysteme.

Neben diesen Pfahlsystemen werden nach bauaufsichtlicher Zulassung oder anderen Regelwerken auch pfahlähnliche Elemente bemessen und ausgeführt:
- Betonrüttelsäulen,
- vermörtelte Stopfsäulen (VSS),
- Fertigmörtel-Stopfsäulen (FSS),
- Mixed-in-place Säulen (MIP),
- Düsenstrahlsäulen (DIN EN 12 716),
- CSV-Säulen nach DGGT Merkblatt des AK2.8 (CSV = Coplan-Stabilisierungs-Verfahren).

Druck-, Zug- <u>und</u> Wechsellasten?

Mikropfahl TITAN.

smart**TITAN**

Mikropfähle online bemessen

DAUERHAFT
DIBt-Zul. Z-34.14-209
100+ Jahre

- Gründung, Nachgründung und Auftriebssicherung
- Rückverankerung von Stützbauwerken
- Böschungssicherungen und Vernagelungen
- Tunnel- und Bergbau

Weitere Infos: www.ischebeck.de

ISCHEBECK®
TITAN

FRIEDR. ISCHEBECK GMBH
Loher Str. 31-79 | DE-58256 Ennepetal

7.8.4 **Einsatzmöglichkeiten, Beanspruchungen**

Pfähle werden nicht nur als Gründungselemente, sondern auch zur Abstützung von Baugruben und Geländesprüngen und zur Verdübelung von Böschungen eingesetzt.

Auch hier: Wechselwirkung!

Bei den Gründungselementen kann je nach Abstand und Konstruktion eine Wechselwirkung zwischen den einzelnen Pfählen auftreten. Bei Pfahlrosten sind die Pfähle mit einem Überbau verbunden. Sie stehen aber so weit auseinander (6 bis 8-facher Pfahldurchmesser), dass eine Wechselwirkung über den Baugrund vernachlässigt werden kann.

Bei Pfahlgruppen sind die Pfähle in engerem Abstand über eine gemeinsame Kopfplatte miteinander verbunden. Hier muss diese Pfahl-Pfahl-Wechselwirkung berücksichtigt werden.

Bei der kombinierten Pfahl-Plattengründung (abgekürzt mit KPP) wird die Gründungsplatte ebenfalls zum Lastabtrag herangezogen.

nicht wasserdicht!

Für die Anwendungen als Stützbauwerk werden aufgelöste, tangierende und überschnittene Bohrpfahlwände hergestellt. Überschnittene Pfahlwände sind zwar wasserdruckaufnehmend, jedoch verfahrensbedingt nicht gänzlich wasserdicht.

Je nach Einsatzzweck werden Pfähle unterschiedlich beansprucht. Es werden unterschieden die Lasten F in axialer Richtung, H quer dazu und einwirkende Momente. Ferner wird unterschieden in ständige und veränderliche Einwirkungen, die durch die Indizes G und Q gekennzeichnet werden.

Mit der Kraft $F_{G,k}$ ist also die charakteristische ständige Einwirkung in axialer Richtung gemeint.

Neben den Einwirkungen aus dem zu gründenden Bauwerk treten ggf. negative Mantelreibungen, Erdrücke oder auch Fließdrücke auf. Letztere werden auch als Seitendrücke bezeichnet. Damit meint man den Fall, wenn die Pfähle seitlich von sehr weichen Böden umflossen werden.

Wenn die Pfähle in aggressive Medien einbinden, muss eine mögliche Abnahme der aufnehmbaren Traglasten in Erwägung gezogen werden.

7.8.5 **Tragverhalten von Einzelpfählen**

Da sich das Tragverhalten von Pfählen theoretisch nicht genau genug vorhersagen lässt, wird es am besten durch eine statische Probebelastung ermittelt. Der Nachteil derartiger Probebelastungen ist, dass sie nach Möglichkeit an Prototypen im

Maßstab 1:1 durchzuführen sind, was wegen des hohen Aufwands mit vergleichsweise hohen Kosten verbunden ist. Nur eine Reduzierung des Durchmessers ist unter Umständen möglich. (Anmerkung: Mit dynamischen Pfahltests ist ebenfalls eine Abschätzung der Tragfähigkeit möglich).

Um nun in der Praxis ohne Probebelastungen auszukommen, dürfen auch – unter Einschaltung eines Sachverständigen für Geotechnik – Erfahrungswerte zur Ermittlung der charakteristischen Pfahlwiderstände herangezogen werden. Die entsprechenden Tabellenwerte sind für nichtbindige Böden in Abhängigkeit der ermittelten Spitzendrücke q_c der Drucksonde (CPT) und für bindige Böden in Abhängigkeit der undränierten Kohäsion c_u angegeben.

Wenn keine Ergebnisse von Drucksondierungen vorliegen, können für nichtbindige Böden die Korrelationen nach ◘ Tab. 7.19 herangezogen werden.

Die Angabe N_{30} bedeutet die Anzahl der Schläge für 30 cm Eindringung der Bohrlochrammsonde (BDP), N_{10} die Anzahl der Schläge für 10 cm Eindringung der schweren Rammsonde (DPH).

Für bindige Böden werden zur Abschätzung der undränierten Kohäsion c_u die Korrelationen nach ◘ Tab. 7.20 angegeben.

Probebelastungen

◘ **Tab. 7.19** Korrelationen für nichtbindige Böden über Grundwasser

Lagerung	Sondierwiderstände		
	q_c (CPT) MN/m²	N_{30} (BDP)	N_{10} (DPH)
sehr locker	< 5	< 7	< 4
locker	5 bis 7,5	7 bis 15	4 bis 9
mitteldicht	7,5 bis 15	14 bis 30	8 bis 18
dicht	15 bis 25	23 bis 50	14 bis 25
Sehr dicht	≥25	≥50	≥25

◘ **Tab. 7.20** Konsistenz und undränierte Scherfestigkeit c_u

I_c	Konsistenz	c_u in kN/m²
0,5 bis 0,75	weich	15 bis 50
0,75 bis 1,0	steif	50 bis 100
≥1,0	halbfest, fest	≥100

Bemessungsregeln

Die Tabellenwerte zur Ermittlung der Pfahlwiderstände wurden aus Messungen abgeleitet. Sie sind deswegen auch in Abhängigkeit der Pfahlkopfsetzungen festgelegt worden.

Nachfolgend werden die Bemessungsregeln von Rammpfählen und Bohrpfählen dargestellt.

■ **Fertigrammpfähle**

Der charakteristische Widerstand eines Druckpfahls berechnet sich bei Rammpfählen in Abhängigkeit von der Pfahlkopfsetzung zu:

$$R_{c,k}(s) = R_{b,k}(s) + R_{s,k}(s) \tag{7.150}$$

Zur Ermittlung der Anteile aus dem Spitzenwiderstand – mit dem Index b = base – und der Mantelreibung – mit dem Index s = shaft – werden jeweils Tabellenwerte für bestimmte Setzungen für den charakteristischen Spitzendruck $q_{b,k}$ und die charakteristische Mantelreibung $q_{s,k}$ herangezogen, wobei zusätzlich die Anpassungsfaktoren η_b und η_s berücksichtigt werden:

$$R_{b,k}(s) = \eta_b \cdot q_{b,k} \cdot A_b \tag{7.151}$$

$$R_{s,k}(s) = \sum_i^n \eta_s \cdot q_{s,k,i} \cdot A_{s,i} \tag{7.152}$$

Zunächst wird der äquivalente Pfahldurchmesser D_{eq} berechnet. Bei quadratischen Pfählen ergibt er sich zu:

$$D_{eq} = 1{,}13 \cdot a_s \tag{7.153}$$

und für rechteckige Pfähle zu

$$D_{eq} = 1{,}13 \cdot a_s \cdot \sqrt{\frac{a_L}{a_s}} \tag{7.154}$$

Dabei ist a_s die Seitenlänge bei quadratischen Pfählen bzw. die kleinere Seitenlänge bei rechteckigen Pfählen, a_L die längere Seitenlänge.

Bei Stahlprofilpfählen wird dabei als Fußfläche die umrissene Fläche gewählt, der Umfang ergibt sich aus dem tatsächlichen Profilumfang.

Der charakteristische Pfahlwiderstand berechnet sich bei Rammpfählen zu:

$$R_{c,k}(s) = R_{b,k}(s) + R_{s,k}(s) = \eta_b \cdot q_{b,k} \cdot A_b + \sum_i \eta_s \cdot q_{s,k,i} \cdot A_{s,i} \tag{7.155}$$

�‌ **Tab. 7.21** Anpassungsfaktoren für Fertigrammpfähle

Pfahl	η_b	η_s
Stahlbeton, Spannbeton	1	1
Stahlträger mit h ≤ 50 cm für s = 0,035 D_{eq}	$0,61 - 0,30 \cdot \dfrac{h}{b_f}$	0,6
Stahlträger für s = 0,1 D_{eq}	$0,78 - 0,30 \cdot \dfrac{h}{b_f}$	
Doppeltes Stahlträgerprofil	0,25	
Offenes Stahlrohr, Hohlkasten mit 0,03 m ≤ D_b ≤ 1,60 m	$0,95 \cdot e^{-1,2 \cdot D_b}$	$1,1 \cdot e^{-0,63 \cdot D_b}$
Geschlossenes Stahlrohr mit D_b ≤ 80 cm	0,8	0,6

Die in dieser Gleichung auftretenden Anpassungsfaktoren η_b und η_s sind aus ◌ Tab. 7.21 zu entnehmen.

h = Profilhöhe, b_f = Flanschbreite

Zur Berechnung der Grenzsetzung s_{sg*} muss zunächst $R_{s,k}$ bei s_{sg*} berechnet werden. Dann gilt die dimensionsbehaftete Zahlenwertgleichung

$$s_{sg*} = 0,5 \cdot R_{s,k} \left[MN \right] \leq 1 cm \tag{7.156}$$

Die Tabellenwerte (nach den EA-Pfähle [21]) dürfen nur für gerammte Fertigpfähle verwendet werden, die mindestens 2,5 m tief in die tragfähige Schicht einbinden. Sie gelten für Stahlbeton- und Spannbetonrammpfähle mit 0,25 m ≤ D_{eq} ≤ 0,50 m. Für andere Rammpfähle gelten die Abminderungsfaktoren nach ◌ Tab. 7.21.

In den Tabellen ◌ Tab. 7.22, 7.23, 7.24 und 7.25 wird eine Spannweite von Werten angegeben. Es wird empfohlen, für die Bemessung die Kleinstwerte heranzuziehen, Zwischenwerte dürfen linear interpoliert werden.

■ **Bohrpfähle**

Der charakteristische Widerstand des Druckpfahls berechnet sich bei Bohrpfählen zu:

$$R_{c,k}\left(s \right) = R_{b,k}\left(s \right) + R_{s,k}\left(s \right) = q_{b,k} \cdot A_b + \sum_i q_{s,i} \cdot A_i \tag{7.157}$$

7

◘ Tab. 7.22   Erfahrungswerte von $q_{b,k}$ in MN/m² in nichtbindigen Böden für Rammpfähle

s/D$_{eq}$	Spitzenwiderstand der Drucksonde in MN/m²		
	7,5	15	25
0,035	2,2–5,0	4,0–6,5	4,5–7,5
0,1	4,2–6,0	7,6–10,2	8,75–11,5

◘ Tab. 7.23   Erfahrungswerte von $q_{s,k}$ in MN/m² in nichtbindigen Böden für Rammpfähle

Setzung	Spitzenwiderstand der Drucksonde in MN/m²		
	7,5	15	25
s$_{sg*}$	0,03–0,45	0,065–0,09	0,085–0,12
0,1 D$_{eq}$	0,04–0,06	0,095–0,125	0,125–0,16

◘ Tab. 7.24   Erfahrungswerte von $q_{b,k}$ in MN/m² in bindigen Böden für Rammpfähle

s/D$_{eq}$	undränierte Scherfestigkeit c$_u$ in MN/m²		
	0,1	0,15	0,25
0,035	0,35–0,45	0,55–0,7	0,8–0,95
0,1	0,6 0,75	0,85 1,1	1,15 1,5

◘ Tab. 7.25   Erfahrungswerte von $q_{s,k}$ in MN/m² in bindigen Böden für Rammpfähle

Setzung	undränierte Scherfestigkeit c$_u$ in MN/m²		
	0,06	0,15	0,25
s$_{sg*}$	0,02–0,03	0,035–0,05	0,045–0,065
0,1 D$_{eq}$	0,02–0,035	0,04–0,06	0,055–0,08

Zur Berechnung der Grenzsetzung s_{sg} muss zunächst $R_{s,k}$ bei s_{sg} berechnet werden. Hier gilt die dimensionsbehaftete Zahlenwertgleichung

$$s_{sg}\left[cm\right] = 0,5 \cdot R_{s,k}\left[MN\right] + 0,5 \le 3\,cm \qquad (7.158)$$

Die Tabellenwerte dürfen nur für Bohrpfähle mit 0,3 m ≤ D ≤ 3,0 m verwendet werden, die mindestens 2,5 m tief in die tragfähige Schicht einbinden. In den Tabellen wird eine Spannweite von Werten angegeben. Wie bei den Rammpfählen sollten auch hier für die Bemessung die Kleinstwerte angenommen werden. Zwischenwerte werden linear interpoliert (◘ Tab. 7.26, 7.27, 7.28 und 7.29).

Bei Fußverbreiterungen sind die Werte auf 75 % abzumindern

Bei Fußverbreiterungen sind die Werte auf 75 % abzumindern

◘ **Tab. 7.26** Erfahrungswerte von $q_{b,k}$ in MN/m² in nichtbindigen Böden für Bohrpfähle

s/D	**Spitzenwiderstand der Drucksonde in MN/m²**		
	7,5	**15**	**25**
0,02	0,55–0,8	1,05–1,4	1,75–2,3
0,03	0,7–1,05	1,35–1,8	2,25–2,95
0,1	1,6–2,3	3,0–4,0	4,0–5,3

◘ **Tab. 7.27** Erfahrungswerte des Bruchwertes $q_{s,k}$ in MN/m² in nichtbindigen Böden für Bohrpfähle

Spitzenwiderstand der Drucksonde in MN/m²	**7,5**	**15**	**≥25**
$q_{s,k}$ [MN/m²]	0,055–0,08	0,105–0,14	0,13–0,17

◘ **Tab. 7.28** Erfahrungswerte von $q_{b,k}$ in MN/m² in bindigen Böden für Bohrpfähle

s/D	**undränierte Scherfestigkeit c_u in MN/m²**		
	0,1	**0,15**	**0,25**
0,02	0,35–0,45	0,6–0,75	0,95–1,2
0,03	0,45–0,55	0,7–0,9	1,2–1,45
0,1	0,8–1,0	1,2–1,5	1,6–2,0

◘ **Tab. 7.29** Erfahrungswerte von $q_{s,k}$ in MN/m² in bindigen Böden für Bohrpfähle

undränierte Scherfestigkeit c_u in MN/m²	**0,06**	**0,15**	**≥0,25**
$q_{s,k}$ [MN/m²]	0,03–0,04	0,05–0,065	0,065–0,085

7.8.6 **Probebelastungen**

Wie schon erwähnt, lässt sich das tatsächliche Tragverhalten von Pfählen zuverlässig nur mit Probebelastungen im Maßstab 1:1 ermitteln. Wegen der hohen Kosten ist für jeden Einzelfall abzuwägen, aus welchen Gründen ein solcher Großversuch notwendig bzw. sinnvoll ist. Oft zeigt sich, dass die Pfähle weit mehr tragen, als man mit den oben dargestellten Tabellenwerten erwarten konnte. So können mit Probebelastungen auch größere Kosteneinsparungen bei der gesamten Gründungsmaßnahme erzielt werden.

Widerlager oder Osterberg-Zelle

Bei statischen Probebelastungen unterscheidet man zwei Verfahren, mit denen die Pfähle belastet werden können. Zum einen wird der Pfahlkopf mit Hydraulikzylindern, die sich an einem Widerlager abstützen, belastet. Hierzu zeigt ◘ Abb. 7.57 einen rückverankerten Pressenstuhl als Widerlager. Die Probebelastung wurden von der Firma Bauer im Zug der Gründungsarbeiten für ein Wohn- und Bürogebäude in Wiesbaden ausgeführt.

Baut man demgegenüber die Hydraulikzylinder (oder Druckkissen) nach einem Vorschlag von Osterberg [26] in den Pfahl ein, kann auf dieses Widerlager verzichtet werden.

Als Widerlager am Pfahlkopf kommen Totlasten, rückverankerte Belastungsstühle und Traversen in Frage.

Messgrößen

Obwohl die aufgebrachten Drücke in den Hydraulikzylindern eine Ermittlung des Pfahlwiderstands ermöglichen, werden grundsätzlich hierfür zusätzlich Kraftmessdosen der Genauigkeitsklasse 1 eingesetzt. Es wird immer die Zeit und

◘ **Abb. 7.57**   Pressenstuhl (Wiesbaden, Fa. Bauer)

◘ Abb. 7.58   Messquerschnitt bei einem Bohrpfahl (Nigeria, Fa. Bilfinger)

die jeweilige Setzung des Pfahlkopfes mit Messuhren, elektrischen Wegaufnehmern und mit einem Präzisionsnivellement gemessen. Bei erhöhten Anforderungen wird mit Druckkissen der Pfahlfußwiderstand bestimmt. Bei hohen Anforderungen werden auch in einzelnen Messquerschnitten die Pfahldehnungen messtechnisch erfasst.

In ◘ Abb. 7.58 ist ein solcher Messquerschnitt zu sehen von einem Bohrpfahl, der von der Firma Bilfinger in Nigeria hergestellt wurde. Der Dehnungsaufnehmer (nach dem Prinzip der „schwingenden Saite" in der roten Kapsel) befindet sich in einem extra Stab, der mit Kabelbindern an den eigentlichen Bewehrungskorb befestigt wird.

Die Frequenzmessung hat den Vorteil, dass diese durch Übergangswiderstände an Kontakten nicht beeinflusst wird und eine hohe Langzeitstabilität aufweist. In einem Messquerschnitt werden üblicherweise drei bis vier derartiger Aufnehmer eingebaut. Es zeigt sich, dass deren Messwerte kaum voneinander abweichen. Die Kabel werden am Korb fixiert und an die Geländeoberfläche geführt.

Über Datalogger und eine Excel-basierte Auswertung können die Messergebnisse in Echtzeit auf einem Bildschirm während des Tests ausgegeben werden.

Bei den Versuchen in Nigeria wurde der Pfahlfußwiderstand nicht gesondert gemessen, da hier eine Osterberg-Zelle nur etwa 1,5 m über dem Pfahlfuß angeordnet war (◘ Abb. 7.59). Damit ist die Kraft (abzüglich etwas Mantelreibung in den unteren 1,5 m) am Fuß vorgegeben. Die Verschiebung des Fußes wird über Aufnehmer der Osterberg-Zellen gemessen.

7

☑ **Abb. 7.59**   Osterbergzelle (Fa. Bilfinger, Nigeria)

Bei der Auswertung derartig ausgerüsteter Pfähle wird davon ausgegangen, dass die Bewehrung, die Aufnehmer und der Beton die gleichen Stauchungen erfahren.

▶ **Beispiel**

Für einen 35 m langen Bohrpfahl mit D = 1,50 m mit einem E-Modul für den Pfahlbeton von E_b = 32 GPa in einem geschichteten Baugrund (☑ Abb. 7.60) wurden bei einer Pfahllast von 16,5 MN am Pfahlfuß 7,1 MN und in den 3 Messquerschnitten die Stauchungen zu

$$\varepsilon_1 = 220 \cdot 10^{-6}, \varepsilon_2 = 200 \cdot 10^{-6} \; und \; \varepsilon_3 = 165 \cdot 10^{-6}$$

gemessen. Damit lassen sich der Pfahlspitzendruck und die Verteilung der Mantelreibung wie folgt ermitteln:
Als Querschnittsfläche für den Pfahl ergibt sich

$$A = \frac{\pi \cdot 1,5^2}{4} = 1,77 \; m^2$$

und somit als Spitzendruck

$$q_b = \frac{7,1}{1,77} = 4 \; MN \, / \, m^2$$

Als Pfahllast im jeweiligen Messquerschnitt ergibt sich

$$F = E_b \cdot \varepsilon \cdot A = 32000 \cdot 220 \cdot 10^{-6} \cdot 1,77 = 12,5 \; MN, 11,3 \; MN \; und \; 9,3 \; MN$$

Die mittleren Mantelreibungen lassen sich schichtweise berechnen zu

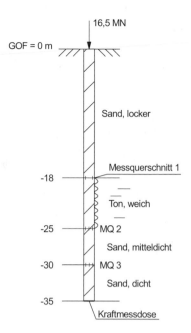

○ **Abb. 7.60** Beispiel zur Probebelastung

$$q_{s,m} = \frac{F_{oben} - F_{unten}}{A_{Mantelfläche}} = \frac{16,5 - 12,5}{18 \cdot \pi \cdot 1,5} = 0,047 \frac{MN}{m^2} \; für \, den \, Sand \left(Schicht \, 1 \right)$$

bzw. 0,036 MN/m² für den Ton, 0,085 MN/m² für den mittel-dichten Sand und 0,094 MN/m² für den dicht gelagerten Sand. ◄

7.8.7 Integritätsprüfung mit einem Hammerschlag

Nach einem Hammerschlag auf den Pfahlkopf bewegt sich eine Stoßwelle durch den Pfahl, die am Pfahlfuß reflektiert wird. Mit einem Beschleunigungsaufnehmer am Pfahlkopf werden beide Wellen gemessen. Mit einem Minicomputer werden die Daten erfasst, digitalisiert, auf einem Bildschirm dargestellt und gespeichert. Meist wird aus den Messdaten die am Pfahlkopf auftretende Axialgeschwindigkeit berechnet und über der Zeit dargestellt.

Zur Auswertung der Messungen wird angenommen, dass sich die Stoßwelle nur in axialer Richtung, also eindimensional ausbreitet. Als eindimensional kann eine Welle in einem Prüfkörper dann betrachtet werden, wenn das Verhältnis von Länge zu Durchmesser größer als 5 ist. Die Wellengeschwindigkeit beträgt dann

einfacher geht es kaum …

7

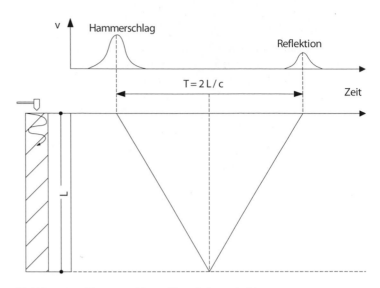

● **Abb. 7.61**   Hammerschlagprüfung (schematisch)

$$c = \sqrt{\frac{E}{\rho}} \qquad\qquad (7.159)$$

Hier bedeuten E = Elastizitätsmodul und ρ = Dichte des Pfahl-
betons.

Wie aus ● Abb. 7.61 ersichtlich, lässt sich aus der Zeitspanne zwischen Schlageinleitung und reflektierter Welle bei
bekannter Pfahllänge die Wellengeschwindigkeit bestimmen
bzw. bei bekannter Wellengeschwindigkeit die Pfahllänge berechnen.

Querschnittsänderungen, Kiesnester oder Risse bewirken
ebenfalls Reflexionen, die am Pfahlkopf registriert werden.
Mit dem Verfahren, welches auch als „Low-Strain"-Integri-
tätsprüfung bezeichnet wird, ist bei 5 m bis 25 m langen Ort-
betonpfählen eine zuverlässige Qualitätssicherung möglich.

Üblicherweise wird die Integritätsprüfung nach 7 Tagen
Abbindezeit ausgeführt, wobei als Spanne der Wellengeschwindigkeit bei 3500 m/s < c < 4000 m/s liegt. Für die Beurteilung der Messungen werden in [21] 4 Ergebnisklassen
empfohlen.

7.8.8 **Weitere Prüfmethoden**

Neben der Hammerschlagprüfung können auch noch weitere
Verfahren zur Qualitätsprüfung eingesetzt werden. So werden
bei der Ultraschallprüfung ein Ultraschallgeber und -empfän-
ger in mit Wasser gefüllten Stahlrohren simultan bewegt, die

am Bewehrungskorb befestigt und mit einbetoniert wurden. Das Verfahren erlaubt Rückschlüsse auf die Betonqualität der Pfähle und ist auch bei größeren Pfahllängen anwendbar.

Mit Kernbohrungen in Pfählen können Proben entnommen werden. Die Bohrlöcher lassen weitere Untersuchungen zu (Ultraschallversuche, Kamerabefahrungen u. ä.). Auf weitere Details sei auf [21] verwiesen.

Eine neu eingeführte Methode sei abschließend erwähnt: Beim so genannten „Thermal Integry Profiling" (TIP) wird mit entsprechenden Sensoren die Temperaturänderung über die Pfahllänge gemessen, die beim Abbinden des Betons auftritt. Fehlstellen machen sich durch raschere Wärmeverluste bemerkbar.

schlaue Messtechnik

7.8.9 Fragen

1. Welche Überlegungen führen zum Einsatz von Pfählen im Grundbau?
2. Welche Pfahlarten sind grundsätzlich zu unterscheiden?
3. Warum kann man bei Nachgründungsarbeiten häufig nur kleine Pfahlabmessungen einsetzen?
4. Was versteht man unter der inneren und äußeren Tragfähigkeit von Pfählen?
5. Wie tragen Pfähle ihre Lasten in den Baugrund ab?
6. Was stellen Sie sich unter einer schwimmenden Pfahlgründung vor?
7. Wodurch kann negative Mantelreibung entstehen?
8. Wie kann man die Einwirkung von negativer Mantelreibung verhindern?
9. Ein Brückenwiderlager wird auf Pfählen gegründet und später mit einem Damm hinterfüllt. Welche Beanspruchungen können auf die Pfähle zukommen?
10. Warum werden häufig Pfahl-Probebelastungen im Maßstab 1:1 durchgeführt, obwohl sie ziemlich teuer sind?
11. Skizzieren Sie die wesentlichen Elemente einer solchen Probebelastung. Was könnte wie gemessen werden?
12. Man gründet ein Bauwerk mit Bohrpfählen, die in einen Felshorizont einbinden. Welche Konsequenzen hat das ggf. bei der Bemessung der Pfähle?
13. In vielen Städten stehen alte Gebäude auf Holzpfählen. Warum darf hier das Grundwasser nicht abgesenkt werden?
14. Neuerdings werden Hochhäuser auf so genannten Pfahl-Platten-Gründungen abgestellt. Was stellen Sie sich darunter vor und was wird durch eine solche Gründungsform bezweckt?

15. Das Hochhaus der Commerzbank in Frankfurt/Main wurde in unmittelbarer Nachbarschaft eines schon bestehenden Hochhauses errichtet. Warum hat man hier keine Pfahl-Platten-Gründung ausgeführt?

Wir fassen zusammen:

Antworten zu den Fragen – sofern sie sich nicht unmittelbar aus dem Text ergeben – finden sich im Anhang. A.2.

Geotechnische Berechnungen

Im Kap. 7 werden wichtige geotechnische Berechnungen erläutert, die in der Praxis in aller Regel mit PC-Programmen ausgeführt werden. Die den Berechnungen zu Grunde liegenden Modellannahmen treffen nur näherungsweise zu, die Bodenparameter und deren Streuung können oft nur geschätzt werden. Wichtig ist, dass man sich über Größenordnungen klar wird und dass man mit den Berechnungen versucht, Fragen zu beantworten wie beispielsweise: Wie hoch und wie steil darf geböscht werden? Mit welchen Kräften wird eine Wand belastet? Wieviel Wasser strömt einer Baugrube oder einer Brunnengalerie zu? Kann ein hydraulischer Grundbruch auftreten? Kann das Bauwerk auftreiben? Wie groß werden die Setzungen und mögliche Setzungsunterschiede sein? Welche Lasten können von Pfählen abgetragen werden und welche Verschiebungen werden dabei auftreten?

Mit den Berechnungen soll gezeigt werden, dass die geplanten Bauwerke keine Grenzzustände der Standsicherheit und Gebrauchstauglichkeit erleiden. Im nächsten Kapitel wird ausgeführt, dass es einer kritischen Bewertung der rechnerischen Prognosen bedarf.

Literatur

1. Taylor, D. W. (1948) Fundamentals of soil mechanics, Wiley, New York
2. Fellenius, W. (1927) Erdstatische Berechnungen mit Reibung und Kohäsion (Adhäsion) und unter Annahme kreiszylindrischer Gleitflächen, Wilhelm Ernst & Sohn, Berlin (1926 schwedische Fassung)
3. Duncan, J. M. und Wright, S. G. (2005) Soil strength and slope stability, Wiley, Hoboken
4. Bishop, A. W. (1954) The use of the slip circle analysis of slopes, Proc. Europ. Conf. on Stability of Earth Slopes, Stockholm, Volume I, 1-14
5. GGU – Gesellschaft für Grundbau und Umwelttechnik mbH, Braunschweig: GGU-STABILITY, PC-Programm zur Berechnung der Standsicherheit von Böschungen
6. Coulomb Ch A (1776) Essai Sur une application des règles de Maximis & Minimis à quelques Problèmes de Statique, relatifs a l'Architecture, Mémoires de Mathématique et de Physique, Acad. Science, Année 1773, erschienen 1776 –(http://www.bma.arch.unige.it/engl/AUTHORS/engl_authors_Coulomb_Charles_Augustin.html)
7. Dietrich U, Arslan U (1989) Die Coulombsche Erddrucktheorie und ihre Rezeption in Mitteleuropa, Bauingenieur, 513-524

8. Böttger W, Stöhr G (1996) Maßgebender Gleitflächenwinkel ϑ_a für den aktiven Erddruck nach DIN V 4085-100, Bautechnik 73, 192-195

9. Caquot A. Kérisel J (1948) Tables for Calculation of passive pressure, active pressure and bearing capacity of foundations, Gauthier-Villars, Paris

10. Empfehlungen des Arbeitskreises "Baugruben" EAB (2012) 5. Auflage, Wilhelm Ernst & Sohn, Berlin

11. Hölting B, Coldewey, W G (2013) Hydrogeologie, Einführung in die Allgemeine und Angewandte Hydrogeologie, 8. Auflage, Springer Spektrum

12. Herth, W, Arndts, E (1995) Theorie und Praxis der Grundwasserabsenkung, Ernst & Sohn, Berlin

13. Kuntsche, K, Richter, S (2021) Geotechnik – Berechnungsbeispiele, Springer Vieweg, Wiesbaden

14. Grundbau-Taschenbuch (2018) Teil 2: Geotechnische Verfahren, 8. Auflage Ernst & Sohn, Berlin

15. Grundbau-Taschenbuch (2018) Teil 3: Gründungen und geotechnische Bauwerke, 8. Auflage Ernst & Sohn, Berlin

16. Geotec Software Inc. Programm-System ELPLA, Calgary, Canada, http://www.elpla.com

17. Buß, J (2014) Programm GGU-SLAB Berechnung von elastisch gebetteten Platten, Version 9, Civilserve, Steinfeld

18. InfoGraph Software für die Tragwerksplanung InfoCAD 15, Finite Elemente, Vorspannung, Dynamik, Stabwerke, CAD, Aachen

19. Forchheimer, P (1898) Grundwasserspiegel bei Brunnenanlagen, Zeitschrift des Österreichischen Ingenieur-Vereins, 44, 645-649 (Teil 1), 679-685 (Teil 2)

20. Spundwandhandbuch Berechnung (2007) ThyssenKrupp GfT Bautechnik – kostenlos zum Download im Internet verfügbar

21. Empfehlungen des Arbeitskreises „Pfähle" EA-Pfähle (2012), Deutsche Gesellschaft für Geotechnik, Wilhelm Ernst & Sohn, 2. Auflage

22. Kranz E (1939) Über die Verankerung von Spundwänden, Mitteilungen aus dem Gebiete des Wasserbaues und der Baugrundforschung, 2. Auflage (1953), Ernst & Sohn, Berlin

23. Aulbach B, Ziegler, M (2013) Hydraulischer Grundbruch – Formel zu Ermittlung der erforderlichen Einbindetiefe, Bautechnik 90, Heft 10, 631-641

24. Weiß K (1978) 50 Jahre Deutsche Forschungsgesellschaft für Bodenmechanik (DEGEBO), Mitteilungen der Deutschen Forschungsgesellschaft für Bodenmechanik an der Technischen Universität Berlin, Heft 33

25. Steinbrenner, W (1934) Tafeln zur Setzungsberechnung, Die Straße, Heft 1, S. 121-124

26. Osterberg J O (1989) New device for load testing driven piles and drilled shafts separates friction and end bearing, Int. Conf. on Piling and Deep Foundations. Balkema, London

Wie „genau" sind die Berechnungsergebnisse?

Inhaltsverzeichnis

© Springer Fachmedien Wiesbaden GmbH, ein Teil von Springer Nature 2021
K. Kuntsche, S. Richter, *Geotechnik*, https://doi.org/10.1007/978-3-658-32290-8_8

Sei nicht so zahlengläubig

> **Übersicht**
>
> Mit geotechnischen Berechnungen werden Bruchzustände ausgeschlossen, Bauteile oder Brunnen dimensioniert und diverse Verschiebungen angegeben. Der rechnerische Blick in die Zukunft muss auch kommentiert und bewertet werden. Um hier erfolgreich zu sein, bedarf es einer kritischen Betrachtung der Schwächen des Rechenmodells, des Einflusses der Eingangsparameter und deren möglicher Streubreite. Die Berücksichtigung dieser Einflussparameter auf das jeweilige Berechnungsergebnis erlaubt, auch dessen Schwankungsbreite mit aufzuführen.
>
> Mit konventionellen Standsicherheitsberechnungen bleibt dabei im Grunde unbekannt, wie groß der Abstand zum Versagen *tatsächlich* ist. Mit den in dem Normenwerk vorgegebenen Teilsicherheiten ist er *erfahrungsgemäß* ausreichend groß. Bei Prognosen z. B. zur Grundwasserabsenkung, zu Brunnenanlagen oder zum Verschiebungsverhalten ist demgegenüber ein Vergleich mit nachfolgenden Messungen möglich. Dann zeigt sich tatsächlich, wie zutreffend, wie genau die Berechnungen waren.

8.1 Stellenwert

An dieser Stelle sei zunächst noch einmal an die schon im ▶ Abschn. 1.3 zitierte Aussage des EC7-1 erinnert:

>> (2) Es sollte berücksichtigt werden, dass die Kenntnis der Baugrundverhältnisse vom Umfang und von der Güte der Baugrunduntersuchungen abhängt. Deren Kenntnis und die Überwachung der Bauarbeiten sind im Allgemeinen wichtiger für die Einhaltung der grundsätzlichen Anforderungen als die Genauigkeit der Rechenmodelle und Teilsicherheitsbeiwerte.

Entsprechende Kenntnisse über den Baugrund (Boden/Fels und Wasser) lassen sich nur mit projektbezogenen Erkundungen gewinnen. Daneben wird von den Verfassern der Norm auch der Überwachung der Bauarbeiten größere Bedeutung beigemessen als den Ergebnissen von Berechnungen. Zum Stellenwert geotechnischer Berechnungen findet man auch einige Hinweise in [1].

Die eigenen Kommentierungen zur „Genauigkeit" von geotechnischen Berechungen folgen der Gliederung des ▶ Kap. 7.

8.2 Geländebruchberechnungen

8.2.1 Vorbemerkungen

Die mit den in der Praxis eingeführten Standardprogrammen berechneten Ausnutzungsgrade für Hänge und Böschungen werden im Wesentlichen bestimmt durch die Größe der Kohäsion und dem Ansatz möglicher Wassereinwirkungen. Wie durch viele Vergleichsberechnungen in der Literatur gezeigt wurde, ist der Einfluss des verwendeten Berechnungsmodells auf den Ausnutzungsgrad eher gering.

Die Wahl des zu berechnenden Bruchmechanismus – gerade Gleitfugen, Gleikreise oder Starr-Körper-Bruchmechanismen – richtet sich nach den geologischen Ablagerungsbedingungen und nach den Bodenbewegungen, sofern diese festgestellt bzw. gemessen wurden.

Auch bei numerischen Berechnungen kommt es in erster Linie auf die Größenordnung der Kohäsion und auf die Wassereinwirkungen an.

8.2.2 Hänge

Findet man Belege, dass sich ein Hang bewegt, sind die Widerstände vollständig ausgenutzt, was bei bekannter Wassereinwirkung beispielsweise eine Rückrechnung des Winkels der Gesamtscherfestigkeit ermöglicht.

Oft sind Hangbewegungen mit den Einwirkungen des Wassers korreliert: Bei steigendem Hangwasserspiegel nimmt die Verschiebungsrate zu. Hangbewegungen lassen oft den Schluss zu, dass es sich um einen Rutschhang handelt.

Finden sich keine Hinweise auf Hangbewegungen, ergibt sich der Ausnutzungsgrad allein durch die ermittelten bzw. geschätzten Bodenparameter (effektive Scherparameter und Wichten) und die gemessene bzw. angenommene Wassersituation. Nun müssen sich rechnerisch Ausnutzungsgrade $\mu \leq 1$ ergeben. Wie groß der Abstand zum Grenzgleichgewicht tatsächlich ist, bleibt unsicher.

Rutschhang?

8.2.3 Einschnittböschungen

Bei Einschnitten wird der Baugrund entlastet, was zur Folge hat, dass es keine Porenwasserüberdrücke geben kann. Hier wird mit den Scherparametern φ' und c' die so genannte *Endstandsicherheit* berechnet.

Einfluss der Kohäsion und des Wassers

Endstandsicherheit

Die Berechnungsergebnisse sind falsch, wenn man bei der vorlaufenden Erkundung Schwächezonen (Harnische, Verwerfungen) nicht erkannt hat. Wurden Schwächezonen erkundet, stellt sich die Frage nach dem Ansatz der hierfür anzusetzenden bzw. zutreffenden Scherparameter. In aller Regel werden keine Scherversuche durchgeführt, bei denen die Scherparameter ermittelt werden, die auf Trennflächen mobilisierbar sind.

Unbekannt ist auch, welche Scherparameter für eine geologische Verwerfung beispielsweise anzunehmen sind.

Trennflächen? Die Kohäsion kann kleiner werden

Schließlich stellt sich die Frage, ob die durch den Einschnitt entlasteten Tone nicht allmählich ihre Kohäsion durch Quellvorgänge „vergessen". Hier wäre zu überlegen, ob nicht besser mit einer entsprechend abgeminderten Kohäsion bzw. mit dem Winkel der Gesamtscherfestigkeit gerechnet werden sollte.

Kommt es in einem Einschnitt zu einer Rutschung, wird man sich bei der Klärung der Ursache immer den Tonen, möglichen Schwächezonen und der Einwirkung des Wassers zuwenden.

8.2.4 Dämme, Deiche, Gesamtstandsicherheit

Anfangsstandsicherheit

Werden Dämme und Deiche auf bindigem Baugrund errichtet, kann es bei entsprechend schnellem Baufortschritt zu Porenwasserüberdrücken kommen. Da man kaum abschätzen kann, wie groß diese Überdrücke sind, wird zum Nachweis der ausreichenden *Anfangsstandsicherheit* mit der undränierten Kohäsion c_u gerechnet. Bei wassersättigten Böden ist $\varphi_u = 0$.

Bei Dämmen und Deichen auf nichtbindigen Böden wird demgegenüber im Baugrund mit dem Reibungswinkel φ gerechnet. Für die verwendeten Baustoffe selbst müssen ebenfalls die Scherparameter bestimmt bzw. abgeschätzt werden, die sich nach deren Einbau im Damm- bzw. Deichkörper ergeben.

Suffosion, Piping

Bei Staudämmen und Deichen werden die Ausnutzungsgrade bei diversen Lastfällen mit unterschiedlichen Wassereinwirkungen berechnet. Werden Dämme und Deiche durch-, über- und unterströmt, müssen eine mögliche Erosion, Filtration, Suffosion und auch das Piping betrachtet werden. Hier ist man mangels geeigneter Berechnungsverfahren auf empirische Bewertungen angewiesen.

Für Stützbauwerke in Hängen bzw. Böschungen ist in aller Regel die Gesamtstandsicherheit nachzuweisen. Auch hier kommt ebenfalls – wie zu erwarten – dem richtigen Ansatz der Scherparameter entscheidende Bedeutung zu.

8.3 Erddruck und seitliche Verschiebungen

Die konventionelle Berechnung des Erddrucks beruht auf der Annahme des Grenzgleichgewichts. Im aktiven Fall rutscht ein Erdkörper ab, weil die Wand geringfügig nachgibt. Dient eine Stützwand als Widerlager, bedarf es weitaus größerer Verschiebungen, um den passiven Erddruck zu wecken. Mit der Annahme des Grenzgleichgewichts ergibt sich – analog zum Ausnutzungsgrad bei den Böschungsbruchberechnungen -, dass die Kohäsion die Größe des Erddrucks maßgeblich beeinflusst.

Erfahrungsgemäß reichen schon sehr geringe Wandverschiebungen aus, um den aktiven Erddruck ansetzen zu dürfen. Bei sehr starren Bauwerken muss mit erhöhten Erddrücken und ggf. mit dem Ruhedruck gerechnet werden. Dass mit einer Bemessung mit dem Ruhedruck tatsächlich keine Verschiebungen stattfinden, ist ein häufiges Missverständnis.

kleine und große Verschiebungen

Da man im passiven Fall die dort erforderlichen Verschiebungen in aller Regel nicht zulassen kann, werden die Erdwiderstände bei der Bemessung von Erwiderlagern entsprechend abgemindert.

Die Verschiebungen lassen sich nur numerisch, z. B. mit der Finite-Element-Methode (FEM) berechnen. Mit entsprechenden Programmsystemen, wie z. B. mit PLAXIS, lassen sich nicht nur ebene Schnitte (2-D), sondern auch dreidimensionale Berechnungsausschnitte (3-D) modellieren. Je nach dem verwendeten Stoffmodell und dem dort anzunehmenden Kennwerte-Ansatz ergeben sich allerdings ziemlich unterschiedliche Verschiebungen.

numerische Berechnungen

Wie groß diese Unterschiede sein können, zeigten beispielsweise die Berechnungen für einen Großversuch mit einer Spundwand, für den ein europaweiter Prognosewettbewerb ausgeschrieben wurde. Selbst die besten 10 (von 43) Prognosen lagen weit auseinander [2].

Bei Linienbauwerken, wie z. B. bei einer U-Bahnbaugrube, lassen sich mit der Auswertung von Messquerschnitten derartige Berechnungen kalibrieren. So sind für abweichende Baugrundverhältnisse dann auch bessere Prognosen zu erwarten.

Kalibrierung

8.4 Wassereinwirkung und Grundwasserströmung

Wir erinnern uns: Der hydrostatische Wasserdruck p nimmt mit der Wichte des Wassers proportional zur lotrechten Eintauchtiefe – zur Grundwasserdruckhöhe – zu (▶ Gl. 5.110).

Im Unterschied zum Erddruck wirkt der Wasserdruck isotrop und immer senkrecht auf eine Bauwerksfläche. Wenn man im hydrostatischen Fall die Wichte des Wassers mit $\gamma_w = 10\ \text{kN/m}^3$ annimmt, wird der Wasserdruck etwas zu groß berechnet, was meist auf der sicheren Seite liegt.

> Kaum zu glauben, aber wahr: Bei nicht wenigen Schadensfällen wurde ein möglicher Wasserdruck und/oder ein möglicher Auftrieb einfach übersehen.

Auftriebsnachweis

Wenn das Eigengewicht eines im Erdreich eingebetteten Baukörpers kleiner als die einwirkende Auftriebskraft ist, werden beim Auftriebsnachweis weitere Annahmen bezüglich rückhaltender Kräfte getroffen. Reibungskräfte zwischen Bauwerk und Baugrund bzw. im Baugrund dürfen hier nicht überschätzt werden, was normativ durch entsprechende Anpassungsfaktoren berücksichtigt wird.

Flutung?

Wenn der Auftriebsnachweis bei hohen Bemessungswasserständen zu großen Aufwendungen führt, kann ggf. auch eine planmäßige – vorübergehende – Flutung des Bauwerks in Kauf genommen werden.

Strömung und innere Erosion

Wie wir ebenfalls schon gesehen haben, wirkt sich *strömendes* Wasser im Baugrund nicht nur auf den Wasserdruck, sondern auch auf die effektiven Spannungen aus. Mit der Strömungskraft, die auf den Baugrund einwirkt, können auch Bodenpartikel gelöst und abtransportiert werden. Diese innere Erosion kann bei weitgestuften Böden, an Schichtgrenzen oder auch entlang eines Bauwerks auftreten, was insbesondere bei Baugruben und umströmten Bauwerken zu beachten ist.

Achtung: Baugrube!

Wasserdichte bzw. annähernd wasserdichte Baugrubenwände werden dann umströmt, wenn der Wasserspiegel in der Baugrube tiefer als außerhalb liegt und die Sohle mehr oder weniger wasserdurchlässig ist. Je tiefer die Wände einbinden, desto kleiner ist das Risiko eines hydraulischen Grundbruchs und desto weniger Wasser strömt der Baugrube von außen zu.

Hydraulischer Grundbruch

Aus Kostengründen sucht man die *kleinste zulässige Einbindetiefe* der Baugrubenwände, wobei man eventuell auch Brunnen in Erwägung zieht, die außerhalb und innerhalb der Baugrube das Grundwasser absenken. Werden Brunnen gebaut, muss deren mechanische Filterfestigkeit kontrolliert werden. Hier darf nur Klarwasser abgepumpt werden, was immer nachzuweisen ist.

> Wenn keine Grundwasserabsenkung zugelassen ist, müssen die Wände ausreichend tief in einen wasserstauenden Horizont einbinden, eine Dichtsohle eingebaut oder die Baugrube unter Wasser ausgehoben werden.

Zum Nachweis des hydraulischen Grundbruchs müssen nach EC7 die Gewichtskräfte jedes Volumenelements auf der Baugrubenseite größer als die nach oben gerichteten Strömungskräfte sein. Die Teilsicherheitsbeiwerte sind bei locker gelagertem Sand, Feinsand und weichen bindigen Böden größer, um deren größerer Erosionsempfindlichkeit Rechnung zu tragen [3].

Auf Risiken beim Nachweis des hydraulischen Grundbruchs wurde schon im ▶ Abschn. 7.5.3 hingewiesen. So sind schmale Baugruben und Baugrubenecken als besonders kritisch zu betrachten.

Wenn die Baugrubenwände nicht sehr tief reichen, ggf. auch Fehlstellen aufweisen, das Grundwasser ansteigt, Brunnen Boden wegfördern, dann kann sich mehr oder weniger unbemerkt ein kritischer Zustand anbahnen, der dann auch durch eine umgehend eingeleitete Flutung der Baugrube kaum mehr zu beherrschen ist. Ein hydraulischer Grundbruch ist in der Tat als gefährlich zu bezeichnen.

… gefährlich!

Zu den Unsicherheiten bei der rechnerischen Prognose von Brunnenanlagen und Grundwasserabsenkungen wurde schon im ▶ Abschn. 7.4.3 eingegangen. Hier wird man – wie schon erwähnt – ohne die Ergebnisse von Feldversuchen nur zu groben Abschätzungen kommen.

8.5 Setzungsberechnungen, Plattengründungen

Bei der klassischen Setzungsberechnung wird die Spannungsausbreitung nach der Theorie des elastischen Halbraums berechnet und die Steifigkeit des Bodens zu oft nur mit geschätzten oder seltener in Ödometerversuchen bestimmten Steifemoduln modelliert. Für eine Prognose der zeitverzögerten Setzung, die Konsolidation, wird oft das Modellgesetz herangezogen.

Erfahrungsgemäß werden die Setzungen bei (überwiegend) nichtbindigem Baugrund mit den Berechnungen – oft sogar deutlich – *überschätzt*. Ein wichtiger Grund kann hierbei die Unterschätzung der Baugrundsteifigkeit bei geringen Dehnungen sein (sog. small-strain stiffness). Bei bindigen Böden wird die Größenordnung der Setzungen besser abgeschätzt und bei organischen Böden und Torfen oft auch unterschätzt.

Meist zu groß berechnet

Bessere Prognosen sind auch mit numerischen Berechnungen kaum zu erwarten, wenn die angesetzten Baugrundparameter nicht projektspezifisch ermittelt und für das reale Spannungs- und Dehnungsniveau nicht zutreffend gewählt wurden. Selbst bei anspruchsvollen Projekten werden die Baugrundsteifigkeiten oft lediglich aus Tabellen mit Erfahrungswerten für bestimmte Bodengruppen übernommen, anstatt Kompressionsversuche an hochwertigen Proben im passenden Spannungsbereich auszuführen.

Das gilt im Grunde auch für die Berechnung der Bettungsmodule, die von Tragwerksplanern zur Bemessung von Plattengründungen nachgefragt werden. Für die Ermittlung des Bewehrungsgrads wirken sich die Bettungsmodule allerdings nur wenig aus.

8.6 Pfahlgründungen, Pfahl-Plattengründungen

Bei der Prognose des Last-Setzungsverhaltens von Pfählen und Pfahlgruppen, die sich allein auf Erfahrungswerte abstützt, werden die Setzungen meist ebenfalls deutlich überschätzt. Aus einer numerischen Rückrechnung von Pfahltests in Kombination mit passenden Stoffgesetzen können die Baugrundparameter deutlich sicherer abgeleitet werden. Kann man sich auf die Ergebnisse eines umfassenden Messprogramms für die gesamte Bauwerksgründung abstützen (z. B. Setzungen, Pfahlkräfte, Sohldrücke), können die daraus rückgerechneten Parameter gewinnbringend in Folgeprojekten in vergleichbarem Baugrund eingebracht werden [4].

Auch bei Pfahl-Plattengründungen werden die Setzungen meist als zu groß prognostiziert.

Auch hier: Die Setzungen werden meist zu groß berechnet

> **Was ist nun von geotechnischen Berechnungen zu halten?**
> Geotechnische Berechnungen setzen Kenntnisse zum Baugrund und Grundwasser voraus. Allein schon deswegen sind sie nützlich. Sie erfordern eine Modellbildung mit quantitativen Angaben, die sich für eine Konstruktion überprüfen und nachvollziehen lassen. Die Berechnungen zum Nachweis der Tragfähigkeit haben sich mit den eingeführten Sicherheiten in der Praxis bewährt. Für den hydraulischen Grundbruch wurden neuerdings allerdings erhöhte Sicherheiten eingeführt, um möglichen Erosionsproblemen Rechnung zu tragen. Die rechnerischen Prognosen zur Gebrauchstauglichkeit bleiben unsicher, sofern sie nicht mit Messergebnissen kalibriert werden.

Literatur

1. Kolymbas D (2018) Spuren im Sand. Logos Verlag, Berlin
2. von Wolffersdorff P A (1994) Feldversuch an einer Spundwand in Sandboden: Versuchsergebnisse und Prognosen, Geotechnik 172 73–83
3. Witt K J (2018) Hydraulisch bedingte Grenzzustände. Abschnitt 2.10, Grundbau-Taschenbuch, Teil 2, Ernst & Sohn, Berlin, 821–861
4. Richter S et al. (2013) Bohrpfahlgründung der Central Bank of Nigeria, Lagos – Prognose, messtechnische Begleitung und numerische Rückrechnung des Gründungsverhaltens, Veröff. d. Grundbauinstituts der Technischen Universität Berlin, Heft Nr. 63

Ausschreibung und Vergabe

© Springer Fachmedien Wiesbaden GmbH, ein Teil von Springer Nature 2021
K. Kuntsche, S. Richter, *Geotechnik*, https://doi.org/10.1007/978-3-658-32290-8_9

Nach den abgeschlossenen Planungen schließt sich die Ausschreibung der Bauleistungen an. Bei den öffentlichen Auftraggebern muss hier u. a. das umfangreiche Regelwerk der VOB und ggf. auch andere Rechtsvorschriften beachtet werden.

Im Zuge der Ausschreibung können auch Sondervorschläge eingehen, welche die früheren Planungen ergänzen oder sogar gänzlich ersetzen können.

... ein weites Feld

Mit der Regel, dass immer der kostengünstigste Bieter beauftragt wird bzw. werden muss, kann sich später viel Ärger ergeben. Auf diesen Problemkreis kann und soll hier nicht näher eingegangen werden.

Wir wollen uns nachfolgend vorstellen, dass der Auftrag an ein qualifiziertes Unternehmen erteilt wurde und kommen somit zur Ausführung der mit ausreichender Tiefe geplanten Arbeiten.

9

Ausführen

Inhaltsverzeichnis

© Springer Fachmedien Wiesbaden GmbH, ein Teil von Springer Nature 2021
K. Kuntsche, S. Richter, *Geotechnik*, https://doi.org/10.1007/978-3-658-32290-8_10

Schweres Gerät für leichtes Arbeiten

Übersicht

Wenn nun in diesem Buch auch auf die Ausführung der geplanten Bauarbeiten eingegangen wird, liegt hier naheliegenderweise der Schwerpunkt im Erd-, Fels- und Grundbau, im Spezialtiefbau. Unter dem Begriff „Spezialtiefbau" fasst man Verfahren und Methoden des Tiefbaus zusammen, die spezielle Kenntnisse und in der Regel auch spezielle Maschinen zu ihrer Ausführung benötigen und deren Risiken durch darauf entsprechend spezialisierte Unternehmen beherrscht werden.

Dem Spezialtiefbau werden Techniken zur Böschungs- und Hangsicherungsverfahren und zur Erstellung von Baugrubenwänden, zu Grundwasserhaltung und -absperrung, ferner Arbeiten zur Baugrundverbesserung, zu Bohrpfählen, Schlitzwänden, Hochdruckinjektionen, Tiefenverdichtungen und auch Vereisungen zugerechnet. Ein weites Feld stellt auch der Einsatz von Geokunststoffen dar.

In diesem Kapitel werden die wichtigsten Bauverfahren kurz vorgestellt. Die ausführenden Firmen hüten zu ihrem Wettbewerbsvorteil ihr „Know-How", d. h. nur sie selbst wissen, wie das alles ganz genau gemacht wird.

10.1 Bevor es losgeht

Nach all den Untersuchungen, Berechnungen und Planungen soll es nun endlich auf der Baustelle losgehen. Bevor wir aber nun wirklich starten, ist es vielleicht nützlich, die folgenden drei Fragen zu beantworten:
1. Was könnte jetzt noch alles schiefgehen?
2. Sollte eine vorlaufende Beweissicherung durchgeführt werden?
3. Muss noch ein begleitendes Messprogramm entwickelt werden? Sind eventuell Nullmessungen notwendig?

10.1.1 Checkliste

Vielleicht kann die Checkliste in ◨ Tab. 10.1 helfen, dass alles gut geht.

□ Tab. 10.1   Checkliste zu möglichen geotechnischen Risiken

Phasen/Themen/Risiken		Ja/nein/ möglich
grundsätz-lich	Liegt ein Geotechnischer Bericht vor?	
	Wurde ausreichend erkundet und untersucht?	
Geologie	Besonderheiten wie z. B.: Karst (Erdfallgebiet), Anhydrit, Rutschgebiet, tektonische Störungszonen, Torfe, schrumpfende bzw. quellende Tone	
Hydro-logie	Hochstehendes oder gespanntes Grundwasser, Überschwemmungsgebiet, Wasserschutzgebiet/Heilquellen	
	möglicher Betonangriff, belastetes Grundwasser	
Vor-nutzung	Baugrund/Grundwasser kontaminiert (Klärung Entsorgungsweg), alter Bestand, Hohlräume, Kriegseinwirkungen, Leitungen, Altbergbau, schützens-werte Fauna oder Flora	
Baugrube und Bau-zustand	empfindliche Nachbarschaft (Setzungen, Verschiebungen, Lärm, Er-schütterungen, Staub)	
	genehmigte (vorlaufende) Wasserhaltung (Ableitung), behinderte Grund-wasserströmung, hydraulischer Grundbruch, Auftrieb, Überschwemmungen, wasserempfindliche Böden	
	Undichtigkeiten, Bodenentzug bei GW-Absenkungen/bei Ankerbohrungen	
	Setzungen bei Unterfangungen, durch Erschütterungen	
	Rutschgebiet	
	Schäden durch Bodenverdrängung	
	Standsicherheit von Baugeräten (z. B. Krane, Bohrgeräte) ausreichend?	
Bauwerk	Setzungen und Setzungsunterschiede infolge (unterschiedlich) zusammendrück-barer Böden, Sackungen bei Löss	
	Setzungen wegen unzureichender Verdichtung	
	Setzungsunterschiede wegen Tektonik (Störungszonen)	
	Setzungen infolge schrumpfgefährdeter Tone	
	Volumenzunahmen durch Quellen (Anhydrit)	
	Grundbruch	
	Auftrieb, Wasseraufstau wegen Absperrung, Entwässerung (Versickerung), Betonangriff	
	Undichtigkeiten	
	Seismik, Hangschub	
	Frostschäden	

10

10.1.2 Vorlaufende Beweissicherung

Bauarbeiten beeinflussen die Nachbarschaft oft durch Lärm und Staub, Verschmutzungen, erhöhtes Verkehrsaufkommen mit Lastkraftverkehr, Erschütterungen, Bodenbewegungen und Eingriffe in Nachbargrundstücke z. B. bei Unterfangungen, Anker- oder Nagelbohrungen, Abgrabungen und Erdaufschüttungen. Letztere Eingriffe setzen das Einverständnis mit den jeweiligen Grundstückseigentümern voraus.

Wegen dieser möglichen Beeinflussungen der Umgebung empfiehlt es sich, den baulichen Zustand der an die Baumaßnahme benachbarten Bausubstanz vor den Beginn der Arbeiten beweiszusichern. So wird beispielsweise in § 3 Nr. 4 der VOB/B ausgeführt:

> Vor Beginn der Arbeiten ist, soweit notwendig, der Zustand der Straßen und Geländeoberfläche, der Vorfluter und Vorflutleitungen, ferner der baulichen Anlagen im Baubereich in einer Niederschrift festzuhalten, die vom Auftraggeber und Auftragnehmer anzuerkennen ist.

Erfahrungsgemäß ermöglicht nur eine vorlaufende, detaillierte Aufnahme von ggf. vorhandenen Rissen und Schäden an der benachbarten Bausubstanz eine konfliktfreie Abwehr ungerechtfertigter Schadensersatzforderungen.

Zu einer qualifizierten Beweissicherung sind entsprechende Fachkenntnisse notwendig. Um den Verdacht möglicher Parteilichkeit zu entkräften, empfiehlt es sich, öffentlich bestellte und vereidigte Sachverständige mit der Beweissicherung zu beauftragen.

Es müssen zunächst der Umfang und die Methoden festgelegt werden, mit denen die Bausubstanz dokumentiert wird. Wenn Gebäude detailliert auch von innen aufgenommen werden sollen, muss jeweils eine Betretungserlaubnis beschafft werden, was den Aufwand erheblich vergrößert. Es sind auch Checklisten und Planunterlagen zur Vorbereitung der Ortstermine nützlich. Es genügt in aller Regel nicht, nur eine Vielzahl von Fotos anzufertigen.

Für die Dokumentation des Zustands vor den Baumaßnahmen durch Protokolle, Fotos bzw. Videoaufnahmen hat sich folgende Gliederung bewährt:
- Gehwege, Einfriedungen
- Fassaden
- Innenräume, Treppenhaus
- Garagen und Außenanlagen
- Dränagen, Kanalsysteme.

Nachbarn können viel Ärger machen!

Schadenersatz

Im Zuge der Ortsbesichtigungen werden dann systematisch und in eindeutiger Weise Besonderheiten aufgenommen. Es geht immer darum, den Grundsatz „*so wenig wie möglich, aber so viel wie unbedingt notwendig*" umzusetzen.

Hilfsmittel zur Beweissicherung

Neben hochauflösender Digitalkameras oder auch Videokameras können weitere Hilfsmittel nützlich sein:

- Feldbuch, Checkliste im Feldbuchrahmen, Diktiergerät,
- Gliedermaßstab, Rissbreitenmaßstab, Rissbreitenlupe, ggf. mit Foto-Aufsatz, Wasser-Spray zur Verdeutlichung von Rissen
- Messschieber, Wasserwaage, Lot, selbstnivellierender Laser, Richtlatte und diverse Messkeile,
- Bandmaß, Disto, Taschenlampe, Kompass, Temperatur- und Feuchtemessgeräte.

Bei Rissen werden deren Länge, Weite, Verlauf, mögliche Versätze und Rissbeläge so genau wie möglich auch quantitativ ermittelt. Es werden die Stellen markiert, die mit dem Rissbreitenmaßstab oder mit anderen Hilfsmitteln eingemessen werden. Ggf. werden auch Skizzen angefertigt.

Natürlich müssen alle Details zu einem späteren Zeitpunkt wiedergefunden werden, da es ja in der Regel auf den Vergleich von *Vorher-nachher* ankommt.

Gipsmarken, Rissmonitore, Erschütterungsmessgeräte

Je nach Bauaufgabe, Empfindlichkeit und Vorschädigung der Nachbarbebauung kann auch das fachgerechte Anbringen von Gipsmarken, die Montage von Rissmonitoren oder die Aufstellung von Erschütterungsmessgeräten sinnvoll bzw. auch erforderlich sein.

10.1.3 Nullmessungen

Neben den beschreibenden Aufnahmen der benachbarten Baulichkeiten kann es sinnvoll und auch notwendig sein, Messprogramme zu planen und weitere Vorkehrungen für baubegleitende Messungen zu treffen. Oft ist es hilfreich, schon vor dem Baubeginn erste Messungen, so genannte Null-Messungen durchzuführen.

Die unterschiedlichen Messeinrichtungen erfordern kundige Installation und Bedienung, was in ▶ Kap. 11 ausführlicher erläutert wird.

...doch besser anders bauen!

Zum Schluss: Im Zuge der Beweissicherung kann sich auch herausstellen, dass die ursprünglich geplanten Bauverfahren noch einmal geändert werden.

10.2 Erdbau

10.2.1 Maschineneinsatz

Im Erdbau wird Boden gelöst, bewegt, eingebaut und verdichtet. Es werden durch Bodenbewegungen Baugruben, Schächte, Gruben, Verkehrswege (im Einschnitt oder in Dammlage), Flughäfen, Staudämme, Deiche, Deponien und anderes mehr gebaut. Ferner werden auch Bauwerke mit Erdreich hinterfüllt oder überschüttet.

Bei großen Erdbaustellen kommt es darauf an, den Maschineneinsatz zu optimieren. Es geht dabei zunächst um die Auswahl der Geräte und deren erforderliche Anzahl. Es werden in Feldversuchen die Lösbarkeit, das Auflockerungs- und Verdichtungsverhalten des Baugrunds und der einzubauenden Erdstoffe untersucht. Entsprechende Feldversuche sind auch bei Bodenverbesserungen mit Zugabe von Bindemitteln sinnvoll bzw. notwendig.

der optimierte Maschineneinsatz

In einem Qualitätssicherungsplan (QSP) werden dann auch Art und Umfang der Eigen- und Fremdüberwachungsprüfungen festgeschrieben.

Qualitätssicherungsplan (QSP)

Als Baugeräte kommen hier neben LKW bzw. SKW auch Radlader, Bagger, Scraper, Grader, Planierraupen, Bodenfräsen, Wassersprenger, Walzen, Stampfer, Rüttelplatten usw. zum Einsatz. Wenn gesprengt werden muss, braucht man auch Bohrgeräte.

10.2.2 Baugrubenböschungen

Bei der Herstellung von geböschten Baugruben wird oft zu steil in den Baugrund eingeschnitten. Zum einen deswegen, weil man Kosten sparen möchte und zum anderen auch, weil man Neigungen optisch schlecht einschätzen kann. Hier helfen – wie in ◗ Abb. 10.1 dargestellt – kleine Böschungslehren. Man achte auch darauf, dass ausreichend breite Arbeitsräume geschaffen werden.

Baugruben – häufig zu steil geböscht

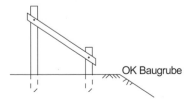

OK Baugrube

◗ **Abb. 10.1**   Böschungslehre

10.2.3   **Begriffe beim Straßenbau**

Das Planum im Straßenbau

Für den Straßen-, Bahn-, Damm- und Deichbau gilt jeweils ein eigenes, z. T. ziemlich umfangreiches Regelwerk. Hier soll nur kurz auf einige Begriffe des Straßenbaus eingegangen werden, für den „Zusätzliche Technische Vertragsbedingungen und Richtlinien für Erdarbeiten im Straßenbau – die ZTV E-Stb" gelten.

In [13] werden die Festlegungen der ZTV E kommentiert, wobei außerdem die Grundlagen des Erd- und Felsbaus erläutert werden.

Planum, Neigungen und E_{v2}

In ◘ Abb. 10.2 sind wichtige Begriffe aufgeführt, die beim Straßenbau eingeführt sind. Unter dem *Planum* wird die Grenzfläche zwischen dem *Untergrund* bzw. *Unterbau* und dem *Oberbau* verstanden.

Das Planum weist ein bestimmtes Niveau, ein Längs- und ein Quergefälle auf. Auf ihm muss u. a. der Verformungsmodul E_{v2} des statischen Plattendruckversuches bei frostempfindlichem Untergrund bzw. Unterbau ≥ 45 MN/m² betragen. Bei frostsicherem Untergrund bzw. Unterbau sind deutlich höhere Werte zu erreichen.

Planumsverbesserungen

Das Planum kann durch das Einarbeiten hydraulischer Bindemittel verfestigt oder verbessert worden sein. Oft zeigt sich hier, dass das Einfräsen von Bindemitteln kostengünstiger als ein tiefreichender Bodenaustausch ist.

Einen Unterbau gibt es nur, wenn die Straße in Dammlage liegt oder tiefer ausgehoben wurde als es für den erforderlichen Oberbau notwendig war.

Die Fahrbahndecke, die eingebauten Tragschichten einschließlich einer Frostschutzschicht zählen zum Oberbau. Die Tragschichten können ohne, mit Bindemitteln oder auch als Asphalttragschichten eingebaut werden.

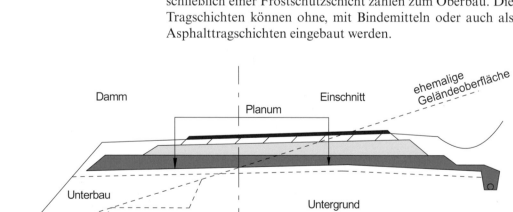

◘ **Abb. 10.2**   Bezeichnungen beim Straßenbau

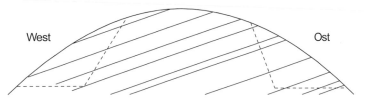

West   Ost

◘ **Abb. 10.3** Bergkuppe

10.3 Felsbau, Hohlraumbau

10.3.1 Aufgabenstellungen

Das Bauen im Fels wird zum einen durch die Festigkeitseigen-   Gesteinsfestigkeit und
schaften des Gesteins und zum andern durch die mechani-   Trennflächengefüge
schen Eigenschaften des Trennflächengefüges beeinflusst. So
wird eine Verkehrstrasse, die – wie in ◘ Abb. 10.3 dargestellt –
in eine Bergkuppe einschneidet, im Osten problemloser herzustellen sein als im Westen.

Als geotechnische Aufgabenstellungen sind im Felsbau
u. a. zu bearbeiten:

- Herstellen von Baugruben, Einschnitten, Tunneln oder
  Kavernen im Fels – immer verbunden mit den Fragen zur
  Lösbarkeit und Standsicherheit im Bau- und Endzustand,
- Betrieb von Steinbrüchen,
- Gründungen auf bzw. im Fels,
- Verankerungen im Fels,
- Sicherung von Felshängen und -böschungen,
- Bauen mit Felsschüttungen.

10.3.2 Zur Sprengtechnik

Wenn Fels nicht mehr durch Meißeln und Reißen gelöst werden kann, wird er gesprengt. Durch Sprengungen können
Felsmassen entweder so aufgelockert werden, dass eine Weiter-
verarbeitung möglich ist, oder das Sprenggut fällt direkt so
kleinstückig an, dass es ohne weitere Zerkleinerung abtransportiert werden kann.

Die Sprengtechnik stellt ein Spezialgebiet dar, was von ent-   Sprengen wie ein
sprechend ausgebildeten und zugelassenen Fachleuten be-   Nobelpreisträger
arbeitet wird. Welche Freude mit Sprengungen verbunden sein
kann, ist beispielsweise in [12] nachzulesen.

Es müssen projektspezifisch ermittelt bzw. festgelegt werden:

- Art, Menge, Staffelung des Sprengstoffs je Bohrloch,
- Bohrlochdurchmesser, -abstand und -tiefe,
- Zündfolge.

Sprengerschütterungen

Im Zuge der Arbeiten wird sich dann eine entsprechend optimierte Sprengtechnik ermitteln lassen.

Die durch die Sprengungen entstehenden Erschütterungen können die Nachbarschaft ungünstig beeinflussen. So kommt hier naheliegenderweise einer vorlaufenden Beweissicherung größere Bedeutung zu. Meist werden auch Erschütterungsmessungen notwendig, um die Auswirkungen besser beurteilen zu können und um ggf. unberechtigte Schadensersatzansprüche erfolgreicher abwehren zu können.

10.3.3 Tunnel- und Kavernenbau

Vor der Hacke ist es duster!

Der Tunnel- und Kavernenbau stellt immer eine ganz besondere Herausforderung an die planenden und ausführenden Geotechniker und Ingenieure dar. Diese Disziplin ist ein eigenständiges Fachgebiet und kann hier nur ganz kurz angesprochen werden.

Lichtraumprofil

Unabhängig vom jeweiligen Zweck des Bauwerks geht es immer darum, so kostengünstig wie möglich im Lockergestein oder Fels standsichere Hohlräume mit einem bestimmten Lichtraumprofil herzustellen. Das Lichtraumprofil muss bei Tunneln in aller Regel über deren Nutzungszeit auch erhalten bleiben.

Beste Bauweise und optimaler Ausbau

Mit der Auswertung der vorlaufenden stichprobenartigen Erkundung der Baugrund- und Grundwasserverhältnisse sucht man die bestmögliche Bauweise und den optimalen Ausbau.

Diese Parameter beeinflussen den Ausbruchsquerschnitt und die notwendigen Bauwerksabmessungen, die das gewünschte Lichtraumprofil für die geplante Nutzungsdauer des Tunnels oder der Kaverne sicherstellen sollen. Weicht der Baugrund von der Prognose ab, sind die Bauweise und der Ausbau, soweit dies möglich ist, den geänderten Verhältnissen anzupassen. Die am Bau Beteiligten haben sich dann gemeinsam auf die neue Situation einzustellen.

Viele Fragen

Da Prognosen schwierig sind und unsicher bleiben, ergibt sich zwangsläufig, dass insbesondere beim Hohlraumbau die Beobachtungsmethode angewendet wird.

Die Spezialisten des Hohlraumbaus haben u. a. die folgenden Fragen zu klären:

- Wie genau soll das Lichtraumprofil aussehen?
- Wie kann der Ausbruch erfolgen und welches Ausbruchsprofil muss letztendlich in Anbetracht der sich beim Ausbruch einstellenden Konvergenzen des Gebirges gewählt werden?

- Welcher Mehrausbruch ergibt sich bei dem gewählten Ausbruchs- bzw. Vortriebsverfahren in den unterschiedlichen geologischen Bereichen?
- Welche vorübergehenden Sicherungen werden benötigt?
- Wie dick genau muss letztendlich der Ausbau werden, um den Gebirgs- und ggf. auch Wasserdruck sicher aufzunehmen?
- Kann der Ausbau auf Dauer einem Quelldruck (z. B. bei Anhydrit) standhalten oder muss hier nachgiebig unter Inkaufnahme von Nachbesserungen gebaut werden?
- Ist es bei einem Tunnel sinnvoll und wirtschaftlich, eine Tunnelbohrmaschine (TBM) einzusetzen?
- Wie muss der Ausbau abgedichtet werden?
- Welche Einrichtungen zur Lüftung und Belichtung und zum Katastrophenschutz sind erforderlich?
- Wie sieht es mit dem Personenschutz im Bau- und Betriebszustand (Unfall, Brandschutz) aus?
- Welche Unterhaltskosten werden sich später ergeben?
- Wie hoch ist die Lebensdauer einzuschätzen?
- Was wird das Projekt kosten?

usw.

Die Prognosen der Experten werden sich in erster Linie auf deren Erfahrung abstützen. Mit Berechnungen werden diese Erfahrungen ergänzend untermauert. Neben den Vorschlägen des Bauherrn kommen nun ggf. auch die Prognosen der Firmen zum Zuge, die da jeweils behaupten: Nur unsere Methode ist wirklich sicher und vor allem wirtschaftlich.

Vielleicht helfen intensive Gedanken an die heilige Barbara, bei einem geplanten Projekt die richtigen Entscheidungen zu treffen.

Der maschinelle Tunnelbau wurde vor allem von Martin Herrenknecht vorangebracht: So kann die Entwicklung und Einsatz der großen Tunnelbohrmaschinen, die weltweit und insbesondere erfolgreich am 57 km langen Gotthard-Basistunnel, in Hamburg und am Bosporus eingesetzt wurden, als ein Musterbeispiel der möglichen Innovationskraft im Tunnelbau angesehen werden.

Experten mit Erfahrung, Barbara

Innovation → Tunnelbohrmaschine

10.4 Grund-, Fels- und Spezialtiefbau

10.4.1 Bauaufgaben, Maschinentechnik, Regeln

Im Grund- und Felsbau werden Baugruben (◐ Abb. 7.35), Grundwasserhaltungen und -abdichtungen, Stützbauwerke, Gründungen und Nachgründungen, Hohlraumbauten und

Baugrundverbesserungen ausgeführt. Es werden Pfähle, Träger-bohl-, Spund- und Schlitzwände, Verankerungen, Senkkästen, Schächte, Tunnel, Kavernen und Unterfangungen hergestellt. Es werden Injektionen, das Düsenstrahlverfahren, Vereisungen und diverse Methoden der Bodenverbesserung ausgeführt.

Der Grundbau findet dabei im Boden, der Felsbau im Fels statt.

beeindruckende Maschinen-technik

Unter dem Begriff „Spezialtiefbau" fasst man Verfahren und Methoden des Tiefbaus zusammen, die spezielle Kennt-nisse und in der Regel auch spezielle Maschinen zu ihrer Aus-führung benötigen und deren Risiken durch spezialisierte Unternehmen beherrscht werden.

Der Spezialtiefbau zeichnet sich durch seine Maschinen-technik aus. Mit moderner Hydraulik werden große Dreh-momente, Kräfte und Drücke beim Rammen, Rütteln, Boh-ren, Schlitzen, Vortreiben, Verpressen, Drücken und Ziehen erzeugt. So ist die Entwicklung diverser Verfahren des Spezial-tiefbaus auch durch die Weiterentwicklung der Maschinen-technik geprägt, die genau aus diesem Grund auch von den großen Firmen des Spezialtiefbaus vorangebracht wird.

Internet-Animationen

Auf den Internet-Seiten der großen Spezialtiefbaufirmen finden sich viele Details und sehr anschauliche Animationen zu den unterschiedlichen Verfahren. Alle übrigen, nachfolgend aufgeführten Verfahren finden sich leicht im Internet. Den besten Eindruck bekommt man allerdings bei einem Bau-stellenbesuch, wo die Geräte im Einsatz sind und die Bauver-fahren ausgeführt werden.

10

… wieder viele Regeln!

In den Normenhandbüchern Spezialtiefbau [1] werden die Normen zu den Micro-, Verdrängungs- und Bohrpfählen und zu Verpressankern mit den entsprechenden bauaufsichtlich relevan-ten Regelungen zusammengefasst. Auf weitere Normen wird im Text verwiesen. Im Grundbau-Taschenbuch, Teil 2 [14] finden sich ausführlichere Beschreibungen der gebräuchlichen Verfahren.

Eine Reihe von Verfahren und Bauarten wird in den all-gemeinen bauaufsichtlichen Zulassungen des Deutschen Insti-tuts für Bautechnik (DIBt, Berlin) beschrieben. Diese Zu-lassungen sind befristet und ziemlich teuer. Bei der Ausführung der Arbeiten empfiehlt sich eine Prüfung, ob die Arbeiten dann auch den Zulassungen entsprechen.

Nachfolgend werden die wichtigsten Verfahren des Grund-baus kurz beschrieben.

10.4.2 Wasserhaltungen mit Druckluft

Auf die Planung und Bemessung von offenen und ge-schlossenen Grundwasserhaltungen wurde schon im ▶ Abschn. 7.4.6 eingegangen.

Eine Methode wurde noch nicht erwähnt, die im Grundbau ebenfalls angewendet wird: Das Grundwasser wird mit Druckluft verdrängt. Der klassische Anwendungsfall ist der geschlossene Senkkasten (Caisson), mit dem beispielsweise Gründungskörper hergestellt werden (vgl. Beispiele im ▶ Kap. 12). Diese Drucklufttechnik wird insbesondere auch im Tunnelbau eingesetzt.

Die Arbeitskammern bzw. -räume müssen über Druckluftschleusen betreten und verlassen werden, wobei hier besondere Arbeitsschutzvorschriften zu beachten sind – eine spannende Aufgabe.

Taucherkrankheit

10.4.3 Bohrtechnik

Die Erkundung und Gewinnung von Wasser und insbesondere auch von Erdöl hat die Bohrtechnik weiter vorangebracht. Für die Baugrunderkundung stellen 100 m Bohrtiefe kein Problem dar. Mit 12.262 m wurde auf der russischen Halbinsel Kola die bisher größte Bohrtiefe erreicht.

Von Kola bis Deepwater

Die Auswahl geeigneter Bohrtechnik bei Erkundungsbohrungen wird von den örtlichen geologischen und hydrologischen Bedingungen und der gewünschten Qualität der Proben bestimmt. Bei den ausführenden Fachfirmen liegen hier entsprechende Erfahrungen vor.

Bei den Bohrungen des Spezialtiefbaus zur Herstellung von Gründungspfählen oder Pfahlwänden wird man durch die Ausschreibung je nach Anwendungsfall auch unterschiedliche Verfahren von den entsprechenden Firmen angeboten bekommen.

Grundsätzlich kann zwischen Trocken- und Spülbohrverfahren unterschieden werden:

Zu den Trockenbohrverfahren zählen die, bei denen abschnittsweise ein Stahlrohr in den Baugrund eingebracht wird, in dessen Schutz das darin befindliche Material mit seilgeführten oder drehenden Werkzeugen entnommen wird.

Beim Schneckenbohrverfahren wird meist ohne eine Verrohrung eine durchgehende Schnecke in den Baugrund gedreht. Je nach dem Durchmesser des Selenrohres wird dabei der Boden auch mehr oder weniger verdrängt. Die ◗ Abb. 10.4 zeigt ein Schneckenbohrgerät in einer engen Baulücke.

Kostengünstiges Schnecken-bohrverfahren

Mit den heute möglichen Drehmomenten und Anpressdrücken können auch Bohrungen niedergebracht werden, bei denen der Baugrund vollständig verdrängt wird. Eine Pfahlgründung mit Schneckenbohrpfählen stellt eine sehr kostengünstige Tiefgründungsvariante dar.

◘ **Abb. 10.4**   Schneckenbohrgerät

Bei Spülbohrungen wird das Bohrgut von einem Spül-
medium nach oben befördert. Hier kann auch auf eine Verrohrung verzichtet werden, da das Bohrloch durch die Spül-
flüssigkeit gestützt wird. Beim Lufthebebohrverfahren wird in
das Hohlgestänge kurz über dem Bohrtiefsten Druckluft ein-
geblasen, welche das gelöste Bohrgut wegen des Dichteunter-
schieds im Hohlgestänge nach oben befördert.

Deepwater Horizon

Im Zuge der Erdölerkundung im Golf von Mexiko haben
die schweren Fehler beim Bohren auf der Offshoreplattform
Deepwater Horizon die bisher größte Umweltkatastrophe
herbeigeführt. Der später dann gelungene Verschluss des
Bohrlochs zeigt demgegenüber den hohen Entwicklungsstand
der Tiefbohrtechnik.

Eine letzte Anmerkung: Neuerdings versucht man, mit
dem Elektro Impuls Verfahren (EIV) im Festgestein kostengünstiger zu bohren. Unter Einsatz sehr hoher elektrischer

Spannungen wird das Gestein aufgesprengt – es geht mit vielen Blitzen in die Tiefe.

10.4.4 Rammtechnik

Holzpfähle wurden schon in der Steinzeit in den Boden gerammt. Wenn der Baugrund ein Rammen zulässt, spielt auch heute noch bei Pfählen und Spundwänden die Rammtechnik eine wichtige Rolle. Nachteilig sind der dabei entstehende Lärm und die sich ausbreitenden Erschütterungen, die man im innerstädtischen Bereich oft nicht zulassen kann.

Das Rammgut wird mit Rammbären eingebracht, die mit einem Seil, mit Dampf, Druckluft, Diesel oder hydraulisch angetrieben werden. Die Rammbären werden an Mäklern geführt oder freireitend eingesetzt. Mit Mäklern kann auch schräg gerammt werden.

Eine Besonderheit stellen die Ortbeton-Rammpfähle dar, die nach ihrem Erfinder Franki (◗ Abb. 10.5) benannt sind.

Hier werden Stahlrohre unten mit einem Betonpfropfen verschlossen. Der Rammbär fällt im Inneren des Rohres auf diesen Pfropfen, wodurch das Rohr in den Baugrund gezogen wird. Diese Innenrammung verursacht weniger Lärm. Ist die gewünschte Tiefe erreicht, wird das Rohr festgehalten und der Betonpfropfen herausgeschlagen. Es können dann auch durch weitere Betonzugabe verdickte Pfahlfüße hergestellt werden.

Rammbär

Innenrammung

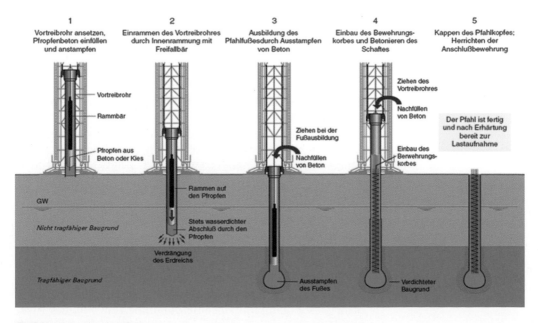

◗ **Abb. 10.5** Franki-Pfahl

Eine wirtschaftlich interessante Lösung, Bauwerkslasten in tiefer liegende tragfähige Schichten einzuleiten, stellen auch die so genannten Duktilpfähle dar, da keine größeren Baustelleneinrichtungen und Spezialmaschinen notwendig sind:

Duktilpfähle

Es werden Rohre aus Gusseisen (Außendurchmesser 118 mm und 170 mm, Wandstärke 7,5 mm bis 12,5 mm und Längen von 5,15 bis 5,25 m) mit einem Schnellschlaghydraulikhammer in den Baugrund gerammt. Der Hammer wird mit einem normalen Hydraulikbagger (18 t bis 30 t) geführt. Die Rohre weisen konische Muffen auf und werden auf der Baustelle aufgesetzt. Je nach Einsatz werden die Rohre mit Sand verfüllt oder ausbetoniert. (Mit einem vergrößertem Rammschuh werden auch verpresste Pfähle mit 20 cm $\leq$ D $\leq$ 30 cm hergestellt.)

Mit Duktilpfählen können Gebrauchslasten zwischen 500 kN und 1500 kN abgetragen werden.

Vorteile

Gerammte Pfähle haben eine Reihe von Vorteilen:

- Es wird kein Baugrund gefördert, was insbesondere bei kontaminiertem Baugrund vorteilhaft ist,
- die Tragfähigkeit kann über den Eindringwiderstand (Schlagzahl/cm) gut abgeschätzt werden,
- es treten geringe Setzungen auf, da der Baugrund durch das Einbringen auch verdichtet wird und
- sie sind kostengünstig herzustellen.

10

10.4.5 **Vibrationstechnik**

Bei vielen Bauaufgaben müssen nichtbindige Böden verdichtet werden, was nur durch dynamische Einwirkungen möglich ist. Ein Nachteil der hierfür eingesetzten Stampfer, Rüttelplatten und Vibrationswalzen ist, das deren Tiefenwirkung sehr begrenzt ist. Eine ausreichende Verdichtung erfolgt nur oberflächennah. Auffüllungen werden demgemäß lagenweise verdichtet eingebracht.

Tiefenrüttler, Schleusenrüttler

Die Firma Keller entwickelte wegen dieser Einschränkungen einen Tiefenrüttler, der schon 1933 patentiert wurde. Dabei handelt es sich um eine schwere und großkalibrige Rüttelflasche, die an einem Seilbagger hängt und rüttelnd durch ihr Eigengewicht in den Baugrund einsinkt. Beim Schleusenrüttler kann auch Material zugegeben werden. Neben der tiefreichenden Verdichtung werden mit den Schleusenrüttlern Schottersäulen (◘ Abb. 10.6) und pfahlähnliche Gründungskörper (vermörtelte Stopfsäulen) hergestellt.

Betonrüttelsäulen

Betonrüttelsäulen werden mit einem Tiefenrüttler mit angebautem Betonförderrohr hergestellt. Der Beton wird hierbei beim Ziehvorgang mit einer Betonpumpe zum Fuß des Rüttlers gepumpt.

◻ **Abb. 10.6**   Schleusenrüttler

Ab den 1950er-Jahren wurden dann auch Spundwände und später auch Vortreibrohre für Pfähle mit Hilfe von Rüttlern in den Baugrund eingebracht.

Die elektrisch oder hydraulisch angetriebenen Vibratoren werden mit dem Rammgut frei reitend oder Mäkler geführt verbunden. Beim hydraulischen Antrieb kann die Frequenz stufenlos geregelt werden. Es werden die mit gleicher Frequenz rotierenden Exzenter gegenläufig so betrieben, dass nur die vertikalen Komponenten einwirken.

Die Exzenter werden bei modernen Geräten erst ab be-   ohne Resonanzen
stimmten Drehzahlen ausgefahren. Damit wird ausgeschlossen, dass beim Hochfahren der Rüttler die Resonanzfrequenz

des Baugrunds oder benachbarter Bauwerke bzw. Bauteile (z. B. Wände, Decken) durchlaufen wird. Die Lärmbelästigung ist beim Rütteln deutlich geringer als beim Rammen.

10.4.6 Dynamische Intensivverdichtung

Bei der Dynamischen Intensivverdichtung wird mit einem Trägergerät eine schwere Fallplatte hochgehoben und aus einer bestimmten Höhe fallengelassen. Für eine zu verdichtende Fläche wird das Rastermaß, die Größe und Masse der Fallplatte und die Fallhöhe jeweils optimiert. Die Idee zu dem Verfahren stammt von dem Franzosen Louis Ménard, mit dessen Seitendrucksonde auch oft der Verdichtungserfolg nachgewiesen wird.

10.4.7 Injektionstechnik

Durch Injektionen werden Lösungen oder Suspensionen in den Baugrund eingebracht meist mit der Absicht, eine Abdichtung und/oder Verfestigung zu erreichen. Man unterscheidet dabei zwischen der Poren-, Kluft oder Hohlrauminjektion und der Verdrängung (◻ Abb. 10.7) bzw. vorübergehenden Verflüssigung des Baugrunds. Letztere stellt ein eigenständiges Verfahren dar (▶ Abschn. 10.4.8).

Porenrauminjektion

Um mit Zement-, Feinstbindemittelsuspensionen, Wasserglas- oder Kunststofflösungen vorhandene Poren-, Kluft oder Hohlräume zu verfüllen, genügen Drücke bis 40 bar. Da diese Injektionen je nach Injektionsgut einen jeweils ausreichend großen Porenraum erfordern, war der Einsatzbereich ziemlich eingeschränkt. Es lag nahe, auch höhere Drücke anzuwenden, um das Injektionsgut in den Baugrund einzubringen.

Kompensation von Setzungen

Bei entsprechend höheren Drücken können durch das Injektionsgut Spalten aufgerissen werden. Der Baugrund wird durch das Injektionsgut komprimiert bzw. verdrängt, wodurch auch ganz gezielt Hebungen des Geländes oder von Bauwerken möglich sind. So lassen sich auch Schiefstellungen beseitigen. Man spricht hier auch von Kompensationsinjektionen, mit denen man Setzungen ausgleichen kann, die sich z. B. beim Tunnelbau einstellen.

10.4.8 Düsenstrahlverfahren

Beim Düsenstrahlverfahren nach DIN EN 12716:2019-03 (auch als Hochdruckinjektion, Hochdruckbodenvermörtelung

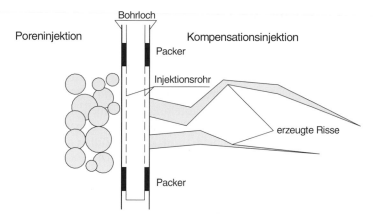

◪ **Abb. 10.7** Injektionsverfahren

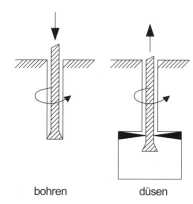

◪ **Abb. 10.8** Düsenstrahlverfahren

oder Jetting bezeichnet) wird der Boden mit einem energie-reichen Flüssigkeitsstrahl aufgeschnitten und mit einer Zementsuspension oder einem anderen Bindemittel vermischt. Dieses Verfahren kann beinahe bei jedem Boden angewandt werden.

Mit einer Spülbohrung wird ein Gestänge bis auf die gewünschte Tiefe gebracht. Am unteren Ende des Gestänges befindet sich mindestens eine Düse. Hier tritt Zementsuspension mit so hoher Geschwindigkeit aus, dass der Baugrund damit aufgeschnitten und mit der Suspension vermischt wird (◪ Abb. 10.8).

Ein Teil des Gemisches verbleibt im Boden, der Teil, der dem eingebrachten Volumen entspricht, wird im Ringspalt zwischen Gestänge und Bohrlochwand ausgetragen.

Wenn beim Düsen das Gestänge beim Ziehen gleichmäßig gedreht wird, entstehen Düsenstrahlsäulen. Man kann aber auch flächige Elemente, Düsenstrahllamellen, herstellen, indem man die Düse nur abschnittsweise verschwenkt.

Rückfluss und Düsenstrahlkörper

Man unterscheidet 4 Verfahren:

— Verfahren 1: Hochdruck-Schneiden mit Bindemittelsuspension
— Verfahren 2: Hochdruck-Schneiden mit Wasser und Verfüllen mit Bindemittelsuspension
— Verfahren 3: Hochdruck-Schneiden mit Bindemittelsuspension und Luftummantelung des Schneidstrahls
— Verfahren 4: Hochdruck-Schneiden mit Wasser und Luftummantelung des Schneidstrahls und Verfüllen mit Bindemittelsuspension

Die Verfahren werden durch den Druck im Gestänge, die dort auftretenden Durchflussraten, die Dreh- und Ziehgeschwindigkeit und durch die verwendete Suspension genauer beschrieben. Ein wichtiger Parameter ist auch die Reichweite des Düsenstrahls, bis zu der der Baugrund aufgeschnitten wird.

Das Düsenstrahlverfahren fordert auch seinen Preis: Es ist eine vergleichsweise große Baustelleneinrichtung erforderlich und die immer anfallende Rücklaufsuspension muss entsorgt werden, was mitunter schwierig sein kann.

Düs-Schatten als Fehlstelle

Wenn im Baugrund Hindernisse vorhanden sind, die vom Düsenstrahl nicht aufgeschnitten werden können, entstehen Fehlstellen, die auch als Düs-Schatten bezeichnet werden. So waren nicht nur Wände, sondern auch hochliegende Düsenstrahlsohlen zur Abdichtung von Baugruben oft fehlerhaft.

Beim Tubular-Soil-Mixing (TSM)-Verfahren der Firma Keller werden Düsenstrahlsäulen im Schutze einer Verrohrung hergestellt, was ähnlich glatte Oberflächen wie bei einer Bohrpfahlwand möglich macht.

10.4.9   Weitere Baugrundverbesserungen

■ **Mischen mit Suspensionen**

DSM, MIP, CSM

Mit großformatigen Werkzeugen kann der Boden auch mit hydraulisch abbindenden Suspensionen vermischt werden. Die Spezialtiefbaufirmen grenzen sich durch die von ihnen entwickelten Verfahren auch begrifflich voneinander ab. So wurde von der Firma Keller eine tiefe Bodenvermörtelung, das Deep-Soil-Mixing (DSM) entwickelt. Bei der Firma Bauer werden das Mixed-in-Place- (MIP) und das Cutter-Soil-Mixing- (CSM) Verfahren angeboten.

Es gibt auch Schlitzfräsen, mit denen vermörtelte Stützscheiben zur Baugrundverbesserung und auch Stabilisierung von Hängen oder Böschungen eingebaut werden.

- **Einbringen von Fremdmaterial**

Zur Baugrundverbesserung werden z. B. von der Firma Keller Verdrängungsbetonsäulen, Stabilisierungssäulen, Hybridsäulen und geokunststoffummantelte Säulen hergestellt.

Beim CSV-Verfahren wird im engen Raster mit Hilfe eines „linksdrehenden" Schneckengestänges ein trockenes Sand-Zementgemisch in den Baugrund eingebracht, was dann durch Wasserentzug und Erhärtung zu einer flächigen Baugrundverbesserung führt.

CSV

Die Herstellung von Schotter-, Mörtel- oder Betonrüttelsäulen wurde weiter oben schon erwähnt.

10.4.10 **Vereisungen**

Bei künstlichen Bodenvereisungen werden doppelwandige Gefrierrohre in den Baugrund eingebracht. Das darin zirkulierende Kühlmittel entzieht dem Boden so lange Wärme, bis die gewünschte Temperatur, mindestens $-10\,°C$, erreicht ist. Bei ausreichend geringem Abstand der Gefrierrohre und ausreichend langer Vorlaufzeit entsteht ein geschlossener, wasserundurchlässiger Eis-Bodenkörper mit höherer Festigkeit.

Das Gefrierverfahren wurde für den Schachtbau schon 1883 patentiert und findet dort nach wie vor eine verbreitete Anwendung.

Verfestigung, Abdichtung

Im Grundbau wird es zur Sicherung und Abdichtung von Baugrubenwänden, bei Unterfangungen und beim Tunnelbau eingesetzt. Die Dimensionierung der Frostkörper basiert auf Forschungsergebnissen, die beginnend in den 1970er-Jahren gewonnen wurden [14]. Hierbei zeigte sich, dass das Materialverhalten gefrorenen Bodens mit viskoplastischen Stoffgesetzen beschrieben werden kann. Damit spielt auch die Standzeit der Gefrierkörper eine Rolle.

Der größte Vorteil der Bodenvereisung liegt darin, dass nach der Nutzung des Eis-Bodenkörpers bis auf die Gefrier- und Messrohre nichts im Baugrund zurückbleibt.

Grundsätzlich unterscheidet man zwei Verfahren: Bei der Stickstoffvereisung wird als Kältemittel mit Tankwagen angelieferter, ggf. auch zwischengelagerter, flüssiger Stickstoff mit etwa $-196\,°C$ eingesetzt. Bei der Solevereisung wird eine Salzlösung mit einer Kältemaschine abgekühlt. Hier werden deutlich größere Aufwendungen bei der Baustelleneinrichtung und längere Vorlaufzeiten erforderlich, die sich aber bei langen Betriebszeiten wieder amortisieren.

Stickstoff oder Sole

Zur Auswahl des Verfahrens, der Planung, Ausführung und messtechnische Begleitung des Verfahrens bedarf es erfahrener, spezialisierter Fachleute.

10.4.11 Wände

Auf die grundbautypischen Träger-, Spund-, Bohrpfahl- und Schlitzwände wurde schon im ▶ Abschn. 7.5.2 eingegangen.

Daneben werden auch Wände mit dem Düsenstrahl- und den oben erwähnten Baugrundverbesserungsverfahren hergestellt. Stützwände können auch durch Vereisungen entstehen. Alle diese Wände nehmen – oftmals bei Baugruben – den einwirkenden Erd- und ggf. auch den Wasserdruck auf.

Daneben gibt es eine ganze Reihe weiterer Wandkonstruktionen, die nachfolgend kurz beschrieben werden.

Alle Achtung!

- **Florwallsteine**

In der Gestaltung der Außenanlagen von Wohnhäusern werden vom Hausherrn in Eigenleistung gerne Florwallsteine verwendet, die in jedem Baumarkt preiswert zu bekommen sind. Hier wird oft übersehen, dass mit Florwallsteinen nur sehr kleine Geländesprünge abgestützt werden können. Es werden aber auch – wie in ◘ Abb. 10.9 zu sehen – Konstruktionen ausgeführt, für die kein Standsicherheitsnachweis geführt werden kann.

10

Einbauvorschriften

- **Betonwinkelsteine (Fertigteile)**

Als eine nächste Stufe der Abstützung von Geländesprüngen kommen Betonwinkelsteine in Betracht. Sie werden für unterschiedliche Einbausituationen und Lastfälle als Fertigteile mit Höhen bis über 4 m (!) angeboten. Hier müssen die Hinweise der Hersteller hinsichtlich ihrer Hinterfüllung und Gründung beachtet und umgesetzt werden. Je nach Einsatzzweck kann auch eine Baugrunderkundung notwendig werden.

- **Gabionen**

Als Gabionen werden mit Schotter, Steinen o. ä. gefüllte Drahtkörbe bezeichnet (◘ Abb. 10.10). Als kostengünstige Stützkörper – statisch als Schwergewichtsmauer wirkend – werden sie insbesondere dann vorteilhafterweise eingesetzt, wenn nachträglich noch Setzungen auftreten können.

Hier könnten sich massive Stützwände oder Betonwinkelsteine schief stellen oder auch Risse bekommen. Es empfiehlt sich, mit einem trennenden Vlies dafür zu sorgen, dass der dahinter anstehende oder hinterfüllte Boden nicht in die Grobporen der Steinfüllung einwandern kann. Auch Gabionenwände müssen auf geeigneten Fundamenten gegründet werden.

- **Raumgitter-Stützmauern**

Unter Raumgitter-Stützmauern versteht man Konstruktionen, bei denen Fertigteile zu einem räumlichen Gitter verbunden werden. Die Zwischenräume werden mit Boden verfüllt und ggf. begrünt.

◻ **Abb. 10.9**   Florwallsteine

◻ **Abb. 10.10**   Gabionen

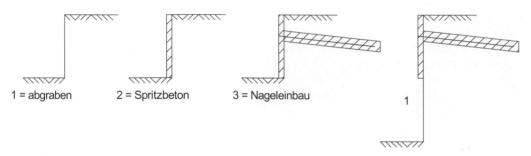

1 = abgraben   2 = Spritzbeton   3 = Nageleinbau   1

❑ Abb. 10.11   Nagelwand

Wo liegt der Sporn?

■ **Stützwände aus Ortbeton**

Stützmauern aus Ortbeton können als Schwergewichtswände oder Winkelstützwände mit erdseitigem oder luftseitigem Sporn hergestellt werden. Was sich jeweils als die wirtschaftlichste Lösung erweist, ist im Einzelfall zu prüfen.

■ **Bodenvernagelung**

Nach dem seit 1984 bauaufsichtlich zugelassenen Verfahren werden vernagelte Steilböschungen mit Spritzbetonschale hergestellt. Es werden aber auch Geländesprünge, Baugruben und Unterfangungen temporär (bis 2 Jahre) oder auch dauerhaft mit Bodennägeln gesichert.

Verbundkörper …

Nach den Zulassungen wird bei der Bodenvernagelung in einer steilen, etwa 1 m bis 1,5 m hohen zunächst freistehenden Einschnittsböschung eine Spritzbetonhaut aufgebracht (Arbeitsschritt 1 und 2 in ❑ Abb. 10.11). Dann werden in einem Abstand von maximal 1,5 m Löcher gebohrt, in welche die Nägel auf ganzer Länge einzementiert werden (Schritt 3). Dieser Vorgang wiederholt sich, bis die gewünschte Gesamthöhe der Steilböschung erreicht ist. Mit der Bodenbewehrung durch die einzementierten Nägel entsteht ein Verbundkörper, der statisch wie eine Schwergewichtsmauer wirkt.

… mit eigenwilligem Berechnungsverfahren

Bei den rechnerischen Nachweisen werden auch Bruchmechanismen betrachtet, bei denen die Nägel freigeschnitten werden. Hier werden dann nur Zugkräfte angesetzt, die aus Ausziehversuchen ermittelt werden. Bei diesem Vorgehen werden zum einen die Scherkräfte vernachlässigt und zum anderen die Zugkräfte überschätzt. Letzteres deswegen, weil die Stäbe je nach Mechanismus kaum auf Zug beansprucht werden und nur im Grenzzustand die Kräfte der gemessenen Ausziehwiderstände mobilisiert werden. Die Dissertation von Renk [6] widmet sich dieser Fragestellung und man darf gespannt sein, wann sich bessere Berechnungsmethoden in der Praxis durchsetzen werden.

10

- **„Bewehrte Erde"**

Beim System „Bewehrte Erde" werden Steilböschungen und Wände von unten nach oben gebaut, indem lagenweise in eine Schüttung Bewehrungsbänder aus Metall eingelegt werden, die vorne an unterschiedlichen Fertigteilplatten oder Stahlgitterelemente befestigt werden. Auch hier entsteht durch die Bodenbewehrung eine Art Schwergewichtswand. Beispiele hierzu finden sich im Internet.

- **Geokunststoffbewehrte Stützkonstruktionen**

Hier werden Geogitter, Vliese, Matten usw. aus Kunststoff in die Schüttung eingelegt. Damit können hohe Steilböschungen realisiert werden. Für die Bemessung derartiger Konstruktionen liegt mit [7] ein detailliertes Regelwerk vor.

Eine moderne Böschungsgestaltung

10.4.12 Steifen, Anker, Stabilisierungen

Geländesprünge können mit Wänden abgestützt werden, die so tief in den Baugrund einbinden, dass sie als Kragträger voll eingespannt sind. Schon bei etwa 4 m Höhe kann es notwendig und/oder wirtschaftlich sein, sie am Kopf und ggf. auch tiefer bzw. mehrfach durch Anker oder Steifen zusätzlich abzustützen.

Anker bieten bei Baugruben den Vorteil, dass die Baugruben frei bleiben und somit der Baubetrieb nicht behindert wird. Allerdings lassen sie sich manchmal wegen bestehender Nachbarbebauung oder nicht erteilter nachbarschaftlicher Genehmigungen nicht herstellen. Es kann auch sein, dass die auftretenden Lasten wegen ungünstiger Baugrundverhältnisse nicht abgetragen werden können. Wegen hochstehenden Grundwassers ist es schließlich möglich, dass eine Ankerherstellung unwirtschaftlich wird.

- **Steifen**

Schmale Baugruben werden kostengünstig mit Holz- oder Stahlausfachungen ausgesteift, obwohl u. U. die Steifen das Bauen behindern. In DIN 4124:2012-01 werden Verbauten beschrieben, für die keine gesonderten statischen Nachweise geführt werden müssen.

Im Kanalbau wird oft ein ausgesteifter Systemverbau eingesetzt.

Die Baugrube für die Firma Rolex (Genf, 2003) und für das Capital Plaza (Abu Dhabi, 2004/2005) sind beeindruckende Beispiele für die Aussteifung auch großer Baugruben.

DIN 4124 und Systemverbau

Die auftretenden Steifenkräfte können leicht gemessen und mit Pressen und Keilen auch beeinflusst werden. Es können für diesen Zweck auch regelbare Druckkissen verwendet werden, mit denen man temperaturbedingte Längen- und damit auch Kraftänderungen der Steifen kompensieren kann.

■ **Anker und Verpressanker**

Stahlstäbe zur Aufnahme von Zugkräften wurden im Tunnel- und im untertägigen Bergbau schon sehr früh eingesetzt. Sie werden hier als Gebirgsanker bezeichnet, obwohl es sich dabei wegen ihrer Zementierung auf ganzer Länge eher um Zugpfähle oder Nägel (siehe unten) handelt.

Bei Abstützungen von Stützwänden mussten früher Anker (Zugglieder) an Ankerwänden oder Blöcken (toter Mann) befestigt werden. Heute werden meist jedoch Verpressanker ausgeführt. In [14] und [3] findet sich ein detaillierterer Überblick zur Technik der Ankerherstellung.

1958 – der Verpressanker

Zunächst eine kleine Geschichte: Die Benoto-Bohrpfahlwand, welche im Jahre 1958 von der Firma Bauer für die Baugrube des Bayrischen Rundfunks in München hergestellt wurde, musste rückverankert werden. Dazu wurden Ziel-Schächte abgeteuft, in denen die Anker festgemacht werden sollten. Allerdings gelang es in den Münchner Geröllen nicht, die Schächte zu treffen. Da sich auch das Zurückziehen der Bohrrohre als schwierig erwies, kam man auf die Idee, die hintersten 5 m des Ankerstahls mit Zement zu verpressen. Damit war der Verpressanker erfunden. Das Patent dafür wurde der Firma Bauer dann im Jahre 1961 erteilt [4].

freie Ankerlänge als Prinzip

Die Zugkraft des Zugglieds, die man beim Herstellen des Ankers nach dem Abbinden des Verpresskörpers durch sein Vorspannen einstellen kann, wird über den Ankerkopf auf die zu stützende Konstruktion und am Verpresskörper über Mantelreibung auf den Baugrund abgetragen. Die Verpresskörper werden üblicherweise zwischen 4 m und 8 m Länge hergestellt.

Zwischen Ankerkopf und Verpresskörper liegt die freie Ankerlänge, die als wesentliches Merkmal eines Ankers anzusehen ist. Sie wird durch ein Hüllrohr realisiert, in dem sich das Zugglied frei dehnen kann (◯ Abb. 10.12).

Man unterscheidet heute nach DIN EN 1537:2014-07 zwischen Verbundankern und Druckrohrankern, die als Kurzzeitanker und Daueranker zum Einsatz kommen. Letztere sind mit einem dauerhaften Korrosionsschutz versehen und müssen eingesetzt werden, wenn Anker länger als 2 Jahre genutzt werden sollen. Für die Daueranker und die Kopfkonstruktionen von Kurzzeitankern gelten bauaufsichtliche Zulassungen des DIBt.

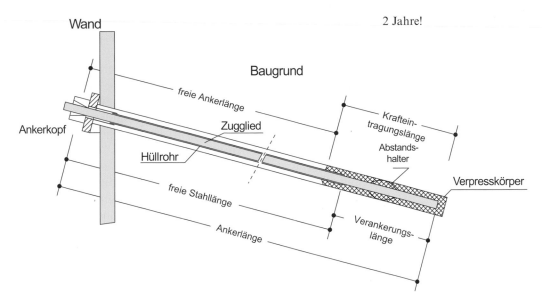

2 Jahre!

hier kann viel schief gehen

◘ Abb. 10.12 Verbundanker

Bei Verbundankern als Kurzzeitanker werden zu 95 % Litzenanker verwendet. Bei den restlichen 5 % handelt es sich um Einstab- bzw. Mehrstabanker. Die aufrollbaren Litzenanker benötigen wenig Platz beim Transport. Zum Einbau werden offene Bohrlöcher benötigt, in welche die Zugglieder mit entsprechenden Abstandshaltern eingeführt werden.

Beim Druckrohranker, der i. d. R. als Daueranker eingesetzt wird, reicht das Zugglied bis an den Deckel eines Druckrohres, welches im Baugrund verpresst wird. Der Verpresskörper erfährt hier im Unterschied zum Verbundanker vornehmlich Druckspannungen.

Für die Ankerbohrungen gibt es unterschiedliche Geräte und Verfahren. Schwierig ist die Ankerherstellung bei hochstehendem Grundwasser: Hier sind aufwendige Abdichtungskonstruktionen beim Bohrvorgang notwendig, damit kein Bodenmaterial unkontrolliert ausgetragen wird.

Wenn die Zementsuspension über einen Schlauch von hinten nach vorne eingepumpt wird, wird sich der Verpresskörper nur dann wie geplant ausbilden, wenn die Suspension nicht unkontrolliert abfließt. Es muss so lange verfüllt werden, bis die Suspension am Bohrlochmund austritt und nicht wieder absinkt. Bei verrohrten Bohrungen wird nun Suspension unter Druck ($5 \leq p \leq 15$ bar) weiter eingepresst, wobei die Verrohrung bis zum vorderen Ende der Verankerungslänge gezogen wird. Anschließend wird mit einer Lanze die freie Ankerlänge freigespült oder zumindest vom Verpresskörper abgetrennt. Wenn auch Nachverpressungen sinnvoll bzw. erforderlich sind, werden weitere Verpressrohre erforderlich.

Die Tragfähigkeit eines Ankers bestimmt sich durch die Zugfestigkeit des Zuggliedes und durch die übertragbaren Schubspannungen des Zuggliedes im Verbund mit dem Verpresskörper und dessen Verbund mit dem Baugrund. Für letztere werden Erfahrungswerte in [14] angegeben, die auf Untersuchungen von Ostermayer [5] zurückgehen.

Bei Verpressankern unterscheidet man zwischen Untersuchungs-, Eignungs-, Abnahme- und Nachprüfungen, die nach entsprechenden Vorschriften durchzuführen sind.

Jeder Anker wird geprüft

Jeder Anker muss im Zuge der Vorspannung einer Abnahmeprüfung unterzogen werden. Dabei werden bei Kurzzeit- und Dauerankern unterschiedliche Prüfprogramme absolviert, mit denen dann letztendlich auf der Baustelle sichergestellt wird, dass die Anker ihre Funktion erfüllen.

Als letzte Anmerkung: Mit vergleichsweise geringen Kosten lassen sich Ankerkräfte auch messtechnisch überwachen.

■ Zugpfähle

10 Auftriebssicherung

Zur Aufnahme von Zugkräften können bewehrte Bohrpfähle oder Verdrängungspfähle dienen. Bei Rüttelinjektionspfählen wird ein Stahlprofil mit einer Verpressleitung versehen, in den Baugrund eingerüttelt und mit Zementsuspension verpresst.

Oft werden auch Stahlstäbe mit $40 \text{ mm} \leq D \leq 63,5 \text{ mm}$ unterschiedlicher Bauart (GEWI, Walz-, Betonstabstahl) wie die Bodennägel auf ganzer Länge in Bohrlöchern einzementiert.

Zugpfähle werden meist zur Auftriebssicherung eingebaut.

■ Deckelbauweise

Wenn keine Verankerungen möglich sind und es im innerstädtischen Bereich auf eine besonders verformungsarme Bauweise ankommt, kommt die Deckelbauweise in Frage, mit der Hochbauten und auch Tunnel errichtet werden.

Hier werden auf die zuvor hergestellten Schlitz- oder Bohrpfahlwände Decken betoniert, die auf dem Baugrund aufliegen. Bei größeren Spannweiten werden so genannte Primärstützen eingebaut, auf denen die Decken später aufliegen. Bei der Tiefgarage am Goetheplatz in Frankfurt wurden als Primärstützen Fertigteile eingebaut (❏ Abb. 10.13).

Bauen nach unten und nach oben – gleichzeitig!

Danach erst erfolgt der Aushub unter dem aussteifenden Deckel. Diese Bauweise erlaubt bei Hochbauten ein gleichzeitiges Bauen nach oben und nach unten, was so vorteilhaft sein kann, dass die Mehraufwendungen für den durch den Deckel behinderten Aushub aufgewogen werden.

◻ Abb. 10.13   Primärstützen

Beim innerstädtischen U-Bahnbau können die Verkehrsflächen nach der Herstellung des Deckels wieder genutzt werden (vgl. Düsseldorfer Deckel). Beim Bau der Europa Passa-
gen hat man mit Teildeckeln mitten in Hamburg und
entsprechend hochstehendem Grundwasser eine 6-stöckige
Tiefgarage realisiert.

Weniger spektakulär, aber ebenso erfolgreich, war der Deckel, der für die Tiefgarage vor dem Kurhaus in Wiesbaden
ausgeführt wurde (◻ Abb. 10.14).

Atemberaubend!

■ **Sanierung alter Stützmauern**

Denkmalgeschützte oder sonstige erhaltenswerte alte Stützmauern können durch unterschiedliche Maßnahmen saniert
werden. Hier kommt es nicht nur darauf an, den Mauerwerks-
verband denkmalgerecht zu erneuern, sondern auch die Wände
vom Erddruck zu entlasten. Hier können beispielsweise mit
einer Systemvernagelung Bodennägel oder so genannte Pfeiler-
rücklagen eingebaut werden, die das Erscheinungsbild der zu
sanierenden Stützwand so gut wie nicht verändern. Für die genannten Verfahren wurden auch Patente erteilt.

Erddruckentlastungen

10.4.13   Unterfangungen und Nachgründungen

Der nachfolgende Überblick geht auf Verfahren ein, bei deren
Ausführung bei den verantwortlich Beteiligten oftmals höhere Herzfrequenzen auftreten. Einen ergänzenden Einblick
in das Thema gewinnt man im Band 2 des Grundbau-Taschenbuches [14].

10

◘ **Abb. 10.14**   Deckelbauweise vor dem Kurhaus Wiesbaden

■   **Unterfangungen**

Als Einstieg: § 909 BGB

Es gibt nur wenige Rechtsvorschriften im Bürgerlichen Gesetzbuch, die sich direkt auf das Bauen beziehen. Den § 909 BGB sollte man sich in diesem Zusammenhang zu Herzen nehmen:

» Ein Grundstück darf nicht in der Weise vertieft werden, dass der Boden des Nachbargrundstücks die erforderliche Stütze verliert, es sei denn, dass für eine genügende anderweitige Befestigung gesorgt wird.

Teurer Baugrund, wenig Platz

Zur vollständigen Ausnutzung teurer innerstädtischer Bauflächen sind oft Baugruben notwendig, die tiefer reichen als die Fundamentsohlen der angrenzenden Bauwerke. Um hier ohne Flächeneinbußen tiefer abgraben zu können, müssen vor oder im Zuge der Abgrabung Unterfangungen hergestellt werden, mit denen die Gebäudelasten des Bestands sicher abgetragen werden. Diese Unterfangungen müssen auch den Erddruck abfangen, der sich dahinter einstellt. Schon bei geringen Wandhöhen werden Abstützungen (Anker, Nägel, Steifen) erforderlich.

In ◘ Abb. 7.35 ist auf der rechten Seite der Baugrube ein Unterfangungskörper schematisch dargestellt.

Achtung: Detailplanung!

Unterfangungen stellen einen Eingriff in fremdes Eigentum dar und müssen deswegen genehmigt werden. Im Zuge diesbezüglicher Anfragen sollte besser nicht verschwiegen werden, dass Setzungen des Bestandes systembedingt auftreten werden.

Unterfangungen müssen mit der Kenntnis der Baugrund- und Grundwasserverhältnisse sorgfältig geplant werden.

Die häufigen Schäden, die nach wie vor bei Unterfangungen auftreten, sind meist auf eine unzureichende Vorbereitung zurückzuführen.

Neben den Baugrund- und Grundwasserverhältnissen muss auch die Beschaffenheit des Bestandes genauer geklärt bzw. untersucht werden. Hier geht es um die

Klärung von Baugrund, GW, Bestand

- Ausbildung der Fundamente,
- die Höhenlage der Gründungssohle,
- die dort auftretenden Sohlpressungen und um Details der Konstruktion:
  - Verbund und Scheibenwirkung der Wände,
  - Ausbildung der Deckenauflager,
  - Kellergewölbe u. ä. mehr.

Bei der Klärung dieser Fragen sind oft auch Schürfe notwendig, da von Plänen möglicherweise abgewichen wurde.

Am Bestand müssen dann u. U.

Sicherungen?

- Bauwerksteile durch Rückverankerungen bzw. Steifen abgestützt,
- Aussteifungen von Wänden durch das Ausmauern von Öffnungen ausgesteift c und
- insbesondere Gewölbe gesichert werden.

Unterfangungen können auch mit Presspfählen, Injektionen, dem Düsenstrahlverfahren, Vernagelungen oder auch Vereisungen hergestellt werden. Daneben werden auch Schrägpfähle, VDW-Pfähle (mit D = 35 cm) und GEWI-Kleinbohrpfähle ausgeführt.

Aus Kostengründen wird jedoch häufig eine Unterfangung nach DIN 4123 ausgeführt.

■ Konventionelle Unterfangungen nach DIN 4123:2013-04

Die bauaufsichtlich eingeführte DIN 4123 vom April 2013 beschreibt auf 20 Seiten Geometrien und Methoden, wie Ausschachtungen, Gründungen und Unterfangungen im Bereich bestehender Gebäude ausgeführt werden können und welche Nachweise hierbei zu führen sind. Nachfolgend wird nur auf die wichtigsten Gesichtspunkte eingegangen.

❯ Auf ein sorgfältiges Studium der DIN 4123 kann nicht verzichtet werden!

Dabei zeigt die Erfahrung, dass in aller Regel nicht alle Festlegungen der Norm tatsächlich in der Baupraxis beachtet bzw. umgesetzt werden. Hierauf wird weiter unten noch etwas genauer eingegangen.

10

■ **Abb. 10.15**   Aussteifung im Zuge einer Unterfangung

Bei zulässigen Ausschachtungen verbleibt neben dem Bestand ein Böschungskörper, dessen minimale Abmessungen in der DIN 4123 festgelegt sind. Unter Gründungen versteht man hier Gründungskörper des Neubaus, deren Sohle auf gleicher Höhe wie die des Bestandes liegt.

Zunächst muss geprüft werden, ob sich die folgenden Fragen mit ja beantworten lassen:

Voraussetzungen
- Weist der Bestand durchgehende Streifenfundamente oder eine biegesteife Platte auf?
- Sind die Linienlasten des Bestands kleiner 250 kN/m? (Anmerkung: Dies ist bei 4 bis 5 Vollgeschossen mit Keller und Dach zu erwarten.)

- Treten überwiegend vertikale Lasten auf?
- Liegt der Grundwasserspiegel ausreichend tief?
- Werden mindestens mitteldichte bzw. steife bis halbfeste Böden angetroffen?

Vorsicht: Wenn die Böden tragfähiger sind, wird oft angenommen, dass auf die aufwendige Arbeitsweise nach DIN 4123 verzichtet werden kann. Dies kann ohne nähere Prüfung aber höchstens bei Bodenklasse 7 (nach alter DIN 18 300:2012-09) in Frage kommen!

Wenn dann eine Planung und Ausführung nach DIN 4123 überhaupt möglich ist, darf bei Gründungen und Unterfangungen in Abschnitten von höchstens 1,25 m Breite der Gründungskörper des Bestands freigelegt bzw. untergraben werden. Man beginnt zweckmäßigerweise an hochbelasteten Ecken oder Wandanschlüssen. Bei Querwänden und an Ecken werden die Unterfangungskörper abgetreppt.

1,25 m

Bei Unterfangungen stellt man Stichgräben her, die verbaut werden **müssen**, damit sich die erforderliche Gewölbewirkung im Baugrund auch ausbilden kann. Im Schutze des Verbaus wird dann das bestehende Fundament untergraben. Den Beginn dieses Arbeitsschrittes ist in ◘ Abb. 10.16 zu sehen.

Verbaute Stichgräben

Benachbarte Stichgräben, die gleichzeitig ausgehoben werden, müssen einen lichten Abstand von mindestens $3 \times 1,25$ m = 3,75 m aufweisen.

Die Unterfangungskörper müssen erdstatisch nachgewiesen werden, wobei hier auch eine Prüfpflicht besteht. Schon ab etwa 2 m Tiefe wird eine Abstützung (Anker, Nägel) notwendig. Es sind bei den unterschiedlichen Bauzuständen

Nachweise

◘ **Abb. 10.16**   Erster Abschnitt

die minimalen und maximalen Verkehrslasten zu Grunde zu legen. Es wird meist der erhöhte aktive Erddruck mit geringem Wandreibungswinkel angenommen, der bei gestützten Wänden rechteckförmig umgelagert wird.

Es werden neben der konstruktiv-statischen Bemessung auch die geotechnischen Nachweise zum Kippen (klaffende Fuge, häufig bei geringen Vertikallasten maßgebend), Gleiten, Grundbruch (bei hohen Vertikallasten maßgebend) und Geländebruch geführt. Bei Ankern kommt auch der Nachweis zur „Tiefen Gleitfuge" in Betracht. Beim Setzungsnachweis wird auch das neue Bauwerk berücksichtigt.

Messprogramm

Für die Abfolge der Arbeiten muss eine schriftliche Arbeitsanweisung erstellt werden, wobei nicht mehr als 20 % einer Gründungsfläche in einem Arbeitsschritt freigelegt werden dürfen. Es wird außerdem ein begleitendes Messprogramm geplant. Schließlich empfiehlt es sich, vor dem Beginn der Arbeiten für den Bestand eine Beweissicherung durchzuführen.

Die Unterfangung wird erst dann in Angriff genommen, wenn alle Planunterlagen auf der Baustelle vorliegen. Bei der Überwachung der Arbeiten werden auch die laufend gewonnenen Messergebnisse bewertet.

Kraftschluss

Bei konventionellen Unterfangungen kommt es insbesondere auf einen guten Kraftschluss zum Bestand hin an, um die unvermeidlichen Setzungen so gering wie möglich zu halten. Dazu werden Fülltrichter für den Ortbeton genutzt und ggf. auch Quellmittel zugegeben. Bei höheren Ansprüchen an die Verformungsbeschränkung werden Verspannungen mit Stahlkeilen oder Umlastungen mit Pressen und Stahlspindeln vorgenommen. Der Einsatz von Spritzbeton bietet geringere Entspannungen und kein großes Schwindmaß.

Anker sollen nur mit 50 % der rechnerischen Last vorgespannt werden, da sich der erhöhte aktive Erddruck meist nicht einstellt.

In der Praxis werden – wie schon erwähnt – meist nicht alle Festlegungen der DIN 4123 umgesetzt. So wird oft der Bestand nicht genau genug untersucht, es werden keine Baugrunderkundungen durchgeführt, die Stichgräben werden nicht kraftschlüssig verbaut, auf ein begleitendes Messprogramm wird verzichtet und anderes mehr. So heißt es beispielsweise im ▶ Abschn. 9.7 der DIN 4123:

» 9.7 Kraftschluss zwischen Fundament und Unterfangung
Um mögliche Setzungen des bestehenden Gebäudes gering zu halten, muss jeweils vor dem Herstellen der zeitlich nächstfolgenden Stichgräben eine sichere Kraftübertragung in die Unterfangungskonstruktion und in den Untergrund erreicht werden, z. B. durch großflächige Stahldoppelkeile oder hydraulische Anpressung mit abschließender Ausfüllung der

Lücken zwischen den angekeilten oder angepressten Flächen. Auch der fachgerechte Einsatz von Fließbeton in Verbindung mit Quellzusätzen kommt in Frage.

Mit der hydraulischen Anpressung soll auch erreicht werden, dass die zu erwartenden Setzungen der Unterfangungswand vorweggenommen werden und sich somit nicht auf das zu unterfangende Gebäude auswirken. Ist die Vorwegnahme dieser Setzungen nicht sofort möglich, z. B. wegen des unabdingbaren Konsolidierungsvorgangs von bindigem Boden, dann ist die Pressenkraft für einen längeren Zeitraum konstant zu halten. In diesem Fall sind die Setzungen und gegebenenfalls die Pressenkräfte in Abhängigkeit von der Zeit zu messen und zu protokollieren, damit die Wirksamkeit der Maßnahme beurteilt werden kann. Ist die Vorwegnahme der Setzungen auf diese Weise nicht möglich, dann ist die abschnittsweise Unterfangung nur zulässig, wenn die damit verbundenen späteren Setzungen die Integrität und Gebrauchstauglichkeit des zu unterfangenden Gebäudes nicht gefährden.

Damit ergibt sich, dass bei Böden mit Konsolidierungsverzug immer mit hydraulischer Anpressung gearbeitet werden muss. Was aber bedeutet der Nachsatz, dass die späteren Setzungen die Integrität und Gebrauchstauglichkeit des Bestandes nicht gefährden darf? Ab wann ist denn eine Integrität gefährdet?

▪ Presspfähle

Presspfähle werden zur Unterfangung, insbesondere aber bei einer Nachgründung – im Schadensfall oder bei Lasterhöhungen – eingesetzt. Man kann damit Bauwerke auch anheben und anschließend seitlich verschieben.

Bei diesem Verfahren werden kurze, mit „Nut und Feder" ausgestattete Pfahlfertigteile (◼ Abb. 10.17) jeweils segmentweise mit einer Hydraulikpresse erschütterungsfrei in den Baugrund eingedrückt (◼ Abb. 10.18).

Nut und Feder

In einer kleinen Montagegrube wird hierzu das Fundament zunächst untergraben. Das erste Segment wird zentrisch eingestellt und der Presszylinder aufgesetzt, der sich dann ggf. mit Hilfe von Lastverteilungsplatten am Fundament als Widerlager abstützt. Die Segmente werden solange eingedrückt, bis die gewünschte Pfahllast erreicht ist oder sich das Fundament anhebt.

Um Hebungen leicht sichtbar zu machen, kann man eine schräggestellte Latte zwischen Boden und Decke verkeilen. Wenn sich etwas hebt, fällt die Latte um!

Eine Latte fällt um

Zum Schluss wird mit Schwerlastspindeln der Kraftschluss hergestellt und das Ganze einbetoniert (◼ Abb. 10.19).

◆ **Abb. 10.17**   Presspfahlsegmente

◆ **Abb. 10.18**   Einpressen

Mit der geschickten Anordnung von Presspfählen können Setzungen und Schiefstellungen rückgängig gemacht werden und sogar ganze Bauwerke wieder angehoben werden.

⬦ **Abb. 10.19**   Presspfähle vor dem Betonieren

■ **Expansionsharze**
Auch dieses Verfahren soll nicht unerwähnt bleiben: Bei abgesunkenen Fußböden und Gründungskörpern werden auch Zweikomponenten-Kunstharze injiziert, die zusammen gemischt so expandieren, dass es wieder zu gezielten Hebungen kommt.

10.4.14   Baugruben mit Unterwasseraushub

Wenn das Grundwasser nicht abgesenkt werden darf und eine Abdichtung der Sohle nicht gegeben, nicht möglich oder unwirtschaftlich ist, kann nach der Herstellung von wasserdichten Wänden der Baugrubenaushub auch unter Wasser erfolgen.

Um beim Unterwasseraushub den Wasserspiegel im Inneren mindestens so hoch wie außen zu halten, muss zunächst beim Aushub viel Wasser herbeigeschafft werden. Zunächst steht der Wasserdruck auf beiden Seiten der Umschließungswände auf gleicher Höhe, belastet die Wände also nicht. Ein Merkmal derartiger Baugruben ist, dass die Kopfabstützung der Wände ziemlich hoch – nämlich über dem Wasserspiegel – liegt.

Beim Aushub wird sich das Wasser zunehmend eintrüben und sich mit Schwebstoffen anreichern. An der jeweiligen Aushubsohle wird sich dabei auch eine Schlammschicht bilden.

Trübe und Schlamm

Ist die endgültige Aushubsohle erreicht, was durch laufende Lotungen kontrolliert wird, werden nach einer sorgfältigen Sohlplanie und Sohlreinigung meist von einem Ponton aus zur Auftriebssicherung der Sohle die erforderlichen Zugpfähle eingebaut (wenn diese nicht schon vor dem Unterwasseraushub eingebaut wurden). Nun muss die Sohle wieder gereinigt werden.

Taunhereinsatz –
unvermeidlich

Anschließend erfolgt im Contractor-Verfahren die Betonage der meist unbewehrten Unterwasserbetonsohle (≥ 1 m dick), wozu man in aller Regel auch Taucher braucht, die sich auf ihren Tastsinn verlassen können. Dies stellt den anspruchsvollsten Arbeitsschritt dar.

Die Sohle stellt nach dem Erhärten des Betons eine Aussteifung für die Wände dar, die nach dem Lenzen der Baugrube mit dem nun einseitig wirkenden Wasserdruck belastet werden. Wegen der hoch liegenden oberen Abstützung entstehen nun große Biegemomente.

Abpumpen mit höherem
Pulsschlag

Beim Lenzen wird dann für jeden sichtbar, ob die Sohle hält und in sich und an den Wandanschlüssen tatsächlich auch wasserdicht ist. Im Erfolgsfall hat man dann ein anspruchsvolles Ingenieurbauwerk hergestellt.

10.4.15   Senkkästen

Wie schon der Name ausdrückt: Ein Kasten wird in den Baugrund und meist auch ins Grundwasser abgesenkt. Dazu weist er eine Schneide auf, deren innere Einbindetiefe durch einen gezielten Bodenaushub so klein wird, dass planmäßig ein Grundbruch herbeigeführt wird und dadurch der Kasten unter seinem Eigengewicht absinkt.

Man unterscheidet und eventueller Auflasten zwischen dem offenen Senkkasten und dem schon erwähnten Caisson (◘ Abb. 10.20), wo in einer Arbeitskammer mit Druckluft das Wasser ferngehalten wird.

Da mit zunehmender Absenkung in den Baugrund die Mantelreibung entlang der Schneide und dem aufgehenden Kasten zunimmt, wird zur Schmierung in einem umlaufenden Spalt eine Bentonitsuspension eingebracht.

Hier muss schon vor dem Absenkvorgang überlegt werden, wie man unter Berücksichtigung der Baugrundverhältnisse die Schneide und deren Überstand zum Kasten hin ausbildet – eine sicher sehr spannende Aufgabe.

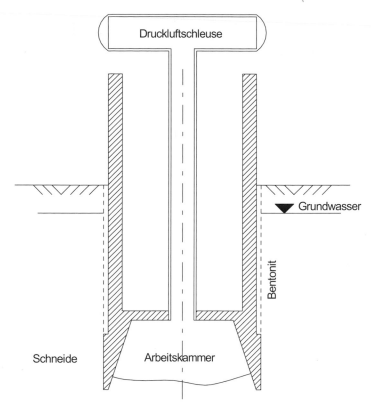

◘ **Abb. 10.20** Caisson

10.5 Dränanlagen und Abdichtungen

10.5.1 Ziele

Nachfolgend werden Bauwerksteile betrachtet, die in den Baugrund einbinden. Mit dem Bau von Dränanlagen werden die Anforderungen an eine Abdichtung reduziert.

Bei Konstruktionen aus wasserundurchlässigem Beton (WU-Beton) bleiben mit entsprechender Bewehrung die Risse so klein, dass keine zusätzliche Abdichtung erforderlich ist. Kellergeschosse in dieser Bauweise werden als „Weiße Wannen" bezeichnet.

Bei nicht wasserdichter WU-Betonbauweise kann mit dem Aufbringen einer gesonderten Hautabdichtung für einen ausreichenden Feuchteschutz oder eine Wasserdichtigkeit gesorgt werden.

Viele Bauschäden durch mangelhafte Abdichtung

Abdichtungen sollen verhindern, dass über die geplante Nutzungsdauer Wasser, Wasserdampf oder andere gasförmige Stoffe in Bauwerke eindringen. Feuchtigkeitsschutz ist Teil des Bautenschutzes, der sich auch mit Korrosion, Holzschutz, Säureschutz befasst. 90 % aller Bauschäden sind durch Feuchtigkeit bedingt.

Schädigend ist eine Durchfeuchtung, weil damit ggf. eine Minderung der Nutzung, des Wärmeschutzes, eine verringerte Festigkeit und eine erhöhte Korrosion verbunden sein kann. Schließlich kann sich auch bei mangelhafter Abdichtung der Frost-Tau-Wechsel ungünstig auswirken.

Wie die vielen Bauschäden beweisen, werden die Planung, Ausführung und Überwachung von Arbeiten zur Abdichtung und Dränung in ihrer Wichtigkeit oft unterschätzt, weshalb nachfolgend etwas ausführlicher auf diese Themen eingegangen wird.

10.5.2 Begriffe

In ◘ Tab. 10.2 sind mögliche Erscheinungsformen des Wassers aufgeführt.

10

Bodenfeuchtigkeit → drückendes Wasser

Baukörper, die in den Baugrund einbinden, können somit ganz unterschiedliche Beanspruchungen durch Feuchtigkeit und Wasser erfahren. Immer muss gegen Bodenfeuchtigkeit abgedichtet werden. Gegen drückendes Wasser wird abgedichtet, wenn sich Wasser zeitweise aufstauen kann oder der Baukörper immer oder zeitweise in Grundwasser einbindet.

◘ **Tab. 10.2**   Begriffe zur Wassereinwirkung

außerhalb des Baugrunds:	Niederschläge führen zu Oberflächenwasser, Dachflächenwasser, Schlagregen an den Fassaden, Spritzwasser im Sockelbereich, Hochwässer bei Überflutungen
Boden-feuchtigkeit	bedingt durch Haft- und Kapillarwasser (immer vorhanden)
nicht stauendes Sickerwasser	Boden mit $k > 10^{-4}$ m/s; Sickerwasser strömt ungehindert nach unten ab, es entsteht kein Wasserdruck auf ein Bauwerk
aufstauendes Sickerwasser	Boden mit $k \leq 10^{-4}$ m/s; zeitweise aufstauend (keine Dränage)
nicht drückendes Wasser	Wasser übt keinen oder zeitweise nur sehr geringen Druck (≤ 10 cm Ws) aus
drückendes Wasser	übt einen größeren Wasserdruck (als nur zeitweise 10 cm Ws) auf das Bauwerk aus

Für die geplante Lebensdauer des Bauwerks muss der höchste mögliche Wasserspiegel bekannt sein, also der Bemessungsgrundwasserspiegel (HGW) oder der Bemessungshochwasserstand (HHW). Wenn keine Informationen aus langjährigen Grundwasser- bzw. Hochwassermessungen vorliegen, sind entsprechende Sicherheitszuschläge vorzunehmen. Wenn keine Hochwässer möglich sind, muss u. U. als HGW die Geländeoberfläche angenommen werden.

Wenn Bauwerke Hindernisse in einem möglichen Grundwasserstrom darstellen, kann sich Wasser aufstauen, was dann zu entsprechend höheren Wasserständen führt.

Nur lotrechte Bauteile erfahren bei drückendem Wasser allein waagerechte Wasserdruckkräfte. Jede Abweichung von der lotrechten Richtung lässt auch vertikale Kraftkomponenten entstehen. Weisen diese vertikalen Kraftkomponenten nach oben, hat man es mit einer Auftriebswirkung zu tun.

Gibt es keine Möglichkeiten, die Auftriebskräfte im gegebenen Kostenrahmen aufzunehmen, kann auch daran gedacht werden, Bauwerke bei seltenen hohen Wasserständen vorübergehend zu fluten.

Wird eine Dränage ausgeführt und deren dauernde Funktion sichergestellt, braucht das Bauwerk nur gegen Bodenfeuchtigkeit abgedichtet zu werden.

10.5.3 Dränanlagen

Die Ausführung von Dränanlagen wird in DIN 4095:1990-06 beschrieben. Einen ergänzenden Kommentar dazu findet man in [11].

Dränanlagen müssen detailliert geplant und fachgerecht ausgeführt werden. Bei funktionierenden Dränagen wirkt kein Wasserdruck auf ein Bauteil und es wird auch kein Boden ausgespült. Es gibt keine Auftriebskräfte und das Bauwerk braucht nur gegen Bodenfeuchtigkeit abgedichtet zu werden.

Eine Dränage muss also hydraulisch wirksam und mechanisch filterfest sein. Dränleitungen benötigen ein Gefälle und dürfen nicht einstauen, was durch eine funktionierende Vorflut sichergestellt werden muss.

Nachteilig bei Dränanlagen ist, dass sie in aller Regel immer funktionstüchtig sein müssen, was durch eine dauernde Kontrolle und Wartung sicherzustellen ist.

Sie kommen dann nicht in Frage, wenn das anfallende Dränwasser nicht abgeführt werden kann, etwa weil eine Einleitung in die öffentliche Kanalisation nicht genehmigt wird. Wenn gepumpt werden muss, ist eine ständige Stromversorgung sicherzustellen. Rückstausicherungen und

Bemessungswasserspiegel

Achtung: Auftrieb!

Hydraulisch wirksam, mechanisch filterfest

Vorflut!

Hebeanlagen sind teuer und erfordern weiteren Wartungs- und Betriebsaufwand – bis hin zum Notstromaggregat.

So ist bei jedem Projekt zu prüfen, ob die Ausführung von Dränanlagen möglich und wirtschaftlich sinnvoll ist.

Wenn Bauwerke den Grundwasserstrom in unzulässiger Weise absperren, muss dies durch bauliche Einrichtungen wie z. B. Düker verhindert werden. Auch hier gelten die Grundsätze der hydraulischen Wirksamkeit und mechanischen Filterfestigkeit.

10.5.4 Hautabdichtungen, Regelwerk

Das Eindringen von Wasser und Gasen erfolgt in den Poren der Baustoffe. Umso kleiner diese Poren sind, desto besser wird ein Eindringen verhindert. Abdichtungsmaterialien weisen dementsprechend sehr geringe Porengrößen auf. Als vollständig dicht können Metalle und Glas gelten.

Es sind eine Vielzahl von möglichen Abdichtungsmaterialien verfügbar:

- Bituminöse Klebeabdichtungen,
- Bitumen-Anstriche,
- Asphaltmastix,
- Gussasphalt,
- Bitumenbahnen,
- Polymerbitumenbahnen,
- kaltselbstklebende Bitumendichtungsbahnen,
- kunststoffmodifizierte Bitumendickbeschichtungen (1- oder 2-komponentig),
- Kunststoffdichtungsbahnen,
- Metallbahnen aus Kupfer bzw. Edelstahl.

Ergänzend dazu sind zu nennen:

- Mineralische Abdichtungen aus Beton,
- flexible Dichtungsschlämme,
- Bentonit.

Bei Neubauten bietet es sich an, die oben aufgeführten Hautabdichtungen von außen aufzutragen. Dies hat den Vorteil, dass die Wände gegen eindringendes Wasser geschützt sind. Innenabdichtungen kommen dann in Frage, wenn die Außenwand nicht mehr zugänglich ist. Wichtig sind auch horizontale Abdichtungen, die einen Aufstieg des Wassers in der Wand verhindern. Fugen und Rohrdurchführungen stellen Schwachpunkte dar und sind deswegen insbesondere abzudichten.

Das umfangreiche Regelwerk zur gesonderten Abdichtung von Bauwerken wurde neu geordnet, was in der DIN 18 195:2015-06 „Abdichtung von Bauwerken – Begriffe" erläutert wird. Es wird hier unterschieden in

- DIN 18 532: Abdichtung von befahrbaren Verkehrsflächen aus Beton,
- DIN 18 533: Abdichtung von erdberührten Bauteilen,
- DIN 18 534: Abdichtung von Innenräumen und
- DIN 18 535: Abdichtung von Behältern und Becken.

Neu: DIN 18 533

In DIN 18 533-1:2017-07 werden die Anforderungen und die Grundsätze für die Planung und Ausführung der Abdichtung erdberührter Bauteile behandelt, im Teil 2 bahnenförmige Abdichtungsstoffe, im Teil 3 flüssig zu verarbeitende Abdichtungen. Die Norm gilt nicht für Abdichtung von Deponien, Erdbauwerken und bergmännisch hergestellte Tunnel.

Der Teil 1 der DIN 18 533 hat einen Umfang von 60 Seiten. Die nachfolgenden Ausführungen beschränken sich auf wenige ausgewählte Aspekte.

Zur Planung und Ausführung einer gesonderten Bauwerksabdichtung werden bestimmt bzw. festgelegt die jeweils geltende:

- Wassereinwirkungsklasse,
- Rissklasse,
- Rissüberbrückungsklasse,
- Raumnutzungsklasse und die
- Zuverlässigkeitsanforderung.

Es werden die in ◘ Tab. 10.3 dargestellten Wassereinwirkungsklassen unterschieden.

Definition der Anforderungen

◘ Tab. 10.3	Wassereinwirkungsklassen
W1-E	Bodenfeuchte und nicht drückendes Wasser, Dränung
W1.1-E	Bodenfeuchte bei Bodenplatten mit UK ≥ 50 cm über dem Bemessungswasserstand
W1.2-E	Bodenfeuchte und nicht drückendes Wasser bei erdberührten Wänden und Bodenplatten, Bemessungswasserstand ≥30 cm tiefer
W2-E	Drückendes Wasser (Grundwasser, Hochwasser, Stauwasser)
W2.1-E	Mäßige Einwirkung von drückendem Wasser: bis 3 m Ws
W2.2-E	Hohe Einwirkung von drückendem Wasser: größer 3 m Ws
W3-E	Nicht drückendes Wasser auf erdüberschütteter Decke
W4-E	Spritzwasser und Bodenfeuchte am Wandsockel sowie Kapillarwasser in und unter Wänden

● Tab. 10.4	Rissklassen und Rissüberbrückungsklassen	
R1-E (gering)	RÜ1-E	Risse ≤ 0,2 mm, Beton, Mauerwerk
R2-E (mäßig)	RÜ2-E	Einmalige Risse in Beton und Mauerwerk ≤ 0,5 mm
R3-E (hoch)	RÜ3-E	Einmalige Risse in Beton und Mauerwerk ≤ 1,0 mm mit Versatz ≤ 0,5 mm
R4-E (sehr hoch)	RÜ4-E	Einmalige Risse ≤ 5,0 mm mit Versatz ≤ 2,0 mm

● Tab. 10.5	Raumnutzungsklassen	
RN1-E (geringe Anforderung)	z. B. offene Hallen, Tiefgarage o. ä.	
RN2-E (durchschnittliche Anforderung)	z. B. Aufenthaltsräume, übliche Lagerräume o. ä.	
RN3-E (hohe Anforderung)	z. B. Archiv, Zentralrechner o. ä.	

10

Riss(überbrückungs)klassen

Die Auswahl der Abdichtungsbauart hängt auch vom Untergrund ab, der i. d. R. Risse aufweist, die überbrückt werden müssen. Man unterscheidet die in ● Tab. 10.4 aufgeführten Rissklassen und Rissüberbrückungsklassen.

Raumnutzungsklassen

Die Beschreibung und Zuordnung der drei Raumnutzungsklassen ist aus ● Tab. 10.5 ersichtlich.

Auswahl nach Teil 2 und 3 der DIN 18 533

Abdichtungen müssen nicht nur dicht genug, sondern auch beständig, dauerhaft und zuverlässig sein. In den Teilen 2 und 3 der DIN 18 533 werden die je nach Wassereinwirkungsklasse geeigneten Bauarten und Aufbauten der Abdichtungen angegeben.

10.5.5   Bauweise mit WU-Beton

Statt der Verwendung von Hautabdichtungen werden in zunehmendem Maße abzudichtende Bauwerke mit wasserundurchlässigem Beton hergestellt. Für Untergeschosse in dieser Bauweise wird auch oft der Begriff der „Weißen Wanne" gebraucht. Sie können in Ortbeton mit einer Systemschalung oder mit vorgefertigten Elementwänden hergestellt werden.

Weiße Wanne 1

Für die Bauweise mit WU-Beton, für die keine gesonderte Hautabdichtung erforderlich ist, gelten die Richtlinien des Deutschen Ausschusses für Stahlbeton [9]. Zur Konstruktion von „Weißen Wannen" sei auf [10] hingewiesen.

In der Beanspruchungsklasse 1 darf drückendes, zeit-weise aufstauendes und nichtdrückendes Wasser einwirken, in der Klasse 2 nur Bodenfeuchte und nichtstauendes Sicker-wasser.

Als wasserundurchlässig wird ein Beton bezeichnet, der so dicht ist, dass die größte Wassereindringtiefe bei einer nor-mierten Prüfung nach DIN 1048 bzw. ENV 206 ein bestimmtes Maß nicht überschreitet. Bei fachgerechter Ausführung er-geben sich Eindringtiefen von nur 10 mm bis 20 mm. WU-Beton ist gegen schwachen chemischen Angriff nach DIN 4030 und (je nach Zusammensetzung und verwendetem Zu-schlag) auch gegen Frost widerstandsfähig.

Beanspruchungsklasse

Um jedoch eine funktionierende grundwasserdichte Weiße Wanne zu erstellen, bedarf es neben den betontechnologischen Grundlagen einer ganzen Reihe planerischer und ausführungs-technischer Voraussetzungen sowie einer qualifizierten Fach-bauleitung. Man sollte also bei der Vergabe auf erfahrene, spezialisierte Unternehmen zurückgreifen.

Nicht nur Betontechnologie

WU-Beton wird verwendet bei:
- Schutz von Bauwerken gegen Grundwasser (Tiefgaragen, Keller, Tunnelbauwerke),
- Schutz des Grundwassers gegen wassergefährdende Stoffe (Klärbecken, Auffangbehälter, Güllebehälter),
- Flüssigkeitsbehälter (Wasserbehälter, Schwimmbecken).

Weiße Wannen sind vorteilhaft vor allem wegen ihrer hohen Funktionssicherheit, der geringen Witterungsempfindlichkeit, der kürzeren Bauzeit und oft auch wegen niedrigerer Kosten. Ferner können auch Fehlstellen meist leicht geortet und sa-niert werden.

Weiße Wannen 2

Allerdings muss zusätzlich geachtet werden auf:
- Betonrezeptur – auch hinsichtlich einer GW-Aggressivi-tät –,
- Schalung, Verdichtung und Nachbehandlung (Boden-platten nur auf Sauberkeitsschichten aus Magerbeton, Einbau von Gleitfolien usw.),
- Nachweis der Rissbeschränkung bei Einhaltung von ent-sprechenden Mindestdicken, Betonüberdeckung mindes-tens 3 cm, besser 5 cm,
- besondere Fugenausbildung, Schalungsanker, Bauwerks-durchdringungen und ggf. Mehraufwendungen für den Innenausbau (Feuchtebilanz).

Ingenieurbauwerk!

WU-Beton ist nicht wasserdampfdicht. Bei höherwertiger Nutzung können hier weitere Aufwendungen notwendig wer-den.

Nutzung?

Hierzu eine kleine Aufgabe aus der Bauphysik: ◄

Eine 25 cm dicke Bodenplatte einer weißen Wanne (λ = 2,1 W/(mK), μ = 70) liegt immer im Grundwasser mit 10 °C. Wieviel Gramm Wasser diffundieren pro m^2 und Tag durch die Bodenplatte, wenn im Keller 15 °C bei einer relativen Luftfeuchte von 50 % herrschen? Lösung mit Annahme einer kapillaren Wassereindringtiefe von 7 cm:

$$i = \frac{1228 \cdot 1 - 1706 \cdot 0,5}{1,5 \cdot 10^6 \cdot 70 \cdot (0,25 - 0,07)} \cdot 1000 \cdot 24 = 0,48 \, g / \left(m^2 \cdot d\right) \quad (10.1)$$

◄

Hinweise zur Bauausführung

Zur Sicherung der Betondeckung und der Lage von Fugenelementen ist eine steife Schalung erforderlich. Weiterhin ist eine saugende, raue Schalhaut zweckmäßig. Sie verhindert den Wasserverlust an der Betonrandzone sowie Oberflächenrisse, die beim Ausschalen einer glatten, nichtsaugenden Schalung auftreten können. Schalungsanker müssen eine Wassersperre besitzen. Hier werden oft verlorene Anker aus Gewindestahl mit einer Manschette eingesetzt.

Beim Einbau des Betons sind folgende Kriterien zu beachten:
- Beton ohne Unterbrechung einbringen, Fallhöhe auf 2 m begrenzen, Entmischen vermeiden;
- Verdichten mit Innenrüttler, Rüttelzeiten und -abstände sind vorzugeben und einzuhalten, in jedem Fall nachverdichten;
- bei extremen Temperaturen: Erwärmen oder Kühlen, z. B. Schuppeneis zum Anmachwasser oder einbetonierte Kühlrohre;
- Betonierreihenfolge bei Sohlplatten von innen nach außen mäander- oder spiralförmig;
- im Übergangsbereich Wand-Sohle ist eine „Anschlussmischung" mit kleinerem Größtkorn sinnvoll;
- außerdem sollten Sohlplatten in Schichten zwischen 0,3 bis 0,6 m betoniert werden, sonst fehlt den Luftblasen der Auftrieb oder sie erreichen durch zu große Reibungswirkung die Oberfläche nicht.

Nachbehandlung

Eine Richtlinie des Deutschen Ausschusses für Stahlbeton regelt die Maßnahmen zur Nachbehandlung. Die Dauer wird so festgelegt, dass auch der Randbereich des Betons eine ausreichende Festigkeit erreicht. Maßgebend sind die Zementart und der w/z-Wert. Weiterhin wird die Dauer beeinflusst von:
- der Beanspruchung des Bauteils (Innen- oder Außenbauteil),
- den Umgebungsbedingungen beim Bauprozess (Betontemperatur, rel. Luftfeuchte, Sonneneinstrahlung, Wind),
- der Festigkeitsentwicklung des Betons.

Bei Bauweise mit *beschränkter* Rissbreite ist eine Ausschalfrist ≥ 2 Tage einzuhalten (kürzere Ausschalfristen bedürfen besonderer Genehmigung).

beschränkte Rissbreite und verminderte Rissbildung

Bei einer Bauweise mit *verminderter* Rissbildung:
- Schutz gegen zu frühes Abkühlen: Waagerechte Oberflächen 6 Tage abdecken (Folien), lotrechte Flächen 6 Tage in Schalung lassen;
- Schutz gegen zu schnelles Austrocknen bzw. Aufbringen von flüssigen Nachbehandlungsmitteln, z. B. Aufbringen von Abdeckungen, kontinuierliches Besprühen mit Wasser;
- bei Temperaturen <10° Wärmedämmung.

Das Füllen von Rissen erfolgt durch:

Füllen von Rissen

- Tränkung (T) – Füllen von Rissen ohne Druck, z. B. Pinseltränkung,
- Injektion (I) – Füllen von Rissen unter Druck mit Hilfe von Einfüllstutzen (Packer); z. B. Klebepacker (bis 60 bar), Bohrpacker (>60 bar)

Als Füllstoffe stehen zur Verfügung:
- Epoxidharz (EP-T und EP-I),
- Polyurethan (PUR-I) Zementleim (ZL-I),
- Zementsuspension (ZS-I).

Zu den Fugen:

Fugenausbildung

Bei Weißen Wannen ist vom Planer in jedem Falle ein Fugenplan zu erstellen. Damit sind Lage und Ausbildung der Fugen festzulegen. Je nach Bauweise (verminderte Rissbildung, beschränkte Rissbreite) ergeben sich dabei unterschiedliche Lösungen.

Es gilt der Grundsatz:

❯ So wenige Fugen wie möglich und natürlich so viele wie notwendig.

Arbeitsfugen (AF) sind

Arbeitsfugen

» „Fugen, die aus Gründen des Arbeitsablaufs planmäßig in einem sonst monolithischen Bauteil angeordnet werden."

Nach DIN 1045, ▶ Abschn. 10.2.3:

» „Die einzelnen Betonierabschnitte sind vor Beginn des Betonierens festzulegen. AF sind so auszubilden, dass alle auftretenden Beanspruchungen aufgenommen werden können. In den AF muss für einen ausreichend festen und dichten Zusammenschluss der Betonschichten gesorgt werden."

Arbeitsfugen entstehen durch die zeitliche Unterbrechung im Betoniervorgang. Alle AF sind Schwachstellen hinsichtlich der Dichtheit der Betonkonstruktion. Alle
- Anschlussflächen müssen sauber sein und
- der Anschlussbereich ist mit feiner Mischung zu betonieren.

Bei Betonierunterbrechungen von wenigen Stunden können AF durch Erstarrungsverzögerer vermieden werden. Das Abdichten der AF ist in jedem Fall notwendig.

Bewegungsfugen (BF) sind:

Bewegungsfugen

» „Zwischenraum zwischen zwei Bauwerken oder Bauteilen, der ihnen unterschiedliche Bewegungen ermöglicht."

Bei Bewegungsfugen werden unterschieden:
- Raumfugen: Dehnungsfugen, Setzungsfugen, Dehn-Setzungsfugen und
- Sonderfugen: Pressfugen, Scheinfugen, Schwindfugen.

Bewegungsfugen sind besonders sorgfältig abzudichten.
Die Abdichtung von Fugen erfolgt durch:

Fugenbänder

Fugenabdichtungen

■ **Fugenbänder:**
Ihre Dichtwirkung beruht auf der Verlängerung und Umlenkung des Wasserweges durch querlaufende Rippen (Labyrinthprinzip). Die Bänder werden mit der Bewehrung eingebracht und mit Fugenbandklammern oder Bindedraht fixiert. Diese Lagesicherung ist zwingend erforderlich. Die Fugenbänder sollen dauerhaft elastisch, zugfest, alterungs- und verrottungsbeständig (d. h. widerstandsfähig gegen physikalische, chemische und biologische Korrosion), leicht verarbeitbar, z. B. schweißbar sein. Arbeitsfugenbänder können Bewegungen bis 5 mm aufnehmen, jedoch kaum Scherbewegungen. Man unterscheidet Innen- und Außenbänder. Innen liegende Arbeitsfugenbänder sind bei stehendem Einbau (Sohle-Wand-Anschluss) gefährdet. Deshalb besitzen sie in solchen Fällen oft Stahlaussteifungen oder einvulkanisierte Stahllaschen, um das Umkippen beim Betonieren zu verhindern. Außen liegende Profile eignen sich gut zur Abdichtung von Fugen an der Unterseite von Platten und bei lotrechten Fugen in Wänden. Innerhalb einer Konstruktion ist eine einheitliche Lage der Bänder festzulegen, d. h. alle Bänder innen oder außen. Ein Wechsel kann unüberbrückbare Schwierigkeiten erzeugen.

Fugenbleche

■ **Fugenbleche:**
Fugenbleche wirken nach dem Einbettungsprinzip, d. h. über die Haftung zwischen Stahl und Beton. Sie können als ein-

facher Blechstreifen ausgebildet oder mit seitlichen Aufkantungen versehen sein. Sie sind steif, einfach zu befestigen und kostengünstig. Fugenbleche werden in Rollen aus Baustahl, Feinblech oder Edelstahl angeboten: 25 bis 40 cm breit, 1 mm dick. Verarbeitet wird „schwarzes Blech" (nicht verzinkt oder anderweitig beschichtet). Verbindung untereinander durch Schweißen (Hartlöten), Kleben, Klemmen oder Falzen. Eine Überlappung der Bleche ist nicht ausreichend dicht. Anschlüsse an Fugenbänder mittels Klemm-oder Klebeverbindung.

■ **Injektionsdichtungen:**   Injektionen
Die Verpressschläuche werden meist mittig in der Arbeitsfuge verlegt, bei dicken Wänden näher an der Wasserseite. Durch Abdrücken mit Wasser wird nach der Fertigstellung die Dichtheit der AF kontrolliert. Bei Undichtigkeiten wird mit einem aushärtenden Injektionsmittel verpresst (meist 2 bis 3 Nachverpressungen, Injektionsdruck je nach System 2 bis 50 bar). Es existieren ein- oder mehrfach verwendbare Systeme. Im 2. Fall kann nach dem Verpressen ausgeblasen und gespült werden. Austrittsöffnungen der Schläuche müssen über die ganze Fugenlänge verteilt sein. Sie müssen gegen Verstopfen durch Zementschlämpe geschützt werden. Die Schläuche dürfen sich nicht durch hydrostatischen Druck des Frischbetons zusammendrücken: Die Schlauchlänge sollte <7 m sein. Schließlich sind Sicherung gegen Verschieben und Aufschwimmen notwendig (Schellen). Als Verpressmittel werden Kunstharze (oft 2 Komponenten), Polyurethan, Acryl verwendet.

■ **Quellbänder:**   Quellbänder
Diese Wulstdichtungen erzielen die Abdichtung durch das Quellen ihrer hydrophilen Teile bei Nässezutritt. Dies geschieht langsam, nicht sofort im Frischbeton. Beim Quellvorgang wird ein Anpressdruck erzeugt. Die Bänder werden ähnlich wie Verpressschläuche verlegt. Es genügen einfache Stumpfstöße, Überlappungen und Verschweißen entfallen. Das Quellband muss mit einem Befestigungsgitter abgedeckt und mit Stahlnägeln gegen Verschieben gesichert werden. Quellbänder sind interessant für Sonderlösungen, für Rohrdurchführungen und senkrechte AF. Sie können auch mit Verpressschläuchen kombiniert werden.

Als Sonderlösungen sind zu nennen: Sonderlösungen
▬ Injektionsschlauch mit integriertem Quellband,
▬ Fugenblech mit integriertem Injektionskanal,
▬ Fugenblech mit quellfähiger Materialbeschichtung.

Schließlich: Bei allen Abdichtungskünsten dürfen bei Unter-   Achtung: Lichtschächte!
geschossen die Kellerfenster und die ggf. davor angeordneten

Lichtschächte nicht vergessen werden. Wenn das Wasser bis dahin ansteigen kann, muss auch hier die Dichtheit sichergestellt bzw. für einen rückstaufreien Abfluss des hier eindringenden Wassers gesorgt werden.

10.5.6 Abdichtung mit Bentonit

Ton- und Lehmdichtungen werden schon seit langem im Staudamm- und Deichbau eingesetzt, bei Bauwerksabdichtungen dagegen bisher selten.

Bentonit

Bentonite sind Tone, die zum größten Teil aus dem Mineral Montmorillonit bestehen. Natrium-Bentonit ist ein helles und quellfähiges Tonmineral. Es enthält mindestens 90 % Montmorillonit und höchstens 10 % andere Mineralien, vor allem Feldspate. Natrium-Bentonit kann das 5 bis 7-fache seines Eigengewichtes an Wasser binden, wodurch bei freiem Quellen eine Volumenvergrößerung um das 12- bis 15-fache entsteht.

Volclay-Panels

Seit 1964 wurden in den USA zum ersten Mal wasserdruckhaltende Abdichtungen aus Bentonitpappen, sog. Volclay-Panels eingesetzt. In Deutschland ist dieses Volclay-Abdichtungssystem seit 1977 auf dem Markt. Die Zulassung erfolgte 1983 durch das Institut für Bautechnik. Die Volclay-Platten sind Wellpappen von der Größe 1,22 m × 1,22 m und rund 5 mm Dicke (8,2 kg), deren Röhren mit granuliertem, natürlichem Natriumbentonit gefüllt sind. Die Wellpappen dienen lediglich als Trägereinlagen, die nach gewisser Zeit verrotten, um die gewünschte Bentonitschicht als Abdichtung zurückzulassen.

Quelldruck

Erdfeuchte und Wasser führen zum Quellen des Natrium-Bentonits. Wird der Quellvorgang durch eine Auflast der Sohlplatte oder den Anpressdruck der Hinterfüllung behindert, entsteht infolge des Quelldruckes eine hochabdichtende Wirkung. Aus dem trockenen Natrium-Bentonit wird eine gelförmige Bentonithaut, die das Bauwerk sicher umschließt und Umläufigkeit verhindert. Bauwerksrisse werden bis zu einer Rissbreite von 2 mm sicher überbrückt.

Bentonitdichtungen sind nicht absolut wasserundurchlässig. Durch Diffusion dringen geringe Wassermengen durch die Haut. Diese Sickermenge nimmt bei Bentonit mit der Zeit ab. Die Wasserdurchlässigkeit beträgt etwa $k = 2 \times 10^{-10}$ m/s. Diese kleinen Wassermengen können bei diffusionsoffenen Bauteiloberflächen verdunsten.

Durch den Quelldruck schließen sich kleine Beschädigungen oder Durchdringungen von Nägeln selbst. Ein Hinterlaufen von Wasser, wie bei Folien oder anderen Bahnendichtungen ist unwahrscheinlich.

10

Gegen drückendes Wasser wird die sogenannte „Braune Wanne" ausgeführt. Dabei wird der Trog ähnlich wie bei anderen Hautabdichtungen von diesen Platten umschlossen. Die Verlegung erfolgt im Trockenen. Die Überlappung beträgt mindestens 5 cm und ist durch Folie zu schützen. Auf der Sohldichtung ist ein Schutzbeton erforderlich.

An den Wandflächen sind die Pappen, z. B. mittels Druckluftnagelgerät, anzuheften, sie können auch gefalzt werden (äußerer Dichtungseinbau). Eine vertikale Schutzschicht ist unter bestimmten Umständen entbehrlich, sofern die Hinterfüllung mit abgestuftem rundkörnigem Material ($99\,\% \leq 50$ mm, $30\,\% < 0{,}074$ mm) erfolgt. Das Verfüllmaterial ist auf 85 % Proctor zu verdichten.

Bei anderen Verfüllmaterialien sind geeignete Platten (Hart- oder Weichfaserplatten) als Verfüllschutz zu verwenden. Noch zwei ergänzende Hinweise:

- nach Frosteinwirkung oder völliger Austrocknung ist eine erhöhte Wasserdurchlässigkeit möglich,
- bei aggressiven Wässern (Elektrolyten) tritt ggf. eine geringere Quellfähigkeit auf.

Ergänzende Produkte:

- Volclay-Panel Typ 3: gefüllte Wellpappe zwischen zwei ungefüllten Pappen; für Bauwerksteile, die den Schwelldruck nicht aufnehmen können;
- Volclay-Joint-Pak: Dreikant- oder Vierkantstangen aus Wellpappe, mit Bentonit gefüllt;
- Volclay-Hydrobar-Tube: Dichtungsstange mit Gelantinehülle; für Eckanschlüsse und Fugenausbildung;
- Pasten, Granulatfüller;
- neben Bentonitpappen werden auch Bentonitmatten auf dem Markt angeboten, bei denen das Bentonit in Geotextilien eingeschlossen und dadurch geschützt ist. Sie wurden für den Deponiebau entwickelt.

Die ◘ Tab. 10.6 zeigt in der Übersicht einige Vergleichsmerkmale der Bauformen bei drückendem Wasser.

Braune Wanne

Ein Vergleich

10.6 Kanal- und Rohrleitungsbau

Wenn offene Leitungsgräben – geböscht oder verbaut – nicht möglich bzw. wegen zu großer Tiefe oder wegen kontaminiertem Baugrund beispielsweise unwirtschaftlich sind, werden Rohrleitungen in geschlossener Bauweise hergestellt.

◘ Tab. 10.6	Bauformen und Merkmale von wasserdichten Wannen		
Merkmal:	„Schwarze" Wanne	„Braune" Wanne	„Weiße" Wanne
Auswirkungen auf die Nutzung	keine	geringe	beachten
Chemischer Angriff	geschützt		ungeschützt
Witterung während der Bauzeit	gering	wenig	
Anforderung an die Konstruktion	gering		höher, Bewehrung
Regelwerk	durch Normung geregelt	nicht geregelt	Stand der Technik
Sanierung	sehr aufwendig	selbst-heilend?	einfach
Kosten	hoch	geringer	

Bei der grabenlosen Verlegung unterscheidet man generell zwischen den unbemannten und bemannten Verfahren. Erstere können ungesteuert und gesteuert erfolgen. Einen ersten Überblick über mögliche Verfahren erhält man in der DIN EN 12889:2000-03.

Microtunnelbau

Der unbemannte, gesteuerte Rohrvortrieb wird auch als Microtunnelbau bezeichnet. Bei größeren, begehbaren Durchmessern werden Rohre von einem Startschacht aus mit Hilfe von Hydraulikpressen vorgepresst. Bei diesem gesteuerten Vortrieb kann der Baugrund manuell, mechanisch oder hydraulisch an der Ortsbrust abgebaut werden. Einen praxisnahen Einstieg zu den üblichen Verfahren bekommt man in [8].

Eine kleine Anmerkung für interessierte Historiker: Eine besondere Berühmtheit erlangte die Firma FlowTex aus Ettlingen, die mit erschwindelten Verkäufen von gar nicht existierenden Horizontalbohrmaschinen (zwischen 1994 bis 1999) einen Schaden von beinahe 5 Milliarden DM anrichtete. Es handelte sich dabei um den bislang größten Wirtschaftsbetrug in Deutschland. Es wurden wohl in 123 Verfahren Freiheitsstrafen von insgesamt 58 Jahren verhängt.

> **Die Maschinentechnik macht vieles möglich**
> Bevor man mit den Bauarbeiten startet, sollte man noch einmal innehalten und prüfen, ob man den möglichen geotechnischen Risiken mit ausreichender Tiefe Rechnung getragen hat. Hierzu kann eine Checkliste Hilfestellung leisten.

Vorlaufende Beweissicherungen ersparen manchen Ärger und möglicherweise sind Nullmessungen hilfreich, wenn nicht sogar notwendig.

Der Erd-, Grund-, Fels- und Spezialtiefbau wird geprägt durch moderne Maschinentechnik. Hier werden nach wie vor viele neue Ideen entwickelt, erprobt und umgesetzt, welche das Bauen verbessern und auch wirtschaftlicher machen. Der Wettbewerb der Ideen beflügelt den Markt und die Technik. Oft sind der Machbarkeit kaum Grenzen gesetzt.

10.7 Fragen

1. Warum wird oft auf eine projektbezogene Baugrunderkundung verzichtet?
2. Was muss beim Baugrund „Anhydrit" befürchtet werden?
3. Warum stellen tektonische Verwerfungen ein Risiko dar?
4. Wo treten Erdfälle auf?
5. Auf einem ehemaligen Gelände einer uralten Brauerei soll ein Neubau errichtet werden. An was könnte man da denken?
6. Was versteht man unter einer vorlaufenden Beweissicherung?
7. Warum ist es sinnvoll, eine vorlaufende Beweissicherung durchzuführen?
8. Welche Messgrößen wären bei einer geplanten innerstädtischen Baugrube vor Baubeginn und vor dem Baugrubenaushub möglicherweise (als Nullmessung) zu erfassen?
9. Wie könnte man ein Planum bei zu geringen E_{v2}-Werten verbessern?
10. Welche Bauweisen von Tunneln im Anhydrit kommen grundsätzlich in Frage?
11. Was versteht man unter der NÖT, der Neuen Österreichischen Tunnelbauweise?
12. Wie wurde der Gotthard-Basistunnel aufgefahren?
13. Warum sind Schneckenortbetonpfähle, warum Duktilpfähle kostengünstig?
14. Durch was zeichnen sich moderne Vibratoren aus?
15. Was versteht man unter einem Mäkler, was unter dem Hochstrasser-Weise Verfahren?
16. Wie werden Franki-Pfähle hergestellt? Welche Vor- und welche Nachteile haben diese Pfähle?
17. Wie könnte man ein Streifenfundament mit einem Setzungsschaden sanieren?

18. Wie wird oft ein abgesunkener Hallenboden wieder angehoben?
19. Was versteht man unter einer Hochdruckinjektion?
20. Wodurch können Fehlstellen beim Düsenstrahlverfahren entstehen?
21. Welche grundsätzlichen Verfahren werden beim Vereisen des Baugrunds eingesetzt?
22. Was ist bei Betonwinkelsteinen zur Sicherung von Geländesprüngen zu beachten?
23. Welche Vorteile haben Gabionenwände?
24. Wodurch unterscheiden sich Anker von Nägeln?
25. Was zeichnet die Deckelbauweise aus?
26. Aus welchen Gründen kann eine Unterfangung nicht ausgeführt werden?
27. Welche Nachteile haben Hautabdichtungen?
28. Wogegen müssen Untergeschosse immer abgedichtet werden?
29. Welche Vorteile weisen Weiße Wannen auf?
30. Was ist Bentonit und wo wird Bentonit überall eingesetzt?
31. Was versteht man unter der Taucherkrankheit?
32. Warum will man eine Baugrube unter Wasser ausheben?
33. Welche Vor- und welche Nachteile haben Dränagen?
34. Beschreiben Sie eine Situation, wozu man bei einer Tiefgarage einen Düker braucht.
35. Wieso senkt sich ein Senkkasten ab?
36. Wie funktioniert eine Erdrakete im grabenlosen Rohrleitungsbau?
37. Wie wurde die Brücke „Pont du Normandie" gegründet?

Antworten zu den Fragen – sofern sie sich nicht unmittelbar aus dem Text ergeben – finden sich im Internet und im Anhang. A.2.

Literatur

1. Handbuch Spezialtiefbau: Gesamtausgabe, 1. Auflage 2013, Beuth Verlag
2. Kolymbas D (2005) Tunnelling and Tunnel Mechanics, A Rational Approach to Tunnelling, Springer, Berlin, Heidelberg, New York
3. Wichter L, Meiniger W (2000) Verankerungen und Vernagelungen im Grundbau, Ernst & Sohn, Berlin
4. Mayer F J (2006) Bauer – Geschichte und Geschichten, Bauer, Schrobenhausen
5. Ostermayer H (1991) Verpreßanker, Grundbau-Taschenbuch, 4. Auflage, Ernst & Sohn, Berlin
6. Renk D (2010) Zur Statik der Bodenbewehrung, Dissertation an der Universität Innsbruck

7. Deutsche Gesellschaft für Geotechnik e. V. (2010) Empfehlungen für den Entwurf und die Berechnung von Erdkörpern mit Bewehrungen aus Geokunststoffen (EBGO), 2. Auflage, Ernst & Sohn, Berlin

8. Schad H et al. (2008) Rohrvortrieb Durchpressung begehbarer Leitungen, 2. Auflage, Ernst & Sohn, Berlin

9. Deutscher Ausschuss für Stahlbeton (2003) DAfStb-Richtlinie: Wasserundurchlässige Bauwerke aus Beton (WU-Richtlinie) inkl. der Erläuterungen im Heft 555 des DAfStb; Berichtigung zur WU-Richtlinie: Ausgabe 2006-03

10. Lohmeyer G Ebeling, K (2018) Weiße Wannen – einfach und sicher, Verlag Bau und Technik, Düsseldorf, 11. Auflage

11. Hilmer K (1990) Dränung zum Schutz baulicher Anlagen. Planung, Bemessung und Ausführung; Kommentar zur DIN 4095 (Ausgabe Juni 1990), Geotechnik, Heft 4, 196-211

12. Jonasson J (2009) Der Hundertjährige, der aus dem Fenster stieg und verschwand, carl's books, München

13. Floss, R. Handbuch ZTVE-StB Kommentar und Kompendium Erdbau, Felsbau, Landschaftsschutz für Verkehrswege, 5. Aufl. Kirschbaum, Bonn, 2019

14. Grundbau-Taschenbuch (2018) Teil 2: Geotechnische Verfahren, 8. Auflage Ernst & Sohn, Berlin

Baubegleitende Messungen, Überwachungen

Inhaltsverzeichnis

© Springer Fachmedien Wiesbaden GmbH, ein Teil von Springer Nature 2021
K. Kuntsche, S. Richter, *Geotechnik*, https://doi.org/10.1007/978-3-658-32290-8_11

Prognosen sind gut, das Beobachten und Messen ist manchmal besser

> **Übersicht**
> Baubegleitendes Messen stellt eine eigenständige Spezial-
> disziplin der Geotechnik dar. Es werden neben geodätischen
> auch geotechnische Verfahren eingesetzt, um Verschiebungen,
> Kräfte, Drücke, Wasserspiegelhöhen und diverse andere
> Messgrößen zu bestimmen. In einem Messprogramm werden
> Details festgelegt: Es werden Ziele, Messverfahren und Grenz-
> werte definiert und auch Verantwortlichkeiten geregelt. Im
> Sinne der Beobachtungsmethode werden auch Maßnahmen
> geplant, die beim Erreichen der Grenzwerte ergriffen werden.

11.1 Ziele

Wie wir schon gesehen haben, werden viele Messungen im Zuge
der Baugrunderkundungen und auch im geotechnischen Labor
durchgeführt. Nachfolgend geht es nun um die Verfahren,
deren Genauigkeiten und um den Nutzen baubegleitender
Messungen.

So werden Erdbaumaschinen eingesetzt, die mit laser-
gesteuerten Schilden beispielsweise ein Planum oder ein Damm-
profil herstellen. Oder es wird schon im Zuge der Verdichtungsarbeiten mit Walzenzügen der Verdichtungserfolg messtechnisch
erfasst.

Die nachfolgend beschriebenen Messverfahren verstehen   Beobachtungsmethode
sich als notwendiger Teil der Beobachtungsmethode. Schon
im ▶ Abschn. 1.5 wurde erläutert, warum im Rahmen dieser
Methode baubegleitende Messungen notwendig sind.

Baubegleitende Messungen können durchaus auch als   Ein weites Feld
eine Spezialdisziplin der Geotechnik angesehen werden, was
auch durch die Publikationen [1–4], beispielhaft belegt wird.
Es befassen sich auch einige Firmen ausschließlich mit dieser
Thematik.

Geräte, weitere Bilder und Verfahrensbeschreibungen zu
den nachfolgenden Ausführungen sind im Internet leicht zu
finden.

Um alles richtig zu machen, müssen die baubegleitenden
Messungen mit ausreichendem zeitlichem Vorlauf geplant
werden. Meist muss eine Bezugsmessung (Nullmessung) schon
vor dem Baubeginn erfolgen.

Als mögliche Ziele der Messungen können u. a. aufgeführt   Ziele
werden:

- Das Erkennen bzw. Verfolgen von Bruchzuständen zur Gefahrenabschätzung, um rechtzeitig Gegen- bzw. Sicherungsmaßnahmen ergreifen zu können.
- Ermittlung von Messgrößen im schwierigen Baugrund und/oder bei schwierigen Baumaßnahmen wie z. B. Bauen in Rutschhängen, Senkungsgebieten (Bergbau, Karst), im quellfähigen oder tektonisch gestörten Baugrund, in hohen bzw. steilen Böschungen bzw. bei größeren Stützbauwerken und bei der Gründung von Bauwerken mit hohen, ggf. auch geneigten Lasten.
- Verifizierung des geotechnischen Modells, auch mit der Klärung von Verschiebungsursachen und dies ggf. auch dort, wo keine direkte Gefährdung herrscht, wo aber Ergebnisse zu erwarten sind, die eine Übertragbarkeit für andere, gefährdete Stellen erwarten lassen.
- Beurteilung der Auswirkung von durchgeführten Sicherungs- oder Sanierungsmaßnahmen.

11.2 Messen, Grenzwerte, Maßnahmen

Das hatten wir auch schon im ▶ Abschn. 2.1: *Messen* stellt ein experimentelles Vergleichen einer als metrisch (skalar) ausgewiesenen physikalischen Größe mit einer bekannten Vergleichsgröße (Normal) gleicher Qualität dar, die als Maßeinheit festgelegt wurde.

Messgrößen

Als *Messgrößen* kommen aus geotechnischer Sicht in Frage:
- Koordinaten von Messpunkten, Höhen von Wasserspiegeln,
- Druck und Kraft,
- Neigung, Verdrehwinkel,
- Beschleunigung, Frequenz,
- Dehnung, Temperatur und
- Zeit.

Durch entsprechende Messungen mit geeigneten *Messaufnehmern* werden die genannten Messgrößen erfasst.

Das Messsignal wird entweder analog oder digital (ggf. nach einer Anpassung des Signals) vom Messaufnehmer über eine Datenleitung dem Anzeigegerät übertragen. Je nach Ausrüstung erfolgt eine Messwertaufzeichnung, -speicherung bzw. -verarbeitung mit einem Rechner, Drucker oder Plotter.

Grenzwerte, Alarm!

Die ermittelten Messdaten können bei vielen Systemen kontinuierlich bzw. quasi-kontinuierlich erfasst und weitergeleitet werden. Beim Erreichen von zuvor festgelegten Grenzwerten können Warnsignale ausgelöst werden. Werden Grenzwerte erreicht oder überschritten, werden die zuvor geplanten Maßnahmen ausgeführt. So werden Sicherungsmaßnahmen ergriffen bis hin zur Räumung eines erkannten Gefahrenbereichs.

Eine Überwachungsanlage kann auch direkt mit Signalanlagen für einen Verkehrsweg gekoppelt werden: Eine Ampel schaltet auf Rot, wenn sich ein Felsblock in Bewegung setzt und auf eine Straße stürzen wird.

11.3 Planung der Messungen

11.3.1 Modellvorstellung

Der sinnvolle Einsatz von Mess- und Überwachungssystemen setzt eine Modellvorstellung voraus. Erst das projektbezogene, geotechnische Modell, mit dem eine ausreichende Duktilität des Systems belegt wird, ermöglicht eine sinnvolle Planung und Auswertung von Messungen. Bei einem spröden Versagen, bei dem keine Reaktionszeit verbleibt, können Messungen nur zur Dokumentation beitragen.

Duktiles Verhalten

Bei hohem geotechnischem Risiko werden auch höhere Aufwendungen für den Mess- und Überwachungsaufwand vertretbar sein.

Die nachfolgenden Ausführungen beziehen sich in erster Linie auf größere Projekte, bei denen die Beobachtungsmethode angewandt werden muss. Es werden aber auch Hinweise gegeben, die für kleinere Messaufgaben nützlich sind.

11.3.2 Messeinrichtungen

Einführend zeigt die ◖ Abb. 11.1 eine innerstädtische Baugrube für eine U-Bahn mit dem dort installierten Messquerschnitt. Auf die hier installierten Messeinrichtungen wird nachfolgend genauer eingegangen.

Neben der Ermittlung von Kräften bzw. Spannungen liegt der Schwerpunkt geotechnischer Messungen in der möglichst genauen Ermittlung der Lage von Messpunkten auf oder im Baugrund bzw. Bauwerk. Häufig kommt es auf die *Änderung* der Lage – auf die Verschiebung der Messpunkte – an, was eine hohe Messgenauigkeit erfordert.

Zur Bestimmung von Verschiebungen bedient man sich zum einen geodätischer Verfahren der Lagebestimmung von einsehbaren Messpunkten. Es werden aber auch zum andern spezielle geotechnische Messmethoden eingesetzt. Bei diesen wird oft zur Erfassung der gewünschten Messgröße ein Mess-

Verschiebungen

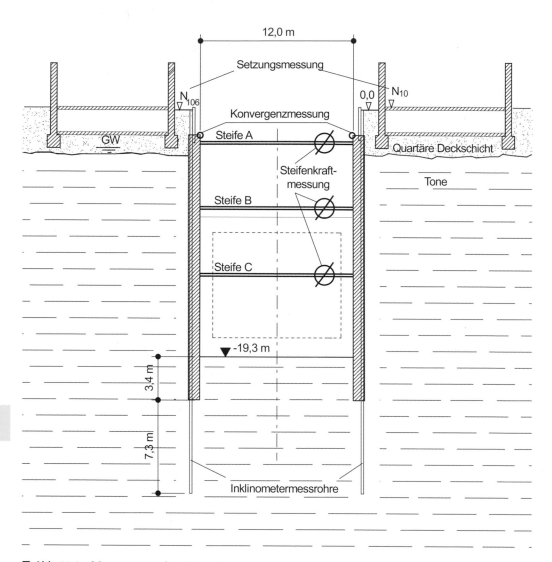

● **Abb. 11.1**   Messungen an einer Baugrube

Messungen im Baugrund,
Bruchzustände

aufnehmer im oder am Baugrund, im Gelände bzw. in oder an Bauwerken installiert.

Messungen im Baugrund bzw. in Bauteilen können Bruchzustände oft klarer aufzeigen als Messungen an der Oberfläche. Wegen der hohen Genauigkeit der Systeme können Unstetigkeiten im Verschiebungsverhalten viel früher als z. B. das Auftreten von Rissen an der Oberfläche erkannt werden. Darüber hinaus kann die Kinematik von sich entwickelnden bzw. schon vorhandenen Bruchzuständen identifiziert bzw. sehr genau lokalisiert werden.

Mit entsprechenden Messungen kann auch auf die Ursachen der Verschiebungen geschlossen werden. Schließlich sind die Systeme weniger störanfällig als die an der Oberfläche eingerichteten. Allerdings sind z. T. aufwendige Zusatzmaßnahmen wie Bohrungen o. ä. zur Installation der Messeinrichtungen notwendig.

Ist zu vermuten, dass die Verschiebungen mit den Ein-wirkungen des Grundwassers verbunden sind, werden auch die Wasserstände oder Wasserdrücke im zu untersuchenden Bereich gemessen.

Wasserstand und -druck

An Ankern können leicht die Kräfte gemessen werden. Bei Probebelastungen von Pfählen wird die Pfahlkraft-Setzungs-Be-ziehung ermittelt, wobei auch die Messung des Spitzendrucks oder der Pfahlstauchung in Frage kommt (▶ Abschn. 7.8.6).

Kraftmessungen

In Sonderfällen sind auch andere Spannungs- bzw. Poren-wasserdruckmessungen oder die Messung von seismischen und akustischen Impulsen in Betracht zu ziehen.

11.3.3 Messprogramm

Für das Messprogramm wird ein Bericht erstellt, in dem auf die folgenden Punkte eingegangen wird:

- Ziel der Messungen mit einer Begründung der verwendeten Messmethode und Messeinrichtung. Es wird dabei auch die Größe des Projektgebietes, die Zugänglichkeit und Ein-sehbarkeit von Messpunkten bzw. -einrichtungen, die Möglichkeiten der Energieversorgung usw. berücksichtigt.
- Ferner werden der notwendige Messbereich und die er-forderliche Messgenauigkeit, ggf. auch im Langzeitbetrieb, beschrieben.
- Es werden der Mess- und Auswerte-Rhythmus mit der Be-gründung der zeitlichen Abfolge, ggf. der kontinuierlichen Datenaufzeichnung und der Daten-Fernübertragung fest-gelegt.
- Es werden die einzuhaltenden Grenzwerte definiert.
- Es wird festgelegt, wer für die Durchführung, Wartung und Kalibrierung der Messgeräte, Auswertung und Inter-pretation der Messungen verantwortlich ist. Dabei geht es auch um Meldepflichten, ggf. auch um die Beteiligung von anderen Fachleuten.
- Ggf. werden zu installierende Warnanlagen (optisch, akus-tisch, direkte Beeinflussungen der Umgebung) beschrieben.
- Es werden Maßnahmen festgelegt, die zu ergreifen sind, wenn die entsprechenden Grenzwerte überschritten werden.
- Schließlich können auch die zu erwartenden Kosten ab-geschätzt werden.

Während der Messungen wird geprüft, ob das Messprogramm durchgeführt, die Auswertungen zeitgerecht vorgenommen und richtig interpretiert werden. Dabei wird festgestellt, ob die

Auswertungen, Verantwortlichkeiten

Messungen das geotechnische Modell bestätigen oder ob dieses Modell zu verändern ist. Davon hängt es ab, ob auch ggf. das Messprogramm und/oder die dort festgelegten Grenzwerte modifiziert werden müssen.

11.4 Geodätische Verfahren

11.4.1 Das Problem der Messpunkte

Die geodätischen Messverfahren bedingen das Einrichten (Vermarken) von einsehbaren Messpunkten, deren Abstände, Höhen oder auch räumliche Koordinaten je nach Messverfahren unterschiedlich ermittelt werden. Diese Messpunkte (bzw. Instrumentenstandpunkte) müssen über die Beobachtungszeit dauerhaft fixiert bzw. reproduzierbar sein. Somit dürfen die Punkte nicht durch äußere Einflüsse wie Erosion, Frost, Bewuchs, menschlichen oder sonstigen Eingriff beeinträchtigt werden.

Wenn bei jedem Messzyklus genügend unbewegliche Bezugspunkte miterfasst werden, können unter Berücksichtigung der unvermeidlichen Messfehler (z. B. durch eine statistische Deformationsanalyse) die absoluten räumlichen Verschiebungsvektoren und deren zeitliche Änderung ermittelt werden.

Messunsicherheiten   Die Einsehbarkeit, Erreichbarkeit und Verlässlichkeit der Messpunkte stellen eine systembedingte und grundlegende Einschränkung der geodätischen Verfahren dar. Ferner sind die erzielbaren Genauigkeiten trotz modernster Geräte immer noch beschränkt. Schließlich entstehen bei konventionellen Methoden je nach der Anzahl der Messeinsätze u. U. auch hohe Kosten. Automatische Systeme können zwar im Unterhalt als kostengünstiger beurteilt werden, sind aber mit einem höheren Investitionsaufwand verbunden.

Bezugspunkte   Für den Erfolg der Messungen kommt auch der Existenz von unverschobenen Bezugspunkten große Bedeutung zu. Bei ausgedehnten Hangbewegungen oder großräumigen Tagebauen mit weitreichenden Auswirkungen von Grundwasserabsenkungen z. B. können diese Punkte so weit weg liegen, dass sie nicht mehr mit sinnvollem Aufwand eingemessen werden können.

Als Faustregel kann eine Punktverschiebung dann als real angenommen werden, wenn sie das 3-fache des mittleren Fehlers überschreitet. Dabei sind allerdings grobe bzw. systematische Fehler durch entsprechende Überbestimmungen und Kontrollmessungen auszuschließen.

Die meisten geodätischen Verfahren lassen keine kontinuierlichen Messungen zu.

11.4.2 Nivellement

Beim Nivellement bzw. Präzisionsnivellement werden entlang von Messpunktreihen oder von einem Standpunkt aus mit der horizontalen optischen Messlinie des Nivelliergeräts mit Hilfe von Messlatten oder fixierten Messskalen die relativen Höhen von Messpunkten bestimmt. Größere Höhenunterschiede entlang einer Messlinie erschweren die Messungen und verschlechtern die Messunsicherheit, die beim digitalen Präzisionsnivelliergerät mit Zielweiten <30 m bei ±0,3 mm/km liegt.

Die Messungen können auch von einem Aufstellort aus automatisch erfolgen. Hier werden z. B. zur Überwachung von Höhen an Baugrubenrändern digitale Geräte eingesetzt, die strichcodierte Messskalen anpeilen. Eine Höhenänderung von 1 Millimeter lässt sich damit sicher entdecken.

sehr genau und auch automatisch

11.4.3 Selbstnivellierende Laser

Mit selbstnivellierenden Lasergeräten (◘ Abb. 11.2) lassen sich ebenfalls einfach – wie mit einer mobilen Schlauchwaage – Schiefstellungen ermittelt. Der Laser wird an einem Punkt aufgestellt und der Höhenunterschied mit dem Gliedermaßstab bestimmt.

Laser

11.4.4 Trigonometrische Punktbestimmung

Zur Bestimmung der absoluten Lage (und Höhe) von Messpunkten steht die klassische Triangulation bzw. Trilateration zur Verfügung. Mit der Entwicklung von Tachymetern, die eine gleichzeitige Messung von Raumwinkel und Entfernung erlauben, und der Entwicklung entsprechender Auswerte- und Ausgleichsprogramme können hohe Messgenauigkeiten erreicht werden. Die Messunsicherheiten liegen je nach Instrument, Längen und Messaufwand zwischen ±1 mm bis ±5 mm. Damit lassen sich räumliche Verschiebungsvektoren ermitteln. Neben den Investitionskosten ist bei diesen Verfahren auch der Messaufwand vergleichsweise groß.

Tachymeter

11.4.5 Abstandsmessung und geodätische Robotik

Die modernen elektrooptischen Entfernungsmessgeräte (EDM) messen die Laufzeit reflektierter Lichtstrahlen und berechnen damit den Abstand zwischen Instrumentenstandpunkt und Re-

◨ **Abb. 11.2**   Selbstnivellierender Laser

flektor. Mit diesem Verfahren können je nach Instrument, Messdistanz, Sicht- und Witterungsverhältnissen Genauigkeiten zwischen ±1 mm bis ±10 mm erreicht werden. Bei Nebel kann allerdings nicht gemessen werden.

Messroboter

Es sind auch Messstationen mit motorisierten Tachymetern verfügbar, die über entsprechende Software, Fernsteuerungen und Fernabfragen automatisch und quasi kontinuierlich die Messpunkte auf Hängen und Böschungen überwachen können. Die Instrumente können sich in sehr kurzer Zeit auf den Zielpunkt so genau ausrichten, dass bei Messentfernungen bis 500 m ohne atmosphärische Berücksichtigungen eine millimetergenaue Distanzmessung möglich ist.

Die ◨ Abb. 11.3 zeigt beispielhaft eine solche Messstation, die im Tagebau Antamina in Peru auf 4584 m NN installiert ist und das über 550 m tiefe Böschungssystem überwacht.

Sind bei Überwachungsaufgaben Abstandsänderungen zum Standpunkt der Messstation zu erwarten und kommt es bei gegebenem hohem Risiko auf eine ständige Überwachung an, gibt es kaum bessere und wirtschaftlichere Alternativen zur automatischen Messstation, mit der auch entsprechende Warn- und Informationssysteme gekoppelt sein können.

11.4.6   Satellitengeodäsie (GPS)

Die Satellitengeodäsie nutzt das seit 1994 vollständig verfügbare amerikanische NAVSTAR Global Positioning System

◘ Abb. 11.3 Messstation im Tagebau Antamina in Peru

(GPS). Durch geeignete Empfänger werden die Signale von mindestens vier Satelliten gleichzeitig empfangen und so ausgewertet, dass die räumlichen Koordinaten der Empfängerstandorte bestimmt werden können. Witterungseinflüsse sowie die gegenseitige Sichtbarkeit der Messpunkte spielen hier keine Rolle. Allerdings muss die Sicht nach oben mit einer Mindestelevation von 15° gegeben sein.

GPS-Systeme sind beinahe echtzeitfähig und eignen sich somit zur ständigen Überwachung. Nachteilig sind die vergleichsweise hohen Kosten eines Empfängers, welche die Anzahl der möglichen Messpunkte und einen häufigen Einsatz dieser Systeme stark einschränken bzw. gar nicht ermöglichen. Wird nur periodisch gemessen, kommt auch hier der genau reproduzierten Positionierung der Empfänger große Bedeutung zu.

11.5 Geotechnische Verfahren

11.5.1 Lokale, relative Messungen

Mit den so genannten geotechnischen Verfahren werden mit entsprechenden Messaufnehmern lokale bzw. relative Messwerte gewonnen. Die Messaufnehmer weisen sehr geringe Messabweichungen auf und können je nach Ausstattung und Bedarf laufend elektronisch überwacht bzw. abgefragt werden. Nachteilig für derartige Messaufnehmer ist ein oft beschränkter Messbereich, u. U. hohe Installationskosten und ggf. die Empfindlichkeit bezüglich äußerer Störeinflüsse.

Aus naheliegenden Gründen sind fest installierte Systeme genauer als bewegliche. Bei elektronischer Erfassung der Messgrößen ist auch eine kontinuierliche Messwerterfassung möglich.

11.5.2 Abstandsmessungen

Risse an der Oberfläche des Baugrunds oder in Bauwerken können auf mögliche Bruchzustände hinweisen. Deswegen ist es oft sinnvoll, das Verschiebungsverhalten der Rissufer genauer zu beobachten oder zu messen. Zur Abstandsmessung sind einsetzbar:

Gipsmarken
Mit Rissbrücken können die Rissufer mit spröd brechenden Materialien wie mit Gips oder Zement verbunden werden. Ein weiteres Aufreißen der (datierten) *Gipsmarken* macht visuell deutlich, dass der Riss im Beobachtungszeitraum noch bewegungsaktiv ist.

Spione
Unter einem *Spion* versteht man zwei Stäbe, die auf beiden Rissufern befestigt werden und deren Position zueinander zu Beginn der Messungen eingemessen bzw. festgehalten wird. Ist der Riss bewegungsaktiv, ändert sich die Stabstellung. Spione werden üblicherweise visuell abgelesen und können je nach Bauart auch Bewegungen bis 0,5 mm anzeigen.

Bei einem Rissmonitor werden zwei Plexiglasscheiben, eine mit einer Messskala, die andere mit einem Fadenkreuz, übereinander gelegt und jeweils an den Rissufern befestigt (◐ Abb. 11.4). Die Ablesungen erlauben die Konstruktion eines relativen ebenen Verschiebungsvektors.

Fissurometer
Fissurometer sind wie Spione auf beiden Seiten eines Risses verankert und mit hochempfindlichen Wegaufnehmern (auch Dehnungsgebern) bestückt. Sie werden oft bei Rissen im Fels bzw. in Bauteilen eingesetzt. Bei hohen Ansprüchen muss die Temperatur jeweils mit gemessen werden. Je nach Bauart können die Rissverschiebungen sogar dreidimensional erfasst werden. Die erreichbaren Messunsicherheiten liegen je nach Typ des Messaufnehmers und dem gewünschten Messbereich bei $\pm 0,01$ mm bis $\pm 0,05$ mm.

Extensometer
An Kopf- und Fußpunkt jeweils verankerte Stangen oder gespannte Drähte heißen *Extensometer*. Die Stangen bzw. Drähte sollen ihre Länge nicht ändern und dienen hier als Messmittel, um die Lage des Ankerpunkts über den Kopfpunkt durch mechanische oder elektronische Wegaufnehmer gegenüber einem Bezugspunkt einzumessen. Durch die Wahl von Invardrähten bzw. Kunststoffen mit geringem Wärmedehnungsverhalten kann der Temperatureinfluss vernachlässigt oder durch eine Temperaturmessung berücksichtigt werden.

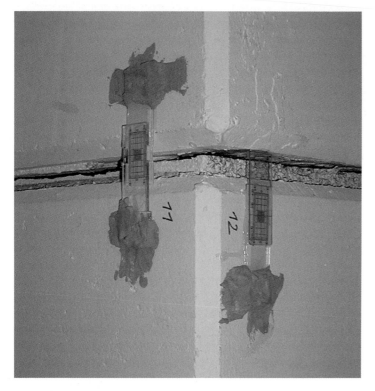

◘ **Abb. 11.4** Rissmonitore

Extensometer liefern nur die Verschiebungskomponente ihrer Einbaurichtung, wenn sie nicht durch Hindernisse abgelenkt werden. Durch eine geeignete räumliche Anordnung von drei Drahtextensometern kann auch der räumliche Verschiebungsvektor ermittelt werden.

Die ◘ Abb. 11.5 zeigt ein Drahtextensometer, wie es im Tagebau Antamina (Peru) zur Beobachtung der Oberkanten von Kippenböschungen eingesetzt wird. Das Solarpanel speist die Batterie, welche die Messeinrichtung einschließlich einer Datenfernübertragung mit Strom versorgt.

Extensometer, die direkt auf der Geländeoberfläche angeordnet werden, können einer Reihe von Störungen unterliegen (Witterung, Tiere, menschlicher Eingriff). Deswegen ist es oft vorteilhaft, die oberflächennahe Messsysteme durch überdeckte Gräben bzw. Rohre o. ä. abzuschirmen. Empfohlen wird, zusätzlich zur elektronischen Messwerterfassung auch eine mechanische Messuhr anzubringen. Hier reicht dann ein Kontrollblick zur Klärung, ob zur Vormessung Verschiebungen aufgetreten sind.

Die Messunsicherheit von Extensometern nimmt mit deren Länge zu, liegt aber immer $\leq \pm 0{,}3$ mm.

❏ **Abb. 11.5** Drahtextensometer

Konvergenzmessgerät

11

Das *Konvergenzmessgerät* (Messband) bzw. das *Distometer* (Invardraht) kann als ein mobiles Extensometer angesehen werden. Messband bzw. Messdraht werden an spezielle Messbolzen angeschlossen, deren Abstand bei vorgespanntem Band bzw. Draht ermittelt wird. Die Messbolzen können bis 30 m voneinander entfernt sein. Bei Messlängen über 5 m beträgt die Auflösung für das Messband ±0,1 mm.

Für die gegenüberliegenden Pfahlköpfe in ❏ Abb. 11.1 ist eine solche Konvergenzmessung vorgesehen.

11.5.3 **Schlauchwaage**

Höhenänderungen

Nach dem Prinzip der kommunizierenden Röhren stellen sich die Flüssigkeitsspiegel von Mess-gefäßen, die über Schlauchleitungen mit einem Referenzgefäß verbunden sind, auf gleiche Höhe. Diese Tatsache wird bei Schlauchwaagen messtechnisch unterschiedlich ausgenutzt. Bewährt haben sich – auch im Langzeitbetrieb – z. B. Systeme, bei denen die Auftriebskraft von Schwimmkörpern in den Messgefäßen elektronisch gemessen wird. Mit Schlauchwaagen werden dementsprechend Höhenänderungen gemessen von Messstellen, die etwa auf gleicher Höhe liegen.

Auch bei diesen Messsystemen ist ein Einbau unter der Geländeoberfläche z. B. in Betonringen mit Deckel zu empfehlen.

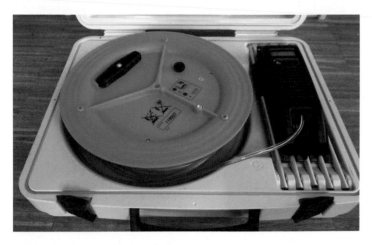

⬙ **Abb. 11.6**   Mobile Schlauchwaage

Blitz- und Frostschutz kann durch entsprechende Vorkehrungen gewährleistet werden. Der Ausbau zu einer Warn-
anlage ist hier ebenfalls möglich. Die Messunsicherheit von
Schlauchwaagen kann bis zu ±0,3 mm betragen.

Bei dem in einem Koffer zu transportierendem Messsystem   auch transportabel
wird die Druckdifferenz gemessen, die sich in einer flüssig-
keitsgefüllten Schlauchleitung zwischen einem Reservoir (in
einer Schlauchtrommel) und einem Handgerät einstellt. Der
am Handgerät – rechts in ⬙ Abb. 11.6 – gemessene Druck
wird vom System auf den Höhenunterschied zu einem beliebig
zu wählendem Bezugspunkt umgerechnet. Auf dem Display
des Handgeräts wird jeweils der vorzeichenbehaftete Höhenunterschied in mm bezüglich des Bezugspunktes angezeigt.
Dieses System wird von einer Person bedient und wird mit
Vorteil da eingesetzt, wo die Sicht für ein Nivellement behindert ist. Die Messunsicherheit liegt hier bei etwa ±1 mm.

11.5.4 Neigungsgeber, Inklinometer

Unter Ausnutzung der Lotrichtung, die als Referenz immer mit   Die Schwerkraft als
ausreichender Zuverlässigkeit zur Verfügung steht, kann mit   Referenz
einem mechanischen oder optischen Lot, einer Wasserwaage
oder elektronischen Neigungsgebern bzw. Libellen eine Verkippung etwa einer Messstange oder eines Bauteils (⬙ Abb. 1.9)
sehr genau ermittelt werden.

Bei Hängen und Böschungen müssen dementsprechend an
der Oberfläche Rotationen auftreten, die einen sinnvollen Einsatz
von Neigungsgebern ermöglichen. Bei Stützbauwerken können
durch Verwendung mehrerer Libellen oder Messpositionen
z. B. Neigungsänderungen oder Biegelinien festgestellt werden.

2 × messen

Inklinometer

seitliche Verschiebungen

Beim Umsetzen von Neigungsmesseinrichtungen ist eine mit höchster Genauigkeit reproduzierte Positionierung durch entsprechende Zwangseinpassungen anzustreben.

Generell empfiehlt es sich bei Neigungsmessungen, in zwei um 180° versetzten Lagen zu messen, um den so genannten Nullpunktfehler auszuschalten. Dieser Fehler entsteht, weil es nicht gelingt, den Aufnehmer bei der Herstellung ganz genau zu zentrieren. Eine Überprüfung der elektronischen Aufnehmer ist mit laufenden Nachkalibrierungen in entsprechenden Messbänken sicherzustellen. Als Messunsicherheit kann bei stationären Systemen ±0,001 mm/m erreicht werden.

Der Einsatz von Inklinometersonden zur Messung der seitlichen (lateralen) Verschiebung im Baugrund oder in Bauteilen ist seit vielen Jahren erprobt. Wegen der großen Bedeutung dieses Messsystems wird es nachfolgend etwas ausführlicher beschrieben. Die ◙ Abb. 11.7 zeigt eine Messausrüstung, bestehend aus der Sonde, dem Messkabel, einem Anzeigegerät, was auch die Daten einem Laptop überträgt.

Mit einem Inklinometer werden – wie der Name sagt – Neigungen gemessen. Dies geschieht mit einer in einem Führungsrohr zwangszentrierten Messsonde (eine Metallstange), in der sich für die Ermittlung räumlicher Neigungen zwei Neigungssensoren befinden. Die Sensoren messen die Neigung in zwei senkrecht zueinander stehenden Messebenen, die als A- bzw. B-Ebene bezeichnet werden (◙ Abb. 11.8). Daraus lässt sich

◙ **Abb. 11.7**   Messausrüstung Inklinometer

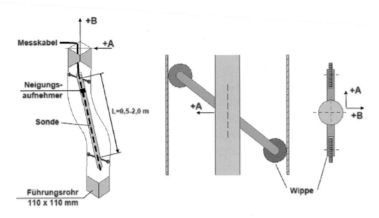

⬛ Abb. 11.8 Messprinzip des Inklinometers

mit der Sondenlänge die resultierende Kopfpunktauslenkung ermitteln.

Ändern sich die Messwerte zwischen zwei Messungen in einem größeren Maß als die Messunsicherheit, lässt sich der resultierende Verschiebungsvektor des Kopfpunkts in jeder Messtiefe ermitteln.

Kopfpunktauslenkung

Das Inklinometer wird durch zwei Wippen, deren Drehpunkt mit der Stangenachse zusammenfällt, zwangsläufig in einem speziellen Messrohr zentriert (⬛ Abb. 11.8). Die Rollen laufen in Nuten des Messrohres und werden dort durch Federn verspannt. Die Drehpunkte der beiden Wippen bestimmen durch ihren Abstand den Messabschnitt (0,5 m, 1,0 m oder auch 2,0 m). Je nach Einsatz gibt es unterschiedliche Messrohre, die sich in ihren Eigenschaften wie Eigensteifigkeit, Korrosionsbeständigkeit oder Belastbarkeit unterscheiden. Verwendete Materialien sind Aluminium, Kunststoff oder auch Stahl.

Messrohr

Meist wird das Messrohr kraftschlüssig in einem Bohrloch einzementiert. Das Messrohr kann aber auch in Schächten montiert oder vor dem Betonieren an der Armierung von Pfählen oder sonstigen Bauwerken angebracht werden. Wenn größere Verschiebungen zu erwarten sind, ist der Einsatz von Führungsrohren mit größeren Durchmessern sinnvoll, um über eine lange Zeit messen zu können. Falls die Sonde im Führungsrohr verklemmt, kann die Messlänge durch Einsatz einer kürzeren Sonde auf 50 cm reduziert werden.

Empfehlenswert ist es ferner, die am besten im Messrohr geführte Messachse in Richtung der größten zu erwartenden Verschiebung auszurichten.

Als Bezugspunkt der Messungen kann der Fußpunkt oder der Kopfpunkt des Führungsrohres dienen. Wird ohnehin geodätisch gemessen, sollte der Kopfpunkt selbstverständlich mit eingemessen werden. Allerdings sind geodätische Messun-

Lieber etwas tiefer bohren!

gen ungenauer als die des Inklinometers. Deswegen bietet es sich an, das Führungsrohr bis in eine unverschiebliche Tiefe einzubauen, um den Fußpunkt als Bezugspunkt nutzen zu können. Mit diesem Vorgehen können sogar die für geodätische Messungen benötigten Bezugspunkte an die Geländeoberfläche „geholt" werden.

Ob der Fußpunkt im jeweiligen Anwendungsfall tief genug gewählt wurde, kann zuverlässig erst durch die Messungen selbst festgestellt werden. Werden in den tiefsten Messabschnitten keine Neigungsänderungen ermittelt, kann dieser Bereich dann als unverschieblich gelten, wenn dort eine überlagerte Starrkörperbewegung auszuschließen ist. Es ist deswegen generell zu empfehlen, wenigstens an einigen Schlüsselbohrungen größere Einbautiefen für die Messrohre vorzusehen.

In das Messrohr wird die Messsonde mit einem zugfest verbundenen Kabel eingeführt und bis zum Fußpunkt herabgelassen. Die Sonde wird dann in Schritten, die dem Wippenabstand entsprechen, im Messrohr hinaufgezogen. Hierzu sind am Kabel entsprechende Markierungen angebracht (◘ Abb. 11.9).

Die Sonde wird immer mit dem Sondenende am vorhergehenden Sondenanfang platziert. Infolgedessen entsteht – zumindest näherungsweise – ein zusammenhängender Polygonzug. Zur Kontrolle und zur Elimination der gerätebedingten

11

◘ **Abb. 11.9**   Inklinometermessung

Lotabweichung der Aufnehmer von der Sondenachse sollten die Messungen – wie schon erwähnt – in einer um 180° verschwenkten Lage wiederholt werden.

Eine andere Möglichkeit besteht darin, die Sonde mit bestimmter Geschwindigkeit zu ziehen und kontinuierlich abzufragen. Eine solche Messung kann entsprechend automatisiert werden, wobei die Daten vor Ort gespeichert bzw. direkt fernübertragen werden können.

Da die erste Messung nach Einbau des Führungsrohres als Bezugsmessung (Nullmessung) dient, ist sie nach Möglichkeit zu wiederholen. Sie gibt den Verlauf des eingebauten Führungsrohres (im unverformten Zustand) wieder.

Für die Auswertung nimmt man zunächst an, dass sich das Messrohr beim Einbau nicht verdreht hat. Da das bei großen Tiefen – bei 100 m und mehr – nicht sicher ist, kann mit einer Drehwinkelsonde eine Verdrehung des Messrohres gemessen werden. Hierbei wird der Verdrehwinkel zwischen den im Messrohr geführten Wippen der Sonde mit einem hochauflösenden Drehwinkelgeber bestimmt. **Auswertung**

Zur weiteren Auswertung der Inklinometermessungen stehen Programme zur Verfügung. Die Messergebnisse können als stark überhöhte Verformungsprofile für die beiden Messrichtungen sowie als Darstellung im Grundriss wiedergegeben werden. Die Messergebnisse werden üblicherweise jeweils auf die Nullmessung bezogen, wodurch die Verschiebungen deutlicher werden.

Die ◘ Abb. 11.10 zeigt beispielhaft Ergebnisse von Inklinometermessungen in drei Messbohrungen in einer 270 m tiefen Tagebauböschung. Man erkennt, dass sich die Böschung lateral in den Tagebau hinein verschiebt, wobei sich die Verschiebungen auf wenige Bereiche konzentrieren und zum Hinterland hin auch abnehmen. Damit sind sie keinem Bruchzustand zuzuordnen.

Bei der aufwendigsten Auswertung trägt man die Lateralverschiebungen von einzelnen Messtiefen über die Zeit auf. Diese Tiefen werden dort sein, wo Verschiebungen stattfinden bzw. wo man sie erwartet. Damit können die tatsächlichen Verschiebungen im Untergrund genauer verfolgt und vor allem die Größenordnung der Fehler jeder Messung beurteilt werden.

Bei bekannten Verschiebungstiefen kann das Inklinometer selbstverständlich auch stationär eingebaut werden, um die Verschiebungen laufend zu überwachen. Ist der Messort nur schwer zugänglich oder muss automatisiert in kurzen zeitlichen Abständen gemessen werden, können auch ganze Ketten von Messsonden fest installiert werden. Bei stationärem Betrieb muss allerdings die Drift der Neigungsaufnehmer berücksichtigt bzw. kontrolliert werden. **Stationärer Einbau**

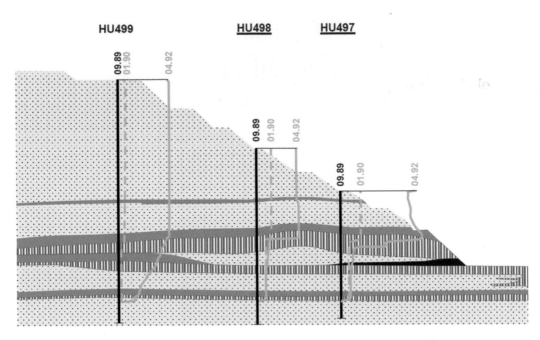

◘ Abb. 11.10   Ergebnis von Inklinometermessungen

Im Allgemeinen wird die Messunsicherheit bei einer Sondenlänge von 1 m mit ca. 0,2 mm/m angegeben. Bei größeren Abweichungen von der Lotrechten nehmen die Genauigkeiten ab. Bei speziellen Anforderungen kann bei besonderer Sorgfalt und Vorbereitung der Messung eine Messunsicherheit von bis zu ±0,01 mm pro Messschritt erreicht werden.

11.5.5 Setzungsmessungen bei Dämmen

Soll das Setzungsverhalten von Dämmen oder Schüttungen genauer ermittelt werden, können hierzu Horizontalinklinometer, hydrostatische Setzungsgeber, Magnetsetzungslote oder Metallplattensuchgeräte verwendet werden. Die beiden ersten Systeme werden in mehr oder weniger horizontalen Führungsrohren eingesetzt. Bei den beiden letzteren werden mit entsprechenden Sonden vertikale Rohre befahren. Diese Sonden registrieren die Höhe von Metall- oder Magnetringen, die auf der setzungsfähigen Verrohrung angebracht sind oder die in die Schüttung verlegt wurden.

große Setzungen   Die erreichbaren Genauigkeiten sind deutlich kleiner als bei Extensometer- oder Gleitmikrometermessungen. Wenn es aber nur auf die Größenordnung der Setzungen ankommt, werden auch mit diesen kostengünstigen Systemen gute Ergebnisse erzielt.

> ▶ **Beispiel**
>
> Noch eine kleine Geschichte dazu: In der Diskussion, wieviel Kippraum in einer Außenkippe eines Tagebaus zur Verfügung steht, wurden Stahlplatten auf die zu überkippende Geländeoberfläche gelegt, die nachträglich angebohrt wurden. Die gemessenen Setzungen betrugen hier über 10 m (!), was den Ergebnissen konventioneller Setzungsberechnungen entsprach. Die Setzungsmulde unter der Aufschüttung wurde bei diesem Projekt zu 67 Mio. m^3 ermittelt – eine ziemlich große Zahl. ◀

11.5.6 Gleitmikrometer

Das mobile Gleitmikrometer ist ein raffiniertes Messsystem, mit dem die axialen Abstände zwischen zwei Messanschlägen in einem speziellen Messrohr gemessen werden. Die konischen Messanschläge aus Messing sind in einem Messrohr aus Kunststoff so eingebaut, dass sie sich dort jeweils um 1 cm verschieben können. Beim Einbau des Messrohres in ein Bohrloch oder in die Bewehrung eines Betonbauwerks sind die Messanschläge jeweils zunächst 1,0 m weit voneinander entfernt. Die Messanschläge werden dann kraftschlüssig mit der Umgebung (Boden, Fels, Betonbauwerk) verbunden.

Zur Ermittlung des aktuellen lichten Abstands verspannt sich die Sonde mit ihren Präzisionsmessanschlägen in der Messstellung zwischen den Messanschlägen des Messrohres. Damit lassen sich nun sehr genau die Verschiebungen als Verlängerung oder Verkürzung zur Vormessung bzw. Nullmessung der gesamten Messlinie ermitteln.

Die Messgenauigkeit des Systems wird zu ±0,002 mm/m (!) angegeben. Wenn zusätzlich noch analog zum Inklinometer die Neigungen gemessen werden, lässt sich auch die laterale Verschiebung ermitteln. Bilder und eine ausführliche Beschreibung des Verfahrens finden sich im Internet.

Verschiebungen im 1 m Abstand entlang einer Messlinie

11.5.7 Grundwasserstände und Wasserdrücke

Wenn anzunehmen ist, dass Verschiebungen oder mögliche Bruchzustände mit dem Einfluss des Grundwassers zusammenhängen, sollten Grundwassermessstellen bzw. Wasserdruckmessungen vorgesehen werden. Derartige Systeme werden auch bei Stützbauwerken oder bei Sanierungsmaßnahmen eingesetzt, bei denen es auf eine Dränagefunktion ankommt. Die Installation von Grundwassermessstellen lässt eine Entnahme von Wasserproben zu, die auch eine Untersuchung von Herkunft und Qualität des Wassers erlauben.

In nichtbindigen Böden kann dabei die Einrichtung einer Grundwassermessstelle ausreichen, die ggf. mit einem Wasserdruckaufnehmer bestückt wird. Letzterer erlaubt eine problemlose Dauerüberwachung. Als Aufnehmer kommen elektrische Messaufnehmer unterschiedlicher Bauart, aber auch mechanische Ventilgeber in Frage. Letztere sind unempfindlich gegen Blitzschlag und Langzeitdrift.

Die Messung des Porenwasserdrucks in bindigen Böden ist schwierig und misslingt in den meisten Fällen.

In Fels sind die Wasserdrücke je nach der Wasserwegigkeit der Trennflächen stark unterschiedlich. Hier wird man oft mit einer ganzen Reihe von Wasserdruckaufnehmern arbeiten müssen, die entlang eines Bohrlochs mit Packern voneinander getrennt werden.

11.5.8   Kraft- und Druckaufnehmer

Der Einsatz von Kraft- und Druckaufnehmern wird vor allen Dingen bei Stützbauwerken (◘ Abb. 11.1) in Frage kommen oder bei Sanierungsmaßnahmen, die Kräfte aufzunehmen haben. Kraftmessungen lassen sich oft durch die Applikation von Dehn-Messstreifen oder den Einsatz von Schwingsaiten-Aufnehmern realisieren. Für die Kraftmessung kommen auch hydraulische Systeme in Frage (◘ Abb. 11.11).

◘ **Abb. 11.11**   Hydraulische Kraftmessdose bei einer Nagelprüfung

Die Messungen können bei elektrischer Erfassung ebenfalls kontinuierlich durchgeführt werden, was zur Überwachung genutzt werden kann.

Erddrücke lassen sich wie Porenwasserdrücke ebenfalls mit mechanischen Ventilgebern ermitteln, die nicht die genannten Empfindlichkeiten aufweisen. Allerdings erfordern die Messungen von Erddrücken besondere Erfahrungen, da sie immer ziemliche Störungen der Messumgebung darstellen. Dies führt zu Verfälschungen, die bei der Auswertung der Ergebnisse entsprechend zu berücksichtigen sind.

11.5.9 Dynamische Messaufnehmer, Geophone

Wie schon bei den Messungen an der Oberfläche erwähnt, können im Untergrund oder in Bauteilen auch akustische bzw. seismische Impulse gemessen werden. Ein Beispiel stellen die Verfahren der dynamischen Pfahlprüfung dar. Auch hier sind sehr spezielle Kenntnisse erforderlich.

Bei der akustischen Drucksonde werden neuerdings auch Mikrophone eingesetzt. Der Körperschall lässt Rückschlüsse auf die Bodenart zu.

Erschütterungen sind zeitlich abhängige (periodische) Bewegungen des Baugrunds meist im Frequenzbereich von $f = 1\,Hz$ bis $f = 100\,Hz$. Neben natürlichen und künstlichen Erdbeben werden Erschütterungen beispielsweise bei der Herstellung von Rammpfählen, beim Einrammen bzw. Einrütteln von Spundwanddielen, durch Baggerschaufeln und Felsmeißel, bei Abbrucharbeiten, bei Verdichtungsarbeiten (Stampfer, Rüttelplatten, -walzen, dynamische Intensivverdichtung), durch Felsmeißel und natürlich auch durch Sprengungen erzeugt. *(Erschütterungen)*

Erschütterungen entstehen durch Maschinen und durch den Straßen- und Schienenverkehr. Man unterscheidet die kurzzeitigen von den dauerhaft einwirkenden: Kurzzeitig sind Erschütterungen – meist im Zeitraum weniger Sekunden – dann, wenn keine Resonanzen erzeugt und keine Materialermüdungserscheinungen hervorgerufen werden. Alle anderen Erschütterungen werden als Dauererschütterungen bezeichnet.

Eine objektive Beurteilung der Einwirkungen ist nur mit Erschütterungsmessungen möglich. Zum Verständnis des Messprinzips, welches auf der Massenträgheit beruht, ist das in ◘ Abb. 11.12 dargestellte Feder-Dämpfer-System hilfreich.

Zur Messung der Schwinggeschwindigkeiten werden üblicherweise aktive, elektronisch linearisierte, kurzperiodische Geophone eingesetzt. Dort sind die Schwinggeschwindigkeitsaufnehmer in orthogonalen Achsen (x, y, z) angeordnet, was die Ermittlung der räumlichen Geschwindigkeitskomponenten sowie des relativen Geschwindigkeitsvektors ermöglicht. Wenn *(Geophon und Schwellenwerte)*

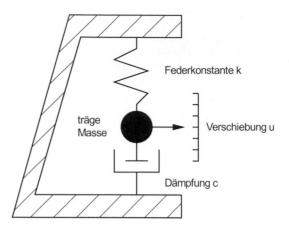

● **Abb. 11.12**   Messprinzip eines Seismometers

Ereignisse vorher eingestellte Schwellenwerte überschreiten, werden die Messwerte vor und nach dieser Überschreitung aufgezeichnet. Bei Überschreitungen können Kurznachrichten übersandt oder optische oder akustische Warneinrichtungen angeschaltet werden.

In Gebäuden sollten die Erschütterungen im Keller und im obersten Obergeschoss gemessen werden. Dabei müssen feste und unverrückbare Aufstellorte gewählt werden – möglichst in der Nähe der Außenwände. Die ● Abb. 11.13 zeigt eine besonders sensible Platzierung eines Geophons.

Für die Beurteilung der Auswirkungen von Erschütterungen auf Bauwerke sind die DIN 4150-3:2015-10 (im Entwurf) und die daraus abgeleiteten „Hinweise zur Messung, Beurteilung und Verminderung von Erschütterungsimmissionen: Erschütterungsleitlinie" vom Länderausschuss für Immissionsschutz (LAI) heranzuziehen.

$v \geq 5$ mm/s

Von Menschen werden Schwinggeschwindigkeiten ab $v = 0{,}1$ mm/s wahrgenommen. Die Bausubstanz von nicht schon vorgeschädigten Gebäuden wird meist erst ab $v = 5$ bis 30 mm/s in Mitleidenschaft gezogen.

Wenn vor und nach den Baumaßnahmen entsprechende Beweissicherungen erfolgten, ist es leicht möglich, die Veränderungen – wenn denn welche aufgetreten sind – zu beschreiben und zu quantifizieren.

11.5.10 Optische Sensoren

Ein Patent

Die Einschränkungen, welche die schwerkraftabhängigen Sensoren eines Inklinometers aufweisen, führten zur Idee, die räumlichen Winkel zwischen zwei geführten „Stangen", einem

◘ **Abb. 11.13**   Sensibler Aufstellort

Vor- und einem kardanisch angehängten Nachläufer, mit einem gebündelten Lichtstrahl zu messen. In ◘ Abb. 11.14 ist das Prinzip zu sehen, was der Patentschrift des Autors Konrad Kuntsche (DE 39 32 053 C 2) entnommen wurde. Für die Ermittlung unstetiger Verschiebungen in Böschungen wurde nach dem Patent eine Böschungssonde entwickelt (◘ Abb. 11.15), deren Messprinzip nun auch zur Vermessung von Bohrlöchern eingesetzt wird.

11.6 Auswertung der Messungen

Messergebnisse sind meist nur in graphischer Form interpretierbar, Zahlenkolonnen in Tabellen sind i. d. R. wertlos. Um bei der Bewertung von Diagrammen keine falschen

Grafiken

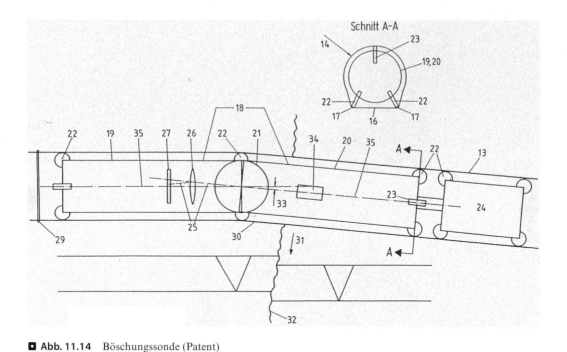

⬛ Abb. 11.14   Böschungssonde (Patent)

Ursachen?

Veränderungen

Schlüsse zu ziehen, ist zu empfehlen, im Verlauf der Projektbearbeitung möglichst einheitliche Darstellungen und Maßstäbe zu verwenden.

Da jede Messwertänderung eine Ursache hat, die es bei der Bewertung der Messergebnisse zu klären gilt, müssen parallel zu den Messungen alle Ereignisse festgehalten werden, die mit den Messergebnissen in Zusammenhang stehen können wie Witterung, Ablauf von Baumaßnahmen und andere äußere Einflüsse.

Zur Interpretation der Messergebnisse ist häufig nicht so sehr das jeweilige Messergebnis wichtig, sondern dessen Änderung zu den Vormessungen. Wie weiter oben schon ausgeführt: Da sich bei geotechnischen Anwendungen häufig die Messgrößen von Messung zu Messung oft nur wenig ändern, ist eine möglichst hohe Messgenauigkeit anzustreben bzw. erforderlich.

Aus diesem Grund muss auch die Größenordnung der Messunsicherheiten entsprechend berücksichtigt werden. Zu Beginn der Messungen ist eine solche Beurteilung nur mit den jeweiligen Daten der Messaufnehmer bzw. der Messausrüstung möglich. Nach einer gewissen Messzeit und einer Reihe von Messungen kann eine Fehleranalyse mit statistischen Methoden erfolgen. Oft genügt aber auch schon eine graphische Darstellung der Messergebnisse über der Zeit.

◘ Abb. 11.15 Böschungssonde im Einsatz

Zur Interpretation der Messergebnisse von Verschiebungs-   Verschiebungsvektorfelder
messungen ist für den Gebrauchszustand charakteristisch,
dass die Verschiebungsvektorfelder (von Messpunkten) sowohl über die Oberfläche als auch über die Tiefe (z. B. in Pro-
fil-Schnitten) keine abrupten Übergänge oder Sprünge aufweisen. Diskontinuierliche Verschiebungsvektorfelder weisen
demgegenüber in aller Regel auf Bruchzustände hin. Nimmt
die Geschwindigkeit der Verschiebung allmählich zu, müssen
entsprechende Sicherungsmaßnahmen (im Sinne der Beobachtungsmethode) getroffen werden.

Abrupte Übergänge oder Änderungen anderer Messgrößen können oft in gleicher Weise gedeutet werden – wenn denn die Messaufnehmer störungsfrei arbeiten.

Baubegleitende Messungen

Oft ist es notwendig, baubegleitende Messungen durchzuführen. Sie sind sorgfältig zu planen. Ohne Modellvorstellung lässt sich kein Messprogramm entwickeln. Mit den Messergebnissen werden Daten gewonnen, die zu einem wirtschaftlichen und sicheren Bauen beitragen.

11.7 Fragen

1. Was versteht man unter „messen"?
2. Warum sind Messungen in der Geotechnik so wichtig?
3. Was meint man mit dem Begriff „Beobachtungsmethode"?
4. Wo liegt oft der Schwerpunkt geotechnischer Messungen?
5. Warum kommt in der Geotechnik der hohen Messgenauigkeit so große Bedeutung zu?
6. Was ist der Inhalt eines Messprogramms und warum sollte es schriftlich abgefasst werden?
7. Aus welchen Bestandteilen besteht eine geotechnische Messanordnung?
8. In welcher Darstellungsform können Messergebnisse ausgewertet werden?
9. Was sollte bei Messungen außer den Messergebnissen selbst festgehalten werden?
10. Schildern Sie das Messprinzip eines Inklinometers und eines Extensometers.
11. Warum sollten die Messrohre für Inklinometermessungen möglichst tief geführt werden?
12. Ein Gebäude weist eine Reihe von Rissen auf. Wie kann man feststellen, ob die Verschiebungen, die zu den Rissen geführt haben, noch andauern?
13. Welche Messungen würden Sie bei der Abnahme eines Verpressankers für eine Trägerbohlwand durchführen?
14. Für ein innerstädtisches Bauvorhaben wird eine sehr tiefe Baugrube benötigt. Zwischenzeitlich muss auch Grundwasser abgesenkt werden. Entwerfen Sie in Stichworten ein Messprogramm, mit dem die Bauarbeiten begleitet werden sollten.
15. Ein bergmännischer Tunnelvortrieb für eine Schnellbahn unterquert eine Autobahn. Welche Messungen würden Sie durchführen?

16. Eine Deponie soll mit einer Dichtwand umschlossen werden. Zum Bau der Dichtwand ist eine neuartige Dichtwandmasse vorgesehen, die in einer Versuchsdichtwand getestet werden soll. Welche Instrumentierung der Versuchswand wäre denkbar, um möglichst viele Erkenntnisse aus dem teuren Großversuch zu gewinnen?

17. Eine U-Bahn-Trasse unterquert eine Fabrik mit sehr empfindlichen Maschinenfundamenten. Welche Messsysteme kommen in Frage?

18. Ein größerer Felsblock in einem engen Tal droht auf eine darunterliegende Straße zu stürzen. Was kann hier getan werden?

19. Wie kann in einem kaum zugänglichen Gebirgstal eine Hangbewegung erfasst bzw. kontrolliert werden?

20. Ein Pfahl soll in einer Probebelastung horizontal belastet werden. Welche Messeinrichtungen würden Sie vorsehen?

21. Wie kann die Setzungsmulde unter einem neu zu errichtenden Verkehrsdamm ermittelt werden?

22. Wodurch unterscheiden sich Bruchzustände von Gebrauchszuständen?

Literatur

1. Grundbau-Taschenbuch, Teil 1 (2017) Geotechnische Grundlagen, 8. Auflage, Ernst & Sohn. Berlin
2. Natau O, Fecker, E, Pimentel, E (2003) Geotechnical Measurements and Modelling, Proc. Of the Int. Symp. on geot. Measurements and Modelling, Karlsruhe, Balkema
3. Dunnicliff, J (2008) Geotechnical Instrumentation for Monitoring Field Performance, Wiley, New York
4. Bassett, R (2012) A Guide to Field Instrumentation in Geotechnics, Principles, installation and reading, Spon Press, Boca Raton

Mit heftigerem Herzklopfen

Inhaltsverzeichnis

© Springer Fachmedien Wiesbaden GmbH, ein Teil von Springer Nature 2021
K. Kuntsche, S. Richter, *Geotechnik*, https://doi.org/10.1007/978-3-658-32290-8_12

Einige Motivationshilfen zum Studium der Geotechnik

Übersicht

Am Fuße von Wolkenkratzern wie dem Burj Khalifa oder dem Taipeh 101, vor dem Eiffelturm oder vor einer Talsperre, beim Anblick des Viadukts Millau oder auch bei der Einfahrt in den Tunnel unter dem Ärmelkanal – es wird wohl niemanden geben, der den genialen Planern und Erbauern dieser Bauwerke keinen Respekt zollt.

Dieses Kapitel versteht sich als Motivationshilfe für die Geotechnik: Es werden einige berühmte Bauwerke und geotechnische Problemstellungen vorgestellt und kurz kommentiert mit der Aufforderung an den Leser, bei gewecktem Interesse weitergehend zu recherchieren. Es handelt sich dabei um eine persönliche Auswahl und sicher gibt es noch viele andere interessante Beispiele.

Wer sich über aktuelle Projekte und Problemlösungen der Geotechnik informieren möchte, dem sei ein Besuch der im 2-Jahres-Rhythmus stattfindenden Baugrundtagung empfohlen, die von der Deutschen Gesellschaft für Geotechnik e. V. veranstaltet wird.

12

12.1 Türme und turmartige Bauwerke

Einleitend ein Zitat aus 1. Mose, Kapitel 11.4:

» Wohlauf, lasst uns eine Stadt und einen Turm bauen, des Spitze bis an den Himmel reiche, dass wir uns einen Namen machen! Denn wir werden sonst zerstreut in alle Länder.

■ **Turm von Pisa**

In einem Lehrbuch zur Geotechnik ist es naheliegend, mit diesem Bauwerk zu beginnen.

Ein Wunder

Das Ensemble mit dem Dom, dem Campanile (❍ Abb. 12.1), dem Baptisterium und dem benachbarten Friedhof in Pisa gehört zum Weltkulturerbe der UNESCO und es ist wirklich ein Wunder: Jedem Besucher stockt der Atem beim Anblick des gleißenden Carrara Marmors inmitten des intensiv grünen Rasens auf der Piazza dei Miracoli.

1173 wurde mit dem Bau des 12 m durchmessenden Rundturms begonnen. Nach 12 Jahren – man hatte erst die 3. Etage erreicht – begann sich der Turmstumpf nach Südosten zu neigen, was zu einem 100-jährigen Baustopp führte. Die Schieflage versuchte man dann bei den nächsten vier Etagen durch einseitig verlängerte Säulen auszugleichen.

PISA CAMPANILE DEL DUOMO

◘ **Abb. 12.1** Campanile von Pisa

199 Jahre nach der Grundsteinlegung war der Turm mit einer Höhe von 55,8 m (statt der geplanten 100 m) vollendet. Galileo Galilei soll später hier seine Fallgesetze entdeckt haben, wofür dessen Schiefstellung sicher nützlich war.

Mit den Jahrhunderten nahm die Schiefstellung weiter zu, bis endlich 1992 mit Sanierungsversuchen begonnen wurde. Viele namhafte Geotechniker (auch schon Terzaghi im Jahre 1934) haben sich um die Ursachen der Schiefstellung und die Rettung des Turms bemüht. Bei einigen Versuchen, ihn etwas aufzurichten, nahm die Schiefstellung sogar zu.

Schließlich wurden Schrägbohrungen (◘ Abb. 12.2) angeordnet, mit denen 50 m³ Bodenmaterial entnommen wurde. Mit der außerdem vorgenommenen einseitigen Belastung durch 900 t Blei konnte der Turm von 5,5° (1990) auf etwa 4° wiederaufgerichtet werden. An der Spitze steht der Turm damit immer noch 3,9 m aus dem Lot.

Für die Schiefstellung ist eine auskeilende Weichschicht ursächlich, die sich am Rand eines ehemaligen Hafenbeckens abgelagert hat.

12

◘ **Abb. 12.2** Schrägbohrungen und Bleiauflast

■ **Leuchtturm Roter Sand**

Statt der Verankerung eines weiteren Feuerschiffs vor der Einfahrt in den Bremer Hafen, wurde 1878 vorgeschlagen, einen festen Leuchtturm zu errichten [1]. Die Planungen des Baurats C. F. Hanckes für den 54 m hohen Turm nahmen 7 Jahre in Anspruch. Statt der sonst üblichen Pfahlgründung, die hier wegen der Strömungsverhältnisse nicht möglich war, überlegte er sich, als Gründungselement einen Caisson mit Drucklufttechnik niederzubringen.

Die ◘ Abb. 12.3 zeigt einen Schnitt durch dieses Bauwerk, wo man auch links die Männer in der Druckluft-Arbeitskammer sieht.

Der erste Gründungsversuch scheiterte in einer Sturmflut. Doch man ließ nicht locker. Der neue Stahlkasten mit ellipsenförmigem Grundriss und einer Wandstärke von 10 mm, den 120 Mann bei Tag und Nacht in den Wintermonaten 1882/83 bauten, war 14 m lang, 11 m breit und 18,5 m hoch. Er wurde mit Schleppern vor Ort eingeschwommen und am 28. Mai 1883 auf dem Meeresgrund abgesetzt.

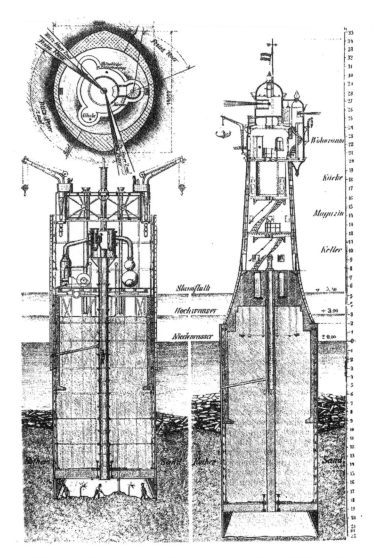

◻ **Abb. 12.3** Schnitt durch den Leuchtturm Roter Sand (1900, aus [1])

Am 1. November 1885 ging der Leuchtturm in Betrieb und wurde wohl zu Recht zu einem Wahrzeichen deutscher Ingenieurbaukunst [1].

■ **Eiffelturm**

Auch bei der Gründung des 324 m hohen Eiffelturms (◻ Abb. 12.4), der 1889 rechtzeitig zur Weltausstellung fertiggestellt wurde, ist ein Druckluft-Caisson eingesetzt worden, da die Gründungsebene tiefer als der Wasserspiegel der unmittelbar benachbarten Seine lag.

Eiffel hatte Erfahrung mit Caissons, weil er diese Technik schon 1857 beim Bau der Eisenbahnbrücke von Bordeaux an-

Eiffel, der Geschäftsmann

12

◨ **Abb. 12.4**   Eiffelturm

gewandt hatte. Es ist lohnend, die Geschichte des ziemlich umstrittenen Turms und Eiffels Schaffen genauer nachzulesen [3].
So ist u. a. bemerkenswert, dass

- Eiffel eigentlich kein Bau- sondern Chemie-Ingenieur war,
- der Entwurf gar nicht von ihm selbst stammte und dass
  schließlich
- der Turm sein Eigentum war und
- sich die Baukosten allein schon durch die zahlenden Besucher der Weltausstellung zu etwa 75% amortisiert hatten.

Sehr viel mehr Geld verdiente Eiffel jedoch am Panama-Kanal – mit einem etwas unrühmlichen Ende.

- **Fernsehturm von Stuttgart**

Der Band 3 der historischen Wahrzeichen der Ingenieurbaukunst in Deutschland [2] widmet sich dem 1954/55 gebauten Stuttgarter Fernsehturm, dem ersten, nicht abgespannten Turm aus Stahlbeton von Fritz Leonhardt, dem genialen Stuttgarter Bauingenieur. Mit seiner Idee, im Turmkopf auch eine Gaststätte unterzubringen, gelang es ihm, alle Beteiligten von seinem Entwurf zu überzeugen.

Es ist erstaunlich, wie klein sich der Fundamentdurchmesser mit $D = 27$ m gegenüber der Turmhöhe von $H = 216{,}6$ m ausnimmt.

- **Offshore-Windparks**

… bauen die einen Mauern und die anderen Windmühlen.

Mit der Errichtung der großen Windkraftanlagen auf dem Meer wurde und wird geotechnisches Neuland betreten. Derzeit werden Anlagen mit einer Nennleistung zwischen 6 MW und 8 MW und Rotordurchmessern von bis zu 171 m (!) installiert. Sie werden flach oder mit Monopiles, Tripods oder Jackets gegründet. Die Gründungen müssen neben dem Eigengewicht und dem Wind auch die Strömungs- und Wellenbelastungen abtragen, die sich auch ungünstig überlagern können.

Wo der Wind der Veränderung weht…

- **Burj Khalifa**

Der Burj Khalifa in Dubai ist mit 828 m noch immer das höchste Bauwerk der Welt. Nach 6-jähriger Bauzeit und über 3 Milliarden € Baukosten wurde das Hochhaus mit 189 Geschossen – 163 davon sind nutzbar – am 04.01.2010 eröffnet. Es wurden 330.000 m³ Beton verbaut. Zur Gründung des Hochhauses wurden 850 Pfähle mit 0,9 m $\leq D \leq$ 1,5 m bis 70 m tief gebohrt.

Die Betonpumpen (von der Firma Putzmeister) schafften den Spezialbeton zuletzt mit einem Druck von 190 bar in 45 Minuten bis in eine Höhe von 600 m.

Angeblich soll man die Turmspitze bei klarem Wetter aus über 100 km Entfernung sehen können. Bei entsprechendem Wind wird sie um etwa 1,5 m ausgelenkt.

- **Jeddah Tower**

Der Jeddah Tower (früher als Kingdom Tower bezeichnet) wird derzeit im Norden von Dschidda (Saudi-Arabien) als Herz der Jeddah Economic City errichtet. Dieser Wolkenkratzer wurde genauso wie der Burj Khalifa vom Architekten Adrian Smith (Chicago) entworfen und sollte zunächst bis zu 1600 m hoch werden. Nun sind wohl nur noch 1007 m vorgesehen – was ihn aber immer noch zum höchsten Gebäude der Welt machen wird. Die Aussicht von der geplanten Plattform in 652 m Höhe über das Rote Meer und nach Mekka wird sicher grandios sein.

12.2 Brücken

■ Brückenbau als Motivationshilfe

Pontifex

Der menschliche Wunsch, Hindernisse mit einer Brücke zu überqueren, ist wirklich elementar und kann als der wichtigste Ausgangspunkt der Tragwerkslehre im Bauingenieurwesen angesehen werden. Vermutlich wird auch der Papst – als Pontifex Maximus – den Bau von Brücken für noch wichtiger als den von Türmen (man denke auch an Babel) halten.

Die großen Lasten, welche eine einfache Balkenbrücke, eine Hänge- oder Bogenbrücke zu tragen haben, werden über Widerlager und Mittelunterstützungen in den Baugrund abgetragen. Hierfür werden Flachgründungen oder Tiefgründungen ausgeführt.

So eignet sich das Bauwerk *Brücke* auch gut, um für den Beruf des (klassischen) Bauingenieurs zu werben. Gelungene Motivationshilfen sind hier vielleicht:

Bauschinör

- „Die Geschichte von einer alten Brücke oder: Opa, was macht ein Bauschinör?" [4] – ein wunderbares kleines Büchlein – oder vielleicht auch
- der Film über den spektakulären Einsturz der Tacoma-Narros-Brücke oder
- der Film zum Bau der Pont du Normandie. Dieser französische Film überzeugt durch Erzählregie, Kameratechnik und die eingespielte Musik. Wunderbar die Szene, als die „*Deutschen*" – sie bohren die Großbohrpfähle im Hochstrasser-Weise-Verfahren – die Baustelle verlassen und keiner weiß warum.

■ Brooklyn Bridge

Ergänzend soll noch auf den Bau der *Brooklyn Bridge* eingegangen werden, die als eine der ältesten Hängebrücken der USA den East River überquert und damit Manhattan und Brooklyn miteinander verbindet. Sie wird auch als *Sehnsuchtsbrücke* bezeichnet.

Ihr Bau begann am 03.01.1870. Die Pläne entwickelte der deutsch-amerikanische Ingenieur John August Roebling, der dann auch als Chief Engineer die Bauleitung übernahm. Sein Fuß wurde von einer Fähre eingequetscht. Drei Wochen später starb er am Tetanus.

Taucher-Krankheit

Sein Sohn führte die Arbeiten fort. Allerdings erkrankte er bei den Gründungsarbeiten an einem Pfeilerfundament, welches mit einem Druckluft-Caisson hergestellt wurde. Man

wusste noch zu wenig über die Taucherkrankheit. Seine Frau
Emily führte nunmehr die Arbeiten fort. Er selbst konnte nur
noch vom Rollstuhl aus mit dem Fernglas die Bauarbeiten
verfolgen.

Beim Bau waren 6000 Arbeiter beschäftigt, 27 davon
kamen ums Leben. Nach über 13 Jahren Bauzeit wurde die
Brücke am 24. Mai 1883 eröffnet.

■ **Viaduc de Millau**

Der Fahrbahnträger der mit 2,46 km bislang längsten Schräg-
seilbrücke der Welt liegt maximal 270 m über dem Tarn, einem
Fluss im französischen Zentralmassiv. Bei den beiden Endfel-
dern der Autobahnbrücke beträgt die Spannweite 204 m, bei
den sechs Innenfeldern 342 m.

Auf den bis zu 245 m hohen Stahlbetonpfeilern stehen
98 m hohe Stahlpylone, an denen die Tragseile befestigt sind.
Die Pfeiler ruhen auf etwa 200 m^2 großen Fundamenten, die
wiederum auf jeweils 4 Pfählen abgestellt sind. Die Pfähle reichen bis 15 m tief in den Fels.

■ **Straße von Messina**

Wenn demnächst vielleicht doch noch die Hängebrücke über
die Straße von Messina mit der Weltrekord-Spannweite von
3,3 km gebaut wird – wer möchte da nicht mit dabei sein?

12.3 Talsperren

Talsperren – ob aus Boden, Steinbruchmaterial oder aus Beton hergestellt – stellen singuläre Bauwerke dar mit hohen
geotechnischen Anforderungen. Die Liste der größten Talsperren der Erde ist lang und enthält beeindruckende Daten.
Die Liste der Unfälle von Stauanlagen ist ebenfalls lang. Berühmte Beispiele sind u. a. die Rutschung von Vajont (1963)
und der Bruch des Teton-Staudamms (1976). Auf diverse Brüche von Sedimentationsanlagen mit katastrophalen Folgen sei
ergänzend hingewiesen.

■ **Assuan Damm**

Beim Bau des Assuan Staudammes in Ägypten hat man –
auch mit deutscher Ingenieurskunst – den Tempel Abu Simbel
in 1036 Blöcke zersägt und an höher gelegener Stelle wieder
aufgebaut. Der Tempel wäre sonst im aufgestauten Nil ver-
sunken.

Abu Simbel

▪ Talsperre von Vajont

Im Vajont-Tal in Italien – mit steilen Wänden bestehend aus einer Wechselfolge von Kalksteinen und Schiefertonen – wurde beginnend ab 1956 die damals mit 265 m höchste Betonstaumauer der Welt errichtet. Der geplante Stausee hatte ein Volumen von 100 Millionen m^3.

Die Rutschung von Vajont

Schon 1960 war an der südlichen Flanke des Stausees eine erste Rutschung abgegangen. Dieses Warnsignal wurde von den Verantwortlichen nicht ernst genommen. In der Nacht zum 9. Oktober 1963 kam es zu einer Katastrophe: Um 22:39 Uhr löste sich ein 3 km langer und 270 Millionen m^3 mächtiger Gesteinskörper vom Monte Toc und rutschte mit über 100 km/h in den Stausee. Es bildeten sich zwei riesige Flutwellen: Die erste verfehlte die auf dem gegenüberliegenden Hang liegenden Dörfer Erto und Casso um wenige Meter, bevor sie talaufwärts floss und dort einige kleine Ortschaften zerstörte. Von der zweiten Welle mit etwa 50 Millionen m^3 schwappten etwa 25Millionen wie ein Tsunami über die Mauer und flossen talauswärts auf das Städtchen Longarone zu. Die Mauer selbst blieb ohne Schäden, Longarone und einige umliegende Ortschaften wurden vollständig zerstört. Beinahe 2000 Menschen kamen ums Leben.

▪ Teton-Dam

Der Bruch des Teton-Dammes kündigte sich allmählich an und wurde dann auch gefilmt. Der Film und Erklärungen zum Versagen finden sich im Internet.

12.4 **Tunnel**

Von den vielen beeindruckenden Tunnelbauten soll hier kurz auf zwei Beispiele eingegangen werden:

▪ Engelbergbasistunnel

Der Engelbergbasistunnel bei Leonberg (Region Stuttgart) ist mit zwei jeweils 2,53 km langen Röhren ein stark befahrener Autobahntunnel der A 81. Nach vier Jahren Bauzeit wurde auch die zweite Tunnelröhre am 12. August 1999 für den Verkehr freigegeben. Das Projekt ist aus einer ganzen Reihe von Gründen bemerkenswert. Neben den Fragen der privaten Finanzierung der Baukosten (am Ende 850 Mio. DM) waren auch viele technische Probleme zu lösen:

265 m^2 im Anhydrit

So waren u. a. in sieben Abschnitten sehr große Ausbruchsquerschnitte mit Bagger-/Sprengtechnik in Spritzbetonbauweise herzustellen. Man hatte sich entschieden, in den Gebirgsbereichen mit Anhydrit den ovalen Ausbruchquerschnitt

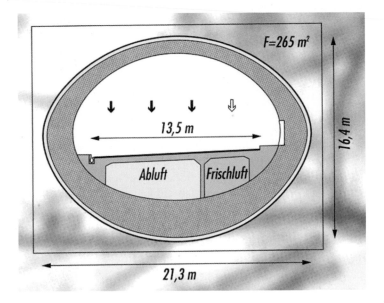

□ Abb. 12.5   Ausbruchsquerschnitt im Anhydrit (aus einem Prospekt)

265 m^2 (!) groß auszuführen, der mit stark bewehrten Innen-
schalendicken zwischen 1 m und 3 m dem zu erwartenden
Quelldruck widerstehen sollte (□ Abb. 12.5).

Inzwischen wurde der Tunnel schon dreimal saniert, wobei   Frühe Sanierungen
eine grundlegende Sanierung in 2020 begann und voraussicht-
lich noch bis 2024 andauern wird. Die Kosten für die Sanierung werden mit 130 Mio € abgeschätzt.

■ **Fehmarnbelttunnel**

Der Fehmarnbelttunnel wird mit 17,6 km der längste und
tiefste kombinierte Straßen- und Eisenbahntunnel der Welt.
Auch auf deutscher Seite besteht nach einem Urteil vom
03.11.2020 Baurecht.

Es sollen Tunnelelemente aus Beton mit einer Masse von   Tunnelelemente mit 73.000 t
73.000 t in die Ostsee abgesenkt werden, die mit 5 Röhren
standardmäßig 217 m lang, 42 m breit und 9 m hoch sind. Die
Kostenschätzung für dieses Projekt beläuft sich auf ca. 9 Milliarden €. Auf dänischer Seite haben vorbereitende Arbeiten
begonnen, die Eröffnung des Tunnels ist für 2029 geplant.
Man darf auf den weiteren Verlauf des Projekts gespannt sein.

12.5 Spezialgeschichten aus der Geotechnik

Von den vielen Bauaufgaben, bei denen spezielle geotechnische
Überlegungen notwendig waren, werden nachfolgend vier
stichwortartig vorgestellt.

■   **Das Mühlenberger Loch**

weiche Schlicke

Für den Bau des Airbus A380, des bislang größten Passagier-Flugzeuges der Welt, musste das Werksgelände in Hamburg erweitert werden. Dazu wurde von 2001 bis 2003 eine Teilfläche des Mühlenberger Loches nutzbar gemacht. Als eines der größten Süßwasserwatte Europas liegt es etwa 2 km vom Hamburger Hafen entfernt, flussabwärts der Elbe. Das Projekt war auch bautechnisch sehr umstritten, weil dort bis zu 12 m dicke, extrem weiche Schlicke anstanden. Die gefundene Lösung ist ein Musterbeispiel geotechnischer Ingenieurskunst: Nach dem Bau eines Umschließungsdeiches, der auf geotextilummantelten Sandsäulen gegründet ist, wurden zunächst großflächig dünne Sandlagen unter Wasser verrieselt und dann zur Konsolidation und Stabilisierung in engem Raster weitere geotextilummantelte Sandsäulen hergestellt. So ertüchtigt konnte das Gelände mit einer 6 m bis 10 m dicken Sandauflage aufgehöht und anschließend bebaut werden.

■   **Gashydrat führende Sedimente**

brennendes Eis

Die als „brennendes Eis" bekannten Gashydrate sind feste Verbindungen, die Sedimente im Meer im Bereich der Kontinentalhänge stabilisieren. Gashydrate sind nur unter hohen Drücken ($\geq$30 bar) und geringen Temperaturen ($\leq$5°) stabil. Wegen der geothermischen Temperaturzunahme treten Gashydrate nur in einem wenige hundert Meter breiten Gürtel auf. Mit der Erderwärmung wird befürchtet, dass die stabilisierende Wirkung verloren gehen könnte und sich dadurch große Tiefseerutschungen mit der Bildung von Tsunamis ereignen. So wird auch die Storegga-Rutschung (vor etwa 8200 Jahren) mit dieser Ursache in Verbindung gebracht. Bei dieser Rutschung, einer der größten weltweit, wurden auf 800 km Länge Massen mit einem Volumen von 5608 km^3 bewegt. Man ist dabei, die mechanischen Eigenschaften gashydratführender Sedimente zu untersuchen.

■   **Lausitzer Kippensande**

Sande verflüssigen sich

Der Braunkohlenbergbau im Lausitzer Revier (im Südosten von Brandenburg und im Nordosten von Sachsen) hat Abraumkippen hinterlassen, in denen in weiten Bereichen gleichförmige, locker gelagerte Sande abgelagert wurden. Unter dem Einfluss aufsteigenden Grundwassers kann es vorkommen, dass das Korngerüst dieser Sande spontan zusammenbricht, was zu einer Verflüssigung der Sande führen kann. Bei geneigtem Gelände treten dann u. U. großräumige und lebensgefährliche Rutschungen auf, die als Setzungsfließen bezeichnet werden. Bei ebener Geländeoberfläche kommt es zu Geländeeinbrüchen.

Um diese Flächen aus der Bergaufsicht zu entlassen, muss jeweils nachgewiesen werden, dass künftig keine Gefährdungen mehr zu erwarten sind. Zur Verdichtung der lockeren Sande werden neben Tiefenrüttlern auch Sprengungen ausgeführt, wobei die Suche nach dem optimalen Verfahren noch nicht abgeschlossen ist.

Herzklopfen

Türme, Brücken, Talsperren und Tunnel sind interessante und schwierige Bauwerke, für die man sich begeistern kann. Wie die Erfahrung zeigt, bergen sie auch größere Risiken, denen man mit einer sorgfältigen Planung Rechnung tragen muss. Es gab und gibt mutige Ingenieure und Geotechniker, die Verantwortung übernehmen und Innovationen voranbringen. Welcher Beruf kann da mithalten?

Literatur

1. Neß W et al (2010) Der Leuchtturm Roter Sand, Band 7 der Wahrzeichen der Ingenieurbaukunst in Deutschland, Bundesingenieurkammer 1. Auflage
2. Andrä H-P et al (2012) Der Fernsehturm Stuttgart, Band 3 der Wahrzeichen der Ingenieurbaukunst in Deutschland, Bundesingenieurkammer 3. Auflage
3. Schulz U (2013) Der Eiffelturm, primus Verlag, Darmstadt
4. Schmidt H-G (2009) Die Geschichte von einer alten Brücke oder: Opa, was macht ein Bauschinör? Ernst & Sohn, Berlin

Aus Schaden wird man klug (?)

Inhaltsverzeichnis

© Springer Fachmedien Wiesbaden GmbH, ein Teil von Springer Nature 2021
K. Kuntsche, S. Richter, *Geotechnik*, https://doi.org/10.1007/978-3-658-32290-8_13

Zur Arbeit eines Sachverständigen vor Gericht

Übersicht

Das Bauen endet immer öfter vor Gericht. Hier werden Sachverständige in Beweisverfahren oder bei Rechtsstreitigkeiten beauftragt, entsprechende Gutachten anzufertigen. Meist werden zur Erstellung dieser Gutachten Ortstermine notwendig. Es wird dargelegt, welche Hilfsmittel bei Ortsterminen nützlich sind und worauf man bei der Durchführung achten sollte. Zur Schadensanalyse und zum Abfassen der Gutachten werden einige Hinweise gegeben. Einige Beispiele runden das Kapitel ab.

13.1 Rechtlicher Rahmen

Codex

Für das Bauen hat man schon vor etwa 3800 Jahren Rechtsgrundsätze formuliert. In den 1902 bei Grabungen in Susa aufgefundenen Teilstücken eines 2,25 m hohen Pfeilers aus Diorit ist mit etwa 8000 Worten in Keilschrift einer der ältesten Gesetzestexte der Welt eingeritzt: Der Codex des 6. Königs der 1. Dynastie von Babylon, Hammurapi. Eine Kopie davon steht im Pergamon-Museum in Berlin, das Original im Louvre von Paris. Der ins Deutsche übersetzte § 229 (❏ Abb. 13.1) lautet:

» Wenn ein Baumeister für jemanden ein Haus errichtet, dessen Konstruktion nicht fest genug ist, so dass das Haus einstürzt und den Tod des Bauherrn verursacht, so soll dieser Baumeister getötet werden.

13

Als Bauingenieure freuen wir uns, dass sich die Rechtsauffassung seitdem geändert hat.

Nach [1] waren Bauprozesse bis etwa 1980 sehr selten. Heute beträgt der Anteil der Baurechtsfälle bei den Zivilstreitigkeiten etwa 30 %, wobei der Ausgang eines Prozesses wegen der unübersichtlichen Rechtsprechung kaum vorausgesagt werden kann.

ruinöser Preiskampf

Ein Aspekt dazu: Wegen des ruinösen Preiskampfes wird schon in der Angebotsphase geprüft, ob und wie man Lücken des Leistungsverzeichnisses zu Nachträgen nutzen kann. Wie schon erwähnt, bietet insbesondere die unzureichende Baugrunderkundung bzw. -beschreibung oftmals eine sprudelnde Quelle begründbarer Nachträge.

Zur gerichtlichen Beweiserhebung und zur Klärung strittiger technischer Zusammenhänge werden vom Gericht öffentlich bestellte und vereidigte Sachverständige oder auch Hochschullehrer mit der Erstellung von Sachverständigengutachten beauftragt.

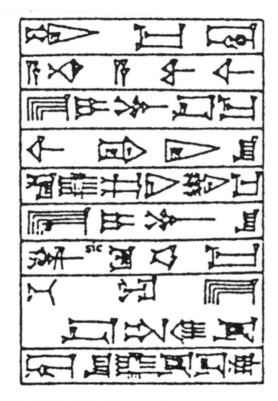

■ **Abb. 13.1**   § 229 des Codex Hammurapi

13.2 Das gerichtliche Sachverständigengutachten

13.2.1 Erste Durchsicht, Vorbereitung

Die nachfolgenden Ausführungen richten sich an Leser, die sich für die typische Arbeitsweise der vom Gericht bestellten Sachverständigen interessieren. Sie stützen sich ab auf Erfahrungen, die sich aus einem Zeitraum von über 20 Jahren Sachverständigentätigkeit ergeben haben.

Dem Sachverständigen (SV) werden von den Gerichten die Gerichtsakten – oft ohne Ankündigung – zugesandt. Er studiert zunächst das Deckblatt (Rubrum), aus dem die Art des Verfahrens, das Aktenzeichen und die Anschriften der Beteiligten hervorgehen. Es kann sich um eine gerichtliche Beweissicherung, einen Rechtsstreit oder auch um eine Strafsache handeln.   Rubrum

Es kommt vor, dass in der Gerichtsakte weitere Beteiligte erwähnt werden, die auf dem Rubrum noch nicht aufgeführt waren. Dies ist deswegen wichtig, weil der Sachverständige bei Ladungen zu einem Ortstermin alle Beteiligten benachrichtigen   erste Fehler muss. Tut er das nicht, kann das schon ein erster Grund für eine „Besorgnis der Befangenheit" sein.

Der SV prüft sodann, ob die Beweisthemen zu seiner öffentlichen Bestellung passen, d. h. ob er das Gutachten prinzipiell erstellen kann. Dann ist er nämlich auch zur Bearbeitung des gewünschten Gutachtens verpflichtet – außer er ist durch andere Gutachten im gewünschten Zeitraum verhindert oder er ist – beispielsweise wegen früherer Geschäftskontakte zu einer Partei – möglicherweise befangen.

inhaltliche Prüfung

Nun wird geprüft, ob die Akten vollständig und die Beweisfragen in der gestellten Form sinnvoll sind und mit vertretbarem Kostenaufwand (mit dem schon eingezahlten Kostenvorschuss) bearbeitet werden können oder ob es hierüber einer weiteren Klärung mit dem Gericht bedarf. Ggf. müssen die Kostenansätze noch vor der Bearbeitung mit dem Gericht abgestimmt werden.

Meist liegt ein Formular bei, mit dem der SV den Eingang der Akten bestätigt. Hier wird auch oft nach einer Kostenschätzung gefragt. Wenn man schon von vornherein absehen kann, dass der eingezahlte Vorschuss nicht auskömmlich ist, sollte man dies hier anzeigen.

weitere Unterlagen

Aus dem Studium der Gerichtsakte kann sich zeigen, dass zur Bearbeitung der Themen weitere Unterlagen benötigt werden. Falls diese nicht ohnehin über das Gericht angefordert werden, so ist das Gericht in Kopie über eine diesbezügliche Anfrage bei den Parteien zu informieren.

13.2.2 Der Ortstermin

In aller Regel wird ein Ortstermin erforderlich, zu dem alle Beteiligten mit ausreichend zeitlichem Vorlauf eingeladen werden. Wenn eine Partei nicht erscheinen kann, wird ein neuer Termin verabredet. Wenn sich bei vielen Beteiligten kein Termin finden lässt, sollte ihn das Gericht festlegen.

Vorbereitung

In der Vorbereitung des (ersten) Ortstermins muss geklärt werden, ob es nur um eine reine Inaugenscheinnahme geht oder ob Bauteile geöffnet werden müssen, Vermessungsarbeiten, Baugrunderkundungen oder andere Messungen durchzuführen sind.

Zum Ortstermin packt der SV meist ein:

- Die Gerichtsakte,
- den ersten Entwurf seines Gutachtens mit dem Beweisbeschluss,
- einen Fotoapparat (zur Sicherheit besser zwei),
- Diktiergerät, Gliedermaßstab.

Die nachfolgend aufgeführten Hilfsmittel können ebenfalls sehr hilfreich sein:

Hilfsmittel

Ein GPS-Empfänger, Kompass (beides ggf. im Smartphone), Nivelliergerät oder elektronische Schlauchwaage, Stativ, Richtlatte mit Messkeil, selbstnivellierender Laser, Tachymeter, Rissbreitenmaßstab, Risslupe, Feuchtemessgerät u. a. mehr.

Der SV beginnt den Termin pünktlich. Nach der eigenen Vorstellung lässt man sich die Namen der Teilnehmer in eine vorbereitete Liste eintragen. Bei Bedarf wartet man noch auf verspätete Beteiligte.

Meist ist es nicht erforderlich, den gerichtlichen Beweisbeschluss vorzulesen. Der SV erläutert dann, welche Informationen wie gewonnen werden sollen. Im Zuge des Ortstermins kann sich herausstellen, dass weitere Unterlagen nachgereicht werden müssen. Diese sollten immer über das Gericht verteilt werden.

Des Öfteren herrscht eine angespannte Atmosphäre, in der sich die Parteien mitunter mit aggressiven Meinungsäußerungen streiten. Der SV hält man sich besser mit eigenen Kommentaren zurück. Zu den strittigen Fragen äußert er sich nicht.

angespannte, verfeindete Teilnehmer

Der SV wird manchmal in den Schreiben des Gerichts gebeten, im Rahmen seiner Möglichkeiten auf eine mögliche gütliche Einigung hinzuwirken. In der über 20-jährigen Tätigkeit des Autors Konrad Kuntsche ist kein einziger Fall aufgetreten, bei dem ein solcher Hinweis gefruchtet hätte.

13.2.3 Schadensanalysen

Risse sind nicht immer schädlich: Bei auf Biegung und Zug beanspruchten Stahlbetonbauteilen trägt die Bewehrung erst dann vollständig, wenn der Beton gerissen ist. Die Rissweiten müssen aber klein bleiben oder die Risse werden wieder verschlossen. Bei Bauwerken wird erst ab Rissweiten $\geq 0{,}2$ mm von Schäden gesprochen.

Risse

Risse stellen sich immer dann ein, wenn Materialfestigkeiten erreicht bzw. überschritten werden. Die Materialeigenschaft „Festigkeit" kann als ein ganz bestimmter mechanischer Spannungszustand angesehen werden. Festigkeiten hängen insbesondere vom Zustand des Werkstoffs (Alter, Ermüdung usw.), von der Temperatur und der Verformungsgeschwindigkeit ab.

Strenggenommen müssen Festigkeiten für dreidimensionale Spannungszustände definiert werden. Oftmals wird dazu eine Festigkeitshypothese aufgestellt, die mehr oder weniger realitätsnah auf das betrachtete Material zutrifft. So wird bei-

Festigkeitshypothesen

spielsweise für duktile Werkstoffe wie Stahl die von-Mises-Vergleichsspannung, für spröde Werkstoffe wie Glas die Hauptnormalspannung angewendet. Für anisotrope Werkstoffe wie Holz werden unterschiedliche Festigkeiten je Beanspruchungsart und -richtung bezogen auf die Faser angegeben. Für Beton wird zwischen Zug- und Druckfestigkeit unterschieden.

Systemfestigkeit

Bei diesen Begrifflichkeiten fällt auf, dass offenbar auch zwischen Materialfestigkeiten und Systemfestigkeiten unterschieden werden muss. So versagt beispielsweise ein Knickstab nicht, weil die Druckfestigkeit des Materials erreicht wird, sondern weil sich Systemeigenschaften auswirken.

Übereinstimmungen

Die Ergebnisse einer detaillierten Rissaufnahme werden nach bestimmten Übereinstimmungen ausgewertet und mit möglichen Veränderungen (Spannungszunahmen, Festigkeitsabnahmen) in Zusammenhang gebracht.

Schwachstellen

Es wird also überprüft, ob die Rissbildungen bei jeweils gleichen Baustoffen und/oder gleichen Bauteilen in gleicher Ausprägung vorkommen. So treten z. B. sehr häufig Risse bei Spannungskonzentrationen infolge von Querschnittsverkleinerungen – an den Schwachstellen eines Bauwerks – auf. Als Beispiele seien die Ecken von Fenstern und Türen eines Gebäudes erwähnt. Aus dem Verlauf der Risse und der Ausbildung der Rissufer kann ebenfalls auf die Ursachen der Rissbildungen geschlossen werden. Einige Rissbildungen sollen nachfolgend etwas näher betrachtet werden.

Rissbilder und Ursachen

Bei Mauerwerk und Beton treten wegen der geringen Zugfestigkeit sehr oft Zugrisse auf. Zugrisse liegen orthogonal zur Zugspannungsrichtung. (Haben sich die Risse gebildet, können hier natürlich keine Zugspannungen mehr übertragen werden).

13

Schwinden

Das Schwinden der Baustoffe führt somit häufig zu einem orthogonalen Rissbild.

Bei einem sich durchbiegenden Balken oder einer durchbiegenden Mauerscheibe können sich auf der gedehnten Seite senkrechte Risse bilden, wenn dort die Zugfestigkeit des Materials überschritten wird. Oft können sich allerdings die hierzu erforderlichen Längenänderungen konstruktionsbedingt nicht ausbilden. Stattdessen treten Schubverformungen auf, für die ein schräges Rissbild typisch ist. Auch hier reißt der Baustoff senkrecht zur größten Dehnung.

Größte Dehnung

Die Richtung der größten Dehnung wird anschaulich, wenn man sich das Parallelogramm vorstellt, was sich aus einem Quadrat im unverformten Zustand ergibt. In ◻ Abb. 13.2 sind die für Mulden- bzw. Sattellage typischen Rissbilder dargestellt, die jeweils senkrecht zu den Hauptdehnungen liegen.

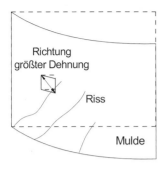
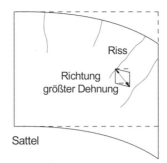

☐ **Abb. 13.2** Typische Rissbilder

Aus geotechnischer Sicht kommen für nachträgliche Rissbildungen in Gebäuden neben den Einwirkungen von Wasserdrücken oder Erschütterungen in erster Linie *Setzungsunterschiede* in Betracht. Es gibt auch Risse durch unterschiedliche
Hebungen.

Unterschiedliche Bodenbewegungen können auftreten infolge von

- unterschiedlichen Baugrundverhältnissen (auskeilende Schichten, Torflinsen usw.)
- unterschiedlichen Gründungsarten,
- seitlicher Spannungsausbreitung durch nachträgliche Nachbarbebauung,
- Grundwasserabsenkungen (Absenktrichter, tektonische Störungszonen),
- bei Unterfangungen,
- neuen und unterschiedlichen Belastungen (Aufstockungen),
- seitlichen Verschiebungen des Baugrunds (seitlicher Bodenaushub, unzureichend gestützte Baugruben, nach- giebige Stützkonstruktionen),
- Quellen (Tone, Anhydrit),
- Schrumpfen (Tone),
- Hohlräume (künstliche oder durch Verkarstungen im Kalk oder Gips),
- Verrottung von trockengelegten Holzpfählen, Korrosion anderer Pfahlarten,
- Ausspülungen oder Materialentzug (defekte Rohre, Anker- bohrungen, nicht filterstabile GW-Absenkungen),
- Frosteinwirkungen,
- Verpressarbeiten des Spezialtiefbaus,
- Hangkriechen,
- Einwirkungen von Pflanzen und Tieren.

Zur Klärung der Ursachen von Setzungsunterschieden muss
auch an ein mögliches Schrumpfen gedacht werden: Wenn das
Volumen des Baugrunds unter einem Gründungselement

Setzungsunterschiede

Schrumpfen: Horizontale
Risse

durch die Abnahme des Wassergehaltes kleiner wird, wenn der Baugrund also schrumpft, dann würde das Gründungselement dieser Volumenverkleinerung folgen bzw. folgen wollen.

Es kommt dann zu Riss- bzw. auch Absatzbildungen oder Schiefstellungen, wenn sich ausreichend große Zwängungen und/oder Lastumlagerungen einstellen. Dies ist oft dann der Fall, wenn die Schrumpfungen ungleichmäßig sind und/oder unterschiedliche Gründungsbedingungen herrschen.

Typisch für diese Lastumlagerungen sind die überwiegend horizontalen Rissbildungen, die bei schrumpfendem Baugrund häufig festzustellen sind (◗ Abb. 13.3).

Oder doch die Bauphysik?

Immer ist zu prüfen, ob nicht doch auch bauphysikalische Gründe (Schwinden, Kriechen, Temperaturänderungen) oder normale Alterungsvorgänge für die Rissbildungen in Frage kommen können.

beleuchtete Risslupe

Wenn keine vorlaufende Beweissicherung durchgeführt wurde, ist es oft schwierig, die Ursachen für bestimmte Rissbildungen zu klären. Der Antragsteller einer diesbezüglichen Beweissicherung verfolgt das Ziel, für entstandene Risse einen Schadensausgleich bzw. eine Kostenerstattung für Reparaturen zu erhalten. Hier kann es helfen, die Risse mit einer beleuchteten Risslupe genauer zu betrachten bzw. auch zu fotografieren. Finden sich nämlich auf den Rissufern Staub, Spinnweben oder sonstige Einlagerungen, kann davon ausgegangen werden, dass es sich um alte Risse handelt. Neu entstandene Risse weisen scharfe Rissflanken und ein staubfreies, eben ein frisches Aussehen auf.

... und viele andere Schäden

Neben den Rissschäden kommen als mögliche weitere Schäden wie z. B. direkte Beschädigungen durch Baumaschinen in Betracht. Daneben auch Verstaubungen durch Abbrucharbeiten, Verpressungen der Kanalisation durch Zementsuspension – aber auch Schäden durch Orkane, Erdbeben oder sogar durch Wurzeldruck (!).

Allein das Herstellen von Bohrpfahl- oder Schlitzwänden kann schon zu ersten Verschiebungen führen. Zu steil geneigte Anker drücken unter Umständen die (Träger- oder Spund-) Wand in den Baugrund hinein. Werden viele Ankerlagen mit gleicher Länge hergestellt, stellt sich u. U. eine Fangedamm-Wirkung ein, die unzulässig große Verschiebungen nach sich ziehen kann.

Ankerbohrungen gegen drückendes Grundwasser sind schwierig auszuführen und können Boden entziehen. Die Herstellung von Dichtwänden und Dichtsohlen kann Fehlstellen aufweisen. Die vermörtelten Bereiche wurden nicht lagegenau hergestellt, es gibt Hindernisse im Baugrund oder organische Bestandteile. Beim luftummantelten Düsenstrahlverfahren wurden bei nichtbindigen Böden weitreichende Auflockerungen festgestellt. So haben auch Rüttelinjektionspfähle zur Auftriebssicherung von Unterwasserbetonsohlen das Erd-

■ **Abb. 13.3**   Lastunabhängige Setzung

widerlager von Verbauwänden so weit geschwächt, dass dort unerwartet große Verschiebungen auftraten.

13.2.4   Anmerkungen zum Sachverständigengutachten

Bei der Abfassung des Sachverständigengutachtens geht es ausschließlich darum, nur die Behauptungen bzw. Fragen des Beweisbeschlusses zu beantworten. Hierzu sind Tatsachen festzustellen, Erfahrungssätze zu vermitteln und Schlussfolgerungen aus den Tatsachen zu ziehen.

Die Beantwortung der Fragen des Beweisbeschlusses ist mit Begründungen zu versehen, die im Gedankengang für das Gericht nachvollziehbar sein müssen. Fachausdrücke müssen ggf. erläutert werden. Falls keine eindeutigen Antworten bzw. Aussagen möglich sind, muss dies zum Ausdruck gebracht werden.

Als SV hüte man sich im Gutachten vor Formulierungen, die als rechtliche Würdigungen verstanden werden könnten. Die letzte eigene Lektüre muss diese Texte aufspüren, damit diese wieder gestrichen werden können.

Keine rechtlichen Würdigungen!

Denn eines ist klar: Der Rechtsanwalt der Partei, der mit den Ergebnissen des Gutachtens möglicherweise Nachteile erwachsen, wird versuchen, den SV anzugreifen und ihn als unfähig und/oder parteilich dazustellen. Allein die Besorgnis der Befangenheit genügt, das Gutachten vor Gericht als unbrauchbar darzustellen und zu verwerfen. Das kann sogar so weit gehen, dass der SV auf sein Honorar verzichten muss.

Besorgnis der Befangenheit

Ein 4. Ergänzungsgutachten   Bei größeren Streitigkeiten kann man einigermaßen sicher sein, dass die Akten nach einiger Zeit wieder zugestellt werden mit der Bitte, ein weiteres … und anschließend eine weiteres … ergänzendes Gutachten abzugeben.

Oft wiederholen sich die Fragen dann endlos, was Absicht und Methode ist. Hier heißt es dann: Nerven bewahren und den Fallstricken aus dem Weg gehen, die von den Rechtsanwälten unermüdlich ausgelegt werden.

13.2.5   Regulierungen

Regulierungen gestalten sich dann einfach, wenn keine oder hinzunehmende Veränderungen aufgetreten sind.

Eine Beurteilung von nicht hinnehmbaren Mängeln führt zu Nachbesserungen oder – wenn die Nachbesserungskosten in grobem Missverhältnis zum erzielbaren Ergebnis der Nachbesserung stehen – zur Ermittlung von Minderwerten.

Die Minderwertermittlung kann entweder nach der Gebrauchswertminderung über die Kapitalisierungsmethode oder nach der Nutzwert-Analyse erfolgen.

13.3   Beispiele, aus denen man etwas lernen kann

Schadenfreude   Gerade aus der Beschäftigung mit Schadensfällen erwächst Wissen und Erfahrung. Man könnte als „Schadenfreude" auch die Freude über einen Schaden verstehen, aus dem man etwas lernen kann und dabei entsprechend klüger wird. Das Sprichwort „Schaden macht klug" zeigt dessen Nutzen. Dabei ist es aber doch leicht einzusehen, dass es besser wäre, auch ohne den Schaden klug zu sein. Da aber Schäden sehr oft mit menschlichen Fehlern zusammenhängen, wird über sie gar nicht oder nur ganz wenig berichtet.

Die nachfolgende Aufzählung von einigen Beispielen wurde mit (i = 1 bis 15) durchnummeriert. Mit den Schadensbeispielen werden auch manche Lehren wiederholt, die in diesem Lehrbuch vermittelt wurden. Für die Verfasser bleibt zu hoffen, dass diese Wiederholungen dann letztendlich auch bei den Lesern im Gedächtnis verbleiben.

Weitergehende Informationen zu den größeren Schadensfällen findet man leicht im Internet.

13.3.1 Naturgefahren und Risikoanalyse

(i = 1) Nach 11-jähriger Bauzeit wurde das Kernkraftwerk Mühlheim-Kärlich 1988 mit Baukosten von 3,58 Milliarden € nach genau 100 Tagen Regelbetrieb für immer abgeschaltet. In diversen Gerichtsverfahren wurde im Ergebnis festgestellt, dass die Erdbebengefährdung für den Reaktor falsch eingeschätzt worden sei. Die Kosten für den Rückbau werden mit etwa 725 Millionen € abgeschätzt.

KKW Mühlheim-Kärlich

Man lernt aus diesem Beispiel zum einen, dass derartige Kosten von der Energiewirtschaft verkraftet werden können. So groß war der Schaden wegen des falsch eingeschätzten Erdbebenrisikos dann wohl doch nicht. Man lernt aber zum zweiten in unserem Kontext, dass bei einer Gefährdungsabschätzung, einer Risikoanalyse, nicht nur das Grundstück, sondern sicher auch das zu errichtende Bauwerk berücksichtigt werden muss.

Grundstück und Bauwerk

Eine verantwortungsvolle Risikoanalyse widmet sich der Frage, mit welcher Wahrscheinlichkeit welche Ereignisse mit welcher möglichen Auswirkung am Standort auftreten können.

Risikoanalyse

❯ Um Sach- und Personenschäden zu vermeiden, müssen Bauwerke auf diese Auswirkungen ausgelegt und bemessen werden. Wenn Unsicherheiten verbleiben und/oder eine sichere Bemessung unmöglich ist, bleibt die Möglichkeit, Mess- und Warnsysteme zu installieren. Letzteres setzt jedoch voraus, dass sich ein Schadensereignis ankündigt und dann noch genug Zeit bleibt, Schutz- bzw. Gegenmaßnahmen zu treffen oder das betroffene Areal bzw. Bauwerk wenigstens zu verlassen.

Beobachtungsmethode

(2) Die Bewohner Pompejis hatten beim Ausbruch des Vesuvs im Jahr 79 keine Chance. Heute gibt es dort zwar sehr viele Messstationen. Aber kann man mit Messungen tatsächlich feststellen, wann wieder Gefahr im Verzug ist? Und wenn ja, schafft man es, dass alle Bewohner rund um den Vulkan den Gefahrenbereich rechtzeitig verlassen können?

Pompeji und Neapel

(3) Das Erdbeben am 26. Dezember 2004 um 00:58 Uhr UTC mit dem Epizentrum 85 km vor Sumatra löste mehrere Tsunamis aus, bei denen etwa 230.000 Menschen umkamen. Das Beben wurde zwar Sekunden danach weltweit registriert, aber es fehlte die Infrastruktur, die betroffenen Menschen an den Küsten rechtzeitig zu warnen. Die zerstörerische erste Welle brauchte eine halbe Stunde bis zur Sumatras Nordküste, über 6 Stunden bis nach Somalia. Selbst dort gab es noch etwa 300 Tote. Daraus hat man gelernt: Inzwischen

Tsunami 1

Tsunami 2

wurde ein funktionierendes Warnsystem in Betrieb genommen.

(4) Im März 2011 ereignete sich nach einem Erdbeben und
dem dadurch ausgelösten Tsunami vor Japans Küste die
Nuklearkatastrophe von Fukushima. Dieses dreifache Desaster führte zum Atom-Moratorium der Bundesregierung, die
kurz zuvor noch Laufzeitverlängerungen der Atomkraftwerke
beschlossen hatte. So wurden – einige Jahre nach Mülheim-
Kärlich – die Naturgewalten hinsichtlich ihres Risikos nochmals neu bewertet.

Neubewertung

> **Wichtig**

Daraus lernen wir, dass die Bewertung der Ergebnisse von
geotechnischen Risikoanalysen nicht nur vom Grundstück
und vom Bauwerk abhängen, sondern auch von gesellschaft-
lichen und politischen Entscheidungsprozessen beeinflusst
sind.

Mit Schäden ist zu rechnen

Ferner ergibt sich, dass sich manche Bauwerke in bestimmten Regionen für viele Risiken nicht ausreichend bemessen lassen und auch Messungen und Warnsysteme unter
Umständen nicht weiterhelfen. In einem entsprechenden Gebirge muss einfach mit möglichen Schäden durch Vulkanaus-
brüche, Steinschläge und mehr oder weniger spontanen
Muren- oder Lawinenabgängen gerechnet werden.

13.3.2 Schäden beim Bauen

Nach den Naturgefahren betrachten wir abschließend einige –
bei ausreichender Klugheit wohl auch vermeidbare –
Bau-Schäden, bei denen die Geotechnik eine Rolle spielt.

Stadt-Archiv von Köln

(5) Als am 3. März 2009 das Kölner Stadtarchiv einstürzte
und in einem bis zu 20 m tiefen Krater neben einer Baugrube
der Nord-Süd-Stadtbahn verschwand, wurden auch zwei
Männer unter den Trümmern einstürzender Nachbarhäuser
begraben. Der materielle Schaden wird mit über 1 Milliarde €
beziffert, was die bislang größte Schadenssumme in Deutschland darstellen dürfte. Im Januar 2014 wurden Strafverfahren
eröffnet, um die drohende Verjährung zu unterbrechen. 10
Jahre nach dem Einsturz wurden nun auch erstinstanzliche
Urteile gefällt.

Als Ursache für das Desaster wird wohl eine Fehlstelle in
der Schlitzwand angesehen. Am 3. März 2009 sei hier ein
Boden-Wasser-Gemisch in die Baugrube eingeströmt, wodurch sich ein größerer Hohlraum unter dem Archiv ergeben
hat.

viele Fragen …

Der grundbauliche Eingriff in den Baugrund bei dem hier
geplanten Bau einer unterirdischen Gleiswechselanlage hat
also Wasserströmungen erzeugt, die fatale Auswirkungen hat-

13

ten. Man kann sich – unbeteiligt und aus der Ferne – fragen, ob man das abgepumpte Grundwasser hinsichtlich einer mitgeführtem Sandfracht kontrolliert hat. Strömte der Baugrube zu viel Wasser mit zu hoher Fließgeschwindigkeit zu und hat damit Erosionsvorgänge bewirkt? Waren die Schlitzwände nicht tief genug? Oder hätte man besser eine Dichtsohle einbauen sollen? Konnte man sicher sein, dass sich die Schlitzwand ohne Fehlstellen herstellen lässt? Warum wurde die Fehlstelle beim Bau nicht bemerkt? Oder war das gewählte Bauverfahren generell zu riskant? Wäre es besser gewesen, die Baugrube unter Wasser herzustellen oder im Schutze eines Frostkörpers? Oder hätte man das Grundwasser mit Druckluft verdrängen sollen?

Das sind Fragen, die sich nach dem Schaden leicht stellen lassen.

> Als wichtige Botschaft steht aber fest: Der Einfluss und die Wirkung des Wassers wurden hier wohl unterschätzt.

(6) Als man für das technische Rathaus in Staufen im Breisgau (◘ Abb. 13.4) Geothermie-Bohrungen ausführte, hat niemand daran gedacht, dass sich der Erdboden so desaströs anheben würde. Wegen der Hebungsunterschiede traten Gebäudeschäden auf, die mit 50 Millionen € beziffert werden.

Auch hier geht es um das Wasser. Das Volumen des im tieferen Baugrund anstehenden Anhydrits nimmt bei Zutritt von Wasser um bis zu 60 % zu. Durch die Geothermie-Bohrungen wurden die schadensverursachenden Wasserwege geschaffen.

Auch der Engelbergtunnel bei Leonberg macht diesbezügliche Probleme. Und man darf gespannt sein, ob bei den Baumaßnahmen für Stuttgart 21 im Anhydrit nicht ähnliche Wasserwege entstehen (◘ Abb. 13.4).

(7) Beim Einstau der 261 m hohen Staumauer von Vajont rutschten am 09.10.1963 auf 2 km Länge 270 Millionen Kubikmeter Gestein in das bis dahin aufgestaute Wasser. Die Wassermassen, welche daraufhin die Mauer überströmten, wurden mit 25 Millionen Kubikmeter abgeschätzt. Longarone, die Ortschaft am Talausgang wurde dabei gänzlich zerstört, über 2000 Menschen starben. Die Auftriebswirkung am Hangfuß hatte die Rutschung ausgelöst. Schlimm war, dass die Bodenbewegungen zuvor bemerkt worden waren, ohne dass entsprechende Konsequenzen gezogen wurden.

Die Wikipedia-Liste der Wasser-Desaster an Stauanlagen ist lang. Eine besondere Rolle spielen hier die so genannten Sedimentationsanlagen.´ Hier werden Rückstände aus der Rohstoffgewinnung mit Wasser verspült, wobei sehr oft das Spülgut selbst als Dammbaumaterial verwendet wird. Offen-

Marginalien:
Staufen, Engelberg … Anhydrit

Vajont

Sedimentationsanlagen

13

◘ **Abb. 13.4**   Gebäuderisse in Staufen (08.06.2012)

bar bergen derartige Absetzbecken größere Risiken, wie beispielsweise die Dammbrüche im Stava Tal (8) am 19.07.1985, bei der ungarischen Aluminiumfabrik (9) am 03.10.2010 oder jüngst in Brasilien (10) am 25.01.2019 zeigen.

Karst – Erdfall

In Karstgebieten löst das Wasser das Gestein und es entstehen allmählich Dolinen oder unterirdische Hohlräume. Das kann zu erheblichen Gebäudeschäden führen. ◘ Abb. 13.5 zeigt ein Beispiel (11), bei dem die Versicherung einen Zahlungsanpruch verweigerte.

Zu den oftmals unterschätzten Auftriebs-, Erosions-, Suffosions- und Lösungswirkungen sowie möglicher chemischer

◨ **Abb. 13.5**   Auswirkungen eines Erdfalls

Reaktionen des Wassers führt bei Tonen ein Wasserentzug –
wie schon erwähnt – zum Schrumpfen (◨ Abb. 13.3).

Neben den aufgeführten Schadensfällen, die auf unter-
schätzte Wassereinwirkungen zurückzuführen sind, treten
selbstverständlich auch Schäden auf, die sich aus der Unkenntnis oder auch Dummheit der Beteiligten ergeben.

Schäden durch Grundbruch treten bei der Errichtung
von Bauwerken eher selten auf. Kritisch sind allerdings
schräge Lasteintragungen – hier nimmt die Grundbruchlast
rasch ab. Grundbrüche können aber auch durch nachträgliche Baumaßnahmen auftreten, wenn z. B. durch Auf-
grabungen die Einbindetiefe eines Fundamentes ganz oder
auch teilweise entfernt wird. Wenn alte Kellergewölbe nicht
gesichert werden, kann ein Haus auch einstürzen, wenn –
wie im Beispiel (12) nebenan eine Baugrube ausgehoben
wird (◨ Abb. 13.6).

Achtung: Gewölbe

Im Beispiel (13) hatte ein freundlicher Nachbar für seine
Kinder ein Schwimmbecken bauen wollen. Beim Aushub des
Bodens hat er es tatsächlich fertiggebracht, die Gründungsebene eines kleinen Anbaus seitlich zu untergraben. Daraufhin sackte das Fundament weg und ein Teil der Außenwand
brach heraus. Die ◨ Abb. 13.7 gibt einen Eindruck vom
Schaden.

In einem steilen, mit Löss bedeckten Hang hat man eine
schmale Geländeaufschüttung mit 5 Reihen von Florwallsteinen abgestützt (14). Die über Jahre sich entwickelnden Kriech-
bewegungen (◨ Abb. 13.8) haben sich bis unter die Platten-
gründung des Hauses ausgewirkt. (Auf der ◨ Abb. 13.8 werden
die Florwallsteine von der Hecke rechts im Foto verdeckt.)

Die Aufschüttung mit den Steinen musste entfernt werden.

◘ Abb. 13.6   Eingestürztes Wohnhaus

◘ Abb. 13.7   Grundbruch nach Abgrabung

In einem ehemaligen steilen Weinberg wurden – wie in
◘ Abb. 13.9 zu sehen – diverse Abstützungen vorgenommen,
deren Standsicherheit bezweifelt wurde (15). Beim Ortstermin
wurde auch ein Freisitz entdeckt, den man besser nicht betreten sollte (◘ Abb. 13.10).

13.3.3   Schließlich: Was lernen wir?

Bei jedem Projekt muss gefragt werden, was mit welcher Wahrscheinlichkeit eventuell schief gehen kann. In der Ausbildung
zum Bauingenieur und vor allem in der Berufspraxis kommt
der Risikoanalyse eine große Bedeutung zu.

◘ Abb. 13.8   Florwallwand

Es zeigt sich aus geotechnischer Sicht, dass man insbeson-   Wasser
dere die Wirkungen des Wassers in den Blick nehmen muss.

Nicht ohne Sinn heißt es: „Steter Tropfen höhlt den Stein"
und „Wasser hat einen spitzen Kopf". Wir denken an den Auftrieb und die Wirkungen von Wasserdrücken und Strömungskräften. Der Wasseraufstieg entgegen der Schwerkraftrichtung
ist genauso bemerkenswert wie beispielsweise die Verflüssigung
von Sanden bei entsprechenden Erschütterungen. Rutschungen haben sehr oft mit der Einwirkung und Anwesenheit von
Wasser zu tun.

Als Fachplaner am Bau fällt dem Geotechniker die Aufgabe zu, die Baugrund- und Grund-wasserverhältnisse zu
untersuchen, zu beschreiben und zu bewerten. In seinem geotechnischen Entwurfsbericht werden u. a. auch diverse
Bemessungswasserstände angegeben. Aber auch ohne freie
Grundwasserstände müssen Maßnahmen zum Feuchteschutz

▣ Abb. 13.9   Abstützungen in einem Weinberg

▣ Abb. 13.10   Freisitz

ergriffen werden. Schon im Entwurfsstadium muss also der Frage nach den möglichen Auswirkungen der vorhandenen und ggf. veränderten Wasserverhältnissen nachgegangen werden.

Beobachtet man negative Veränderungen an bestehenden Bauwerken, wie etwa Risse infolge von unterschiedlichen Setzungen – oder auch Hebungen – und/oder Feuchtigkeits- oder Wassereintritte, kann geotechnischer Rat ebenfalls weiterhelfen. Oft wird man im Schadensfall feststellen, dass es gar keine vorlaufende geotechnische Bearbeitung gab. Wenn ein Baugrund- und Gründungsgutachten vorliegt, kann es sein, dass dieses unzureichend und/oder falsch ist. In einigen Fällen wurden Geotechnische Gutachten schlichtweg nicht weiter berücksichtigt.

Es versteht sich von selbst, dass die schnellste und vor allem billigste geotechnische Beratung nicht die beste sein kann.

Schnell und billig kann fatal sein

Geotechnik hat viel mit örtlicher Erfahrung zu tun, die bei qualifizierten Büros vorliegt. Grundsätzlich sollte jedes Problem nicht nur von einem Einzelkämpfer, sondern mindestens nach dem 4-Augen-Prinzip bearbeitet und gelöst werden.

Erfahrung und Prüfung

Mit der vorlaufenden geotechnischen Beratung allein ist es aber nicht getan. So sollte auch die anschließende Bauausführung fachtechnisch begleitet bzw. überwacht werden.

Als Ergebnis sollte abschließend zumindest ein Gesichtspunkt im Gedächtnis bleiben:

> Beim Bauen ist eine qualifizierte geotechnische Beratung und Baubegleitung unverzichtbar.

Schadenfreies Bauen

Mangelhafte Planung, verursacht durch Unkenntnis, falsche Überlegungen, Nachlässigkeit, Hast, Ideenmangel, Blockaden und mangelhafte Ausführung mit fehlender Kontrolle sind mögliche Gründe für die noch immer zu häufig vorkommenden Schadensfälle. Um daraus zu lernen, müsste offen über die Schadensfälle berichtet werden [2]. Erst damit kann man „durch Schaden klug werden".

Damit die Schadenfreude der Unbeteiligten nicht überhandnimmt, ein abschließender Appel an die Leserschaft:

Analysiere das Risiko, plane die Untersuchungen, verfasse einen fundierten geotechnischen Bericht, sichere Beweise, vergib den Auftrag nicht an den Billigsten und denke bei allen Phasen an das 4-Augen-Prinzip.

Literatur

1. Boley C et al. (2011) Baurecht-Taschenbuch – Sonderbauverfahren Tiefbau – Technische Erläuterungen – Rechtliche Lösungen, Ernst & Sohn, Berlin
2. Kolymbas D, Fellin W (2003) Zwischenruf: Ein Dialog über die Sicherheit in der Geotechnik, Bautechnik 80, H 2, 129

Serviceteil

© Springer Fachmedien Wiesbaden GmbH, ein Teil von Springer Nature 2021
K. Kuntsche, S. Richter, *Geotechnik*, https://doi.org/10.1007/978-3-658-32290-8

Anhang

Kurzbiographien

Schon eingangs hieß es:

» „Dass man nun die jungen Leute nicht nur zur Unterhaltung erziehen darf, ist ja klar: Denn das Lernen ist kein Spiel, sondern eine ernste Mühe".

Aristoteles (384 – 322 v. Chr.) hat zwischen der theoretischen und praktischen Wissenschaft unterschieden. Mit der Theorie verband er eine geistige Wesensschau, die rein und ohne Zweck zu sein hatte. Die praktische Wissenschaft geht demgegenüber in die Anwendung und das Handeln ein und muss sich dort bewähren.

So gesehen ist die Geotechnik wohl eher eine praktische Wissenschaft. Aber auch hier müssen wie in der Physik die Erkenntnisse, die Anspruch auf Wissenschaftlichkeit erheben, begründet sein, d. h. sie müssen durch allgemein nachvollziehbare Argumente, Experimente, Belege, Quellen usw. ihre Gültigkeit nachweisen.

Am geotechnischen Gedankengebäude haben viele Wissenschaftler, Ingenieure und Baumeister unzählige Bausteine verarbeitet. An vielen Stellen wird immer noch gebaut, wobei – wie bei jeder Wissenschaft – kein Ende abzusehen ist. In einigen Bereichen wird repariert und umgebaut. Mancher Umbau scheint allerdings überflüssig. Eine Reihe von Fehlkonstruktionen harrt noch auf den beherzten Abriss.

Grundsteinleger

Einige Lebensdaten von denen, die an den Fundamenten mitgearbeitet haben, sind nachfolgend wiedergegeben.

Archimedes von Syrakus (ca. 287 – 212 v. Chr.)

Archimedes war ein griechischer Mathematiker und Physiker und ein großer Denker der Antike. Er lebte in Syrakus und Alexandria und wurde bei der Eroberung von Syrakus durch die Römer im 2. Punischen Krieg erschlagen.

Heureka!

Archimedes verdanken wir bahnbrechende Entdeckungen in der Mathematik und Mechanik. Er begründete die Infinitesimalrechnung und berechnete Kreisumfang und Kreisvolumen. Mit den Hebelgesetzen erfand er nützliche Geräte wie den Flaschenzug, aber auch Katapulte und Steinschleudern; obwohl die Gültigkeit des nach ihm benannten Auftriebsprinzips unbestritten ist, wird es im Grundbau immer wieder übersehen.

Atterberg, Albert (1846–1916)

Atterberg war ein schwedischer Chemiker und Bodenmechaniker. Mit seiner im Jahre 1911 vorgelegten Arbeit „Die Plastizität der Tone" legte Atterberg die Methoden der einfachen Klassifizierung von bindigen Böden fest.

w_L und w_P

Bjerrum, Laurits (1918–1973)

Bjerrum war ein dänischer Bauingenieur, der ab 1951 bis zu seinem Tod das Norwegische Geotechnische Institut (NGI) in Oslo leitete. Er gilt als ein Pionier der Bodenmechanik, der sich insbesondere mit den Scherfestigkeitseigenschaften mariner Tone beschäftigte.

c_u ist geschwindigkeitsabhängig

Boussinesq, Joseph Valentin (1842–1929)

Boussinesq war ein französischer Mathematiker und Hydrauliker, der Physik und Mechanik als Autodidakt lernte, bis De Saint-Venant ihn kennenlernte und förderte. Er war Professor an der Académie des Sciences in Paris, später an der Sorbonne. Sein Lebenswerk („Eaux Courantes") behandelt die Hydromechanik. Er entwickelte die Navier-Stokes-Gleichung weiter und begründete die Turbulenztheorie. Er erarbeitete mathematische Erklärungen zum Phänomen der Solitärwelle, zur Abflussstabilität, zu Ausfluss- und Überfallproblemen und legte den Grundstein zur Grenzschichttheorie. Außerdem beschäftigten ihn religiöse und philosophische Fragen.

In der Bodenmechanik ist seine Lösung der Spannungsausbreitung in einem durch eine Einzellast belasteten elastischen Halbraum noch heute von Bedeutung.

elastischer Halbraum

Boyle, Robert (1627–1691)

Boyle war ein englischer Naturforscher und Mitbegründer der Royal Society of Science. Als analytischer Denker setzte er seine präzisen Naturbeobachtungen in theoretische Formulierungen um und überwand somit insbesondere die mittelalterliche Alchimie. Ihm gelang es als erstem Chemiker, Gas zu isolieren und zu sammeln.

Er fand heraus, dass bei (idealen) Gasen das Produkt aus Druck und Volumen bei gleicher Temperatur konstant ist. 16 Jahre später fand dies Edme Mariotte ebenfalls – ohne Kenntnis der Arbeit von Boyle – und ihnen zu Ehren spricht man vom Boyle-Mariotte'schen Gesetz.

$p \times V = const.$

Casagrande, Arthur (1902–1981)

Casagrande war ein österreichischer Geotechniker, der 1926 nach Amerika ging. Er war Assistent von Terzaghi im Massachusetts Institut of Technology (M.I.T.). Als „rechte Hand" Terzaghis gehört Casagrande zu den Gründungsvätern der Bodenmechanik.

Klassifikation und
Aräometer

Er bearbeitete speziell die Klassifizierung der Böden: So stammt die A-Linie des Plastizitätsdiagramms (vgl. DIN 18 196) von ihm. Er entwickelte neue Versuchsgeräte: Kompressionsdurchlässigkeitsgerät, direktes Schergerät, Fließgrenzenapparat. 1931 vollendete er im Auftrag des amerikanischen Straßenbauamts den Bericht über die Anwendung des Aräometers für die Schlämmanalyse.

Cauchy, Augustin Louis Baron (1789–1857)

Cauchy war ein französischer Mathematiker und Ingenieur. Er bewies die Existenz periodischer elliptischer Funktionen, gab den ersten Anstoß für eine allgemeine Funktionentheorie, legte den Grundstock für eine moderne Behandlung der Konvergenz unendlicher Reihen und er vervollkommnete die Integrationsmethode für lineare Differentialgleichungen. Er beschäftigte sich außerdem mit der Lichtausbreitung sowie mit dem für die Mechanik wichtigen mathematischen Formalismus der Elastizitätstheorie. Das Schnittprinzip ist nach ihm benannt.

Caquot, Albert (1881–1976)

Passiver Erddruck

Caquot war ein französischer Straßen- und Brückenbauingenieur. Nach dem 2. Weltkrieg widmete er sich der Erforschung der Materialbeständigkeit. Sein großartiges Lehrbuch „Traité de Mécanique des Sols", das er zusammen mit Kérisel 1956 veröffentlichte, enthält auch die nach ihnen benannten Tabellenwerte für passiven Erddruck für gekrümmte Gleitflächen.

Coulomb, Charles Augustin de (1736–1806)

Coulomb war ein französischer Physiker. Er lieferte bedeutende Beiträge zur Geotechnik, Hydraulik und Physik und er gilt als der Begründer der Elektro- und Magnetostatik. Sein Aufsatz über die Erddruckkraft auf eine Stützmauer (1773) stellt die erste Lösung eines bautechnischen Problems mittels wissenschaftlicher Methoden überhaupt dar. Er enthält die erste bodenmechanische Theorie, die den Beginn des Konzepts der aktiven und passiven Erddruckkraft darstellt.

Erddruckkraft

Seine Arbeiten über Magnetismus, Reibung und Elektrizität wurden noch populärer. Er untersuchte die Wechselwirkung zwischen elektrischen Ladungen und formulierte das nach ihm benannte elektrostatische Gesetz. Die Einheit für die elektrische Ladungsmenge wurde nach ihm benannt (1 C = 1 Amperesekunde).

Culmann, Karl (1821–1881)

Culman gilt als deutscher Universalingenieur. Er vertrat an der ETH Zürich alle Hauptfächer des Bauingenieurwesens, d. h.

Wasserbau, Stahlbau, Brückenbau, Straßenbau und Eisenbahnbau. Bedeutsam war sein Bericht über die Untersuchungen der schweizerischen Wildbäche, in dem er intensiv auf das Problem des Wildbachverbaus eingeht. Er schrieb auch über die Fachwerk-, Bogen- und Erddrucktheorie: Sein bekanntestes Werk stellt die graphische Statik (1866) dar, mit der er eine vereinfachte Berechnungsmethode für Tragwerke vorstellte.

Mit dem nach ihm benannten Verfahren wird im Grundbau der Erddruck graphisch ermittelt.

grafische Erdstatik

Darcy, Henri Philibert Gaspard (1803–1858)

Darcy war ein französischer Bauingenieur. Er war im Straßen-, Kanal- und Brückenbau tätig. Bekannt wurde er durch die Erstellung der Trinkwasserversorgung für Dijon und durch seinen Einsatz für die Eisenbahnlinie Paris-Lyon. Später widmete er sich wissenschaftlichen Arbeiten, wo er u. a. ein verallgemeinertes Geschwindigkeitsprofil für den Wasserabfluss in Kanalrohren ermittelte und den Einfluss von Kanalwandung, Abflusstiefe und Querschnittsform erkannte.

Für die Bodenmechanik ist sein Fließgesetz der Grundwasserströmung wichtig, bei dem die Filtergeschwindigkeit proportional dem Druckgefälle ist.

$v = k \cdot i$

Dupuit, Arsène Jules Étienne Juvénal (1804–1866)

Dupuit war ein französischer Bauingenieur. Als Straßenbauingenieur forschte er über die Rollreibung und die Abnutzung des Straßenbelags. Das Hochwasser der Loire 1846 bedeutete eine Wende in seinem Leben: Er wendet sich dem Wasserbau zu und erforscht den Mechanismus von Hochwässern. Er entwickelte erstmals ein Verfahren zur rechnerischen Erfassung von Stau- und Senkungskurven und beschäftigte er sich mit der Grundwassererschließung mittels Filtergalerien.

Von ihm stammt die Brunnenformel.

Brunnenformel

Engesser, Friedrich (1848–1931)

Engesser war ein deutscher Bauingenieur, der Entwicklungsarbeit im konstruktiven Ingenieurbau leistete: Er erforschte die Eigenschaften der Baustoffe und verfasste insbesondere Bücher über Fachwerke, Rahmentragwerke und das Verhalten eiserner Fachwerkbrücken. Ferner verfasste er Beiträge zur Technikphilosophie und zur Bauingenieursausbildung.

Im Grundbau hat er Verfahren zur Erddruckberechnung entwickelt.

schlaues Krafteck

Fellenius, Wolmar (1876–1957)

Fellenius war ein dänischer Ingenieur. Er entwickelte das Lamellenverfahren zur Böschungsbruchberechnung von Hultin weiter. Er führt 1927 in seinem Buch „Erdstatische

So viele Kraftecke!

Berechnungen" eine Sicherheitsdefinition ein, die als Fellenius-Regel bekannt ist.

Forchheimer, Philipp (1852–1933)

Forchheimer war ein österreichischer Ingenieur. Er hat wesentlichen Anteil an der Erforschung wasserbaulicher Grundlagen von der Gerinnehydraulik bis hin zur Grundwasserströmung. Seine „Hydraulik" gehörte zu den Standardwerken der Fachliteratur.

viele Brunnen!

Die Gleichungen zur Grundwasserabsenkung mit mehreren Brunnen stammen von ihm.

Fröhlich, Otto Karl (1885–1964)

Konsolidation von Tonen

Fröhlich war ein österreichischer Bauingenieur. Er war als Berater bei Gründungsfragen für bedeutende Bauwerke wie Brücken, Hochhäuser und Talsperren tätig. Später widmete er sich auch der wissenschaftlichen Arbeit und schrieb u. a. „Druckverteilung im Baugrund" (1934) und zusammen mit Karl von Terzaghi die „Theorie der Setzung von Tonschichten" (1936).

Hazen, Allen (1869–1930)

d_{10}

Hazen war ein amerikanischer Chemiker und Ingenieur. Er beschäftigte sich mit der Wasserversorgung, der Abfallentsorgung und dem öffentlichen Gesundheitswesen. Seine Forschungen betrafen Messverfahren der chemischen und physikalischen Wasserqualität, den Aufbau von Sandfiltern und die hydraulischen Auswirkungen der Kornverteilung von Böden.

Kérisel, Jean (1908–2005)

passiver Erddruck

Kérisel war ein französischer Bodenmechaniker, der mit Caquot das Standardwerk „Traité de Mécanique des Sols"(1956) veröffentlichte. Darin sind die Tabellenwerte für passiven Erddruck für gekrümmte Gleitflächen enthalten.

Mariotte, Edme 1620–1684)

Französischer Mathematiker und Physiker – siehe: Boyle

Mohr, Otto (1835–1918)

Mohr war ein deutscher Ingenieur. Er fand eine Methode zur zeichnerischen Darstellung eines Spannungszustandes (Mohr'scher Spannungskreis).

Ein Kreis!

Nach seiner Bruchhypothese versagt eine Probe auf einer bestimmten Scherfläche, deren Lage auch im Spannungskreis dargestellt werden kann.

Anhang

Newton, Sir Isaac (1642–1727)

Newton war ein englischer Mathematiker und Physiker, der die klassische Mechanik begründete [7]. Er beschäftigte sich außer mit Mathematik auch mit Licht, Optik und Mechanik, im Alter mit Alchimie, Mystik und Theologie. Mit seinem Werk „Philosophiae Naturalis Principia Mathematica" setzte er einen Wendepunkt in der Wissenschaft und entwarf das mechanistische Weltbild. Die drei Grundgesetze der Bewegung bildeten den Anfang für die Dynamik. Angewandt auf die Keplerschen Gesetze leitete er damit das Gesetz der universellen Gravitation ab. Die Kraft trägt als Einheit seinen Namen.

Ein (das?) Genie!

Prandtl, Ludwig (1875–1953)

Prandtl war ein deutscher Aero- und Hydrodynamiker. In der Hydraulik entwickelte er mit seinen logarithmischen Formeln die Grundlage für eine allgemeingültige Erfassung des Flüssigkeitswiderstandes sowohl bei der Rohrströmung als auch bei Gerinnen. Er gilt als wegweisend für den Flugzeugbau. Sein Konzept des Fließens plastischer Materialien wendete er auch auf den Boden an.

Die nach ihm benannte Methode der Grundbruchberechnung im c_u-Fall ermöglicht die Ermittlung der Tragfähigkeit eines durch ein Fundament belasteten Bodens.

c_u

Rankine, William John Maquorn (1820–1872)

Rankine war ein britischer Bauingenieur und Physiker. Er fertigte zahlreiche wissenschaftliche Arbeiten an, unter denen sich Grundlagen für die Bodenmechanik und Thermodynamik finden. Er unterschied z. B. zwischen potenzieller und kinetischer Energie.

Seine Berechnung des Erddrucks stellt einen Sonderfall dar, da er nur kohäsionslose granulare Böden betrachtete und die Normalenvektoren der Bruchflächen in der Ebene der größten und kleinsten Hauptspannungen liegen.

Erddruck

Stokes, Sir George Gabriel (1819–1903)

Stokes war ein britischer Physiker und Mathematiker. Er erstellte bedeutende Arbeiten über die Analysis (Stokes'scher Integralsatz), höhere Reihen (erarbeitete den Begriff der gleichmäßigen Konvergenz), Differential- und Integralgleichungen sowie der mathematischen Physik. Hier ist die in der Hydrodynamik wichtige Navier-Stokes-Gleichung zu nennen, ebenso das Stokes'sche Reibungsgesetz und die Stokes'sche Formel.

Das Stokes'sche Gesetz besagt, dass die Sinkgeschwindigkeit einer Kugel umgekehrt proportional zur Viskosität des

Aräometer und Schlämmanalyse

Mediums ist. Nach ihm ist auch die Einheit der kinematischen Viskosität benannt.

effektiver Grundsteinleger Nr. 1

Terzaghi, Karl von (1883–1963)

Terzaghi war ein tschechischer Bauingenieur. Während seiner zehnjährigen Tätigkeit in Istanbul entwickelte er die Bodenmechanik als neuen Wissenschaftszweig und gilt heute als der „Vater" der Bodenmechanik. Später leitete er die Entwicklung der bodenmechanischen Versuchsgeräte am M.I.T. und die qualitative und quantitative Erfassung der Eigenschaften bestimmenden Parameter wie Kornverteilung, Plastizität, Wassergehalt und Einfluss der Zeit. Mit seinem Buch „Erdbaumechanik auf bodenphysikalischer Grundlage" (1925) schuf er eine Festigkeitslehre für Böden und. Seine Theorien zur Konsolidation von bindigen Böden, zum Erddruck und zur Tragfähigkeit waren prägend.

Wasserversorger

Thiem, Adolf (1836–1908)

Thiem war ein schlesischer Ingenieur und Hydrologe. In seiner 1870 veröffentlichten Arbeit „Ergiebigkeit artesischer Bohrlöcher, Schachtbrunnen und Filtergalerien" wandte er die Theorien von Darcy und Dupuit an. Er wurde führend auf dem Gebiet der Grundwasserforschung und der Wasserversorgung. Unter seiner Leitung wurden Wasserwerke für etwa 50 Städte entworfen. Ferner erfand er ein Messverfahren für den Grundwasserstrom und für den Abfluss im Brunnenschacht.

Antworten zu den Fragen

Es werden nachfolgend nur die Fragen beantwortet, die sich nicht unmittelbar aus dem Text ergeben.

Zu ▶ Kap. 1

14. Wieso konnte sich beim Einsturz des Kölner Stadtarchivs ein so tiefer Trichter bilden?

Hier muss sehr viel Material unter dem Archiv in die benachbarte Baugrube eingedrungen sein.

Zu ▶ Kap. 2

9. Beim Kugelstoßpendel werden statt der Stahlkugeln Sandsäcke aufgehängt. Was bewirkt jetzt der Aufprall eines Sackes?

Alle Sandsäcke werden sich beim Stoß nur wenig elastisch und mehr plastisch (bleibend) verformen. Deswegen wird auch der letzte Sandsack nicht weit ausgelenkt werden…

10. Welcher Blechschaden ist größer: Zwei Autos mit gleicher Masse und gleicher Geschwindigkeit treffen aufeinander oder ein Auto fährt mit gleicher Geschwindigkeit auf eine starre Wand?

Der Blechschaden ist der gleiche.

11. Aus welchen Gründen kann ein Auto fahren?

Neben einem Antrieb braucht es zwischen den angetriebenen Reifen und der Straße Reibungskräfte. Auf Eis oder Schnee treten nur geringe Reibungskräfte auf – da hilft auch kein starker Motor.

12. Warum weist eine zylindrische Sanduhr eine äquidistante Teilung auf?

Die beiden Glaskolben sind zylindrisch und weisen im Bereich der Teilungen einen gleichen Durchmesser auf. Der „Fließvorgang" des Sandes durch die Verengung hängt – im Unterschied zu Wasser – nicht vom Druck der Sandsäule ab. Das Gewölbe im Sand über der Öffnung bricht unabhängig vom hier herrschenden Spannungszustand zusammen.

13. Eis und Waffel kosten 1,10 €. Das Eis kostet 1 € mehr als die Waffel. Was kostet die Waffel?

E + W = 1,1 und E = 1 + W; daraus ergibt sich W = 5 Cent.

14. Was muss eine Theorie leisten?

Mit Theorien sind Prognosen möglich.

15. Warum kann man kein Flugticket mit einer Sicherheit von 1,35 kaufen?

Die Sicherheit ist keine physikalische Größe, die man messen könnte [70].

Zu ▶ Kap. 3

Die Antworten erschließen sich aus dem Text.

Zu ▶ Kap. 4

15. Warum können sich deutliche Unterschiede bei der Beschreibung der Baugrundverhältnisse ergeben, wenn zwei verschiedene Bohrkampagnen durchgeführt werden?

Bodenansprachen fallen bei unterschiedlichen Geotechnikern meist auch unterschiedlich aus.

17. Welchen Einfluss hat die Gestängereibung bei modernen Drucksonden?

Die Gestängereibung wirkt sich bei Drucksonden auf die Messergebnisse nicht aus, weil sich die Messaufnehmer an der Sondenspitze befinden.

19. Durch welchen Effekt ergibt sich eine Probenstörung, wenn in einer Rammkernbohrung ein Stutzen entnommen wird?

Bei Einrammen des Stutzens wird der Boden zunächst gestaucht, beim Ziehen ggf. aufgelockert.

25. Bei welchen Böden kann der Ausstechzylinder gut, bei welchen gar nicht verwendet werden?

Bindige Böden mit bis zu halbfester Konsistenz können gut beprobt werden, bei kiesigen und steinigen Böden eher nicht.

26. Wann setzen Sie das Ballongerät für eine Dichtebestimmung des Bodens besser nicht ein?

In groben Geröllen und spitzen Steinen wird oft die Blase zerstört.

27. Muss zur Bestimmung der Trockendichte die gesamte Probe getrocknet werden?

Nein, für die Wassergehaltsbestimmung reicht eine Teilprobe.

Zu ▶ Kap. 5
Zum ▶ Abschn. 5.4.8

14. Bei welchen Böden wird der Glühverlust groß, bei welchen klein sein?

Ein größerer Glühverlust ist bei organischen Böden zu erwarten. Bei Sanden und Kiesen werden keine Glühverluste auftreten.

15. Warum wird Lösslehm als kalkfreier Boden in aller Regel über dem Löss als kalkhaltigem Boden erkundet?

Das Niederschlagswasser löst den Kalk aus dem Löss allmählich heraus.

16. Häufig trifft man im innerstädtischen Bereich auf Auffüllungen. Warum kommt dann chemischen Untersuchungen besondere Bedeutung zu?

Auffüllungen können eher kontaminiert sein als natürlich abgelagerte Böden.

18. Mit einem gebrochenen Mineralgemisch wird eine erste Schüttlage von 0,5 m Dicke eingebaut und deren Dichte überprüft. Hierzu wird eine Probe mit einer Masse von 10 678 g entnommen und der entstehende Hohlraum mit einer dünnen Folie ausgelegt und versickerungsfrei mit 5,1 l Wasser gefüllt. Nach Trocknung wiegt die Probe noch 10 500 g. Berechnen Sie γ, w, γ_d, n, e für die Korndichte 2,78 g/cm³.

$$\gamma = 20,9 \frac{kN}{m^3}; w = 1,7\%; \gamma_d = 20,6 \frac{kN}{m^3}; n = 0,26; e = 0,35$$

Zum ▶ Abschn. 5.5.6

9. Warum werden bindige Böden mit Hilfe der Zustandsgrenzen und nicht nach ihrer Körnungslinie klassifiziert?

Trotz ähnlicher Körnungslinie können bindige Böden unterschiedliche Eigenschaften aufweisen, die vor allem vom Wasserbindevermögen der Tonbestandteile abhängen. Als bestimmende Eigenschaften wurden deswegen die Plastizitätsgrenzen festgelegt.

12. Ein Löss hat eine geringe Plastizität. Hat das Vorteile oder Nachteile hinsichtlich des Baubetriebs, wenn beispielsweise eine Baugrube in einem solchen Boden ausgehoben wird?

Böden mit kleiner Plastizität erfahren schon bei geringen Wassergehaltsänderungen große Änderungen ihrer Zustandsform. Bei Wasserzutritt z. B. infolge nasser Witterung in eine Baugrube im Löss kann eine zuvor steife Konsistenz rasch in eine breiige übergehen, dies umso mehr, wenn zusätzliche mechanische Beanspruchungen (z. B. LKW-Verkehr) auftreten. Hat man schon das Gründungsniveau erreicht, muss breiiger Boden ausgetauscht werden, wenn man nicht auf dessen Abtrocknen warten kann. Bei gering plastischem Baugrund muss also die Gründungssohle ohne mechanische Störung hergestellt und sofort z. B. mit Magerbeton abgedeckt werden.

13. Warum sollte ein Sand im Gründungsbereich eines Gebäudes mindestens mitteldicht gelagert sein?

Damit die Setzungen klein bleiben.

14. Warum ist zu erwarten, dass die Wasseraufnahmefähigkeit mit der Plastizität von Böden korreliert ist?

Die Wasseraufnahmefähigkeit ist auch ein Maß für das Wasserbindevermögen – vgl. 9.

15. Welche Eigenschaft hat eine Probe, die aus dem geschlossenen Kapillarsaum entnommen wird?

Diese Probe dürfte wassergesättigt sein ($S_r = 1{,}0$).

16. Weshalb wird zur Auswertung des Proctorversuchs nicht die Dichte ρ (statt der Trockendichte ρ_d) über dem Wassergehalt aufgetragen?

Beim Proctorversuch geht es um ein Maß der erreichten Verdichtung. Man könnte auch den Porenanteil oder die Porenzahl nehmen – oder eben die Trockendichte. Die Dichte ist kein Verdichtungsmaß, da sie außerdem noch vom Wassergehalt abhängt.

17. Welche Versuche kann man durchführen, um den Verdichtungserfolg auf einer Erdbaustelle festzustellen?

Es liegt nahe, die erreichte Trockendichte mit einer Bestimmung der Dichte und des Wassergehaltes durch eine Probenentnahme mit dem Ausstechzylinder oder durch ein Ersatzverfahren zu bestimmen. Da das aufwendig ist, führt man oft Plattendruckversuche durch. Seltener: Radiometrische Messung, Rammsondierung.

18. Warum können Böden auf der Baustelle höhere Trockendichten aufweisen, als sie sich im Proctorversuch mit ρ_{Pr} ergeben?

Die beim Proctorversuch eingebrachte Verdichtungsenergie ist durch die normierte Versuchsdurchführung festgelegt. Im Feld kann mit entsprechenden Verdichtungsgeräten eine größere Verdichtungsenergie eingebracht werden.

19. Was kann bei zu kleinem Verdichtungsgrad empfohlen werden, wenn der Wassergehalt a) kleiner und b) größer als w_{Pr} ist?

Bei a) kann Wasser zugegeben und/oder weiter verdichtet werden; bei b) kann eine weitere Verdichtung nicht weiterhelfen, weil man u. U. die Sättigungslinie erreicht. Hier kann nur auf ein Abtrocknen gewartet werden oder es müssen andere Maßnahmen wie Zugabe von trockenem Material oder von Kalk oder Zement ergriffen werden.

20. Beim Seeton wurden auch negative Konsistenzzahlen ermittelt. Wie kann man sich das erklären?

Eine negative Konsistenz ergibt sich, wenn der natürliche Wassergehalt größer als der Wassergehalt an der Fließgrenze ist. Das heißt nicht unbedingt, dass der Boden vor Ort flüssig ist. Seetone weisen oft eine Strukturfestigkeit auf, die bei der Bestimmung von w_L verloren geht.

Zum ▶ Abschn. 5.7.6

4. Ein Behälter ist bis zum Rand mit weichem, wassergesättigtem Seeton gefüllt. Setzt sich die Oberfläche des Seetons, wenn unten aus dem Behälter das Wasser abläuft?

Ja, mit dem abfließenden Wasser ändert sich die Wichte und die effektiven Spannungen nehmen zu. Man denke an die Menschenpyramide im Schwimmbad, wo die untenstehenden Taucher stärker beansprucht werden, wenn das Wasser abgelassen wird.

5. Welche Bodeneigenschaft wird das Zeit-Setzungsverhalten stark beeinflussen?

Die Wasserdurchlässigkeit.

7. Warum ist der Steifemodul keine Konstante?

Das hat 2 Gründe: Zum einen ist das eine Materialeigenschaft von Böden und zum andern ergibt sich der Steifemodul bei einem Versuch mit behinderter Seitendehnung.

8. Warum nimmt der Steifemodul mit zunehmenden Spannungen ebenfalls zu?

Beim Kompressionsversuch (im Ödometer) kann die Probe seitlich nicht ausweichen. Mit zunehmender Spannung wird sie weiter verdichtet. Dies führt dazu, dass die Probe mit der Steigerung der Spannung laufend steifer wird.

9. Warum ist der Steifemodul bei Wiederbelastungen größer als bei Erstbelastungen?

Der Boden „erinnert" sich an die Vorbelastung: Er ist dichter als im normalkonsolidierten Zustand.

10. Kann der Kompressionsbeiwert tatsächlich konstant sein?

Nein, denn mit immer größerer Spannung wird auch dieser Wert zunehmen.

Zum ▶ Abschn. 5.8.8

1. Was versteht man unter einer äquidistanten Teilung einer Skala?

Die Teilstriche weisen untereinander einen gleichen Abstand auf.

2. Warum weist eine Sanduhr eine äquidistante Teilung auf?

Beide Glaszylinder haben den gleichen Durchmesser. Das Abfließen des Sandes hängt nicht vom Druck der Sandsäule ab.

3. Was macht die vakuumverpackte Erdnusspackung so fest?

Der Atmosphärendruck drückt auf das „Korngerüst" der Erdnüsse und bewirkt dadurch eine Scherfestigkeit.

4. Warum ist ein direkter Scherversuch kein Elementversuch?

Der effektive Spannungszustand in der Probe ist unbekannt.

5. Von was hängt der Reibungswinkel eines Sandes ab?

Von der Dichte.

9. Ein kleiner Gummiball (etwa eine abgeschnittene Ohrenspritze aus der Apotheke) ist mit wassergesättigtem Sand gefüllt und nach oben mit einem kleinen Standrohr versehen, an dem der Wasserstand abgelesen werden kann. Seitliches Drücken auf den Ball lässt den Wasserstand nach unten absinken. Wie erklären Sie sich das?

Dieser Effekt ist ein kleines Lehrstück der Bodenmechanik, welches stets Staunen auslöst. Mit einer Ohrenspritze aus der Apotheke, einem kleinen Glasrohr, etwas Sand und Wasser kann man sich den Apparat selbst leicht herstellen. Der Zuschauer bemerkt zunächst nicht, dass der Sand im Gummiball nicht allseitig gedrückt, sondern eigentlich geschert wird. Hat man den Sand ordentlich verdichtet, wird sein Porenvolumen beim Scheren eine Vergrößerung (Dilatanz) erfahren, was zum Absinken des Wasserspiegels im Standrohr führt. Nach jeder Scherung muss der Sand dann wieder verdichtet werden, was durch sanftes Aufklopfen der Ohrenspritze auf einer Unterlage erfolgt.

10. Sie stehen am Sandstrand und stampfen mit den Füßen auf wassergesättigtem Sand. Allmählich sinken Sie ein. Worauf ist das zurückzuführen?

Durch das Stampfen bilden sich allmählich Porenwasserüberdrücke. Da die totalen Spannungen konstant bleiben, nehmen die effektiven Spannungen so weit ab, bis sich der Boden verflüssigt.

11. Warum muss genau genommen beim D-Versuch im Dreiaxialgerät die Volumenänderung gemessen werden?

Um die Spannung σ_1' aus den wirkenden Kräften zu berechnen, muss die Probenfläche bekannt sein. Man kann die Fläche aus der Volumenänderung ermitteln, wenn man annimmt, dass sich das Volumen nur durch die Entwässerung der Probe (und nicht durch das Abscheren) ändert.

12. Sie sollen entscheiden, ob Sand im direkten Scherversuch trocken oder ganz unter Wasser abgeschert werden soll. Wie begründen Sie Ihre Entscheidung?

Beide Bedingungen wirken sich nicht auf das Versuchsergebnis, den Reibungswinkel aus.

13. Warum sollte beim direkten Scherversuch der Scherkasten genau parallel geführt werden?

Verkippungen führen zu unerwünschten Störkräften. (Darüber könnte man sich lang streiten.)

14. Warum kommt es bei diesem Versuch auf einen möglichst kleinen Spalt zwischen den Kästen an?

Es darf kein Bodenmaterial in den Spalt eingetragen werden, weil das die Scherkraft beeinflussen würde.

15. Warum können im direkten Schergerät nur dränierte Versuche durchgeführt werden?

Die Probe ist oben und unten mit offenen Filtersteinen abgedeckt, der Scherspalt ist ebenfalls offen. Hier kann die Probe immer Wasser abgeben. Häufig wird bei „größerer" Vorschubgeschwindigkeit ein undräniertes Verhalten angenommen.

16. Wie viele Versuche sollte man durchführen, um die Scherparameter a) von Sand, b) von normalkonsolidiertem und c) von überkonsolidiertem Ton zu ermitteln?

Trockener oder wassergesättigter Sand und normalkonsolidierter bindiger Boden weist keine Kohäsion auf; prinzipiell genügt also ein Versuch, besser wird man zwei oder drei Versuche bei unterschiedlichen Normalspannungen durchführen, um den Reibungswinkel zu bestimmen. Bei überkonsolidiertem Boden müssen mindestens 3 Versuche durchgeführt werden.

17. Wozu werden die Endflächen der Dreiaxialprobe geschmiert und warum sollten die Proben nicht zu schlank sein?

Die Schmierung und die gedrungene Probengeometrie unterstützen die gewünschte zylindrische (Element-) Verformung.

18. Nachfolgend wird eine Probe aus wassergesättigtem Sand im Dreiaxialgerät betrachtet. Wie nennt man die von außen einwirkenden Spannungen?

Die von außen einwirkenden Spannungen sind hier die totalen Spannungen.

19. Zunächst ist $\sigma_1 = \sigma_2 = \sigma_3 = 300$ kN/m^2 und der Porenwasserdruck u = 100 kN/m^2. Wo liegen die effektiven Span-

nungen im Mohr'schen Diagramm? Wie groß ist in diesem Zustand die Schubspannung τ?

Die effektiven Spannungen betragen 200 kN/m², die Schubspannung ist 0 (isotroper Spannungszustand).

20. Bei geschlossener Dränageleitung wird nun die Probe bei $\sigma_2 = \sigma_3 = 300$ kN/m² bis zum Bruch gestaucht. Es wird als größte Hauptspannung $\sigma_1 = 500$ kN/m² gemessen. Der Porenwasserdruck hat sich auf $u = 200$ kN/m² erhöht. Wie groß ist τ_f und φ'?

$\tau_f = 100$ kN/m²; φ' = 30°.

21. Statt $\sigma_2 = \sigma_3 = 300$ kN/m² wird bei *geschlossener* Dränage $\sigma_1 = \sigma_2 = \sigma_3 = 500$ kN/m² aufgebracht. Mit welchem τ_f ist zu rechnen, wenn die Probe anschließend undräniert gestaucht wird?

Die Scherfestigkeit ändert sich nicht, weil die Erhöhung des Zelldruckes die effektiven Spannungen nicht ändert, da um das gleiche Maß der Porenwasserdruck ansteigt.

22. Eine Probe vom Seeton aus 10 m Tiefe soll im Dreiaxialgerät rekonsolidiert werden. Welche Drücke stellen Sie ein, wenn das Grundwasser bis zur Geländeoberfläche ansteht?

Die Probe steht im Gelände unter Auftrieb und wird etwa mit einem mittleren effektiven Druck von 100 kN/m² und einem Wasserdruck von 100 kN/m² belastet. Im Dreiaxialgerät muss die Probe mit etwa 200 kN/m² Zelldruck und 100 kN/m² Wasserdruck (sog. back-pressure) belastet werden.

23. Unter 4 m weichem Löss stehen 10 m sandige Kiese an. Es soll eine Kiesgrube eröffnet werden, wobei der Kies zunächst auf dem Löss zwischengelagert werden muss. Welche Scherfestigkeitsparameter würden Sie bei einer Standsicherheitsberechnung für die Aufschüttung verwenden?

Der Löss wird durch die Aufschüttung „plötzlich" belastet. Seine Durchlässigkeit ist im Vergleich zur Belastungsdauer sehr gering. Damit wird die undränierte Kohäsion c_u des Bodens maßgebend, die über die Konsistenz oder Flügelsondierungen abgeschätzt werden kann. Da mit der Konsolidationszeit die Dichte und somit auch die Scherfestigkeit größer werden, ist hier die Anfangsstandsicherheit maßgebend.

24. Warum sollten c_u-Werte weicher Böden ggf. abgemindert werden?

Wenn die c_u-Werte mit der Flügelsonde ermittelt wurden, sind sie wegen der dort angewandten hohen Schergeschwindigkeit zu groß.

25. Warum reicht es, die Standsicherheit einer Dammschüttung unmittelbar nach ihrer Herstellung nachzuweisen?

s. o.

26. Wie würden Sie die Scherparameter experimentell bestimmen, wenn sie eine Einschnittsböschung in einem Tonhang dimensionieren müssten?

Bei einer Einschnittsböschung wird der Boden entlastet und kommt so in jedem Fall in einen überkonsolidierten Zustand – auch wenn er normalkonsolidiert war. Die Spannungsgeschichte sollte im Versuch nachgebildet werden. Es wird die Probe zunächst rekonsolidiert, dann bei geöffneter Dränage entlastet und schließlich undräniert mit der Messung des Porenwasserdrucks abgeschert.

27. Warum kann eine Einschnittsböschung nach langer Standzeit plötzlich doch versagen?

Im Unterschied zur Dammböschung, bei der die Anfangsstandsicherheit maßgebend ist, wird bei Entlastungen der bindige Boden allmählich aufweichen. Damit nimmt seine Kohäsion allmählich ab, was dann bedeutet, dass die Endstandsicherheit maßgebend wird. (Unter einem Damm nimmt die Scherfestigkeit wegen der Konsolidation allmählich zu.)

Zum ▶ Abschn. 5.9.8

1. Was versteht man unter dem Ausdruck hydrostatisch?

Die Hydrostatik ist in der Physik die Lehre von den Gleichgewichtszuständen von Flüssigkeiten. Im hydrostatischen Zustand sind die Kräfte auf ein Fluidteilchen in allen Richtungen gleich – es findet keine Strömung statt.

2. Wie erkennt man eine Grundwasserströmung im Baugrund?

Eine Strömung erkennt man immer an unterschiedlich hohen Wasserständen. Wenn zwei Grundwassermessstellen in einem Grundwasserleiter unterschiedliche Wasserspiegelhöhen anzeigen, dann strömt das Grundwasser (wie immer) vom höheren zum niedrigeren Niveau.

3. Wieso ist die Filtergeschwindigkeit v nicht die wirkliche Fließgeschwindigkeit des Wassers im Boden?

Die Filtergeschwindigkeit ist eine sinnvoll definierte Größe. Man bezieht die strömende Wassermenge auf den gesamten Querschnitt der Probe, wo jedoch teilweise kein Wasser strömen kann.

5. Warum wird unter Umständen nicht der ganze Porenraum durchströmt?

Bei kleineren Hohlräumen können Luft- oder Gasbläschen hängenbleiben. Das kapillar gebundene Wasser fließt ebenfalls nicht.

6. Warum ist teilgesättigter Boden wasserundurchlässiger als gesättigter?

Bei teilgesättigten Böden behindern Luftporen den Durchfluss.

7. Wie kann in einer Probe der Sättigungsgrad erhöht werden?

Man bringt einen Sättigungsdruck auf.

8. Warum sind Kiese und Sande wasserdurchlässiger als Schluffe und Tone?

Kiese und Sande weisen einen viel größeren Porenraum auf als Schluffe und Tone.

9. Wie groß ist die Spannweite der k-Werte von Böden?

Der Bereich der Wasserdurchlässigkeit reicht von sehr undurchlässigen Tonen ($k < 10^{-10}$ m/s) bis sehr durchlässigen Kiesen ($k > 10^{-1}$ m/s).

10. Warum werden die k-Werte größer sein, wenn sie in Versuchen mit starren Zylindern bestimmt werden?

Die Wasserdurchlässigkeit ist am Rand des Zylinders größer, weil dort mehr und ggf. größere Hohlräume als innerhalb der Probe vorhanden sind.

11. Unter welchen Bedingungen tritt hydraulischer Grundbruch auf? Wie äußert sich dieser Bruchzustand?

Jede Körnungslinie legt auch eine Porenraumverteilung fest, die wiederum mit der Wasser-durchlässigkeit korreliert ist.

13. Warum kann man die Wasserdurchlässigkeit auch über die Körnungslinie abschätzen?

15. Welchen Bodenkennwert würden Sie bei der k-Wert-Bestimmung bindiger Böden ergänzend angeben?

Die Wasserdurchlässigkeit eines bindigen Bodens wird von seiner momentanen Dichte abhängen. Also sollte die Porenzahl, der Porenanteil oder die Trockendichte angegeben werden.

16. Warum können Setzungen auftreten, wenn der Baugrund durchströmt wird?

Wenn Grundwasser abgesenkt wird, fällt der Auftrieb weg und es erhöhen sich die effektiven Spannungen – das hatten wir schon. Eine Durchströmung beeinflusst immer den effektiven Spannungszustand. Wird der Baugrund von oben nach unten durchströmt, werden die effektiven Spannungen erhöht. Setzungen treten dann ein, wenn sich der Boden unter dieser Spannungserhöhung noch nicht gesetzt hat. Wenn teilgesättigte Sande geflutet werden, können Sättigungssetzungen (Sackungen) auftreten.

17. Schätzen Sie den k-Wert des mitteldicht gelagerten Sandes an Hand seiner Körnungslinie (s. ◼ Abb. 5.6) ab.

nach Beyer für mitteldichte Lagerung:

$$k = \left(\frac{2{,}68}{3 + 3{,}40} + 0{,}55 \right) \cdot 0{,}01^2 = 9{,}6 \cdot 10^{-5} \, m/s$$

18. Was versteht man unter Suffosion?

Bei zu großem Porenraum des Filters werden die Feinteile des Bodens durch die Strömungskräfte des Wassers aus dem Boden herausgelöst.

19. Welche zwei Bedingungen muss ein Filter erfüllen?

Er muss hydraulisch wirksam und mechanisch filterfest sein.

20. Warum spielt die Dicke eines Filters auch eine wichtige Rolle?

Die Wassermenge, die einem Filter insgesamt zuströmt, muss auch über seinen Querschnitt druckfrei abgeführt werden können.

Zu ▶ Kap. 6
Zum ▶ Abschn. 6.8

5. Die Schlagzahlen einer Rammsondierung im weichen See-ton nehmen mit zunehmender Tiefe stetig zu. Wie würden Sie das interpretieren?

Entweder nimmt die Konsistenz des Seetons tatsächlich mit der Tiefe zu oder es macht sich der Einfluss der Gestängereibung bemerkbar. Letzteres würde man an der Drehbarkeit des Gestänges beurteilen können.

7. Beurteilen Sie die Frostempfindlichkeit des Seetons.

TM – F3

8. Hat der Einbau eines sehr gleichförmigen Sandes unter einem Pflaster gegenüber einem weitgestuften Sand eher Vor- als Nachteile?

Unter einem Pflaster baut man lieber einen enggestuften Sand ein, weil dieser sich nach seinem Einbau nicht weiter verdichtet.

9. Wozu werden unter Bodenplatten häufig kapillar brechende Schichten eingebaut?

Durch den Einbau kapillar brechender Schichten werden Staunässen unter Bodenplatten dann vermieden, wenn evtl. zuströmendes Wasser mit einer Dränage abgeführt wird.

10. Mit welchen Versuchsergebnissen können Rückschlüsse auf ein mögliches Schrumpf- und Quellverhalten von Ton-böden erwartet werden?

Die Bestimmung der Plastizitätsgrenzen, des Wasseraufnahmevermögens und der Volumenänderungen bei der Bestimmung des Wassergehalts an der Schrumpfgrenze liefern Hinweise auf die Schrumpf- und Quellneigung bindiger Böden. Ferner kann man auch Quellversuche im Ödometer ausführen.

11. Bei der Materialauswahl zur Herstellung einer mineralischen Basisabdichtung für eine Deponie soll der Glühverlust unter 5 % liegen. Warum ist diese Anforderung sinnvoll?

Die Basisabdichtung soll deswegen wenig organische Bestandteile enthalten, damit die Setzungen nicht zu groß werden und die geringe Wasserdurchlässigkeit dauerhaft erhalten bleibt.

Zu ▶ Kap. 7

Zum ▶ Abschn. 7.2.8

1. Warum lässt sich Wasser im Unterschied zu Sand nicht böschen?

Flüssigkeiten können keine Schubspannungen aufnehmen. Wirkt im hydrostatischen Fall nur die Gewichtskraft, liegt die Oberfläche horizontal. Bei einem rotierenden Glas bildet sich auch im Wasser eine Böschung aus.

2. Warum kann Sand nur im feuchten Zustand senkrecht geböscht werden?

Bei feuchtem Sand wirkte eine Kapillarkohäsion.

3. Welcher Böschungswinkel lässt sich in einem Sand herstellen, wenn Niederschläge vertikal versickern?

Der Böschungswinkel bildet sich unter dem Schüttwinkel, selbst wenn die Böschung vertikal durchströmt wird (vertikale Kraftkomponenten wirken sich nicht aus).

4. Welcher Böschungswinkel, wenn es zu einer böschungsparallelen Durchströmung kommt?

Hier verringert sich der Schüttwinkel etwa um die Hälfte.

5. Ein schwerer Bagger ist auf einer Böschungskrone über Nacht abgerutscht. Was lässt sich daraus über die Natur der Scherfestigkeit schließen?

Wenn keine anderen Lasten eingewirkt haben, muss in der Gleitfuge auch Kohäsion geherrscht haben, die sich nach der Belastung allmählich abbaute. (Im reinen Reibungsboden spielt das Gewicht keine Rolle.)

6. Ein wassergesättigter Tonhang bewegt sich immer dann, wenn größere Niederschläge niedergehen. Was lässt sich hieraus für die Natur der Scherfestigkeit in der Gleitfuge schließen?

Betrachtet man ein Böschungselement V (vgl. ◘ Abb. 7.6) gilt für den Zustand vor den einwirkenden Niederschlägen

$$\gamma_r \cdot V \cdot sin\beta < \gamma_r \cdot V \cdot cos\beta \cdot tan\varphi + c \cdot l$$

mit den Niederschlägen gerät der Boden unter Auftrieb und die Strömungskraft

$$f_s = i \cdot \gamma_w = sin\beta \cdot \gamma_w$$

tritt hinzu, so dass danach gilt:

$$\gamma' \cdot V \cdot sin\beta + \gamma_w \cdot V \cdot sin\beta < \gamma' \cdot V \cdot cos\beta \cdot tan\varphi + c \cdot l.$$

Wenn keine Reibung herrschen würde ($\varphi = 0°$), ergibt sich ein Widerspruch, denn

$$\gamma_r = \gamma' + \gamma_w$$

In der Gleitfuge muss also auch Reibung mobilisiert sein.

7. In einem Ton mit $c_u = 30$ kN/m² bzw. $\varphi' = 10°$ und $c' = 10$ kN/m² soll eine 5 m hohe Böschung unter 1 : 1 hergestellt werden. Ist diese Böschung für den Anfangs- bzw. Endzustand ausreichend standsicher, wenn $\gamma_\varphi = 1,3$ und $\gamma_c = 1,7$ angenommen wird?

Für die Lösung kann das Nomogramm nach Taylor herangezogen werden.

8. Im Zuge einer Verbreiterung eines Schifffahrtskanals wurde mit einem Schwimmbagger ein 8 m tiefer Graben (unter Wasser) mit einem Böschungswinkel von 60° ausgehoben. Wie groß war die undränierte Kohäsion mindestens, wenn die anstehenden Weichböden (Mudde und Torfe) eine Wichte von $\gamma = \gamma_r = 10,5$ kN/m³ aufweisen?

Hier kommt man ebenfalls mit dem Nomogramm zum Ziel, wobei mit einer Auftriebswichte von 0,5 kN/m³ gerechnet werden muss. (min $c_u = 1,5$ kN/m²).

9. Wie ändert sich die Standsicherheit der Aufschüttung in ◖ Abb. 7.8 mit der Standzeit?

Die Standsicherheit nimmt zu, weil der Baugrund unter der Aufschüttung konsolidiert.

10. Mit welchen Scherfestigkeitsparametern würden Sie die Baugrubenböschung in ◖ Abb. 7.2 berechnen?

Baugrubenböschungen sind häufig steiler als 35°, d. h. es muss auch Kohäsion herrschen. Man benötigt also die Scherparameter φ' und c'.

11. Welchen Bruchmechanismus würden Sie hier für maßgebend halten?

Man wird vermutlich einen Gleitkreis für maßgebend halten, wenn nicht besondere Schwächezonen anzunehmen sind.

12. Wie ändert sich die Standsicherheit der Baugrubenböschung mit der Standzeit?

Die Standsicherheit nimmt bei Einschnittsböschungen allmählich ab. Deswegen wird man immer empfehlen, die Baugrubenböschungen mit Kunststofffolien abzudecken, die auch Erosionen bei Niederschlägen verhindern.

Zu ▶ Abschn. 7.3.12

11. Was versteht man unter der freien Standhöhe? In welchen Böden tritt sie auf?

Bei kohäsiven Böden kann das Erdreich bis zur freien Standhöhe ohne Stützung abgegraben werden.

12. Wovon hängt die Verteilung des Erddrucks ab?

Von der möglichen Wandbewegung und der Wandsteifigkeit.

13. Wovon hängt die Wasserdruckverteilung ab?

Die Wasserdruckordinate ergibt sich allein aus der Höhe der Wassersäule. Wasserdruck steht immer senkrecht auf der Fläche.

14. Warum dürfen bei größeren Reibungswinkeln die Erdwiderstände nicht mehr nach Coulomb berechnet werden?

In der Natur treten bei größeren Reibungswinkeln keine geraden Gleitflächen auf.

15. Welche Bauwerke dürfen auf den aktiven Erddruck, welche auf den Ruhedruck bemessen werden?

Der aktive Erddruck setzt eine Nachgiebigkeit der Wand voraus. Wenn sich ein Bauwerk gar nicht verschiebt, muss ein höherer Erddruck angesetzt werden.

16. Wie würden Sie bei abgestuftem Gelände den Erddruck ermitteln?

Bei abgestuftem Gelände (und unterschiedlichen Lasten) wird der maßgebende Erddruck grafisch ermittelt, wobei unterschiedliche Gleitflächen betrachtet werden.

17. Für die Hinterfüllung einer Winkelstützmauer stehen mehrere Materialien zur Auswahl. Welche Kennwerte wären erstrebenswert, um die Mauer möglichst wenig zu belasten?

Geringe Wichte und große Scherfestigkeit.

18. Die Spannweite der berechneten Erddrücke für die alte Stützmauer ergab sich als sehr groß. Wie kann man die Parameter eingrenzen, die wohl tatsächlich anzusetzen sind?

Mit Hilfe der Nachweise zum Kippen, Gleiten und zum Grundbruch lassen sich die einwirkenden Erddrücke eingrenzen.

19. Ab wann wirken sich Verkehrslasten auf die Erddruckermittlung aus?

Wenn sie im Bereich des abrutschenden Erdkörpers einwirken.

20. Häufig werden zur Abstützung kleinerer Geländesprünge Florwallsteine eingesetzt. Welchen Erddruck würden Sie hier ansetzen?

Florwallsteine werden mit dem aktiven Erddruck belastet, da hier Verschiebungen möglich sind.

21. Es werden zunehmend Winkelsteine als Fertigteile zur Abstützung verbaut. Welche Parameter werden die Typenstatiken berücksichtigen müssen? Welche Einbauempfehlungen würden Sie geben?

Zunächst muss klar sein, ob der Fuß (Sporn) zum Erdreich hin ausgerichtet wird und mit Erdreich überdeckt wird oder nicht. Dann werden die Wichte und der Reibungswinkel des hinterfüllten Materials für die Bemessung eine Rolle spielen. Wenn sich Wasser hinter dem Stützschenkel bzw. unter dem Sporn aufstauen kann, müssen Wasserdrücke berücksichtigt werden. Ferner wird es wichtig sein, ob das abzustützende Erdreich hinter dem Stützwinkel ansteigt. Wenn nicht, ob hier weitere Lasten (z. B. aus Verkehr) einwirken. Für die Typenstatik der Stützwinkel wird man hier diverse Lastfälle unterscheiden und für die Hinterfüllung Bodenkennwerte annehmen. Um Wasserdrücke auszuschließen, werden Einbauvorschriften (Dränage usw.) formuliert. Für den Baugrund und auch für die Gründung (und Einbindung) der Winkel werden ebenfalls Anforderungen gestellt, damit die sonst erforderlichen Nachweise (Grundbruch, Kippen, Gleiten, Geländebruch) nicht geführt zu werden brauchen.

Zu ▶ Abschn. 7.4.8

1. Welche Wichten müssen bei Böden je nach den Grundwasserverhältnissen unterschieden werden?

Wichte des feuchten Bodens γ, Wichte unter Auftrieb γ', Wichte des wassergesättigten Bodens γ_r (ggf. auch Strömungskräfte, welche als Volumenkräfte einwirken)

2. Wie kann man den Grundwasserstand in einem GW-Leiter feststellen?

Der Grundwasserstand zeigt sich in einer Grundwassermessstelle (GW-Pegel). Dort wird er z. B. mit einem Licht-Lot gemessen.

3. Wann spricht man von einem artesischen Brunnen?

Bei einem artesischen Brunnen tritt das Wasser aus einem gespannten GW-Leiter (ohne Pumpe) bis an die Geländeoberfläche. Der Name ist von der französischen Region Artois abgeleitet, in der 1126 der älteste Brunnen in Europa gebohrt wurde.

4. Warum kann ein GW-Leiter einen gespannten GW-Stand aufweisen?

Gespannt nennt man einen Grundwasserleiter, wenn er durch einen Grundwasserhemmer oder -nichtleiter abgedeckt ist und sein Druckspiegel in bzw. über der Abdeckung liegt.

5. Was versteht man unter der Reichweite eines Brunnens? Von was hängt sie ab?

Die Reichweite ist die Entfernung vom Brunnen, bei der sich dessen Grundwasserentnahme gerade nicht mehr auswirkt.

6. Wann stellt sich die größte Fördermenge eines Brunnens ein?

Die Fördermenge ist durch das Fassungsvermögen beschränkt.

7. Aus einem ungespannten, wassergesättigten GW-Leiter mit 10 m Dicke und einem mittleren k-Wert von 0,0005 m/s soll Trinkwasser entnommen werden. Es sollen die erforder-

lichen Brunnendurchmesser bei einer Förderung von 10 l/s und 50 l/s abgeschätzt werden.

Für eine Förderung von 10 l/s reicht ein Durchmesser von 20 cm, für 50 l/s braucht man knapp 60 m! (Iterative Lösung).

9. Warum können offene GW-Haltungen bei Kiesen und Sanden nur mit sehr kleinen Absenkungen hergestellt werden?

Die Strömung im Boden führt zum Böschungsbruch.

10. Wie wählt man die Filterkörnung für einen Brunnens aus?

11. Warum kann ein Grundwasserkörper durch Brunnen allein nicht vollständig entwässert werden?

Steht ein Brunnen auf einem Wasserstauer auf, bleibt immer ein Restwasserstand erhalten, weil h nicht 0 werden kann.

12. Welche Annahme bezüglich der Wasserdurchlässigkeit muss bei der zeichnerischen Lösung mit Potentialnetzen getroffen werden?

Die Wasserdurchlässigkeit ist überall und in jeder Richtung gleich groß.

13. Warum lohnt es sich nicht, zur Berechnung der anströmenden Wassermengen viele Stromröhren zu wählen?

Die Wassermenge wird mit dem Faktor m/n berechnet. Eine Erhöhung der Anzahl m von Stromröhren führt auch zu einer Erhöhung der Anzahl n der Potentiallinien.

Zu ▶ Abschn. 7.5.5

5. Wodurch unterscheiden sich Trägerwände in statischer Sicht von Spundwänden?

Eine Trägerwand wird ganz anders als eine Spundwand hergestellt. Schon aus diesem Grund wird sie mit einem anderen Erddruck belastet. Als durchgehende Wand kann eine Trägerbohlwand nur bis zur Baugrubensohle hergestellt werden. Sie wird deswegen auch nur bis dahin flächig belastet. Die tiefer einbindenden Träger werden bei ausreichend großem Abstand durch einen räumlichen Erdwiderstand gestützt. Trägerwände enden an der Baugrubensohle, werden also nur bis dahin vom Erddruck belastet.

7. Warum müssen bei Verpressankern mindestens zwei Nachweise geführt werden?

Das Stahl-Zugglied muss die Last aufnehmen können und der Verpresskörper muss die Last in den Baugrund abtragen.

8. Mit welcher Maßnahme lässt sich die Tragfähigkeit eines schon hergestellten Verpressankers ggf. erhöhen?

Durch eine Nachverpressung.

9. Warum wird zur Bemessung von Baugrubenwänden häufig der Erddruck umgelagert?

Um die Wechselwirkung zwischen Wand und Erdreich besser abzubilden. Durch Messungen ist bekannt, dass je nach

Steifigkeit der Wand und deren Abstützungen die Erddruck-verteilung mehr oder weniger stark von der klassischen Verteilung abweicht. Auch hier gilt die statische Regel, dass steife Bauteile (Anker, Steifen) Kräfte anziehen.

10. Warum lassen sich die Schnittgrößen bei Baugrubenwänden nur näherungsweise berechnen?

Die Wechselwirkung zwischen Baugrund und Baugrubenabstützungssystem ist rechnerisch kaum zu prognostizieren. So lassen sich die Belastungsfiguren und Auflagerbedingungen nur abschätzen, weswegen sich auch die Schnittgrößen nur abschätzen lassen.

11. Was soll durch den sog. Nachweis „in der tiefen Gleitfuge" ermittelt werden?

Die Ankerlänge.

Zu ▶ Abschn. 7.6.8

1. Was ist der Unterschied zwischen Elastizitätsmodul, Steifemodul und dem Verformungsmodul?

Elastizitätsmodul: Beim elastischen Material ist die Dehnung der Spannung proportional. Der Quotient von Spannung und Dehnung ist der Elastizitätsmodul. Der Steifemodul wird bei Böden im Ödometer ermittelt. Aus den Randbedingungen des Geräts und den Stoffeigenschaften ergibt sich ein nichtlineares Materialverhalten: Mit zunehmenden Spannungen nimmt der Steifemodul ebenfalls zu. Der Verformungsmodul wird im Plattendruckversuch bestimmt. Steifemodul und Verformungsmodul sind bei Entlastungen deutlich größer als bei Belastungen. Bindige Böden weisen zudem ein „Erinnerungsvermögen" auf.

3. Warum ist es sinnvoll, für die Berechnung der Setzungen eine Grenztiefe einzuführen?

Die Grenztiefe ist deswegen sinnvoll, da mit zunehmender Tiefe die Steifemoduln so groß werden, dass der Zuwachs an Setzung vernachlässigt werden kann.

4. Warum ist in horizontalen Schnitten durch den Baugrund die Summe der Zusatzspannungen gleich der setzungserzeugenden Sohlpressung?

Es gilt die Gleichgewichtsbedingung.

5. Warum dürfen zur Berechnung der Zusatzspannung unter verschiedenen Punkten der Geländeoberfläche rechteckige Lastflächen überlagert werden?

Der Baugrund wird als elastischer Körper angesehen.

6. Warum lässt die direkte Setzungsformel erwarten, dass sich die Setzungen eines Streifenfundamentes mit einer vergrößerten Breite nicht verringern lassen?

Ein Streifenfundament wird durch eine Linienlast belastet. Die Spannung ergibt sich, indem durch die Fundamentbreite dividiert wird. In der direkten Setzungsformel wird dann wieder mit der Breite multipliziert – also scheint sie keine Rolle zu spielen. Mit der Verbreiterung wächst zwar das Eigengewicht des Fundaments. Es ergeben sich jedoch bei einem breiteren Fundament auch Setzungsbeiträge aus tieferen Schichten, die höhere Steifemodule haben werden.

7. Warum werden die Setzungen dennoch kleiner werden, wenn das Streifenfundament breiter wird?

Siehe Antwort auf Frage 6.

8. Berechnen Sie die Setzungen eines 10 m langen und 5 m breiten Brückenpfeilers, der in 2 m Tiefe auf einer ab da noch 8 m dicken Schicht aus Verwitterungslehm (UL) mit $E_s = 10$ MN/m^2 gegründet werden soll. Ab 10 m unter GOF folgt angewitterter Fels. In der Gründungssohle wird als ständige Last 30 MN abgetragen. Skizzieren Sie die mögliche Setzungsreduktion, wenn das Fundament auf ein Polster aus Kiessand mit $E_s = 60$ MN/m^2 abgestellt wird. Welche Aushubmassen fallen jeweils an?

12. Welchen Einfluss hat der Baugrund beim Nachweis gegen Kippen?

Gar keinen.

16. Warum muss neben dem Setzungsnachweis auch ein Grundbruchnachweis geführt werden?

In die Setzungsberechnung geht die Zusammendrückbarkeit, nicht die Scherfestigkeit des Bodens ein.

20. Warum nehmen die zulässigen Bodenpressungen mit zunehmender Fundamentbreite wieder ab?

Wenn mit der Vergrößerung der Einbindetiefe auch das Eigengewicht des Fundaments größer wird, nehmen die aufnehmbaren Lasten sogar ab.

22. Sie werden vom Statiker telefonisch um die Angabe zulässiger Bodenpressungen gebeten. Welche Gegenfragen müssen Sie stellen, um zu einer sinnvollen Festlegung zu kommen?

Sie sollten keine telefonischen Auskünfte zu zulässigen Bodenpressungen geben.

Zum ▶ Abschn. 7.8.7

6. Was stellen Sie sich unter einer schwimmenden Pfahlgründung vor?

Bei einer schwimmenden – auch schwebend genannten – Pfahlgründung, erreichen die Pfähle keine tragfähige Schicht. Die Belastung wird hauptsächlich durch die Mantelreibung in den (meist bindigen) Boden eingeleitet. Weil der Baugrund i. d. R. mit der Tiefe an Steifigkeit zunimmt, sind die Setzungen immer noch geringer als bei Flachgründungen.

7. Wodurch kann negative Mantelreibung entstehen?

Wenn sich der Baugrund stärker setzt als die Pfähle. Dieser Fall kann sich bei einer nachträglichen Belastung des Baugrunds durch eine Aufschüttung (z. B. durch einen Damm

neben einem Brückenwiderlager oder durch eine GW-Absenkung) ergeben. Es gibt auch sehr weiche (unterkonsolidierte)
Böden, die sich unter ihrem Eigengewicht noch setzen.

9. Ein Brückenwiderlager wird auf Pfählen gegründet und
später mit einem Damm hinterfüllt. Welche Beanspruchungen
können auf die Pfähle zukommen?

Durch die zusätzliche Auflast des Dammes setzt sich der
Boden nachträglich und es kann deswegen negative Mantelreibung entstehen. Wenn der Baugrund entsprechend weich
ist, wird er durch den Damm auch seitlich verdrängt, wodurch
die Pfähle auch auf Schub und Biegung beansprucht werden.

10. Warum werden häufig Pfahl-Probebelastungen im
Maßstab 1 : 1 durchgeführt, obwohl sie ziemlich teuer sind?

Das Tragverhalten von Pfählen kann analytisch nicht ausreichend zuverlässig berechnet werden. Nur im Maßstab 1 : 1
kann das Pfahlkraft-Setzungsverhalten und damit auch die
Tragfähigkeit ermittelt werden. Großversuche sind durchzuführen, wenn größere Gebrauchslast als rechnerisch mit den
Tabellenwerten abgetragen werden sollen oder der tragfähige
Baugrund nicht in ausreichender Dicke ansteht. Für Ver-
presspfähle mit kleinem Durchmesser müssen nach DIN 4128
immer Probebelastungen durchgeführt werden.

11. Skizzieren Sie die wesentlichen Elemente einer solchen
Probebelastung. Was könnte wie gemessen werden?

Die Pfahlkraft wird mit einer Kraftmessdose gemessen.
Mit einem Nivelliergerät wird die Höhe des Pfahls eingemessen. Ggf. wird mit einem Wegaufnehmer die Setzung
bzw. Hebung des Pfahls bestimmt. Wenn man den Spitzendruck separat ermitteln will, kann am Pfahlfuß eine Druck-
messdose eingesetzt werden.

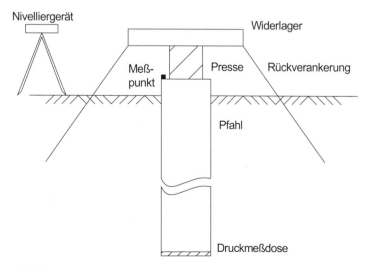

◘ Pfahlprobebelastung

12. Man gründet ein Bauwerk mit Bohrpfählen, die in einen Felshorizont einbinden. Welche Konsequenzen hat das ggf. bei der Bemessung der Pfähle?

Man darf keine Mantelreibung in Ansatz bringen, da die Setzungen so klein bleiben, dass sie nicht bzw. nicht in voller Höhe aktiviert wird.

13. In vielen Städten stehen alte Gebäude auf Holzpfählen. Warum darf hier das Grundwasser nicht abgesenkt werden?

Nur wenn Holzpfähle vollständig in das Grundwasser eintauchen, sind sie auf lange Zeit beständig. Selbst kurze Zeitspannen, in denen das Grundwasser abgesenkt wird, reichen aus, um bleibende Schädigungen zu verursachen.

14. Neuerdings werden Hochhäuser auf so genannten Pfahl-Platten-Gründungen abgestellt. Was stellen Sie sich darunter vor und was wird durch eine solche Gründungsform bezweckt?

Nach früheren Vorstellungen durften bei Pfahlgründungen die Bauwerkslasten nur den Pfählen zugewiesen werden. Bei der Pfahl-Platten-Gründung wird demgegenüber auch die Gründungsplatte zum Lastabtrag herangezogen, was insgesamt zu einer wirtschaftlichen und setzungsarmen Gründungsform führt.

15. Das Hochhaus der Commerzbank in Frankfurt/Main wurde in unmittelbarer Nachbarschaft eines schon bestehenden Hochhauses errichtet. Warum hat man hier keine Pfahl-Platten-Gründung ausgeführt?

Eine Pfahl-Platten-Gründung hätte hier zu Setzungen geführt, die das benachbarte Hochhaus beeinflusst hätten. Man hat stattdessen sehr lange (z. T. bis über 50 m) Bohrpfähle hergestellt, die in die tief liegenden Felshorizonte eingebunden wurden. Zur Reduktion der Setzungen wurden diese Schichten darüber hinaus mit Zement-Injektionen verbessert.

Zu ▶ Kap. 10

1. Warum wird oft auf eine projektbezogene Baugrunderkundung verzichtet?

Dafür kann es unterschiedliche Gründe geben: Unwissenheit, Zeit- und Kostenersparnis, Kenntnisse zum Baugrund aus der Nachbarschaft, kleines Bauvorhaben usw.

2. Was muss beim Baugrund „Anhydrit" befürchtet werden?

Bei Wasserzutritt nimmt da Volumen zu.

3. Warum stellen tektonische Verwerfungen ein Risiko dar?

Entlang derartiger Verwerfungen können noch immer Verschiebungen auftreten, es können Erdbeben auftreten und Tsunamis ausgelöst werden, unterschiedlicher Baugrund, Setzungsunterschiede bei Grundwasserabsenkungen.

4. Wo treten Erdfälle auf?

Erdfall: Einsenkungen oder Einbrüche über Hohlräumen (künstlich oder natürlich – Gips, Kalk)

5. Auf einem ehemaligen Gelände einer uralten Brauerei soll ein Neubau errichtet werden. An was könnte man da denken?

Bei alten Brauereien gab es (u. U. ausgedehnte) Eiskeller, die aufgegeben und dann vergessen wurden und als Hohlräume noch immer im Baugrund vorliegen können.

8. Welche Messgrößen wären bei einer geplanten innerstädtischen Baugrube vor Baubeginn und vor dem Baugrubenaushub möglicherweise (als Nullmessung) zu erfassen?

Höhen benachbarter Messpunkte, Grundwasserstände, Nullmessungen in Inklinometerrohren, Nullmessungen der Konvergenz (Pfahl- oder Schlitzwand), vorhandene Lärmpegel, Ablesungen an Rissmonitoren

9. Wie könnte man ein Planum bei zu geringen E_{v2}-Werten verbessern?

Durch Nachverdichtung, Eindrücken von Grobschlag, Bodenaustausch, Einfräsen von hydraulischen Bindemitteln.

10. Welche Bauweisen von Tunneln im Anhydrit kommen grundsätzlich in Frage?

Man baut gegen den Quelldruck oder man lässt das Quellen zu und plant entsprechende Sanierungen ein.

11. Was versteht man unter der NÖT, der Neuen Österreichischen Tunnelbauweise?

Hierfür gibt es keine klare und eindeutige Definition. Ein wesentliches Element stellt der Einsatz von Spritzbeton dar, mit dem der Tunnel sofort nach dem Ausbruch gesichert wird. Näheres dazu findet sich im Internet und in [51].

12. Wie wurde der Gotthard-Basistunnel aufgefahren?

Mit Tunnelbohrmaschinen der Firma Herrenknecht.

13. Warum sind Schneckenortbetonpfähle, warum Duktilpfähle kostengünstig?

Geringe Baustelleneinrichtungen, schnelle Herstellung, bei Duktilpfählen keine Spezialmaschinen.

17. Wie könnte man ein Streifenfundament mit einem Setzungsschaden sanieren?

z. B. mit Presspfählen.

18. Wie wird oft ein abgesunkener Hallenboden wieder angehoben?

Oft mit Expansionsharzen.

20. Wodurch können Fehlstellen beim Düsenstrahlverfahren entstehen?

Bei Hindernissen im Baugrund, die nicht vom Düsenstrahl aufgeschnitten werden. Wenn die Lanzen nicht vertikal abgeteuft werden und zu große Lotabweichungen aufweisen, überschneiden sich die Düsenstrahlkörper u. U. nicht.

26. Aus welchen Gründen kann eine Unterfangung nicht ausgeführt werden?

Wenn ein Eigentümer nicht zustimmt. Bei konventionellen Unterfangungen (nach DIN 4123) gibt es eine ganze Reihe von Einschränkungen.

30. Was ist Bentonit und wo wird Bentonit überall eingesetzt?

Ein bestimmtes Gestein mit einem großen Anteil an Montmorillonit, einem aktiven Tonmineral. In der Bautechnik: Zur Abdichtung, Immobilisierung von Schadstoffen, als Suspension dient es als Stütz- und Gleitmittel – sonst noch sehr vielfältige Verwendungen (siehe Internet).

32. Warum will man eine Baugrube unter Wasser ausheben?

Wenn kein Grundwasser abgesenkt werden darf und eine Abdichtung teurer oder nicht möglich ist.

34. Beschreiben Sie eine Situation, wozu man bei einer Tiefgarage einen Düker braucht.

Wenn die Tiefgarage ein Hindernis im Grundwasserstrom darstellt, durch das sich ein unerwünschter Aufstau einstellen würde.

Zu ▶ Abschn. 11.7

4. Wo liegt oft der Schwerpunkt geotechnischer Messungen?

Meist ist man an Verschiebungen von Messpunkten auf bzw. im Baugrund interessiert.

5. Warum kommt in der Geotechnik der hohen Messgenauigkeit so große Bedeutung zu?

Da es oft auf die zeitliche Änderung von Messgrößen ankommt, z. B. auf die Verschiebungsgeschwindigkeiten (oft sogar auf die Beschleunigung) ankommt, ist eine hohe Messgenauigkeit wichtig. Meist sind hier zudem die Verschiebungsbeträge selbst sehr klein.

12 Ein Gebäude weist eine Reihe von Rissen auf. Wie kann man feststellen, ob die Verschiebungen, die zu den Rissen geführt haben, noch andauern?

Eine weitere Rissverschiebung ist z. B. durch das Anbringen von Gipsmarken festzustellen.

13. Welche Messungen würden Sie bei der Abnahme eines Verpressankers für eine Trägerbohlwand durchführen?

Bei Ankerabnahmen werden die beim Anspannen der Anker die jeweilige Ankerkraft und die dabei auftretenden Verschiebungen des Ankerkopfes gemessen, wobei auch die Zeit aufnotiert wird.

14. Für ein innerstädtisches Bauvorhaben wird eine sehr tiefe Baugrube benötigt. Zwischenzeitlich muss auch Grundwasser abgesenkt werden. Entwerfen Sie in Stichworten ein

Messprogramm, mit dem die Bauarbeiten begleitet werden sollten.

Ziel des Messprogramms: Klärung der Auswirkungen der Baumaßnahme, Regelung von Ersatzansprüchen, ggf. Kalibrierung von Berechnungen, Feststellung von Grenzwerten der Verschiebungen oder Kräfte. Hierzu wird zunächst eine Beweissicherung am Bestand durchgeführt. Dann werden Messpunkte für spätere Nivellements eingerichtet und Bohrungen zur Grundwasserstandmessung und Inklinometermessung niedergebracht. Ggf. werden Extensometer gesetzt. Die Messungen werden vor den Baumaßnahmen begonnen, wobei deren Reproduzierbarkeit überprüft wird. Im Zuge der Baumaßnahmen wird zunächst häufiger, dann je nach Bedarf gemessen. Zu den Messergebnissen werden die Bauzustände dokumentiert. Es werden graphische Darstellungen erarbeitet, die Grenzzustände leicht ersichtlich machen. Es werden Maßnahmen definiert, die ergriffen werden, wenn die Grenzen erreicht werden. Es werden schließlich Verantwortlichkeiten und Kosten genannt.

15. Ein bergmännischer Tunnelvortrieb für eine Schnellbahn unterquert eine Autobahn. Welche Messungen würden Sie durchführen?

Im Zuge der Annäherung der Ortsbrust des Tunnels an die Autobahn wird mit Nivellements die Setzung der Geländeoberfläche ermittelt. Die Nivellements beschränken sich nicht auf die Tunnelachse, sondern liegen auch quer dazu, um die Setzungsmulde zu ermitteln. Je nach den Messergebnissen muss der Vortrieb geändert werden. Wenn dann die Autobahn unterquert wird, werden diese Messungen auch im Bereich der Autobahn entsprechend fortgeführt. Wenn außergewöhnliche Setzungen auftreten, muss für entsprechende Sicherungsmaßnahmen gesorgt werden. Für weitergehende Messungen können Schlauchwaagen, Inklinometer und Extensometer (auch Gleitmikrometer) eingesetzt werden.

16. Eine Deponie soll mit einer Dichtwand umschlossen werden. Zum Bau der Dichtwand ist eine neuartige Dichtwandmasse vorgesehen, die in einer Versuchsdichtwand getestet werden soll. Welche Instrumentierung der Versuchswand wäre denkbar, um möglichst viele Erkenntnisse aus dem teuren Großversuch zu gewinnen?

Temperaturfühler, Porenwasserdruckgeber, Gleitmikrometer, Messpunkte auf der fertigen Wand, um Rückschlüsse auf das Abbinde- und Deformationsverhalten der Wand ziehen zu können. Rohre, die in regelmäßigen Abständen Löcher aufweisen, die mit Gummimanschetten verschlossen sind. In diese Rohre kann später ein weiteres Rohr mit Packern eingeführt werden, um dort Wasser einzupressen und so lokal die Dichtigkeit der Wand zu prüfen.

17. Eine U-Bahn-Trasse unterquert eine Fabrik mit sehr empfindlichen Maschinenfundamenten. Welche Messsysteme kommen in Frage?

Neben Nivellements können Präzisions-Schlauchwaagen zur Messung der Höhenänderung und elektronischen Libellen zur Ermittlung von Schiefstellungen eingesetzt werden.

18. Ein größerer Felsblock in einem engen Tal droht auf eine darunterliegende Straße zu stürzen. Was kann hier getan werden?

Mit einem Extensometer kann die Verschiebung des Felsblockes überwacht werden. Wird ein Grenzwert überschritten, werden Ampeln geschaltet bzw. die Straße gesperrt. Besser ist es, den Felsblock zu sichern oder zu entfernen.

19. Wie kann in einem kaum zugänglichen Gebirgstal eine Hangbewegung erfasst bzw. kontrolliert werden?

Mit einer automatischen Messstation werden einsehbare Messpunkte beobachtet. Wenn dies nicht möglich ist, dürfte nur eine Überwachung mit GPS in Frage kommen.

20. Ein Pfahl soll in einer Probebelastung horizontal belastet werden. Welche Messeinrichtungen würden Sie vorsehen?

Die Verbiegung des Pfahles kann mit Inklinometermessungen ermittelt werden. Die Kopfpunktauslenkung des Pfahles wird mit einer Messuhr oder einem elektronischen Wegaufnehmer gemessen.

21. Wie kann die Setzungsmulde unter einem neu zu errichtenden Verkehrsdamm ermittelt werden?

Die Setzungsmulde kann über entsprechende Messrohre mit einem Inklinometer im horizontalen Einsatz oder durch ein hydrostatisches Messsystem kontinuierlich ermittelt werden. Man kann auch an einzelnen Punkten Setzungspegel setzen.

22. Wodurch unterscheiden sich Bruchzustände von Gebrauchszuständen?

Im Bruchzustand werden z. B. diskontinuierliche Verschiebungsvektorfelder ermittelt und die Verschiebungen nehmen stetig zu.

Nachwort

Qualifizierte geotechnische Beratungsleistungen und Fachplanungen gründen auf Kenntnissen und Erfahrungen.

Mit diesem Lehrbuch wurde versucht, das in der Baupraxis wichtigste geotechnische Wissen verständlich darzustellen. Geotechnische Erfahrung kann nicht gelehrt, sie muss von jedem individuell erworben werden.

Mit der Bearbeitung der Fragen im Buch und der im Internet abrufbaren Flashcards kann jeder Leser kontrollieren, über welche Kenntnisse er tatsächlich verfügt. Dabei ist uns klar: Erst mit dem eigenständigen Bearbeiten von Übungsaufgaben – beispielsweise dargestellt in unserem Band „Geotechnik – Berechnungsbeispiele" – kann der Lehrstoff entsprechend geübt und gefestigt werden.

Wir fassen zusammen:

Für die **Gründung** von Bauwerken jeglicher Art, für das Bauen **mit** und **im** Boden und Fels sind geotechnische Untersuchungen zu planen und auszuführen. In geotechnischen Berichten werden die Ergebnisse der Erkundungen und Laborversuche dargestellt und bewertet. Die Hinweise zur Bauausführung werden klar und verständlich dargelegt. Auf verbleibende Risiken wird hingewiesen. Es werden ggf. Messprogramme geplant und umgesetzt. Die Bauarbeiten werden geotechnisch begleitet.

Geotechnischen Berechnungen liegen mehr oder weniger zutreffende Modelle zu Grunde. Die Ergebnisse der Berechnungen werden in erster Linie durch die Bodenparameter bestimmt. Oft kann mit einer Berechnung nur die Größenordnung einer „Sicherheit" oder einer „Verschiebung" angegeben werden, was deren Wert dennoch nicht schmälert.

Viele Normen sind unverständlich und stellen mitunter überzogene Forderungen. Oftmals sind sie auch gänzlich überflüssig. Sie entbinden niemanden, die eigene Vernunft walten zu lassen.

Bei schwierigen Aufgaben müssen geotechnische Berichte und Berechnungen auch von Dritten geprüft werden.

Geotechnische Beratungen und Planungen zielen darauf ab, für jedes Projekt technisch sichere und gleichzeitig auch kostengünstige Lösungen gegeneinander abzuwägen. So werden für den Bauherrn Entscheidungshilfen erarbeitet, die ihr Honorar rechtfertigen.

Konrad Kuntsche und Sascha Richter, im Februar 2021

Stichwortverzeichnis